개정4판

# THE LAWS OF TOURISM

## 최신 관광법규의 이해

신동숙 · 박은경 공저

백산출판사

# 머리말

지난 2020년, 본서의 개정3판이 출간된 이후 급격한 사회 변화와 함께 관광관련 법제도가 개정 또는 제정되거나 폐지되었다. 특히, 코로나 바이러스 감염증-19(이하 코로나19)의 대유행과 장기화로 관광산업이 침체되면서 지속적인 관광진흥을 위한 대책 마련이 요구되고 있다. 이에 「관광기본법」은 물론 「관광진흥법」, 「국제회의산업 육성에 관한 법률」 등에서 여러 대응책을 법제화하고 있으며, 그중 몇 가지만 소개하면 다음과 같다.

정부는 코로나19 이후 포스트 코로나 시대의 다양한 사회적 변화를 고려하여 지속가능한 관광산업의 진흥을 도모하고자 법률 제·개정 및 제도를 정비하였다. 먼저, 스마트관광산업의 육성 관련 규정(「관광진흥법」 제47조의8)을 마련하면서 정보통신기술 기반의 관광산업 경쟁력을 강화하고 지역관광을 활성화하기 위하여 스마트관광산업의 육성을 도모하고자 하였다(신설 2021.06.15.). 그리고 카지노업에 대해서는 감염병(「감염병의 예방 및 관리에 관한 법률」 제2조제2호에 따른 제1급 감염병) 확산으로 인해 매출액이 감소하여 관광진흥개발기금 납부금을 납부하는 데 어려움이 있다고 인정될 경우 납부기한을 연기할 수 있도록 근거를 마련하였다(신설 2021.03.23.). 또 호텔업은 「재난 및 안전관리 기본법」 제38조제2항에 따른 경계 이상의 위기 경보가 발령된 경우 제1항에 따른 등급 결정을 연기하거나 제2항에 따른 기존 등급 결정의 유효기간을 연장할 수 있도록 하였다(신설 2021.04.13.). 이어서 한옥체험업의 경우 한 종류 이상의 전통문화 체험에 적합한 시설과 욕실이나 샤워 시설 등의 편의시설을 갖추기만 하면 한옥체험업으로 지정받을 수 있었으나 안전과 위생 기준이 강화되면서 등록업으로 변경되었다. 이외에 「폐교재산의 활용촉진을 위한 특별법」 개정안 시행에 따라 폐교를 야영장업으로 활용할 수 있도록 규제를 완화하였고, 폐교를 야영장으로 활용하려는 경우 기존 폐교 부지면적의 증가가 없는 경우 등에 한하여 건축물 및 부지면적 제한 적용을 제외하였다. 끝으로 관광특구에 대한 평가는 지정 요건이 맞지 아니하거나 추진 실적이 미흡한 관광특구의 경우 지정취소·면적조정·개선권고 등의 필요한 조치를 취함으로써 관광특구의 효과성을 고려하여 추가 개정하였다(개정 2022.05.03.).

이와 같이 본서는 개정되고 신설된 내용들을 중심으로 재구성하였으며, 크게 1부와 2부, 부록으로 구성하였다. 1부에서는 「관광기본법」과 「관광진흥법」 그리고 기타 「호텔업 등급결정업무 위탁 및 등급결정에 관한 요령」, 「카지노업 영업준칙」, 「여행업 표준약관」, 「소비자분쟁해결기준」 등 관광과 직접적인 관계가 있는 법규에 관하여 서술하였다. 2부에서는 관광과 간접적으로 관련 있는 여러 법규 중 중요하게 고려되는 「관광진흥개발기금법」, 「국제회의산업 육성에 관한 법률」 및 「여권법」에 관하여 서술하였다. 그리고 부록에서는 1부와 2부에서 소개되는 법률 관련 용어를 정리하여 관광 관련 법규에 대한 이해를 높일 수 있도록 구성하였다.

　본서가 관광학을 공부하고 있는 학생은 물론 관광사업자, 관광행정 관계자, 관광자 등 관광을 이해하고자 하는 모든 사람들에게 조금이나마 도움이 될 수 있기를 기대하면서 법의 개정 사항이나 오류 및 기타 미흡한 부분에 대해서는 앞으로 지속적으로 보완할 것을 약속드린다. 끝으로 본 개정판의 편집 및 원고 정리에 수고해 주신 백산출판사 임직원 여러분의 노고에 다시 한번 감사의 말씀을 드린다.

2024년 2월
저자 씀

# 차례

## 제2부 관광관련 법규의 이해　　397

# 제1부
# 최신 관광법규의 이해

 최신 관광법규의 이해

# I. 관광법규의 개요

## 1. 법의 본질과 이념

### 1.1 법의 개념

인간은 사회적 동물이자 사회적 존재로 특정 사회에서 사회생활을 영위하게 된다. 인간이 사회구성원으로서 사회질서를 유지하기 위해서는 사회생활의 준칙(準則)이 필요한데, 이러한 행위의 준칙을 사회규범(社會規範)이라고 한다. 이와 같은 사회규범은 이해관계의 불일치로 인한 갈등을 해결하고자 시·공간에 따라 관습(慣習), 도덕(道德), 종교(宗敎), 법(法) 등으로 다양하게 존재한다.[1]

여기서 법은 사회규범의 한 형태로 모든 사회에 존재하며, 이는 사회구성원 간에 지켜야 할 행위에 관하여 당위의 법칙을 의미한다. 이렇듯 법은 오랜 시간 사회 속에서 형성된 도덕이나 관습과 같은 인간의 합리적 가치 요소를 반영하여 제정되었으며, 인간의 외적인 행위를 규율한다는 점에서 도덕과 차이가 있다. 따라서 법은 사회 질서를 유지하고, 사회정의 실현을 목적으로 국가권력의 강제력을 수반하는 사회규범을 말한다. 즉, 법이란 인간이 공동의 사회생활을 영위함에 있어서 스스로 준수해야 하는 행위의 준칙(準則)으로 국가에 의해 강제되는 사회규범으로 정의될 수 있다.[2]

### 1.2 법의 특성

법의 개념을 정리하면, 다음과 같은 특성 및 공통된 요소를 내포하고 있다.[3]

---

1) 조진호 외1인, 『최신관광법규론』, 백산출판사, 2024.
2) 정희천, 『최신관광법규론』, 대왕사, 2022.
3) 조진호 외1인, 『최신관광법규론』, 백산출판사, 2024. 최완진, 『신법학통론』, 세창출판사, 2019.

### 1) 법의 사회규범성

법은 인간의 공동 사회생활을 유지하고 발전시키기 위하여 사회구성원들이 서로 지켜야 할 사회규범(社會規範) 중 하나이다. 만약, 사회에 아무런 규범도 존재하지 않는다면, 사회구성원들 간의 끊임없는 갈등과 분쟁은 계속될 것이다. 이를 조절하고 반사회적인 행위를 제재하여 사회적 결합을 강화하기 위한 규범은 존재해야 한다. 따라서 사회가 있는 곳에 법은 존재하며, 이러한 법은 사회규범을 대표한다.

### 2) 법의 행위규범성

법의 규율 대상은 인간의 행위인데, 이는 개인의 의사에 기(基)한 신체의 외부적 동작을 말한다. 법은 이와 같이 외부로 나타난 행위로 인해 발생한 문제에 대한 규범이며, 사회생활에서 요구되는 행위준칙(行爲準則)이다. 따라서 법은 행위규범(行爲規範)의 하나이며, 이는 외부로 표현되지 않는 내심(內心)의 의사(意思) 그 자체도 규율하는 사회생활규범인 도덕이나 종교와 구별된다.

### 3) 법의 강제규범성

법은 국가권력에 의하여 실현되고 유지되며 강제되는 규범으로 강제성을 갖지 못한다면 법으로서의 존재가치를 발휘할 수 없게 된다. 그렇기에 위반행위에 대해서는 일정한 불이익 또는 강제집행이나 형벌 같은 제재(制裁)가 가해진다. 이와 같이 법은 국가에 의해 실현되는 강제규범으로 관습이나 도덕, 종교 등과 같이 외부적 제재가 가해지지 않는 비강제 규범과는 구분된다.

## 1.3 법과 유사한 용어

### 1) 법규

법규는 법규범의 의미로 쓰이는 경우가 있으나, 일반적으로 전체 법규범 중 국민의 권리 · 의무와 직접적인 관계가 있는 법규범만을 의미한다. 넓은 의미로는 성문의 법(법률, 명령, 조례, 규칙 등), 즉 제정법을 가리키는 경우도 있다.

### 2) 법령

법령은 일반적으로 법률과 명령(대통령령, 부령)만을 의미하며, 경우에 따라서는 법규에서처럼 성문법 전체를 의미하는 것으로 고려되기도 한다.

### 3) 법률

일반적으로 법과 법률은 같은 의미로 사용되어지고 있으나, 법은 성문법과 불문법을 포함한 법규범 전체를 의미한다. 이에 비하여 법률은 엄격한 의미에서 입법기관인 국회의 의결을 거쳐서 대통령이 서명·공포함으로써 성립하는 법률이라는 형식으로 존재하는 규범인 성문법만을 말한다.

### 4) 법전

법전은 체계적으로 편제 조직된 성문 법규의 전체를 의미한다. 「헌법」·「민법」·「형법」·「상법」·「민사소송법」·「형사소송법」 등의 6법전이 법률 중에서 가장 중요한 기본법이므로, 특히 이것들을 통틀어서 '6법'이라고 하며, 이들 법을 수록한 법전집을 보통 '6법전서'라고 한다.

## 1.4 법의 구성

법은 일반적으로 전문, 본칙, 부칙 3부분으로 구성된다. 물론 전문이 모든 법률에 항상 존재하여야 하는 것은 아니다. 헌법에는 전문이 있으나 법률·명령·부칙에는 보통 전문이 없다.[4]

### 1) 전문(前文)

전문은 법의 본칙 앞에 있는 서문으로 전문의 내용은 법마다 다르며, 일반적으로 법의 제정유래, 제정취지, 기본목적, 기본원칙 등을 선언하고 있다.

### 2) 본칙(本則)

본칙이란 법의 실질적인 구성부분으로 법률의 본질적인 내용을 규정하고 있는 부분을 의미한다. 법률의 구성부분 가운에 전문과 부칙을 제외한 부분이 본칙에 해당하며 전문이나 부칙이 없는 법률은 있어도 본칙 없이는 법률이 성립할 수 없다.

#### (1) 편(篇), 장(章), 절(節), 관(款)

여러 조문으로 구성된 본칙은 공통된 내용을 가진 조항을 묶어 몇 개의 편으로 구성할 수 있고, 편에는 공통된 내용을 묶어 장을 두거나 장을 다시 절로, 절을 다시 관으로 세분화할 수 있다.

> 「민법」·「상법」이나 「민사소송법」은 편·장·절·관으로, 「형법」과 「형사소송법」은 편·장·절로 구성되어 있고, 「헌법」은 장·절·관으로 구성되어 있다. 「특별법」에는 편, 장, 절, 관을 두지 않는 경우도 많다.

---

4) 최완진, 『신법학통론』, 세창출판사, 2019.

**(2) 조(條), 항(項), 호(號)**

- 조는 본칙의 기본단위이며, 법률은 대개 제1조에서부터 시작한다. 다만 법률의 내용이 간단한 경우에는 조를 사용하지 않을 수도 있다. 조에는 일반적으로 괄호 안에 표제를 붙인다.

- 항은 조의 하위 구성부분으로 보통 ① ② ③과 같이 표시한다. 다만 모든 조가 항으로 세분되지는 않고, 내용이 간단하면 항을 두지 않을 수 있다. 항에는 보통 표제를 붙이지 않고, 부칙의 항에는 표제를 붙이는 경우가 있다.

> 하나의 조나 항이 두 문장으로 구성되고, 뒤에 오는 문장이 '그러나', '다만'이라는 단어로 시작되는 경우에는 '그러나' 혹은 '다만'으로 시작되는 부분을 「단서」라고 하고, 전단의 문장을 「본문」이라고 한다.

- 호는 조 혹은 항의 하위 단위로 조에 호를 둘 수도 있고 항에 호가 나오기도 한다. 호는 보통 1 2 3과 같이 표시한다. 호를 다시 세분화할 필요가 있는 경우에는 가, 나, 다와 같이 표시한다. 호는 어느 경우에나 표제를 붙이지 않는다.

## 1.5 법의 이념

법은 그 법에 의하여 달성하고자 하는 목표가 있으며, 이것을 법의 이념 또는 법의 목적이라고 한다. 다시 말해, 법의 이념은 법은 무엇을 위하여 존재하는가, 법은 왜 있는가에 대한 답에서 나온다. 법의 이념에 관하여는 일반적으로 정의, 합목적성, 법적 안정성의 3요소를 드는 것이 일반적이다.[5]

### 1) 정의

법의 첫째 목적은 정의의 실현에 있다. 정의는 인간과 사회와의 관계에 있어서 이상적 상태로서 인간이 추구하여야 할 가치 기준이라 할 수 있다. 정의는 바른 것이고, 바르지 않은 것은 법이 아니며, 이러한 "정의"의 관념은 아리스토텔레스가 주장한 평균적 정의와 배분적 정의로 구분할 수 있다.

첫째, 평균적 정의는 인간은 인간으로서 동일한 가치를 가지고 있는 것이므로 평등하게 다루어져야 한다고 하는 형식적 평등의 원리이다. 따라서 손해와 배상, 범죄와 형벌, 급부와 반대급부 사이에 동등가치의 균형을 유지(같은 것은 같은 방법으로의 원칙에 의하여 균형을 취함)하는 것을 뜻한다.

둘째, 배분적 정의는 전체와 그 구성원 사이의 관계를 조화하는 정의로서, 사회가 각 개

---

5) 박상기 외 12인 공저, 『법학개론』, 박영사, 2018. 이재삼, 『법학통론』, 도서출판 범한, 2014. 김민중, 『법학개론』, 신논사(新論社), 2012.

인의 공헌에 따라 명예, 재화, 기타 이익을 공정하게 배분하여야 한다는 실질적 평등의 원리를 말한다. 예컨대 능력 있는 자에게는 많은 급여를 준다든가, 부유한 자에게는 많은 세금을 부과한다던가, 가난한 사람에게는 면세한다던가 하는 것이다.

이와 같이 정의는 개인 상호 간의 관계 및 단체와 개인에 대한 관계에 있어서는 평등이라는 개념과 분리할 수 없다. 따라서 정의의 본질은 평등의 실현을 중심으로 하는 가치에 있으며, 평등은 보편타당한 성격을 띠는 것이다.

### 2) 합목적성

합목적성이란 법이 그 가치관에 구체적으로 합치되는 것을 말한다. 법이 1차적으로 정의를 목적으로 하기는 하지만, 법이 정의만을 지향할 경우에 실제적으로 불합리한 결과가 나타날 수도 있다. 그러므로 법의 구체적인 정당성을 실현하기 위하여 제2의 법의 이념으로서 합목적성이 요구된다. 합목적성은 법에 의해 추구해야 할 도덕적 최고의 선을 의미한다.

라드브루흐는 이 도덕적 선을 개인가치, 단체가치, 작품가치의 어느 것을 목적으로 하느냐에 따라 개인주의, 초개인주의, 초인격주의로 나누었다. 개인주의는 개인의 복지 또는 개인의 문화적 사명에 봉사하는 것이 법의 목적이며, 초 개인주의에서는 국가를 하나의 단체로 보고 개인은 국가의 일부분이라 하여, 개인이 이에 봉사하는 것을 법의 목적으로 보는 것이며, 초인격주의는 학문이나 예술, 즉 문화를 위한 것이 법의 목적이라 한다.

### 3) 법적 안정성

법적 안정성이란 법에 의하여 보호되는 사회생활의 질서와 평화를 의미하며, 법적 안정성이 확보되면 인간은 법을 믿고 법에 따라 안심하고 사회생활을 할 수 있다. 즉, 사회질서를 유지하는 것이 법의 가치이며 이러한 가치가 있기 때문에 법이 우리들에게 필요한 것이다. 괴테가 "무질서한 것보다 오히려 불평등한 것이 낫다"라고 말했듯, 질서는 인간사회에서 안정성과 상호교섭의 최저의 기준이며, 인간의 번영과 문화 창조의 출발점이다. 이러한 법적 안정성을 확보하기 위하여 다음과 같은 요건이 필요하다고 한다. 첫째, 법의 내용이 명확해야 하고, 둘째, 법이 함부로 쉽게 변경되어서는 안 되며, 셋째, 법의 내용이 현실적으로 집행하기 쉽고 너무 높은 이상만을 추구하여서는 안 되며, 넷째, 법은 사회생활을 하는 국민의 의식에 맞아야 한다.

## 2. 법의 분류

### 2.1 성문법과 불문법

법은 그 존재 형태에 따라 문서로서 일정한 형식과 절차를 거쳐 공포된 성문법과 문장의 형식으로 되어 있지 않고 입법 절차를 거치지 않은 불문법으로 나뉜다.[6]

1) **성문법:** 문서의 형식을 갖춘 법이란 뜻으로 사람에 의하여 일정한 절차와 형식에 따라 권한이 주어진 기관에 의해 제정되고 공포되기 때문에 제정법이라고 한다. 대부분 국가에서는 명시화된 성문법을 바탕으로 국가의 설립 및 체계를 이루고자 한다. 성문법의 종류에는 다음과 같은 것들이 있다.

a) 헌법: 국가의 조직 및 작용에 관한 국가의 근본법으로서 국가의 최고의 기본법이다. 따라서, 헌법은 법률, 명령은 물론 국가기관의 행위보다 상위에 있으며 또한 이들 효력의 근거가 된다.

b) 법률: 법률은 입법기관인 국회가 제정한 성문법으로 행정부나 사법부에 의해 제정되는 법규와 구별된다. 법률은 헌법의 하위에 있으므로 헌법에 위배되면 무효가 된다. 국회의원과 정부는 법률안을 제출할 수 있고, 국회에서 법률안이 국회 재적의원 과반수의 찬성과 출석의원 과반수의 찬성으로 의결된다(「헌법」 제52조 · 제49조). 의결된 법률안은 정부에 이송되어 15일 이내에 대통령이 이를 공포하며, 법률에 특별한 규정이 없는 한 공포한 날로부터 20일이 경과함으로써 그 효력을 발생하게 된다(「헌법」 제53조).

c) 명령: 명령은 국회의 의결을 거치지 않고 행정기관에 의하여 제정된 성문법으로서, 그 형식적 효력이 법률의 하위에 존재한다. 명령은 그것을 발하는 주체에 따라 대통령이 발하는 명령을 대통령령, 총리가 발하는 명령을 총리령, 행정 각부의 장이 발하는 명령을 부령이라고 하며, 그 성질에 따라 위임명령, 집행명령으로 나누어진다. 이상의 각 명령의 형식적 효력은 대통령령이 총리령과 부령의 상위에 있는 반면 총리령과 부령은 동등한 것이다.

---

**법률 · 시행령 · 시행규칙**

「헌법」 제38조에서 "모든 국민은 법률이 정하는 바에 의하여 납세의 의무를 진다"는 규정에 의하여 「국세기본법」이 제정되어 있고, 이를 집행하기 위하여 대통령령으로서 「국세기본법 시행령」이 제정되며, 이 밑에 구체적으로 이 법을 시행하기 위한 세부적인 입법으로 기획재정부령인 「국세기본법 시행규칙」이 있다.

---

d) 규칙: 규칙은 첫째, 일반적으로 행정기관의 내부질서와 공법상 특별권력관계를 규율하기 위하여 제정되는 행정규칙을 의미하며, 규칙, 훈령, 지시, 예규, 통첩, 규정, 수칙 등으로 표현된다. 둘째, 국회 및 특수한 국가기관이 법률이 정한 사항에 관하여 제정하는 규칙으로 국회규칙, 대법원규칙, 중앙선거관리위원회규칙, 감사원규칙 등이 있다. 셋째, 자치법규로서의 규칙이 있다.

e) 자치법규: 지방자치단체가 법령의 범위 안에서 제정한 자치에 관한 규정을 자치

---

6) 이재삼, 『법학통론』, 도서출판 범한, 2014. 최완진, 『신법학통론』, 세창출판사, 2019. 김민중, 『법학개론』, 신논사, 2012.

법규라고 한다. 지방자치단체는 헌법이 보장한 자치입법권에 의해 조례와 규칙을 제정할 수 있다. 조례는 지방자치단체가 법령의 범위 내에서 그 사무에 관하여 지방의 회의 의결을 거쳐 제정하며, 자치규칙은 지방자치단체의 장이 법령 또는 조례가 위임한 범위 내에서 그 권한에 속하는 사항에 관하여 제정된다.

f) 조약: 조약은 국가와 국가, 국가와 국제기구 간의 문서에 의한 명시적 합의를 말한다. 조약은 반드시 조약이라는 명칭이 있어야 하는 것은 아니며, 협약, 협정, 의정서, 헌장, 규약, 선언, 협의, 교환공문, 잠정협정과 같은 명칭을 사용하더라도 조약으로서의 효력이 있다. 조약은 대통령에 의해 체결되고, 국회의 동의를 얻어 대통령이 공포함으로써 그 효력이 발생한다(「헌법」 제6조 1항).

2) **불문법**: 성문법과 달리 문서의 형태가 아닌 관행으로 행하여지는 관습이나 법원에서의 판례 또는 사회적 정의감으로 인식되는 이치에 따라 적용되는 제정법 이외의 법으로 관습, 조리, 판례 등이 이에 속한다.

a) 관습법: 관습법은 불문법의 전형적인 존재이고, 역사적으로 볼 때 관습법이 어느 시대 어느 사회에서나 법규범의 가장 직접적이고 근원적인 발현형식이라 할 수 있다. 관습법은 일상생활 속에서 자연발생적으로 성립하는 관습을 통하여 반복적으로 행하여온 관행이 불특정 다수에 의해 구속력을 얻어 법적인 효력을 가지는 것으로 확신을 얻은 규범을 의미한다. 불문법주의를 취하는 국가는 물론이고 성문법주의를 취하는 국가에서도 그 단점을 보완하기 위하여 관습법을 법의 존재형식으로서 인정하고 있다.

- 사실혼관계: 사실혼은 법률상 혼인으로서의 효력을 인정받지 못하지만, 판례는 어느 정도까지 혼인의 효력을 인정하고 있다.

b) 판례법: 법원의 판결을 통하여 형성된 법을 의미하며, 먼저 내려진 특정한 사건에 대한 법원의 판결이 그 후 다른 유사한 사건에 관하여 반복되면 판례법이 성문법과 같은 규범력을 가지게 된다. 불문법주의를 취하는 나라에서는 먼저 내려진 법원의 판결이 그 후 유사한 사건에 관하여 구속력을 갖게 되는 '선례구속의 원칙'이 적용되나 성문법주의를 취하는 우리나라에서는 선례구속의 원칙이 제도적으로 보장되어 있지는 않다.

c) 조리: 조리란 사물의 합리적이고 본질적인 법칙으로 사물의 이치나 도리를 의미한다. 이는 사회질서, 사회통념, 경험법칙, 공서양속, 신의성실의 원칙 등으로 표현된다. 「민법」 제1조는 법률에 규정이 없으면 관습법에 의하고 관습법이 없으면 조리에 의한다고 규정하여 조리의 법원성을 인정하고 있다.

## 2.2 국내법과 국제법

a) 국내법: 국내법은 한 국가 안에서 인정되고 그 국가 안에서만 효력이 적용되는 법으로, 국가·공공단체와 국민, 개인 상호 간의 권리와 의무관계를 규정한 법이다.

b) 국제법: 국제법은 국가 간의 합의에 의하여 국가 상호 간의 권리와 의무를 규율하는 법으로 국제법의 법원으로서는 조약 기타 국가 간의 협약이나 국제법원의 판결 및 UN에서 형성된 법 등을 들 수 있다.

## 2.3 일반법과 특별법

a) 일반법: 법의 효력 및 적용 범위가 한정되지 않고 일반적인 법으로 「헌법」·「민법」·「형법」 등이 있다.

b) 특별법: 법의 효력 및 적용 범위가 특정한 사항이나 사람, 장소의 범위 안에서만 적용되는 법으로 「상법」·「군법」 등이 이에 속한다.

> 일반법과 특별법을 구별하는 기준은 사람, 장소, 사항에 관하여 적용되는 범위의 차이에 따라 나누어지며, 특별법은 일반법에 우선하는 특별법 우선의 원칙이 적용된다.

## 2.4 실체법과 절차법

a) 실체법: 실체법은 권리, 의무의 실체(의무의 성질, 내용, 범위 및 그 발생, 변경, 소멸 등)를 규정하는 법을 가리키며 「민법」·「상법」·「형법」 등이 이에 해당한다.

b) 절차법: 절차법은 권리, 의무의 실현 절차(의무의 행사, 보전, 이행, 강제 등)에 관하여 규정하는 법을 의미하며, 「민사소송법」, 「형사소송법」, 「부동산등기법」 등이 이에 해당한다.

## 2.5 공법·사법·사회법

a) 공법: 공법은 국가와 사회의 공익 보호를 목적으로 국가와 개인, 국가와 공공단체, 국가와 국가 간의 국가적, 통치적, 공익적인 생활 관계를 규율하는 법(「헌법」, 「행정법」, 「형법」)을 의미한다.

b) 사법: 사법은 사익의 보호를 목적으로 개인 상호 간의 생활 관계를 규율하는 법(「민법」)

을 의미한다.

c) 사회법: 공법과 사법의 중간 법으로 개인과 개인 간의 문제에서 경제적인 약자를 보호하기 위하여 공법적인 통제를 가하여 개인의 실질적인 평등을 실현하기 위한 법(「노동법」, 「사회보장법」, 「경제법」)이다.

## 2.6 법의 체계[7]

| 법 | | | | | | | | | | | |
|---|---|---|---|---|---|---|---|---|---|---|---|
| 국내법 | | | | | | | | | | 국제법<br>(공법) | |
| 공법 | | | | | 사법<br>(실체법) | | 사회법<br>(주로 실체법) | | | 평<br>시<br>국<br>제<br>법 | 전<br>시<br>국<br>제<br>법 |
| 실체법 | | | 절차법 | | 민 | 상 | 노 | 경 | 사<br>회<br>보<br>장 | | |
| 헌<br><br>법 | 형<br><br>법 | 행<br>정<br>법 | 민<br>사<br>소<br>송<br>법 | 형<br>사<br>소<br>송<br>법 | 법 | 법 | 동<br>법 | 제<br>법 | 법 | | |

a) 평시국제법: 외교관의 특권, 조약의 일반적 효력, 국제분쟁의 평화적 해결 등을 규율하는 법을 말한다.

b) 전시국제법: 전시의 국제관계를 규율하는 법이다.

# 3. 관광법규의 성격[8]

## 1) 특별법적 성격

관광법규는 법의 효력이 일반적으로 적용되는 일반법과 달리 관광활동과 관련되는 특정한 사람이나 사항 및 특정 지역 등에 한하여 적용되는 특별법적 성격을 가지고 있다.

> **일반법과 특별법의 관계:** 둘의 관계는 상대적인 것이며, 원래 특별법은 정의(正義) 또는 형평(衡平)의 관념에 입각하여 일반법 중에서 특수한 사항을 골라내어, 그것을 특별히 취급하려고 하는 취지에서 나온 것으로 특별법은 일반법에 우선하는 것이 원칙이며, 일반법은 특별법에 규정이 없는 경우에만 보충적으로 적용됨(「상법」 1조 참조).

---

7) 박주현 · 박인숙 공저, 『법학개론』, 진영사, 2013. 정희천, 『최신관광법규론』, 대왕사, 2022.
8) 원철식 외 2인 공저, 『관광법규와 사례분석』, 백산출판사, 2024. 이제삼, 『법학통론』, 도서출판 범한, 2014. 조진호 외 3인 공저, 『관광법규론』, 현학사, 2017. 주영환 외 4인 공저, 『최신관광법규』, 백산출판사, 2012.

### 2) 육성법적·조성법적 성격

오늘날 관광의 주체들은 다양한 인식변화를 토대로 빠르게 변화하는 관광활동에 적극적으로 참여하고 있으며 관광사업을 중심으로 하는 나라 및 지역들은 이러한 관광환경에 대처하지 않으면 발전적이고 미래지향적인 관광사업을 펼칠 수 없다. 이러한 이유로 관광법규는 원활한 관광활동이 이루어질 수 있는 다양한 관광여건 및 환경을 조성하고 효율적인 자원의 개발을 위한 개발촉진 및 관광사업을 적극적으로 육성하고 지도함을 목적으로 한다. 이를 통하여 질 높은 관광의 실현을 이룰 수 있을 것이다.

### 3) 행정법적·임무법적 성격

관광법규는 관광의 질서를 유지하기 위한 자원의 보호 및 관찰의 의무를 수행하고 관광객의 권리를 보호하며 관광사업자와 관광객의 의무를 규율하는 법으로 다양한 관광활동과 관련된 여러 주체의 관광활동을 조율하기 위한 행정권의 조직 및 작용에 관한 행정법이다. 이와 같이 국가와 지방자치단체 등 관광행정의 주체가 적극적인 관광행정 행위를 지원하기 위한 법으로 효율적인 관광행위의 관리 및 지원에 관련되는 책무와 의무를 규정하고 있다. 행정주체의 원활한 임무 수행을 통하여 관광진흥에 이바지하고자 함이다.

### 4) 복지 지향적 성격

관광은 인간의 다양한 욕구충족을 위한 수단으로 활용되어 왔으며, 관광의 기본권을 보장하는 「관광기본법」을 토대로 21세기 관광법규는 사회구성원들의 행복권을 추구할 권리를 충족하기 위한 통로로 사용되어질 것이다. 이는 관광이 미래에도 변함없이 인류의 복지에 기여함을 의미한다고 보여진다.

## 4. 관광법규의 약사(略史)

관광법규의 효시는 「관광사업진흥법(觀光事業振興法)」이다. 「관광사업진흥법」은 5·16 군사혁명이 일어난 직후인 1961년 8월 14일 국가재건최고회의에 상정되어 의결된 우리나라 최초의 관광관련법이다. 1961년 법률 제689로 공포된 이 법률은 전문 5장 62조 및 부칙으로 구성되어 있다. 이 법의 제정이유로, "관광객의 유치 및 접대와 관광에 관한 시설 및 선전 기타 필요한 사항을 규정함으로써 관광사업의 진흥과 외화획득의 촉진을 도모하고자 한다"고 밝혔다. 현행 「관광진흥법」과 크게 다를 바 없다. 이 법은 4차에 걸쳐 개정되었다 (1963.3.5., 1967.2.28., 1971.1.18., 1973.2.25. 등).

1975년 12월 31일 「관광사업진흥법」은 관광사업 환경의 변화에 대처하기 위해 「관광사업법(觀光事業法)」으로 개칭되었고, 4차의 개정이 이루어졌다. 한편 1975년 12월 31일, 정부는 관광의 진흥 방향과 시책에 관한 사항을 규정한 「관광기본법」을 제정·공포하였다. 「관광기본법」은 21세기 복지국가의 도래에 부응하기 위해 2000년 1월 12일 1차 개정을 통하여 "국민복지의 향상"을 관광진흥의 궁극적 목적으로 추가하였다. 이후 시대의 변화에 따른 법의 개정 작업의 필요성에 의하여 네 번(2007.12.31., 2017.11.28., 2018.12.24., 2020.12.22.) 개정되었다.

「관광사업법」은 1986년 새로운 관광수요에 능동적으로 대처하기 위해 현재의 「관광진흥법(觀光振興法)」으로 개칭되면서 그동안 여러 차례의 개정이 이루어졌다. 현행 관광진흥법은 2023년 6월 20일 개정되어 공포 후 6개월이 경과한 2023년 12월 21일부터 시행된 것이다.

## 5. 관광법규의 종류[9]

관광과 직·간접으로 관련이 있는 법규에는 다음과 같은 것들이 있다.

### 1) 법령

| 법령 종류(존재형식) | 법령명 |
| --- | --- |
| 법률 | • 관광기본법<br>• 관광진흥법<br>• 여권법<br>• 관광진흥개발기금법<br>• 국제회의산업 육성에 관한 법률<br>• 한국관광공사법<br>• 관세법<br>• 출입국관리법<br>• 검역법<br>• 외국환거래법<br>• 밀항단속법<br>• 성매매알선 등 행위의 처벌에 관한 법률<br>• 여객자동차운수사업법<br>• 한국공항공사법<br>• 약관의 규제에 관한 법률<br>• 마약류관리에 관한 법률<br>• 총포, 도검, 화약류 등의 안전관리에 관한 법률 |

---

9) 국가법령정보센터(https://www.law.go.kr/)에서는 「법령」(법률, 대통령령, 부령), 「자치법규」(조례, 규칙), 「행정규칙」(훈령, 예규, 고시), 「판례」로 분야를 구분하여 우리나라의 모든 법령정보를 제공하고 있다. 「조약」은 「법령」분야에서 정보를 검색할 수 있다.

10) CITES(Convention on International Trade in Endangered Spices of Wild Fauna and Flora)

| 대통령령 | • 관광진흥법 시행령<br>• 여권법 시행령<br>• 관광진흥개발기금법 시행령<br>• 국제회의산업 육성에 관한 법률 시행령<br>• 한국관광공사법 시행령<br>• 관세법 시행령<br>• 출입국관리법 시행령<br>• 검역법 시행령<br>• 성매매알선 등 행위의 처벌에 관한 법률 시행령<br>• 외국환거래법 시행령<br>• 여객자동차운수사업법 시행령<br>• 한국공항공사법 시행령<br>• 약관의 규제에 관한 법률 시행령<br>• 마약류관리에 관한 법률 시행령<br>• 총포, 도검, 화약류 등의 안전관리에 관한 법률 시행령 |
|---|---|
| 부령 | • 관광진흥법 시행규칙(문화체육관광부령)<br>• 여권법 시행규칙(외교부령)<br>• 관광진흥개발기금법 시행규칙(문화체육관광부령)<br>• 국제회의산업 육성에 관한 법률 시행규칙(문화체육관광부령)<br>• 한국관광공사법 시행규칙(문화체육관광부령)<br>• 관세법 시행규칙(기획재정부령)<br>• 출입국관리법 시행규칙(법무부령)<br>• 검역법 시행규칙(보건복지부령)<br>• 총포, 도검, 화약류 등의 안전관리에 관한 법률 시행규칙(행정안전부령) |
| 조약 | • 멸종위기에 처한 야생동식물종의 국제거래에 관한 협약(CITES)[10] |

## 2) 자치법규

| 종류 | 법규명 |
|---|---|
| 조례 | • 제주특별자치도 관광진흥 조례(제주특별자치도 조례)<br>• 제주특별자치도 카지노업 관리 및 감독에 관한 조례(제주특별자치도 조례) |
| 규칙 | • 제주특별자치도 관광진흥 조례 시행규칙(제주특별자치도 시행규칙)<br>• 제주특별자치도 카지노업 관리 및 감독에 관한 조례 시행규칙(제주특별자치도 규칙) |

## 3) 행정규칙

| 종류 | 규칙명 |
|---|---|
| 고시 | • 호텔등급결정 업무위탁 및 등급결정에 관한 요령(문화체육관광부고시)<br>• 여행업 보증보험, 공제 및 영업보증금 운영규정(문화체육관광부고시)<br>• 문화관광해설사 교육과정 등의 인증 및 배치활용 고시(문화체육관광부고시)<br>• 국외여행인솔자 교육기관 지정 및 교육과정 운영에 관한 요령(문화체육관광부고시) |
| 훈령 | • 관광진흥개발기금 관리 및 운용 요령(문화체육관광부훈령)<br>• 병역의무자 국외여행 업무처리 규정(병무청훈령) |
| 예규(例規) | • 관광지 또는 관광단지 폐기물 처리시설 설치비용의 사용 용도에 관한 규정(환경부예규) |

# Ⅱ. 관광기본법

제정 1975.12.31. 법률 제2877호
개정 2000.01.12. 법률 제6129호
일부개정 2007.12.21. 법률 제8741호
일부개정 2017.11.28. 법률 제15056호
일부개정 2018.12.24. 법률 제16049호
일부개정 2020.12.22. 법률 제17703호

## 1. 관광기본법의 제정목적

> **제1조(목적)**
>
> 이 법은 관광진흥의 방향과 시책에 관한 사항을 규정함으로써 국제친선을 증진하고 국민경제와 국민복지를 향상시키며 건전한 국민관광의 발전을 도모하는 것을 목적으로 한다.

본조는 「관광기본법」의 제정목적을 명백히 함과 동시에 정부가 관광의 중요성을 인식하여 능동적으로 관광을 진흥할 것을 선언적으로 규정한 것이라 하겠다. 즉 제1조는 「관광기본법」의 내용이 어떤 것이며, 제정목적이 무엇인가를 밝히고 있다.

「관광기본법」은 관광을 진흥시키기 위한 것이며 궁극적인 목적은 첫째 국제친선의 증진, 둘째 국민경제 및 국민복지의 향상, 셋째 건전한 국민관광의 발전을 도모하는 것임을 천명하고 있다.

1970년대 국민소득의 증대 등으로 외국인의 국내관광뿐만 아니라 우리나라 국민의 관광활동이 활기를 띠게 되자 국민복지 차원에서 국민관광의 진흥 문제가 대두되면서 관광법규의 재정비가 필요하게 되었고 또 관광산업이 복합산업인 이유로 다원화되어 있는 관광행정의 문제점을 시정하기 위해 통일적이고 종합적인 관광진흥 기본정책을 추진할 수 있는 제도적인 보완의 요청으로 1975년 「관광기본법」이 제정되었다.

관광이 국민의 기본권의 하나이며 자유권의 일종으로 인식됨으로써 국민의 경제, 사회, 문화 등 모든 영역에 미치는 영향이 지대하므로 이를 국가의 주요 전략산업으로 발전시켜 나가고 있는 것이 오늘날 세계 각국의 공통된 추세이다. 따라서 「관광기본법」의 제정은 단순히 관광사업의 육성과 국제관광의 진흥만을 주된 목표로 하던 종래의 소극적인 관광정책에서 탈피하여, 국제관광과 국민관광을 함께 병행·발전시키기 위한 적극적인 관광진흥정책으로의 전환을 의미하는 것이었다.

1975년 제정된 「관광기본법」은 2000년 1월, 1차 개정이 이루어졌다. 2000년 개정된 「관광기본법」은 종래 목적조에는 없었던 "국민복지의 향상"을 추가한 것이 특색이라 하겠다.

### 1) 국제친선의 증진

국제친선이란 국가와 국가 간의 교류나 국제기구와의 상호교류, 또는 자국민과 다른 나라의 국민 사이에 경제, 사회, 문화의 교류를 통해 상호이해를 증진하고 협력하는 체제를 구축함으로써 우호증진을 꾀하는 한편 상호이해와 친밀감을 깊게 함으로써 세계평화에 기여하는 것을 말한다.

관광은 왕래를 전제로 하기 때문에 관광을 통한 교류는 타국 또는 타 지역의 사람이나 문화를 빨리 이해하게 함으로써 국제친선을 증진시킬 수 있다.

### 2) 국민경제 및 국민복지의 향상

관광은 외화가득률이 높고, 승수효과가 큰 산업이기 때문에 국제수지를 개선하고 국민소득을 창출하는 효과가 있다. 특히 관광산업은 서비스산업으로서 노동집약적이기 때문에 고용창출 효과가 높다. 따라서 관광의 발전이 국민경제에 미치는 영향이 크기 때문에 정부는 관광진흥을 위한 여러 가지 시책을 적극적으로 전개함으로써 국민경제를 향상시킬 수 있다.

뿐만 아니라 관광은 물질적 풍요가 아닌 정신적 풍요를 갈망하는 현대인의 욕구를 충족시킬 수 있는 중요한 수단이 된다. 이제 인간은 의·식·주의 해결만으로 인생의 보람을 느끼고 행복을 추구하지 않고 삶의 질(quality of life)을 가치 있는 것으로 추구하면서 마음의 안정과 행복을 찾으려고 노력하고 있다. 삶의 질이란 국가발전정책을 수립하고 평가하는 개념적 틀로써 1960년대부터 선진국에서 사용된 용어인데 지역사회의 수요와 욕구의 실질적인 만족정도를 의미하는 생활수준으로써 복지에 대한 포괄적인 표현으로 보기도 한다. 오늘날 대부분 선진 국가에서는 국가개발의 관심을 경제성장 지향적 개발계획보다는 실제 인간의 삶과 관련이 있는 사회 및 환경의 변화에 집중하고 있다. 관광은 생활의 질을 향상시킬 수 있는 수단으로 이용되는 여가활동 중의 하나로 건전한 여가선용의 기회를 제공할 뿐만 아니라 내일의 삶을 위한 재충전의 수단으로 활용됨으로써 국민의 정신적 건강에 기여하며 서로 다른 지역과의 관계개선을 통해 지역사회의 생활의 질 향상에도 크게 기여하는 등 사회와 국가에 기여할 수 있는 동기를 제공하여 준다는 점에서 복지사회에서 잘 키우고 장려되어야 할 분야로 인식되어 있다. 따라서 정부는 관광의 진흥을 통해 국민 복지를 향상시키겠다는 의지를 「관광기본법」에서 밝히고 있다.

### 3) 건전한 국민관광 발전

국민관광이란 관광주체 및 관광의 공간적 측면에서 보면 내국인의 국내관광과 내국인의 국외관광을 모두 말하며, 관광참여자의 측면에서는 모든 국민이 관광에 참여해서 인간의 행복을 느낄 수 있는 관광, 즉 관광에 참여하지 못하는 관광취약 계층(청소년, 근로자, 노인, 부녀자, 신체장애자 등)이 관광에 참여할 수 있도록 하는 복지관광까지를 포함하는 개념이다. 여행을 통하여 국민 대중의 건전한 국민 정서를 함양시키고 여가 선용을 계도하는 한편, 국가가 국민에게 관광여건을 조성하고 관광지와 관광시설 등을 개발·정비하여 국내 관광의 관광시설 및 오락운동시설 등을 생활권적 기본권 차원에서 저렴한 가격으로 균등하게 이용할 수 있도록 하는 것은 복지국가를 지향하는 현대국가의 중요 정책 중 하나이다.

우리나라는 1970년대에 들어서서 경제성장과 여가시간의 증대에 따라 국민관광이 본격적으로 보급되기 시작하였으며, 1980년대의 대량 국민관광시대를 맞아 국민의 관광성향이 다양해지고 관광인구도 급증하게 되었고, 이와 아울러 1989년 1월 1일에는 국민해외여행이 전면 자유화되자 관광목적의 해외여행도 급증하게 되었다. 이와 같이 국민관광의 수요가 급격하게 증가하고 있으나, 관광의 경험이 부족한 일부의 국민들이 관광지 등에서 행락 질서를 문란케 하고 관광자원을 훼손하는 등 몰지각한 행동을 한다든가, 해외여행에서 물품의 과다 구입 또는 호화사치성 여행으로 국위를 손상하는 등 사회의 지탄을 받는 일이 빈번하게 발생하는가 하면 일반대중 가운데는 저소득, 신체적 장애, 노약자, 여가시간의 부족 등으로 관광에 참여하지 못하는 관광취약 계층이 상당수 있는 것도 사실이다.

따라서 정부는 이러한 문제를 해결함으로써 국민관광이 건전하게 발전할 수 있도록 하여야 한다. 최근 정부는 여행이용권 제도를 도입(「관광진흥법」 제 2조 11의 2)하여 관광취약계층이 관광 활동을 영위할 수 있도록 지원함으로써 국민복지관광을 실현시키는 노력을 하고 있다.

## 2. 정부의 시책

> **제2조(정부의 시책)**
>
> 정부는 이 법의 목적을 달성하기 위하여 관광진흥에 관한 기본적이고 종합적인 시책을 강구하여야 한다.

본조는 이 법의 목적을 달성하기 위하여 정부로 하여금 관광진흥에 필요한 ① 국제친선의 증진, ② 국민경제 및 국민복지의 향상, ③ 건전한 국민관광의 발전을 도모할 수 있는 기본적이고 종합적인 시책을 강구하도록 정부에게 그 책임과 임무를 부여한 규정이라고 하겠다.

여기서 '기본적이고 종합적인 시책'이라 함은 관광진흥을 도모하기 위하여 정부가 지향하는 기본방향의 설정 및 그의 실시에 관하여 제반 시책을 계획하고 수립, 조정하는 관광경영의 종합적 행동계획이라고 말할 수 있다. 관광이란 관광자, 관광대상 및 이들을 연결하는 관광매체를 기본으로 정치, 경제, 사회, 문화 등의 환경속에서 발생하는 사회현상이기 때문에 관광과 관련된 분야가 많을 뿐만 아니라 이들 업무를 관장하고 있는 정부기관 또한 많다. 관광관련 업무가 주무부서인 문화체육관광부뿐만 아니라 거의 모든 행정부처에 분산되고 다원화되어 관장되고 있는 관계로, 행정 각 부처가 각기 독립된 입장에서 관광과 관련된 시책을 수립, 시행한다면 일관성 있는 국가시책을 기대할 수 없을 뿐더러 오히려 혼란을 가져와 행정력의 낭비와 함께 복잡한 행정절차로 인해 국민에게 불편과 부담을 줄 우려마저 낳게 하고 있다.

따라서 관광진흥의 목표를 달성하기 위하여는 이와 같이 분산되고 다원화된 관광업무를 일관성 있게 추진할 수 있는 기본적이고 종합적인 시책이 필요하며, 이러한 취지에 따라 정부로 하여금 관광 종합 시책을 강구할 것을 촉구하고 있는 것이다.

이러한 시책으로는 관광진흥계획 수립, 관광동향에 관한 연차보고, 외국관광객 유치, 관광시설의 개선, 관광자원의 보호, 관광사업의 지도육성, 관광종사자의 자질향상, 국민관광의 발전 등에 관한 것이 있다.

## 3. 관광진흥계획의 수립

**제3조(관광진흥계획의 수립)**
① 정부는 관광진흥의 기반을 조성하고 관광산업의 경쟁력을 강화하기 위하여 관광진흥에 관한 기본계획(이하 "기본계획"이라 한다)을 5년마다 수립·시행하여야 한다.
② 기본계획에는 다음 각 호의 사항이 포함되어야 한다. 〈개정 2020.12.22.〉
　1. 관광진흥을 위한 정책의 기본방향
　2. 국내외 관광여건과 관광 동향에 관한 사항
　3. 관광진흥을 위한 기반 조성에 관한 사항
　4. 관광진흥을 위한 관광사업의 부문별 정책에 관한 사항
　5. 관광진흥을 위한 재원 확보 및 배분에 관한 사항
　6. 관광진흥을 위한 제도 개선에 관한 사항
　7. 관광진흥과 관련된 중앙행정기관의 역할 분담에 관한 사항
　8. 관광시설의 감염병 등에 대한 안전·위생·방역 관리에 관한 사항
　9. 그 밖에 관광진흥을 위하여 필요한 사항
③ 기본계획은 제16조제1항에 따른 국가관광전략회의의 심의를 거쳐 확정한다.
④ 정부는 기본계획에 따라 매년 시행계획을 수립·시행하고 그 추진실적을 평가하여 기본계획에 반영하여야 한다. 〈개정 2017.11.28.〉

본조에서는 정부가 수립한 기본적이고 종합적인 관광시책을 최선의 방법과 수단을 통하여 능률적으로 실시할 수 있도록 장기계획과 연도별 계획(단기계획)을 수립할 것을 의무화하고 있다.

계획이란 행정기관이나 어떤 조직이 목표를 달성하기 위한 활동기준이 되는 것으로 사전에 충분한 연구와 예측에 입각해서 목표 달성을 위한 수단과 방법을 결정한 지침서이다. 계획의 종류에는 기간에 따라 장기계획(10년 이상), 중기계획(5~10년), 단기계획(2~3년)이 있으며, 대상에 따라 국토종합개발계획, 국토이용계획, 도시계획, 국방계획, 관광개발계획 등이 있다.

이와 같이 정부로 하여금 관광진흥 장기계획과 연도별 계획을 수립하게 한 것은 기본적, 종합적인 관광시책의 계속성을 유지하도록 하기 위한 것이다.[1]

## 4. 연차보고

> **제4조(연차보고)**
>
> 정부는 매년 관광진흥에 관한 시책과 동향에 대한 보고서를 정기국회가 시작하기 전까지 국회에 제출하여야 한다.

본조의 규정은 관광진흥에 관한 정부의 행정 책임을 확보하는 데 근본 목적이 있다고 하겠다. 여기서 행정 책임이란 행정기관이 외부기관 또는 행동기준에 대해서 책무를 부담하는 것을 말한다.

「관광기본법」은 관광진흥에 관한 주요 시책이 행정권자의 자의에 의해서 이루어지는 것을 방지하고, 정부로 하여금 관광행정을 책임있게 수행하도록 하기 위하여 국회에 연차보고서를 제출하도록 하고 있다. 이는 행정 책임을 확보하는 입법부의 행정통제 방안으로서 국민의 대표기관인 국회를 통하여 주권자인 국민에게 관광정책 사항을 알린다는 의미를 가짐과 동시에 관광에 관한 입법권과 예산심의권을 가지고 있는 국회의 협조를 사전에 구한다는 의미도 내포하고 있는 것으로 해석된다.

따라서 정부는 매년 관광진흥에 관한 시책과 동향에 관한 보고서를 정기국회 개시 전까지 국회에 제출하여야 하는데 「국회법」 제4조(2000.2.16. 개정)의 규정에 따르면 정기국회는 매년 9월 1일에 집회하도록 되어 있으므로 그 이전에 국회에 보고하여야 한다. 연차보고를 정기국회 개시 전으로 정한 이유는 정기국회에서 다음 연도의 예산을 심의하게 되므로 그

---

1) 문화체육관광부는 2022년 12월 12일. 관계부처 합동으로 「K-컬처와 함께하는 관광매력국가」를 주제로 한 5년간의('23~'27년) 제6차 관광진흥기본계획정책을 수립하였다.

에 따르려는 데에 그 주된 이유가 있다고 하겠다.

이에 따라 문화체육관광부는 매년 지난 한 해 동안의 관광부문의 주요 성과, 세계 및 우리나라의 관광동향, 국민 및 국제관광의 진흥, 관광자원의 개발, 관광인력양성, 관광산업육성, 관광교통발전, 관광 관련 기구와 활동, 지방자치단체의 관광진흥에 관한 활동과 이들 각 부문의 주요 관광정책방향 등의 내용을 수록한 보고서를 「관광동향에 관한 연차보고서」라는 형식으로 매년 정기국회 개시 전까지 국회에 제출하고 있다.

# 5. 법제상의 조치

**제5조(법제상의 조치)**

국가는 제2조에 따른 시책을 실시하기 위하여 법제상·재정상의 조치와 그 밖에 필요한 행정상의 조치를 강구하여야 한다.

본조의 규정은 「관광기본법」 제2조에 근거하여 정부가 수립한 관광진흥에 관한 기본적·종합적인 시책을 실시하는 데 필요한 최소한의 법제상, 재정상, 행정상의 조치를 강구하도록 국가에 의무를 부여한 것이라 하겠다.

국가는 관광진흥을 위한 정부시책을 실시하기 위해 필요한 법을 만들거나 예산을 확보하거나 일련의 행정상의 조치들을 취해야 한다.

한편 본조에서는 특별히 시책을 실시하기 위한 조치의무 주체를 국가로 규정하고 있다. 이는 법제상의 조치나 재정상의 조치는 좁은 의미의 정부, 즉 행정부 단독으로 처리할 수 있는 것이 아니라 국회에서 입법을 하거나 예산을 의결하여야 할 사항이기 때문에 입법부, 사법부, 행정부가 포함되는 넓은 의미의 국가로 한 것이다.

## 1) 법제상의 조치

법제상의 조치를 강구하도록 한 것은 관광진흥시책을 실시하는 데 필요한 여러 가지 관련 법률을 제정할 수 있는 근거를 마련한 것이라 볼 수 있는데, 법제상 조치의 범위는 「관광진흥법」, 「관광진흥개발기금법」 등과 같이 관광과 직접적으로 관련되는 법률뿐만 아니라 「조세감면규제법」, 「여권법」, 「출입국관리법」, 「공중위생법」, 「외국환관리법」, 「관세법」 등과 같이 간접적으로 관련되는 모든 법률을 포함한다. 또한, 관광진흥을 위한 새로운 법률의 제정뿐만 아니라 사회 여건에 맞지 않는 기존 법률의 개정과 폐지도 그 대상이 된다고 하겠다.[2]

---

2) 정부는 2020년 및 2022년 「국제회의산업 육성에 관한 법률」의 개정을 통해  ① 5개국 이상, 회의 참가자

### 2) 재정상의 조치

관광산업은 국민복지 차원에서 또는 외화획득산업으로서 국제수지개선에 크게 이바지하고 있으나, 관광지개발과 호텔 또는 종합휴양업의 건설 등은 타산업에 비하여 고정자본의 비율이 높고 투하자본의 회임 기간이 길어 적극적인 민간자본의 유치가 어려운 실정이다. 따라서 정부는 여러 가지 재정, 금융상의 지원을 함으로써 민간자본을 관광 부문에 유치함과 아울러 투자재원을 확보할 수 있는 방안을 강구하고 있다.[3]

### 3) 행정상의 조치

행정상의 조치로서는 민원인의 편의를 위한 관광행정 절차의 간소화, 내·외국인 관광객에 대한 출입국절차의 개선, 한자병기 관광지 표지판 설치·확대, 친절·청결·정직·질서 문화시민운동강화, IT기술을 응용한 관광안내서비스의 첨단화 등을 들 수 있다.

## 6. 지방자치단체의 협조

> **제6조(지방자치단체의 협조)**
> 지방자치단체는 관광에 관한 국가시책에 필요한 시책을 강구하여야 한다.

본조는 「관광기본법」이 지향하고 있는 목적을 효율적으로 달성하기 위하여 국가가, 수립한 관광시책을 실시함에 있어 지방자치단체가 필요한 시책을 강구하여야 하는 즉 지방자치단체의 협조 의무를 촉구한 규정이라 하겠다. 이는 지방자치단체가 그 관할구역 안의 자치사무와 위임사무를 처리하기 때문에 국가 전역에 걸친 관광진흥시책을 효율적으로 실시하기 위해선 지방자치단체의 협조는 필요불가결하다고 보기 때문이다.

「관광기본법」에서 지방자치단체가 강구하여야 할 사항으로는 관광에 관한 국가시책에 관하여 필요한 시책이라고 규정하고 있다. 그런데 이것은 지방자치단체가 강구해야 할 시

---

300명 이상(외국인 100명 이상), ② 3일 이상 진행하여야 국제회의가 성립되었던 국제회의 기준을 ① 3개국 이상, 회의 참가자 100명 이상(외국인 50명 이상), ② 2일 이상으로 국제회의기준을 완화하였다. 또한 호텔 등급평가제도를 개선하여 2023년부터 평가기준·배점을 단일화(기존에는 5성급으로 신청해 평가점수 미달 시, 4성급 평가를 다시 받아야 하였는데 개선을 통해 단일화된 평가기준 및 배점으로 1~5성급 결정, 평가 1회로 등급 결정 완료)하여 호텔업 피평가 부담(평가신청한 등급점수 미달 시 발생하는 재심비용 등)을 완화하였다. 기타 제6차 관광진흥기본계획 참조.

3) 2022년 제6차 관광진흥기본계획에서 정부는 타 업종 대비 과도한 교통유발계수[*주요 시설 교통유발계수: (4~5성 호텔, 가족호텔, 콘도) 2.62 / (일반 숙박시설) 1.16]의 하향조정 여부를 검토, 호텔업 교통유발부담금을 완화하여 호텔업계 비용부담을 완화하였으며, '22년 말 종료 예정이었던 외국인 대상 숙박요금 부가세 환급제도를 '25년까지 연장하여 관광소비 및 외국인 관광객 확대 방안을 지원하였다.

책이 국가의 시책에 국한된 위임사무만을 가리킨다고는 볼 수 없다. 왜냐하면, 지방자치단체에는 주민의 복리 증진을 위한 독립된 자치사무가 있기 때문이다. 따라서 지방자치단체가 강구하여야 할 시책으로는 우리나라 관광진흥에 관한 기본적, 종합적인 시책을 실시함에 있어 국가로부터 위임받은 사무를 집행하는 데 필요한 시책과 주민의 복지증진을 위하여 지방자치단체 자체에서 수립한 지역 내 관광진흥시책으로 구분할 수 있는데, 여기서는 이 양자가 모두 포함된다고 본다.

문화체육관광부장관은 「관광진흥법」의 규정에 의한 권한의 일부를 서울특별시장, 광역시장, 도지사에게 위임하는 경우가 있는데, 이와 같이 문화체육관광부장관의 권한을 지방자치단체에게 위임한 사무와 문화체육관광부장관이 지방자치단체에게 보조금을 지급하는 것 등은 국가의 사무를 지방자치단체가 행하는 경우에 해당한다. 반면에 지방자치단체가 관광지 등에서 관람료 또는 이용료를 징수하여 관광지 등의 보존, 관리, 개발에 필요한 비용에 충당하거나, 지역별 관광협회의 설립을 허가하는 것 등은 독립된 자치사무이다.

# 7. 외국 관광객의 유치

> **제7조(외국 관광객의 유치)**
>
> 정부는 외국 관광객의 유치를 촉진하기 위하여 해외 홍보를 강화하고 출입국 절차를 개선하며 그 밖에 필요한 시책을 강구하여야 한다.

본조는 정부에 대해 외국(인) 관광객의 유치를 위한 시책을 강구하도록 촉구함과 동시에 이를 위한 방법으로 해외선전의 강화 및 출입국절차의 개선, 기타 필요한 시책 등을 예시하고 있다.

## 1) 해외선전의 강화

해외선전이라 함은 외국의 관광시장에 대하여 자기 나라의 관광대상, 관광시설, 관광매력 등을 전파하여 관광의욕을 유발시키고 관광동기를 부여할 수 있는 각종의 촉진활동을 말한다.

우리나라의 경우에는 정부가 직접 또는 지방자치단체가 그리고 정부 투자기관인 한국관광공사가 외국인 관광객의 유치를 위한 해외선전과 국민관광의 홍보업무를 전담하고 있고, 이와는 별도로 한국관광협회 및 민간업체, 또는 국가기관인 외국주재공관, 문화원 등이 각각 독자적으로 선전 및 홍보활동을 전개하고 있다. 관광진흥을 위해 실제 전개되고 있는 해외선전 활동에는 관광유치단 파견 및 교역전 참가, 수학여행단 유치 활동, 언론인·여행업자 방한 초청 활동, 관광설명회 개최, 홍보간행물 발간, 선전물 제작, 해외 광고, 국제기구와의 협력 증진 등이 있다.

### 2) 출입국절차의 개선

출입국절차의 개선이다. 세계 모든 국가를 출입국하고자 할 때에는 어느 국가를 불문하고 여권을 소지하고 있어야 하며, 입국 시에는 비자면제 협정국가가 아닌 경우에는 비자를 발급받아야 한다. 그리고 일반적으로 세관(customs), 출입국심사(immigration), 검역(quarantine)이라는 일정한 과정을 거쳐야 하는데, 이러한 과정은 외국인 관광객에 있어서는 매우 번잡하고 불편한 것이기 때문에 동남아, 동유럽 등 개발도상국 가운데는 외국인 관광객 유치를 위하여 단기체류자에 대한 비자를 면제하는 등 출입국절차의 간소화에 힘을 기울이고 있는 나라가 적지 않다. 대한민국은 2023년 기준, 192개 국가와 무사증협정(無査證協定)을 체결하여 비자 없이 출입국이 가능하도록 하는 등 출입국절차의 간소화에 노력하고 있다.[4]

### 3) 기타 필요한 시책 강구

기타 필요한 시책의 강구란 외국인 관광객의 유치를 촉진하는 데 필요한 해외선전의 강화 및 출입국절차의 개선 이외의 관광시책을 의미한다. 예를 들면, 국제 및 국내 교통수단의 개선과 각종 관광시설의 개선, 매력 있는 관광자원의 개발, 특색 있는 관광상품의 개발, 친절서비스를 위한 종사원의 자질향상 및 범국민 친절 의식수준 제고, 볼거리·즐길거리 확대와 기반 조성, 관광안내소 시설 증설 및 기능 강화, 통역 등 관광안내 편의 개선, 공중 화장실 청결화, 택시 서비스 개선 및 음식점 서비스 향상 등의 사회질서확립 등이 그것이다.

## 8. 관광 여건의 조성

> **제8조(관광 여건의 조성)**
> 정부는 관광 여건 조성을 위하여 관광객이 이용할 숙박·교통·휴식시설 등의 개선 및 확충, 휴일 휴가에 대한 제도 개선 등에 필요한 시책을 강구하여야 한다. 〈개정 2018.12.24.〉

정부가 학교의 재량 휴업 제도, 대체 공휴일 제도, 임시 공휴일 제도 등을 도입하여 관광여건을 조성하고 있었지만 이를 위한 체계적인 시책 마련이 제대로 이루어지고 있지 않은 상황이었다. 그래서 정부는 관광여건을 조성하기 위하여 관광을 함에 있어서 필수적으로 이용하게 되는 숙박, 교통, 휴식시설 등을 개선하고 확충하여야 할 뿐만 아니라 휴일, 휴가에 대한 제도개선 등에 필요한 시책을 마련하도록 함으로써 국민경제와 국민복지 향상에

---

4) 국가법령정보센터(https://www.law.go.kr/)

이바지하기 위한 법적 근거를 마련하였다.

여기서 본조에 의해 정부가 강구해야 할 필요한 시책이란 관광객이 이용하는 모든 시설의 질적 향상을 기하는 시책 및 관광수요의 증가에 따른 양적 확대를 꾀하는 시책을 포함하는 개념이라 하겠다. 즉 중저가 숙박시설의 확충지원, 국제항공 노선의 개발, 국제공항의 건설, 유람선의 입항 및 도입, 국내 관광지까지 이동할 수 있는 교통수단개선, 그리고 쇼핑시설의 개선 및 확충, 골프장·스키장·박물관 기타 문화시설 등을 정비하고 확충하는 것도 시설의 개선 및 확충의 예라고 볼 수 있다.

# 9. 관광자원의 보호 등

**제9조(관광자원의 보호 등)**

정부는 관광자원을 보호하고 개발하는 데에 필요한 시책을 강구하여야 한다.

본조는 관광자의 욕구를 충족시켜주는 대상으로서 관광행동을 유발하는 관광의 중요한 구성요소인 관광자원을 국가적인 차원에서 보호하고 개발하는 데 필요한 시책을 강구할 임무를 정부에게 부여하고 있다.

관광자원이라 함은 관광동기를 충족시켜 줄 수 있는 유형, 무형의 모든 대상물을 말하는데, 이러한 관광자원은 크게 자연 관광자원과 인문 관광자원으로 구분할 수 있다. 자연 관광자원으로는 지형, 지질, 생물, 기상, 기후, 온천 등이 있고, 인문관광자원은 인간의 노력과 지혜가 총화되어 관광객의 관광동기를 충족시켜 주는 유형, 무형의 관광자원으로서 문화적 관광자원(문화자원, 문화적 시설), 사회적 관광자원(사회형태, 생활형태), 산업적 관광자원(농림업, 어업, 상업 등) 등이 있다.

「관광기본법」은 이러한 관광자원에 대하여 정부의 보호 임무뿐만 아니라 개발 임무까지 부여하고 있다. 관광자원을 보호한다는 것은 본래의 현상이 파괴되지 않는 상태로 유지하는 것을 의미한다. 또 관광자원의 개발은 관광자원의 가치를 보다 효과적으로 보존하고 새로운 가치를 증진시키는 것을 말한다.

그런데 관광자원은 그 범위가 매우 광범하고 다양할 뿐만 아니라 이를 관장하는 정부기관 또한 다원화되어 있기 때문에 이들 자원의 보호 시책도 매우 복잡하고 다양하다. 관광자원의 보호 및 개발을 위한 정부의 시책에는 「문화재보호법」에 의한 문화재, 민속자료, 기념물, 매장문화재의 지정 및 보호 시책, 자연자원의 보호를 위한 자연공원의 지정 및 관리 시책, 「관광진흥법」에 의한 관광지 등의 지정 및 개발시책 등이 있다.

## 10. 관광사업의 지도 · 육성

> **제10조(관광사업의 지도 · 육성)**
>
> 정부는 관광사업을 육성하기 위하여 관광사업을 지도 · 감독하고 그 밖에 필요한 시책을 강구하여야 한다.

본조는 관광사업의 육성을 위하여 정부가 지도 · 감독 등 필요한 시책을 강구할 것을 촉구하는 규정이라 하겠다. 관광사업은 사회 · 문화 및 경제적 측면에서의 효과로 인해 단순한 영리사업의 차원을 넘어 공익성이 강조되는 사업이다. 따라서 관광 관련 사업이 건전하게 육성되지 않으면 안 되기 때문에 정부의 특별한 지도와 감독이 필요하다.

일반적으로 관광사업이란 관광의 효용과 문화적 · 사회적 · 경제적 효과를 합리적으로 촉진하는 것을 목적으로 한 조직적 활동으로서 정부나 지방자치단체 등의 공공기관과 민간기업이 그 주체가 된다. 한편, 「관광진흥법」 제2조 제1호에 의하면 "관광사업은 관광객을 위하여 운송 · 숙박 · 음식 · 운동 · 오락 · 휴양 또는 용역을 제공하거나 그 밖에 관광에 딸린 시설을 갖추어 이를 이용하게 하는 업"을 말한다. 이와 같이 관광사업은 여러 가지 업종으로 이루어지고 있기 때문에 산업적 측면에서 본다면 관광사업은 바로 복합산업으로서의 특징을 지니고 있다고 할 수 있다.

한 나라의 관광이 발전하려면 관광사업이 건전하게 육성되어야 한다. 그런데 관광사업을 육성하는 데는 법률적인 규제만으로는 충분한 실효를 거두기 어려우며, 부단한 행정지도와 감독을 통하여 그리고 필요한 시책을 강구함으로써만 가능한 것이다. 정부는 「관광진흥법」 제78조에서 관광사업 또는 관광사업자단체에 대하여 필요한 때에는 사업에 관한 보고나 서류제출을 명할 수 있고, 공무원을 사업소나 사업장에 출입시켜 장부 · 서류 기타 물건을 조사 또는 검사하게 할 수 있도록 규정하여 관광사업을 감독하고 있다.

기타 지방자치단체 · 관광사업자단체 또는 관광사업자에 대한 국고보조(법 제76조), 관광지 및 관광단지 내의 공공시설에 대한 우선 설치 노력(법 제57조), 건축법상의 건축 규제조항의 관광숙박시설에 대한 적용배제(법 제16조 4항) 등의 규정을 통해 관광사업육성을 위한 지도를 하고 있다.

## 11. 관광 종사자의 자질 향상

> **제11조(관광 종사자의 자질 향상)**
>
> 정부는 관광에 종사하는 자의 자질을 향상시키기 위하여 교육훈련과 그 밖에 필요한 시책을 강구하여야 한다.

관광사업의 최일선에서 관광객에게 서비스를 제공하는 자는 바로 관광종사원이기 때문에 관광종사원은 우리나라를 대표하는 얼굴이며 민간외교관이라고 할 수 있다. 따라서 유능한 관광종사자를 양성하고 기존 관광종사원의 자질을 향상시키는 것은 관광진흥을 위하여 매우 중요한 일이다. 특히, 관광사업은 타 사업과는 달리 인적 서비스가 주축을 이루고 있기 때문에 전문적인 기술과 지식의 습득은 물론, 관광객에 대한 올바른 자세와 마음가짐을 갖춘 관광종사원의 확보가 더욱 중요시된다. 이러한 인적 요소의 질을 향상시키는 것이 바로 교육훈련이다.

정부는 문화체육관광부장관 또는 시·도지사로 하여금 관광종사원과 그 밖에 관광업무에 종사하는 자의 업무능력 향상을 위한 교육에 필요한 지원을 할 수 있도록 하고 있다(법 제39조). 그리고 관광종사원의 자격제도(법 제38조)를 통해 전문적인 기술과 지식을 갖춘 자로 하여금 해당 업무에 종사하도록 하는 등 관광종사원의 자질향상을 위한 법적 제도를 마련하고 있다. 다만, 현행 「관광진흥법」에서는 외국인 관광객을 대상으로 하는 여행업자로 하여금 관광통역안내사의 자격을 가진 사람을 관광 안내에 종사하게 하는 것을 의무화하고, 기타 관광사업체에 대해서는 자격소지자를 종사원으로 채용할 것을 의무화하고 있지 않기 때문에 관광종사원에 대한 교육훈련은 그 중요성이 더욱 크다.

## 12. 관광지의 지정 및 개발

> **제12조(관광지의 지정 및 개발)**
>
> 정부는 관광에 적합한 지역을 관광지로 지정하여 필요한 개발을 하여야 한다.

본조는 정부에게 관광에 적합한 지역을 관광지로 지정할 수 있는 권한을 부여함과 동시에 지정된 관광지를 개발하도록 의무를 부과하고 있다. 그런데 본조는 정부의 지정 권한과 개발 의무에 대하여 일정한 제한을 하고 있는 것이 특징이다. 즉, 정부가 관광지로 지정할 수 있는 지역을 관광에 적합한 곳에 국한하고 있으며, 또한 개발대상 지역은 반드시 지정된 관광지로 한정하고 있다는 점이다.

관광지로 지정·개발되기에 적합한 요건은 첫째, 관광자원이 풍부하고 관광객의 접근이 쉬우며, 둘째, 개발제한 요소가 적어 개발이 가능한 지역, 셋째, 관광정책상 관광지로 개발하는 것이 필요하다고 판단되는 지역이어야 한다.

「관광진흥법」은 관광지의 지정 절차, 개발사업 시행, 손실보상, 관광지의 처분, 사업 시행에 따른 부담금 등에 관하여 구체적으로 규정하고 있다(법 제5장).

정부는 자연적 또는 문화적 관광자원을 갖추고 있어 관광 및 휴식에 적합한 지역을 대상으로 관광지로 지정하여 공공편의시설, 숙박 상가 및 운동오락시설, 휴양문화시설, 녹지 등을 유치, 개발하고 있다. 2023년 6월 30일 기준, 전국에 지정된 관광지는 모두 224개소로서, 이와 같이 지정된 관광지는 1981년부터 정부가 매년 계속사업으로 개발해 오고 있다.

## 13. 국민관광의 발전

> **제13조(국민관광의 발전)**
>
> 정부는 관광에 대한 국민의 이해를 촉구하여 건전한 국민관광을 발전시키는 데에 필요한 시책을 강구하여야 한다.

본조는 「관광기본법」 제정목적의 하나인 건전한 국민관광의 발전을 도모하기 위한 시책을 강구하도록 정부에게 임무를 부여하고 있다. 본조에 의하여 정부가 강구해야 할 시책으로는 첫째, 관광에 대한 국민의 이해를 촉구하는 것이며, 둘째는 건전한 국민관광을 발전시키는 데 필요한 시책을 강구하는 것이다.

현재 우리나라가 추진하고 있는 건전한 국민관광 발전을 위한 시책은 건전한 관광문화 정착을 위한 캠페인 · 순회강연 · 세미나 · 홍보책자 발간, 관광인식 강화를 위한 교육, 건전한 해외여행 풍토 조성 등이 있다.

## 14. 관광진흥개발기금

> **제14조(관광진흥개발기금)**
>
> 정부는 관광진흥을 위하여 관광진흥개발기금을 설치하여야 한다.

관광진흥을 위한 여러 가지 시책을 실시하기 위해서는 막대한 자본이 소요되는데 「관광기본법」은 정부에게 관광진흥을 위한 자금 조달 방법의 하나로 관광진흥개발기금을 설치 · 운영할 것을 의무화하고 있다.

이에 따라 정부는 1972년 12월 29일 「관광진흥개발기금법」[5]을 제정하였으며, 이 법의 목적을 달성함에 필요한 자금을 확보하기 위하여 관광진흥개발기금을 설치하였다. 관광진흥개발기금의 관리 및 운영은 「관광진흥개발기금 관리 및 운영 요령」[6]에 의해 운영된다.

---

5) 「관광진흥개발기금법」, p.404 참조.
6) 「관광진흥개발기금관리 및 운영요령」, p.416 참조.

## 15. 국가관광전략회의

### 제16조(국가관광전략회의)

① 관광진흥의 방향 및 주요 시책에 대한 수립·조정, 관광진흥계획의 수립 등에 관한 사항을 심의·조정하기 위하여 국무총리 소속으로 국가관광전략회의를 둔다.
② 국가관광전략회의의 구성 및 운영 등에 필요한 사항은 대통령령[7]으로 정한다.
[본조신설 2017.11.28]

정부는 관광자원의 가치를 증진시키고 나아가 지역경제를 발전시키며 관광공간을 제공하고 국토의 합리적인 이용과 지역 간의 균형적인 개발 및 효과적인 활용을 꾀하고자 관광지 개발과 관광단지의 조성, 지원시설 등을 제공하기 위한 관광진흥의 방향 및 주요 시책에 대한 수립과 조정, 관광진흥계획의 수립 등에 관한 사항을 심의하고 조정하고자 국무총리 소속으로 국가관광전략회의를 실시한다.

### 부칙(2018.12.24.) 법률 제16049호

이 법은 공포 후 1개월이 경과한 날부터 시행한다.

---

7) 「국가관광전략회의의 구성 및 운영에 관한 규정」(대통령령 제30186호, 2019.11.5. 일부 개정)

# Ⅲ. 관광진흥법(시행령 · 시행규칙)

• 관광진흥법
전문개정 1986.12.31. 법률 제3910호〈법명변경〉
일부개정 2005.03.31. 법률 제7428호
전부개정 2007.04.11. 법률 제8343호

일부개정 2019.12.03. 법률 제16684호
일부개정 2023.10.31. 법률 제19793호

• 관광진흥법 시행령
전문개정 1987.07.01. 대통령령 제12212호
〈법명변경〉
일부개정 2005.04.22. 대통령령 제18800호
전부개정 2007.11.13. 대통령령 제20374호
일부개정 2011.03.30. 대통령령 제22785호

일부개정 2019.11.19. 대통령령 제30209호
일부개정 2023.12.12. 대통령령 제33941호

• 관광진흥법 시행규칙
전문개정 1987.07.07. 교통부령 857호〈법명변경〉
일부개정 2005.05.06. 문화관광부령 제115호
전부개정 2007.12.31. 문화관광부령 제179호
일부개정 2011.03.30. 문화체육관광부령 제85호

일부개정 2019.10.16. 문화체육관광부령
제373호
일부개정 2023.02.02.
문화체육관광부령 제502호

---

제1장 총칙
제2장 관광사업
   제1절 통칙
   제2절 여행업
   제3절 관광숙박업 및 관광객이용시설업 등
   제4절 카지노업
   제5절 유원시설업
   제6절 영업에 대한 지도와 감독

   제7절 관광종사원
제3장 관광사업자 단체
제4장 관광의 진흥과 홍보
제5장 관광지 등의 개발
   제1절 관광지 및 관광단지의 개발
   제2절 관광특구
제6장 보칙
제7장 벌칙
   〈부칙〉

# 제1장 총칙(總則)

총칙에는 목적(제1조) 및 정의(제2조)를 규정하고 있다. 관광진흥법의 목적과 동시에 관광진흥법 시행령의 목적, 관광진흥법 시행규칙의 목적을 살펴보면 다음과 같다.[1]

> **■ 법 제1조(목적)**
>
> 이 법은 관광 여건을 조성하고 관광자원을 개발하며 관광사업을 육성하여 관광 진흥에 이바지하는 것을 목적으로 한다.

> **■ 시행령 제1조(목적)**
>
> 이 영은 「관광진흥법」에서 위임된 사항과 그 시행에 필요한 사항을 규정함을 목적으로 한다.

> **■ 시행규칙 제1조(목적)**
>
> 이 규칙은 「관광진흥법」 및 같은 법 시행령에서 위임된 사항과 그 시행에 필요한 사항을 규정함을 목적으로 한다.

## 제1 절  제정목적

「관광기본법」의 제1조(목적)에서 밝혔듯이 우리나라 관광정책의 기본목적은 국제친선의 증진, 국민경제 및 국민복지의 향상, 건전한 국민관광의 도모 등 3가지임을 우리는 이미 알고 있다.

「관광진흥법」은 이러한 관광의 기본목적을 달성하기 위한 법이다. 그 궁극 목적은 관광진흥에 이바지하는 것이며, 이를 위한 방법으로 관광여건의 조성, 관광자원의 개발, 관광사업의 육성 등 3가지를 제시하고 있다.

### 1. 관광의 진흥

관광진흥(觀光振興)이란 문자 그대로 관광을 떨쳐 일어나게 하는 것으로, 관광을 통해 국가나 국민 모두에게 경제적 · 복지적 · 문화적 · 국제적 이익 등이 돌아가게 하는 것이다.

---

1) 이하 "관광진흥법"은 「법」, "관광진흥법 시행령"은 「시행령」, "관광진흥법 시행규칙"은 「시행규칙」이라고 한다.

## 2. 관광여건의 조성

관광여건(觀光輿件)이란 관광과 관련하여 주어진 조건, 상황 또는 기반을 말하는 것으로 매우 넓은 개념이다. 즉, 관광여건의 조성이란 관광과 관련된 조건, 상황, 기반 등을 형성하는 것이다. 여기에는 관광 관련 정책의 수립, 관광문화의 형성, 관광에 대한 국민계도(啓導) 및 교육 등과 같은 거시적·기본적 여건과 관광기반시설의 계획, 수용태세의 준비 등과 같은 미시적·실질적 여건이 포함된다.

## 3. 관광자원의 개발

관광자원(觀光資源)의 개발이란 유·무형의 관광자원의 문화적·교육적·오락적 가치를 높여서 관광대상물의 폭을 넓히고, 이를 통해 관광객의 만족도를 높여 관광객을 보다 많이 유치하려는 것이다. 관광자원의 개발에는 자원의 보호라는 측면의 상충적 가치가 있을 수 있으며, 자연에 대한 최소한의 피해라는 소극적 측면과 양자의 조화를 통한 상호 공존 및 상호 기여라는 적극적 측면을 생각할 수 있겠다. 정부가 「관광기본법」 제9조(관광자원의 보호 등)에서 관광자원의 보호와 개발을 동시에 규정하고 있는 것을 보면, 관광자원의 개발은 관광자원의 보호를 동시에 고려해야 한다는 정부의 기본 입장을 이해할 수 있다.

## 4. 관광사업의 육성

관광사업(觀光事業)의 육성이란 관광사업의 건전한 발전을 지원하고 유도하며, 필요시 감독하겠다는 의지의 표현이다. 국가의 관광정책에서 거시적 측면을 제외하면 실질적으로 관광사업이 가장 큰 비중과 역할을 담당하게 된다. 즉 정부의 활동은 방향 제시와 지원에 한정되지만, 관광객을 유치하고 접대하며 수익을 창출하는 것은 관광사업이다. 따라서 정부의 관광정책도 관광사업의 육성에 큰 무게를 둘 수밖에 없고, 「관광진흥법」에서 가장 큰 부분을 차지하는 것도 관광사업에 관한 것이다.

# 제2절  관광진흥법상의 용어에 대한 정의

> **🔖 법 제2조(정의)**
>
> 이 법에서 사용하는 용어의 뜻은 다음과 같다. 〈개정 2007.7.19., 2011.4.5., 2014.5.28., 2023.8.8.〉
> 1. "관광사업"이란 관광객을 위하여 운송·숙박·음식·운동·오락·휴양 또는 용역을 제공하거나 그 밖에 관광에 딸린 시설을 갖추어 이를 이용하게 하는 업(業)을 말한다.
> 2. "관광사업자"란 관광사업을 경영하기 위하여 등록·허가 또는 지정(이하 "등록등"이라 한다)을 받거나 신고를 한 자를 말한다.

3. "기획여행"이란 여행업을 경영하는 자가 국외여행을 하려는 여행자를 위하여 여행의 목적지·일정, 여행자가 제공받을 운송 또는 숙박 등의 서비스 내용과 그 요금 등에 관한 사항을 미리 정하고 이에 참가하는 여행자를 모집하여 실시하는 여행을 말한다.

4. "회원"이란 관광사업의 시설을 일반 이용자보다 우선적으로 이용하거나 유리한 조건으로 이용하기로 해당 관광사업자(제15조제1항 및 제2항에 따른 사업계획의 승인을 받은 자를 포함한다)와 약정한 자를 말한다.

5. "소유자등"이란 단독 소유나 공유(共有)의 형식으로 관광사업의 일부 시설을 관광사업자(제15조제1항 및 제2항에 따른 사업계획의 승인을 받은 자를 포함한다)로부터 분양받은 자를 말한다.

6. "관광지"란 자연적 또는 문화적 관광자원을 갖추고 관광객을 위한 기본적인 편의시설을 설치하는 지역으로서 이 법에 따라 지정된 곳을 말한다.

7. "관광단지"란 관광객의 다양한 관광 및 휴양을 위하여 각종 관광시설을 종합적으로 개발하는 관광 거점 지역으로서 이 법에 따라 지정된 곳을 말한다.

8. "민간개발자"란 관광단지를 개발하려는 개인이나 「상법」 또는 「민법」에 따라 설립된 법인을 말한다.

9. "조성계획"이란 관광지나 관광단지의 보호 및 이용을 증진하기 위하여 필요한 관광시설의 조성과 관리에 관한 계획을 말한다.

10. "지원시설"이란 관광지나 관광단지의 관리·운영 및 기능 활성화에 필요한 관광지 및 관광단지 안팎의 시설을 말한다.

11. "관광특구"란 외국인 관광객의 유치 촉진 등을 위하여 관광 활동과 관련된 관계 법령의 적용이 배제되거나 완화되고, 관광 활동과 관련된 서비스·안내 체계 및 홍보 등 관광 여건을 집중적으로 조성할 필요가 있는 지역으로 이 법에 따라 지정된 곳을 말한다.

11의2. "여행이용권"이란 관광취약계층이 관광 활동을 영위할 수 있도록 금액이나 수량이 기재(전자적 또는 자기적 방법에 의한 기록을 포함한다. 이하 같다)된 증표를 말한다.

12. "문화관광해설사"란 관광객의 이해와 감상, 체험 기회를 제고하기 위하여 역사·문화·예술·자연 등 관광자원 전반에 대한 전문적인 해설을 제공하는 사람을 말한다.

[시행일: 2024.2.9.] 제2조

## 1. 관광사업

「관광사업이란 관광객을 위하여 운송·숙박·음식·운동·오락·휴양 또는 용역을 제공하거나 그 밖에 관광에 딸린 시설을 갖추어 이를 이용하게 하는 업을 말한다」. 「관광진흥법」에서 분류하고 있는 관광사업의 종류를 보면 〈표 1〉과 같다.

**〈표 1〉 목적에 따른 관광사업의 종류**

| 목적 | 관광진흥법 | | 관광진흥법 시행령 | | (별표) |
|---|---|---|---|---|---|
| 용역 | ① 여행업 | | • 종합여행업    • 국내외여행업<br>• 국내여행업 | | |
| 숙박<br>음식<br>휴양 | ② 관광<br>숙박업 | 호텔업 | • 관광호텔업<br>• 수상관광호텔업   • 한국전통호텔업<br>• 가족호텔업     • 호스텔업<br>• 소형호텔업     • 의료관광호텔업 | | |
| | | 휴양콘도<br>미니엄업 | | | |
| 휴양<br>숙박<br>음식<br>운동<br>오락<br>운송 | ③ 관광객이용시설 | | • 전문휴양업 | | *전문휴양시설의 종류<br>• 민속촌 · 해수욕장 · 수렵장<br>• 동물원 · 식물원 · 수족관<br>• 온천장 · 동굴자원<br>• 수영장 · 활공장 · 박물관<br>• 농어촌휴양시설 · 미술관<br>• 등록및신고체육시설업<br>• 산림휴양시설 |
| | | | • 종합휴양업 | ▶제1종종합휴양업<br>▶제2종종합휴양업 | |
| | | | • 야영장업 | ▶일반야영장업<br>▶자동차야영장업 | |
| | | | • 관광유람선업 | ▶일반관광유람선업<br>▶크루즈업 | |
| | | | • 관광공연장업 | | |
| | | | • 외국인관광<br>도시민박업 | | |
| | | | • 한옥체험업 | | |
| 용역<br>숙박<br>기타 | ④ 국제회의업 | | • 국제회의시설업<br>• 국제회의기획업 | | |
| 오락 | ⑤ 카지노업 | | | | |
| 오락 | ⑥ 유원시설업<br>(遊園施設業) | | • 종합유원시설업<br>• 일반유원시설업<br>• 기타유원시설업 | | |
| 오락<br>음식<br>기타 | ⑦ 관광편의시설업 | | • 관광유흥음식점업<br>• 관광극장유흥업<br>• 외국인전용 유흥음식점업<br>• 관광식당업<br>• 관광순환버스업<br>（제주도-관광버스업추가[2]）<br>• 관광사진업<br>• 여객자동차터미널시설업<br>• 관광펜션업(제주도:휴양펜션업[3])<br>• 관광궤도업<br>• 관광면세업<br>• 관광지원서비스업<br>（제주도: 기타관광편의시설업[4]） | | |

## 2. 기획여행

「기획여행이라 함은 여행업을 경영하는 자가 국외여행을 하고자 하는 여행자를 위하여 여행의 목적지 · 일정, 여행자가 제공받을 운송 또는 숙박 등의 서비스 내용과 그 요금 등에 관한 사항을 미리 정하고 이에 참가하는 여행자를 모집하여 실시하는 여행을 말한다.」

기획여행(企劃旅行)은 흔히 포괄적인 서비스를 제공하는 조건으로 여행업체가 참가희망자를 모집하여 실시하는 여행을 말한다. 사전에 준비된 여정과 여행 조건에 따라 이루어지므로 기획여행이라고 명명한 것 같으며 흔히 포괄여행(包括旅行 IT : Inclusive Tour), 단체포괄여행(GIT : Group Inclusive Tour), 패키지 투어(Package Tour)라고도 한다. 보는 측면과 조건에 따라 명칭이 달라졌을 뿐이다. 한마디로 여행업체가 주최하는 단체여행이다. 정부는 기획여행에서 발생할 수 있는 관광객의 피해를 보상하기 위해 기획여행을 실시하려는 여행업자로 하여금 직전 사업연도의 매출액(손익계산서에 표시된 매출액을 말한다)에 따른 일정액의 보증보험 등에 가입하거나 영업보증금을 예치하도록 하고 있다(「시행규칙」 제18조 3항 관련 [별표 3] 참조).

## 3. 분양 및 회원 모집

회원(會員), 공유자(共有者), 분양(分讓) 등은 「관광진흥법」 제20조 및 동법 시행령 제23조에 해당되는 것으로 휴양콘도미니엄업, 호텔업 및 제2종 종합휴양업(관광객이용시설업 중)에서 관광사업시설을 분양하거나 회원모집을 하는 경우를 말한다. 이때 분양은 휴양콘도미니엄업에만 해당되며 회원은 위의 모든 경우에 가능하다. 공유자는 휴양콘도미니엄업의 시설을 단독 또는 공동소유로 분양을 받은 사람을 말한다.

---

2) 제주특별자치도 관광진흥조례 제3조 7의 바 관광버스업 :「제주특별자치도 여객자동차운수사업 조례」에 따른 전세버스운송사업 등록을 한 자 중 주사무소를 제주특별자치도내에 두고 관광객에게 도내 관광지 등을 관광할 수 있도록 버스를 제공하는 업

3) 제주특별자치도 관광진흥조례 제3조 7의 자 휴양펜션업 :「제주특별자치도 설치 및 국제자유도시 조성을 위한 특별법」(이하 "제주특별법"이라 한다) 제251조에 따라 관광객의 숙박 · 취사와 자연 · 문화체험관광에 적합한 시설을 갖추어 이를 해당 시설의 회원, 공유자, 그 밖에 관광객에게 제공하거나 숙박 등에 이용하게 하는 업

4) 제주특별자치도 관광진흥조례 제3조 7의 파
   파. 기타관광편의시설업 :「수상레저안전법 시행령」 제2조에 따른 수상레저기구, 스킨스쿠버, 사륜형 자동차(ATV) 시설 또는 체험장을 갖추고 그 시설을 이용하는 관광객에게 오락을 제공하는 업.[시행일 2015.1.1.] 제3조제3호바목

## 4. 관광지, 관광단지, 관광특구

이 세 가지는 모두 관광지의 형태이다. 규모 및 기능의 다양성 등을 기준으로 관광지(觀光地)와 관광단지(觀光團地)로 구분하였고, 특히 외국인 관광객을 유치하기 위해 관련 규제법령을 배제 또는 완화하여 특별히 지정된 곳을 관광특구(觀光特區)라고 하였다. 전국의 관광지는 마니산, 산정호수, 안동하회, 거가대교 등 224개소(2023년 06월 30일 기준), 관광단지는 중문, 안동문화, 드래곤 관광단지 등 49개소(2023년 06월 30일 기준), 관광특구는 강남구 삼성동 무역센터 일대인 강남, 경기도 파주시의 통일동산 등 총 34개소(2023년 04월 04일 기준)가 지정되어 있다.

## 5. 조성계획, 민간개발자, 지원시설

조성계획(造成計劃)은 관광지내의 시설의 종류 및 배치 등을 구상하는 것이다. 즉 관광지의 관광자원 등을 고려하여 관광객을 유치할 수 있는 시설을 선정하고, 동선(動線)을 고려하여 시설들을 배치하며, 나아가 관리하는 방법 등을 계획하는 것이다. 민간개발자(民間開發者)란 정부나 지방자치단체 이외에 관광지 등의 조성사업을 맡은 개인이나 법인을 말한다. 정부나 지방자치단체가 관광지를 직접 개발할 자금과 전문인력을 충분히 가지고 있지 못하기 때문이다. 지원시설(支援施設)이란 관광지의 운영 및 기능유지에 필요한 내외의 시설로서 관광안내소, 상가, 공중시설, 통신시설 등을 의미한다.

## 6. 여행이용권

정부는 2014년 5월, 「관광진흥법」 개정을 통해, '여행이용권'의 정의를 신설함으로써 국가나 지방자치단체가 경제적 사회적 여건 등으로 관광활동에 제약을 받고 있는 관광취약계층의 여행기회를 확대하고 관광활동을 장려하기 위해 관광취약계층에 대한 여행경비를 지원할 수 있는 법적 근거를 마련하였다. 여행이용권은 관광복지를 위한 일종의 바우처로서 관광취약계층이 관광활동을 영위할 수 있도록 금액이나 수량이 기재(전자적 또는 자기적 방법에 의한 기록을 포함한다. 이하 같다.)된 증표를 말한다. 이는 2014년 2월부터 도입된 '2014년 문화누리카드사업(통합문화이용권)'과 통합하여 운영할 수 있는 근거가 되기도 한다.[5]

---

5) 문화누리카드는 기획재정부 복권위원회의 복권기금을 지원받아 추진하고 있는 공익사업으로 삶의 질 향상과 문화 격차 완화를 위해 기초생활 수급자, 차상위계층을 대상으로 문화예술, 국내여행, 체육활동을 지원하는 카드이다(2023년에는 1인당 연간 11만원 지원). 문화체육관광부, 2023년 2월 10일 보도자료.

한편 외국의 경우에는 일찍이 관광복지를 위한 다양한 바우처 제도를 통해 국민의 관광 활동을 촉진하고 관광을 진흥시키고 있다.[6] 프랑스에서는 저소득층이 휴가를 쉽게 즐길 수 있도록 지원하는 '체크바캉스(Cheque Vacances)제도'가 있다. 체크바캉스는 1982년 국민의 자국내 여행을 촉진하기 위한 정책으로 발행하게 되었는데 캠핑, 가족호텔, 여가기관, 문화센터 등에서 다양하게 사용되어 관광진흥기능을 하고 경제발전을 촉진하는 수단으로 활용되고 있다. 스위스는 1939년에 설립된 '여행금고(REKA)제도'를 통해 경제력이 부족한 국민들이 관광과 휴가를 즐길 수 있도록 하고 있다. 미국은 저소득계층가족의 5~12세, 13~15세의 아이들에게 의미있는 여름체험기회(레크레이션)를 주기 위함으로 카운티에서 실시하는 공공 프로그램인 '레크레이션 바우처제도'가 있다.

## 7. 문화관광해설사

문화관광해설사란 관광객의 이해와 감상, 체험 기회를 제고하기 위하여 역사 · 문화 · 예술 · 자연 등 관광자원 전반에 대한 전문적인 해설을 제공하는 자를 말한다. 문화관광해설사는 2001년 1월 27일 문화체육관광부가 2001년 '한국 방문의 해'와 2002년 '한-일 월드컵 공동 개최' 등 국가적 대형행사를 맞이하여 우리 문화유산을 내·외국인 관광객에게 정확히 전달한다는 취지로 「문화유산해설사 양성 및 활용 사업 계획」을 확정하고 이를 각 지자체에 통보함으로써 탄생되었다.

문화체육관광부는 2005년 8월 1일 당초 동 제도가 문화재나 문화유산을 중심으로 운용되어 왔으나 해설 영역이나 활동지역이 생태 · 녹색관광, 농어촌 체험관광, 관광지, 관광단지 등 점차 다양한 분야로 확대되고 있다는 점을 감안하여 기존의 '문화유산해설사' 명칭을 '문화관광해설사'로 변경 추진하였다.

그리고 2011년 4월 5일 「관광진흥법」 개정을 통하여 각 지역의 문화유적을 정확히 안내·설명할 수 있는 전문 해설인력을 양성하여 국내 문화관광의 올바른 풍토 조성 및 활성화에 기여하는 한편 외국인 관광객의 우리 문화에 대한 정확한 이해를 도움으로써 관광한국의 질적 수준을 제고하는 것을 목적으로 운영되어 온 문화관광해설사를 체계적이고 효과적으로 양성 · 활용하기 위한 법적 근거를 마련하였다.

---

6) 한국문화관광연구원, 저소득층 관광복지를 위한 바우처제도의 도입, 핫 이슈 브리프 제134호, 2014.7.15.

# 제2장 관광사업

제2장은 「관광진흥법」에서 가장 큰 비중을 차지하고 있다. 총 7개의 절로 구성되어 있으며, 제1절 통칙, 제2절 여행업, 제3절 관광숙박업 및 관광객이용시설업 등, 제4절 카지노업, 제5절 유원시설업, 제6절 영업에 대한 지도·감독, 제7절 관광종사원 등이 그것이다.

## 제1절  통칙

### 1. 관광사업의 종류

「관광진흥법」에서는 관광사업의 종류를 크게 7가지로 분류하고 각각의 종류별로 다시 세분화하고 있다.

#### 1) 여행업

여행업은 첫째, 여행자와 프린시펄(principal : 여행에 부수되는 시설의 경영자)의 양자를 대리하여 시설이용을 알선하고, 계약 체결을 대리하며, 둘째, 여행에 관한 안내(실제 안내 및 여행 정보제공)를 하며, 셋째, 기타 여행의 편의(여권 및 비자 발급 수속의 대행 등)을 제공하는 업으로서 종합여행업, 국내외여행업, 국내여행업이 있다.

〈표 2〉 여행업의 종류 및 등록기준

| 구 분<br>종 류 | 대상인 | 대상지 | 업 무 | 자본금* | 사무실 |
|---|---|---|---|---|---|
| 종합여행업 | 내국인,<br>외국인 | 국내, 국외 | 사증발급대행<br>포함 | 1억원 이상 | 소유권 또는<br>사용권이 있을 것 |
| 국내외여행업 | 내국인 | 국내, 국외 | 사증발급대행<br>포함 | 3천만원 이상 | 상동 |
| 국내여행업 | 내국인 | 국내 | | 1천500만원<br>이상 | 상동 |

* 자본금(개인의 경우에는 자산평가액)
* 등록기준은 [시행령 별표 1] 참조(관광사업의 등록기준 : 시행령 5조 관련)

〈표 3〉 여행업의 등록현황 (단위:개소)

| 구 분 | 소 계 | 종합여행업 | 국내외여행업 | 국내여행업 |
|---|---|---|---|---|
| 서울 | 8,172 | 4,212 | 3,284 | 676 |
| 경기 | 2,967 | 989 | 1,372 | 606 |
| 부산 | 1,526 | 399 | 787 | 340 |
| 대구 | 749 | 188 | 437 | 124 |
| 인천 | 689 | 298 | 255 | 136 |
| 광주 | 549 | 156 | 301 | 92 |
| 대전 | 511 | 128 | 277 | 106 |
| 울산 | 227 | 64 | 135 | 28 |
| 세종 | 96 | 28 | 46 | 22 |
| 강원 | 612 | 150 | 237 | 225 |
| 충북 | 425 | 97 | 234 | 94 |
| 충남 | 545 | 76 | 290 | 179 |
| 전북 | 871 | 164 | 406 | 301 |
| 전남 | 798 | 137 | 355 | 306 |
| 경북 | 652 | 113 | 351 | 188 |
| 경남 | 772 | 175 | 453 | 144 |
| 제주 | 1,079 | 372 | 166 | 541 |
| 계 | 21,240 | 7,746 | 9,386 | 4,108 |

* 자료 :한국관광협회중앙회(www.ekta.kr), 전국 관광사업체 현황, 2023.09.30. 기준

**■ 법 제3조 제1항 제1호**

① 관광사업의 종류는 다음 각호와 같다. 〈개정 2007.7.19., 2015.2.3., 2022.9.27., 2023.8.8.〉

1. 여행업 : 여행자 또는 운송시설 · 숙박시설, 그 밖에 여행에 딸리는 시설의 경영자 등을 위하여 그 시설 이용 알선이나 계약 체결의 대리, 여행에 관한 안내, 그 밖의 여행 편의를 제공하는 업

**■ 시행령 제2조(관광사업의 종류)**

① 「관광진흥법」(이하 "법"이라 한다) 제3조제2항에 따라 관광사업의 종류를 다음 각호와 같이 세분한다. 〈개정 2008.2.29., 2008.8.26., 2009.1.20., 2009.8.6., 2009.10.7., 2009.11.2., 2011.12.30., 2013.11.29., 2014.7.16., 2014.10.28., 2014.11.28., 2016.3.22., 2019.4.9., 2020.4.28., 2021.3.23.〉

1. 여행업의 종류
   가. 종합여행업: 국내외를 여행하는 내국인 및 외국인을 대상으로 하는 여행업[사증(査證)을 받는 절차를 대행하는 행위를 포함한다]
   나. 국내외여행업: 국내외를 여행하는 내국인을 대상으로 하는 여행업(사증을 받는 절차를 대행하는 행위를 포함한다)
   다. 국내여행업: 국내를 여행하는 내국인을 대상으로 하는 여행업

## 2) 관광숙박업

관광숙박업에는 크게 호텔업과 휴양콘도미니엄업이 있다.

〈표 4〉 관광숙박업의 종류

| | |
|---|---|
| 호텔업 | 관광호텔업 |
| | 수상관광호텔업, 한국전통호텔업, 가족호텔업, 호스텔업, 소형호텔업, 의료관광호텔업 |
| 휴양콘도미니엄업 | 세부 구분없음 |

### 시행령 제2조(관광사업의 종류)

2. 호텔업의 종류

    가. 관광호텔업 : 관광객의 숙박에 적합한 시설을 갖추어 관광객에게 이용하게 하고 숙박에 딸린 음식 · 운동 · 오락 · 휴양 · 공연 또는 연수에 적합한 시설 등(이하 "부대시설"이라 한다)을 함께 갖추어 관광객에게 이용하게 하는 업(業)

    나. 수상관광호텔업 : 수상에 구조물 또는 선박을 고정하거나 매어 놓고 관광객의 숙박에 적합한 시설을 갖추거나 부대시설을 함께 갖추어 관광객에게 이용하게 하는 업

    다. 한국전통호텔업 : 한국전통의 건축물에 관광객의 숙박에 적합한 시설을 갖추거나 부대시설을 함께 갖추어 관광객에게 이용하게 하는 업

    라. 가족호텔업 : 가족단위 관광객의 숙박에 적합한 시설 및 취사도구를 갖추어 관광객에게 이용하게 하거나 숙박에 딸린 음식 · 운동 · 휴양 또는 연수에 적합한 시설을 함께 갖추어 관광객에게 이용하게 하는 업

    마. 호스텔업: 배낭여행객 등 개별 관광객의 숙박에 적합한 시설로서 샤워장, 취사장 등의 편의시설과 외국인 및 내국인 관광객을 위한 문화 · 정보 교류시설 등을 함께 갖추어 이용하게 하는 업

    바. 소형호텔업: 관광객의 숙박에 적합한 시설을 소규모로 갖추고 숙박에 딸린 음식 · 운동 · 휴양 또는 연수에 적합한 시설을 함께 갖추어 관광객에게 이용하게 하는 업

    사. 의료관광호텔업: 의료관광객의 숙박에 적합한 시설 및 취사도구를 갖추거나 숙박에 딸린 음식 · 운동 또는 휴양에 적합한 시설을 함께 갖추어 주로 외국인 관광객에게 이용하게 하는 업

> **■ 법 제3조 제1항 제2호**
>
> 2. 관광숙박업: 다음 각 목에서 규정하는 업
>   가. 호텔업 : 관광객의 숙박에 적합한 시설을 갖추어 이를 관광객에게 제공하거나 숙박에 딸리는 음식·운동·오락·휴양·공연 또는 연수에 적합한 시설 등을 함께 갖추어 이를 이용하게 하는 업
>   나. 휴양 콘도미니엄업 : 관광객의 숙박과 취사에 적합한 시설을 갖추어 이를 그 시설의 회원이나 소유자등, 그 밖의 관광객에게 제공하거나 숙박에 딸리는 음식·운동·오락·휴양·공연 또는 연수에 적합한 시설 등을 함께 갖추어 이를 이용하게 하는 업

### (1) 호텔업

호텔업이란 관광객의 숙박에 적합한 시설을 갖추어 이를 관광객에게 제공하거나 숙박에 부수되는 음식·운동·오락·휴양·공연·연수에 적합한 시설 등을 함께 갖추어 이를 이용하게 하는 업으로서 관광호텔업, 수상관광호텔업, 한국전통호텔업, 가족호텔업, 호스텔업, 소형호텔업 및 의료관광호텔업으로 세분된다.

한편, 호텔업은 이용자의 편의를 도모하고 시설 및 서비스의 수준을 효율적으로 유지·관리하기 위하여 등급을 정하여 운영할 수 있다[호텔의 등급결정 및 기준에 대해서는 후술하는 제2장 제3절 3. 관광숙박업 등의 등급(관련조항 법 제19조, 시행령 제22조, 시행규칙 제25조) 부분에서 자세히 설명함]. 따라서 등급결정심사를 받기 원하는 호텔은 「호텔업 등급결정기관 등록 및 등급결정에 관한 요령(문화체육관광부고시 제2020-7호)」에서 규정하고 있는 일정한 기준을 갖추고 있어야 한다.

관광호텔업의 등록현황을 보면 2021년 12월 31일 기준, 5성급 61개(객실수 25,303실), 4성급 99개(객실수 23,071실), 3성급 209개(객실수 27,758실), 2성급 256개(객실수 17,942실), 1성급 135개(객실수 7,283실), 기타 등급미정 관광호텔이 535개(객실수 36,075실)로서 총 1,295개(객실 137,432실)의 관광호텔이 운영 중이다.[7]

수상관광호텔업 및 의료관광호텔업은 2021년 12월 31일 기준, 등록된 호텔이 없으며, 호스텔업은 2010년 12월 21일 최초로 제주도에 객실수 36실의 호스텔이 등록되었으며 2021년 12월 31일 기준, 전국 616개소 14,633실이 운영 중이다.[8] 한국 전통호텔업은 1991년 등록된 제주도 중문관광단지 내의 씨에스호텔앤리조트(26객실)와 2015년 5월 개관한 5성급 인천 경원재앰배서더호텔(30객실), 경북 경주의 라궁호텔(16객실), 전라북도 전주시에 위치한 나비잠 한옥호텔(20객실), 전라남도 영암의 한옥호텔영산재(21객실), 2016년 7월 22일 개관한 강원도 평창군에 위치한 고려궁전통한옥호텔(16객실)로 총 6개가 운영 중이다. 가족호

---

7) 문화체육관광부(www.mcst.go.kr), 2021년 12월 31일 기준 숙박시설 현황
8) 문화체육관광부, 상게자료

텔업은 169개(객실수 14,477실)가 있는데 양양군의 오색그린야드, 주문진 가족호텔, 설악교육문화회관, 무주리조트 가족호텔, 남원 가족호텔, 포천군의 산정호수 등이 여기에 속한다. 소형호텔업은 2021년 12월 31일 기준, 서울 9개, 부산 4개, 인천 2개, 경기 8개, 강원 3개, 충남 1개, 전북 3개, 전남 1개, 경북 4개, 경남 4개, 제주 4개로 총 43개(객실수 1,034실)[9]가 운영 중이다.

### (2) 휴양콘도미니엄업

휴양콘도미니엄업은 1957년 스페인에서 기존호텔에 개인의 소유권 개념을 도입하여 개발한 것이 시초로 관광객의 숙박과 취사에 적합한 시설을 갖추어 이를 당해시설의 회원 및 공유자, 기타 관광객에게 이용하게 하는 관광숙박시설이다. 우리나라는 1982년 12월 31일자로 휴양콘도미니엄업을 「관광진흥법」상의 관광숙박업종으로 신설하였다. 2021년 12월 31일 기준 등록·운영 중인 휴양콘도미니엄업은 242개(49,739객실)가 운영 중이다.[10]

### 3) 관광객이용시설업

관광객이용시설업은 관광객을 위하여 음식·운동·오락·휴양·문화·예술 또는 레저 등에 적합한 시설을 갖추어 이를 관광객에게 이용하게 하는 업으로서 전문휴양업과 종합휴양업, 야영장업, 관광유람선업, 관광공연장업, 외국인관광 도시민박업으로 구분된다.[11]

> **법 제3조 제3호**
>
> 3. 관광객 이용시설업: 다음 각 목에서 규정하는 업
>    가. 관광객을 위하여 음식·운동·오락·휴양·문화·예술 또는 레저 등에 적합한 시설을 갖추어 이를 관광객에게 이용하게 하는 업
>    나. 대통령령으로 정하는 2종 이상의 시설과 관광숙박업의 시설(이하 "관광숙박시설"이라 한다) 등을 함께 갖추어 이를 회원이나 그 밖의 관광객에게 이용하게 하는 업
>    다. 야영장업: 야영에 적합한 시설 및 설비 등을 갖추고 야영편의를 제공하는 시설(「청소년활동 진흥법」 제10조제1호마목에 따른 청소년야영장은 제외한다)을 관광객에게 이용하게 하는 업

> **시행령 제2조(관광사업의 종류)**
>
> 3. 관광객 이용시설업의 종류
>    가. 전문휴양업 : 관광객의 휴양이나 여가 선용을 위하여 숙박업 시설(「공중위생관리법 시행령」 제2조제1항제1호 및 제2호의 시설을 포함하며, 이하 "숙박시설"이라 한다)이나 「식품

---

9) 문화체육관광부, 상게자료
10) 문화체육관광부, 상게자료
11) 「법」 제3조 제①항 제3호 및 「시행령」 제2조 제②항 제3호

위생법 시행령」제21조제8호가목·나목 또는 바목에 따른 휴게음식점영업, 일반음식점영업 또는 제과점영업의 신고에 필요한 시설(이하 "음식점시설"이라 한다)을 갖추고 별표 1 제4호가목(2)(가)부터 (거)까지의 규정에 따른 시설(이하 "전문휴양시설"이라 한다) 중 한 종류의 시설을 갖추어 관광객에게 이용하게 하는 업

나. 종합휴양업

(1) 제1종 종합휴양업 : 관광객의 휴양이나 여가 선용을 위하여 숙박시설 또는 음식점시설을 갖추고 전문휴양시설 중 두 종류 이상의 시설을 갖추어 관광객에게 이용하게 하는 업이나, 숙박시설 또는 음식점시설을 갖추고 전문휴양시설 중 한 종류 이상의 시설과 종합유원시설업의 시설을 갖추어 관광객에게 이용하게 하는 업

(2) 제2종 종합휴양업 : 관광객의 휴양이나 여가 선용을 위하여 관광숙박업의 등록에 필요한 시설과 제1종 종합휴양업의 등록에 필요한 전문휴양시설 중 두 종류 이상의 시설 또는 전문휴양시설 중 한 종류 이상의 시설 및 종합유원시설업의 시설을 함께 갖추어 관광객에게 이용하게 하는 업

다. 야영장업

1) 일반야영장업: 야영장비 등을 설치할 수 있는 공간을 갖추고 야영에 적합한 시설을 함께 갖추어 관광객에게 이용하게 하는 업

2) 자동차야영장업: 자동차를 주차하고 그 옆에 야영장비 등을 설치할 수 있는 공간을 갖추고 취사 등에 적합한 시설을 함께 갖추어 자동차를 이용하는 관광객에게 이용하게 하는 업

라. 관광유람선업

1) 일반관광유람선업: 「해운법」에 따른 해상여객운송사업의 면허를 받은 자나 「유선 및 도선 사업법」에 따른 유선사업의 면허를 받거나 신고한 자가 선박을 이용하여 관광객에게 관광을 할 수 있도록 하는 업

2) 크루즈업: 「해운법」에 따른 순항(順航) 여객운송사업이나 복합 해상여객운송사업의 면허를 받은 자가 해당 선박 안에 숙박시설, 위락시설 등 편의시설을 갖춘 선박을 이용하여 관광객에게 관광을 할 수 있도록 하는 업

마. 관광공연장업 : 관광객을 위하여 적합한 공연시설을 갖추고 공연물을 공연하면서 관광객에게 식사와 주류를 판매하는 업

바. 외국인관광 도시민박업: 「국토의 계획 및 이용에 관한 법률」제6조제1호에 따른 도시지역(「농어촌정비법」에 따른 농어촌지역 및 준농어촌지역은 제외한다. 이하 이 조에서 같다)의 주민이 자신이 거주하고 있는 다음의 어느 하나에 해당하는 주택을 이용하여 외국인 관광객에게 한국의 가정문화를 체험할 수 있도록 적합한 시설을 갖추고 숙식 등을 제공(도시지역에서 「도시재생 활성화 및 지원에 관한 특별법」제2조제6호에 따른 도시재생활성화계획에 따라 같은 조 제9호에 따른 마을기업이 외국인 관광객에게 우선하여 숙식 등을 제공하면서, 외국인 관광객의 이용에 지장을 주지 아니하는 범위에서 해당 지역을 방문하는 내국인 관광객에게 그 지역의 특성화된 문화를 체험할 수 있도록 숙식 등을 제공하는 것을 포함한다)하는 업

1) 「건축법 시행령」별표 1 제1호가목 또는 다목에 따른 단독주택 또는 다가구주택

2) 「건축법 시행령」별표 1 제2호가목, 나목 또는 다목에 따른 아파트, 연립주택 또는 다세대주택

사. 한옥체험업: 한옥(「한옥 등 건축자산의 진흥에 관한 법률」 제2조제2호에 따른 한옥을 말한다)에 관광객의 숙박 체험에 적합한 시설을 갖추고 관광객에게 이용하게 하거나, 전통 놀이 및 공예 등 전통문화 체험에 적합한 시설을 갖추어 관광객에게 이용하게 하는 업

**〈표 5〉 관광객이용시설업의 종류**

| 관광진흥법 | 관광진흥법 시행령 | | 참고사항 |
|---|---|---|---|
| 관광객이용시설업 | • 전문휴양업(157) | | *전문휴양시설의 종류 |
| | • 종합휴양업(30) | ▶제1종종합휴양업(18) | • 민속촌　　• 해수욕장 |
| | | ▶제2종종합휴양업(12) | • 수렵장　　• 동물원 |
| | • 야영장업(3,591) | ▶일반야영장업(2,935) | • 식물원　　• 수족관 |
| | | ▶자동차야영장업(656) | • 온천장　　• 동굴자원 |
| | • 관광유람선업(37) | ▶일반관광유람선업(37) | • 수영장　　• 활공장 |
| | | ▶크루즈업(0) | • 농어촌휴양시설 |
| | • 관광공연장업(10) | | • 등록 및 신고체육시설[12] |
| | • 외국인관광 도시민박업(2,546) | | • 산림휴양시설 |
| | • 한옥체험업(1,878) | | • 박물관　　• 미술관 |

* (  )안의 숫자는 2023년 09월 30일 기준, 등록 업체 수(한국관광협회중앙회, 전국 관광사업체 현황)

### (1) 전문휴양업

전문휴양업이란 관광객의 휴양이나 여가선용을 위해 "숙박 또는 음식점시설"을 갖추고 「관광진흥법」 시행령〈별표1〉(표5 참조)에 나와 있는 15개 종류의 전문휴양시설 중 1종류의 시설을 갖추어 이를 관광객이 이용하도록 하는 관광사업을 말한다.

이러한 전문휴양업은 민간자본에 의해 다양한 시설들이 개발되고 있으며 (주)서울랜드를 비롯, 강원도 소노펠리체컨트리클럽, 거제도 해수보양온천, 충남의 (주)파라다이스도고지점 등 2023년 9월 30일 기준, 157개 업체가 운영 중이다.[13]

### (2) 종합휴양업

종합휴양업은 제1종종합휴양업과 제2종종합휴양업으로 구분되는데, 제1종종합휴양업은 전문휴양시설 중 2종류 이상의 시설을 갖추어 이를 관광객에게 이용하게 하거나, 전문휴양시설 중 1종류 이상의 시설과 종합유원시설업의 시설을 갖추어 이를 관광객에게 이용하게 하는 업을 말한다. 제2종 종합휴양업은 관광숙박시설과 제1종 종합휴양업시설을 함께 갖추

---

12) 등록 및 신고체육시설업 중 골프장, 스키장, 자동차경주장(이상 등록체육시설), 요트장, 조정장, 카누장, 빙상장, 승마장 또는 종합체육시설업(이상 신고체육시설) 등 9종의 체육시설

13) 문화체육관광부, 「2022년 기준 관광동향에 관한 연차보고서」
한국관광협회중앙회, 「2023년 3분기 전국 관광사업체 현황」, 2023.09.30.

고 이를 관광객이 이용할 수 있도록 하는 업을 말한다.

제1종 종합휴양업에는 2023년 9월 30일 기준, 용인의 한국민속촌, 용인의 삼성물산(주) [에버랜드], 서울의 롯데월드, 남이섬, 경주월드, (주)상수허브랜드, (주)스파밸리, 휘닉스재 주섭지코지 등 18개의 업체가 운영 중이며, 제2종 종합휴양업에는 휘닉스파크, 용평리조트, (주)무주덕유산리조트, 대전오월드 등 12개의 업체가 운영 중이다.[14]

### (3) 야영장업

야영장업은 일반야영장업과 자동차야영장업으로 구분되는데 2015년 「관광진흥법 시행령」 개정(2015년 1월 29일)을 통하여 야영장업 등록제가 전면 시행되었다. 일반 야영장업은 야영에 적합한 시설 및 설비 등을 갖추고 야영 편의를 제공하는 시설(「청소년활동 진흥법」 제10조제1호마목에 따른 청소년야영장은 제외한다)을 관광객에게 이용하게 하는 업으로서 법(시행규칙 제5조의 2)에서 규정하고 있는 시설을 갖추고 있어야 한다. 자동차야영장업은 자동차를 주차하고 그 옆에 야영장비 등을 설치할 수 있는 공간을 갖추고 취사 등에 적합한 시설을 함께 갖추어 자동차를 이용하는 관광객에게 이용하게 하는 업이다. 2023년 9월 30일 기준, 일반야영장 2,935개, 자동차야영장 656개 업체가 운영 중이다.[15]

### 가) 시설의 종류

> **▣ 시행규칙 제5조의 2(야영장 시설의 종류)**
>
> 영 제5조 및 별표 1 제4호다목(1)(사)에 따른 야영장 시설의 종류는 별표 1과 같다.
> [본조신설 2016.3.28.]

#### [별표 1] 야영장 시설의 종류(시행령 제5조의2 관련) <신설 2016.3.28.>

| 구분 | 시설의 종류 |
| --- | --- |
| 1. 기본시설 | 야영데크를 포함한 일반야영장 및 자동차야영장 등 |
| 2. 편익시설 | 바닥의 기초와 기둥을 갖추고 지면에 고정된 야영시설ㆍ야영용 트레일러ㆍ관리실ㆍ방문자안내소ㆍ매점ㆍ바비큐장ㆍ문화예술체험장ㆍ야외쉼터ㆍ야외공연장 및 주차장 등 |
| 3. 위생시설 | 취사장ㆍ오물처리장ㆍ화장실ㆍ개수대ㆍ배수시설ㆍ오수정화시설 및 샤워장 등 |
| 4. 체육시설 | 실외에 설치되는 철봉ㆍ평행봉ㆍ그네ㆍ족구장ㆍ배드민턴장ㆍ어린이놀이터ㆍ놀이형시설ㆍ수영장 및 운동장 등 |
| 5. 안전ㆍ전기ㆍ가스시설 | 소방시설ㆍ전기시설ㆍ가스시설ㆍ잔불처리시설ㆍ재해방지시설ㆍ조명시설ㆍ폐쇄회로텔레비전시설ㆍ긴급방송시설 및 대피소 등 |

---

14) 상게자료
15) 상게자료

## 나) 등록기준

야영장업의 등록 기준은 법(시행령 제5조 및 시행령, 별표 1)에서 규정하고 있다. 한편 야영장업을 등록하려고 하는 자는 특별히 「액화석유가스 사용시설완성검사증명시」, 「전기 사용 전 점검확인증」, 먹는 물 관리법에 따른 먹는 물 수질검사기관이 발행한 「수질 검사 성적서」가 필요하다.[16)

> **법 제4조(등록)**
>
> ① 제3조제1항제1호부터 제4호까지의 규정에 따른 여행업, 관광숙박업, 관광객 이용시설업 및 국제회의업을 경영하려는 자는 특별자치시장·특별자치도지사·시장·군수·구청장(자치구의 구청장을 말한다. 이하 같다)에게 등록하여야 한다. 〈개정 2009.3.25., 2018.6.12.〉
> ② 삭제 〈2009.3.25.〉
> ③ 제1항에 따른 등록을 하려는 자는 대통령령으로 정하는 자본금(법인인 경우에는 납입자본금을 말하고, 개인인 경우에는 등록하려는 사업에 제공되는 자산의 평가액을 말한다)·시설 및 설비 등을 갖추어야 한다. 〈신설 2007.7.19., 2009.3.25., 2023.8.8.〉
> ④ 제1항에 따라 등록한 사항 중 대통령령으로 정하는 중요 사항을 변경하려면 변경등록을 하여야 한다. 〈개정 2007.7.19., 2009.3.25.〉
> ⑤ 제1항 및 제4항에 따른 등록 또는 변경등록의 절차 등에 필요한 사항은 문화체육관광부령으로 정한다. 〈개정 2007.7.19., 2008.2.29., 2009.3.25.〉
> [시행일: 2024.2.9.] 제4조

> **시행령 제5조(등록기준)**
>
> 법 제4조제3항에 따른 관광사업의 등록기준은 별표 1과 같다. 다만, 휴양 콘도미니엄업과 전문휴 양업 중 온천장 및 농어촌휴양시설을 2012년 11월 1일부터 2014년 10월 31일까지 제3조제1항에 따라 등록 신청하면 다음 각 호의 기준에 따른다. 〈개정 2012.10.29., 2013.10.31.〉

## 다) 준수사항

### ① 안전·위생 기준

야영장업 등록을 한 자는 법(시행규칙 제28조의 2관련 [별표 7])으로 정하는 화재예방기 준, 전기사용기준, 가스사용기준, 대피관련가준, 질서유지 및 안전사고예방기준, 위생기준 등의 「안전·위생기준」을 지켜야 한다.[17)

---

16) 시행규칙 제2조 제1항 4, 제4항 3의2, 3의3, 3의4, 후술하는 [2. 관광사업의 등록 허가, (3) 등록절차, 가) 등록신청] 참조
17) 법 제20조의2, 시행규칙 제28조의2 [별표 7](야영장의 안전위생기준)

> **🔖 법 제20조의2(야영장업자의 준수사항)**
>
> 4조제1항에 따라 야영장업의 등록을 한 자는 문화체육관광부령으로 정하는 안전 · 위생기준을 지켜야 한다. [본조신설 2015.2.3.]

> **🔖 시행령 제28조의2( 야영장의 안전 · 위생기준) 제39조**
>
> 법 제20조의2에 따른 "문화체육관광부령으로 정하는 안전 · 위생기준"은 별표 7에 따른 기준을 말한다.

## ② 보험의 가입 등

야영장업의 등록을 한 자는 법 (법제9조)에 따라 그 사업을 시작하기 전에 야영장 시설에서 발생하는 재난 또는 안전사고로 인하여 야영장 이용자에게 피해를 준 경우 그 손해를 배상할 것을 내용으로 하는 책임보험 또는 법(시행령 제39조)에 따른 공제에 가입해야 한다(시행규칙 제18조 제6항, 제7항).

> **🔖 법제9조(보험가입 등)**
>
> 관광사업자는 해당 사업과 관련하여 사고가 발생하거나 관광객에게 손해가 발생하면 문화체육관광부령으로 정하는 바에 따라 피해자에게 보험금을 지급할 것을 내용으로 하는 보험 또는 공제에 가입하거나 영업보증금을 예치(이하 "보험 가입 등"이라 한다)하여야 한다. 〈개정 2008.2.29., 2015.5.18.〉

> **🔖 시행령 제39조(공제사업의 허가 등)**
>
> ① 법 제43조제2항에 따라 협회가 공제사업의 허가를 받으려면 공제규정을 첨부하여 문화체육관광부장관에게 신청하여야 한다. 〈개정 2008.2.29.〉
> ② 제1항에 따른 공제규정에는 사업의 실시방법, 공제계약, 공제분담금 및 책임준비금의 산출방법에 관한 사항이 포함되어야 한다.
> ③ 제1항에 따른 공제규정을 변경하려면 문화체육관광부장관의 승인을 받아야 한다. 〈개정 2008.2.29.〉
> ④ 공제사업을 하는 자는 공제규정에서 정하는 바에 따라 매 사업연도 말에 그 사업의 책임준비금을 계상하고 적립하여야 한다.
> ⑤ 공제사업에 관한 회계는 협회의 다른 사업에 관한 회계와 구분하여 경리하여야 한다.

> **■ 시행규칙 제18조(보험의 가입 등)**
>
> ⑥ 야영장업의 등록을 한 자는 법 제9조에 따라 그 사업을 시작하기 전에 야영장 시설에서 발생하는 재난 또는 안전사고로 인하여 야영장 이용자에게 피해를 준 경우 그 손해를 배상할 것을 내용으로 하는 책임보험 또는 영 제39조에 따른 공제에 가입해야 한다. 〈신설 2019.3.4.〉
> ⑦ 야영장업의 등록을 한 자가 제6항에 따라 가입해야 하는 책임보험 또는 공제는 다음 각 호의 기준을 충족하는 것이어야 한다. 〈신설 2019.3.4.〉
> 1. 사망의 경우: 피해자 1명당 1억원의 범위에서 피해자에게 발생한 손해액을 지급할 것. 다만, 그 손해액이 2천만원 미만인 경우에는 2천만원으로 한다.
> 2. 부상의 경우: 피해자 1명당 별표 3의2에서 정하는 금액의 범위에서 피해자에게 발생한 손해액을 지급할 것
> 3. 부상에 대한 치료를 마친 후 더 이상의 치료효과를 기대할 수 없고 그 증상이 고정된 상태에서 그 부상이 원인이 되어 신체에 장애(이하 "후유장애"라 한다)가 생긴 경우: 피해자 1명당 별표 3의3에서 정하는 금액의 범위에서 피해자에게 발생한 손해액을 지급할 것
> 4. 재산상 손해의 경우: 사고 1건당 1억원의 범위에서 피해자에게 발생한 손해액을 지급할 것

### (4) 관광유람선업

관광유람선업은 선박을 이용하여 관광객에게 관광을 할 수 있도록 하는 일반관광유람선업과 관광과 함께 숙박 등의 편의를 제공하는 크루즈업으로 세분화된다.[18] 즉 일반관광 유람선업이란 「해운법」에 따른 해상여객운송사업의 면허를 받은 자나 「유선 및 도선사업법」에 따른 유선사업의 면허를 받거나 신고한 자가 선박을 이용하여 관광객에게 관광을 할 수 있도록 하는 업을 말하며 크루즈업은 「해운법」에 따른 순항(順航) 여객운송사업이나 복합 해상여객운송사업의 면허를 받은 자가 해당 선박 안에 숙박시설, 위락시설 등 편의시설을 갖춘 선박을 이용하여 관광객에게 관광을 할 수 있도록 하는 업을 말한다(시행령 제2조 제①항 제3호 라목). 따라서 크루즈업을 경영하고자 하는 자는 「관광진흥법」에서 규정하고 있는 등록기준(시행령 제5조 관련 별표 1)에 적합한 객실 및 편의시설을 갖추어야 한다.

### (5) 관광공연장업

관광객을 위하여 공연시설을 갖추고 공연물을 공연하면서 관광객에게 식사와 주류를 판매하는 업을 말한다.

### (6) 외국인 관광 도시민박업

도시지역의 주민이 자신이 거주하고 있는 주택을 이용하여 외국인 관광객에게 한국의 가

---

18) 정부는 2008년 8월 26일 「관광진흥법 시행령」 개정을 통하여 고부가가치 관광산업인 크루즈업에 대한 정책적 지원의 근거를 마련하였다.

정문화를 체험할 수 있도록 적합한 시설을 갖추고 숙식 등을 제공하거나 마을기업[19])이 외국인 관광객에게 우선하여 숙식 등을 제공하면서, 외국인 관광객의 이용에 지장을 주지 아니하는 범위에서 해당 지역을 방문하는 내국인 관광객에게 그 지역의 특성화된 문화를 체험할 수 있도록 숙식 등을 제공하는 업을 말한다(시행령 제2조 ①항 제3호 바 참조). 외국인관광도시민박업의 등록기준은 다음과 같다(시행령 별표1, 관광사업등록기준).

① 주택의 연면적이 230제곱미터 미만일 것
② 외국어 안내 서비스가 가능한 체제를 갖출 것
③ 소화기를 1개 이상 구비하고, 객실마다 단독경보형 감지기 및 일산화탄소 경보기(난방설비를 개별난방 방식으로 설치한 경우만 해당한다)를 설치할 것[20])

### (7) 한옥체험업

한옥체험업이란 관광객이 한옥(「한옥 등 건축자산의 진흥에 관한 법률」 제2조제2호에 따른 한옥)에서 숙박을 할 수 있는 적합한 시설이나 전통 놀이 및 공예 등의 전통문화를 체험할 수 있는 적합한 시설을 갖추어 관광객에게 이용하게 하는 업을 말한다.

### 4) 국제회의업

국제회의업이란 대규모 관광수요를 유발하는 국제회의(세미나·토론회·전시회 등을 포함)를 개최할 수 있는 시설을 설치·운영하거나 국제회의의 계획·준비·진행 등의 업무를 위탁받아 대행하는 업으로 국제회의기획업(PCO : Professional Convention Organizer)과 국제회의시설업으로 분류된다.

> **법 제3조 제1항 제4호**
>
> 4. 국제회의업: 대규모 관광 수요를 유발하는 국제회의(세미나·토론회·전시회 등을 포함한다. 이하 같다)를 개최할 수 있는 시설을 설치·운영하거나 국제회의의 계획·준비·진행 등의 업무를 위탁받아 대행하는 업

---

19) 예를 들면 문화체육관광부의 관광두레만들기, 행정안전부의 마을기업육성, 고용노동부의 사회적 기업육성, 농림축산식품부의 농어촌공동체회사육성 등의 사업에 의해 운영되는 마을기업들이 있다.
　자료: 문화체육관광부, 2013지역관광공동체 관광두레기본계획, p.17. 2017 관광두레추진현황, 2018.2.27., 관광두레(https://tourdure.visitkorea.or.kr/home/main.do) 참조
20) 문화체육관광부, 「외국인 관광도시민박업 업무처리 지침(가이드라인)개정」, 2019.11.26. 참조

> **시행령 제2조(관광사업의 종류)**
>
> 4. 국제회의업의 종류
>    가. 국제회의시설업 : 대규모 관광 수요를 유발하는 국제회의를 개최할 수 있는 시설을 설치하여 운영하는 업
>    나. 국제회의기획업 : 대규모 관광 수요를 유발하는 국제회의의 계획 · 준비 · 진행 등의 업무를 위탁받아 대행하는 업

### (1) 국제회의시설업

국제회의시설업은 대규모 관광수요를 유발하는 국제회의를 개최할 수 있는 시설을 설치 · 운영하는 업으로 2023년 9월 30일 기준, 서울 44개, 경기 3개, 부산 1개, 대구 1개, 인천 2개, 광주 1개, 대전 1개, 강원 3개, 전북 1개, 경북 1개, 경남, 1개, 제주 1개 총 60개 업체가 등록되어 있다.[21]

국제회의시설업의 등록기준은 다음과 같다.

① 「국제회의산업육성에 관한 법률 시행령」 제3조의 규정에 의한 회의시설 및 전시시설의 요건을 갖추고 있을 것

② 국제회의 개최 및 전시의 편의를 위하여 부대시설로 주차시설, 쇼핑 · 휴식시설을 갖추고 있을 것

### (2) 국제회의기획업

국제회의기획업은 대규모 관광수요를 유발하는 국제회의의 계획 · 준비 · 진행 등의 업무를 위탁받아 대행하는 업으로 2023년 9월 30일 기준, 서울 822개, 경기 98개, 부산 113개, 대구 42개, 인천 19개, 광주 34개, 대전 47개, 울산 14개, 세종 4개, 강원 21개, 충북 16개, 충남 8개, 전북 24개, 전남 8개, 경북 22개, 경남 23개, 제주 46개 등 총 1,361개 업체가 등록되어 있다.[22]

국제회의기획업의 등록기준은 다음과 같다.

① 자본금 : 5천만원 이상일 것

② 사무실 : 소유권 또는 사용권이 있을 것

## 5) 카지노업

카지노업이란 전용 영업장을 갖추고 주사위 · 트럼프 · 슬롯머신 등 특정한 기구 등을 이용하여 우연의 결과에 따라 특정인에게 재산상의 이익을 주고 다른 참가자에게 손실을 주

---

21) 한국관광협회중앙회(www.ekta.kr), 전국 관광사업체 현황, 2023.09.30. 기준
22) 상게자료

는 행위 등을 하는 업을 말한다.

카지노업은 종래 경찰청에서 「사행행위등 규제법」(법률 제 4407호, 1991년 11월 30일 개정)에 의해 카지노, 투전기업(슬롯머신)으로 구분·관리되어오다가 「사행행위 등 규제법」이 「사행행위등 규제 및 처벌특례법」(법률 제4607호, 1993년 12월 27일)으로 바뀌면서 투전기업은 불건전사행행위일소와 범죄예방차원에서 사행업종에서 제외되고 카지노업은 「관광진흥법」의 개정(법률 제4778호, 1994년 8월 3일)으로 1994년 12월 4일 관광사업으로 전환되었다. 카지노업은 관광외화획득뿐만 아니라 외국인관광객유치에도 기여하는 바가 크므로 카지노업의 건전한 발전을 도모할 수 있도록 관련제도를 개선·보완하였던 것이다. 현재 카지노업을 규율하고 있는 규정은 「관광진흥법」, 카지노업영업준칙(문화체육관광부고시 제2019-33호, 2019.8.8., 일부개정), 카지노전산시설기준(문화체육관광부고시 제2018-28호, 2018.8.16., 전부개정) 등이 있다.

2023년 4월 기준, 카지노업체 현황을 보면 17개 업체가 운영 중이다. 서울 3개(파라다이스카지 노워커힐지점, 세븐럭카지노 강남코엑스점, 세븐럭카지노 서울드래곤시티점), 부산 2개(파라다이스카지노 부산지점, 세븐럭카지노 부산롯데점), 인천 1개(파라다이스카지노), 강원 1개(알펜시아카지노), 대구 1개(호텔인터불고대구카지노), 제주 8개(공즈카지노, 파라다이스카지노 제주지점, 아람만카지노, 제주오리엔탈카지노, 드림타워카지노, 제주썬카지노, 랜딩카지노, 메가럭카지노) 등의 외국인 대상 카지노 16개 업체와 내국인 대상의 강원랜드 카지노 1개 업체 등 총 17개 업체가 있다.[23]

> **□■ 법 제3조 제1항 5호**
>
> 5. 카지노업: 전문 영업장을 갖추고 주사위·트럼프·슬롯머신 등 특정한 기구 등을 이용하여 우연의 결과에 따라 특정인에게 재산상의 이익을 주고 다른 참가자에게 손실을 주는 행위 등을 하는 업

## 6) 유원시설업

유원시설업(遊園施設業)에서 유원(遊園)이란 놀이터로서의 흔히 유원지(遊園地)라고 부른다. 따라서 유원시설업이란 이러한 유원지 등의 지역에 놀이기구나 시설(유원시설 및 유원기구)을 갖추어 이를 관광객에게 이용하게 하는 업이다. 뿐만 아니라 다른 영업을 하면서도 관광객의 유치 또는 광고 등을 목적으로 유기시설 또는 유기기구를 설치하여 이를 이용하게 하는 경우도 유원시설업에 해당된다.

유원시설업은 종합유원시설업, 일반유원시설업, 기타유원시설업 등 3개의 업종으로 분류되며, 이들 분류는 유기기구가 안전성검사대상기구인가 아닌가의 여부로 나누어진다. 즉 종합유원시설업과 일반유원시설업은 안전성검사대상 유기기구를 설치·운영하는 업이며 기

---

23) 문화체육관광부, 2023년 4월 기준 국내 카지노업체 현황

타유원시설업은 안전성검사대상이 아닌 유기기구를 설치·운영하는 업이다. 또한 종합유원시설업과 일반유원시설업의 구분은 안정성검사대상 유기기구의 설치 숫자로 나누어지는데, 전자는 대규모의 대지 또는 실내에 안전성검사대상 유기기구 6종 이상을, 후자는 1종류 이상을 설치·운영하는 업이다. 2023년 9월 30일 기준, 종 2,708개의 업체가 유원시설업으로 등록되어 있다.[24]

> **▫ 법 제3조 제1항 ①항 6호**
>
> 6. 유원시설업(遊園施設業): 유기시설(遊技施設)이나 유기기구(遊技機具)를 갖추어 이를 관광객에게 이용하게 하는 업(다른 영업을 경영하면서 관광객의 유치 또는 광고 등을 목적으로 유기시설이나 유기기구를 설치하여 이를 이용하게 하는 경우를 포함한다)

> **▫ 시행령 제2조(관광사업의 종류)**
>
> 5. 유원시설업(遊園施設業)의 종류
>    가. 종합유원시설업 : 유기시설이나 유기기구를 갖추어 관광객에게 이용하게 하는 업으로서 대규모의 대지 또는 실내에서 법 제33조에 따른 안전성검사 대상 유기시설 또는 유기기구 여섯 종류 이상을 설치하여 운영하는 업
>    나. 일반유원시설업 : 유기시설이나 유기기구를 갖추어 관광객에게 이용하게 하는 업으로서 법 제33조에 따른 안전성검사 대상 유기시설 또는 유기기구 한 종류 이상을 설치하여 운영하는 업
>    다. 기타유원시설업 : 유기시설이나 유기기구를 갖추어 관광객에게 이용하게 하는 업으로서 법 제33조에 따른 안전성검사 대상이 아닌 유기시설 또는 유기기구를 설치하여 운영하는 업

〈표 6〉 유원시설업의 구분

| 종류 \ 기준 | 안전성검사대상 유기기구 설치 여부 | 안전성검사대상 유기기구 설치 대수 | 면적기준 | 기타설비 |
|---|---|---|---|---|
| 종합유원시설업 | 의무설치 | 6대 이상 | 1만제곱미터 이상 | 방송시설·발전시설·의무실·안내소 설치·매점 |
| 일반유원시설업 | 의무설치 | 1대 이상 | 없음 | 방송시설·구급의약품 비치, 안내소, 휴식시설 |
| 기타유원시설업 | 안전성검사 비대상 기구설치 | 안전성검사 비대상 기구 1종 이상 | 40제곱미터 이상 | 규정 없음 |

---

24) 한국관광협회중앙회(www.ekta.kr), 전국 관광사업체 현황, 2023.09.30. 기준

## 7) 관광편의시설업

관광편의시설업(觀光便宜施設業)은 여행업, 관광숙박업, 관광객이용시설업, 국제회의업, 카지노업, 유원시설업 등의 관광사업을 제외하고 관광진흥에 이바지할 수 있다고 인정되는 사업이나 시설을 운영하는 기타 관광업종을 말한다.

현재 「관광진흥법」으로 지정된 관광편의시설업으로는 관광유흥음식점업, 관광극장유흥업, 외국인전용유흥음식점업, 관광식당업, 관광순환버스업, 관광사진업, 여객자동차터미널시설업, 관광펜션업, 관광궤도업, 관광면세업, 관광지원서비스업 등 12가지가 있다.

### ▣ 법 제3조 제1항 7호

7. 관광 편의시설업: 제1호부터 제6호까지의 규정에 따른 관광사업 외에 관광 진흥에 이바지할 수 있다고 인정되는 사업이나 시설 등을 운영하는 업

### ▣ 시행령 제2조(관광사업의 종류)

6. 관광 편의시설업의 종류

가. 관광유흥음식점업: 식품위생 법령에 따른 유흥주점 영업의 허가를 받은 자가 관광객이 이용하기 적합한 한국 전통 분위기의 시설을 갖추어 그 시설을 이용하는 자에게 음식을 제공하고 노래와 춤을 감상하게 하거나 춤을 추게 하는 업

나. 관광극장유흥업: 식품위생 법령에 따른 유흥주점 영업의 허가를 받은 자가 관광객이 이용하기 적합한 무도(舞蹈)시설을 갖추어 그 시설을 이용하는 자에게 음식을 제공하고 노래와 춤을 감상하게 하거나 춤을 추게 하는 업

다. 외국인전용 유흥음식점업 : 식품위생 법령에 따른 유흥주점영업의 허가를 받은 자가 외국인이 이용하기 적합한 시설을 갖추어 외국인만을 대상으로 주류나 그 밖의 음식을 제공하고 노래와 춤을 감상하게 하거나 춤을 추게 하는 업

라. 관광식당업 : 식품위생 법령에 따른 일반음식점영업의 허가를 받은 자가 관광객이 이용하기 적합한 음식 제공시설을 갖추고 관광객에게 특정 국가의 음식을 전문적으로 제공하는 업

마. 관광순환버스업 : 「여객자동차 운수사업법」에 따른 여객자동차운송사업의 면허를 받거나 등록을 한 자가 버스를 이용하여 관광객에게 시내와 그 주변 관광지를 정기적으로 순회하면서 관광할 수 있도록 하는 업

바. 관광사진업 : 외국인 관광객과 동행하며 기념사진을 촬영하여 판매하는 업

사. 여객자동차터미널시설업 : 「여객자동차 운수사업법」에 따른 여객자동차터미널사업의 면허를 받은 자가 관광객이 이용하기 적합한 여객자동차터미널시설을 갖추고 이들에게 휴게시설·안내시설 등 편익시설을 제공하는 업

아. 관광펜션업 : 숙박시설을 운영하고 있는 자가 자연·문화 체험관광에 적합한 시설을 갖추어 관광객에게 이용하게 하는 업

자. 관광궤도업: 「궤도운송법」에 따른 궤도사업의 허가를 받은 자가 주변 관람과 운송에

적합한 시설을 갖추어 관광객에게 이용하게 하는 업

차. 삭제 〈2020.4.28.〉

카. 관광면세업: 다음의 어느 하나에 해당하는 자가 판매시설을 갖추고 관광객에게 면세물품
을 판매하는 업

1) 「관세법」 제196조에 따른 보세판매장의 특허를 받은 자

2) 「외국인관광객 등에 대한 부가가치세 및 개별소비세 특례규정」 제5조에 따라 면세판매장
의 지정을 받은 자

타. 관광지원서비스업: 주로 관광객 또는 관광사업자 등을 위하여 사업이나 시설 등을 운영하
는 업으로서 문화체육관광부장관이 「통계법」 제22조제2항 단서에 따라 관광 관련 산업으
로 분류한 쇼핑업, 운수업, 숙박업, 음식점업, 문화·오락·레저스포츠업, 건설업, 자동차
임대업 및 교육서비스업 등. 다만, 법에 따라 등록·허가 또는 지정(이 영 제2조제6호가목
부터 카목까지의 규정에 따른 업으로 한정한다)을 받거나 신고를 해야 하는 관광사업은
제외한다.

② 제1항제6호아목은 「제주특별자치도 설치 및 국제자유도시 조성을 위한 특별법」을 적용받는
지역에 대하여는 적용하지 아니한다.

〈표 7〉 관광편의시설업의 종류 및 특징

| 내용<br>구분 | 명칭<br>(관광진흥법 시행령) | 특징 |
|---|---|---|
| 유흥<br>음식 | 관광유흥음식점업<br>(11) | • 식품위생법령에 의한 유흥주점영업 허가 필요<br>• 한국전통분위기의 시설. 음식 제공<br>• 노래와 춤 감상, 무도 가능. |
| | 관광극장유흥업<br>(96) | • 식품위생법령에 의한 유흥주점영업 허가 필요<br>• 무도 시설. 음식 제공<br>• 노래와 춤 감상, 무도 가능. |
| | 외국인전용<br>유흥음식점업<br>(315) | • 식품위생법령에 의한 유흥주점영업 허가 필요<br>• 외국인에게 적합한 시설<br>• 주류, 음식 제공<br>• 노래와 춤 감상, 무도 가능 |
| | 관광식당업<br>(1,669) | • 식품위생법령에 의한 일반음식점영업 허가 필요<br>• 특정 국가의 음식을 전문적으로 제공 |
| 교통 | 관광순환버스업<br>(61) | • 여객자동차운수사업법에 의한 여객자동차운송사업의 면허(등록) 필요<br>• 버스를 이용하여 시내 및 주변관광지를 정기적으로 순회하면서<br>  관광한다. |

| | *제주도-관광버스업 | • 전세버스운송사업 등록을 한 자 중 주사무소를 제주특별자치도내에 두고<br>• 관광객에게 도내 관광지 등을 관광할 수 있도록 버스를 제공 |
|---|---|---|
| | 여객자동차터미널<br>시설업<br>(2) | • 여객자동차운수사업법에 의한 여객자동차터미널업사업의 면허<br>가 필요<br>• 여객자동차터미널 시설을 갖춘다.<br>• 관광객에게 휴게ㆍ안내시설을 제공 |
| | 관광궤도업(25) | • 궤도사업허가필요<br>• 주변관람과 운송에 적합한 시설을 갖춘다. |
| 사 진 | 관광사진업<br>(16) | • 외국인 관광객 대상<br>• 외국인과 동행하며 기념사진을 촬영하여 판매한다. |
| 숙 박 | 관광펜션업<br>(740)<br>*제주-휴양펜션업<br>(116) | • 숙박시설(객실 30실이하)을 운영하고 있어야 한다.<br>• 자연ㆍ문화체험관광에 적합한 시설을 갖춘다.<br>• 「제주특별자치도 설치 및 국제자유도시조성을 위한 특별법」의<br>적용을 받는 지역에서는 적용대상에서 제외 |
| 면세업 | 관광면세업(77) | • 관세법에 따른 보세판장의 특허를 받은자<br>• 외국인 관광객 등에 대한 부가가치세 및 개별소비세 특례규정에<br>따라 면세판매장의 지정을 받은 자에 의해 운영 |
| 기타 | 관광지원서비스업(397)<br>*제주도-기타관광편의<br>시설업(46) | • 관광객 또는 관광사업자 등을 위하여 사업이나 시설 등을 운영하<br>는 업으로서 '관광산업 특수분류'에 해당하는 사업<br>• 「통계법」 제22조제2항 단서에 따라 관광 관련 산업으로 분류한<br>쇼핑업, 운수업, 숙박업, 음식점업, 문화ㆍ오락ㆍ레저스포츠업,<br>건설업, 자동차임대업 및 교육서비스업[25] |

* ( ) 안의 숫자는 2023년 09월 30일 기준 업체 수(한국관광협회중앙회 참조)
* 참고 : 「식품위생법」에 의한 영업의 종류(「식품위생법」 제36조 제2항 및 시행령 제21조 : 영업의 종류)는
크게 8가지이며, 식품접객업 속에 일반음식점영업과 유흥주점영업이 들어 있다.

---

25) 예를 들면 렌터카 업체, 기념품점, 관광벤처기업, 항공사, 관광두레 사업체, 관광객 대상 체험상품을 제공하
는 사업체, 관광레저장비 공급 업체, 환전소, 여행자 보험을 제공하는 보험사 등, 사업의 평균매출액 중
관광객 또는 관광사업자와의 거래로 인한 매출액의 비율이 100분의 50 이상인 경우, 관광지 등으로 지정된
지역에서 사업장을 운영하는 경우 또는 한국관광 품질인증을 받은 경우 등의 지정기준 중 어느 하나의
기준을 갖추면 관광지원서비스업의 지정을 받을 수 있다. ①문화체육관광부, 「관광지원서비스업 안내지침」,
2020.2.28. ②시행규칙 [별표 2] 참조

〈표 8〉 식품위생법에 의한 식품접객업의 종류(시행령 제21조 8) (2017.12.22.)

| 영업의 명칭 | 세부명칭 | 정 의 |
|---|---|---|
| 식품접객업 | 휴게음식점영업 | 주로 다류(茶類), 아이스크림류 등을 조리·판매하거나 패스트푸드점, 분식점 형태의 영업 등 음식류를 조리·판매하는 영업으로서 음주행위가 허용되지 아니하는 영업. 다만, 편의점, 슈퍼마켓, 휴게소, 그 밖에 음식류를 판매하는 장소에서 컵라면, 일회용 다류 또는 그 밖의 음식류에 뜨거운 물을 부어 주는 경우는 제외한다. |
| | 일반음식점영업 | 음식류를 조리·판매하는 영업으로서 식사와 함께 부수적으로 음주행위가 허용되는 영업 |
| | 단란주점영업 | 주로 주류를 조리·판매하는 영업으로서 손님이 노래를 부르는 행위가 허용되는 영업 |
| | 유흥주점영업 | 주로 주류를 조리·판매하는 영업으로서 유흥종사자를 두거나 유흥시설을 설치할 수 있고 손님이 노래를 부르거나 춤을 추는 행위가 허용되는 영업 |
| | 위탁급식영업 | 집단급식소를 설치·운영하는 자와의 계약에 의하여 그 집단 급식소에서 음식류를 조리하여 제공하는 영업 |
| | 제과점영업 | 주로 빵, 떡, 과자 등을 제조·판매하는 영업으로서 음주행위가 허용되지 아니하는 영업 |

※ 유흥종사자 : 「식품위생법 시행령」 제22조(유흥종사자의 범위)
① 제21조제8호라목에서 "유흥종사자"란 손님과 함께 술을 마시거나 노래 또는 춤으로 손님의 유흥을 돋우는 부녀자인 유흥접객원을 말한다.

## 2. 관광사업의 등록·허가 등

관광사업을 경영하고자 하는 자는 행정관청에 등록 또는 신고를 하거나 행정관청으로부터 허가나 지정을 받아야 한다(법 제4조 내지 제6조).

### 1) 관광사업의 등록

등록이란 행정관청이 어떤 법률사실이나 법률관계의 존재를 공적으로 공시 또는 증명하는 공증행위의 성질을 가지는 것으로 등록관청인 행정관청은 등록을 수리할 것인가에 대한 재량의 여지가 없는 것이 원칙이다. 즉 행정관청에서는 등록하고자 하는 관광사업자가 등록의 조건을 갖추고 있으면 등록을 수리하여야 한다.

**법 제4조(등록)**

① 제3조제1항제1호부터 제4호까지의 규정에 따른 여행업, 관광숙박업, 관광객 이용시설업 및 국제회의업을 경영하려는 자는 특별자치도지사 · 시장 · 군수 · 구청장(자치구의 구청장을 말한다. 이하 같다)에게 등록하여야 한다. 〈개정 2009.3.25.〉

② 삭제 〈2009.3.25.〉

③ 제1항에 따른 등록을 하려는 자는 대통령령으로 정하는 자본금(법인인 경우에는 납입자본금을 말하고, 개인인 경우에는 등록하려는 사업에 제공되는 자산의 평가액을 말한다) · 시설 및 설비 등을 갖추어야 한다. 〈신설 2007.7.19., 2009.3.25., 2023.8.8.〉

④ 제1항에 따라 등록한 사항 중 대통령령으로 정하는 중요 사항을 변경하려면 변경등록을 하여야 한다. 〈개정 2007.7.19., 2009.3.25.〉

⑤ 제1항 및 제4항에 따른 등록 또는 변경등록의 절차 등에 필요한 사항은 문화체육관광부령으로 정한다. 〈개정 2007.7.19., 2008.2.29., 2009.3.25.〉

[시행일: 2024.2.9.] 제4조

**시행령 제3조(등록절차)**

① 법 제4조제1항에 따라 등록을 하려는 자는 문화체육관광부령으로 정하는 바에 따라 관광사업 등록신청서를 특별자치시장 · 특별자치도지사 · 시장 · 군수 · 구청장(자치구의 구청장을 말한다. 이하 같다)에게 제출하여야 한다. 〈개정 2009.10.7., 2019.4.9.〉

② 특별자치시장 · 특별자치도지사 · 시장 · 군수 · 구청장은 법 제17조에 따른 관광숙박업 및 관광객 이용시설업 등록심의위원회의 심의를 거쳐야 할 관광사업의 경우에는 그 심의를 거쳐 등록 여부를 결정한다. 〈개정 2009.10.7., 2019.4.9.〉

[제목개정 2009.10.7.]

### (1) 등록대상업종 및 등록관청

관광사업 중 여행업 · 관광숙박업 · 관광객이용시설업 및 국제회의업을 경영하고자 하는 자는 "특별자치시장 · 특별자치도지사 · 시장 · 군수 · 구청장(자치구의 구청장)"에게 등록하여야 한다. 다만, 여기서 관광숙박업은 등록을 하기 전에 사업계획서에 대한 승인 및 등록심의위원회의 심의 등 두 가지 절차를 거쳐서 등록을 해야 하는 것이 다른 등록관광사업들과의 차이점이다. 또한 관광객이용시설업 중 전문휴양업, 종합휴양업, 관광유람선업 및 국제회의업 중 국제회의시설업은 사업계획승인을 반드시 받지는 않아도 되지만, 등록을 하기 전에 등록심의위원회의 심의는 받아야 한다(사업계획승인 및 등록심의에 관해서는 이 장 제3절 관광숙박업 및 관광객이용시설업부문에서 자세히 설명할 것임). 등록해야 하는 관광사업 및 등록행정관청을 표로 나타내면 다음과 같다.

〈표 9〉 등록관광사업 및 등록행정관청

| 관광진흥법 | | 관광진흥법 시행령 | | (등록행정관청) |
|---|---|---|---|---|
| ① 여행업 | | • 종합여행업 | | 특별자치시장·특별자치도지사 · 시장 · 군수 · 구청장에게 등록 |
| | | • 국내외여행업 | | |
| | | • 국내여행업 | | |
| ② 관광 숙박업 | 호텔업 | • 관광호텔업 | | |
| | | • 수상관광호텔업 | | |
| | | • 한국전통호텔업 | | |
| | | • 가족호텔업 | | |
| | | • 호스텔업 | | |
| | | • 소형호텔업 | | |
| | | • 의료관광호텔업 | | |
| | 휴양콘도미니엄업 | | | |
| ③ 관광객이용시설업 | | • 전문휴양업 | | |
| | | • 종합휴양업 | ▶제1종종합휴양업 ▶제2종종합휴양업 | |
| | | • 야영장업 | ▶일반야영장업 ▶자동차야영장업 | |
| | | • 관광유람선업 | ▶일반관광유람선업 ▶크루즈업 | |
| | | • 관광공연장업 | | |
| | | • 외국인관광 도시민박업 | | |
| | | • 한옥체험업 | | |
| ④ 국제회의업 | | • 국제회의시설업 • 국제회의기획업 | | |

## (2) 등록기준

등록기준은 매우 중요하다. 각 사업마다 갖추어야 할 기준을 정한 것이므로 이것이 충족되지 않으면 등록할 수 없다. 이미 앞에서 일부 관광사업에 대해서는 등록기준을 설명하였고 내용이 많거나 특별히 설명할 필요가 없는 경우는 제외하였다. 여기에 대해서는 시행령 [별표 1] 〈관광사업의 등록기준〉을 참고한다.

**법 제4조**

⑤ 제1항 및 제4항에 따른 등록 또는 변경등록의 절차 등에 필요한 사항은 문화체육관광부령으로 정한다. 〈개정 2007.7.19., 2008.2.29., 2009.3.25.〉

**시행령 제5조(등록기준)**

법 제4조제3항에 따른 관광사업의 등록기준은 별표 1과 같다. 다만, 휴양 콘도미니엄업과 전문휴양업 중 온천장 및 농어촌휴양시설을 2012년 11월 1일부터 2014년 10월 31일까지 제3조제1항에 따라 등록 신청하면 다음 각 호의 기준에 따른다. 〈개정 2012.10.29., 2013.10.31.〉

1. 휴양 콘도미니엄업의 경우 별표 1제3호가목(1)에도 불구하고 같은 단지 안에 20실 이상 객실을 갖추어야 한다.
2. 전문휴양업 중 온천장의 경우 별표1제4호가목(2)(사)에도 불구하고 다음 각 목의 요건을 갖추어야 한다.
   가. 온천수를 이용한 대중목욕시설이 있을 것
   나. 정구장·탁구장·볼링장·활터·미니골프장·배드민턴장·롤러스케이트장·보트장 등의 레크리에이션 시설 중 두 종류 이상의 시설을 갖추거나 제2조제5호에 따른 유원시설업 시설이 있을 것
3. 전문휴양업 중 농어촌휴양시설의 경우 별표1제4호가목(2)(차)에도 불구하고 다음 각 목의 요건을 갖추어야 한다.
   가. 「농어촌정비법」에 따른 농어촌 관광휴양단지 또는 관광농원의 시설을 갖추고 있을 것
   나. 관광객의 관람이나 휴식에 이용될 수 있는 특용작물·나무 등을 재배하거나 어류·희귀동물 등을 기르고 있을 것

## (3) 등록절차

**시행령 제3조(등록절차)**

① 법 제4조제1항에 따라 등록을 하려는 자는 문화체육관광부령으로 정하는 바에 따라 관광사업 등록신청서를 특별자치시장·특별자치도지사·시장·군수·구청장(자치구의 구청장을 말한다. 이하 같다)에게 제출하여야 한다. 〈개정 2009.10.7., 2019.4.9.〉
② 특별자치시장·특별자치도지사·시장·군수·구청장은 법 제17조에 따른 관광숙박업 및 관광객 이용시설업 등록심의위원회의 심의를 거쳐야 할 관광사업의 경우에는 그 심의를 거쳐 등록 여부를 결정한다. 〈개정 2009.10.7., 2019.4.9.〉
[제목개정 2009.10.7.]

## ■ 시행규칙 제2조(관광사업의 등록신청)

① 「관광진흥법 시행령」(이하 "영"이라 한다) 제3조제1항에 따라 관광사업의 등록을 하려는 자는 별지 제1호서식의 관광사업 등록신청서에 다음 각 호의 서류를 첨부하여 특별자치시장 · 특별자치도지사 · 시장 · 군수 · 구청장(자치구의 구청장을 말한다. 이하 같다)에게 제출해야 한다. 〈개정 2009.3.31., 2009.10.22., 2015.4.22., 2019.4.25., 2021.4.19.〉

1. 사업계획서

2. 신청인(법인의 경우에는 대표자 및 임원)이 내국인인 경우에는 성명 및 주민등록번호를 기재한 서류

2의2. 신청인(법인의 경우에는 대표자 및 임원)이 외국인인 경우에는 「관광진흥법」(이하 "법"이라 한다) 제7조제1항 각 호(여행업의 경우에는 법 제11조의2제1항을 포함한다)의 결격사유에 해당하지 않음을 증명하는 다음 각 목의 어느 하나에 해당하는 서류. 다만, 법 또는 다른 법령에 따라 인 · 허가 등을 받아 사업자등록을 하고 해당 영업 또는 사업을 영위하고 있는 자(법인의 경우에는 최근 1년 이내에 법인세를 납부한 시점부터 등록 신청 시점까지의 기간 동안 대표자 및 임원의 변경이 없는 경우로 한정한다)는 해당 영업 또는 사업의 인 · 허가증 등 인 · 허가 등을 받았음을 증명하는 서류와 최근 1년 이내에 소득세(법인의 경우에는 법인세를 말한다)를 납부한 사실을 증명하는 서류를 제출하는 경우에는 그 영위하고 있는 영업 또는 사업의 관련 법령에서 정하는 결격사유와 중복되는 법 제7조제1항 각 호(여행업의 경우에는 법 제11조의2제1항을 포함한다)의 결격사유에 한하여 다음 각 목의 서류를 제출하지 않을 수 있다.

　가. 해당 국가의 정부나 그 밖의 권한 있는 기관이 발행한 서류 또는 공증인이 공증한 신청인의 진술서로서 「재외공관 공증법」에 따라 해당 국가에 주재하는 대한민국공관의 영사관이 확인한 서류

　나. 「외국공문서에 대한 인증의 요구를 폐지하는 협약」을 체결한 국가의 경우에는 해당 국가의 정부나 그 밖의 권한 있는 기관이 발행한 서류 또는 공증인이 공증한 신청인의 진술서로서 해당 국가의 아포스티유(Apostille) 확인서 발급 권한이 있는 기관이 그 확인서를 발급한 서류

3. 부동산의 소유권 또는 사용권을 증명하는 서류(부동산의 등기사항증명서를 통하여 부동산의 소유권 또는 사용권을 확인할 수 없는 경우만 해당한다)

4. 회원을 모집할 계획인 호텔업, 휴양콘도미니엄업의 경우로서 각 부동산에 저당권이 설정되어 있는 경우에는 영 제24조제1항제2호 단서에 따른 보증보험가입 증명서류

5. 「외국인투자 촉진법」에 따른 외국인투자를 증명하는 서류(외국인투자기업만 해당한다)

② 제1항에 따른 신청서를 제출받은 특별자치시장 · 특별자치도지사 · 시장 · 군수 · 구청장은 「전자정부법」 제36조제1항에 따른 행정정보의 공동이용을 통하여 다음 각 호의 서류를 확인하여야 한다. 다만, 제3호 및 제4호의 경우 신청인이 확인에 동의하지 않는 경우에는 그 서류(제4호의 경우에는 「액화석유가스의 안전관리 및 사업법 시행규칙」 제71조제10항 단서에 따른 완성검사 합격 확인서로 대신할 수 있다)를 첨부하도록 해야 한다. 〈개정 2009.3.31., 2009.10.22., 2011.3.30., 2012.4.5., 2015.4.22., 2019.3.4., 2019.4.25.〉

1. 법인 등기사항증명서(법인만 해당한다)

2. 부동산의 등기사항증명서

3. 「전기사업법 시행규칙」 제38조제3항에 따른 전기안전점검확인서(호텔업 또는 국제회의시설업의 등록만 해당한다)

4. 「액화석유가스의 안전관리 및 사업법 시행규칙」 제71조제10항제1호에 따른 액화석유가스 사용시설완성검사증명서(야영장업의 등록만 해당한다)

③ 여행업 및 국제회의기획업의 등록을 하려는 자는 제1항에 따른 서류 외에 공인회계사 또는 세무사가 확인한 등록신청 당시의 대차대조표(개인의 경우에는 영업용 자산명세서 및 그 증명서류)를 첨부하여야 한다.

④ 관광숙박업, 관광객 이용시설업 및 국제회의시설업의 등록을 하려는 자는 제1항에 따른 서류 외에 다음 각 호의 서류를 첨부해야 하며, 사업계획승인된 내용에 변경이 없는 사항의 경우에는 제1항 각 호의 서류 중 그와 관련된 서류를 제출하지 않는다. 〈개정 2015.3.6., 2019.3.4., 2020.4.28., 2021.12.31.〉

1. 법 제15조에 따라 승인을 받은 사업계획(이하 "사업계획"이라 한다)에 포함된 부대영업을 하기 위하여 다른 법령에 따라 소관관청에 신고를 하였거나 인·허가 등을 받은 경우에는 각각 이를 증명하는 서류(제2호 또는 제3호의 서류에 따라 증명되는 경우에는 제외한다)

2. 법 제18조제1항에 따라 신고를 하였거나 인·허가 등을 받은 것으로 의제되는 경우에는 각각 그 신고서 또는 신청서와 그 첨부서류

3. 법 제18조제1항 각 호에서 규정된 신고를 하였거나 인·허가 등을 받은 경우에는 각각 이를 증명하는 서류

3의2. 야영장업을 경영하기 위하여 다른 법령에 따른 인·허가 등을 받은 경우 이를 증명하는 서류(야영장업의 등록만 해당한다)

3의3. 「전기안전관리법 시행규칙」 제11조제3항에 따른 사용전점검 확인증(야영장업의 등록만 해당한다)

3의4. 「먹는물관리법」에 따른 먹는물 수질검사기관이 「먹는물 수질기준 및 검사 등에 관한 규칙」 제3조제2항에 따라 발행한 수질검사성적서(야영장에서 수돗물이 아닌 지하수 등을 먹는 물로 사용하는 경우로서 야영장업의 등록만 해당한다)

4. 시설의 평면도 및 배치도

5. 다음 각 목의 구분에 따른 시설별 일람표
   가. 관광숙박업: 별지 제2호서식의 시설별 일람표
   나. 전문휴양업 및 종합휴양업: 별지 제3호서식의 시설별 일람표
   다. 야영장업: 별지 제3호의2서식의 시설별 일람표
   라. 한옥체험업: 별지 제3호의3서식의 시설별 일람표
   마. 국제회의시설업: 별지 제4호서식의 시설별 일람표

⑤ 제1항부터 제3항까지의 규정에도 불구하고 「체육시설의 설치·이용에 관한 법률 시행령」 제20조에 따라 등록한 등록체육시설업의 경우에는 등록증 사본으로 첨부서류를 갈음할 수 있다.

⑥ 특별자치시장·특별자치도지사·시장·군수·구청장은 제2항에 따른 확인 결과 「전기사업법」 제66조의2제1항에 따른 전기안전점검 또는 「액화석유가스의 안전관리 및 사업법」 제44조제2항에 따른 액화석유가스 사용시설완성검사를 받지 아니한 경우에는 관계기관 및 신청인에게 그 내용을 통지해야 한다. 〈신설 2012.4.5., 2019.3.4., 2019.4.25.〉

⑦ 특별자치시장·특별자치도지사·시장·군수·구청장은 제1항에 따른 관광사업등록 신청을 받은 경우 그 신청내용이 등록기준에 적합하다고 인정되는 경우에는 별지 제5호서식의 관광사업 등록증을 신청인에게 발급하여야 한다. 〈개정 2009.10.22., 2012.4.5., 2019.4.25.〉

### 가) 등록신청

관광사업을 경영하고자 하는 자는 관광사업등록신청서와 함께 등록에 필요한 공통의 구비서류와 사업별 필요서류를 특별자치시장·특별자치도지사·시장·군수·구청장(자치구의 구청장)에게 제출하여야 한다.

#### ① 공통서류

사업계획서, 신청인의 인적사항, 부동산의 소유권 또는 사용권을 증명하는 서류, 외국인투자기업의 경우, 외국인투자를 증명하는 서류를 제출한다(「시행규칙」 제2조 제1항 참조).

신청인의 인적사항과 관련되는 서류는 내국인의 경우, 주민등록등본을 말하며, 외국인의 경우는 신청인이 「관광진흥법」 제7조의 결격사유에 해당되지 않음을 확인하는 해당국의 공인된 서류나 해외주재 한국공관장이 공증한 서류 등을 말한다. 내국인의 경우 결격사유는 신원증명서가 유효하다. 신청인 소유의 부동산 확인은 토지나 건물의 등기부등본으로 하며, 사용권은 토지나 건물의 임대차 계약서 등으로 확인 가능하다.

#### ② 여행업 및 국제회의기획업의 경우

공통서류외에 개인의 경우 영업용 자산명세서(증빙서류 포함)를, 법인의 경우 대차대조표를 첨부하여 제출하여야 한다.

#### ③ 관광숙박업·관광객이용시설업·국제회의시설업 경우

공통의 서류이외에 법에서(시행규칙'제2조 제4항 제1호 내지 제5호)정하는 서류를 첨부하여야 한다. 사업계획승인된 내용에 변경이 없는 사항의 경우에는 공통의 구비서류 중 그와 관련된 서류를 제출하지 아니한다. 또한 전문휴양업 중 체육시설업(예를 들면 골프장, 스키장, 승마장 등)의 경우에는 「체육시설의 설치·이용에 관한 법률 시행령」 제20조의 규정에 의한 등록증사본을 제출하면 법('시행규칙' 제2조 제4항 제1호 내지 제5호)에서 제시하는 첨부서류를 제출하지 않아도 된다.

#### ④ 야영장업의 경우

공통서류외에 「액화석유가스 사용시설완성검사증명서」「전기사용 전 점검확인증」, 먹는 물 관리법에 따른 먹는 물 수질검사기관이 발행한 「수질 검사성적서」(시행규칙 제2조 제1

항 4, 제4항 3의 2, 3의3, 3의 4)가 필요하다.

## 나) 등록심의

특별자치시장·특별자치도지사·시장·군수·구청장은 사업계획승인을 얻은 관광숙박업, 관광객이용시설업(전문휴양업, 종합휴양업, 관광유람선업) 및 국제회의시설업의 등록은 관광숙박업 및 관광객이용시설업 등록심의위원회의 심의를 거쳐 등록여부를 결정한다(사업계획승인 및 등록심의에 관한 사항은 이 장 제3절에서 상론할 것이다).

> **🔲 시행령 제3조 ②(등록심의)**
>
> ② 특별자치시장·특별자치도지사·시장·군수·구청장은 법 제17조에 따른 관광숙박업 및 관광객 이용시설업 등록심의위원회의 심의를 거쳐야 할 관광사업의 경우에는 그 심의를 거쳐 등록 여부를 결정한다. 〈개정 2009.10.7., 2019.4.9.〉
>
> [제목개정 2009.10.7.]

## 다) 등록증의 발급

등록신청을 받은 특별자치시장·특별자치도지사·시장·군수·구청장은 신청한 사항이 등록기준에 적합한 경우에는 등록증을 신청인에게 발급하여야 한다. 다만, 의제된 인·허가증(「진흥법」 제16조) 등은 등록관청에서 발급할 수 없으므로 해당관청의 협조를 받아 일괄 발급할 수 있도록 한다.

의제된 인·허가증의 발급기관은 보건복지가족부, 국세청, 기획재정부, 교육과학기술부, 문화체육관광부, 국토해양부 등 또는 해당 인·허가를 위임받은 시·도를 말한다.

> **🔲 시행령 제4조(등록증의 발급)**
>
> ① 제3조에 따라 등록신청을 받은 특별자치시장·특별자치도지사·시장·군수·구청장은 신청한 사항이 제5조에 따른 등록기준에 맞으면 문화체육관광부령으로 정하는 등록증을 신청인에게 발급하여야 한다. 〈개정 2008.2.29., 2009.10.7., 2019.4.9.〉
>
> ② 특별자치시장·특별자치도지사·시장·군수·구청장은 제1항에 따른 등록증을 발급하려면 법 제18조제1항에 따라 의제되는 인·허가증을 한꺼번에 발급할 수 있도록 해당 인·허가기관의 장에게 인·허가증의 송부를 요청할 수 있다. 〈개정 2009.10.7., 2019.4.9.〉
>
> ③ 특별자치시장·특별자치도지사·시장·군수·구청장은 제1항 및 제2항에 따라 등록증을 발급하면 문화체육관광부령으로 정하는 바에 따라 관광사업자등록대장을 작성하고 관리·보존하여야 한다. 〈개정 2008.2.29., 2009.10.7., 2019.4.9.〉
>
> ④ 특별자치시장·특별자치도지사·시장·군수·구청장은 등록한 관광사업자가 제1항에 따라 발급받은 등록증을 잃어버리거나 그 등록증이 헐어 못쓰게 되어버린 경우에는 문화체육관광부령으로 정하는 바에 따라 다시 발급하여야 한다. 〈개정 2008.2.29., 2009.10.7., 2019.4.9.〉

> **■ᄀ시행규칙 제2조**
>
> ⑥ 특별자치시장·특별자치도지사·시장·군수·구청장은 제2항에 따른 확인 결과 「전기사업법」 제66조의2제1항에 따른 전기안전점검 또는 「액화석유가스의 안전관리 및 사업법」 제44조제2항에 따른 액화석유가스 사용시설완성검사를 받지 아니한 경우에는 관계기관 및 신청인에게 그 내용을 통지해야 한다. 〈신설 2012.4.5., 2019.3.4., 2019.4.25.〉

## (4) 등록대장의 작성 및 관리·보존

등록증을 발급한 특별자치시장·특별자치도지사·시장·군수·구청장은 등록증을 발급한 때에는 등록대장을 작성하고 이를 관리하여야 한다.

> **■ᄀ시행령 제4조**
>
> ③ 특별자치시장·특별자치도지사·시장·군수·구청장은 제1항 및 제2항에 따라 등록증을 발급하면 문화체육관광부령으로 정하는 바에 따라 관광사업자등록대장을 작성하고 관리·보존하여야 한다. 〈개정 2008.2.29., 2009.10.7., 2019.4.9.〉

> **■ᄀ시행규칙 제4조(관광사업자 등록대장)**
>
> 영 제4조제3항에 따라 비치하여 관리하는 관광사업자 등록대장에는 관광사업자의 상호 또는 명칭, 대표자의 성명·주소 및 사업장의 소재지와 사업별로 다음 각 호의 사항이 기재되어야 한다. 〈개정 2015.3.6., 2016.3.28., 2019.8.1., 2020.4.28.〉
> 1. 여행업 및 국제회의기획업: 자본금
> 2. 관광숙박업
>    가. 객실 수
>    나. 대지면적 및 건축연면적(폐선박을 이용하는 수상관광호텔업의 경우에는 폐선박의 총톤수·전체 길이 및 전체 너비)
>    다. 법 제18조제1항에 따라 신고를 하였거나 인·허가 등을 받은 것으로 의제되는 사항
>    라. 사업계획에 포함된 부대영업을 하기 위하여 다른 법령에 따라 인·허가 등을 받았거나 신고 등을 한 사항
>    마. 등급(호텔업만 해당한다)
>    바. 운영의 형태(분양 또는 회원모집을 하는 휴양콘도미니엄업 및 호텔업만 해당한다)
> 3. 전문휴양업 및 종합휴양업
>    가. 부지면적 및 건축연면적
>    나. 시설의 종류
>    다. 제2호다목 및 라목의 사항
>    라. 운영의 형태(제2종종합휴양업만 해당한다)

4. 야영장업

　가. 부지면적 및 건축연면적

　나. 시설의 종류

　다. 1일 최대 수용인원

5. 관광유람선업

　가. 선박의 척수

　나. 선박의 제원

6. 관광공연장업

　가. 관광공연장업이 설치된 관광사업시설의 종류

　나. 무대면적 및 좌석 수

　다. 공연장의 총면적

　라. 일반음식점 영업허가번호, 허가연월일, 허가기관

7. 삭제 〈2014. 12. 31.〉

8. 외국인관광 도시민박업

　가. 객실 수

　나. 주택의 연면적

9. 한옥체험업

　가. 객실 수

　나. 한옥의 연면적, 객실 및 편의시설의 연면적

　다. 체험시설의 종류

　라. 「문화재보호법」에 따라 문화재로 지정 · 등록된 한옥 또는 「한옥 등 건축자산의 진흥에
　　　관한 법률」 제10조에 따라 우수건축자산으로 등록된 한옥인지 여부

10. 국제회의시설업

　가. 대지면적 및 건축연면적

　나. 회의실별 동시수용인원

　다. 제2호다목 및 라목의 사항

### (5) 등록증의 재발급

　특별자치시장 · 특별자치도지사 · 시장 · 군수 · 구청장은 등록한 관광사업자가 발급한 등록증이 헐어 못쓰게 되거나 이를 잃어버린 경우에는 이를 다시 발급하여야 한다. 등록증을 헐어서 못쓰게 되었거나 분실한 경우에는 등록증등재발급신청서(「시행규칙」 제5조 관련 별지 제7호 서식)를 작성하여 등록관청인 특별자치시장 · 특별자치도지사 · 시장 · 군수 · 구청장에게 제출하면(훼손된 등록증 첨부) 등록증을 다시 발급받을 수 있다.

> **┗■시행령 제4조 제4항(등록증재발급)**
>
> ④ 특별자치시장 · 특별자치도지사 · 시장 · 군수 · 구청장은 등록한 관광사업자가 제1항에 따라 발급받은 등록증을 잃어버리거나 그 등록증이 헐어 못쓰게 되어버린 경우에는 문화체육관광부령으로 정하는 바에 따라 다시 발급하여야 한다. 〈개정 2008.2.29., 2009.10.7., 2019.4.9.〉

> **┗■시행규칙 제5조(등록증의 재발급)**
>
> 영 제4조제4항에 따라 등록증의 재발급을 받으려는 자는 별지 제7호서식의 등록증등 재발급신청서(등록증이 헐어 못 쓰게 된 경우에는 등록증을 첨부하여야 한다)를 특별자치시장 · 특별자치도지사 · 시장 · 군수 · 구청장에게 제출하여야 한다. 〈개정 2009.10.22., 2019.4.25.〉

## (6) 변경등록

이미 등록한 등록사항에 변경이 발생하면 발생 30일 이내에 그 사실을 증명하는 서류를 첨부하여 변경등록을 등록관청인 특별자치시장 · 특별자치도지사 · 시장 · 군수 · 구청장에게 하여야 한다. 변경등록사항은 다음 6가지에 한정된다.

① 사업계획의 변경이 생겨 다시 승인을 얻은 사항(사업계획은 법 제15조에서 다룬다)
② 대표자가 변경되었을 때, 즉 사업의 최고경영자가 바뀐 경우
③ 관광숙박업에서(휴양콘도미니엄업 제외) 연건축면적의 증가를 가져오지 않는 범위내에서 객실수가 증가한 경우, 즉 전체 면적은 변하지 않은 가운데 객실면적을 조정하여 객실 수를 변경한 경우
④ 관광숙박업에서 부대시설의 위치 · 면적 및 일반음식점업 종류가 변경된 경우
⑤ 여행업의 경우, 사무실 소재지가 변경되거나, 영업소를 신설한 경우
⑥ 국제회기획업의 경우, 사무실소재지가 변경된 경우

다만, 여행업이나 국제회의업의 경우 사무실소재지를 변경한 경우에는 변경등록신청서를 새로운 소재지의 관할 특별자치시장 · 특별자치도지사 · 시장 · 군수 · 구청장에게 제출할 수 있다.

> **┗■법 제4조(변경등록)**
>
> ④ 제1항에 따라 등록한 사항 중 대통령령으로 정하는 중요 사항을 변경하려면 변경등록을 하여야 한다. 〈개정 2007.7.19, 2009.3.25.〉
> ⑤ 제1항 및 제4항에 따른 등록 또는 변경등록의 절차 등에 필요한 사항은 문화체육관광부령으로 정한다. 〈개정 2007.7.19, 2008.2.29, 2009.3.25.〉

**◾ 시행규칙 제3조(관광사업의 변경등록)**

① 제2조에 따라 관광사업을 등록한 자가 법 제4조제4항에 따라 등록사항을 변경하려는 경우에는 그 변경사유가 발생한 날부터 30일 이내에 별지 제6호서식의 관광사업 변경등록신청서에 변경사실을 증명하는 서류를 첨부하여 특별자치시장 · 특별자치도지사 · 시장 · 군수 · 구청장에게 제출하여야 한다. 〈개정 2009.10.22., 2019.4.25.〉

② 제1항에 따라 변경등록신청서를 제출받은 특별자치시장 · 특별자치도지사 · 시장 · 군수 · 구청장은 「전자정부법」 제36조제1항에 따른 행정정보의 공동이용을 통하여 다음 각 호의 서류를 확인해야 한다. 다만, 제1호 및 제2호의 경우 신청인이 확인에 동의하지 않는 경우에는 그 서류(제2호의 경우에는 「액화석유가스의 안전관리 및 사업법 시행규칙」 제71조제10항 단서에 따른 완성검사 합격 확인서로 대신할 수 있다)를 첨부하도록 해야 한다. 〈신설 2012.4.5., 2019.3.4., 2019.4.25.〉

③ 특별자치시장 · 특별자치도지사 · 시장 · 군수 · 구청장은 제2항에 따른 확인 결과 「전기사업법」 제66조의2제1항에 따른 전기안전점검 또는 「액화석유가스의 안전관리 및 사업법」 제44조제2항에 따른 액화석유가스 사용·시설완성검사를 받지 아니한 경우에는 관계기관 및 신청인에게 그 내용을 통지하여야 한다. 〈신설 2012.4.5., 2019.3.4., 2019.4.25.〉

④ 제1항에 따른 변경등록증 발급에 관하여는 제2조제7항을 준용한다. 〈개정 2012.4.5.〉

**◾ 시행령 제6조(변경등록)**

① 법 제4조제4항에 따른 변경등록사항은 다음 각 호와 같다. 〈개정 2015.3.17., 2020.4.28.〉

1. 사업계획의 변경승인을 받은 사항(사업계획의 승인을 받은 관광사업만 해당한다)
2. 상호 또는 대표자의 변경
3. 객실 수 및 형태의 변경(휴양 콘도미니엄업을 제외한 관광숙박업만 해당한다)
4. 부대시설의 위치 · 면적 및 종류의 변경(관광숙박업만 해당한다)
5. 여행업의 경우에는 사무실 소재지의 변경 및 영업소의 신설, 국제회의기획업의 경우에는 사무실 소재지의 변경
6. 부지 면적의 변경, 시설의 설치 또는 폐지(야영장업만 해당한다)
7. 객실 수 및 면적의 변경, 편의시설 면적의 변경, 체험시설 종류의 변경(한옥체험업만 해당한다)

② 제1항에 따른 변경등록을 하려는 자는 그 변경사유가 발생한 날부터 30일 이내에 문화체육관광부령으로 정하는 바에 따라 변경등록신청서를 특별자치시장 · 특별자치도지사 · 시장 · 군수 · 구청장에게 제출하여야 한다. 다만, 제1항제5호의 변경등록사항 중 사무실 소재지를 변경한 경우에는 변경등록신청서를 새로운 소재지의 관할 특별자치도지사 · 시장 · 군수 · 구청장에게 제출할 수 있다. 〈개정 2008.2.29., 2009.10.7., 2019.4.9.〉

## 2) 관광사업의 허가

허가란 법령에 의하여 일반적으로 금지되어 있는 행위를 특정의 경우에 특정인에 대하여 그 금지를 해제하는 행정처분으로 허가관청의 판단에 따라 허가관청은 허가를 거부할 수 있다.

> **법 제5조(허가)**
>
> ① 제3조제1항제5호에 따른 카지노업을 경영하려는 자는 전용영업장 등 문화체육관광부령으로 정하는 시설과 기구를 갖추어 문화체육관광부장관의 허가를 받아야 한다. 〈개정 2008.2.29.〉
> ② 제3조제1항제6호에 따른 유원시설업 중 대통령령으로 정하는 유원시설업을 경영하려는 자는 문화체육관광부령으로 정하는 시설과 설비를 갖추어 특별자치시장·특별자치도지사·시장·군수·구청장의 허가를 받아야 한다. 〈개정 2008.2.29., 2008.6.5., 2018.6.2.〉

> **시행령 제7조(허가대상유원시설업)**
>
> 법 제5조제2항에서 "대통령령으로 정하는 유원시설업"이란 종합유원시설업 및 일반유원시설업을 말한다.

### (1) 허가대상업종 및 허가관청

허가를 받아야 영업을 할 수 있는 관광사업은 카지노업과 유원시설업 중 종합유원시설업 및 일반유원시설업 등 3종류이다. 카지노업을 경영하고자 하는 자는 법이 정하는 시설 및 기구를 갖추어 "문화체육관광부장관"의 허가를 받아야 하고 종합유원시설업과 일반유원시설업을 경영하고자 하는 자는 법이 정하는 시설 및 설비를 갖추어 "특별자치시장·특별자치도지사·시장·군수·구청장(자치구의 구청장에 한한다)"의 허가를 받아야 한다(「관광진흥법」 제5조).

### (2) 허가요건 및 허가절차

카지노업 및 유원시설업의 허가요건 또는 기준 및 절차 등에 관하여는 제4절 카지노업부문과 제5절 유원시설업부문에서 다루기로 한다.

### 3) 관광사업의 신고

신고란 법률의 규정에 의하여 국가 또는 지방자치단체나 기타 공공단체에 법률사실이나 어떤 사실에 대하여 서면으로 작성된 서류를 제출하는 행위를 말한다. 신고는 행정관청에서 쓰이는 용어나 세법에서 과세표준의 신고, 변경신고, 예정신고 등으로 많이 쓰이고 있다. 신고 대신 '보고' 또는 '명세서' 등의 형식으로 신고하는 경우가 있다.

> **법 제5조(신고)**
>
> ④ 제2항에 따라 대통령령으로 정하는 유원시설업 외의 유원시설업을 경영하려는 자는 문화체육관광부령으로 정하는 시설과 설비를 갖추어 특별자치시장·특별자치도지사·시장·군수·구청장에게 신고하여야 한다. 신고한 사항 중 문화체육관광부령으로 정하는 중요 사항을 변경하려는 경우에도 또한 같다. 〈개정 2008.2.29., 2008.6.5., 2018.6.12.〉

**▪️시행규칙 제11조, 제12조, 제13조**

제11조(유원시설업의 신고 등)

① 법 제5조제4항에 따른 유원시설업의 신고를 하려는 자가 갖추어야 하는 시설 및 설비기준은 별표 1의2와 같다. 〈개정 2016.3.28.〉

② 법 제5조제4항에 따른 유원시설업의 신고를 하려는 자는 별지 제17호서식의 기타유원시설업 신고서에 다음 각 호의 서류를 첨부하여 특별자치시장·특별자치도지사·시장·군수·구청장에 게 제출하여야 한다. 이 경우 6개월 미만의 단기로 기타유원시설업의 신고를 하려는 자는 신고서 에 해당 기간을 표시하여 제출하여야 한다. 〈개정 2009.3.31., 2015.3.6., 2016.12.30., 2019.4.25., 2019.10.16.〉

1. 영업시설 및 설비개요서

2. 유기시설 또는 유기기구가 안전성검사 대상이 아님을 증명하는 서류

3. 법 제9조에 따른 보험가입 등을 증명하는 서류

4. 임대차계약서 사본(대지 또는 건물을 임차한 경우만 해당한다)

5. 다음 각 목의 사항이 포함된 안전관리계획서

　　가. 안전점검 계획

　　나. 비상연락체계

　　다. 비상 시 조치계획

　　라. 안전요원 배치계획(물놀이형 유기시설 또는 유기기구를 설치하는 경우만 해당한다)

③ 제2항에 따른 신고서를 제출받은 특별자치시장·특별자치도지사·시장·군수·구청장은 「전 자정부법」 제36조제1항에 따른 행정정보의 공동이용을 통하여 법인 등기사항증명서(법인만 해당 한다)를 확인하여야 한다. 〈개정 2009.3.31., 2011.3.30., 2019.4.25.〉

④ 특별자치시장·특별자치도지사·시장·군수·구청장은 제2항에 따른 신고를 받은 경우에는 별지 제18호서식의 유원시설업 신고증을 발급하고, 별지 제14호서식에 따른 유원시설업 허가·신 고 관리대장을 작성하여 관리하여야 한다. 〈개정 2009.3.31., 2019.4.25.〉

⑤ 유원시설업 신고증의 재발급에 관하여는 제5조를 준용한다.

**제12조(중요사항의 변경신고)** 법 제5조제4항 후단에서 "문화체육관광부령으로 정하는 중요사항" 이란 다음 각 호의 사항을 말한다. 〈개정 2008.3.6., 2016.12.30.〉

1. 영업소의 소재지 변경(유기시설 또는 유기기구의 이전을 수반하는 영업소의 소재지 변경은 제외한다)

2. 안전성검사 대상이 아닌 유기시설 또는 유기기구의 신설·폐기 또는 영업장 면적의 변경

3. 대표자 또는 상호의 변경

4. 안전성검사 대상이 아닌 유기시설 또는 유기기구로서 제40조제4항 단서에 따라 정기 확인검사 가 필요한 유기시설 또는 유기기구의 3개월 이상의 운행 정지 또는 그 운행의 재개

**제13조(신고사항 변경신고)** 법 제5조제4항 후단에 따라 신고사항의 변경신고를 하려는 자는 그 변경사유가 발생한 날부터 30일 이내에 별지 제19호서식의 기타유원시설업 신고사항 변경신고 서에 다음 각 호의 서류를 첨부하여 특별자치시장·특별자치도지사·시장·군수·구청장에게 제출하여야 한다. 〈개정 2009.3.31., 2011.10.6., 2016.12.30., 2019.4.25.〉

1. 신고증
2. 영업소의 소재지 또는 영업장의 면적을 변경하는 경우에는 그 변경내용을 증명하는 서류
3. 안전성검사 대상이 아닌 유기시설 또는 유기기구를 신설하는 경우에는 제40조제5항에 따른 검사결과서
4. 안전성검사 대상이 아닌 유기시설 또는 유기기구를 폐기하는 경우에는 그 폐기내용을 증명하는 서류
5. 대표자 또는 상호를 변경하는 경우에는 그 변경내용을 증명하는 서류
6. 제12조제4호에 해당하는 경우에는 그 내용을 증명하는 서류

### (1) 신고 대상업종 및 신고관청

관광사업 중 신고를 해야 하는 사업은 기타유원시설업이다. 기타유원시설업을 경영하고자 하는 자는 법이 정하는 시설 및 설비를 갖추어 특별자치시장·특별자치도지사·시장·군수·구청장에게 신고하여야 한다. 신고한 사항 중 문화체육관광부령이 정하는 중요사항을 변경하고자 하는 때에도 또한 같다.

### (2) 신고절차

기타유원시설업은 안전성검사 비대상 유기기구로 영업하는 것으로 이에 해당하는 영업시설 및 설비개요서와 이를 증명하는 서류가 제출되어야 한다.

### 4) 관광사업의 지정

**▣ 법 제6조(지정)**

① 제3조제1항제7호에 따른 특별시장·광역시장·특별자치시장·도지사·특별자치도지사(이하 "시·도지사"라 한다) 또는 시장·군수·구청장의 지정을 받아야 한다. 〈개정 2007.7.19., 2008.2.29., 2009.3.25., 2017.11.28., 2018.6.12.〉
② 제1항에 따른 관광 편의시설업으로 지정을 받으려는 자는 관광객이 이용하기 적합한 시설이나 외국어 안내서비스 등 문화체육관광부령으로 정하는 기준을 갖추어야 한다. 〈신설 2018.11.29.〉

**▣ 법 제80조(권한의 위임·위탁등)**

③ 문화체육관광부장관 또는 시·도지사 및 시장·군수·구청장은 다음 각 호의 권한의 전부 또는 일부를 대통령령으로 정하는 바에 따라 한국관광공사, 협회, 지역별·업종별 관광협회 및 대통령령으로 정하는 전문 연구·검사기관이나 자격검정기관에 위탁할 수 있다. 〈개정 2007.7.19., 2008.2.29., 2008.6.5., 2009.3.25.〉
1. 제6조에 따른 관광 편의시설업의 지정 및 제35조에 따른 지정 취소

### 시행령 제65조(권한의 위탁)

① 등록기관등의 장은 법 제80조제3항에 따라 다음 각 호의 권한을 한국관광공사, 협회, 지역별·업종별 관광협회, 전문 연구·검사기관 또는 자격검정기관에 각각 위탁한다. 이 경우 문화체육관광부장관 또는 시·도지사는 제3호, 제3호의2 및 제6호의 경우 위탁한 업종별 관광협회, 전문 연구·검사기관 또는 관광 관련 교육기관의 명칭·주소 및 대표자 등을 고시해야 한다. 〈개정 2008.2.29., 2009.1.20., 2009.10.7., 2015.8.4., 2018.6.5., 2019.4.9.〉

1. 법 제6조 및 법 제35조에 따른 관광 편의시설업 중 관광식당업·관광사진업 및 여객자동차터미널시설업의 지정 및 지정취소에 관한 권한: 지역별 관광협회에 위탁한다.

1의2. 법 제13조제2항 및 제3항에 따른 국외여행인솔자의 등록 및 자격증 발급에 관한 권한: 업종별 관광협회에 위탁한다.

1의3. 삭제 〈2018.6.5.〉

### 시행규칙 제14조(관광 편의시설업의 지정신청)

① 법 제6조제1항 및 영 제65조제1항제1호에 따라 관광 편의시설업의 지정을 받으려는 자는 다음 각 호의 구분에 따라 신청을 하여야 한다. 〈개정 2009.10.22., 2009.12.31., 2011.12.30., 2016.3.28., 2018.11.29., 2019.4.25., 2019.7.10., 2020.4.28.〉

1. 관광유흥음식점업, 관광극장유흥업, 외국인전용 유흥음식점업, 관광순환버스업, 관광펜션업, 관광궤도업, 관광면세업 및 관광지원서비스업: 특별자치시장·특별자치도지사·시장·군수·구청장

2. 관광식당업, 관광사진업 및 여객자동차터미널시설업: 지역별 관광협회

② 법 제6조제1항에 따라 관광 편의시설업의 지정을 받으려는 자는 별지 제21호서식의 관광 편의시설업 지정신청서에 다음 각 호의 서류를 첨부하여 제1항에 따라 특별자치시장·특별자치도지사·시장·군수·구청장 또는 지역별 관광협회에 제출해야 한다. 다만, 제4호의 서류는 관광지원서비스업으로 지정을 받으려는 자만 제출한다. 〈개정 2009.10.22., 2011.12.30., 2015.4.22., 2016.3.28., 2018.11.29., 2019.4.25., 2019.7.10., 2021.6.23.〉

1. 신청인(법인의 경우에는 대표자 및 임원)이 내국인인 경우에는 성명 및 주민등록번호를 기재한 서류

1의2. 신청인(법인의 경우에는 대표자 및 임원)이 외국인인 경우에는 법 제7조제1항 각 호에 해당하지 아니함을 증명하는 다음 각 목의 어느 하나에 해당하는 서류. 다만, 법 또는 다른 법령에 따라 인·허가 등을 받아 사업자등록을 하고 해당 영업 또는 사업을 영위하고 있는 자(법인의 경우에는 최근 1년 이내에 법인세를 납부한 시점부터 지정 신청 시점까지의 기간 동안 대표자 및 임원의 변경이 없는 경우로 한정한다)는 해당 영업 또는 사업의 인·허가증 등 인·허가 등을 받았음을 증명하는 서류와 최근 1년 이내에 소득세(법인의 경우에는 법인세를 말한다)를 납부한 사실을 증명하는 서류를 제출하는 경우에는 그 영위하고 있는 영업 또는 사업의 결격사유 규정과 중복되는 법 제7조제1항의 결격사유에 한하여 다음 각 목의 서류를 제출하지 아니할 수 있다.

가. 해당 국가의 정부나 그 밖의 권한 있는 기관이 발행한 서류 또는 공증인이 공증한 신청인의 진술서로서 「재외공관 공증법」에 따라 해당 국가에 주재하는 대한민국공관의 영사관이 확인한 서류

　　나. 「외국공문서에 대한 인증의 요구를 폐지하는 협약」을 체결한 국가의 경우에는 해낭 국가의 정부나 그 밖의 권한 있는 기관이 발행한 서류 또는 공증인이 공증한 신청인의 진술서로서 해당 국가의 아포스티유(Apostille) 확인서 발급 권한이 있는 기관이 그 확인서를 발급한 서류

2. 업종별 면허증·허가증·특허장·지정증·인가증·등록증·신고증명서 사본(다른 법령에 따라 면허·허가·특허·지정·인가를 받거나 등록·신고를 해야 하는 사업만 해당한다)

3. 시설의 배치도 또는 사진 및 평면도

4. 다음 각 목의 어느 하나에 해당하는 서류

　　가. 평균매출액(「중소기업기본법 시행령」 제7조에 따른 방법으로 산출한 것을 말한다. 이하 같다) 검토의견서(공인회계사, 세무사 또는 「경영지도사 및 기술지도사에 관한 법률」에 따른 경영지도사가 작성한 것으로 한정한다)

　　나. 사업장이 법 제52조에 따라 관광지 또는 관광단지로 지정된 지역에 소재하고 있음을 증명하는 서류

　　다. 법 제48조의10제1항에 따라 한국관광 품질인증을 받았음을 증명하는 서류

　　라. 중앙행정기관의 장 또는 지방자치단체의 장이 공모 등의 방법을 통해 우수 관광사업으로 선정한 사업임을 증명하는 서류

③ 제2항에 따른 신청서를 받은 특별자치시장·특별자치도지사·시장·군수·구청장은 「전자정부법」 제36조제1항에 따른 행정정보의 공동이용을 통하여 다음 각 호의 서류를 확인하여야 한다. 다만, 신청인이 확인에 동의하지 아니하는 경우(제2호만 해당한다)와 영 제65조에 따라 관광협회에 위탁된 업종의 경우에는 신청인으로 하여금 해당 서류를 첨부하도록 하여야 한다. 〈개정 2009.3.31., 2009.10.22., 2011.3.30., 2019.4.25., 2019.7.10.〉

1. 법인 등기사항증명서(법인만 해당한다)

2. 사업자등록증 사본(관광사진업만 해당한다)

④ 특별자치시장·특별자치도지사·시장·군수·구청장 또는 지역별 관광협회는 제2항에 따른 신청을 받은 경우 그 신청내용이 별표 2의 지정기준에 적합하다고 인정되는 경우에는 별지 제22호 서식의 관광 편의시설업 지정증을 신청인에게 발급하고, 관광 편의시설업자 지정대장에 다음 각 호의 사항을 기재하여야 한다. 〈개정 2009.10.22., 2019.4.25〉

1. 상호 또는 명칭

2. 대표자 및 임원의 성명·주소

3. 사업장의 소재지

⑤ 관광 편의시설업 지정사항의 변경 및 관광 편의시설업 지정증의 재발급에 관하여는 제3조와 제5조를 각각 준용한다.

[제15조에서 이동, 종전 제 14조는 삭제 〈2018. 11. 29.〉]

## (1) 지정대상 업종 및 지정관청

관광편의시설업을 경영하려는 자는 특별자치도지사 · 시장 · 군수 · 구청장 또는 지역별관광협회의 지정을 받아야 한다(「시행규칙」 제15조 참조).

즉 관광유흥음식점업, 관광극장유흥업, 외국인전용 유흥음식점업, 관광순환버스업, 관광펜션업, 관광궤도업 및 관광면세업, 관광지원서비스업의 지정 및 지정취소기관은 "특별자치시장 · 특별자치도지사 · 시장 · 군수 · 구청장"이며 관광식당업, 관광사진업 및 여객자동차터미널시설업의 지정 및 지정취소 기관은 "지역별 관광협회"이다.

## (2) 지정기준

관광편의시설업의 지정기준은 시행규칙 [별표 2] 〈관광편의시설업의 지정기준〉을 참고한다.

## (3) 지정 절차

## 가) 지정 신청

관광편의시설업의 지정을 받고자 하는 자는 관광편의시설업 지정신청(「시행규칙」 제15조 제1항 관련 별지 제21호 서식)의 관광편의시설업 지정신청서에 각종의 서류(「시행규칙」 제15조 참조)를 첨부하여 특별자치시장 · 특별자치도지사 · 시장 · 군수 · 구청장 또는 지역별 관광협회에 제출하여야 한다.

## 나) 지정증 교부 및 지정대장 작성

지정기관은 신청내용이 지정기준에 적합하다고 인정되는 때에는 관광편의시설업 지정증을 신청인에게 교부하고, 관광편의시설업자 지정대장을 작성하여야 한다.

## (4) 지정증 재발급

지정증이 헐어서 못쓰게 되었거나 분실한 경우에는 지정증재발급신청서(「시행규칙」 제5조 관련 별지7호서식)를 작성하여 지정기관에 제출하면(훼손된 지정증 첨부) 지정증을 다시 발급받을 수 있다.

〈표 10〉 관광사업별 등록 · 허가 · 신고 · 지정 등의 행정처분 및 처분관청

| 관광진흥법 | | 관광진흥법 시행령 | | (별표, 참고사항) |
|---|---|---|---|---|
| ① 여행업 | | • 종합여행업 | | 특별자치시장 · 특별자치도지사 · 시장 · 군수 · 구청장에게 등록 |
| | | • 국내외여행업 | | |
| | | • 국내여행업 | | |
| ② 관광숙박업 | 호텔업 | • 관광호텔업 | | |

| 관광진흥법 | | 관광진흥법 시행령 | | (별표, 참고사항) |
|---|---|---|---|---|
| | | • 수상관광호텔업 | | |
| | | • 한국전통호텔업 | | |
| | | • 가족호텔업 | | |
| | | • 호스텔업 | | |
| | | • 소형호텔업 | | |
| | | • 의료관광호텔업 | | |
| | 휴양콘도미니엄업 | | | |
| ③ 관광객이용시설업 | | • 전문휴양업 | | |
| | | • 종합휴양업 | ▶제1종종합휴양업<br>▶제2종종합휴양업 | |
| | | • 야영장업 | ▶일반야영장업<br>▶자동차야영장업 | |
| | | • 관광유람선업 | ▶일반관광유람선업<br>▶크루즈업 | |
| | | • 관광공연장업 | | |
| | | • 외국인관광<br>  도시민박업 | | |
| | | • 한옥체험업 | | |
| ④ 국제회의업 | | • 국제회의시설업<br>• 국제회의기획업 | | |
| ⑤ 카지노업 | | | | 문화체육관광부장관의 허가 |
| ⑥ 유원시설업<br>(遊園施設業) | | • 종합유원시설업 | | 특별자치시장·특별자치도지사·시장·군수·구청장의 허가 |
| | | • 일반유원시설업 | | |
| | | • 기타유원시설업 | | 특별자치시장·특별자치도지사·시장·군수·구청장에게 신고 |
| ⑦ 관광편의시설업 | | • 관광유흥<br>  음식점업<br>• 관광극장유흥업<br>• 관광궤도업<br>• 외국인전용유흥음식점업<br>• 관광순환버스업 | | 특별자치시장·특별자치도지사·시장·군수·구청장의 지정 |

| 관광진흥법 | 관광진흥법 시행령 | | (별표, 참고사항) |
|---|---|---|---|
| | • 관광펜션업<br>• 관광면세업<br>• 관광지원서비스업 | | |
| | • 관광식당업<br>• 관광사진업<br>• 여객자동차<br>　터미널시설업 | | 지역별관광협회의 지정 |

## 3. 관광사업자의 결격사유

　관광사업의 등록 등을 주관하는 행정관청은 관광사업을 경영하려고 하는 자의 자격이 합당하지 않은 경우, 즉 자격을 갖추지 않은 결격사유자가 신청하는 관광사업의 등록·허가·지정·신고 등을 허용하지 않으며 이미 영업중인 경우에는 그 등록 등을 취소한다. 동시에 사업계획의 승인도 불가하다. 개인만이 아니라 기업의 경우도 그 임원 중에 해당자가 있으면 마찬가지이다.

---

**■ 법 제7조(결격사유)**

① 다음 각 호의 어느 하나에 해당하는 자는 관광사업의 등록등을 받거나 신고를 할 수 없고, 제15조제1항 및 제2항에 따른 사업계획의 승인을 받을 수 없다. 법인의 경우 그 임원 중에 다음 각 호의 어느 하나에 해당하는 자가 있는 경우에도 또한 같다. 〈개정 2017.3.21.〉

1. 피성년후견인·피한정후견인

2. 파산선고를 받고 복권되지 아니한 자

3. 이 법에 따라 등록등 또는 사업계획의 승인이 취소되거나 제36조제1항에 따라 영업소가 폐쇄된 후 2년이 지나지 아니한 자

4. 이 법을 위반하여 징역 이상의 실형을 선고받고 그 집행이 끝나거나 집행을 받지 아니하기로 확정된 후 2년이 지나지 아니한 자 또는 형의 집행유예 기간 중에 있는 자

② 관광사업의 등록등을 받거나 신고를 한 자 또는 사업계획의 승인을 받은 자가 제1항 각 호의 어느 하나에 해당하면 문화체육관광부장관, 시·도지사 또는 시장·군수·구청장(이하 "등록기관등의 장"이라 한다)은 3개월 이내에 그 등록등 또는 사업계획의 승인을 취소하거나 영업소를 폐쇄하여야 한다. 다만, 법인의 임원 중 그 사유에 해당하는 자가 있는 경우 3개월 이내에 그 임원을 바꾸어 임명한 때에는 그러하지 아니하다. 〈개정 2008.2.29〉

## 1) 관광사업자의 결격사유해당자

### (1) 피성년후견인·피한정후견인

① 피성년후견인(被成年後見人) : 질병, 장애, 노령, 그 밖의 사유로 인한 정신적 제약으로 사무를 처리할 능력이 지속적으로 결여된 사람으로서 가정법원으로부터 성년후견 개시의 심판을 받은 사람을 의미한다.

② 피한정후견인(被限定後見人) : 가정법원으로부터 한정후견개시의 심판을 받은 사람으로서 종전의 한정치산자(限定治産者)에 해당한다.

### (2) 파산선고를 받은 자로서 복권되지 아니한 자

파산이란 채무자(債務者)가 그 채무를 완제(完濟)할 수 없는 경우에 채무자의 총재산을 모든 채권자에게 공평하게 변제(辨濟)할 것을 목적으로 하는 재판상의 절차를 말한다. 채무자가 지급불능인 경우에는 채권자 또는 채무자의 신청에 의하여 법원은 파산선고를 한다. 파산선고가 있으면 채무자에게 속하는 모든 재산은 파산재단으로서 파산관재인의 관리에 속하고 관재인은 이것을 환가하여 배당의 준비를 한다. 법원으로부터 파산선고를 받은 파산자는 파산재단에 속하는 재산을 관리·처분할 권능을 상실하며, 그와 같은 재산에 관하여 파산자가 행한, 또는 이에 대하여 행하여진 법률행위는 무효이다. 따라서 파산선고를 받은 후 그 권리가 회복되지 아니한 자는 관광사업자가 될 수 없다.

### (3) 관광진흥법에 의하여 등록 등 또는 사업계획의 승인이 취소되거나 제34조제1항의 규정에 의하여 영업소가 폐쇄된 후 2년이 경과되지 아니한 자

등록등이나 사업계획의 취소를 받았다면 이 법을 어긴 자이므로 그러한 행정처벌을 받은 후 2년이 지난 후에라야 다시 관광사업의 등록등을 신청할 수 있게 한 것이다.

### (4) 관광진흥법을 위반하여 징역이상의 실형을 선고받고 그 집행이 종료되거나 집행을 받지 아니하기로 확정된 후 2년이 경과되지 아니한 자 또는 형의 집행유예의 기간 중에 있는 자

「진흥법」을 위반하여 징역이상의 실형을 받았다면 중형을 받은 것이다. 따라서 형 집행종료 후 2년이 지나지 않았거나, 형 집행을 받지 않기로 확정된 후 2년이 지나지 않았거나, 형의 집행유예 기간 중에 있다면 관광사업을 할 자격이 없다는 것이다.

## 2) 결격사유 해당자에 대한 행정조치

결격사유에 해당되면 등록권자는 3개월 이내에 등록 등을 취소하고 영업소를 폐쇄 조치한다. 다만, 법인의 임원 중 결격사유가 있는 경우 3월 이내에 해당 임원을 교체(개임 : 改任)한 경우에는 그러하지 아니하다.

## 4. 관광사업의 경영 및 의무

### 1) 관광사업의 양수, 지위승계

관광사업을 양수(讓受 : 권리나 재산 등을 남에게서 넘겨받음)하였거나, 합병(合倂)한 경우 존속되는 법인은 기존 법인의 권리와 의무를 이어 받게 된다.

또한 관련법에 의한 경매, 환가, 압류재산의 매각 등에 의해 「문화체육관광부령이 정하는 주요한 관광사업시설」의 전부를 인수한 자도 역시 기존 법인의 지위를 승계한다.

> **법 제8조(관광사업의 양수 등)**
>
> ① 관광사업을 양수(讓受)한 자 또는 관광사업을 경영하는 법인이 합병한 때에는 합병 후 존속하거나 설립되는 법인은 그 관광사업의 등록등 또는 신고에 따른 관광사업자의 권리 · 의무(제20조제1항에 따라 분양이나 회원 모집을 한 경우에는 그 관광사업자와 소유자등 또는 회원 간에 약정한 사항을 포함한다)를 승계한다. 〈개정 2023.8.8.〉
>
> ② 다음 각 호의 어느 하나에 해당하는 절차에 따라 문화체육관광부령으로 정하는 주요한 관광사업 시설의 전부(제20조제1항에 따라 분양한 경우에는 분양한 부분을 제외한 나머지 시설을 말한다)를 인수한 자는 그 관광사업자의 지위(제20조제1항에 따라 분양이나 회원 모집을 한 경우에는 그 관광사업자와 소유자등 또는 회원 간에 약정한 권리 및 의무 사항을 포함한다)를 승계한다. 〈개정 2008.2.29., 2010.3.31., 2016.12.27., 2019.12.3., 2023.8.8.〉
>
> 1. 「민사집행법」에 따른 경매
> 2. 「채무자 회생 및 파산에 관한 법률」에 따른 환가(換價)
> 3. 「국세징수법」, 「관세법」 또는 「지방세징수법」에 따른 압류 재산의 매각
> 4. 그 밖에 제1호부터 제3호까지의 규정에 준하는 절차
>
> ③ 관광사업자가 제35조제1항 및 제2항에 따른 취소 · 정지처분 또는 개선명령을 받은 경우 그 처분 또는 명령의 효과는 제1항에 따라 관광사업자의 지위를 승계한 자에게 승계되며, 그 절차가 진행 중인 때에는 새로운 관광사업자에게 그 절차를 계속 진행할 수 있다. 다만, 그 승계한 관광사업자가 양수나 합병 당시 그 처분 · 명령이나 위반 사실을 알지 못하였음을 증명하면 그러하지 아니하다.
>
> ④ 제1항과 제2항에 따라 관광사업자의 지위를 승계한 자는 승계한 날부터 1개월 이내에 관할 등록기관등의 장에게 신고하여야 한다.
>
> ⑤ 관할 등록기관등의 장은 제4항에 따른 신고를 받은 경우 그 내용을 검토하여 이 법에 적합하면 신고를 수리하여야 한다. 〈신설 2018.6.12.〉
>
> ⑥ 제15조제1항 및 제2항에 따른 사업계획의 승인을 받은 자의 지위승계에 관하여는 제1항부터 제5항까지의 규정을 준용한다. 〈개정 2018.6.12.〉
>
> ⑦ 제1항과 제2항에 따른 관광사업자의 지위를 승계하는 자에 관하여는 제7조를 준용하되, 카지노사업자의 경우에는 제7조 및 제22조를 준용한다. 〈개정 2008.3.28., 2018.6.12.〉
>
> ⑧ 관광사업자가 그 사업의 전부 또는 일부를 휴업하거나 폐업한 때에는 관할 등록기관등의 장에게 알려야 한다. 다만, 카지노사업자가 카지노업을 휴업 또는 폐업하고자 하는 때에는 문화체

육관광부령으로 정하는 바에 따라 미리 신고하여야 한다. 〈개정 2018.6.12., 2018.12.11.〉

⑨ 관할 등록기관등의 장은 관광사업자가 「부가가치세법」 제8조에 따라 관할 세무서장에게 폐업 신고를 하거나 관할 세무서장이 사업자등록을 말소한 경우에는 등록등 또는 신고 사항을 직권으로 말소하거나 취소할 수 있다. 다만, 카지노업에 대해서는 그러하지 아니하다. 〈신설 2020.12.22.〉

⑩ 관할 등록기관등의 장은 제9항에 따른 직권말소 또는 직권취소를 위하여 필요한 경우 관할 세무서장에게 관광사업자의 폐업 여부에 대한 정보를 제공하도록 요청할 수 있다. 이 경우 요청을 받은 관할 세무서장은 「전자정부법」 제36조제1항에 따라 관광사업자의 폐업 여부에 대한 정보를 제공하여야 한다. 〈신설 2020.12.22.〉

[시행일: 2024.2.9.] 제8조

---

### ◻■시행규칙 제16조(관광사업의 지위승계)

① 법 제8조제2항에서 "문화체육관광부령으로 정하는 주요한 관광사업시설"이란 다음 각 호의 시설을 말한다. 〈개정 2008.3.6., 2018.11.29.〉

1. 관광사업에 사용되는 토지와 건물
2. 영 제5조에 따른 관광사업의 등록기준에서 정한 시설(등록대상 관광사업만 해당한다)
3. 제15조에 따른 관광 편의시설업의 지정기준에서 정한 시설(지정대상 관광사업만 해당한다)
4. 제29조제1항제1호의 카지노업 전용 영업장(카지노업만 해당한다)
5. 제7조제1항에 따른 유원시설업의 시설 및 설비기준에서 정한 시설(유원시설업만 해당한다)

## 2) 관광사업 승계신고·휴폐업 통보

관광사업의 지위를 승계한 자는 승계한 날부터 1개월 이내에 등록관청에 신고하여야 한다. 사업계획(법 제15조에서 설명)의 승인을 얻은 자의 지위승계도 동일한 절차에 의한다. 지위를 승계하는 자에 대해서도 제7조의 결격사유를 적용한다. 즉 관광사업이나 사업계획 승인을 양수한 후 결격사유에 해당하게 된 때에는 지위승계가 취소된다.

관광사업의 일부나 전부를 휴업 또는 폐업한 경우는 30일 이내에 등록기관의 장에게 통보해야 한다. 단, 카지노업을 휴업 또는 폐업하려는 자는 휴업 또는 폐업 예정일 10일 전까지 관광사업 휴업 또는 폐업 통보(신고)서(시행규칙 별지 제24호서식)에 카지노기구의 관리계획에 관한 서류를 첨부하여 문화체육관광부장관에게 제출해야 한다. 다만, 천재지변이나 그 밖의 부득이한 사유가 있는 경우에는 휴업 또는 폐업 예정일까지 제출할 수 있다 (시행규칙 제17조 제 ②항).

**■ 법 제8조(관광사업의 양수 등)**

④ 제1항과 제2항에 따라 관광사업자의 지위를 승계한 자는 승계한 날부터 1개월 이내에 관할 등록기관등의 장에게 신고하여야 한다.

⑤ 제15조제1항 및 제2항에 따른 사업계획의 승인을 받은 자의 지위승계에 관하여는 제1항부터 제4항까지의 규정을 준용한다.

⑥ 제1항과 제2항에 따른 관광사업자의 지위를 승계하는 자에 관하여는 제7조를 준용하되, 카지노사업자의 경우에는 제7조 및 제22조를 준용한다. 〈개정 2008.3.28〉

⑦ 관광사업자가 그 사업의 전부 또는 일부를 휴업하거나 폐업한 때에는 관할 등록기관등의 장에게 알려야 한다.

**■ 시행규칙 제16조(관광사업의 지위승계)**

② 법 제8조제4항에 따라 관광사업자의 지위를 승계한 자는 그 사유가 발생한 날부터 1개월 이내에 별지 제23호서식의 관광사업 양수(지위승계)신고서에 다음 각 호의 서류를 첨부하여 문화체육관광부장관, 특별자치시장 · 특별자치도지사 · 시장 · 군수 · 구청장 또는 지역별 관광협회장(이하 "등록기관등의 장"이라 한다)에게 제출해야 한다. 〈개정 2009.10.22., 2011.3.30., 2015.4.22., 2019.4.25., 2021.4.19.〉

1. 지위를 승계한 자(법인의 경우에는 대표자)가 내국인인 경우에는 성명 및 주민등록번호를 기재한 서류

1의2. 지위를 승계한 자(법인의 경우에는 대표자 및 임원)가 외국인인 경우에는 법 제7조제1항 각 호(여행업의 경우에는 법 제11조의2제1항을 포함하고, 카지노업의 경우에는 법 제22조제1항 각 호를 포함한다)의 결격사유에 해당하지 않음을 증명하는 다음 각 목의 어느 하나에 해당하는 서류. 다만, 법 또는 다른 법령에 따라 인 · 허가 등을 받아 사업자등록을 하고 해당 영업 또는 사업을 영위하고 있는 자(법인의 경우에는 최근 1년 이내에 법인세를 납부한 시점부터 신고 시점까지의 기간 동안 대표자 및 임원의 변경이 없는 경우로 한정한다)는 해당 영업 또는 사업의 인 · 허가증 등 인 · 허가 등을 받았음을 증명하는 서류와 최근 1년 이내에 소득세(법인의 경우에는 법인세를 말한다)를 납부한 사실을 증명하는 서류를 제출하는 경우에는 그 영위하고 있는 영업 또는 사업의 결격사유 규정과 중복되는 법 제7조제1항 각 호(여행업의 경우에는 법 제11조의2제1항을 포함하고, 카지노업의 경우에는 법 제22조제1항 각 호를 포함한다)의 결격사유에 한하여 다음 각 목의 서류를 제출하지 아니할 수 있다.

　가. 해당 국가의 정부나 그 밖의 권한 있는 기관이 발행한 서류 또는 공증인이 공증한 신청인의 진술서로서 「재외공관 공증법」에 따라 해당 국가에 주재하는 대한민국공관의 영사관이 확인한 서류

　나. 「외국공문서에 대한 인증의 요구를 폐지하는 협약」을 체결한 국가의 경우에는 해당 국가의 정부나 그 밖의 권한 있는 기관이 발행한 서류 또는 공증인이 공증한 신청인의 진술서로서 해당 국가의 아포스티유(Apostille) 확인서 발급 권한이 있는 기관이 그 확인서를 발급한 서류

2. 양도 · 양수 등 지위승계를 증명하는 서류(시설인수 명세를 포함한다)

③ 제2항에 따른 신고서를 제출받은 담당공무원은 「전자정부법」 제36조제1항에 따른 행정정보의 공동이용을 통하여 지위를 승계한 자의 법인 등기부등본(법인만 해당한다)을 확인하여야 한다. 다만, 영 제65조에 따라 관광협회에 위탁된 업종의 경우에는 신고인으로 하여금 해당 서류를 첨부하도록 하여야 한다. 〈개정 2009.3.31, 2011.3.30〉

> **시행규칙 제17조(휴업 또는 폐업의 통보)**
>
> ① 법 제8조제8항 본문에 따라 관광사업의 전부 또는 일부를 휴업하거나 폐업한 자는 휴업 또는 폐업을 한 날부터 30일 이내에 별지 제24호서식의 관광사업 휴업 또는 폐업통보(신고)서를 등록기관등의 장에게 제출해야 한다. 다만, 6개월 미만의 유원시설업 허가 또는 신고일 경우에는 폐업통보서를 제출하지 않아도 해당 기간이 끝나는 때에 폐업한 것으로 본다. 〈개정 2011.10.6., 2016.12.30., 2019.4.25., 2019.6.12., 2020.12.10.〉
>
> ② 법 제8조제8항 단서에 따라 카지노업을 휴업 또는 폐업하려는 자는 휴업 또는 폐업 예정일 10일 전까지 별지 제24호서식의 관광사업 휴업 또는 폐업 통보(신고)서에 카지노기구의 관리계획에 관한 서류를 첨부하여 문화체육관광부장관에게 제출해야 한다. 다만, 천재지변이나 그 밖의 부득이한 사유가 있는 경우에는 휴업 또는 폐업 예정일까지 제출할 수 있다. 〈신설 2019.6.12.〉
>
> ③ 제1항에 따라 폐업신고(카지노업의 폐업신고는 제외한다. 이하 이 조에서 같다)를 하려는 자가 「부가가치세법」 제8조제7항에 따른 폐업신고를 같이 하려는 때에는 제1항에 따른 폐업신고서와 「부가가치세법 시행규칙」 별지 제9호서식의 폐업신고서를 함께 등록기관등의 장에게 제출하거나, 「민원 처리에 관한 법률 시행령」 제12조제10항에 따른 통합 폐업신고서(이하 "통합 폐업신고서"라 한다)를 등록기관등의 장에게 제출해야 한다. 이 경우 등록기관등의 장은 함께 제출받은 「부가가치세법 시행규칙」에 따른 폐업신고서 또는 통합 폐업신고서를 지체 없이 세무서장에게 송부(정보통신망을 이용한 송부를 포함한다)해야 한다. 〈신설 2020.12.10.〉
>
> ④ 관할 세무서장이 「부가가치세법 시행령」 제13조제5항에 따라 제1항에 따른 폐업신고를 받아 이를 해당 등록기관등의 장에게 송부한 경우에는 제1항에 따른 폐업신고서가 제출된 것으로 본다. 〈신설 2020.12.10.〉

## 3) 보험가입 등

관광사업자가 사업과 관련하여 사고가 발생하거나 관광객에게 손해가 발생한 경우, 관광사업자는 피해자에게 보험금을 지급할 수 있도록 그 방법을 강구하여야 한다. 즉 보험이나 공제에 가입하거나 영업보증금을 예치하여야 한다. 「관광진흥법」에서는 여행업자와 야영장업자에 대해서 보험 또는 공제에 가입하도록 의무를 부여하고 있다(법제9조).

첫째, 보증보험(保證保險)에 가입하는 것이다. 보증보험이란 채무의 보증을 목적으로 하는 보험으로 상법상의 보험의 종류가 아닌 보험업법상의 보험을 말한다. 보증보험계약에서의 보험계약자는 보험료를 지급한 보험계약의 당사자이지 제3자로 볼 수 없고, 또 보험계약자의 채무불이행으로 생긴 피보험자의 손해를 보험자가 보상하였으면 보험계약자가 피보험자와의 계약에서 생긴 채무불이행으로 인한 배상책임은 이행된 것이다. 간단히 말하면 보험회사가 관광사업체를 대신하여 손해를 보상하는 것이다.

둘째, 공제(共濟)에 가입하는 것이다. 현재 한국관광협회중앙회가 공제업무를 맡고 있다. 공제란 문자 그대로 회원들 간의 상호부조를 목적으로 하는 것으로 보험의 성격을 가지고 있다. 보증보험과 마찬가지로 공제에서도 회원업체의 과실로 인한 손해를 보상하는 것이다.

셋째, 영업보증금(營業保證金)을 예치하고 유지하는 것이다. 업종별관광협회나 지역별관광협회(업종별관광협회가 결성되어 있지 않은 경우 법 제45조에 따른 지역별 관광협회, 지역별 관광협회가 구성되지 아니한 경우에는 법 제48조의9에 따른 광역 단위의 지역관광협의회)에 일정금액을 예치하여 사고나 손해가 발생했을 때 이것으로 손해를 보상하는 것이다.

여행업자가 가입하거나 예치하고 유지하여야 할 보증보험등의 가입금액 또는 영업보증금의 예치금액은 직전 사업연도의 매출액(손익계산서에 표시된 매출액을 말한다) 규모에 따라[별표 3]과 같이 한다. 한편, 여행업자 중에서 기획여행을 실시하고자 하는 자도 제12조의 규정에 의하여 매출액에 따라 일정액 이상의 보증보험등에 가입하거나 영업보증금을 예치하고 이를 유지하여야 한다. 이는 기획여행이 주로 단체로 실시되기 때문에 그 규모나 경비가 크기 때문에 보험금액을 높게 책정하여 별도로 정한 것이다.

야영장을 등록한 자는 재난 또는 안전사고로 인한 피해를 입은 야영장 이용자의 손해배상을 위한 책임보험 또는 공제에 의무적으로 가입해야 한다. 그 기준과 금액은 법에서 규정고 있다(시행규칙 제18조제⑥항 제⑦항 제 ⑧항).

---

### 🔖 법 제9조(보험 가입 등)

관광사업자는 해당 사업과 관련하여 사고가 발생하거나 관광객에게 손해가 발생하면 문화체육관광부령으로 정하는 바에 따라 피해자에게 보험금을 지급할 것을 내용으로 하는 보험 또는 공제에 가입하거나 영업보증금을 예치(이하 "보험 가입 등"이라 한다)하여야 한다. 〈개정 2008.2.29., 2015.5.18.〉

---

### 🔖 시행규칙 제18조(보험의 가입 등)

① 여행업의 등록을 한 자(이하 "여행업자"라 한다)는 법 제9조에 따라 그 사업을 시작하기 전에 여행계약의 이행과 관련한 사고로 인하여 관광객에게 피해를 준 경우 그 손해를 배상할 것을 내용으로 하는 보증보험 또는 영 제39조에 따른 공제(이하 "보증보험등"이라 한다)에 가입하거나 법 제45조에 따른 업종별 관광협회(업종별 관광협회가 구성되지 않은 경우에는 법 제45조에 따른 지역별 관광협회, 지역별 관광협회가 구성되지 않은 경우에는 법 제48조의9에 따른 광역 단위의 지역관광협의회)에 영업보증금을 예치하고 그 사업을 하는 동안(휴업기간을 포함한다) 계속하여 이를 유지해야 한다. 〈개정 2008.8.26., 2017.2.28., 2021.4.19.〉

② 여행업자 중에서 법 제12조에 따라 기획여행을 실시하려는 자는 그 기획여행 사업을 시작하기 전에 제1항에 따라 보증보험등에 가입하거나 영업보증금을 예치하고 유지하는 것 외에 추가로 기획

여행과 관련한 사고로 인하여 관광객에게 피해를 준 경우 그 손해를 배상할 것을 내용으로 하는 보증보험등에 가입하거나 법 제45조에 따른 업종별 관광협회(업종별 관광협회가 구성되지 아니한 경우에는 법 제45조에 따른 지역별 관광협회, 지역별 관광협회가 구성되지 아니한 경우에는 법 제48조의9에 따른 광역 단위의 지역관광협의회)에 영업보증금을 예치하고 그 기획여행 사업을 하는 동안(기획여행 휴업기간을 포함한다) 계속하여 이를 유지하여야 한다. 〈개정 2010.8.17., 2017.2.28〉

③ 제1항 및 제2항에 따라 여행업자가 가입하거나 예치하고 유지하여야 할 보증보험등의 가입금액 또는 영업보증금의 예치금액은 직전 사업연도의 매출액(손익계산서에 표시된 매출액을 말한다) 규모에 따라 별표 3과 같이 한다. 〈개정 2010.8.17〉

④ 제1항부터 제3항까지의 규정에 따라 보증보험등에 가입하거나 영업보증금을 예치한 자는 그 사실을 증명하는 서류를 지체 없이 특별자치시장·특별자치도지사·시장·군수·구청장에게 제출하여야 한다. 〈개정 2009.10.22., 2019.4.25.〉

⑤ 제1항부터 제3항까지의 규정에 따른 보증보험등의 가입, 영업보증금의 예치 및 그 배상금의 지급에 관한 절차 등은 문화체육관광부장관이 정하여 고시한다. 〈개정 2008.3.6.〉

⑥ 야영장업의 등록을 한 자는 법 제9조에 따라 그 사업을 시작하기 전에 야영장 시설에서 발생하는 재난 또는 안전사고로 인하여 야영장 이용자에게 피해를 준 경우 그 손해를 배상할 것을 내용으로 하는 책임보험 또는 영 제39조에 따른 공제에 가입해야 한다. 〈신설 2019.3.4.〉

⑦ 야영장업의 등록을 한 자가 제6항에 따라 가입해야 하는 책임보험 또는 공제는 다음 각 호의 기준을 충족하는 것이어야 한다. 〈신설 2019.3.4.〉

1. 사망의 경우: 피해자 1명당 1억원의 범위에서 피해자에게 발생한 손해액을 지급할 것. 다만, 그 손해액이 2천만원 미만인 경우에는 2천만원으로 한다.

2. 부상의 경우: 피해자 1명당 별표 3의2에서 정하는 금액의 범위에서 피해자에게 발생한 손해액을 지급할 것

3. 부상에 대한 치료를 마친 후 더 이상의 치료효과를 기대할 수 없고 그 증상이 고정된 상태에서 그 부상이 원인이 되어 신체에 장애(이하 "후유장애"라 한다)가 생긴 경우: 피해자 1명당 별표 3의3에서 정하는 금액의 범위에서 피해자에게 발생한 손해액을 지급할 것

4. 재산상 손해의 경우: 사고 1건당 1억원의 범위에서 피해자에게 발생한 손해액을 지급할 것

⑧ 제7항에 따른 책임보험 또는 공제는 하나의 사고로 제7항제1호부터 제3호까지 중 둘 이상에 해당하게 된 경우 다음 각 호의 기준을 충족하는 것이어야 한다. 〈신설 2019.3.4.〉

1. 부상당한 사람이 치료 중 그 부상이 원인이 되어 사망한 경우: 피해자 1명당 제7항제1호에 따른 금액과 제7항제2호에 따른 금액을 더한 금액을 지급할 것

2. 부상당한 사람에게 후유장애가 생긴 경우: 피해자 1명당 제7항제2호에 따른 금액과 제7항제3호에 따른 금액을 더한 금액을 지급할 것

3. 제7항제3호에 따른 금액을 지급한 후 그 부상이 원인이 되어 사망한 경우: 피해자 1명당 제7항제1호에 따른 금액에서 제7항제3호에 따른 금액 중 사망한 날 이후에 해당하는 손해액을 뺀 금액을 지급할 것

⑨ 특별자치시장·특별자치도지사·시장·군수·구청장은 여행업자가 가입한 보증보험등의 기간 만료 전에 여행업자에게 별지 제47호서식의 여행업 보증보험·공제 갱신 안내서를 발송할 수 있다. 〈신설 2021.4.19.〉

## 시행규칙 [별표 3] <개정 2021.9.24.>

보증보험등 가입금액(영업보증금 예치금액) 기준(제18조제3항 관련)

(단위: 천원)

| 직전 사업연도 매출액 \ 여행업의 종류 (기획여행포함) | 국내 여행업 | 국내외 여행업 | 종합 여행업 | 국내외 여행업의 기획여행 | 종합여행업 의 기획여행 |
|---|---|---|---|---|---|
| 1억원 미만 | 20,000 | 30,000 | 50,000 | | |
| 1억원이상 5억원미만 | 30,000 | 40,000 | 65,000 | 200,000 | 200,000 |
| 5억원이상 10억원미만 | 45,000 | 55,000 | 85,000 | | |
| 10억원이상 50억원 미만 | 85,000 | 100,000 | 150,000 | | |
| 50억원 이상 100억원 미만 | 140,000 | 180,000 | 250,000 | 300,000 | 300,000 |
| 100억원 이상 1,000억원 미만 | 450,000 | 750,000 | 1,000,000 | 500,000 | 500,000 |
| 1000억원 이상 | 750,000 | 1,250,000 | 1,510,000 | 700,000 | 700,000 |

(비고) 1. 국내외여행업 또는 종합여행업을 하는 여행업자 중에서 기획여행을 실시하려는 자는 국내외여 행업 또는 종합여행업에 따른 보증보험등에 가입하거나 영업보증금을 예치하고 유지하는 것 외 에 추가로 기획여행에 따른 보증보험등에 가입하거나 영업보증금을 예치하고 유지하여야 한다.
2. 「소득세법」 제160조제3항 및 같은 법 시행령 제208조제5항에 따른 간편장부대상자(손익계산서 를 작성하지 아니한 자만 해당한다)의 경우에는 보증보험등 가입금액 또는 영업보증금 예치금 액을 직전 사업연도 매출액이 1억원 미만인 경우에 해당하는 금액으로 한다.
3. 직전 사업연도의 매출액이 없는 사업개시 연도의 경우에는 보증보험등 가입금액 또는 영업보증 금 예치금액을 직전 사업연도 매출액이 1억원 미만인 경우에 해당하는 금액으로 한다. 직전 사 업연도의 매출액이 없는 기획여행의 사업개시 연도의 경우에도 또한 같다.
4. 여행업과 함께 다른 사업을 병행하는 여행업자인 경우에는 직전 사업연도 매출액을 산정할 때 에 여행업에서 발생한 매출액만으로 산정하여야 한다.
5. 종합여행업의 경우 직전 사업연도 매출액을 산정할 때에, 「부가가치세법 시행령」 제26조제1항 제5호에 따라 외국인관광객에게 공급하는 관광알선용역으로서 그 대가를 받은 금액은 매출액에 서 제외한다.

### 4) 관광표지의 부착

관광사업자를 경영하는 자는 등록 등을 필한 업체임을 알리기 위해 관광사업체의 영업장 내에 표지를 부착할 수 있다.

> **법 제10조(관광표지의 부착 등)**
>
> ① 관광사업자는 사업장에 문화체육관광부령으로 정하는 관광표지를 붙일 수 있다.
>
> 〈개정 2008.2.29〉
>
> [제목개정: 2014.3.11]

> **▣ 시행규칙 제19조(관광사업장의 표지)**
>
> 법 제10조제1항에서 "문화체육관광부령으로 정하는 관광표지"란 다음 각 호의 표지를 말한다. 〈개정 2008.3.6, 2014.12.31〉
> 1. 별표 4의 관광사업장 표지
> 2. 별지 제5호서식의 관광사업 등록증 또는 별지 제22호서식의 관광편의시설업 지정증
> 3. 등급에 따라 별 모양의 개수를 달리하는 방식으로 문화체육관광부장관이 정하여 고시하는 호텔 등급 표지(호텔업의 경우에만 해당한다)
> 4. 별표 6의 관광식당 표지(관광식당업만 해당한다)

## 5) 상호의 사용제한

관광사업자가 아닌 자는 관광사업의 명칭 중 그 전부 또는 일부가 포함되는 상호를 사용할 수 없다. 즉,「관광진흥법」에 의한 허가나 지정을 받지 못하였거나 등록 또는 신고를 하지 않은 사업자는 관광호텔·휴양콘도미니엄·관광유람·관광공연 또는 관광식당·관광극장·관광펜션이란 용어가 포함되는 상호를 사용하지 못한다.

> **▣ 법 제10조(관광표지의 부착 등)**
>
> ② 관광사업자는 사실과 다르게 제1항에 따른 관광표지(이하 "관광표지"라 한다)를 붙이거나 관광표지에 기재되는 내용을 사실과 다르게 표시 또는 광고하는 행위를 하여서는 안 된다. 〈신설 2014.3.11〉
> ③ 관광사업자가 아닌 자는 제1항에 따른 관광표지를 사업장에 붙이지 못하며, 관광사업자로 잘못 알아볼 우려가 있는 경우에는 제3조에 따른 관광사업의 명칭 중 전부 또는 일부가 포함되는 상호를 사용할 수 없다. 〈개정 2014.3.11〉
> ④ 제3항에 따라 관광사업자가 아닌 자가 사용할 수 없는 상호에 포함되는 관광사업의 명칭 중 전부 또는 일부의 구체적인 범위에 관하여는 대통령령으로 정한다. 〈개정 2014.3.11〉
> [제목개정 2014.3.11]

> **▣ 시행령 제8조(상호의 사용제한)**
>
> 법 제10조제3항 및 제4항에 따라 관광사업자가 아닌 자는 다음 각 호의 업종 구분에 따른 명칭을 포함하는 상호를 사용할 수 없다. 〈개정 2009.1.20., 2010.6.15., 2014.9.11., 2016.3.22.〉
> 1. 관광숙박업과 유사한 영업의 경우 관광호텔과 휴양 콘도미니엄
> 2. 관광유람선업과 유사한 영업의 경우 관광유람
> 3. 관광공연장업과 유사한 영업의 경우 관광공연
> 4. 삭제 〈2014.7.16.〉
> 5. 관광유흥음식점업, 외국인전용 유흥음식점업 또는 관광식당업과 유사한 영업의 경우 관광식당
> 5의2. 관광극장유흥업과 유사한 영업의 경우 관광극장
> 6. 관광펜션업과 유사한 영업의 경우 관광펜션
> 7. 관광면세업과 유사한 영업의 경우 관광면세

## 시행규칙 [별표 4] 관광사업장의 표지 (개정 2008.3.6.)

(시행규칙 제19조 제1호 관련)

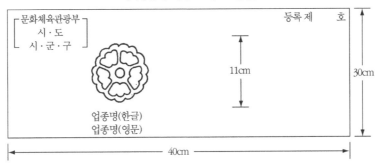

(제작상 유의사항)
1. 소재는 놋쇠로 한다.
2. 그림을 제외한 바탕색은 녹색으로 한다.
3. 표지의 두께는 5mm로 한다.

관광표지의 종류는 4가지이다.

첫째, 관광사업장의 표지로 관광사업장은 모두 부착해야 한다(시행규칙 별표 4).

둘째, 관광사업자 등록증 또는 관광편의시설업지정증이다.

## [별지 제5호 서식] <개정 2019.4.25.>

| 제　　　호 | No. |
|---|---|
| **관광사업 등록증** | **TOURISM BUSINESS**<br>**CERTIFICATE OF REGISTRATION** |
| 상호(명칭)<br>성명(법인인 경우에는 그 대표자 성명)<br>주소<br>업종 | COMPANY :<br>REPRESENTATIVE :<br>ADDRESS:<br>TYPE OF BUSINESS : |
| 　위의 업체는 「관광진흥법」 제4조제1항에 따라 위와 같이 등록하였음을 증명합니다. | 　This is to certify that the above company is registered as a tourism business in accordance with Paragraph 1, Article 4 of the Tourism Promotion Law. |
| 　　년　　　월　　　일 | Date<br>Signature |
| ┌ 특별자치시장<br>│ 특별자치도지사　　　　　　　　　　　인<br>└ 시장 · 군수 · 구청장 | ┌ Governor of (province name)<br>│<br>└ Mayor of (city · county · district name) |

210mm×297mm[보존용지(1종) 120g/㎡]

셋째, 관광식당표지이다.

**[별표 6] 관광식당표지(개정 2008.3.6)**
(시행규칙 제19조 제4호 관련)

**TOURIST**
**RESTAURANT**
관광식당 ◐

**REGISTERED TO**
**TOURIST ASSOCIATION**
○ ○ 관 광 협 회 지 정  제  호

(제작상 유의사항)
1. 기본모형은 위와 같이 하고
   흰색바탕에 원은 오렌지색,
   글씨는 검은 색으로 한다.
2. 크기와 제작방법은 문화체
   육관광부장관이 별도로 정
   한다.
3. 지정권자의 표기는 한글·
   영문 또는 한문중 하나를
   선택하여 사용한다.

## 6) 관광시설의 타인경영

관광사업자는 관광사업의 시설 중 일부시설 및 기구 외의 부대시설을 타인에게 경영하도록 하거나, 그 용도로 계속하여 사용하는 것을 조건으로 타인에게 처분할 수 있다. 만약 모든 시설에 대해 타인경영을 허용한다면 특정인의 이름으로 관광사업을 등록하는 것이 무의미하게 될 것이기 때문이다. 따라서 각 사업의 중심이 되는 필수시설에 대해서는 타인으로 하여금 경영하게 하거나 그 용도로 계속하여 사용하는 것을 조건으로 타인에게 처분할 수 없다.

한편, 관광사업자가 타인으로 하여금 경영하게 하거나 처분할 수 없는 시설은 첫째, 관광숙박업의 등록에 필요한 객실, 다만 관광숙박업자는 관광사업의 효율적 경영을 위하여 관광숙박업의 객실을 타인에게 위탁하여 경영하게 할 수 있다. 이 경우 해당 시설의 경영은 관광사업자의 명의로 하여야 하고, 이용자 또는 제3자와의 거래행위에 따른 대외적 책임은 관광사업자가 부담하여야 한다.

둘째 카지노업의 운영에 필요한 시설 및 기구(게임기구),

셋째 전문휴양업 및 종합휴양업의 등록기준 시설 중 개별 기준에 포함된 시설. (수영장과 등록 및 신고체육시설업의 경우에는 「체육시설의 설치·이용에 관한 법률 시행규칙」제8조 및 동법 시행규칙 별표4의 체육시설업시설기준 중 필수시설에 한한다). 체육시설의 등록기준은 필수시설로서 운동시설, 안전시설, 관리시설 등이 있는데, 예를 들어 스키장업의 필수시설은 〈표 11〉과 같다.

넷째 유원시설업의 안전성검사 대상 유기기구 등이다.

〈표 11〉 **스키장업의 필수시설**(2016.3.22.)

「체육시설의 설치·이용에 관한 법률시행규칙」 제8조 및 동법 시행규칙 [별표 4]

| 운동시설 | 안전시설 | 관리시설 |
|---|---|---|
| • 슬로프는 길이 300미터 이상, 폭 30미터 이상이어야 한다(지형적 여건으로 부득이한 경우를 제외한다). <br>• 평균경사도가 7도 이하인 초보자용 슬로프를 1면 이상 설치하여야 한다. <br>• 슬로프 이용에 필요한 리프트를 설치하여야 한다. | • 슬로프 내 이용자가 안전사고를 당할 위험이 있는 곳에는 안전망과 안전매트를 함께 설치하거나 안전망과 안전매트 중 어느 하나를 설치하여야 한다. 이 경우 안전망은 그 높이가 지면에서 1.8미터 이상, 설면으로부터 1.5미터 이상이어야 하고, 스키장 이용자에게 상해를 일으키지 않도록 설계하도록 하되, 최하부는 지면의 눈과 접촉하여야 하며, 안전매트는 충돌 시 충격을 완화할 수 있는 제품을 사용하되, 그 두께가 50밀리미터 이상이어야 한다. <br>• 구급차와 긴급구조에 사용할 수 있는 설상차(雪上車)를 각각 1대 이상 갖추어야 한다. <br>• 정전시 이용자의 안전관리에 필요한 전력공급장치를 갖추어야 한다. | • 절토지 및 성토지의 경사면에는 조경을 하여야 한다. |

## 법 제11조(관광시설의 타인 경영 및 처분과 위탁 경영)

① 관광사업자는 관광사업의 시설 중 다음 각 호의 시설 및 기구 외의 부대시설을 타인에게 경영하도록 하거나, 그 용도로 계속하여 사용하는 것을 조건으로 타인에게 처분할 수 있다. 〈개정 2007.7.19., 2011.4.5.〉

1. 제4조제3항에 따른 관광숙박업의 등록에 필요한 객실
2. 제4조제3항에 따른 관광객 이용시설업의 등록에 필요한 시설 중 문화체육관광부령으로 정하는 시설
3. 제23조에 따른 카지노업의 허가를 받는 데 필요한 시설과 기구
4. 제33조제1항에 따라 안전성검사를 받아야 하는 유기시설 및 유기기구

② 관광사업자는 관광사업의 효율적 경영을 위하여 제1항에도 불구하고 제1항제1호에 따른 관광숙박업의 객실을 타인에게 위탁하여 경영하게 할 수 있다. 이 경우 해당 시설의 경영은 관광사업자의 명의로 하여야 하고, 이용자 또는 제3자와의 거래행위에 따른 대외적 책임은 관광사업자가 부담하여야 한다. 〈신설 2011.4.5.〉

[제목개정 2011.4.5.]

> **■시행규칙 제20조(타인경영 금지 관광시설)**
>
> 법 제11조제1항제2호에서 "문화체육관광부령으로 정하는 시설"이란 전문휴양업의 개별기준에 포함된 시설(수영장 및 등록 체육시설업 시설의 경우에는 「체육시설의 설치·이용에 관한 법률 시행규칙」 제8조 및 같은 법 시행규직 별표 4의 체육시설업 시설기준 중 필수시설만 해당한다)을 말한다.
> [전문개정 2011.10.6.]

# 제2절  여행업

> **■법 제11조의2(결격사유)**
>
> ① 관광사업의 영위와 관련하여 「형법」 제347조, 제347조의2, 제348조, 제355조 또는 제356조에 따라 금고 이상의 실형을 선고받고 그 집행이 끝나거나 집행을 받지 아니하기로 확정된 후 2년이 지나지 아니한 자 또는 형의 집행유예 기간 중에 있는 자는 여행업의 등록을 할 수 없다.
> ② 특별자치시장·특별자치도지사·시장·군수·구청장은 여행업자가 제1항에 해당하면 3개월 이내에 그 등록을 취소하여야 한다. 다만, 법인의 임원 중 그 사유에 해당하는 자가 있는 경우 3개월 이내에 그 임원을 바꾸어 임명한 때에는 그러하지 아니하다.
> [본조신설 2020.12.22.]

## 1. 기획여행의 실시

> **■법 제12조(기획여행의 실시)**
>
> 제4조제1항에 따라 여행업의 등록을 한 자(이하 "여행업자"라 한다)는 문화관광부령으로 정하는 요건을 갖추어 문화체육관광부령으로 정하는 바에 따라 기획여행을 실시할 수 있다. 〈개정 2008.2.29.〉

> **■시행규칙 제18조 ③항(기획여행의 실시요건)**
>
> ③ 제2항에도 불구하고 법 제12조에 따라 기획여행을 실시하려는 자는 직전 사업연도의 매출액(손익계산서에 표시된 매출액을 말한다)에 따라 별표 3과 같이 보증보험등에 가입하거나 영업보증금을 예치하고 이를 유지하여야 한다.

> **■시행규칙 제21조(기획여행의 광고)**
>
> 법 제12조에 따라 기획여행을 실시하는 자가 광고를 하려는 경우에는 다음 각 호의 사항을 표시하여야 한다. 다만, 2 이상의 기획여행을 동시에 광고하는 경우에는 다음 각 호의 사항 중 내용이

동일한 것은 공통으로 표시할 수 있다. 〈개정 2008.8.26., 2009.10.22., 2010.8.17., 2014.9.16.〉
1. 여행업의 등록번호, 상호, 소재지 및 등록관청
2. 기획여행명·여행일정 및 주요 여행지
3. 여행경비
4. 교통·숙박 및 식사 등 여행자가 제공받을 서비스의 내용
5. 최저 여행인원
6. 제18조제2항에 따른 보증보험등의 가입 또는 영업보증금의 예치 내용
7. 여행일정 변경 시 여행자의 사전 동의 규정
8. 제22조의4제1항제2호에 따른 여행목적지(국가 및 지역)의 여행경보단계

### 1) 기획여행의 실시요건

기획여행이란을 실시하려는 자는 직전 사업연도의 매출액(손익계산서에 표시된 매출액)에 따라 시행규칙 [별표 3]과 같이 보증보험등에 가입하거나 영업보증금을 예치하고 이를 유지하여야 한다.[26]

### 2) 기획여행실시 광고

기획여행을 실시하는 자가 광고를 하고자 할 때에는 다음 사항(「시행규칙」 제21조)을 표시하여야 한다. 여기서 기획여행명이란 여행의 명칭 즉 상표를 말한다.
① 여행업의 등록번호·상호 및 소재지
② 기획여행명·여행일정 및 주요 여행지
③ 여행경비
④ 교통·숙박 및 식사 등 여행자가 제공받을 구체적인 서비스의 내용
⑤ 최저 여행인원
⑥ 제18조제3항에 따른 보증보험등의 가입 또는 영업보증금의 예치 내용
⑦ 여행일정 변경 시 여행자의 사전 동의 규정
⑧ 제22조의4제1항제2호에 따른 여행목적지(국가 및 지역)의 여행경보단계

## 2. 의료관광

### 1) 의료관광의 정의

의료관광이란 국내 의료기관의 진료, 치료, 수술 등 의료서비스를 받는 환자와 그 동반자가 의료서비스와 병행하여 관광하는 것(「진흥법」 제12조의 2 제1항)을 말한다.

---

26) 4) 관광사업의 경영 및 의무. 3) 보험가입부문의 시행규칙 [별표 3] 참조.

### 2) 의료관광 활성화

정부는 2009년 의료관광활성화를 위한 「관광진흥법」(제12조의 2신설)개정과 「의료법」의 개정 및 2015년 「의료 해외진출 및 외국인 환자 유치지원에 관한 법률」의 제정(2015.12.22. 약칭 "의료해외진출법"이라고 한다)을 통해 의료해외진출 및 외국인환자유치에 필요한 법률적 근거를 마련하였다.

---

**법 제12조의2(의료관광 활성화)**

① 문화체육관광부장관은 외국인 의료관광(의료관광이란 국내 의료기관의 진료, 치료, 수술 등 의료서비스를 받는 환자와 그 동반자가 의료서비스와 병행하여 관광하는 것을 말한다. 이하 같다)의 활성화를 위하여 대통령령으로 정하는 기준을 충족하는 외국인 의료관광 유치·지원 관련 기관에 「관광진흥개발기금법」에 따른 관광진흥개발기금을 대여하거나 보조할 수 있다.

② 제1항에 규정된 사항 외에 외국인 의료관광 지원에 필요한 사항에 대하여 대통령령으로 정할 수 있다.

[본조신설 2009.3.25.]

---

**의료 해외진출 및 외국인환자 유치 지원에 관한 법률 제6조(외국인환자 유치에 대한 등록)**

① 외국인환자를 유치하려는 의료기관은 다음 각 호의 요건을 갖추어 특별시장·광역시장·특별자치시장·도지사 또는 특별자치도지사(이하 "시 도지사"라 한다)에게 등록하여야 한다. 〈개정 2020.2.18.〉

1. 외국인환자를 유치하려는 진료과목별로 「의료법」 제77조에 따른 전문의를 1명 이상 둘 것. 다만, 진료과목이 대통령령으로 정하는 전문과목이 아닌 경우는 제외한다.

2. 보건복지부령으로 정하는 의료사고배상책임보험 또는 「의료사고 피해구제 및 의료분쟁 조정 등에 관한 법률」에 따른 의료배상공제조합에 가입하였을 것

② 제1항의 의료기관을 제외하고 외국인환자를 유치하려는 자는 다음 각 호의 요건을 갖추어 시·도지사에게 등록하여야 한다. 〈개정 2020.2.18.〉

1. 보건복지부령으로 정하는 보증보험에 가입하였을 것

2. 보건복지부령으로 정하는 규모 이상의 자본금을 보유할 것

3. 국내에 사무소를 설치하였을 것

③ 시·도지사는 제1항에 따라 등록한 의료기관(이하 "외국인환자 유치의료기관"이라 한다) 및 제2항에 따라 등록한 자(이하 "외국인환자 유치업자"라 한다)에게 등록증을 발급하여야 한다. 〈개정 2020.2.18.〉

④ 제1항 및 제2항에 따른 등록의 유효기간은 등록일부터 3년으로 한다.

⑤ 제4항에 따른 유효기간이 만료된 후 계속하여 외국인환자를 유치하려는 자는 유효기간이 만료되기 전에 그 등록을 갱신하여야 한다.

⑥ 제1항, 제2항에 따른 등록 및 제5항에 따른 갱신의 절차 등에 필요한 사항은 보건복지부령으로 정한다.[시행 2021.1.1.]

> **◼ 의료 해외진출 및 외국인환자 유치 지원에 관한 법률 시행령**
> **제4조(외국인환자 유치에 대한 등록요건)**
>
> 법 제6조제1항제2호에 따라 외국인환자를 유치하려는 의료기관이 가입하여야 하는 의료사고배상
> 책임보험 또는 「의료사고 피해구제 및 의료분쟁 조정 등에 관한 법률」에 따른 의료배상공제조합
> (이하 "의료배상공제조합"이라 한다)은 다음 각 호의 기준을 모두 충족하여야 한다.
> 1. 「의료사고 피해구제 및 의료분쟁 조정 등에 관한 법률」 제2조제1호에 따른 의료사고로 인한
>    손해배상을 내용으로 할 것
> 2. 연간 배상한도액은 다음 각 목의 구분에 따른 금액 이상일 것
>    가. 「의료법」 제3조제2항제1호 또는 제2호에 따른 의원급 의료기관 또는 조산원: 1억원
>    나. 「의료법」 제3조제2항제3호가목부터 라목까지에 따른 병원급 의료기관: 1억원
>    다. 「의료법」 제3조제2항제3호마목에 따른 종합병원: 2억원
> 3. 법 제6조제4항에 따른 외국인환자 유치에 대한 등록 유효기간 동안 계속 유지할 것
> ② 법 제6조제2항제1호에서 "보건복지부령으로 정하는 보증보험"이란 다음 각 호의 기준을 모두
> 충족하는 보증보험을 말한다.
> 1. 외국인환자를 유치하는 과정에서 고의 또는 과실로 외국인환자에게 입힌 손해에 대한 배상책임
>    을 보장하는 보증보험일 것
> 2. 「보험업법」 제4조제1항제2호라목에 따라 금융위원회의 허가를 받은 보험회사의 보증보험
>    일 것
> 3. 보험금액이 1억원 이상일 것
> ③ 법 제6조제2항제2호에서 "보건복지부령으로 정하는 규모 이상의 자본금"이란 1억원 이상의
> 자본금을 말한다. 다만, 「관광진흥법」 제4조 및 같은 법 시행령 제2조제1항제1호가목에 따라
> 종합여행업 등록을 한 경우에는 0원으로 한다.

### 3) 외국인 의료관광 유치·지원기관

문화체육관광부장관은 외국인 의료관광의 활성화를 위하여 법(시행령 제8조의 2)으로 정하는 기준을 충족하는 외국인 의료관광 유치·지원 관련 기관에 「관광진흥개발기금법」에 따른 관광진흥개발기금을 대여하거나 보조할 수 있다.(「진흥법」 제12조의 2 제2항, 시행령 제8조의 3).

외국인 의료관광 유치·지원관련기관이란 다음 각 호의 어느 하나에 해당하는 것을 말한다(「시행령」 제8조의 2).

가) 「의료 해외진출 및 외국인환자 유치 지원에 관한 법률」 제6조제1항에 따라 등록한 외국인환자 유치업자(이하 "유치업자"라 한다)

나) 「한국관광공사법」에 따른 한국관광공사

다) 그 밖에 법 제12조의2제1항에 따른 의료관광(이하 "의료관광"이라 한다)의 활성화를 위한 사업의 추진실적이 있는 보건·의료·관광 관련 기관 중 문화체육관광부장관이 고시하는 기관

> **■ 시행령 제8조의2(외국인 의료관광 유치 · 지원 관련 기관)**
>
> ① 법 제12조의2제1항에서 "대통령령으로 정하는 기준을 충족하는 외국인 의료관광 유치 · 지원 관련 기관"이란 다음 각 호의 어느 하나에 해당하는 것을 말한다.
> 〈개정 2013.11.29., 2016.6.21.〉
> 1. 「의료 해외진출 및 외국인환자 유치 지원에 관한 법률」 제6조제1항에 따라 등록한 외국인환자 유치업자(이하 "유치업자"라 한다)
> 2. 「한국관광공사법」에 따른 한국관광공사
> 3. 그 밖에 법 제12조의2제1항에 따른 의료관광(이하 "의료관광"이라 한다)의 활성화를 위한 사업의 추진실적이 있는 보건 · 의료 · 관광 관련 기관 중 문화체육관광부장관이 고시하는 기관
> ② 법 제12조의2제1항에 따른 외국인 의료관광 유치 · 지원 관련 기관에 대한 관광진흥개발기금의 대여나 보조의 기준 및 절차는 「관광진흥개발기금법」에서 정하는 바에 따른다.
> [본조신설 2009.10.7.]

### 4) 외국인 의료관광 지원 기준 · 절차

외국인 의료관광 유치 · 지원 관련 기관에 대한 관광진흥개발기금의 대여나 보조의 기준 및 절차는 「관광진흥개발기금법」에서 정하는 바에 따르며 다음과 같은 방법으로 지원할 수 있다(「시행령」 제8조의 2 제2항).

> **■ 시행령 제8조의2(외국인 의료관광 지원)**
>
> ② 법 제12조의2제1항에 따른 외국인 의료관광 유치 · 지원 관련 기관에 대한 관광진흥개발기금의 대여나 보조의 기준 및 절차는 「관광진흥개발기금법」에서 정하는 바에 따른다.
> [본조신설 2009.10.7.]

> **■ 시행령 제8조의3(외국인 의료관광 지원)**
>
> ① 문화체육관광부장관은 법 제12조의2제2항에 따라 외국인 의료관광을 지원하기 위하여 외국인 의료관광 전문인력을 양성하는 전문교육기관 중에서 우수 전문교육기관이나 우수 교육과정을 선정하여 지원할 수 있다.
> ② 문화체육관광부장관은 외국인 의료관광 안내에 대한 편의를 제공하기 위하여 국내외에 외국인 의료관광 유치 안내센터를 설치 · 운영할 수 있다.
> ③ 문화체육관광부장관은 의료관광의 활성화를 위하여 지방자치단체의 장이나 외국인 환자 의료기관 또는 유치업자와 공동으로 해외마케팅사업을 추진할 수 있다. 〈개정 2013.11.29.〉
> [본조신설 2009.10.7.]

### 가) 전문교육기관 또는 우수교육과정 선정

문화체육관광부장관은 「진흥법」 제12조의2제2항 에 따라 외국인 의료관광을 지원하기 위하여 외국인 의료관광 전문인력을 양성하는 전문교육기관 중에서 우수 전문교육기관이나 우수 교육과정을 선정하여 지원할 수 있다(「시행령」 제8조의 3 제1항).

### 나) 안내센터설치 · 운영

문화체육관광부장관은 외국인 의료관광 안내에 대한 편의를 제공하기 위하여 국내외에 외국인 의료관광 유치 안내센터를 설치 · 운영할 수 있다(「시행령」 제8조의 3 제2항).

### 다) 공동 해외마케팅사업추진

문화체육관광부장관은 의료관광의 활성화를 위하여 지방자치단체의 장이나 외국인 환자 의료기관 또는 유치업자와 공동으로 해외마케팅사업을 추진할 수 있다(「시행령」 제8조의 3 제3항).

## 3. 국외여행 인솔자

### 법 제13조(국외여행 인솔자)

① 여행업자가 내국인의 국외여행을 실시할 경우 여행자의 안전 및 편의 제공을 위하여 그 여행을 인솔하는 사람을 둘 때에는 문화체육관광부령으로 정하는 자격요건에 맞는 사람을 두어야 한다. 〈개정 2008.2.29., 2011.4.5., 2023.8.8.〉
② 제1항에 따른 국외여행 인솔자의 자격요건을 갖춘 사람이 내국인의 국외여행을 인솔하려면 문화체육관광부장관에게 등록하여야 한다. 〈신설 2011.4.5., 2023.8.8.〉
③ 문화체육관광부장관은 제2항에 따라 등록한 사람에게 국외여행 인솔자 자격증을 발급하여야 한다. 〈신설 2011.4.5., 2023.8.8.〉
④ 제3항에 따라 발급받은 자격증은 다른 사람에게 빌려주거나 빌려서는 아니 되며, 이를 알선해서도 아니 된다. 〈신설 2019.12.3.〉
⑤ 제2항 및 제3항에 따른 등록의 절차 및 방법, 자격증의 발급 등에 필요한 사항은 문화체육관광부령으로 정한다. 〈신설 2011.4.5., 2019.12.3.〉

### 법 제13조의2(자격취소)

문화체육관광부장관은 제13조제4항을 위반하여 다른 사람에게 국외여행 인솔자 자격증을 빌려준 사람에 대하여 그 자격을 취소하여야 한다.
[본조신설 2019.12.3.]

> **시행규칙 제22조(국외여행인솔자의 자격요건)**
>
> ① 법 제13조제1항에 따라 국외여행을 인솔하는 자는 다음 각 호의 어느 하나에 해당하는 자격요건을 갖추어야 한다. 〈개정 2008.3.6, 2008.8.26., 2009.10.22., 2011.10.6.〉
> 1. 관광통역안내사 자격을 취득할 것
> 2. 여행업체에서 6개월 이상 근무하고 국외여행 경험이 있는 자로서 문화체육관광부장관이 정하는 소양교육을 이수할 것
> 3. 문화체육관광부장관이 지정하는 교육기관에서 국외여행 인솔에 필요한 양성교육을 이수할 것
> ② 문화체육관광부장관은 제1항제2호 및 제3호에 따른 교육내용·교육기관의 지정기준 및 절차, 그 밖에 지정에 필요한 사항을 정하여 고시하여야 한다. 〈개정 2008.3.6.〉

> **시행규칙 제22조2(국외여행인솔자의 등록 및 자격증 발급)**
>
> ① 법 제13조제2항에 따라 국외여행 인솔자로 등록하려는 사람은 별지 제24호의2서식의 국외여행 인솔자 등록 신청서에 다음 각 호의 어느 하나에 해당하는 서류 및 사진(최근 6개월 이내에 모자를 쓰지 않고 촬영한 상반신 반명함판) 2매를 첨부하여 관련 업종별 관광협회에 제출하여야 한다. 〈개정 2019.10.7.〉
> 1. 관광통역안내사 자격증
> 2. 제22조 제1항 제2호 또는 제3호에 따른 자격요건을 갖추었음을 증명하는 서류
> ② 관련 업종별 관광협회는 제1항에 따른 등록 신청을 받으며 제22조제1항에 따른 자격요건에 적합하다고 인정되는 경우에는 별지 제24호의 국외여행인솔자 자격증을 발급하여야 한다.
> [본조신설 2011.10.6.]

> **시행규칙 제22조3(국외여행인솔자 자격증의 재발급)**
>
> 제22조의2에 따라 발급받은 국외여행 인솔자 자격증을 잃어버리거나 헐어 못 쓰게 되어 자격증을 재발급받으려는 사람은 별지 제24호의2서식의 국외여행 인솔자 자격증 재발급 신청서에 자격증(자격증이 헐어 못 쓰게 된 경우만 해당한다) 및 사진(최근 6개월 이내에 모자를 쓰지 않고 촬영한 상반신 반명함판) 2매를 첨부하여 관련 업종별 관광협회에 제출하여야 한다.
> 〈개정 2019.10.7.〉
> [본조신설 2011.10.6.]

## 1) 국외여행인솔자의 자격취득방법

여행업을 경영하는 자는 내국인의 국외여행을 실시할 경우 여행자의 안전 및 편의제공을 위하여 당해 여행을 인솔하는 자를 둘 수 있다. 「관광진흥법」 제13조의 내용을 보면 "인솔자를 둘 때에는"이라고 하여 국외여행인솔자가 의무규정은 아니지만 국외인솔자를 둘 때에는 다음과 같은 자격요건 중, 한 개의 요건이라도 갖춘 자라야 한다.

① 관광통역안내사 자격증을 취득할 것

② 여행업체에서 6개월 이상 근무한 경력이 있는 자로서(여기에는 국내, 국외, 일반의 구별이 없으며 납세필증으로 경력을 입증하면 된다) 1회 이상의 국외여행 경험이 있고(출입국사무소의 출국확인서 및 여권의 출입국란의 복사본으로 입증한다) 문화체육관광부장관이 정하는 소정의 소양교육을 이수할 것(지정교육기관에서 15시간 이상의 교육을 받은 자)

③ 문화체육관광부장관이 지정하는 교육기관에서 국외여행인솔에 필요한 양성교육을 이수할 것(전문대학 이상의 학교에서 관광관련학과를 졸업한 자 또는 졸업예정자나 관광고등학교를 졸업한자로서 80시간이상의 교육을 받은 자)

## 2) 국외여행인솔자 자격등록

국외여행인솔자의 자격요건을 갖춘 자가 내국인의 국외여행을 인솔하려면 법 제13조 2항에 따라 별지 제24호의 2서식의 국외여행인솔자 등록 신청서에 관광통역안내사 자격증, 22조 제1항 제2호 또는 제3호에 따른 자격요건을 갖추었음을 증명하는 서류 및 사진(최근 6개월 이내에 모자를 쓰지 않고 촬영한 탈모 상반신 반명함판) 2매를 첨부하여 관련 업종별 관광협회에 제출하여야 한다.

## 3) 국외여행인솔자 자격증 발급

관련 업종별 관광협회는 국외여행인솔자 자격증 등록 신청을 받으며 제22조제1항에 따른 자격요건에 적합하다고 인정되는 경우에는 별지 제24호의 국외여행인솔자 자격증을 발급하여야 한다.

## 4) 국외여행인솔자 자격증 재발급

국외여행인솔자 자격증을 잃어버리거나 헐어 못쓰게 되어 자격증을 재발급 받으려는 사람은 별지 제24호의2 서식의 국외여행인솔자 자격증 재발급 신청서에 자격증(자격증이 헐어 못쓰게 되는 경우만 해당한다) 및 사진(최근 6개월 이내에 촬영한 탈모 상반신 반명함판) 2매를 첨부하여 관련 업종별 관광협회에 제출하여야 한다.

## 5) 국외여행인솔자 자격증 대여 등의 금지 및 자격취소

발급받은 국외여행인솔자 자격증을 다른 사람에게 빌려주거나 빌려서는 아니 되며, 이를 알선해서도 아니 된다(법 제13조 제④항). 만약 이를 위반하여 다른 사람에게 국외여행 인솔자 자격증을 빌려준 사람은 그 자격이 취소된다(법 제13조의 2).

## 4. 여행계약[27]

### 1) 안정정보제공의무

여행업자는 어행자와 계약을 체결할 때에는 여행자를 보호하기 위하여 해당여행지에 대한 안정정보를 제공하여야 하며 해당 여행지에 대한 안전정보가 변경된 경우에도 또한 같다.

여행업자가 제공할 정보는 첫째,「여권법」제17조에 따라 여권의 사용을 제한하거나 방문·체류를 금지하는 국가 목록 및 같은 법 제26조제3호에 따른 벌칙. 둘째. 외교부 해외안전여행 인터넷홈페이지에 게재된 여행목적지(국가 및 지역)의 여행경보단계 및 국가별 안전정보(긴급연락처를 포함한다). 셋째, 해외여행자 인터넷 등록 제도에 관한 안내사항 등이다.

---

**법 제14조(여행계약 등)**

① 여행업자는 여행자와 계약을 체결할 때에는 여행자를 보호하기 위하여 문화체육관광부령으로 정하는 비에 따라 해당 여행지에 대한 안전정보를 시면으로 제공하여야 한다. 해당 여행지에 대한 안전정보가 변경된 경우에도 또한 같다. 〈개정 2015.2.3.〉

---

**시행규칙 제22조의4(여행지 안전정보 등)**

① 법 제14조제1항에 따른 안전정보는 다음 각 호와 같다. 〈개정 2013.3.23., 2015.8.4.〉
1. 「여권법」제17조에 따라 여권의 사용을 제한하거나 방문·체류를 금지하는 국가 목록 및 같은 법 제26조제3호에 따른 벌칙
2. 외교부 해외안전여행 인터넷홈페이지에 게재된 여행목적지(국가 및 지역)의 여행경보단계 및 국가별 안전정보(긴급연락처를 포함한다)
3. 해외여행자 인터넷 등록 제도에 관한 안내
② 법 제14조제3항에 따라 여행업자는 여행계약서(여행일정표 및 약관을 포함한다)을 변경하는 경우 해당 날짜의 일정을 시작하기 전에 여행자로부터 서면으로 동의를 받아야 한다.
③ 제2항에 따른 서면동의서에는 변경일시, 변경내용, 변경으로 발생하는 비용 및 여행자 또는 단체의 대표자가 일정변경에 동의한다는 의사를 표시하는 자필서명이 포함되어야 한다.
④ 여행업자는 천재지변, 사고, 납치 등 긴급한 사유가 발생하여 여행자로부터 사전에 일정변경 동의를 받기 어렵다고 인정되는 경우에는 사전에 일정변경 동의서를 받지 아니할 수 있다. 다만, 여행업자는 사후에 서면으로 그 변경내용 등을 설명하여야 한다.
[본조신설 2009.10.22.]
[제21조의2에서 이동 〈2011.10.6.〉]

---

27) '여행계약은 당사자 한쪽이 상대방에게 운송, 숙박, 관광 또는 그 밖의 여행에 관한 용역을 결합하여 제공하기로 약정하고 상대방이 그 대금을 지급하기로 약정함으로써 요력이 생긴다'(민법 제674조의 2 여행계약의 의의). 2015년 정부는 민법을 개정하여 여행계약(제2장 계약, 제9절의 2 여행계약 : 제674조의 2 여행계약의 의의~674조의 9.강행규정)에 관한 규정을 신설하였다.

## 2) 여행계약서교부의무

「관광진흥법」에서는 여행계약서(여행일정표 및 약관을 포함) 교부의무 조항을 통해서 여행계약에 관한 다툼을 방지하고 계약당사자의 권리·의무를 명확히 밝혀 줌으로써 계약당사자를 보호할 수 있는 법적 장치를 마련하고 있다. 여행계약서는 여행계약에 관한 사항이 구체적으로 명시된 것으로서 계약관계를 명확하게 밝혀 주는 것이다. 따라서 여행계약에 관한 분쟁이 발생했을 때에는 여행계약서가 분쟁해결을 위한 1차적 근거자료가 된다.

> **■ 법 제14조(여행계약 등)**
>
> ② 여행업자는 여행자와 여행계약을 체결하였을 때에는 그 서비스에 관한 내용을 적은 여행계약서(여행일정표 및 약관을 포함한다. 이하 같다) 및 보험 가입 등을 증명할 수 있는 서류를 여행자에게 내주어야 한다. 〈개정 2015.5.18.〉

## 3) 사전동의 의무

여행업자는 여행계약서(여행일정표 및 약관을 포함한다)에 명시된 숙식, 항공 등 여행일정(선택관광 일정을 포함한다)을 변경하려면 해당 날짜의 일정을 시작하기 전에 여행자의 사전 동의를 받아야 한다. 다만 천재지변, 사고, 납치 등 긴급한 사유가 발생하여 여행자로부터 사전에 일정변경 동의를 받기 어렵다고 인정되는 경우에는 사전에 일정변경 동의서를 받지 아니할 수 있으나 이 경우, 여행업자는 사후에 서면으로 그 변경내용 등을 설명하여야 한다.

서면동의서에는 변경일시, 변경내용, 변경으로 발생하는 비용 및 여행자 또는 단체의 대표자가 일정변경에 동의한다는 의사를 표시하는 자필서명이 포함되어야 한다.

> **■ 법 제14조(여행계약 등)**
>
> ③ 여행업자는 여행일정(선택관광 일정을 포함한다)을 변경하려면 문화체육관광부령으로 정하는 바에 따라 여행자의 사전 동의를 받아야 한다.
> [전문개정 2009.3.25.]

> **■ 시행규칙 제22조의4(서면동의 등)**
>
> ② 법 제14조제3항에 따라 여행업자는 여행계약서(여행일정표 및 약관을 포함한다)에 명시된 숙식, 항공 등 여행일정(선택관광 일정을 포함한다)을 변경하는 경우 해당 날짜의 일정을 시작하기 전에 여행자로부터 서면으로 동의를 받아야 한다.
> ③ 제2항에 따른 서면동의서에는 변경일시, 변경내용, 변경으로 발생하는 비용 및 여행자 또는 단체의 대표자가 일정변경에 동의한다는 의사를 표시하는 자필서명이 포함되어야 한다.
> ④ 여행업자는 천재지변, 사고, 납치 등 긴급한 사유가 발생하여 여행자로부터 사전에 일정변경 동의를 받기 어렵다고 인정되는 경우에는 사전에 일정변경 동의서를 받지 아니할 수 있다. 다만, 여행업자는 사후에 서면으로 그 변경내용 등을 설명하여야 한다.
> [본조신설 2009.10.22.]

## 제3절 관광숙박업 및 관광객이용시설업

### 1. 관광사업계획의 승인 및 변경승인

관광사업 중에서 등록하기 전에 미리 당해 사업에 대한 사업계획서를 작성하여 등록관청(특별자치시장·특별자치도지사·시장·군수·구청장)의 승인을 받아야 하고 사업계획승인 후 등록을 하기 전에는 등록심의위원회의 심의를 거쳐야 하는 관광사업체가 있다. 이것은 해당 관광사업이 규모나 시설에 있어서 매우 크기 때문에 사전에 충분한 계획을 세우지 않으면 실행이 어려울 뿐 아니라 이용자에게도 피해를 줄 가능성이 있기 때문이다. 따라서 등록관청이 사업계획의 타당성을 사전에 확인하기 위한 조치라고 하겠다.

#### 1) 사업계획의 승인대상업종

**법 제15조(사업계획의 승인)**

① 관광숙박업을 경영하려는 자는 제4조제1항에 따른 등록을 하기 전에 그 사업에 대한 사업계획을 작성하여 특별자치시장·특별자치도지사·시장·군수·구청장의 승인을 받아야 한다. 승인을 받은 사업계획 중 부지, 대지 면적, 건축 연면적의 일정 규모 이상의 변경 등 대통령령으로 정하는 사항을 변경하려는 경우에도 또한 같다. 〈개정 2008.6.5., 2009.3.25., 2018.6.12.〉

② 대통령령으로 정하는 관광객 이용시설업이나 국제회의업을 경영하려는 자는 제4조제1항에 따른 등록을 하기 전에 그 사업에 대한 사업계획을 작성하여 특별자치시장·특별자치도지사·시장·군수·구청장의 승인을 받을 수 있다. 승인을 받은 사업계획 중 부지, 대지 면적, 건축 연면적의 일정 규모 이상의 변경 등 대통령령으로 정하는 사항을 변경하려는 경우에도 또한 같다. 〈개정 2008.6.5., 2009.3.25., 2018.6.12.〉

③제1항과 제2항에 따른 사업계획의 승인 또는 변경승인의 기준·절차 등에 필요한 사항은 대통령령으로 정한다.

**시행령 제9조(사업계획 변경승인)**

① 법 제15조제1항 후단에 따라 관광숙박업의 사업계획 변경에 관한 승인을 받아야 하는 경우는 다음 각 호와 같다. 〈개정 2011.12.30.〉

1. 부지 및 대지 면적을 변경할 때에 그 변경하려는 면적이 당초 승인받은 계획면적의 100분의 10 이상이 되는 경우

2. 건축 연면적을 변경할 때에 그 변경하려는 연면적이 당초 승인받은 계획면적의 100분의 10 이상이 되는 경우

3. 객실 수 또는 객실면적을 변경하려는 경우(휴양 콘도미니엄업만 해당한다)

4. 변경하려는 업종의 등록기준에 맞는 경우로서, 호텔업과 휴양 콘도미니엄업 간의 업종변경 또는 호텔업 종류 간의 업종 변경

② 법 제15조제2항 후단에 따라 관광객 이용시설업이나 국제회의업의 사업계획의 변경승인을

받을 수 있는 경우는 다음 각 호와 같다.

1. 전문휴양업이나 종합휴양업의 경우 부지, 대지 면적 또는 건축 연면적을 변경할 때에 그 변경하려는 면적이 당초 승인받은 계획면적의 100분의 10 이상이 되는 경우
2. 국제회의업의 경우 국제회의시설 중 다음 각 목의 어느 하나에 해당하는 변경을 하려는 경우
    가. 「국제회의산업 육성에 관한 법률 시행령」 제3조제2항에 따른 전문회의시설의 회의실 수 또는 옥내전시면적을 변경할 때에 그 변경하려는 회의실 수 또는 옥내전시면적이 당초 승인받은 계획의 100분의 10 이상이 되는 경우
    나. 「국제회의산업 육성에 관한 법률 시행령」 제3조제4항에 따른 전시시설의 회의실 수 또는 옥내전시면적을 변경할 때에 그 변경하려는 회의실 수 또는 옥내전시면적이 당초 승인받은 계획의 100분의 10 이상이 되는 경우

**□■ 시행령 제12조(사업계획승인대상 관광객이용시설업·국제회의업)**

법 제15조제2항 전단에서 "대통령령으로 정하는 관광객 이용시설업이나 국제회의업"이란 다음 각 호의 관광사업을 말한다.

1. 전문휴양업
2. 종합휴양업
3. 관광유람선업
4. 국제회의시설업

## (1) 사업계획의 승인을 반드시 얻어야 하는 경우

'관광숙박업', 즉 관광호텔업, 수상관광호텔업, 한국전통호텔업, 가족호텔업, 소형호텔업, 의료관광호텔업, 휴양콘도미니엄업을 경영하고자 하는 자는 등록 전에 "특별자치시장·특별자치도지사·시장·군수·구청장"으로부터 반드시 사업계획승인을 얻어야 한다. 승인을 얻은 사업계획중 부지·대지면적·건축연면적 및 객실수·객실면적(휴양콘도미니엄업에 한한다) 등을 변경(시행령 제9조 ①②항 참조)하고자 하는 경우에도 반드시 승인을 받아야 한다.

## (2) 반드시 사업계획승인을 얻지 아니해도 되는 경우

관광객이용시설업 중 '전문휴양업, 종합휴양업, 관광유람선업'과 국제회의업중 '국제회의시설업'은 반드시 사업계획승인을 받지 아니하고 '등록심의위원회'의 심의를 거쳐 등록을 할 수 있으나 사업계획승인을 받지 아니할 경우, 사업계획승인을 받게 됨으로써 받게 되는 인·허가 등의 관계법률상의 의제를 받지 못하게 되고 경우에 따라서는 등록이 거부될 수 있다. 또한 사업계획의 변경의 경우에도 같다. 즉 전문휴양업이나 종합휴양업, 국제회의시설업에 대한 사업계획중 일정부분에 대해 변경을 할 경우 변경승인을 얻어도 되고 얻지 않아도 된다.

## 2) 사업계획 승인 및 변경승인기준

**법 제15조(사업계획의 승인)**

③ 제1항과 제2항에 따른 사업계획의 승인 또는 변경승인의 기준·절차 등에 필요한 사항은 대통령령으로 정한다.

**시행령 제13조(사업계획 승인기준)**

① 법 제15조에 따른 사업계획의 승인 및 변경승인의 기준은 다음 각 호와 같다. 〈개정 2010.6.15., 2013.11.29., 2014.11.28., 2016.3.22., 2018.12.18., 2019.4.9.〉

1. 사업계획의 내용이 관계 법령의 규정에 적합할 것
2. 사업계획의 시행에 필요한 자금을 조달할 능력 및 방안이 있을 것
3. 일반 주거지역의 관광숙박시설 및 그 시설 안의 위락시설은 주거환경을 보호하기 위하여 다음 각 목의 기준에 맞아야 하고, 준주거지역의 경우에는 다목의 기준에 맞을 것. 다만, 일반 주거지역에서의 사업계획의 변경승인(신축 또는 기존 건축물 전부를 철거하고 다시 축조하는 개축을 하는 경우는 포함하지 아니한다)의 경우에는 가목의 기준을 적용하지 아니하고, 일반 주거지역의 호스텔업의 시설의 경우에는 라목의 기준을 적용하지 아니한다.
   가. 다음의 구분에 따라 사람 또는 차량의 통행이 가능하도록 대지가 도로에 연접할 것. 다만, 특별자치시장·특별자치도·시·군·구(자치구를 말한다. 이하 같다)는 주거환경을 보호하기 위하여 필요하면 지역 특성을 고려하여 조례로 이 기준을 강화할 수 있다.
      1) 관광호텔업, 수상관광호텔업, 한국전통호텔업, 가족호텔업, 의료관광호텔업 및 휴양 콘도미니엄업: 대지가 폭 12미터 이상의 도로에 4미터 이상 연접할 것
      2) 호스텔업 및 소형호텔업: 대지가 폭 8미터(관광객의 수, 관광특구와의 거리 등을 고려하여 특별자치시장·특별자치도지사·시장·군수·구청장이 지정하여 고시하는 지역에서 20실 이하의 객실을 갖추어 경영하는 호스텔업의 경우에는 4미터) 이상의 도로에 4미터 이상 연접할 것
   나. 건축물(관광숙박시설이 설치되는 건축물 전부를 말한다) 각 부분의 높이는 그 부분으로부터 인접대지를 조망할 수 있는 창이나 문 등의 개구부가 있는 벽면에서 직각 방향으로 인접된 대지의 경계선[대지와 대지 사이가 공원·광장·도로·하천이나 그 밖의 건축이 허용되지 아니하는 공지(空地)인 경우에는 그 인접된 대지의 반대편 경계선을 말한다]까지의 수평거리의 두 배를 초과하지 아니할 것
   다. 소음 공해를 유발하는 시설은 지하층에 설치하거나 그 밖의 방법으로 주변의 주거환경을 해치지 아니하도록 할 것
   라. 대지 안의 조경은 대지면적의 15퍼센트 이상으로 하되, 대지 경계선 주위에는 다 자란 나무를 심어 인접 대지와 차단하는 수림대(樹林帶)를 조성할 것
4. 연간 내국인 투숙객 수가 객실의 연간 수용가능 총인원의 40퍼센트를 초과하지 아니할 것(의료관광호텔업만 해당한다)

② 특별자치시장·특별자치도지사·시장·군수·구청장은 휴양 콘도미니엄업의 규모를 축소하

는 사업계획에 대한 변경승인신청을 받은 경우에는 다음 각 호의 어느 하나의 감소 비율이 당초 승인한 분양 및 회원 모집 계획상의 피분양자 및 회원(이하 이 항에서 "회원등"이라 한다) 총 수에 대한 사업계획 변경승인 예정일 현재 실제로 미분양 및 모집 미달이 되고 있는 잔여 회원등 총 수의 비율(이하 이 항에서 "미분양률"이라 한다)을 초과하지 아니하는 한도에서 그 변경승인을 하여야 한다. 다만, 사업자가 이미 분양받거나 회원권을 취득한 회원등에 대하여 그 대지면적 및 객실면적(전용 및 공유면적을 말하며, 이하 이 항에서 같다)의 감소분에 비례하여 분양가격 또는 회원 모집가격을 인하하여 해당 회원등에게 통보한 경우에는 미분양률을 초과하여 변경승인 을 할 수 있다. 〈개정 2009.1.20., 2019.4.9.〉

1. 당초계획(승인한 사업계획을 말한다. 이하 이 항에서 같다)상의 대지면적에 대한 변경계획상의 대지면적 감소비율
2. 당초계획상의 객실 수에 대한 변경계획상의 객실 수 감소비율
3. 당초계획상의 전체 객실면적에 대한 변경계획상의 전체 객실면적 감소비율

[시행일: 2014.3.1.] 제13조제1항제3호가목본문, 제13조제1항제3호가목1), 제13조제1항제4호

## (1) 사업계획승인기준

사업계획승인 기준 크게 보아 4가지이다.

① 사업계획의 내용이 관계 법령의 규정에 적합해야 한다. 「관광진흥법」만이 아니라 「국토의 계획 및 이용에 관한 법률」, 「공중위생관리법」 기타 「관광진흥법」 제15조에서 언급된 법령 등 관계되는 법령에 맞아야 한다.

② 사업시행에 필요한 자금조달능력과 조달방안이 있어야 한다. 즉, 전체 소요경비를 조달할 수 있는 구체적 방안을 제시해야 한다.

③ 일반주거지역 안에서 관광숙박시설과 그 시설 안의 위락시설이 다음과 같은 기준에 적합하여 거주민에게 불편과 피해를 끼치지 말아야 한다. 즉, 주거환경을 보호해야 한다.

ⓐ 대지(垈地: 건축물을 지을 수 있는 땅)는 폭 12미터 이상의 도로에 4미터 이상 연접하여야 한다. 예를 들어, 서울특별시의 일반주거지역에 관광호텔을 지을 경우, 그 호텔은 폭이 12미터 이상 인 도로를 물고 있어야 하고, 그 물고 있는 길이가 4미터 이상이어야 하지만, 관광객 수, 관광특구와의 거리 등을 고려하여 특별자치시장·특별자치도지사·시장·군수·구청장이 지정하여 고시하는 지역에서 20실 이하의 객실을 갖춘 호스텔업의 경우에는 4미터 도로를 허용한다. 다만, 특별자치시장·특별자치도·시·군·구(자치구를 말한다. 이하 같다)는 주거환경을 보호하기 위하여 필요하면 지역 특성을 고려하여 조례로 이 기준을 강화할 수 있다.

ⓑ 건축물의 높이: 건축물의 각 부분의 높이는 그 부분으로 부터 당해 건물의 채광을 위하여 설치하는 개구부가 향하는 방향으로 인접된 대지의 경계선(대지와 대지 사이가 공원·광장·도로 또는 하천 기타 건축이 허용되지 아니하는 공지인 경우에는 그 인접된 대지의 반대편 경계선을 말한다)까지의 수평거리의 2배를 초

과하지 아니할 것

이것은 건축물의 높이를 제한하여 주거환경을 보호하기 위함이다. 개구부(開口部)는 창문 등을 말하며, 창문이 나 있는 쪽으로 인접해 있는 다른 대지의 경계선까지의 수평거리의 2배 이내로 한다는 것이다. 실제로 호텔의 어느 한 면(주로 정면)은 도로를 향해 서 있으므로 주로 뒷면 또는 양측면을 볼 때, 예를 들어 호텔의 뒷면에서부터 인접대지의 실제 거리가 30미터라면 호텔의 높이는 60미터(약 20층)를 넘지 못한다는 것이다. 또한 인접 대지가 공지(空地 : 빈 터)라면 호텔에서부터 그 공터의 다른 경계선(반대편)까지의 거리의 2배를 생각하면 된다.

ⓒ 소음공해의 방지: 소음공해를 유발하는 시설은 지하층에 설치하거나 기타 방법으로 주변의 주거환경을 저해하지 아니하도록 할 것. 이 조항은 주로 나이트클럽 등에 대해 말하는 것으로 소음이 새어나오지 않게 하라는 것이다.

ⓓ 대지 안의 조경: 대지 안의 조경(造景)은 대지면적의 20퍼센트 이상으로 하되, 대지경계선 주위에는 성목을 식수하여 인접대지와 차단하는 수림대를 조성할 것. 대지의 경계선에 큰 나무(成木)를 연이어 심어 나무 띠(樹林帶)를 만들어 인접대지와 차단하도록 하여 인접지역의 주거환경에 피해가 가지 않게 하라는 것이다.

④ 연간 내국인 투숙객 수가 객실의 연간 수용가능 총인원의 40퍼센트를 초과하지 아니할 것(의료관광호텔업만 해당한다)

## (2) 변경승인기준

"특별자치시장·특별자치도지사·시장·군수·구청장"은 휴양콘도미니엄업의 규모를 축소하는 사업계획변경신청에 대해 대지면적·객실수·객실면적 등의 감소비율이 미분양률을 초과하지 아니하는 한도 내에서 그 변경승인을 하여야 한다. 다만, 사업자가 이미 분양받거나 회원권을 취득한 회원 등에 대하여 전용 및 공유면적의 감소분에 비례하여 분양가격 또는 회원모집가격을 인하하여 당해 회원 등에게 통보한 때에는 미분양률을 초과하여 변경승인을 할 수 있다(「시행령」 제13조 제2항).

## 3) 사업계획 승인절차

## (1) 승인신청

사업계획승인을 원하는 자는 사업계획승인신청서(「시행규칙」 제23조 관련 별지 제25호 서식)에, 필요한 서류(「시행규칙」 제23조 참조)를 첨부하여 특별자치시장·특별자치도지사·시장·군수·구청장에게 제출하면 된다.

**법 제15조〈사업계획의 승인〉**

③ 제1항과 제2항에 따른 사업계획의 승인 또는 변경승인의 기준·절차 등에 필요한 사항은 대통령령으로 정한다.

**시행규칙 제23조〈사업계획의 승인신청〉**

① 영 제10조제1항에 따라 사업계획승인을 받으려는 자는 별지 제25호서식의 사업계획 승인신청서에 다음 각 호의 서류를 첨부하여 특별자치시장·특별자치도지사·시장·군수·구청장에게 제출하여야 한다. 다만, 등록체육시설의 경우에는 「체육시설의 설치·이용에 관한 법률 시행령」 제10조에 따른 사업계획승인서 사본으로 각 호의 서류를 갈음한다. 〈개정 2009.3.31., 2009.12.31., 2015.4.22., 2019.4.25.〉

1. 다음 각 목의 사항이 포함된 건설계획서
   가. 건설장소, 총부지면적 및 토지이용계획
   나. 공사계획
   다. 공사자금 및 그 조달방법
   라. 시설별·층별 면적 및 시설내용
   마. 조감도
   바. 전문휴양업 및 종합휴양업의 경우에는 사업예정지역의 위치도(축척 2만 5천분의 1 이상이어야 한다), 사업예정지역의 현황도(축척 3천분의 1 이상으로서 등고선이 표시되어야 한다), 시설배치계획도(지적도면상에 표시하여야 한다), 토지명세서, 하수처리계획서, 녹지 및 환경조성계획서(「환경영향평가법」에 따른 환경영향평가를 받은 경우 하수처리계획서, 녹지 및 환경조성계획서를 생략한다)

2. 신청인(법인의 경우에는 대표자 및 임원)이 내국인인 경우에는 성명 및 주민등록번호를 기재한 서류

2의2. 신청인(법인의 경우에는 대표자 및 임원)이 외국인인 경우에는 법 제7조제1항 각 호에 해당하지 아니함을 증명하는 다음 각 목의 어느 하나에 해당하는 서류. 다만, 법 또는 다른 법령에 따라 인·허가 등을 받아 사업자등록을 하고 해당 영업 또는 사업을 영위하고 있는 자(법인의 경우에는 최근 1년 이내에 법인세를 납부한 시점부터 승인 신청 시점까지의 기간 동안 대표자 및 임원의 변경이 없는 경우로 한정한다)는 해당 영업 또는 사업의 인·허가증 등 인·허가 등을 받았음을 증명하는 서류와 최근 1년 이내에 소득세(법인의 경우에는 법인세를 말한다)를 납부한 사실을 증명하는 서류를 제출하는 경우에는 그 영위하고 있는 영업 또는 사업의 결격사유 규정과 중복되는 법 제7조제1항의 결격사유에 한하여 다음 각 목의 서류를 제출하지 아니할 수 있다.
   가. 해당 국가의 정부나 그 밖의 권한 있는 기관이 발행한 서류 또는 공증인이 공증한 신청인의 진술서로서 「재외공관 공증법」에 따라 해당 국가에 주재하는 대한민국공관의 영사관이 확인한 서류
   나. 「외국공문서에 대한 인증의 요구를 폐지하는 협약」을 체결한 국가의 경우에는 해당 국가의 정부나 그 밖의 권한 있는 기관이 발행한 서류 또는 공증인이 공증한 신청인의 진술서로

서 해당 국가의 아포스티유(Apostille) 확인서 발급 권한이 있는 기관이 그 확인서를 발급한 서류

3. 부동산의 소유권 또는 사용권을 증명하는 서류

4. 분양 및 회원모집계획 개요서(분양 및 회원을 모집하는 경우만 해당한다)

5. 법 제16조제1항 각 호에 따른 인·허가 등의 의제를 받거나 신고를 하려는 경우에는 해당 법령에서 제출하도록 한 서류

6. 법 제16조제1항 각 호에서 규정한 신고를 이미 하였거나 인·허가 등을 받은 경우에는 이를 증명하는 서류

② 제1항에 따른 신청서를 받은 특별자치시장·특별자치도지사·시장·군수·구청장은 「전자정부법」 제36조제1항에 따른 행정정보의 공동이용을 통하여 법인 등기사항증명서(법인만 해당한다)를 확인하여야 한다. 〈개정 2009.3.31., 2011.3.30., 2019.4.25.〉

---

**□■시행령 제10조(사업계획의 승인신청 등)**

① 법 제15조제1항 및 제2항에 따라 관광호텔업·수상관광호텔업·한국전통호텔업·가족호텔업·호스텔업·소형호텔업·의료관광호텔업과 휴양 콘도미니엄업 및 제12조 각 호의 어느 하나에 해당하는 관광사업의 사업계획(이하 "사업계획"이라 한다) 승인을 받으려는 자는 문화체육관광부령으로 정하는 바에 따라 사업계획 승인신청서를 특별자치시장·특별자치도지사·시장·군수·구청장에게 제출하여야 한다. 〈개정 2008.2.29., 2009.1.20., 2010.6.15., 2013.11.29., 2019.4.9.〉

---

## (2) 사업계획승인통보

"특별자치시장·특별자치도지사·시장·군수·구청장"은 사업계획 또는 사업계획의 변경을 승인하는 때에는 사업계획승인 또는 변경승인을 신청한 자에게 이를 지체 없이 통보하여야 한다.

---

**□■시행령 제11조(사업계획승인의 통보)**

특별자치시장·특별자치도지사·시장·군수·구청장은 제10조에 따라 신청한 사업계획 또는 사업계획의 변경을 승인하는 경우에는 사업계획승인 또는 변경승인을 신청한 자에게 지체 없이 통보하여야 한다. 〈개정 2009.1.20., 2019.4.9.〉

---

## 4) 사업계획 변경승인

사업계획을 변경하고자 하는 자는 사업계획변경승인신청서(「시행규칙」 제24조 별지 제26호 서식)에 구비서류(「시행규칙」 제24조 참조)를 첨부하여 특별자치시장·특별자치도지사·시장·군수·구청장에게 제출하여야 한다.

> **법 제15조(사업계획의 승인)**
>
> ③ 제1항과 제2항에 따른 사업계획의 승인 또는 변경승인의 기준·절차 등에 필요한 사항은 대통령령으로 정한다.

> **시행령 제10조(사업계획의 승인신청등)**
>
> ② 제9조에 따라 사업계획의 변경승인을 받으려는 자는 문화체육관광부령으로 정하는 바에 따라 사업계획 변경승인신청서를 특별자치시장·특별자치도지사·시장·군수·구청장에게 제출하여야 한다. 〈개정 2008.2.29., 2009.1.20., 2019.4.9.〉

> **시행규칙 제24조(사업계획의 변경승인 신청)**
>
> 영 제10조제2항에 따라 사업계획의 변경승인을 받으려는 자는 별지 제26호서식의 사업계획 변경 승인 신청서에 다음 각 호의 서류를 첨부하여 특별자치시장·특별자치도지사·시장·군수·구청장에게 제출하여야 한다. 〈개정 2009.3.31., 2019.4.25.〉
> 1. 변경사유서
> 2. 변경하고자 하는 층의 변경 전후의 평면도(건축물의 용도변경이 필요한 경우만 해당한다)
> 3. 용도변경에 따라 변경되는 사항 중 내화·내장·방화·피난건축설비에 관한 사항을 표시한 도서(건축물의 용도변경이 필요한 경우만 해당한다)
> 4. 전문휴양업 및 종합휴양업의 경우 제23조제1항제1호바목에서 정한 승인신청 사항이 변경되는 경우에는 각각 그 변경에 관계되는 서류

### 5) 사업계획 승인시의 '인·허가' 의제(擬制)

사업계획이 승인되면, 그 사업의 시행에 필요한 사항과 관련된 관계 법률에 의한 '인·허가' 등도 받은 것으로 간주한다. 따라서 해당 법률에 의한 '인·허가' 등 신청을 별도로 할 필요가 없게 된다. 다만, 관광사업이 사업계획승인으로 '인·허가' 등이 "의제(擬制)되는 사업"인 경우에는 사업계획신청서를 접수한 "특별자치도지사·시장·군수·구청장"은 그 '인·허가' 등을 처리하는 소관 행정기관의 장과 협의해야 한다. 협의를 받은 소관 행정기관의 장은 협의요청을 받은 날로부터 30일 이내에 의견을 제출해야 한다. 사업계획변경승인 신청도 마찬가지이다. "특별자치시장·특별자치도지사·시장·군수·구청장"은 소관 행정기관의 장과 협의가 이루어지면 사업계획승인서 또는 변경승인서를 발급하게 된다.

사업계획이 승인되면 이러한 '인·허가' 등이 동시에 이루어지므로 등록관청의 장은 '인·허가' 소관 행정기관의 장과 사전에 협의해야 하고 또한 사업계획을 승인한 경우 지체없이 소관 행정기관에 통보해야 한다.

만약 사업계획의 변경승인을 하고자 하는 경우, 건축물의 용도변경이 포함되었다면 사전에 소관행정기관의 장과 협의하되, 변경승인이 나면 이도 허가받거나 신고한 것으로 간주한다.

〈표 12〉 사업계획 승인시 의제되는 법률사항

| 관렵법규 | 해당 조항 | 의제 내용 | 용 어 |
|---|---|---|---|
| 농지법(農地法) | 제34조1항 | 농지전용의 허가 | 농지, 전용(轉用) |
| 산지관리법 | 제14조, 제15조 | 산지전용허가 · 신고 | 산지전용 |
| 산림자원의 조성 및 관리에 관한 법 | 제36조, 제45조 | 벌채 등의 허가 · 신고 | 벌채 |
| 사방사업법 (砂防事業法) | 제20조 | 사방지지정의 해제 | 사방지 |
| 초지법(草地法) | 제23조 | 초지전용의 허가 | 초지, 전용 |
| 하천법(河川法) | 제30조 | 하천공사시행의 허가 | 하천공사 |
| | 제33조 | 하천점용의 허가 | 하천, 점용(占用) |
| 공유수면관리법 및 매립에 관한 법률 | 제8조 | 공유수면점 · 사용허가 | 공유수면 점용 · 사용 |
| | 제17조 | 실시계획의 인가, 신고 | 실시계획 |
| 사도법(私道法) | 제4조 | 사도개설의 허가 | 사도 |
| 국토의 계획 및 이용에 관한 법률 | 제56조 | 개발행위 허가 | 건축물의 건축 또는 공작물의 설치등 |
| 장사등에 관한 법률 | 제8조3항 | 분묘개장(改葬)신고 | 개장(改葬) |
| | 제23조 | 분묘 개장허가 | |

**▣ 법 제16조(사업계획 승인 시의 인 · 허가 의제 등)**

① 제15조제1항 및 제2항에 따라 사업계획의 승인을 받은 때에는 다음 각 호의 허가, 해제 또는 신고에 관하여 특별자치시장 · 특별자치도지사 · 시장 · 군수 · 구청장이 소관 행정기관의 장과 미리 협의한 사항에 대해서는 해당 허가 또는 해제를 받거나 신고를 한 것으로 본다. 〈개정 2007.12.27., 2009.3.25., 2010.4.15., 2010.5.31., 2022.12.27., 2023.5.16.〉

1. 「농지법」 제34조제1항에 따른 농지전용의 허가
2. 「산지관리법」 제14조 · 제15조에 따른 산지전용허가 및 산지전용신고, 같은 법 제15조의2에 따른 산지일시사용허가 · 신고, 「산림자원의 조성 및 관리에 관한 법률」 제36조제1항 · 제5항 및 제45조제1항 · 제2항에 따른 입목벌채 등의 허가 · 신고
3. 「사방사업법」 제20조에 따른 사방지(砂防地) 지정의 해제
4. 「초지법」 제23조에 따른 초지전용(草地轉用)의 허가
5. 「하천법」 제30조에 따른 하천공사 등의 허가 및 실시계획의 인가, 같은 법 제33조에 따른 점용허가(占用許可) 및 실시계획의 인가
6. 「공유수면 관리 및 매립에 관한 법률」 제8조에 따른 공유수면의 점용 · 사용허가 및 같은 법 제17조에 따른 점용 · 사용 실시계획의 승인 또는 신고
7. 「사도법」 제4조에 따른 사도개설(私道開設)의 허가
8. 「국토의 계획 및 이용에 관한 법률」 제56조에 따른 개발행위의 허가
9. 「장사 등에 관한 법률」 제8조제3항에 따른 분묘의 개장신고(改葬申告) 및 같은 법 제27조에 따른 분묘의 개장허가(改葬許可)

② 특별자치시장 · 특별자치도지사 · 시장 · 군수 · 구청장은 제1항 각 호의 어느 하나에 해당하는 사항이 포함되어 있는 사업계획을 승인하려면 미리 소관 행정기관의 장과 협의하여야 한다. 〈개정 2008.6.5., 2018.6.12., 2023.5.16.〉

③ 특별자치시장 · 특별자치도지사 · 시장 · 군수 · 구청장은 제15조제1항 및 제2항에 따른 사업계획의 변경승인을 하려는 경우 건축물의 용도변경이 포함되어 있으면 미리 소관 행정기관의 장과 협의하여야 한다. 〈개정 2008.6.5., 2018.6.12.〉

④ 관광사업자(관광숙박업만 해당한다)가 제15조제1항 후단에 따라 사업계획의 변경승인을 받은 경우에는 「건축법」에 따른 용도변경의 허가를 받거나 신고를 한 것으로 본다.

### ■ 시행령 제10조(사업계획의 승인신청 등)

③ 제1항과 제2항에 따라 사업계획의 승인 또는 변경승인신청서를 접수한 특별자치시장 · 특별자치도지사 · 시장 · 군수 · 구청장은 해당 관광사업이 법 제16조제1항에 따라 인 · 허가 등이 의제되는 사업인 경우에는 같은 조 제2항에 따라 소관 행정기관의 장과 협의하여야 한다. 〈개정 2009.1.20., 2019.4.9.〉

④ 제3항에 따라 협의의 요청을 받은 소관 행정기관의 장은 협의 요청을 받은 날부터 30일 이내에 그 의견을 제출하여야 한다. 이 경우 그 기간 이내에 의견 제출이 없는 때에는 협의가 이루어진 것으로 본다. 〈개정 2014.11.28.〉

[시행일: 2014.3.1.] 제10조제1항 의료관광호텔업 관련 부분

## 6) 관광숙박업시설건축지역

사업계획의 승인 또는 변경승인을 얻는 경우 그 사업계획에 의하여 건설하는 관광숙박시설이나 그 숙박시설 안에 설치하는 위락시설로서 「국토의 계획 및 이용에 관한 법률」에 의하여 지정된 상업지역 · 일반주거지역 · 준주거지역 · 준공업지역 · 자연녹지지역안의 시설에 대하여는 「국토의 계획 및 이용에 관한 법률」 제76조 제1항(용도지역 및 용도지구 안에서의 건축물의 제한)의 적용을 받지 않는다. 즉 건축금지나 기타규모 등의 제한을 받지 아니한다. 다시 말하면 「국토의 계획 및 이용에 관한 법률」 제76조 제1항에 의하면 전용주거지역이나 일반주거지역 · 준주거지역에서는 관광숙박시설을 건축할 수 없지만, 「관광진흥법」 제16조 제5항에 의하여 건축하고자 하는 관광숙박시설이 사업계획승인기준에 적합할 경우 건축이 가능하다. 법 제15조1항에 따른 사업계획의 승인을 받은 경우 그 사업계획에 따른 관광숙박시설로서 대통령령으로 정하는 지역 내 위치하면서 학교보건법(교육환경보호에 관한 법률)제2조에 따른 출입문 또는 학교설립 예정지 출입문으로부터 직선거리로 75미터 이내에 위치한 관광숙박시설의 설치와 관련하여서는 학교보건법(제6조제1항 각 호 외의 부분 단서를 적용하지 않는다. 법 제16조 7항에 따라 관광숙박시설에서 「학교보건법」 제6조제1항제12호, 제14호부터 제16호까지 또는 제18호부터 제20호까지의 규정에 따른 행위 및 시설 중 어느 하나에 해당하는 행위 및 시설이 없으며, 관광숙박시설의 객실이 100실 이상이

고, 대통령령으로 정하는 지역 내 위치하며, 관광숙박시설 내 공용공간을 개방형 구조로 하며, 「학교보건법」 제2조에 따른 학교 출입문 또는 학교설립예정지 출입문으로부터 직선거리로 75미터 이상에 위치할 경우 「건축법」 제4조에 따른 건축위원회의 교육환경 저해여부에 관한 심의를 받아 호텔, 여관, 여인숙 등의 숙박시설을 건축할 수 있다.

> ### 법 제16조(사업계획 승인 시의 인·허가 의제 등)
>
> ⑤ 제15조제1항에 따른 사업계획의 승인 또는 변경승인을 받은 경우 그 사업계획에 따른 관광숙박시설 및 그 시설 안의 위락시설로서 「국토의 계획 및 이용에 관한 법률」에 따라 지정된 다음 각 호의 용도지역의 시설에 대하여는 같은 법 제76조제1항을 적용하지 아니한다. 다만, 주거지역에서는 주거환경의 보호를 위하여 대통령령으로 정하는 사업계획승인기준에 맞는 경우에 한정한다. 〈개정 2023.8.8.〉
> 1. 상업지역
> 2. 주거지역·공업지역 및 녹지지역 중 대통령령으로 정하는 지역
> ⑥ 제15조제1항에 따른 사업계획의 승인을 받은 경우 그 사업계획에 따른 관광숙박시설로서 대통령령으로 정하는 지역 내 위치하면서 「학교보건법」 제2조에 따른 학교 출입문 또는 학교설립예정지 출입문으로부터 직선거리로 75미터 이내에 위치한 관광숙박시설의 설치와 관련하여서는 「학교보건법」 제6조제1항 각 호 외의 부분 단서를 적용하지 아니한다. 〈신설 2015.12.22.〉
> ⑦ 제15조제1항에 따른 사업계획의 승인 또는 변경승인을 받은 경우 그 사업계획에 따른 관광숙박시설로서 다음 각 호에 적합한 시설에 대해서는 「학교보건법」 제6조제1항제13호를 적용하지 아니한다. 〈신설 2015.12.22.〉
> 1. 관광숙박시설에서 「학교보건법」 제6조제1항제12호, 제14호부터 제16호까지 또는 제18호부터 제20호까지의 규정에 따른 행위 및 시설 중 어느 하나에 해당하는 행위 및 시설이 없을 것
> 2. 관광숙박시설의 객실이 100실 이상일 것
> 3. 대통령령으로 정하는 지역 내 위치할 것
> 4. 대통령령으로 정하는 바에 따라 관광숙박시설 내 공용공간을 개방형 구조로 할 것
> 5. 「학교보건법」 제2조에 따른 학교 출입문 또는 학교설립예정지 출입문으로부터 직선거리로 75미터 이상에 위치할 것
> ⑧ 제7항 각 호의 요건을 충족하여 「학교보건법」 제6조제1항제13호를 적용받지 아니하고 관광숙박시설을 설치하려는 자는 「건축법」 제4조에 따른 건축위원회의 교육환경 저해여부에 관한 심의를 받아야 한다. 〈신설 2015.12.22.〉
> ⑨ 특별자치시장·특별자치도지사·시장·군수·구청장은 제15조제1항에 따른 사업계획(제7항 각 호의 요건을 충족하여 「학교보건법」 제6조제1항제13호를 적용받지 아니하고 관광숙박시설을 설치하려는 자의 사업계획에 한정한다)의 승인 또는 변경승인을 하려는 경우에는 교육환경 보호 및 교통안전 보호조치를 취하도록 하는 조건을 붙일 수 있다. 〈신설 2015.12.22., 2018.6.12.〉
> ⑩ 제1항부터 제4항까지에서 규정한 사항 외에 이 조에 따른 의제의 기준 및 효과 등에 관하여는 「행정기본법」 제24조부터 제26조까지를 준용한다. 〈신설 2023.5.16.〉
> [법률 제13594호(2015.12.22.) 제16조제6항부터 제9항의 개정규정은 같은 법 부칙 제2조의 규정에 의하여 2021년 3월 22일까지 유효함]

> **시행령 제14조(관광숙박시설 건축지역)**

법 제16조제5항제2호에서 "대통령령으로 정하는 지역"이란 다음 각 호의 지역을 말한다.

1. 일반주거지역
2. 준주거지역
3. 준공업지역
4. 자연녹지지역

> **학교보건법 제 6조(학교환경위생 정화구역에서의 금지행위 등)**

① 누구든지 학교환경위생 정화구역에서는 다음 각 호의 어느 하나에 해당하는 행위 및 시설을 하여서는 아니 된다. 다만, 대통령령으로 정하는 구역에서는 제2호, 제3호, 제6호, 제10호, 제12호부터 제18호까지와 제20호에 규정된 행위 및 시설 중 교육감이나 교육감이 위임한 자가 학교환경위생 정화위원회의 심의를 거쳐 학습과 학교보건위생에 나쁜 영향을 주지 아니한다고 인정하는 행위 및 시설은 제외한다. 〈개정 2007.12.14., 2009.6.9., 2009.12.29., 2010.1.18., 2011.9.15., 2016.1.27.〉

1. 「대기환경보전법」, 「악취방지법」 및 「수질 및 수생태계 보전에 관한 법률」에 따른 배출허용기준 또는 「소음·진동관리법」에 따른 규제기준을 초과하여 학습과 학교보건위생에 지장을 주는 행위 및 시설
2. 총포화약류(銃砲火藥類)의 제조장 및 저장소, 고압가스·천연가스·액화석유가스 제조소 및 저장소
3. 삭제 〈2008.3.21.〉
4. 「영화 및 비디오물의 진흥에 관한 법률」 제2조제11호의 제한상영관
5. 도축장, 화장장 또는 납골시설
6. 폐기물수집장소
7. 폐기물처리시설, 공공폐수처리시설, 축산폐수배출시설, 축산폐수처리시설 및 분뇨처리시설
8. 가축의 사체처리장 및 동물의 가죽을 가공·처리하는 시설
9. 감염병원, 감염병격리병사, 격리소
10. 감염병요양소, 진료소
11. 가축시장
12. 주로 주류를 판매하면서 손님이 노래를 부르는 행위가 허용되는 영업과 위와 같은 행위 외에 유흥종사자를 두거나 유흥시설을 설치할 수 있고 손님이 춤을 추는 행위가 허용되는 영업
13. 호텔, 여관, 여인숙
14. 당구장(「유아교육법」 제2조제2호에 따른 유치원 및 「고등교육법」 제2조 각 호에 따른 학교의 학교환경위생 정화구역은 제외한다)
15. 사행행위장·경마장·경륜장 및 경정장(각 시설의 장외발매소를 포함한다)
16. 「게임산업진흥에 관한 법률」 제2조제6호에 따른 게임제공업 및 같은 조 제7호에 따른 인터넷컴퓨터게임시설제공업(「유아교육법」 제2조제2호에 따른 유치원 및 「고등교육법」 제2조 각 호에 따른 학교의 학교환경위생 정화구역은 제외한다)

17. 「게임산업진흥에 관한 법률」 제2조제6호다목에 따라 제공되는 게임물 시설(「고등교육법」 제2조 각 호에 따른 학교의 학교환경위생 정화구역은 제외한다)

18. 「게임산업진흥에 관한 법률」 제2조제8호에 따른 복합유통게임제공업

19. 「청소년 보호법」 제2조제5호가목7)에 해당하는 업소와 같은 호 가목8) 또는 9) 및 같은 호 나목7)에 따라 여성가족부장관이 고시한 영업에 해당하는 업소

20. 그 밖에 제1호부터 제19호까지의 규정과 유사한 행위 및 시설과 미풍양속을 해치는 행위 및 시설로서 대통령령으로 정하는 행위 및 시설

② 제1항의 학교환경위생 정화위원회의 조직, 기능 및 운영에 관한 사항은 대통령령으로 정한다. 〈개정 2007.12.14.〉

③ 특별시장·광역시장·특별자치시장·도지사·특별자치도지사 및 시장·군수·구청장(자치구의 구청장을 말한다. 이하 같다) 또는 관계 행정기관의 장은 제1항에 따른 행위와 시설을 방지하기 위하여 공사의 중지·제한, 영업의 정지, 허가(인가·등록·신고를 포함한다)의 거부·취소 등의 조치를 하여야 하며, 필요하면 시설 철거를 명할 수 있다. 〈개정 2007.12.14., 2012.1.26.〉

④ 삭제 〈2007.4.27.〉

[전문개정 1981.2.28.]

[제목개정 2007.12.14.]

[94헌마196·225,97헌마83(병합) 1997.3.27.(1998.12.31. 법률 제5618호)]

---

**▄▪ 시행령 제14조의2(학교환경위생 정화구역 내 관광숙박시설의 설치)**

① 법 제16조제6항 및 같은 조 제7항제3호에서 "대통령령으로 정하는 지역"이란 각각 다음 각 호의 지역을 말한다.

1. 서울특별시

2. 경기도

② 법 제16조제7항에 따라 「학교보건법」 제6조제1항제13호를 적용하지 아니하는 관광숙박시설은 법 제16조제7항제4호에 따라 그 투숙객이 차량 또는 도보 등을 통하여 해당 관광숙박시설에 드나들 수 있는 출입구, 주차장, 로비 등의 공용공간을 외부에서 조망할 수 있는 개방적인 구조로 하여야 한다. [본조신설 2016.3.22.]

## 2. 관광숙박업 등의 등록심의위원회

**▄▪ 법 제17조(관광숙박업 등의 등록심의위원회)**

① 제4조제1항에 따른 관광숙박업 및 대통령령으로 정하는 관광객 이용시설업이나 국제회의업의 등록(등록 사항의 변경을 포함한다. 이하 이 조에서 같다)에 관한 사항을 심의하기 위하여 특별자치시장·특별자치도지사·시장·군수·구청장(권한이 위임된 경우에는 그 위임을 받은 기관을

말한다. 이하 이 조 및 제18조에서 같다) 소속으로 관광숙박업 및 관광객 이용시설업 등록심의위원회(이하 "위원회"라 한다)를 둔다. 〈개정 2008.6.5., 2009.3.25., 2018.6.12.〉

② 위원회는 위원장과 부위원장 각 1명을 포함한 위원 10명 이내로 구성하되, 위원장은 특별자치시·특별자치도·시·군·구(자치구만 해당한다. 이하 같다)의 부지사·부시장·부군수·부구청장이 되고, 부위원장은 위원 중에서 위원장이 지정하는 사람이 되며, 위원은 제18조제1항 각 호에 따른 신고 또는 인·허가 등의 소관 기관의 직원이 된다. 〈개정 2008.6.5., 2018.6.12., 2023.8.8.〉

⑤ 위원회의 회의는 재적위원 3분의 2 이상의 출석과 출석위원 3분의 2 이상의 찬성으로 의결한다. 〈신설 2018.12.11.〉

⑥ 위원회의 구성·운영이나 그 밖에 위원회에 필요한 사항은 대통령령으로 정한다. 〈개정 2018.12.11.〉

[법률 제13594호(2015.12.22.) 제17조제3항제3호의 개정규정은 같은 법 부칙 제2조의 규정에 의하여 2021년 3월 22일까지 유효함]

---

### 📗 시행령 제15조, 제16조, 제17조, 제18조, 제19조

**제15조(위원장의 직무 등)** ① 법 제17조제1항에 따른 관광숙박업 및 관광객 이용시설업 등록심의위원회(이하 "위원회"라 한다) 위원장은 위원회를 대표하고, 위원회의 직무를 총괄한다.

② 부위원장은 위원장을 보좌하고, 위원장이 부득이한 사유로 직무를 수행할 수 없을 때에는 그 직무를 대행한다.

**제16조(회의)** ① 위원장은 위원회의 회의를 소집하고 그 의장이 된다.

② 삭제 〈2019.4.9.〉

**제17조(의견 청취)** 위원장은 위원회의 심의사항과 관련하여 필요하다고 인정하면 관계인 또는 안전·소방 등에 대한 전문가를 출석시켜 그 의견을 들을 수 있다.

**제18조(간사)** 위원회의 서무를 처리하기 위하여 위원회에 간사 1명을 둔다.

**제19조(운영세칙)** 이 영에 규정된 사항 외에 위원회의 운영에 필요한 사항은 위원회의 의결을 거쳐 위원장이 정한다.

---

## 1) 등록심의위원회의 기능

관광숙박업 및 대통령령이 정하는 관광객이용시설업·국제회의업의 등록에 관한 사항을 심의하기 위하여, 시장·군수·구청장 소속 하에 관광숙박업 및 관광객이용시설업 등록심의위원회를 둔다. 여행업 등과 달리 이들 관광업종은 규모나 시설이 크고, 의제(擬制)되는 법률도 많으며, 관광사업에서 큰 비중을 차지하고 있기 때문에 등록에 있어서 심의할 내용이 많다. 위원회의 심의를 거쳐야 등록할 수 있는 구체적인 관광사업은 관광숙박업, 관광객이용시설업 중의 전문휴양업, 종합휴양업 및 관광유람선업과 국제회의업 중의 국제회의시설업이다.

## 2) 등록심의위원회의 구성

심의위원회는 다음과 같이 위원장을 포함하여 10인 이내로 구성한다.

① 위원장 : 특별시·광역시는 부시장, 또는 부지사

② 위원 : 등록시 의제되는 소관기관의 직원(법 제18조 관련)

법 제18조와 관련되는 소관기관은 보건복지부(「공중위생관리법」, 「식품위생법」, 「의료법」), 기획재정부(「주세법」,「외국환거래법」,「담배사업법」), 문화체육관광부(「체육시설의 설치·이용에 관한 법률」), 해양수산부(「해사안전법」)이다. 소관기관의 직원은 중앙부처의 직원보다는 업무를 위임받은 지역기관의 직원이 참석한다.

③ 간사 : 1인

## 3) 심의위원회의 심의사항

심의내용은 첫째 등록기준에 합당한가의 여부, 둘째 법 제16조에서 의제되는 법률에 대한 요건의 심사가 그것이다.

등록변경 시 경미한 사항의 경우는 심의에서 제외된다. 경미하다는 말은 변경과 관계되는 관련 기관이 2개 이하인 경우이다.

---

**📖 법 제17조 ③④항(심의사항)**

③ 위원회는 다음 각 호의 사항을 심의한다. 〈개정 2007.7.19., 2015.12.22.〉

1. 관광숙박업 및 대통령령으로 정하는 관광객 이용시설업이나 국제회의업의 등록기준 등에 관한 사항

2. 제18조제1항 각 호에서 정한 사업이 관계 법령상 신고 또는 인·허가 등의 요건에 해당하는지에 관한 사항

3. 제15조제1항에 따라 사업계획 승인 또는 변경승인을 받고 관광사업 등록(제16조제7항에 따라 「학교보건법」 제6조제1항제13호를 적용받지 아니하고 관광숙박시설을 설치하려는 경우에 한정한다)을 신청한 경우 제16조제7항 각 호의 요건을 충족하는지에 관한 사항

④ 특별자치시장·특별자치도지사·시장·군수·구청장은 제1항에 따른 관광숙박업, 관광객 이용시설업, 국제회의업의 등록을 하려면 미리 위원회의 심의를 거쳐야 한다. 다만, 대통령령으로 정하는 경미한 사항의 변경에 관하여는 위원회의 심의를 거치지 아니할 수 있다. 〈개정 2008.6.5., 2009.3.25., 2018.6.12.〉

---

**📖 시행령 제20조(등록심의대상 관광사업)**

① 법 제17조제1항 및 제3항제1호에서 "대통령령으로 정하는 관광객 이용시설업이나 국제회의업"이란 제12조 각 호의 어느 하나에 해당하는 관광사업을 말한다.

② 법 제17조제4항 단서에서 "대통령령으로 정하는 경미한 사항의 변경"이란 법 제17조제3항에 따른 심의사항의 변경 중 관계되는 기관이 둘 이하인 경우의 심의사항 변경을 말한다.

## 4) 등록시의 신고 · 허가 의제 등

관광사업을 등록하면 그와 관련된 여타 영업의 '인 · 허가'를 동시에 받은 것으로 간주한다. 법 제16조(사업계획 승인시의 인 · 허가, 의제 등)와 동일한 취지의 규정이다. 이렇게 함으로써, 관광사업과 관련된 각종 영업의 '인 · 허가'를 일일이 소관관청에 신청하는 번거로움을 줄일 수 있고, 동시에 관련 소관관청도 주된 사업에 대한 정보 및 타당성을 등록관청으로부터 얻게 되어 공신력을 확보할 수 있다.

---

### ▣ 법 제18조(등록 시의 신고 · 허가 의제 등)

① 특별자치시장 · 특별자치도지사 · 시장 · 군수 · 구청장이 위원회의 심의를 거쳐 등록을 하면 그 관광사업자는 위원회의 심의를 거친 사항에 대해서는 다음 각 호의 신고를 하였거나 인 · 허가 등을 받은 것으로 본다. 〈개정 2008.6.5., 2009.2.6., 2011.6.15., 2017.1.17., 2018.6.12., 2020.12.29., 2023.5.16., 2023.7.25.〉

1. 「공중위생관리법」 제3조에 따른 숙박업 · 목욕장업 · 이용업 · 미용업 또는 세탁업의 신고
2. 「식품위생법」 제36조에 따른 식품접객업으로서 대통령령으로 정하는 영업의 허가 또는 신고
3. 「주세법」 제8조에 따른 주류판매업의 면허 또는 신고
4. 「외국환거래법」 제8조제3항제1호에 따른 외국환업무의 등록
5. 「담배사업법」 제16조에 따른 담배소매인의 지정
6. 삭제 〈2015.12.22.〉
7. 「체육시설의 설치 · 이용에 관한 법률」 제10조에 따른 신고 체육시설업으로서 같은 법 제20조에 따른 체육시설업의 신고
8. 「해상교통안전법」 제33조제3항에 따른 해상 레저 활동의 허가
9. 「의료법」 제35조에 따른 부속의료기관의 개설신고 또는 개설허가

② 제1항에 따른 의제의 기준 및 효과 등에 관하여는 「행정기본법」 제24조부터 제26조까지(제24조제4항은 제외한다)를 준용한다. 〈개정 2023.5.16.〉

[시행일: 2024.1.26.] 제18조

---

### ▣ 법 제18조2(관광숙박업자의 준수사항)

제4조제1항에 따라 등록한 관광숙박업자 중 제16조제7항에 따라 「학교보건법」 제6조제1항제13호를 적용받지 아니하고 관광숙박시설을 설치한 자는 다음 각 호의 사항을 준수하여야 한다.

1. 관광숙박시설에서 「학교보건법」 제6조제1항제12호, 제14호부터 제16호까지 또는 제18호부터 제20호까지의 규정에 따른 행위 및 시설 중 어느 하나에 해당하는 행위 및 시설이 없을 것
2. 관광숙박시설의 객실이 100실 이상일 것
3. 대통령령으로 정하는 지역 내 위치할 것
4. 대통령령으로 정하는 바에 따라 관광숙박시설 내 공용공간을 개방형 구조로 할 것
5. 「학교보건법」 제2조에 따른 학교 출입문 또는 학교설립예정지 출입문으로부터 직선거리로 75미터 이상에 위치할 것

[본조신설 2015.12.22.]

> **■시행령 제21조(인 · 허가 등을 받은 것으로 보는 영업)**
>
> 법 제18조제1항제2호에서 "대통령령으로 정하는 영업"이란 「식품위생법 시행령」 제21조제8호가
> 목부터 라목까지 및 바목에 따른 휴게음식점영업 · 일반음식점영업 · 단란주점영업 · 유흥주점영
> 업 및 제과점영업을 말한다. 〈개정 2009.8.6.〉

> **■시행령 제21조의2(관광숙박업자의 준수사항)**
>
> ① 법 제18조의2제3호에서 "대통령령으로 정하는 지역"이란 다음 각 호의 지역을 말한다.
> 1. 서울특별시
> 2. 경기도
> ② 법 제16조제7항에 따라 「학교보건법」 제6조제1항제13호를 적용받지 아니하고 관광숙박시설
> 을 설치한 자는 법 제18조의2제4호에 따라 그 투숙객이 차량 또는 도보 등을 통하여 해당 관광숙박
> 시설에 드나들 수 있는 출입구, 주차장, 로비 등의 공용공간을 외부에서 조망할 수 있는 개방적인
> 구조로 하여야 한다. [본조신설 2016.3.22.]

## 3. 관광숙박업 및 야영장업의 등급

### 1) 등급결정대상 관광숙박업 및 야영장업

문화체육관광부장관은 관광숙박시설 및 야영장 이용자의 편의를 도모하고, 관광숙박시설
및야영장의 서비스의 수준을 효율적으로 유지 · 관리하기 위하여 관광숙박업자 및 야영장업
자의 신청을 받아 관광숙박업 및 야영장업에 대해 등급을 결정할 수 있다(단, 제주특별자치
도는 도지사가 관광숙박업등급을 결정하고 등급에 관한 필요사항은 도조례로 정할 수 있기
때문에[28] 제주특별자치도에 위치하고 있는 관광숙박업의 등급결정은 「관광진흥법」의 적용
을 받지 않는다). 즉, 관광호텔업, 수상관광호텔업, 한국전통호텔업,가족호텔업, 소형호텔업,
의료관광호텔업 등록을 한 자는 반드시 등급결정을 신청하여야 한다(시행령 제22조 제①항).
다만, 호스텔업의 등록을 한 자는 등급결정을 신청하지 아니하여도 된다.

### 2) 등급 구분

호텔업의 등급은 5성급, 4성급, 3성급, 2성급, 1성급으로 구분한다(시행령 제22조 제2항).

---

28) 「제주특별자치도 설치 및 국제자유도시 조성을 위한 특별법」(이하 '제주특별법'이라 한다) 제171조2의
②항 및 ③항)

> **법 제19조(관광숙박업 등의 등급)**

① 문화체육관광부장관은 관광숙박시설 및 야영장 이용자의 편의를 돕고, 관광숙박시설·야영장 및 서비스의 수준을 효율적으로 유지·관리하기 위하여 관광숙박업자 및 야영장업자의 신청을 받아 관광숙박업 및 야영장업에 대한 등급을 정할 수 있다. 다만, 제4조제1항에 따라 호텔업 등록을 한 자 중 대통령령으로 정하는 자는 등급결정을 신청하여야 한다. 〈개정 2008.2.29., 2014.3.11., 2015.2.3.〉
② 문화체육관광부장관은 제1항에 따라 관광숙박업 및 야영장업에 대한 등급결정을 하는 경우 유효기간을 정하여 등급을 정할 수 있다. 〈개정 2014.3.11., 2015.2.3.〉
③ 문화체육관광부장관은 제1항에 따른 등급결정을 위하여 필요한 경우에는 관계 전문가에게 관광숙박업 및 야영장업의 시설 및 운영 실태에 관한 조사를 의뢰할 수 있다. 〈신설 2014.3.11., 2015.2.3.〉
④ 문화체육관광부장관은 제1항에 따른 등급결정 결과에 관한 사항을 공표할 수 있다. 〈신설 2014.3.11.〉
⑤ 문화체육관광부장관은 감염병 확산으로 「재난 및 안전관리 기본법」 제38조제2항에 따른 경계 이상의 위기경보가 발령된 경우 제1항에 따른 등급결정을 연기하거나 제2항에 따른 기존의 등급결정의 유효기간을 연장할 수 있다. 〈신설 2021.4.13.〉
⑥ 관광숙박업 및 야영장업 등급의 구분에 관한 사항은 대통령령으로 정하고, 등급결정의 유효기간·신청 시기·절차, 등급결정 결과 공표, 등급결정의 연기 및 유효기간 연장 등에 관한 사항은 문화체육관광부령으로 정한다. 〈신설 2014.3.11, 2015.2.3, 2021.4.13〉

> **시행령 제22조(호텔업의 등급결정)**

① 법 제19조제1항 단서에서 "대통령령으로 정하는 자"란 관광호텔업, 수상관광호텔업, 한국전통호텔업, 가족호텔업, 소형호텔업 또는 의료관광호텔업의 등록을 한 자를 말한다. 〈개정 2014.9.11., 2019.11.19.〉
② 법 제19조제5항에 따라 관광숙박업 중 호텔업의 등급은 5성급·4성급·3성급·2성급 및 1성급으로 구분한다. 〈개정 2014.9.11, 2014.11.28.〉
③ 삭제 〈2014.9.11.〉

## 3) 등급결정권의 위탁

> **시행령 제66조(등급결정권한의 위탁)**

① 문화체육관광부장관은 법 제80조제3항제2호에 따라 법 제19조제1항에 따른 호텔업의 등급결정권을 다음 각 호의 요건을 모두 갖춘 법인으로서 문화체육관광부장관이 정하여 고시하는 법인에 위탁한다. 〈개정 2008.2.29., 2014.11.28.〉
1. 문화체육관광부장관의 허가를 받아 설립된 비영리법인이거나 「공공기관의 운영에 관한 법률」에 따른 공공기관일 것
2. 관광숙박업의 육성과 서비스 개선 등에 관한 연구 및 계몽활동 등을 하는 법인일 것

3. 문화체육관광부령으로 정하는 기준에 맞는 자격을 가진 평가요원을 50명 이상 확보하고 있을 것

② 문화체육관광부장관은 제1항에 따른 위탁 업무 수행에 필요한 경비의 전부 또는 일부를 호텔업 등급결정권을 위탁받은 법인에 지원할 수 있다. 〈개정 2014.11.28.〉

③ 제1항에 따른 호텔업 등급결정권 위탁 기준 등 호텔업 등급결정권의 위탁에 필요한 사항은 문화체육관광부장관이 정하여 고시한다. 〈신설 2014.11.28.〉

### 시행규칙 제72조(평가요원의 자격)

영 제66조제1항제3호에 따른 평가요원의 자격은 다음 각 호와 같다. 〈개정 2014.12.31., 2020.12.10.〉

1. 호텔업에서 5년 이상 근무한 사람으로서 평가 당시 호텔업에 종사하고 있지 아니한 사람 1명 이상

2. 「고등교육법」에 따른 전문대학 이상 또는 이와 같은 수준 이상의 학력이 인정되는 교육기관에서 관광 분야에 관하여 5년 이상 강의한 경력이 있는 교수, 부교수, 조교수 또는 겸임교원 1명 이상

3. 다음 각 목의 어느 하나에 해당하는 연구기관에서 관광 분야에 관하여 5년 이상 연구한 경력이 있는 연구원 1명 이상

   가. 「정부출연연구기관 등의 설립·운영 및 육성에 관한 법률」 또는 「과학기술분야 정부출연 연구기관 등의 설립·운영 및 육성에 관한 법률」에 따라 설립된 정부출연연구기관

   나. 「특정연구기관 육성법」 제2조에 따른 특정연구기관

   다. 국공립연구기관

4. 관광 분야에 전문성이 인정되는 사람으로서 다음 각 목의 어느 하나에 해당하는 사람 1명 이상

   가. 「소비자기본법」에 따른 한국소비자원 또는 소비자보호와 관련된 단체에서 추천한 사람

   나. 등급결정 수탁기관이 공모를 통하여 선정한 사람

5. 그 밖에 문화체육관광부장관이 제1호부터 제4호까지에 해당하는 사람과 동등한 자격이 있다고 인정하는 사람

## (1) 등급결정권자

관광숙박업의 등급결정권자는 문화체육관광부장관이지만(단, 제주특별자치도내의 호텔등급결정권자는 제주도지사이다.[29] 「관광진흥법」 제80조 제3항 제2호 및 「시행령」 제66조에 의해 일정한 요건을 갖춘 법인 중 문화체육관광부장관에게 등록한 법인에 위탁하도록 되어 있어서 등급결정은 '등급결정법인'이 한다. 등급결정을 위탁할 경우 문화체육관광부장관은 위탁한 법인의 명칭, 주소 및 대표자 등을 고시하여야 한다.[30]

---

29) 「제주특별법」 제240조 관광숙박업의 등급지정에 관한 특례 참조.

30) 2021년 1월 1일부터 한국관광협회중앙회가 호텔업 등급결정업무 수탁기관으로 지정되어 등급결정업무를 수행하고 있다.

## (2) '등급결정법인' 자격요건

등급결정법인이 갖추어야 할 요건은 다음과 같다(「시행규칙」 제72조).

① 비영리법인일 것

② 관광숙박업의 육성과 서비스개선 등에 관한 연구 및 계몽활동 등을 하는 법인일 것

③ 문화체육관광부령이 정하는 기준, 즉, '호텔등급결정기관등록 및 등급결정에 관한 요령'에 적합한 자격을 가진 평가요원을 50인 이상 확보하고 있을 것

## 4) 등급결정사유

호텔업등록을 한 자는 ① 호텔을 신규 등록한 경우 호텔업 등록을 한 날부터 60일 이내, ② 제25조의3에 따른 호텔업 등급결정의 유효기간이 만료되는 경우: 유효기간 만료 전 150일부터 90일까지, ③ 시설의 증·개축 또는 서비스 및 운영실태 등의 변경에 따른 등급 조정사유가 발생한 경우 등급 조정사유가 발생한 날부터 60일 이내에 "문화체육관광부장관에게 등록한 법인"에게 등급결정신청을 하여야 한다(「시행규칙」 제25조 제①항). 등급결정 수탁기관은 제1항에 따른 등급결정 신청을 받은 경우에는 문화체육관광부장관이 정하여 고시하는 호텔업 등급결정의 기준에 따라 신청일부터 90일 이내에 해당 호텔의 등급을 결정하여 신청인에게 통지해야 한다. 다만, 부득이한 사유가 있는 경우에는 60일의 범위에서 등급결정 기간을 연장할 수 있다(「시행규칙」 제25조 제②항).

> **법 제19조(관광숙박업 등의 등급)**
>
> ② 문화체육관광부장관은 제1항에 따라 관광숙박업 및 야영장업에 대한 등급결정을 하는 경우 유효기간을 정하여 등급을 정할 수 있다. 〈개정 2014.3.11., 2015.2.3.〉

> **시행규칙 제25조(호텔업의 등급결정)**
>
> ① 법 제19조제1항 및 영 제22조제1항에 따라 관광호텔업, 수상관광호텔업, 한국전통호텔업, 가족호텔업, 소형호텔업 또는 의료관광호텔업의 등록을 한 자는 다음 각 호의 구분에 따른 기간 이내에 영 제66조제1항에 따라 문화체육관광부장관으로부터 등급결정권을 위탁받은 법인(이하 "등급결정 수탁기관"이라 한다)에 영 제22조제2항에 따른 호텔업의 등급 중 희망하는 등급을 정하여 등급결정을 신청해야 한다. 〈개정 2017.6.7., 2019.11.20., 2021.12.31.〉
>
> 1. 호텔을 신규 등록한 경우: 호텔업 등록을 한 날부터 60일
> 2. 제25조의3에 따른 호텔업 등급결정의 유효기간이 만료되는 경우: 유효기간 만료 전 150일부터 90일까지
> 3. 시설의 증·개축 또는 서비스 및 운영실태 등의 변경에 따른 등급 조정사유가 발생한 경우: 등급 조정사유가 발생한 날부터 60일
> 4. 제25조의3제3항에 따라 호텔업 등급결정의 유효기간이 연장된 경우: 연장된 유효기간 만료일까지

② 등급결정 수탁기관은 제1항에 따른 등급결정 신청을 받은 경우에는 문화체육관광부장관이 정하여 고시하는 호텔업 등급결정의 기준에 따라 신청일부터 90일 이내에 해당 호텔의 등급을 결정하여 신청인에게 통지해야 한다. 다만, 부득이한 사유가 있는 경우에는 60일의 범위에서 등급결정 기간을 연장할 수 있다. 〈개정 2020.4.28., 2021.12.31.〉

1. 삭제 〈2021.12.31.〉

2. 삭제 〈2021.12.31.〉

③ 제2항에 따라 등급결정을 하는 경우에는 다음 각 호의 요소를 평가하여야 하며, 그 세부적인 기준 및 절차는 문화체육관광부장관이 정하여 고시한다.

1. 서비스 상태

2. 객실 및 부대시설의 상태

3. 안전 관리 등에 관한 법령 준수 여부

④ 등급결정 수탁기관은 제3항에 따른 평가의 공정성을 위하여 필요하다고 인정하는 경우에는 평가를 마칠 때까지 평가의 일정 등을 신청인에게 알리지 아니할 수 있다.

⑤ 등급결정 수탁기관은 제3항에 따라 평가한 결과 능급결정 기준에 미달하는 경우에는 해당 호텔의 등급결정을 보류하여야 한다. 이 경우 그 보류 사실을 신청인에게 통지하여야 한다.

[전문개정 2014.12.31.]

## 5) 등급결정기준

등급결정은 공용공간 및 서비스부문, 객실 및 욕실부문, 식음료 및 부대시설부문, 부가점수(가점항목, 감점항목)부문으로 분류·평가하고(세부적인 평가항목 및 점수에 대해서는「호텔업 등급결정업무 위탁 및 등급결정에 관한 요령」[별표 2] '호텔업등급평가기준' 참조), 호텔 등급에 따라 취득한 평가점수를 기준으로 시행규칙[별표 1]의 '등급결정기준표'에 따라 등급을 결정한다.

### 🔲 시행규칙 제25조(호텔업의 등급결정)

② 등급결정 수탁기관은 제1항에 따른 등급결정 신청을 받은 경우에는 문화체육관광부장관이 정하여 고시하는 호텔업 등급결정의 기준에 따라 신청일부터 90일 이내에 해당 호텔의 등급을 결정하여 신청인에게 통지해야 한다. 다만, 부득이한 사유가 있는 경우에는 60일의 범위에서 등급결정 기간을 연장할 수 있다. 〈개정 2020.4.28., 2021.12.31.〉

1. 삭제 〈2021.12.31.〉

2. 삭제 〈2021.12.31.〉

③ 제2항에 따라 등급결정을 하는 경우에는 다음 각 호의 요소를 평가하여야 하며, 그 세부적인 기준 및 절차는 문화체육관광부장관이 정하여 고시한다.

1. 서비스 상태

2. 객실 및 부대시설의 상태

3. 안전 관리 등에 관한 법령 준수 여부

④ 등급결정 수탁기관은 제3항에 따른 평가의 공정성을 위하여 필요하다고 인정하는 경우에는

평가를 마칠 때까지 평가의 일정 등을 신청인에게 알리지 아니할 수 있다.

⑤ 등급결정 수탁기관은 제3항에 따라 평가한 결과 등급결정 기준에 미달하는 경우에는 해당 호텔의 등급결정을 보류하여야 한다. 이 경우 그 보류 사실을 신청인에게 통지하여야 한다. 〈전문 개정 2014.12.31.〉

### ▪ 시행규칙 제25조의2(등급결정의 재신청 등)

① 제25조제5항 후단에 따라 등급결정 보류의 통지를 받은 신청인은 그 보류의 통지를 받은 날부터 60일 이내에 같은 조 제1항에 따라 신청한 등급과 동일한 등급 또는 낮은 등급으로 호텔업 등급결정의 재신청을 하여야 한다.

② 제1항에 따라 재신청을 받은 등급결정 수탁기관은 제25조제2항부터 제4항까지에 따라 해당 호텔의 등급을 결정하거나 해당 호텔의 등급결정을 보류한 후 그 사실을 신청인에게 통지하여야 한다.

③ 제1항에 따라 동일한 등급으로 호텔업 등급결정을 재신청하였으나 제2항에 따라 다시 등급결정이 보류된 경우에는 등급결정 보류의 통지를 받은 날부터 60일 이내에 신청한 등급보다 낮은 등급으로 등급결정을 신청하거나 등급결정 수탁기관에 등급결정의 보류에 대한 이의를 신청하여야 한다.

④ 제3항에 따라 이의 신청을 받은 등급결정 수탁기관은 문화체육관광부장관이 정하여 고시하는 절차에 따라 신청일부터 90일 이내에 이의 신청에 이유가 있는지 여부를 판단하여 처리하여야 한다. 다만, 부득이한 사유가 있는 경우에는 60일의 범위에서 그 기간을 연장할 수 있다.

⑤ 제4항에 따라 이의 신청을 거친 자가 다시 등급결정을 신청하는 경우에는 당초 신청한 등급보다 낮은 등급으로만 할 수 있다.

⑥ 등급결정 보류의 통지를 받은 신청인이 직전에 신청한 등급보다 낮은 등급으로 호텔업 등급결정을 재신청하였으나 다시 등급결정이 보류된 경우의 등급결정 신청 및 등급결정에 관하여는 제1항부터 제5항까지를 준용한다.

[본조신설 2014.12.31.]

**[별표 1] 호텔업의 등급결정 기준(제7조제1항 관련)**

| 구분 | | 5성 | 4성 | 3성 | 2성 | 1성 |
|---|---|---|---|---|---|---|
| 등급평가기준 | 현장평가 | 700점 | 585점 | 500점 | 400점 | 400섬 |
| | 암행평가/불시평가 | 300점 | 265점 | 200점 | 200점 | 200점 |
| | 총 배점 | 1,000점 | 850점 | 700점 | 600점 | 600점 |
| 결정기준 | 공통기준 | 1. 별표 2에 따른 등급별 등급평가기준 상의 필수항목 충족할 것<br>2. 제11조 제1항에 따른 점검 또는 검사가 유효할 것 | | | | |
| | 등급별기준 | 평가점수가 총 배점의 90% 이상 | 평가점수가 총 배점의 80% 이상 | 평가점수가 총 배점의 70% 이상 | 평가점수가 총 배점의 60% 이상 | 평가점수가 총 배점의 50% 이상 |

주: 각 등급별 평정기준은 제25조제3항의 규정에 의하여 문화체육관광부장관이 고시한 호텔업의 등급결정을 위한 평정기준에 의한다.

## 6) 등급결정의 유효기간

호텔업 등급결정의 유효기간은 등급결정을 받은 날부터 3년으로 한다. 다만, 시행규칙 제25조제2항에 따른 통지 전에 호텔업 등급결정의 유효기간이 만료된 경우에는 새로운 등급결정을 받기 전까지 종전의 등급결정이 유효한 것으로 본다(「시행규칙」 제25조의 3 제②항).

> **시행규칙 제25조의3(등급결정의 유효기간 등)**
>
> ① 문화체육관광부장관은 법 제19조제1항에 따른 등급결정 결과를 분기별로 문화체육관광부의 인터넷 홈페이지에 공표하여야 하고, 필요한 경우에는 그 밖의 효과적인 방법으로 공표할 수 있다. 〈개정 2021.12.31.〉
> ② 법 제19조제2항에 따른 호텔업 등급결정의 유효기간은 등급결정을 받은 날부터 3년으로 한다. 다만, 제25조제2항에 따른 통지 전에 호텔업 등급결정의 유효기간이 만료된 경우에는 새로운 등급결정을 받기 전까지 종전의 등급결정이 유효한 것으로 본다. 〈개정 2020.4.28., 2021.12.31.〉
> ③ 문화체육관광부장관은 법 제19조제5항에 따라 기존의 등급결정의 유효기간을 「재난 및 안전관리 기본법」 제38조제2항에 따른 경계 이상의 위기경보가 발령된 날부터 2년의 범위에서 문화체육관광부장관이 정하여 고시하는 기한까지 연장할 수 있다. 〈신설 2021.12.31.〉
> ④ 이 규칙에서 규정한 사항 외에 호텔업의 등급결정에 필요한 사항은 문화체육관광부장관이 정하여 고시한다. 〈개정 2021.12.31.〉
> [본조신설 2014.12.31.]

## 4. 분양 및 회원 모집

관광숙박업 중 호텔업 및 휴양콘도미니엄업과 관광객이용시설업 중 제2종종합휴양업을 등록한 자 또는 그 사업계획의 승인을 얻은 자는 당해시설에 대하여 분양(휴양콘도미니엄업에 한한다) 또는 회원모집을 할 수 있다.

### 1) 분양 및 회원모집 업종대상

> **▣ 법 제20조(분양 및 회원 모집)**
>
> ① 관광숙박업이나 관광객 이용시설업으로서 대통령령으로 정하는 종류의 관광사업을 등록한 자 또는 그 사업계획의 승인을 받은 자가 아니면 그 관광사업의 시설에 대하여 분양(휴양콘도미니엄만 해당한다. 이하 같다) 또는 회원 모집을 하여서는 아니 된다.
>
> ② 누구든지 다음 각 호의 어느 하나에 해당하는 행위를 하여서는 아니 된다. 〈개정 2007.7.19., 2023.8.8.〉
>
> 1. 제1항에 따른 분양 또는 회원모집을 할 수 없는 자가 관광숙박업이나 관광객 이용시설업으로서 대통령령으로 정하는 종류의 관광사업 또는 이와 유사한 명칭을 사용하여 분양 또는 회원모집을 하는 행위
> 2. 관광숙박시설과 관광숙박시설이 아닌 시설을 혼합 또는 연계하여 이를 분양하거나 회원을 모집하는 행위. 다만, 대통령령으로 정하는 종류의 관광숙박업의 등록을 받은 자 또는 그 사업계획의 승인을 얻은 자가 「체육시설의 설치·이용에 관한 법률」 제12조에 따라 골프장의 사업계획을 승인받은 경우에는 관광숙박시설과 해당 골프장을 연계하여 분양하거나 회원을 모집할 수 있다.
> 3. 소유자등 또는 회원으로부터 제1항에 따른 관광사업의 시설에 관한 이용권리를 양도받아 이를 이용할 수 있는 회원을 모집하는 행위
>
> ③ 제1항에 따라 분양 또는 회원모집을 하려는 자가 사용하는 약관에는 제5항 각 호의 사항이 포함되어야 한다.
>
> ④ 제1항에 따라 분양 또는 회원 모집을 하려는 자는 대통령령으로 정하는 분양 또는 회원 모집의 기준 및 절차에 따라 분양 또는 회원 모집을 하여야 한다.
>
> ⑤ 분양 또는 회원 모집을 한 자는 소유자등·회원의 권익을 보호하기 위하여 다음 각 호의 사항에 관하여 대통령령으로 정하는 사항을 지켜야 한다. 〈개정 2023.8.8.〉
>
> 1. 공유지분(共有持分) 또는 회원자격의 양도·양수
> 2. 시설의 이용
> 3. 시설의 유지·관리에 필요한 비용의 징수
> 4. 회원 입회금의 반환
> 5. 회원증의 발급과 확인
> 6. 소유자등·회원의 대표기구 구성
> 7. 그 밖에 소유자등·회원의 권익 보호를 위하여 대통령령으로 정하는 사항
>
> [시행일: 2024.2.9.] 제20조

> **시행령 제23조(분양 및 회원모집 관광사업)**
>
> ① 법 제20조제1항 및 제2항제1호에서 "대통령령으로 정하는 종류의 관광사업"이란 다음 각 호의 사업을 말한다.
> 1. 휴양 콘도미니엄업 및 호텔업
> 2. 관광객 이용시설업 중 제2종 종합휴양업

**(1) 분양 및 회원모집 모두 가능**: 휴양콘도미니엄업

**(2) 회원모집만 가능**: 호텔업, 제2종 종합휴양업

## 2) 분양 및 회원 모집의 기준

> **법 제20조(분양 및 회원 모집)**
>
> ④ 제1항에 따라 분양 또는 회원 모집을 하려는 자는 대통령령으로 정하는 분양 또는 회원 모집의 기준 및 절차에 따라 분양 또는 회원 모집을 하여야 한다.

> **시행령 제24조(분양 및 회원모집의 기준)**
>
> ① 법 제20조제4항에 따른 휴양 콘도미니엄업 시설의 분양 및 회원모집 기준과 호텔업 및 제2종 종합휴양업 시설의 회원모집 기준은 다음 각 호와 같다. 다만, 제2종 종합휴양업 시설 중 등록 체육시설업 시설에 대한 회원모집에 관하여는 「체육시설의 설치·이용에 관한 법률」에서 정하는 바에 따른다. 〈개정 2008.11.26., 2010.6.15., 2014.9.11., 2018.9.18.〉
> 1. 다음 각 목의 구분에 따른 소유권 등을 확보할 것. 이 경우 분양(휴양 콘도미니엄업만 해당한다. 이하 같다) 또는 회원모집 당시 해당 휴양 콘도미니엄업, 호텔업 및 제2종 종합휴양업의 건물이 사용승인된 경우에는 해당 건물의 소유권도 확보하여야 한다.
>     가. 휴양 콘도미니엄업 및 호텔업(수상관광호텔은 제외한다)의 경우: 해당 관광숙박시설이 건설되는 대지의 소유권
>     나. 수상관광호텔의 경우: 구조물 또는 선박의 소유권
>     다. 제2종 종합휴양업의 경우: 회원모집 대상인 해당 제2종 종합휴양업 시설이 건설되는 부지의 소유권 또는 사용권
> 2. 제1호에 따른 대지·부지 및 건물이 저당권의 목적물로 되어 있는 경우에는 그 저당권을 말소할 것. 다만, 공유제(共有制)일 경우에는 분양받은 자의 명의로 소유권 이전등기를 마칠 때까지, 회원제일 경우에는 저당권이 말소될 때까지 분양 또는 회원모집과 관련한 사고로 인하여 분양을 받은 자나 회원에게 피해를 주는 경우 그 손해를 배상할 것을 내용으로 저당권 설정금액에 해당하는 보증보험에 가입한 경우에는 그러하지 아니하다.

3. 분양을 하는 경우 한 개의 객실당 분양인원은 5명 이상으로 하되, 가족(부부 및 직계존비속을 말한다)만을 수분양자로 하지 아니할 것. 다만, 다음 각 목의 어느 하나에 해당하는 경우에는 그러하지 아니하다.

　가. 공유자가 법인인 경우

　나. 「출입국관리법 시행령」 별표 1 제27호차목에 따라 법무부장관이 정하여 고시한 투자지역에 건설되는 휴양 콘도미니엄으로서 공유자가 외국인인 경우

4. 삭제 〈2015.11.18.〉

5. 공유자 또는 회원의 연간 이용일수는 365일을 객실당 분양 또는 회원모집계획 인원수로 나눈 범위 이내일 것

6. 주거용으로 분양 또는 회원모집을 하지 아니할 것

분양 및 회원모집의 기준은 다음과 같다.

### (1) 대지 및 부지의 소유권 및 사용권 확보

휴양콘도미니엄 및 호텔은 대지의 소유권, 건물의 소유권(건물 사용승인 시)을 확보하여야 한다. 제2종종합휴양업은 부지의 소유권 또는 사용권, 건물의 소유권(건물 사용승인 시)을 확보하여야 한다(시행령 제24조 제①항 1).

### (2) 저당권의 말소

대지, 부지, 건물이 저당권의 목적물인 경우 저당권을 말소하여야 한다. 단, 공유제일 경우에는 분양받은 자의 명의로 소유권이전등기가 될 때까지, 회원제일 경우에는 저당권이 말소될 때까지 분양 또는 회원모집과 관련한 사고로 인하여 분양을 받은 자 또는 회원에게 피해를 주는 경우 그 손해를 배상할 것을 내용으로 저당권 설정금액에 해당하는 보증보험에 가입한 경우에는 저당권을 말소하지 않아도 된다(시행령 제24조 제①항 2).

### (3) 객실당 모집인원

객실당 공유자 또는 회원의 숫자는 5인 이상으로 하되 가족(부부 및 직계존비속을 말한다)만을 수분양자로 하지 아니 한다. 최대인원에 대한 규정이 없다. 법인이 소유하는 경우는 단독으로 할 수 있다(시행령 제24조 제①항 3).

### (4) 연간이용일수

365일을 객실당 분양 또는 회원모집계획 인원수로 나눈 범위 내일 것(시행령 제24조 제①항 5).

## 3) 분양 및 회원모집의 시기

> **법 제20조(분양 및 회원 모집)**
>
> ④ 제1항에 따라 분양 또는 회원 모집을 하려는 자는 대통령령으로 정하는 분양 또는 회원 모집의 기준 및 절차에 따라 분양 또는 회원 모집을 하여야 한다.

> **시행령 제24조(분양 및 회원모집의 시기)**
>
> ② 제1항에 따라 휴양 콘도미니엄업, 호텔업 및 제2종 종합휴양업의 분양 또는 회원을 모집하는 경우 그 시기 등은 다음 각 호와 같다. 〈개정 2008.2.29.〉
>
> 1. 휴양 콘도미니엄업 및 제2종 종합휴양업의 경우
>
> 　가. 해당 시설공사의 총 공사 공정이 문화체육관광부령으로 정하는 공정률 이상 진행된 때부터 분양 또는 회원모집을 하되, 분양 또는 회원을 모집하려는 총 객실 중 공정률에 해당하는 객실을 대상으로 분양 또는 회원을 모집할 것
>
> 　나. 공정률에 해당하는 객실 수를 초과하여 분양 또는 회원을 모집하려는 경우에는 분양 또는 회원모집과 관련한 사고로 인하여 분양을 받은 자나 회원에게 피해를 주는 경우 그 손해를 배상할 것을 내용으로 공정률을 초과하여 분양 또는 회원을 모집하려는 금액에 해당하는 보증보험에 관광사업의 등록 시까지 가입할 것
>
> 2. 호텔업의 경우
>
> 관광사업의 등록 후부터 회원을 모집할 것. 다만, 제2종 종합휴양업에 포함된 호텔업의 경우에는 제1호가목 및 나목을 적용한다.

### (1) 휴양콘도미니엄업 및 제2종종합휴양업의 경우

#### 가) 기본 규정

총 공정률이 20% 이상일 때부터 분양 및 회원모집이 가능하다(시행규칙 제26조).[31] 동시에 공정률에 해당하는 비율의 객실에 대해서 분양 또는 회원모집을 실시한다. 즉 현재 공정률이 20%라면 일단 분양 또는 회원모집이 가능하고, 총 객실 수가 500개라면 100개의 객실에 대해서만 분양 또는 회원모집이 가능하다.

#### 나) 단서 규정

만약 공정률 이상의 객실을 분양하려면, 분양 또는 회원모집과 관련한 사고로 인하여 분양을 받은 자나 회원에게 피해를 주는 경우에 그 손해를 배상할 것을 내용으로, 공정률을 초과하여 분양 또는 회원을 모집하고자 하는 금액에 해당하는 보증보험에 관광사업의 등록 시까지 가입하여야 한다.

---

31) 시행규칙 제26조(총공사 공정률) 영 제24조제2항제1호가목에서 "문화체육관광부령으로 정하는 공정률"이란 20퍼센트를 말한다. 〈개정 2008.3.6.〉

예를 들어 현재 공정률이 20%인데 만약 5%를 초과 분양하고자 하면(객실 500개의 경우 25실), 초과분 25실에 해당하는 분양가격 또는 회원 가입비 만큼의 보증보험에 가입하라는 말이다. 1실당 분양가가 5,000만원이라면 25실이 초과하면 12억 5천만원의 보증보험에 가입해야 한다.

### (2) 호텔업의 경우

관광사업의 등록 후부터 회원을 모집하여야 한다. 호텔업은 분양은 할 수 없고 회원모집만 가능하므로 일단 등록이 되면 바로 회원을 모집할 수 있다(시행령 제24조 제②항 2 ).
다만, 제2종 종합휴양업에 포함된 호텔업의 경우에는 휴양콘도미니엄업과 동일한 적용을 받는다.

### 4) 분양 또는 회원모집절차

**시행령 제25조(분양 또는 회원모집계획서의 제출)**

① 제24조에 따라 분양 또는 회원을 모집하려는 자는 문화체육관광부령으로 정하는 바에 따라 분양 또는 회원모집계획서를 특별자치시장·특별자치도지사·시장·군수·구청장에게 제출하여야 한다. 〈개정 2008.2.29., 2009.1.20., 2019.4.9.〉
② 제1항에 따라 제출한 분양 또는 회원모집계획서의 내용이 사업계획승인 내용과 다른 경우에는 사업계획 변경승인신청서를 함께 제출하여야 한다.
③ 제1항과 제2항에 따라 분양 또는 회원모집계획서를 제출받은 특별자치시장·특별자치도지사·시장·군수·구청장은 이를 검토한 후 지체 없이 그 결과를 상대방에게 알려야 한다. 〈개정 2009.1.20., 2019.4.9.〉
④ 제1항부터 제3항까지의 규정은 분양 또는 회원모집계획을 변경하는 경우에 이를 준용한다.

**시행규칙 제27조(분양 또는 회원모집계획서의 첨부서류)**

① 영 제25조에 따른 분양 또는 회원모집계획서에 첨부할 서류는 다음 각 호와 같다.
1. 「건축법」에 따른 공사 감리자가 작성하는 건설공정에 대한 보고서 또는 확인서(공사 중인 시설의 경우만 해당한다)
2. 보증보험가입증서(필요한 경우만 해당한다)
3. 객실 종류별, 객실당 분양인원 및 분양가격(회원제의 경우에는 회원수 및 입회금)
4. 분양 또는 회원모집계약서와 이용약관
5. 분양 또는 회원모집 공고안
6. 관광사업자가 직접 운영하는 휴양콘도미니엄 또는 호텔의 현황 및 증빙서류(관광사업자가 직접 운영하지는 아니하나 계약에 따라 회원 등이 이용할 수 있는 시설이 있는 경우에는 그 현황 및 증빙서류를 포함한다)
② 제1항에 따른 분양 또는 회원모집계획서를 제출받은 특별자치시장·특별자치도지사·시장·군수·구청장은 「전자정부법」 제36조제1항에 따른 행정정보의 공동이용을 통하여 대지·건물의 등기사항증명서를 확인하여야 한다. 〈개정 2009.3.31., 2011.3.30., 2015.4.22., 2019.4.25.〉
③ 제1항제5호에 따른 분양 또는 회원모집 공고안에 포함되어야 할 사항은 다음 각 호와 같다.

1. 대지면적 및 객실당 전용면적 · 공유면적
2. 분양가격 또는 입회금 중 계약금 · 중도금 · 잔금 및 그 납부시기
3. 분양 또는 회원모집의 총 인원과 객실별 인원
4. 연간 이용일수 및 회원의 경우 입회기간
5. 사업계획승인과 건축허가의 번호 · 연월일 및 승인 · 허가기관
6. 착공일, 공사완료예정일 및 이용예정일
7. 제1항제6호 중 관광사업자가 직접 운영하는 휴양콘도미니엄 또는 호텔의 현황

### (1) 분양 및 회원모집계획서제출

분양 및 회원을 모집하려는 자는 시행규칙 제27조에서 규정하고 있는 각종의 서류가 첨부된 분양 또는 회원모집계획서를 특별자치시장 · 특별자치도지사 · 시장 · 군수 · 구청장에게 제출하여야 한다. 이때 분양 및 회원모집계획서의 내용이 사업계획승인내용과 다른 때에는 사업계획변경신청서를 함께 제출하여야 한다. 분양 또는 회원모집을 변경하는 경우에도 같다.

### (2) 분양 및 회원모집계획서 검토결과 통지

분양 및 회원보집계획서를 제출받은 특별자치시장 · 특별자치도지사 · 시장 · 군수 · 구청장은「전자정부법」[32] 제36조제1항에 따른 행정정보의 공동이용을 통하여 대지 · 건물의 등기사항증명서를 확인하고 이를 검토한 후 지체 없이 그 결과를 상대방에게 통지하여야 한다. 분양 또는 회원모집을 변경하는 경우에도 같다.

### 5) 공유자 또는 회원의 권익보호

분양 또는 회원모집을 한 자는 공유자 또는 회원의 권익보호를 위하여 다음 각 사항을 준수하여야 한다. 뿐만 아니라 분양 또는 회원모집을 하고자 하는 자가 사용하는 약관에도 이러한 내용을 포함시켜야 한다(「관광진흥법」제20조 제3항).

> ■ 법 제20조(분양 및 회원 모집)
>
> ③ 제1항에 따라 분양 또는 회원모집을 하려는 자가 사용하는 약관에는 제5항 각 호의 사항이 포함되어야 한다.
> ⑤ 분양 또는 회원 모집을 한 자는 소유자등 · 회원의 권익을 보호하기 위하여 다음 각 호의 사항에 관하여 대통령령으로 정하는 사항을 지켜야 한다. 〈개정 2023.8.8.〉
> 1. 공유지분(共有持分) 또는 회원자격의 양도 · 양수
> 2. 시설의 이용
> 3. 시설의 유지 · 관리에 필요한 비용의 징수

[32] "전자정부"란 정보기술을 활용하여 행정기관 및 공공기관의 업무를 전자화하여 행정기관등의 상호 간의 행정업무 및 국민에 대한 행정업무를 효율적으로 수행하는 정부를 말한다(「전자정부법」제2조의1).

4. 회원 입회금의 반환

5. 회원증의 발급과 확인

6. 소유자등 · 회원의 대표기구 구성

7. 그 밖에 소유자등 · 회원의 권익 보호를 위하여 대통령령으로 정하는 사항

[시행일: 2024.2.9.] 제20조

### 🔖 시행령 제66조2(고유식별정보의 처리)

③ 법 제20조에 따라 관광사업의 시설에 대하여 분양 또는 회원 모집을 한 자는 같은 조 제5항제5
호에 따른 회원증의 발급과 확인에 관한 사무를 수행하기 위하여 불가피한 경우 「개인정보 보호법
시행령」 제19조에 따른 주민등록번호 또는 외국인등록번호가 포함된 자료를 처리할 수 있다.
〈신설 2017.3.27.〉

### 🔖 시행령 제26조(공유자 또는 회원의 보호)

분양 또는 회원모집을 한 자는 법 제20조제5항에 따라 공유자 또는 회원의 권익 보호를 위하여
다음 각 호의 사항을 지켜야 한다. 〈개정 2008.2.29., 2014.9.11., 2015.11.18., 2018.9.18., 2021.1.5.〉

1. 공유지분 또는 회원자격의 양도 · 양수 : 공유지분 또는 회원자격의 양도 · 양수를 제한하지
   아니할 것. 다만, 제24조제1항제3호에 따라 휴양 콘도미니엄의 객실을 분양받은 자가 해당
   객실을 법인이 아닌 내국인(「출입국관리법 시행령」 별표 1의2 제24호차목에 따라 법무부장관
   이 정하여 고시한 투자지역에 위치하지 아니한 휴양 콘도미니엄의 경우 법인이 아닌 외국인을
   포함한다)에게 양도하려는 경우에는 양수인이 같은 호 각 목 외의 부분 본문에 따른 분양기준
   에 적합하도록 하여야 한다.

2. 시설의 이용 : 공유자 또는 회원이 이용하지 아니하는 객실만을 공유자 또는 회원이 아닌 자에게
   이용하게 할 것. 이 경우 객실이용계획을 수립하여 제6호에 따른 공유자 · 회원의 대표기구와
   미리 협의하여야 하며, 객실이용명세서를 작성하여 공유자 · 회원의 대표기구에 알려야 한다.

3. 시설의 유지 · 관리에 필요한 비용의 징수
   가. 해당 시설을 선량한 관리자로서의 주의의무를 다하여 관리하되, 시설의 유지 · 관리에
      드는 비용 외의 비용을 징수하지 아니할 것
   나. 시설의 유지 · 관리에 드는 비용의 징수에 관한 사항을 변경하려는 경우에는 공유자 · 회원
      의 대표기구와 협의하고, 그 협의 결과를 공유자 및 회원에게 공개할 것
   다. 시설의 유지 · 관리에 드는 비용 징수금의 사용명세를 매년 공유자 · 회원의 대표기구에
      공개할 것

4. 회원의 입회금(회원자격을 부여받은 대가로 회원을 모집하는 자에게 지급하는 비용을 말한다)
   의 반환: 회원의 입회기간 및 입회금의 반환은 관광사업자 또는 사업계획승인을 받은 자와
   회원 간에 체결한 계약에 따르되, 회원의 입회기간이 끝나 입회금을 반환해야 하는 경우에는
   입회금 반환을 요구받은 날부터 10일 이내에 반환할 것

5. 회원증의 발급 및 확인 : 문화체육관광부령으로 정하는 바에 따라 공유자나 회원에게 해당
   시설의 공유자나 회원임을 증명하는 회원증을 문화체육관광부령으로 정하는 기관으로부터

확인받아 발급할 것

6. 공유자·회원의 대표기구의 구성 및 운영

　가. 20명 이상의 공유자·회원으로 대표기구를 구성할 것. 이 경우 그 분양 또는 회원모집을 한 자와 그 대표자 및 임직원은 대표기구에 참여할 수 없다.

　나. 가목에 따라 대표기구를 구성하는 경우(결원을 충원하는 경우를 포함한다)에는 그 공유자·회원 모두를 대상으로 전자우편 또는 휴대전화 문자메세지로 통지하거나 해당 사업자의 인터넷 홈페이지에 게시하는 등의 방법으로 그 사실을 알리고 대표기구의 구성원을 추천받거나 신청받도록 할 것

　다. 공유자·회원의 권익에 관한 사항(제3호나목에 관한 사항은 제외한다)은 대표기구와 협의할 것

　라. 휴양 콘도미니엄업에 대한 특례

　　1) 가목에도 불구하고 한 개의 법인이 복수의 휴양 콘도미니엄업을 등록한 경우에는 그 법인이 등록한 휴양 콘도미니엄업의 전부 또는 일부를 대상으로 대표기구를 통합하여 구성할 수 있도록 하되, 통합하여 구성된 대표기구(이하 "통합 대표기구"라 한다)에는 각각의 등록된 휴양 콘도미니엄업 시설의 공유자 및 회원이 다음의 기준에 따라 포함되도록 할 것

　　　가) 공유자와 회원이 모두 있는 등록된 휴양 콘도미니엄업의 경우: 공유자 및 회원 각각 1명 이상

　　　나) 공유자 또는 회원만 있는 등록된 휴양 콘도미니엄업의 경우: 공유자 또는 회원 1명 이상

　　2) 1)에 따라 통합 대표기구를 구성한 경우에도 특정 휴양 콘도미니엄업 시설의 공유자·회원의 권익에 관한 사항으로서 통합 대표기구의 구성원 10명 이상 또는 해당 휴양 콘도미니엄업 시설의 공유자·회원 10명 이상이 요청하는 경우에는 해당 휴양 콘도미니엄업 시설의 공유자·회원 20명 이상으로 그 휴양 콘도미니엄업의 해당 안건만을 협의하기 위한 대표기구를 구성하여 해당 안건에 관하여 통합 대표기구를 대신하여 협의하도록 할 것

7. 그 밖의 공유자·회원의 권익 보호에 관한 사항 : 분양 또는 회원모집계약서에 사업계획의 승인번호·일자(관광사업으로 등록된 경우에는 등록번호·일자), 시설물의 현황·소재지, 연간 이용일수 및 회원의 입회기간을 명시할 것

### ■ 시행규칙 제28조(회원증의 발급)

① 분양 또는 회원모집을 하는 관광사업자가 영 제26조제5호에 따라 회원증을 발급하는 경우 그 회원증에는 다음 각 호의 사항이 포함되어야 한다.

1. 공유자 또는 회원의 번호
2. 공유자 또는 회원의 성명과 주민등록번호
3. 사업장의 상호·명칭 및 소재지
4. 공유자와 회원의 구분
5. 면적
6. 분양일 또는 입회일
7. 발행일자

② 분양 또는 회원모집을 하는 관광사업자가 제1항에 따른 회원증을 발급하려는 경우에는 미리 분양 또는 회원모집 계약 후 30일 이내에 문화체육관광부장관이 지정하여 고시하는 자(이하 "회원증 확인자"라 한다)로부터 그 회원증과 영 제25조에 따른 분양 또는 회원모집계획서가 일치하는지를 확인받아야 한다. 〈개정 2008.3.6.〉
③ 제2항에 따라 회원증 확인자의 확인을 받아 회원증을 발급한 관광사업자는 공유자 및 회원 명부에 회원증 발급 사실을 기록·유지하여야 한다.
④ 회원증 확인자는 6개월마다 특별자치시장·특별자치도지사·시장·군수·구청장에게 회원증 발급에 관한 사항을 통보하여야 한다. 〈개정 2009.10.22., 2019.4.25.〉

### (1) 공유지분 또는 회원자격의 양도·양수

제한하지 아니하여야 한다. 즉, 공유지분(共有持分)과 회원자격을 매매할 수 있다.

### (2) 시설의 이용

공유자 또는 회원이 이용하지 아니하는 객실에 한하여 공유자 또는 회원이 아닌 자에게 이용하게 할 것. 즉, 빈 객실은 일반인도 사용하게 할 수 있다. 이 경우 객실이용계획을 작성하여 공유자·회원의 대표기구와 미리 협의하여야 하며 객실이용내역을 작성하여 공유자·회원의 대표기구에 통보하여야 한다.

### (3) 시설의 유지·관리에 필요한 비용의 징수

가) 당해 시설을 선량한 관리자로서의 주의의무를 다하여 관리하되, 시설의 유지·관리에 소요되는 비용 외의 비용을 징수하지 아니할 것. 즉, 필요 경비 외에는 추가로 징수하지 말 것
나) 가목의 규정에 의한 시설유지·관리비용의 징수에 관한 사항을 변경하고자 하는 경우에는 공유자·회원의 대표기구와 협의하고, 그 사용내역을 매년 공유자·회원의 대표기구에 공개할 것. 즉, 비용에 변동사항이 있으면 사업자와 대표기구(공유자·회원)가 협의해야 하고, 비용의 사용내역을 대표기구에게 공개할 것.

### (4) 회원의 입회금(入會金: 회원자격을 부여받은 대가로 회원을 모집하는 자에게 지불하는 비용을 말한다)의 반환

회원의 입회기간 및 입회금의 반환은 관광사업자 또는 사업계획승인을 얻은 자와 회원간에 체결한 계약에 따르되, 회원의 입회기간이 만료되어 입회금을 반환하여야 하는 때에는 입회금 반환요구가 있는 날부터 10일 이내에 반환할 것. 즉 입회기간이 만료된 경우에는 10일 이내에 반환해야 한다.

### (5) 회원증의 발급확인

분양 또는 회원을 모집한 관광사업자는 공유자 또는 회원에게 당해 시설의 공유자 또는 회원임을 증명하는 회원증을 발급하여야 한다. 단, 회원증을 발급하고자 하는 때에는 미리 분양 또는 회원모집 계약후 30일 이내에 문화체육관광부장관이 지정하여 고시하는 자(이하 "회원증확인자"라 한다)로부터 그 회원증과 분양 또는 회원모집계약서가 일치하는지 여부를 확인받아야 한다(「시행규칙」 제28조 제2항 참조). "회원증확인자"의 확인을 받아 회원증을 발급한 관광사업자는 공유자 및 회원명부에 회원증 발급사실을 기록·유지하여야 한다. 한편, "회원증확인자"는 6개월마다 특별자치도지사·시장·군수·구청장에게 회원증 발급에 관한 사항을 통보하여야 한다(「시행규칙」 제28조 제2항 내지 제4항 참조).

### (6) 공유자·회원의 대표기구 구성

20인 이상의 공유자·회원으로 대표기구를 구성할 경우 그 공유자·회원 모두를 대상으로 전자우편 또는 휴대전화 문자메세지로 통지하거나 해당 사업자의 인터넷 홈페이지에 게시하는 등의 방법으로 그 사실을 알리고 대표기구의 구성원을 추천받거나 신청받도록 하며, 공유자·회원의 권익에 관한 사항은 대표기구와 협의하여야 한다.

한 개의 법인이 복수의 휴양 콘도미니엄업을 등록한 경우에는 그 법인이 등록한 휴양 콘도미니엄업의 전부 또는 일부를 대상으로 대표기구를 통합하여 구성할 수 있도록 하되, 통합하여 구성된 대표기구(이하 "통합 대표기구"라 한다)에는 각각의 등록된 휴양 콘도미니엄업 시설의 공유자 및 회원이 모두 있는 등록된 휴양 콘도미니엄업의 경우 공유자 및 회원 각각 1명이상, 공유자 또는 회원만 있는 등록된 휴양 콘도미니엄업의 경우 공유자 또는 회원 1명 이상을 포함되도록 하여야한다. 다만, 통합 대표기구를 구성한 경우에도 특정 휴양 콘도미니엄업 시설의 공유자·회원의 권익에 관한 사항으로서 통합 대표기구의 구성원 10명 이상 또는 해당 휴양 콘도미니엄업 시설의 공유자·회원 10명 이상이 요청하는 경우에는 해당 휴양 콘도미니엄업 시설의 공유자·회원 20명 이상으로 그 휴양 콘도미니엄업의 해당 안건만을 협의하기 위한 대표기구를 구성하여 해당 안건에 관하여 통합 대표기구를 대신하여 협의하도록 하여야 한다.

### (7) 기타 공유자·회원의 권익보호에 관한 사항

분양 또는 회원모집계약서에 사업계획의 승인번호·일자(관광사업으로 등록된 경우에는 등록번호·일자), 시설물의 현황·소재지, 연간 이용일수 및 회원의 입회기간을 명시하여야 한다.

### 6) 분양 및 회원모집 관련 금지사항

누구든지 다음과 같은 행위를 하여서는 아니된다.

① 분양 또는 회원모집을 할 수 없는 자가 휴양콘도미니엄업이나 호텔업 및 제2종종합휴양업 또는 이와 유사한 명칭을 사용하여 분양 또는 회원모집을 하는 행위

② 관광숙박시설과 관광숙박시설이 아닌 시설을 혼합 또는 연계하여 이를 분양하거나 회원을 모집하는 행위. 다만, 관광숙박업의 등록을 받은 자 또는 그 사업계획의 승인을 얻은 자가 「체육시설의 설치·이용에 관한 법률」 제12조에 따라 골프장의 사업계획을 승인받은 경우에는 관광숙박시설과 해당 골프장을 연계하여 분양하거나 회원을 모집할 수 있다.

③ 공유자 또는 회원으로부터 이들 시설에 관한 이용 권리를 양도받아 이를 이용할 수 있는 회원을 모집하는 행위

---

### 법 제20조(분양 및 회원 모집)

② 누구든지 다음 각 호의 어느 하나에 해당하는 행위를 하여서는 아니 된다. 〈개정 2007.7.19., 2023.8.8.〉

1. 제1항에 따른 분양 또는 회원모집을 할 수 없는 자가 관광숙박업이나 관광객 이용시설업으로서 대통령령으로 정하는 종류의 관광사업 또는 이와 유사한 명칭을 사용하여 분양 또는 회원모집을 하는 행위

2. 관광숙박시설과 관광숙박시설이 아닌 시설을 혼합 또는 연계하여 이를 분양하거나 회원을 모집하는 행위. 다만, 대통령령으로 정하는 종류의 관광숙박업의 등록을 받은 자 또는 그 사업계획의 승인을 얻은 자가 「체육시설의 설치·이용에 관한 법률」 제12조에 따라 골프장의 사업계획을 승인받은 경우에는 관광숙박시설과 해당 골프장을 연계하여 분양하거나 회원을 모집할 수 있다.

3. 소유자등 또는 회원으로부터 제1항에 따른 관광사업의 시설에 관한 이용권리를 양도받아 이를 이용할 수 있는 회원을 모집하는 행위

---

### 시행령 제23조(분양·회원모집 관광사업)

① 법 제20조제1항 및 제2항제1호에서 "대통령령으로 정하는 종류의 관광사업"이란 다음 각 호의 사업을 말한다.

1. 휴양 콘도미니엄업 및 호텔업
2. 관광객 이용시설업 중 제2종 종합휴양업

② 법 제20조제2항제2호 단서에서 "대통령령으로 정하는 종류의 관광숙박업"이란 다음 각 호의 숙박업을 말한다. 〈개정 2008.8.26.〉

1. 휴양 콘도미니엄업
2. 호텔업
3. 삭제 〈2008.8.26.〉

## 제4절 카지노업

### 1. 카지노업의 허가 등

#### 1) 허가관청 및 허가종류

> **📖 법 제5조(허가)**
>
> ① 제3조제1항제5호에 따른 카지노업을 경영하려는 자는 전용영업장 등 문화체육관광부령으로 정하는 시설과 기구를 갖추어 문화체육관광부장관의 허가를 받아야 한다. 〈개정 2008.2.29.〉
>
> ③ 제1항과 제2항에 따라 허가받은 사항 중 문화체육관광부령으로 정하는 중요 사항을 변경하려면 변경허가를 받아야 한다. 다만, 경미한 사항을 변경하려면 변경신고를 하여야 한다. 〈개정 2008.2.29.〉

> **📖 법 제24조(조건부 영업허가)**
>
> ① 문화체육관광부장관은 카지노업을 허가할 때 1년의 범위에서 대통령령으로 정하는 기간에 제23조제1항에 따른 시설 및 기구를 갖출 것을 조건으로 허가할 수 있다. 다만, 천재지변이나 그 밖의 부득이한 사유가 있다고 인정하는 경우에는 해당 사업자의 신청에 따라 한 차례만 6개월을 넘지 아니하는 범위에서 그 기간을 연장할 수 있다. 〈개정 2008.2.29., 2011.4.5., 2023.8.8.〉
>
> ② 문화체육관광부장관은 제1항에 따른 허가를 받은 자가 정당한 사유 없이 제1항에 따른 기간에 허가 조건을 이행하지 아니하면 그 허가를 즉시 취소하여야 한다.
> 〈개정 2008.2.29., 2011.4.5.〉
>
> ③ 제1항에 따른 허가를 받은 자는 제1항에 따른 기간 내에 허가 조건에 해당하는 필요한 시설 및 기구를 갖춘 경우 그 내용을 문화체육관광부장관에게 신고하여야 한다.
> 〈신설 2011.4.5.〉
>
> ④ 문화체육관광부장관은 제3항에 따른 신고를 받은 경우 그 내용을 검토하여 이 법에 적합하면 신고를 수리하여야 한다. 〈신설 2018.6.12.〉

> **📖 시행령 제28조(카지노업의 조건부 영업허가의 기간)**
>
> 법 제24조제1항 본문에서 "대통령령으로 정하는 기간"이란 조건부 영업허가를 받은 날부터 1년 이내를 말한다.
> [전문개정 2011.10.6.]

> **📖 시행규칙 제32조(조건이행의 신고)**
>
> 법 제24조제1항에 따라 카지노업의 조건부 영업허가를 받은 자는 영 제28조에 따른 기간 내에 그 조건을 이행한 경우에는 별지 제29호서식의 조건이행내역 신고서에 다음 각 호의 서류를

첨부하여 문화체육관광부장관에게 제출하여야 한다. 〈개정 2008.3.6., 2011.10.6.〉
1. 설치한 시설에 관한 서류
2. 설치한 카지노기구에 관한 서류

### (1) 허가관청

「제2절 관광사업의 등록·허가 등」에서 밝혔듯이 카지노업을 경영하고자 하는 자는 문화체육관광부장관의 허가를 받아야 한다. 단, 제주특별자치도에서 외국인전용카지노업을 경영하고자 하는 자는 제주도지사의 허가를 받아야 한다(「제주특별법」 제171조 제1항. 이에 대해서는 후술함).

### (2) 허가의 종류

#### 가) 신규허가

카지노업을 경영하고자 하는 자는 허가를 받아야 한다.

#### 나) 변경허가

카지노업의 허가를 받은 사항 중 중요사항을 변경하고자 하는 때에는 변경허가를 받아야 한다. 경미한 사항의 변경은 변경신고를 하면 된다.

#### 다) 조건부 영업허가

문화체육관광부장관은 카지노업을 허가함에 있어서 허가받은 날로부터 1년이내(부득이한 사정이 있다고 인정되는 경우에는 1회에 한하여 6개월이 넘지 않는 범위 내에서 그 기간을 연장할 수 있음)에 법에서 규정하고 있는 시설기준(「시행규칙」 제29조 참조)에 적합한 시설 및 기구를 갖출 것을 조건으로 허가할 수 있다. 다만, 천재지변이나 그 밖의 부득이한 사유가 있다고 인정하는 경우에는 해당 사업자의 신청에 따라 한 차례에 한하여 6개월을 넘지 아니하는 범위에서 그 기간을 연장할 수 있다.

조건부허가를 받은 자는 조건을 이행한 때에는 설치한 시설 및 카지노기구에 관한 서류가 첨부된 '조건이행내역신고서'를 문화체육관광부장관에게 제출하여야 한다.

조건부영업허가를 받은 자가 정당한 사유 없이 허가 조건을 이행하지 아니하는 경우에는 문화체육관광부장관은 허가를 취소하여야 한다.

### 2) 허가요건 및 허가제한 등

**□■ 법 제21조(허가 요건 등)**

① 문화체육관광부장관은 제5조제1항에 따른 카지노업(이하 "카지노업"이라 한다)의 허가신청을 받으면 다음 각 호의 어느 하나에 해당하는 경우에만 허가할 수 있다. 〈개정 2008.2.29., 2008.6.5.,

2018.6.12.〉

1. 국제공항이나 국제여객선터미널이 있는 특별시·광역시·특별자치시·도·특별자치도(이하 "시·도"라 한다)에 있거나 관광특구에 있는 관광숙박업 중 호텔업 시설(관광숙박업의 등급 중 최상 등급을 받은 시설만 해당하며, 시·도에 최상 등급의 시설이 없는 경우에는 그 다음 등급의 시설만 해당한다) 또는 대통령령으로 정하는 국제회의업 시설의 부대시설에서 카지노업을 하려는 경우로서 대통령령으로 정하는 요건에 맞는 경우

2. 우리나라와 외국을 왕래하는 여객선에서 카지노업을 하려는 경우로서 대통령령으로 정하는 요건에 맞는 경우

② 문화체육관광부장관이 공공의 안녕, 질서유지 또는 카지노업의 건전한 발전을 위하여 필요하다고 인정하면 대통령령으로 정하는 바에 따라 제1항에 따른 허가를 제한할 수 있다. 〈개정 2008.2.29.〉

### 법 제21조2(허가의 공고 등)

① 문화체육관광부장관은 카지노업의 신규허가를 하려면 미리 다음 각 호의 사항을 정하여 공고하여야 한다.

1. 허가 대상지역
2. 허가 가능업체 수
3. 허가절차 및 허가방법
4. 세부 허가기준
5. 카지노업의 건전한 운영과 관광산업의 진흥을 위하여 문화체육관광부장관이 정하는 사항

② 문화체육관광부장관은 제1항에 따른 공고를 실시한 결과 적합한 자가 없을 경우에는 카지노업의 신규허가를 하지 아니할 수 있다.

[본조신설 2016.2.3.]

### 시행령 제27조(카지노업의 허가요건 등)

① 법 제21조제1항제1호에서 "대통령령으로 정하는 국제회의업 시설"이란 제2조제1항제4호가목의 국제회의시설업의 시설을 말한다.

② 법 제21조제1항에 따른 카지노업의 허가요건은 다음 각 호와 같다. 〈개정 2008.2.29., 2012.11.20., 2015.8.4.〉

1. 관광호텔업이나 국제회의시설업의 부대시설에서 카지노업을 하려는 경우
   가. 삭제 〈2015.8.4.〉
   나. 외래관광객 유치계획 및 장기수지전망 등을 포함한 사업계획서가 적정할 것
   다. 나목에 규정된 사업계획의 수행에 필요한 재정능력이 있을 것
   라. 현금 및 칩의 관리 등 영업거래에 관한 내부통제방안이 수립되어 있을 것
   마. 그 밖에 카지노업의 건전한 운영과 관광산업의 진흥을 위하여 문화체육관광부장관이 공고하는 기준에 맞을 것

2. 우리나라와 외국 간을 왕래하는 여객선에서 카지노업을 하려는 경우
   가. 여객선이 2만톤급 이상으로 문화체육관광부장관이 공고하는 총톤수 이상일 것

나. 삭제 〈2012.11.20.〉

　　다. 제1호나목부터 마목까지의 규정에 적합할 것

③ 문화체육관광부장관은 법 제21조제2항에 따라 최근 신규허가를 한 날 이후에 전국 단위의 외래관광객이 60만 명 이상 증가한 경우에만 신규허가를 할 수 있되, 다음 각 호의 사항을 고려하여 그 증가인원 60만 명당 2개 사업 이하의 범위에서 할 수 있다. 〈개정 2008.2.29., 2015.8.4.〉

1. 전국 단위의 외래관광객 증가 추세 및 지역의 외래관광객 증가 추세

2. 카지노이용객의 증가 추세

3. 기존 카지노사업자의 총 수용능력

4. 기존 카지노사업자의 총 외화획득실적

5. 그 밖에 카지노업의 건전한 운영과 관광산업의 진흥을 위하여 필요한 사항

④ 삭제 〈2016.8.2.〉

### (1) 허가대상시설

### 가) 최상등급 호텔업 시설

첫째, 카지노업허가 신청을 할 수 있는 시설은 관광숙박업 중 호텔이어야 한다. 둘째, 호텔의 위치는 국제공항 또는 국제선 여객터미널이 있는 특별시·광역시·특별자치시·도 및 특별자치도 안에 있거나 관광특구 안에 있어야 한다. 셋째, 호텔의 등급은 그 지역에서 최상등급의 호텔 즉, 5성급이라야 한다. 다만, 최상등급 호텔이 없으면 그 다음 등급(4성급)의 호텔만 허가가 가능하다.

### 나) 국제회의시설업의 부대시설

국제회의업시설의 부대시설안 에서도 카지노업 허가를 받을 수 있다.

### 다) 국제여객선

우리나라와 외국을 왕래하는 2만톤급 이상의 국제여객선 안에서도 요건에 적합한 경우 카지노업 허가를 받을 수 있다.

### (2) 허가요건

카지노업의 구체적 허가요건은 〈표 13〉과 같이 요약될 수 있는데 실행가능한 사업계획서작성, 사업수행에 필요한 재정능력 여부, 영업거래에 관한 내부통제방안의 적정성, 기타 기준 등으로 구성된다.

〈표 13〉 구체적 허가요건

| 구 분<br>기 준 | 관광호텔업 및<br>국제회의시설업의 부대시설 | 국제여객선안 |
|---|---|---|
| 독자기준 | 가. 전년도 외래관광개 유치실적이 문화<br>체육관광부장관이 공고하는 기준에<br>적합할 것<br>〈2015.8.4. 삭제〉 | 가. 여객선이 2만톤급 이상일 것 |
| 공통기준 | 나. 외래관광객 유치계획 및 장기수지전망 등을 포함한 사업계획서가 적정할 것<br>다. 나목에 규정된 사업계획의 수행에 필요한 재정능력이 있을 것<br>라. 현금 및 칩의 관리 등 영업거래에 관한 내부통제방안이 수립되어 있을 것<br>마. 기타 카지노업의 건전한 육성과 관광산업의 진흥을 위하여 문화체육관광부장관이<br>공고하는 기준에 적합할 것 | |

### (3) 허가제한

문화체육관광부장관은 공공의 안녕, 질서유지 또는 카지노업의 건전한 발전을 위하여 필요하다고 인정하는 때에는 카지노업의 허가를 제한할 수 있다. 즉 카지노업의 신규허가는 최근 신규허가를 행한 날 이후에 외래관광객이 60만명 이상 증가한 경우에 한하여 신규허가가 가능하다. 신규허가 업체 숫자는 외래객 증가인원 60만명당 2개 사업이하의 범위에서 가능하다. 이때 문화체육관광부장관은 외래관광객의 증가추세, 카지노 이용객의 증가추세, 기존 카지노사업자의 총 수용능력, 기존 카지노사업의 총 외화 획득실적, 기타 카지노업의 건전한 운영과 관광산업의 진흥을 위하여 필요한 사항을 복합적으로 고려하여 결정하게 된다.

### (4) 허가 공고

문화체육관광부장관은 카지노업의 신규허가를 행하고자 할 경우에는 미리 다음과 같은 사항을 공고하여야 한다.

첫째, 허가 대상지역.

둘째, 허가 가능업체 수.

셋째, 허가절차 및 허가방법.

넷째, 세부 허가기준(카지노업의 건전한 운영과 관광산업의 진흥을 위한 문화체육관광부장관이 공고하는 기준에 맞는지의 여부, 카지노업을 하고자 하는 여객선이 2만톤급 이상으로 문화체육관광부장관이 공고하는 총톤수 이상인지의 여부)

### 3) 폐광지역에서의 카지노업 허가

### (1) 개요

'폐광지역개발지원에 관한 특별법'(제정 1995.12.29. 법률 제5089호, 이하 「폐광특별법」

이라 한다)의 규정에 의거 문화체육관광부장관은 관광진흥법 제21조의 규정에 의한 허가요건에 불구하고 폐광지역 중 경제사정이 특히 열악한 지역으로서 다음과 같은 여건을 모두 갖춘 지역, 즉 주거지역과 격리된 고원지대의 지역, 치안을 유지하기 쉬운 지역, 접근성 높은 교통망이 갖춰져 있고, 대규모시설을 설치할 수 있는 지역으로서 도지사가 지정하는 지역에 대해서(「폐광특별법 시행령」 제12조 제1항) 카지노업의 허가를 할 수 있다(「폐광특별법」 제11조 제1항, 제2항). 단, 도지사는 카지노업 허가지역을 지정하려는 경우, 1988년의 전국 석탄 총생산량 중 해당 지역이 차지하는 비중, 1988년 이후 해당 지역의 인구 감소율, 해당 지역의 경제적·사회적·문화적 낙후성, 카지노업의 운영으로 예상되는 인근 탄광지역의 경제적 효과를 고려하여야 한다(「폐광특별법 시행령」 제12조 제2항). 이때 도지사는 미리 산업통상자원부장관과 협의를 하여야 한다(「폐광특별법 시행령」 제12조 제3항).

한편 문화체육관광부장관은 허가기간을 정하여 허가를 할 수 있으며(「폐광특별법」 제11조 제4항) 허가를 함에 있어서 관광객을 위한 숙박시설·체육시설·오락시설 및 휴양시설 등 (그 시설의 개발계획을 포함)과의 연계성을 고려하여야 한다(「폐광특별법」 제11조 제1항 후단). 특별법에 의하면 허가기간은 3년이다(「폐광특별법 시행령」 제15조).

### (2) 내국인의 출입허용

폐광지역 「특별법」에 의하여 허가를 받은 카지노사업자에 대하여는 「관광진흥법」 제28조 제1항제4호(내국인의 출입금지)의 규정을 적용하지 아니함으로써(「폐광특별법」 제11조 제3항) 폐광지역의 카지노업장에는 내국인도 출입할 수 있다.

그러나 고도한 사행행위 등의 예방을 위하여 문화체육관광부장관은 필요한 경우, 내국인 출입제한 등 영업에 관한 제한을 할 수 있다(「폐광특별법」 제11조 제3항 및 「폐광특별법 시행령」 제14조 참조).

### (3) 수익금의 사용제한

폐광지역의 허가를 받은 카지노업과 그 카지노업을 경영하기 위한 관광호텔업 및 종합유원시설업에서 발생되는 이익금 중 100분의 25 이내에서 대통령령으로 정하는 금액은 폐광지역과 관련된 관광진흥 및 지역개발을 위하여 사용하여야 한다(「폐광특별법」 제11조제 제5항, 「폐광특별법 시행령」 제16조 제2항).

카지노사업자는 제1항에 따른 이익금의 100분의 25를 카지노영업소의 소재지 도(이하 "소재지 도"라 한다)의 조례에 따라 설치하는 폐광지역개발기금(이하 "기금"이라 한다)에 내야 한다

### 4) 제주특별자치도에서의 카지노업 허가

### (1) 개요

'제주특별자치도 설치 및 국제자유도시조성을 위한 특별법(제정 2006.2.21., 개정 2020.2.18.

법률 제17037호. 이하「제주특별법」이라 한다)33)의 규정에 의거 제주특별자치도지사는 관광진흥법 제5조 제1항, 즉 문화체육관광부장관에게 카지노업 허가권한이 있음에도 불구하고 제주특별자치도에서 외국인전용카지노업을 경영하고자 하는 자가 허가요건을 갖춘 경우 카지노업의 허가를 할 수 있다(「제주특별법」제171조 세1항). 카지노입의 허가와 관련하여 영업의 장소 및 개시시기 등에 관하여 필요한 사항은 도조례로 정한다(「제주특별법」제244조 제②항).

### (2) 외국인투자자에 대한 카지노업허가

#### 가) 허가조건

제주특별자치도지사는 제주특별자치도에 대한 외국인투자(「외국인투자촉진법」제2조제1항제4호의 규정에 의한 외국인투자를 말한다. 이하 같다)를 촉진하기 위하여 카지노업의 허가를 받고자 하는 자가 외국인투자를 하고자 하는 자로서 다음 각호의 요건을 전부 갖춘 경우에는「관광진흥법」제21조의 규정에 불구하고 동법 제5조 제1항의 규정에 의한 카지노업(외국인전용의 카지노업에 한한다)의 허가를 할 수 있다. 이 경우 도지사는 필요한 경우 허가에 조건을 붙이거나 외국인투자의 금액 등을 고려하여 둘 이상의 카지노업 허가를 할 수 있다(「제주특별법」제243조 제①항).

① 관광사업에 투자하고자 하는 외국인투자의 금액이 미합중국화폐 5억불 이상일 것
② 투자자금이「범죄수익은닉의 규제 및 처벌 등에 관한 법률」제2조제4호에 따른 범죄수익 등에 해당하지 아니할 것(이 경우 범죄수익은 해당범죄에 대한 형의 확정판결이 있는 경우에 한정한다).
③ 투자자의 신용상태가「신용정보의 이용 및 보호에 관한 법률」제4조에 따라 신용평가업무에 관한 금융위원회의 허가를 받은 2 이상의 신용정보업자 또는 국제적으로 공인된 외국의 신용평가기관으로부터 받은 신용평가등급이 투자적격 이상이어야 하며, 투자계획서에 호텔업을 포함하여「관광진흥법」제3조에 따른 관광사업을 3종류 이상 영위하는 내용이 포함되어 있을 것(제주특별법 시행령」제68조 제①항).

#### 나) 허가신청

외국인투자자가 카지노업의 허가를 받고자 하는 경우 투자계획서 등 도조례가 정하는 서류를 갖추어 도지사에게 허가를 신청하여야 한다(제주특별법」제243조 제②항).

---

33) 동법은 종전의 제주도를 폐지하고, 제주특별자치도를 설치하여 자치조직·인사권 및 자치재정권 등 자치권을 강화하며, 교육자치제도의 개선과 자치경찰제의 도입을 통하여 실질적인 지방자치를 보장함으로써 선진적인 지방분권모델을 구축하는 한편, 제주특별자치도에 적용되고 있는 각종 법령상 행정규제를 폭넓게 완화하고, 중앙행정기관의 권한을 대폭 이양하며, 청정산업 및 서비스산업을 육성하여 제주특별자치도를 국제자유도시로 조성·발전시키려는 목적으로 제정됨.

### 다) 영업장소 및 영업시기

카지노업의 허가와 관련하여 영업의 장소 및 개시시기 등에 관하여 필요한 사항은 도조례로 정한다(「제주특별법」 제243조 제③항). 한편, 카지노업의 허가를 받은 자는 영업을 개시하기 전까지 「관광진흥법」 제23조 제1항의 규정에 의한 시설 및 기구를 갖추어야 한다(「제주특별법」 제243조 제④항).

### 라) 허가취소

도지사는 카지노영업 허가를 받은 외국인투자자가 다음 각호의 어느 하나에 해당하는 경우에는 그 허가를 취소하여야 한다(「제주특별법」 제243조 제⑤항).
① 미합중국화폐 5억불이상의 투자를 이행하지 아니하는 경우
② 투자자금이 형의 확정판결에 따라 「범죄수익은닉의 규제 및 처벌 등에 관한 법률」 제2조제4호의 규정에 의한 범죄수익 등에 해당하게 된 경우
③ 허가조건을 위반한 경우

### 마) 카지노업의 운영에 필요한 시설의 타인경영

외국인투자자로서 카지노영업 허가를 받은 자는 「관광진흥법」 제11조의 규정에 불구하고 카지노업의 운영에 필요한 시설을 타인으로 하여금 경영하게 할 수 있다. 이 경우 수탁경영자는 「관광진흥법」 제22조의 규정에 의한 '관광사업자결격사유'에 해당되지 아니하여야 한다(「제주특별법」 제243조 제⑥항).

### (3) 수익금의 제한

카지노사업자는 총매출액의 100분의 10범위 안에서 일정비율에 상당하는 금액을 관광진흥개발납부금을 납부해야 하는 「관광진흥법」 제30조의 규정에도 불구하고 카지노사업자는 총매출액의 100분의 10범위 안에서 일정비율에 상당하는 금액을 제주관광진흥개발기금으로 납부하여야 한다(「제주특별법」 제245조 제③항).

### 5) 카지노사업자의 결격사유

카지노업의 허가를 받기 위해서는 카지노사업자로서의 결격사유가 없어야 한다. 「관광진흥법」에서는 관광사업자의 결격사유(법 제7조 제1항 및 제2장 제1절의 관광사업자의 결격사유 참조) 외에 카지노사업자 결격사유에 대해 특별히 규정을 하고 있다(법 제22조). 따라서 카지노업을 경영하고자 하는 자는 '법' 제7조 제1항은 물론 '법' 제22조 제1항의 내용에 해당하는 경우, 카지노업을 할 수 있는 허가를 받을 수 없다. 법인의 임원이 이에 해당하는 자가 있으면 3월 이내에 그 임원을 개임(改任 : 임원의 교체)하면 된다.

> **▣ 법 제22조(결격사유)**
>
> ① 다음 각 호의 어느 하나에 해당하는 자는 카지노업의 허가를 받을 수 없다.
> 1. 19세 미만인 자
> 2. 「폭력행위 등 처벌에 관한 법률」 제4조에 따른 단체 또는 집단을 구성하거나 그 단체 또는 집단에 자금을 제공하여 금고 이상의 형을 선고받고 형이 확정된 자
> 3. 조세를 포탈(逋脫)하거나 「외국환거래법」을 위반하여 금고 이상의 형을 선고받고 형이 확정된 자
> 4. 금고 이상의 실형을 선고받고 그 집행이 끝나거나 집행을 받지 아니하기로 확정된 후 2년이 지나지 아니한 자
> 5. 금고 이상의 형의 집행유예를 선고받고 그 유예기간 중에 있는 자
> 6. 금고 이상의 형의 선고유예를 받고 그 유예기간 중에 있는 자
> 7. 임원 중에 제1호부터 제6호까지의 규정 중 어느 하나에 해당하는 자가 있는 법인
> ② 문화체육관광부장관은 카지노업의 허가를 받은 자(이하 "카지노사업자"라 한다)가 제1항 각 호의 어느 하나에 해당하면 그 허가를 취소하여야 한다. 다만, 법인의 임원 중 그 사유에 해당하는 자가 있는 경우 3개월 이내에 그 임원을 바꾸어 임명한 때에는 그러하지 아니하다. 〈개정 2008.2.29.〉

### 6) 카지노업의 시설기준 등

카지노업의 허가를 받고자 하는 자는 다음과 같은 기준에 적합한 시설 및 기구를 갖추어야 한다.

첫째, 카지노 전용영업장의 면적은 330m²(약 100평) 이상이라야 한다.

둘째, 1개소 이상의 외국환환전소가 있어야 한다. 이는 순수한 환전소이며, 「카지노영업준칙」에 의한 환전영업소와는 다르다.

셋째, 시행규칙 제35조 제1항의 규정에 의한 카지노업의 영업종류 중 4종류 이상의 영업을 할 수 있는 게임기구 및 시설을 갖추어야 한다.

넷째, 다음과 같은 사항이 포함된 문화체육관광부장관이 정하여 고시하는 기준에 적합한 카지노전산시설을 갖추어야 한다.

① 하드웨어의 성능 및 설치방법에 관한 사항

② 네트워크의 구성에 관한 사항

③ 시스템의 가동 및 장애방지에 관한 사항

④ 시스템의 보안관리에 관한 사항

⑤ 환전관리 및 현금과 칩(chips)의 수불관리(受拂管理)를 위한 소프트웨어에 관한 사항

> **법 제23조(카지노업의 시설기준 등)**
>
> ① 카지노업의 허가를 받으려는 자는 문화체육관광부령으로 정하는 시설 및 기구를 갖추어야 한다. 〈개정 2008.2.29.〉
> ② 카지노사업자에 대하여는 문화체육관광부령으로 정하는 바에 따라 제1항에 따른 시설 중 일정 시설에 대하여 문화체육관광부장관이 지정 · 고시하는 검사기관의 검사를 받게 할 수 있다. 〈개정 2008.2.29.〉
> ③ 카지노사업자는 제1항에 따른 시설 및 기구를 유지 · 관리하여야 한다.

> **시행규칙 제29조(카지노업의 시설기준 등)**
>
> ① 법 제23조제1항에 따라 카지노업의 허가를 받으려는 자가 갖추어야 할 시설 및 기구의 기준은 다음 각 호와 같다. 〈개정 2008.3.6.〉
> 1. 330제곱미터 이상의 전용 영업장
> 2. 1개 이상의 외국환 환전소
> 3. 제35조제1항에 따른 카지노업의 영업종류 중 네 종류 이상의 영업을 할 수 있는 게임기구 및 시설
> 4. 문화체육관광부장관이 정하여 고시하는 기준에 적합한 카지노 전산시설
> ② 제1항제4호에 따른 기준에는 다음 각 호의 사항이 포함되어야 한다. 〈개정 2019.10.7.〉
> 1. 하드웨어의 성능 및 설치방법에 관한 사항
> 2. 네트워크의 구성에 관한 사항
> 3. 시스템의 가동 및 장애방지에 관한 사항
> 4. 시스템의 보안관리에 관한 사항
> 5. 환전관리 및 현금과 칩의 출납관리를 위한 소프트웨어에 관한 사항

## 7) 카지노업의 허가신청

### (1) 카지노업의 신규허가신청

카지노업의 허가를 받고자 하는 자는 카지노업허가신청서(「시행규칙」 제6조 관련 별지 제8호 서식)에 구비서류(「시행규칙」 제6조 제1항 제1호 내지 제5호의 서류)를 첨부하여 문화체육관광부 장관에게 제출하여야 한다.

> **법 제5조(허가)**
>
> ① 제3조제1항제5호에 따른 카지노업을 경영하려는 자는 전용영업장 등 문화체육관광부령으로 정하는 시설과 기구를 갖추어 문화체육관광부장관의 허가를 받아야 한다. 〈개정 2008.2.29.〉
> ③ 제1항과 제2항에 따라 허가받은 사항 중 문화체육관광부령으로 정하는 중요 사항을 변경하려면 변경허가를 받아야 한다. 다만, 경미한 사항을 변경하려면 변경신고를 하여야 한다. 〈개정 2008.2.29.〉

⑤ 제1항부터 제4항까지의 규정에 따른 허가 및 신고의 절차 등에 필요한 사항은 문화체육관광부령으로 정한다. 〈개정 2008.2.29.〉

## ■ 시행규칙 제6조(카지노업의 허가 등)

① 법 제5조제1항에 따라 카지노업의 허가를 받으려는 자는 별지 제8호 서식의 카지노업 허가신청서에 다음 각 호의 서류를 첨부하여 문화체육관광부장관에게 제출하여야 한다. 〈개정 2015.4.22.〉

1. 신청인(법인의 경우에는 대표자 및 임원)이 내국인인 경우에는 성명 및 주민등록번호를 기재한 서류

1의2. 신청인(법인의 경우에는 대표자 및 임원)이 외국인인 경우에는 법 제7조제1항 각 호 및 법 제22조제1항 각 호에 해당하지 아니함을 증명하는 다음 각 목의 어느 하나에 해당하는 서류. 다만, 법 또는 다른 법령에 따라 인·허가 등을 받아 사업자등록을 하고 해당 영업 또는 사업을 영위하고 있는 자(법인의 경우에는 최근 1년 이내에 법인세를 납부한 시점부터 허가 신청 시점까지의 기간 동안 대표자 및 임원의 변경이 없는 경우로 한정한다)는 해당 영업 또는 사업의 인·허가증 등 인·허가 등을 받았음을 증명하는 서류와 최근 1년 이내에 소득세(법인의 경우에는 법인세를 말한다)를 납부한 사실을 증명하는 서류를 제출하는 경우에는 그 영위하고 있는 영업 또는 사업의 결격사유 규정과 중복되는 법 제7조제1항 및 제22조제1항의 결격사유에 한하여 다음 각 목의 서류를 제출하지 아니할 수 있다.

　가. 해당 국가의 정부나 그 밖의 권한 있는 기관이 발행한 서류 또는 공증인이 공증한 신청인의 진술서로서 「재외공관 공증법」에 따라 해당 국가에 주재하는 대한민국공관의 영사관이 확인한 서류

　나. 「외국공문서에 대한 인증의 요구를 폐지하는 협약」을 체결한 국가의 경우에는 해당 국가의 정부나 그 밖의 권한 있는 기관이 발행한 서류 또는 공증인이 공증한 신청인의 진술서로서 해당 국가의 아포스티유(Apostille) 확인서 발급 권한이 있는 기관이 그 확인서를 발급한 서류

2. 정관(법인만 해당한다)

3. 사업계획서

4. 타인 소유의 부동산을 사용하는 경우에는 그 사용권을 증명하는 서류

5. 법 제21조제1항 및 영 제27조제2항에 따른 허가요건에 적합함을 증명하는 서류

② 제1항에 따른 신청서를 제출받은 문화체육관광부장관은 「전자정부법」 제36조제1항에 따른 행정정보의 공동이용을 통하여 다음 각 호의 서류를 확인하여야 한다. 다만, 제3호의 경우 신청인이 확인에 동의하지 아니하는 경우에는 그 서류를 첨부하도록 하여야 한다. 〈개정 2009.3.31., 2011.3.30., 2012.4.5., 2019.4.25.〉

1. 법인 등기사항증명서(법인만 해당한다)

2. 건축물대장

3. 「전기사업법 시행규칙」 제38조제3항에 따른 전기안전점검확인서

③ 제1항제3호에 따른 사업계획서에는 다음 각 호의 사항이 포함되어야 한다.

1. 카지노영업소 이용객 유치계획

2. 장기수지 전망

3. 인력수급 및 관리계획

4. 영업시설의 개요(제29조에 따른 시설 및 영업종류별 카지노기구에 관한 사항이 포함되어야 한다)

④ 문화체육관광부장관은 제2항에 따른 확인 결과 「전기사업법」제66조의2제1항에 따른 전기안전점검을 받지 아니한 경우에는 관계기관 및 신청인에게 그 내용을 통지하여야 한다. 〈신설 2012.4.5.〉

⑤ 문화체육관광부장관은 카지노업의 허가(제8조제1항에 따른 변경허가를 포함한다)를 하는 경우에는 별지 제9호서식의 카지노업 허가증을 발급하고 별지 제10호서식의 카지노업 허가대장을 작성하여 관리하여야 한다.

〈개정 2008.3.6, 2012.4.5.〉

⑥ 카지노업 허가증의 재발급에 관하여는 제5조를 준용한다. 〈개정 2012.4.5.〉

## (2) 카지노업의 변경허가 및 변경신고신청

**시행규칙 제8조(변경허가 및 변경신고 사항 등)**

① 카지노업 또는 유원시설업의 허가를 받은 자가 법 제5조제3항 본문에 따라 다음 각 호의 어느 하나에 해당하는 사항을 변경하려는 경우에는 변경허가를 받아야 한다. 〈개정 2016.12.30., 2018.1.25.〉

1. 카지노업의 경우

　가. 대표자의 변경

　나. 영업소 소재지의 변경

　다. 동일구내(같은 건물 안 또는 같은 울 안의 건물을 말한다)로의 영업장소 위치 변경 또는 영업장소의 면적 변경

　라. 별표 1의3 제1호에서 정한 경우에 해당하는 게임기구의 변경 또는 교체

　마. 법 제23조제1항 및 이 규칙 제29조제1항제4호에 따른 카지노 전산시설 중 주전산기의 변경 또는 교체

　바. 법 제26조에 따른 영업종류의 변경

2. 유원시설업의 경우

　가. 영업소의 소재지 변경(유기시설 또는 유기기구의 이전을 수반하는 영업소의 소재지 변경은 제외한다)

　나. 안전성검사 대상 유기시설 또는 유기기구의 영업장 내에서의 신설·이전·폐기

　다. 영업장 면적의 변경

② 카지노업 또는 유원시설업의 허가를 받은 자가 법 제5조제3항 단서에 따라 다음 각 호의 어느 하나에 해당하는 사항을 변경하려는 경우에는 변경신고를 하여야 한다.〈개정 2016.12.30., 2018.1.25.〉

1. 대표자 또는 상호의 변경(유원시설업만 해당한다)

2. 별표 1의3 제2호에서 정한 경우에 해당하는 게임기구의 변경 또는 교체(카지노업만 해당한다)

2의2. 법 제23조제1항 및 이 규칙 제29조제1항제4호에 따른 카지노 전산시설 중 주전산기를

제외한 시설의 변경 또는 교체(카지노업만 해당한다) 〈신설 2018.1.25.〉

3. 안전성검사 대상이 아닌 유기시설 또는 유기기구의 신설·폐기(유원시설업만 해당한다)

4. 안전관리자의 변경(유원시설업만 해당한다)

5. 상호 또는 영업소의 명칭 변경(카지노업만 해당한다)

6. 안전성검사 대상 유기시설 또는 유기기구의 3개월 이상의 운행 정지 또는 그 운행의 재개(유원시설업만 해당한다)

7. 안전성검사 대상이 아닌 유기시설 또는 유기기구로서 제40조제4항 단서에 따라 정기 확인검사가 필요한 유기시설 또는 유기기구의 3개월 이상의 운행 정지 또는 그 운행의 재개(유원시설업만 해당한다)

### ▪ 시행규칙 제9조(카지노업의 변경허가 및 변경신고)

① 법 제5조제3항에 따라 카지노업의 변경허가를 받거나 변경신고를 하려는 자는 별지 제15호서식의 카지노업 변경허가신청서 또는 변경신고서에 변경계획서를 첨부하여 문화체육관광부장관에게 제출하여야 한다. 다만, 변경허가를 받거나 변경신고를 한 후 문화체육관광부장관이 요구하는 경우에는 변경내역을 증명할 수 있는 서류를 추가로 제출하여야 한다. 〈개정 2008.3.6., 2008.8.26., 2009.12.31., 2012.4.5.〉

② 제1항에 따른 변경허가신청서 또는 변경신고서를 제출받은 문화체육관광부장관은 「전자정부법」 제36조제1항에 따른 행정정보의 공동이용을 통하여 「전기사업법 시행규칙」 제38조제3항에 따른 전기안전점검확인서(영업소의 소재지 또는 면적의 변경 등으로 「전기사업법」 제66조의2제1항에 따른 전기안전점검을 받아야 하는 경우로서 카지노업 변경허가 또는 변경신고를 신청한 경우만 해당한다)를 확인하여야 한다. 다만, 신청인이 전기안전점검확인서의 확인에 동의하지 아니하는 경우에는 그 서류를 첨부하도록 하여야 한다. 〈신설 2012.4.5., 2019.4.25.〉

③ 문화체육관광부장관은 제2항에 따른 확인 결과 「전기사업법」 제66조의2제1항에 따른 전기안전점검을 받지 아니한 경우에는 관계기관 및 신청인에게 그 내용을 통지하여야 한다. 〈신설 2012.4.5.〉

### 가) 변경허가대상

카지노업의 허가를 받은 자가 ① 대표자의 변경, ② 영업소 소재지의 변경, ③ 동일구내(같은 건물안 또는 같은 울안의 건물을 말한다)로의 영업장소 위치 변경 또는 영업장소의 면적 변경, ④ 별표 1의3 제1호에서 정한 경우에 해당하는 게임기구의 변경 또는 교체, ⑤ 법 제23조제1항 및 이 규칙 제29조제1항제4호에 따른 카지노 전산시설 중 주전산기의 변경 또는 교체, ⑥ 영업종류의 변경 등을 하고자 하는 때에는 변경허가를 받아야 한다.

### 나) 변경신고대상

카지노업의 허가를 받은 자가 ① 별표 1의3 제2호에서 정한 경우에 해당하는 게임기구의 변경 또는 교체, ② 법 제23조제1항 및 이 규칙 제29조제1항제4호에 따른 카지노 전산시설 중 주전산기를 제외한 시설의 변경 또는 교체, ③상호 또는 영업소의 명칭의 변경을 하고자 하는 때에는 변경신고를 하여야 한다.

### 다) 변경허가 및 신고의 신청

규정에 의하여 카지노업의 변경허가를 받거나 변경신고를 하고자 하는 자는 카지노업변경허가신청서 또는 변경내역신고서(시행규칙 제9조 관련 별지 제15호 서식)에 카지노업 변경내역을 증명할 수 있는 서류를 첨부하여 문화체육관광부장관에게 제출하여야 한다.

변경허가신청서 또는 변경신고서를 제출받은 문화체육관광부장관은 「전자정부법」 제36조 제1항에 따른 행정정보의 공동이용을 통하여 전기안전점검확인서(영업소의 소재지 또는 면적의 변경 등으로 「전기사업법」 제66조의2 제1항에 따른 전기안전점검을 받아야 하는 경우로서 카지노업 변경허가 또는 변경신고를 신청한 경우만 해당한다)를 확인하여야 하며, 확인 결과 「전기사업법」 제66조의2 제1항에 따른 전기안전점검을 받지 아니한 경우에는 관계기관 및 신청인에게 그 내용을 통지하여야 한다.

### 8) 카지노업허가증발급 및 허가대장작성

> **■ 시행규칙 제6조(카지노업의 허가등)**
>
> ⑤ 문화체육관광부장관은 카지노업의 허가(제8조제1항에 따른 변경허가를 포함한다)를 하는 경우에는 별지 제9호 서식의 카지노업 허가증을 발급하고 별지 제10호 서식의 카지노업 허가대장을 작성하여 관리하여야 한다. 〈개정 2008.3.6., 2012.4.5.〉
> ⑥ 카지노업 허가증의 재발급에 관하여는 제5조를 준용한다. 〈개정 2012.4.5.〉

#### (1) 카지노업허가증의 발급

문화체육관광부장관은 카지노업의 허가(변경허가를 포함한다)를 하는 때에는 카지노업허가증(「시행규칙」 제6조 제5항 관련 별지 제9호 서식)을 발급하여야 한다.

#### (2) 카지노업허가대장 작성 · 관리

문화체육관광부장관은 카지노업허가증을 교부한 때에는 카지노업허가대장(「시행규칙」 제6조 제5항 관련 별지 제10호 서식)을 작성 · 관리하여야 한다.

### 9) 허가증의 재발급

카지노사업자가 허가증을 재발급받고자 할 때에는 '등록증등재발급신청서(「시행규칙」 제5조 관련 별지 제7호서식)'를 허가관청에 제출하여야 한다(허가증이 헐어 못쓰게 된 경우에는 허가증을 첨부).

> **⌐■시행규칙 제6조(카지노업의 허가 등)**
>
> ⑥ 카지노업 허가증의 재발급에 관하여는 제5조를 준용한다. 〈개정 2012.4.5.〉

> **⌐■시행규칙 제5조(등록증의 재발급)**
>
> 영 제4조제4항에 따라 등록증의 재발급을 받으려는 자는 별지 제7호서식의 등록증등 재발급신청
> 서(등록증이 헐어 못 쓰게 된 경우에는 등록증을 첨부하여야 한다)를 특별자치시장·특별자치도
> 지사·시장·군수·구청장에게 제출하여야 한다. 〈개정 2009.10.22., 2019.4.25.〉

### 10) 카지노업의 허가취소 및 영업소폐쇄

#### (1) 카지노업의 허가취소

가) 다음과 같은 경우 문화체육관광부장관은 카지노사업의 허가를 취소하여야 한다.

① 카지노업의 허가를 받은 자가 모든 관광사업자에게 공통적으로 적용되는 결격사유(법 제7조 제1항 참조)에 해당하게 된 때: 문화체육관광부장관은 3월 이내에 허가를 취소하거나 영업소를 폐쇄하여야 한다. 다만, 법인의 임원중 그 사유에 해당하는 자가 있는 경우 3월 이내에 그 임원을 바꾸어 임명한 때에는 그러하지 아니하다(법 제7조 제2항)

② 카지노업의 허가를 받은 자가 카지노사업자의 결격사유(법 제22조 제1항 참조)에 해당하게 된 때: 다만, 법인의 임원중 그 사유에 해당하는 자가 있는 경우 3월 이내에 그 임원을 바꾸어 임명한 때에는 취소하지 아니한다(법 제22조 제2항).

③ 조건부영업허가를 받고 정당한 사유 없이 허가조건을 이행하지 아니하는 경우(법 제24조 제2항).

나) 허가받은 카지노사업자가 다음 사항 중 어느 하나에 해당하면 문화체육관광부장관은 허가를 취소하거나 6개월 이내의 기간을 정하여 그 사업의 전부 또는 일부의 정지를 명하거나 시설·운영의 개선을 명할 수 있다(법 제35조 제1항).

① 허가받은 전용영업장 등 문화체육관광부령으로 정하는 시설과 기구 중 중요사항 변경시 변경허가를 받지 아니하거나 경미한 사항에 대한 변경신고를 하지 아니하는 경우(법 제5조 제3항 참조)

② 카지노사업의 양수 또는 합병으로 인해 카지노사업자의 지위를 승계한 경우, 승계한 날부터 1개월 이내에 허가기관에 신고하지 아니하는 경우(법 제8조 제4항 참조)

③ 카지노사업자가 그 사업의 전부 또는 일부를 휴업하거나 폐업한 때 허가기관에 알리지 아니한 경우(법 제8조 제7항 참조).

④ 카지노업 운영에 필요한 시설 및 기구를 타인에게 처분하거나 타인으로 하여금 경영하게 한 경우(법 제11조 참조)

⑤ 법 제21조에 따른 카지노업의 허가 요건에 적합하지 아니하게 된 경우

⑥ 카지노시설 및 기구에 관한 유지·관리를 소홀히 한 경우(법 제23조 제3항 참조)

⑦ 카지노사업자의 준수사항을 위반한 경우(법 제28조 제1항 및 제2항 참조)

⑧ 관광진흥개발기금을 납부하지 아니한 경우(법 제30조 참조)

⑨ 관광사업의 경영 또는 사업계획을 추진함에 있어서 뇌물을 주고받은 경우

다) 문화체육관광부장관의 지도와 명령을 이행하지 아니한 경우(법 제27조 참조) 6개월 이내의 기간을 정하여 카지노사업의 전부 또는 일부의 정지를 명할 수 있다(법 제35조 제2항).

---

### 🔖 법 제7조(결격사유)

② 관광사업의 등록등을 받거나 신고를 한 자 또는 사업계획의 승인을 받은 자가 제1항 각 호의 어느 하나에 해당하면 문화체육관광부장관, 시·도지사 또는 시장·군수·구청장(이하 "등록기관등의 장"이라 한다)은 3개월 이내에 그 등록등 또는 사업계획의 승인을 취소하거나 영업소를 폐쇄하여야 한다. 다만, 법인의 임원 중 그 사유에 해당하는 자가 있는 경우 3개월 이내에 그 임원을 바꾸어 임명한 때에는 그러하지 아니하다. 〈개정 2008.2.29.〉

---

### 🔖 법 제22조(결격사유)

② 문화체육관광부장관은 카지노업의 허가를 받은 자(이하 "카지노사업자"라 한다)가 제1항 각 호의 어느 하나에 해당하면 그 허가를 취소하여야 한다. 다만, 법인의 임원 중 그 사유에 해당하는 자가 있는 경우 3개월 이내에 그 임원을 바꾸어 임명한 때에는 그러하지 아니하다. 〈개정 2008.2.29.〉

---

### 🔖 법 제24조(조건부 영업허가)

② 문화체육관광부장관은 제1항에 따른 허가를 받은 자가 정당한 사유 없이 제1항에 따른 기간에 허가 조건을 이행하지 아니하면 그 허가를 즉시 취소하여야 한다.
〈개정 2008.2.29., 2011.4.5.〉

---

### 🔖 법 제35조(허가취소등)

① 관할 등록기관등의 장은 관광사업의 등록등을 받거나 신고를 한 자 또는 사업계획의 승인을 받은 자가 다음 각 호의 어느 하나에 해당하면 그 등록등 또는 사업계획의 승인을 취소하거나 6개월 이내의 기간을 정하여 그 사업의 전부 또는 일부의 정지를 명하거나 시설·운영의 개선을 명할 수 있다. 〈개정 2007.7.19., 2009.3.25., 2011.4.5., 2014.3.11., 2015.2.3., 2015.5.18., 2015.12.22.〉

2. 제5조제3항 및 제4항 후단에 따른 변경허가를 받지 아니하거나 변경신고를 하지 아니한 경우

3. 제8조제4항(같은 조 제5항에 따라 준용하는 경우를 포함한다)에 따른 기한 내에 신고를 하지 아니한 경우

3의2. 제8조제7항을 위반하여 휴업 또는 폐업을 하고 알리지 아니하는 경우

5. 제11조를 위반하여 관광사업의 시설을 타인에게 처분하거나 타인에게 경영하도록 한 경우

10. 제21조에 따른 카지노업의 허가 요건에 적합하지 아니하게 된 경우

11. 제23조제3항을 위반하여 카지노 시설 및 기구에 관한 유지·관리를 소홀히 한 경우

12. 제28조제1항 및 제2항에 따른 준수사항을 위반한 경우

13. 제30조를 위반하여 관광진흥개발기금을 납부하지 아니한 경우

18. 제78조에 따른 보고 또는 서류제출명령을 이행하지 아니하거나 관계 공무원의 검사를 방해한 경우

19. 관광사업의 경영 또는 사업계획을 추진함에 있어서 뇌물을 주고받은 경우

② 관할 등록기관등의 장은 관광사업의 등록등을 받은 자가 다음 각 호의 어느 하나에 해당하면 6개월 이내의 기간을 정하여 그 사업의 전부 또는 일부의 정지를 명할 수 있다. 〈신설 2007.7.19., 2008.2.29., 2011.4.5.〉

2. 제27조에 따른 문화체육관광부장관의 지도와 명령을 이행하지 아니한 경우

## (2) 카지노의 영업소폐쇄

문화체육관광부장관은 다음과 같은 경우, 카지노 영업소를 폐쇄한다.

가) 카시노업의 허가를 받은 자가 모든 관광사업자에게 공통적으로 적용되는 결격사유 (법 제7조 제1항 참조)에 해당하게 된 때.

나) 허가를 받지 아니하고 영업을 하거나 허가의 취소 또는 사업의 정지명령을 받고 계속하여 영업을 한 때(법 제36조).

### 법 제7조(결격사유)

② 관광사업의 등록등을 받거나 신고를 한 자 또는 사업계획의 승인을 받은 자가 제1항 각 호의 어느 하나에 해당하면 문화체육관광부장관, 시·도지사 또는 시장·군수·구청장(이하 "등록기관등의 장"이라 한다)은 3개월 이내에 그 등록등 또는 사업계획의 승인을 취소하거나 영업소를 폐쇄하여야 한다. 다만, 법인의 임원 중 그 사유에 해당하는 자가 있는 경우 3개월 이내에 그 임원을 바꾸어 임명한 때에는 그러하지 아니하다. 〈개정 2008.2.29.〉

### 법 제36조(폐쇄조치 등)

① 관할 등록기관등의 장은 제5조제1항·제2항 또는 제4항에 따른 허가 또는 신고 없이 영업을 하거나 제24조제2항·제31조제2항 또는 제35조에 따른 허가의 취소 또는 사업의 정지명령을 받고 계속하여 영업을 하는 자에 대하여는 그 영업소를 폐쇄하기 위하여 관계 공무원에게 다음 각 호의 조치를 하게 할 수 있다.

1. 해당 영업소의 간판이나 그 밖의 영업표지물의 제거 또는 삭제

2. 해당 영업소가 적법한 영업소가 아니라는 것을 알리는 게시물 등의 부착

3. 영업을 위하여 꼭 필요한 시설물 또는 기구 등을 사용할 수 없게 하는 봉인(封印)

② 관할 등록기관등의 장은 제35조제1항제4호의 그에 따라 행정처분을 한 경우에는 관계공무원으로 하여금 이를 인터넷 홈페이지 등에 공개하게 하거나 사실과 다른 관광표지를 제거 또는 삭제하는 조치를 하게 할 수 있다. 〈개정 2014.3.11.〉

③ 관할 등록기관등의 장은 제1항에 따른 조치를 하려는 경우에는 미리 그 사실을 그 사업자 또는 그 대리인에게 서면으로 알려주어야 한다. 다만, 급박한 사유가 있으면 그러하지 아니하다.

④ 관할 등록기관등의 장은 제1항 및 제2항에 따른 조치를 하려는 경우에는 미리 그 사실을 그 사업자 또는 그 대리인에게 서면으로 알려주어야 한다. 다만, 급박한 사유가 있으면 그러하지 아니하다. 〈개정 2014.3.11.〉

⑤ 제1항에 따라 영업소를 폐쇄하는 관계 공무원은 그 권한을 표시하는 증표를 지니고 이를 관계인에게 내보여야 한다.

⑥ 제1항 및 제2항에 따라 영업소를 폐쇄하거나 관광표지를 제거 삭제하는 관계공무원은 그 권한을 표시하는 증표를 지니고 이를 관계인에게 내보여야 한다. 〈신설 2014.3.11.〉

## 2. 카지노업의 영업 및 관리

### 1) 카지노업의 영업종류 및 방법

**법 제26조(카지노의 영업 종류와 영업 방법 등), 제27조(지도와 명령)**

제26조(카지노업의 영업 종류와 영업 방법 등) ① 카지노업의 영업 종류는 문화체육관광부령으로 정한다. 〈개정 2008.2.29.〉

② 카지노사업자는 문화체육관광부령으로 정하는 바에 따라 제1항에 따른 카지노업의 영업 종류별 영업 방법 및 배당금 등에 관하여 문화체육관광부장관에게 미리 신고하여야 한다. 신고한 사항을 변경하려는 경우에도 또한 같다. 〈개정 2008.2.29.〉

③ 문화체육관광부장관은 제2항에 따른 신고 또는 변경신고를 받은 경우 그 내용을 검토하여 이 법에 적합하면 신고를 수리하여야 한다. 〈신설 2018.6.12.〉

제27조(지도와 명령) 문화체육관광부장관은 지나친 사행심 유발을 방지하는 등 그 밖에 공익을 위하여 필요하다고 인정하면 카지노사업자에게 필요한 지도와 명령을 할 수 있다. 〈개정 2008.2.29.〉

**시행규칙 제35조(카지노업의 영업종류 등)**

① 법 제26조제1항에 따른 카지노업의 영업 종류는 별표 8과 같다.

② 법 제26조제2항에 따라 카지노업의 영업 종류별 영업 방법 및 배당금에 관하여 문화관광부장관에게 신고하거나 신고한 사항을 변경하려는 카지노사업자는 별지 제32호서식의 카지노 영업종류별 영업방법등 신고서 또는 변경신고서에 다음 각 호의 서류를 첨부하여 문화체육관광부장관에게 신고하여야 한다. 〈개정 2008.3.6.〉

1. 영업종류별 영업방법 설명서
2. 영업종류별 배당금에 관한 설명서

### (1) 카지노영업종류

문화체육관광부령으로 정하고 있는 카지노영업의 종류는 룰렛 등 20가지이다(「시행규칙」 별표 8 참조).

### (2) 카지노 영업방법

카지노사업자는 카지노의 영업방법 및 영업종류별 배당금에 관한 설명서를 첨부하여 사전에 문화체육관광부장관에게 신고하여야 한다.

문화체육관광부장관은 과도한 사행심의 유발 및 기타 공익상 필요하다고 인정하는 경우에는 카지노사업자에 대하여 필요한 지도와 명령을 할 수 있다. 사행심(射倖心)이란 요행을 노리는 마음으로, 카지노의 속성이지만 과도하게 사행심을 유발시키거나, 공익에 손상을 가져올 경우에는 지도와 명령을 통해 이를 시정하고자 한 것이다. 특히 우리나라에서는 도박을 사회악의 하나로 규정하고 있는 실정이므로 국민의 정서와 맞지 않는 부분이 있기 때문에 문화체육관광부장관으로 하여금 지도와 명령이 필요한 경우 그렇게 할 수 있도록 한 것이다.

## 2) 카지노전산시설의 검사

### (1) 검사일시 등

> **법 제23조**
>
> ② 카지노사업자에 대하여는 문화체육관광부령으로 정하는 바에 따라 제1항에 따른 시설 중 일정 시설에 대하여 문화체육관광부장관이 지정·고시하는 검사기관의 검사를 받게 할 수 있다. 〈개정 2008.2.29.〉

> **시행규칙 제30조(카지노 전산시설의 검사)**
>
> ① 카지노업의 허가를 받은 자(이하 "카지노사업자"라 한다)는 법 제23조제2항에 따라 제29조제1항제4호에 따른 카지노 전산시설(이하 "카지노전산시설"이라 한다)에 대하여 다음 각 호의 구분에 따라 각각 해당 기한 내에 문화체육관광부장관이 지정·고시하는 검사기관(이하 "카지노전산시설 검사기관"이라 한다)의 검사를 받아야 한다. 〈개정 2008.3.6.〉
> 1. 신규로 카지노업의 허가를 받은 경우: 허가를 받은 날(조건부 영업허가를 받은 경우에는 조건 이행의 신고를 한 날)부터 15일
> 2. 검사유효기간이 만료된 경우: 유효기간 만료일부터 3개월
> ② 제1항에 따른 검사의 유효기간은 검사에 합격한 날부터 3년으로 한다. 다만, 검사 유효기간의 만료 전이라도 카지노전산시설을 교체한 경우에는 교체한 날부터 15일 이내에 검사를 받아야 하며, 이 경우 검사의 유효기간은 3년으로 한다.
> ③ 제1항에 따라 카지노전산시설의 검사를 받으려는 카지노사업자는 별지 제27호서식의 카지노 전산시설 검사신청서에 제29조제2항 각 호에 규정된 사항에 대한 검사를 하기 위하여 필요한 자료를 첨부하여 카지노전산시설 검사기관에 제출하여야 한다.

> **▣ 시행규칙 제30조2(유효기간 연장에 관한 사전통지)**
>
> ① 카지노전산시설 검사기관은 카지노사업자에게 카지노전산시설 검사의 유효기간 만료일부터 3개월 이내에 검사를 받아야 한다는 사실과 검사 절차를 유효기간 만료일 1개월 전까지 알려야 한다.
> ② 제2항에 따른 통지는 휴대폰에 의한 문자전송, 전자메일, 팩스, 전화, 문서 등으로 할 수 있다.
> [본조신설 2011.12.30.]

> **▣ 시행규칙 제29조(카지노업의 시설기준등)**
>
> ① 법 제23조제1항에 따라 카지노업의 허가를 받으려는 자가 갖추어야 할 시설 및 기구의 기준은 다음 각 호와 같다. 〈개정 2008.3.6.〉
> 1. 330제곱미터 이상의 전용 영업장
> 2. 1개 이상의 외국환 환전소
> 3. 제1항에 따른 카지노업의 영업종류 중 네 종류 이상의 영업을 할 수 있는 게임기구 및 시설
> 4. 문화체육관광부장관이 정하여 고시하는 기준에 적합한 카지노 전산시설
> ② 제1항제4호에 따른 기준에는 다음 각 호의 사항이 포함되어야 한다. 〈개정 2019.10.7.〉
> 1. 하드웨어의 성능 및 설치방법에 관한 사항
> 2. 네트워크의 구성에 관한 사항
> 3. 시스템의 가동 및 장애방지에 관한 사항
> 4. 시스템의 보안관리에 관한 사항
> 5. 환전관리 및 현금과 칩의 출납관리를 위한 소프트웨어에 관한 사항

### 가) 검사기일

카지노업의 허가를 받은 자는 카지노 전산시설에 대하여 다음 각호의 구분에 따라 각각 해당 기한 내에 문화체육관광부장관이 지정·고시하는 검사기관(이하 "카지노전산시설검사기관"이라 한다)의 검사를 받아야 한다(「시행규칙」 제30조 제1항).

① 신규로 카지노업의 허가를 받은 경우: 허가를 받은 날(조건부 영업허가를 받은 경우에는 조건이행의 신고를 한 날)부터 15일 이내
② 검사유효기간이 만료된 경우: 유효기간 만료일부터 3월 이내

### 나) 검사유효기간

검사의 유효기간은 검사에 합격한 날부터 3년으로 한다. 다만, 검사 유효기간의 만료전이라도 카지노 전산시설을 교체한 때에는 교체한 날부터 15일 이내에 검사를 받아야 하며, 이 경우 검사의 유효기간은 3년으로 한다(「시행규칙」 제30조 제2항).

### 다) 검사유효기간 연장에 관한 사전통지

카지노전산시설 검사기관은 카지노사업자에게 카지노전산시설 검사의 유효기간 만료일

부터 3개월 이내에 검사를 받아야 한다는 사실과 검사 절차를 휴대폰에 의한 문자전송, 전자메일, 팩스, 전화, 문서 등으로 유효기간 만료일 1개월 전까지 알려야 한다(「시행규칙」 제30조2).

### 라) 검사신청

카지노전산시설의 검사를 받고자 하는 카지노사업자는 전산시설검사신청서(「시행규칙」 제30조 제3항관련 별지 제27호서식)를 카지노전산시설검사기관에 제출하여야 한다. 이때 카지노사업자는 시행규칙 제29조제2항 각호에 규정된 사항에 대한 검사를 행하기 위하여 필요한 자료를 첨부하여야 한다(「시행규칙」 제30조 제3항).

### (2) 카지노전산시설 검사기관의 업무규정 등

카지노전산시설검사기관은 카지노전산시설검사업무규정을 작성하여 문화체육관광부장관의 승인을 얻어야 하며, 카지노시설·기구 검사기록부를 작성·비치하고, 이를 5년간 보존하여야 한다(「시행규칙」 제31조).

> **시행규칙 제31조(카지노전산시설검사기관의 업무규정 등)**
>
> ① 카지노전산시설 검사기관은 카지노전산시설 검사업무규정을 작성하여 문화체육관광부장관의 승인을 받아야 한다. 〈개정 2008.3.6.〉
> ② 제1항에 따른 카지노전산시설 검사업무규정에는 다음 각 호의 사항이 포함되어야 한다.
> 1. 검사의 소요기간
> 2. 검사의 절차와 방법에 관한 사항
> 3. 검사의 수수료에 관한 사항
> 4. 검사의 증명에 관한 사항
> 5. 검사원이 지켜야 할 사항
> 6. 그 밖의 검사업무에 필요한 사항
> ③ 카지노전산시설 검사기관은 별지 제28호서식의 카지노시설·기구 검사기록부를 작성·비치하고, 이를 5년간 보존하여야 한다.

### 3) 카지노기구의 검사

### (1) 카지노기구의 규격·기준(공인기준) 결정

문화체육관광부장관은 카지노업에 이용되는 기구의 형상·구조·재질 및 성능 등에 관한 규격 및 기준 즉 '공인기준'을 정하여 고시하여야 한다(법 제25조제1항). 한편, 문화체육관광부장관은 문화체육관광부장관이 지정하는 검사기관의 검정을 받은 카지노기구의 규격 및 기준을 공인기준 등으로 인정할 수 있다(법 제25조 제2항).

### 법 제25조(카지노기구의 규격 및 기준 등)

① 문화체육관광부장관은 카지노업에 이용되는 기구(이하 "카지노기구"라 한다)의 형상ㆍ구조ㆍ재질 및 성능 등에 관한 규격 및 기준(이하 "공인기준등"이라 한다)을 정하여야 한다. 〈개정 2008.2.29.〉

② 문화체육관광부장관은 문화체육관광부령으로 정하는 바에 따라 문화체육관광부장관이 지정하는 검사기관의 검정을 받은 카지노기구의 규격 및 기준을 공인기준등으로 인정할 수 있다. 〈개정 2008.2.29.〉

③ 카지노사업자가 카지노기구를 영업장소(그 부대시설 등을 포함한다)에 반입ㆍ사용하는 경우에는 문화체육관광부령으로 정하는 바에 따라 그 카지노기구가 공인기준등에 맞는지에 관하여 문화체육관광부장관의 검사를 받아야 한다. 〈개정 2008.2.29.〉

④ 제3항에 따른 검사에 합격된 카지노기구에는 문화체육관광부령으로 정하는 바에 따라 검사에 합격하였음을 증명하는 증명서(이하 "검사합격증명서"라 한다)를 붙이거나 표시하여야 한다. 〈개정 2008.2.29.〉

### 시행규칙 제33조(카지노기구의 규격ㆍ기준 및 검사)

① 문화체육관광부장관은 법 제25조제1항에 따라 카지노기구의 규격 및 기준을 정한 경우에는 이를 고시하여야 한다. 이 경우 별표 8의 전자테이블게임 및 머신게임 기구의 규격 및 기준에는 다음 각 호의 사항이 포함되어야 한다. 〈개정 2008.3.6., 2019.6.11., 2020.6.4.〉

1. 최저배당률에 관한 사항
2. 최저배당률 이하로 변경하거나 제3항에 따른 카지노기구검사기관의 검사를 받지 아니한 이피롬(EPROM) 및 기타프로그램 저장장치를 사용하는 경우에는 카지노기구의 자동폐쇄에 관한 사항
3. 게임결과의 기록 및 그 보전에 관한 사항

② 법 제25조제3항에 따라 카지노사업자는 다음 각 호의 구분에 따라 각각 해당 기한 내에 카지노기구의 검사를 받아야 한다. 〈개정 2018.1.25.〉

1. 신규로 카지노기구를 반입ㆍ사용하거나 카지노기구의 영업 방법을 변경하는 경우: 그 기구를 카지노 영업에 사용하는 날
2. 검사유효기간이 만료된 경우 : 검사 유효기간 만료일부터 15일
3. 제4항제2호의2에 따른 봉인의 해제가 필요하거나 영업장소를 이전하는 경우: 봉인의 해제 또는 영업장소의 이전 후 그 기구를 카지노영업에 사용하는 날
4. 카지노기구를 영업장에서 철거하는 경우: 그 기구를 영업장에서 철거하는 날
5. 그 밖에 카지노기구의 개조ㆍ변조 확인 및 카지노 이용자에 대한 위해(危害) 방지 등을 위하여 문화체육관광부장관이 요청하는 경우: 검사 요청일부터 5일 이내

③ 제2항에 따라 카지노기구의 검사를 받으려는 카지노사업자는 별지 제30호서식의 카지노기구 검사신청서에 다음 각 호의 서류를 첨부하여 법 제25조제2항에 따라 문화체육관광부장관이 지정하는 검사기관(이하 "카지노기구검사기관"이라 한다)에 제출하여야 한다. 〈개정 2008.3.6., 2008.8.26., 2020.6.4.〉

1. 카지노기구 제조증명서(품명ㆍ제조업자ㆍ제조연월일ㆍ제조번호ㆍ규격ㆍ재질 및 형식이 기재

된 것이어야 한다)

2. 카지노기구 수입증명서(수입한 경우만 해당한다)

3. 카지노기구 도면

4. 카시노기구 삭동설명서

5. 카지노기구의 배당률표

6. 카지노기구의 검사합격증명서(외국에서 제작된 카지노기구 중 해당 국가에서 인정하는 검사기관의 검사에 합격한 카지노기구를 신규로 반입·사용하려는 경우에만 해당한다)

④ 제3항에 따른 검사신청을 받은 카지노기구검사기관은 해당 카지노기구가 제1항에 따른 규격 및 기준에 적합한지의 여부를 검사하고, 검사에 합격한 경우에는 다음 각 호의 조치를 하여야 한다. 〈개정 2008.3.6., 2018.1.25., 2019.10.7., 2020.6.4.〉

1. 카지노기구 제조·수입증명서에 검사합격사항의 확인 및 날인

2. 카지노기구에 별지 제31호서식의 카지노기구 검사합격확인증의 부착 등 표시

2의2. 카지노기구의 개조·변조를 방지하기 위한 봉인(封印)

3. 세31조세3항에 따른 카시노시설·기구 검사기록부를 삭성한 후 그 사본을 문화체육관광부장관에게 제출

⑤ 카지노기구검사기관은 제4항에 따른 검사를 할 때 카지노사업자가 외국에서 제작된 카지노기구 중 해당 국가에서 인정하는 검사기관의 검사에 합격한 카지노기구를 신규로 반입·사용하려는 경우에는 그 카지노기구의 검사합격증명서에 의하여 검사를 하여야 한다. 〈개정 2008.8.26., 2020.6.4.〉

⑥ 제4항에 따른 검사의 유효기간은 검사에 합격한 날부터 3년으로 한다.

### ■ 시행규칙 제33조의2(카지노기구검사기관의 지정 신청 등)

① 법 제25조제2항에 따라 카지노기구검사기관으로 지정을 받으려는 자는 별지 제31호의2서식의 카지노기구검사기관 지정신청서(전자문서로 된 신청서를 포함한다)에 다음 각 호의 서류(전자문서를 포함한다)를 첨부하여 문화체육관광부장관에게 제출해야 한다.

1. 법인의 정관

2. 카지노기구 검사업무를 수행하기 위한 인력 및 장비 등이 포함된 사업계획서

3. 카지노기구 검사업무를 수행하기 위한 업무규정

4. 별표 7의2에 따른 지정 요건을 갖추었음을 증명하는 서류

② 문화체육관광부장관은 제1항에 따른 지정신청서를 받은 경우에는 「전자정부법」 제36조제1항에 따른 행정정보의 공동이용을 통해 법인 등기사항증명서를 확인해야 한다.

③ 카지노기구검사기관의 지정 요건은 별표 7의2와 같다.

④ 문화체육관광부장관은 제1항에 따라 카지노기구검사기관의 지정을 신청한 자가 별표 7의2에 따른 지정 요건에 적합한 경우에는 카지노기구검사기관으로 지정한다.

⑤ 문화체육관광부장관은 제4항에 따라 카지노기구검사기관을 지정한 경우에는 별지 제31호의3서식의 카지노기구검사기관 지정서를 발급하고, 그 내용을 문화체육관광부의 인터넷 홈페이지에

공고해야 한다.

[본조신설 2020.6.4.]

## (2) 카지노기구의 검사

### 가) 검사기일

카지노사업자가 카지노기구를 영업장소(그 부대시설 등을 포함한다)에 반입·사용하는 때에는 당해 카지노기구가 공인기준 등에 적합한지의 여부에 관하여 문화체육관광부장관이 지정하는 검사기관의 검사를 받아야 한다(법 제25조 제3항, 시행령 제65조 제1항).

카지노기구검사기한은 신규로 카지노기구를 반입·사용하거나 카지노기구의 영업 방법을 변경하는 경우 그 기구를 카지노 영업에 사용하는 날, 검사유효기간이 만료된 경우에는 검사유효기간 만료일부터 15일 이내, 제4항제2호의2에 따른 봉인의 해제가 필요하거나 영업장소를 이전하는 경우 봉인의 해제 또는 영업장소의 이전 후 그 기구를 카지노영업에 사용하는 날, 카지노기구를 영업장에서 철거하는 경우 그 기구를 영업장에서 철거하는 날, 그 밖에 카지노기구의 개조·변조 확인 및 카지노 이용자에 대한 위해(危害) 방지 등을 위하여 문화체육관광부장관이 요청하는 경우 검사 요청일부터 5일 이내에 검사를 받아야 한다.

---

**법 제25조**

③ 카지노사업자가 카지노기구를 영업장소(그 부대시설 등을 포함한다)에 반입·사용하는 경우에는 문화체육관광부령으로 정하는 바에 따라 그 카지노기구가 공인기준등에 맞는지에 관하여 문화체육관광부장관의 검사를 받아야 한다. 〈개정 2008.2.29.〉

---

**시행령 제65조(권한의 위탁)**

① 문화체육관광부장관이나 시·도지사는 법 제80조제3항에 따라 다음 각 호의 권한을 한국관광공사, 협회, 지역별·업종별 관광협회, 전문 연구·검사기관 또는 자격검정기관에 각각 위탁한다. 〈개정 2008.2.29., 2009.1.20., 2009.10.7., 2015.8.4.〉

2. 법 제25조제3항에 따른 카지노기구의 검사에 관한 권한: 법 제25조제2항에 따라 문화체육관광부장관이 지정하는 검사기관(이하 "카지노기구 검사기관"이라 한다)에 위탁한다.

---

**시행규칙 제33조(카지노기구의 규격·기준 및 검사)**

① 문화체육관광부장관은 법 제25조제1항에 따라 카지노기구의 규격 및 기준을 정한 경우에는 이를 고시하여야 한다. 이 경우 별표 8의 전자테이블게임 및 머신게임 기구의 규격 및 기준에는 다음 각 호의 사항이 포함되어야 한다. 〈개정 2008.3.6., 2019.6.11., 2020.6.4.〉

1. 최저배당률에 관한 사항
2. 최저배당률 이하로 변경하거나 제3항에 따른 카지노기구검사기관의 검사를 받지 아니한 이피
   롬(EPROM) 및 기타프로그램 저장장치를 사용하는 경우에는 카지노기구의 자동폐쇄에 관한
   사항
3. 게임결과의 기록 및 그 보전에 관한 사항

② 법 제25조제3항에 따라 카지노사업자는 다음 각 호의 구분에 따라 각각 해당 기한 내에 카지노
기구의 검사를 받아야 한다. 〈개정 2018.1.25.〉

1. 신규로 카지노기구를 반입·사용하거나 카지노기구의 영업 방법을 변경하는 경우: 그 기구를
   카지노 영업에 사용하는 날
2. 검사유효기간이 만료된 경우 : 검사 유효기간 만료일부터 15일
3. 제4항제2호의2에 따른 봉인의 해제가 필요하거나 영업장소를 이전하는 경우: 봉인의 해제
   또는 영업장소의 이전 후 그 기구를 카지노영업에 사용하는 날 〈신설 2018.1.25.〉
4. 카지노기구를 영업장에서 철거하는 경우: 그 기구를 영업장에서 철거하는 날 〈신설 2018.1.25.〉
5. 그 밖에 카지노기구의 개조·변조 확인 및 카지노 이용자에 대한 위해(危害) 방지 등을 위하여
   문화체육관광부장관이 요청하는 경우: 검사 요청일부터 5일 이내 〈신설 2018.1.25.〉

## 나) 검사신청

카지노기구의 검사를 받고자 하는 카지노사업자는 카지노기구검사신청서(「시행규칙」 제33
조 제3항 관련 별지 제30호 서식)를 작성하고 신청에 필요한 서류(「시행규칙」 제33조 참조)를 첨부
하여 문화체육관광부장관이 지정하는 검사기관(이하 "카지노검사기관"이라 한다)에 제출하
여야 한다(「시행규칙」 제33조 제3항).

> **▪시행규칙 제33조(카지노기구의 규격·기준 및 검사)**
>
> ③ 제2항에 따라 카지노기구의 검사를 받으려는 카지노사업자는 별지 제30호서식의 카지노기구
> 검사신청서에 다음 각 호의 서류를 첨부하여 법 제25조제2항에 따라 문화체육관광부장관이 지정
> 하는 검사기관(이하 "카지노기구검사기관"이라 한다)에 제출하여야 한다. 〈개정 2008.3.6., 2008.8.26.,
> 2020.6.4.〉
>
> 1. 카지노기구 제조증명서(품명·제조업자·제조연월일·제조번호·규격·재질 및 형식이 기재
>    된 것이어야 한다)
> 2. 카지노기구 수입증명서(수입한 경우만 해당한다)
> 3. 카지노기구 도면
> 4. 카지노기구 작동설명서
> 5. 카지노기구의 배당률표
> 6. 카지노기구의 검사합격증명서(외국에서 제작된 카지노기구 중 해당 국가에서 인정하는 검사기
>    관의 검사에 합격한 카지노기구를 신규로 반입·사용하려는 경우에만 해당한다)

### 다) 카지노검사기관의 조치 등

① 검사기관의 후속조치 : 검사신청을 받은 카지노검사기관은 당해 카지노기구가 '공인기준'에 적합한지의 여부를 검사하고, 검사에 합격한 경우에는 다음의 조치를 하여야 한다(「시행규칙」 제33조 제4항).

　ⓐ 카지노기구 제조·수입증명서에 검사합격사항의 확인 및 날인

　ⓑ 카지노기구에 카지노기구검사합격필증(별지 제31호 서식)의 부착 또는 압날

　ⓒ 카지노기구의 개조·변조를 방지하기 위한 봉인

　ⓓ 카지노시설·기구 검사기록부의 작성 및 그 사본의 문화체육관광부장관에의 제출

② 카지노검사기관은 검사를 함에 있어서 카지노사업자가 외국에서 제작된 카지노기구로서 당해 국가에서 인정하는 검사기관의 검사에 합격한 카지노기구를 신규로 반입·사용하고자 하는 경우에는 당해 카지노기구의 제조 및 수입관련서류에 의하여 검사를 하여야 한다(「시행규칙」 제33조 제5항).

③ 검사유효기관: 검사의 유효기간은 검사에 합격한 날부터 3년으로 한다(「시행규칙」 제33조제6항).

④ 카지노검사기관의 업무규정의 작성, 검사기록부의 작성·비치·보존: 카지노검사기관은 카지노전산시설검사의 경우와 마찬가지로 업무규정을 작성하며 문화체육관광부장관의 승인을 얻어야 한다. 그리고 카지노시설기구·검사기록부에 검사에 관한 사항을 기록하고 비치하여야 할 뿐만 아니라 이를 5년간 보존하여야 한다(「시행규칙」 제34조 및 제31조 제3항).

---

**🔲 법 제25조**

④ 제3항에 따른 검사에 합격된 카지노기구에는 문화체육관광부령으로 정하는 바에 따라 검사에 합격하였음을 증명하는 증명서(이하 "검사합격증명서"라 한다)를 붙이거나 표시하여야 한다. 〈개정 2008.2.29.〉

---

**🔲 시행규칙 제33조(카지노기구의 규격·기준 및 검사)**

④ 제3항에 따른 검사신청을 받은 카지노기구검사기관은 해당 카지노기구가 제1항에 따른 규격 및 기준에 적합한지의 여부를 검사하고, 검사에 합격한 경우에는 다음 각 호의 조치를 하여야 한다. 〈개정 2008.3.6., 2018.1.25., 2019.10.7., 2020.6.4.〉

1. 카지노기구 제조·수입증명서에 검사합격사항의 확인 및 날인
2. 카지노기구에 별지 제31호서식의 카지노기구 검사합격확인증의 부착 등 표시
2의2. 카지노기구의 개조·변조를 방지하기 위한 봉인(封印)
3. 제31조제3항에 따른 카지노시설·기구 검사기록부를 작성한 후 그 사본을 문화체육관광부장관에게 제출

⑤ 카지노기구검사기관은 제4항에 따른 검사를 할 때 카지노사업자가 외국에서 제작된 카지노기

구 중 해당 국가에서 인정하는 검사기관의 검사에 합격한 카지노기구를 신규로 반입·사용하려는 경우에는 그 카지노기구의 검사합격증명서에 의하여 검사를 하여야 한다. 〈개정 2008.8.26., 2020.6.4.〉
⑥ 제4항에 따른 검사의 유효기간은 검사에 합격한 날부터 3년으로 한다.

> **🔖 시행규칙 제34조(카지노검사기관의 업무규정 등)**
>
> 제31조는 카지노기구검사기관의 업무규정의 작성, 검사기록부의 작성·비치·보존에 관하여 준용한다. 〈개정 2020.6.4.〉
>
> [제목개정 2020.6.4.]

## 3. 카지노사업자 등의 준수사항

### 1) 카지노사업자 및 종사자의 준수사항

카지노사업자와 종사원은 다음과 같은 사항을 준수하여야 한다(법 제28조제1항).

① 허가 및 검사를 받지 않은 카지노기구로 영업하지 말 것
② 카지노 기계 및 운영소프트웨어를 변조(變造)하거나 사용하지 말 것.
③ 영업을 허가받은 이외의 장소에서 카지노영업을 하지 말 것
④ 내국인을 입장시키지 말 것(해외이주자는 허용)
⑤ 광고나 선전의 내용이 과도한 사행심을 유발하거나 선량한 풍속을 해하지 않을 것
⑥ 신고하지 아니한 영업종류, 영업방법, 배당금 등을 시행하지 말 것.
⑦ 미성년자를 입장시키지 말 것(19세 미만자)
⑧ 정당한 사유없이 당해 연도 안에 60일 이상 휴업하는 행위

여기서 카지노종사원이란 사업자를 대리하거나 그 지시를 받아 상시 또는 일시적으로 카지노영업에 종사하는 자를 말하며 직위나 명칭은 상관없다.

한편, 「카지노업영업준칙」 제21조(고객출입관리)에 의하면 카지노업자는 다음과 같은 사항을 준수하여야 한다.

첫째 내국인 및 미성년자를 출입시키지 말 것, 둘째 여행사 직원과 방문객은 방문증을 패용하게 한 후 출입할 수 있으나 게임에 참여할 수 없도록 조치해야 한다. 셋째, 카지노 출입구에 "내국인출입금지"라는 표지를 붙여야 한다. 넷째 모든 입장객의 신분증명서(여권, 거류민신고증, 국제운전면허증)를 각인별로 직접 확인해야 한다. 다섯째 각인별로 직접 확인을 생략할 수 있는 경우가 있는데, 동반한 여행사 직원이 고객명단을 제출한 단체입장객의 경우와 고객관리대장에 등재되어 있는 단골고객의 경우이다.

여기서 「고객관리대장」이란 카지노영업장에 출입한 사실이 있는 고객에 한정하여 고객

의 이름, 여권번호, 국적, 유효기간 등의 기록을 유지하여 입장을 원활하게 하기 위한 장부를 말한다.

> **법 제28조(카지노사업자 등의 준수사항)**
>
> ① 카지노사업자(대통령령으로 정하는 종사원을 포함한다. 이하 이 조에서 같다)는 다음 각 호의 어느 하나에 해당하는 행위를 하여서는 아니 된다.
> 1. 법령에 위반되는 카지노기구를 설치하거나 사용하는 행위
> 2. 법령을 위반하여 카지노기구 또는 시설을 변조하거나 변조된 카지노기구 또는 시설을 사용하는 행위
> 3. 허가받은 전용영업장 외에서 영업을 하는 행위
> 4. 내국인(「해외이주법」 제2조에 따른 해외이주자는 제외한다)을 입장하게 하는 행위
> 5. 지나친 사행심을 유발하는 등 선량한 풍속을 해칠 우려가 있는 광고나 선전을 하는 행위
> 6. 제26조제1항에 따른 영업 종류에 해당하지 아니하는 영업을 하거나 영업 방법 및 배당금 등에 관한 신고를 하지 아니하고 영업하는 행위
> 7. 총매출액을 누락시켜 제30조제1항에 따른 관광진흥개발기금 납부금액을 감소시키는 행위
> 8. 19세 미만인 자를 입장시키는 행위
> 9. 정당한 사유 없이 그 연도 안에 60일 이상 휴업하는 행위

> **시행령 제29조(카지노업의 종사원의 범위)**
>
> 법 제28조제1항 각 호 외의 부분에서 "대통령령으로 정하는 종사원"이란 그 직위와 명칭이 무엇이든 카지노사업자를 대리하거나 그 지시를 받아 상시 또는 일시적으로 카지노영업에 종사하는 자를 말한다.

## 2) 카지노업의 영업준칙

카지노사업자는 카지노업의 건전한 육성 · 발전을 위하여 관광진흥법에서 규정하는 영업준칙(「시행규칙」 제36조 관련 [별표 9])을 준수하여야 한다. 여기에는 카지노업의 영업 및 회계 등에 관한 사항이 포함되어야 한다. 다만, 「폐광지역개발지원에 관한 특별법」 제11조 제3항의 규정에 의하여 내국인의 출입이 허용되는 카지노업자는 [별표 9]와 같은 영업준칙 이외에 [별표 10]에 나타나는 준칙도 준수하여야 한다. 이에 대한 자세한 내용은 「카지노업영업준칙」(문화체육관광부고시 제2019-33호)에 나와 있다.

> **법 제28조**
>
> ② 카지노사업자는 카지노업의 건전한 육성 · 발전을 위하여 필요하다고 인정하여 문화체육관광부령으로 정하는 영업준칙을 지켜야 한다. 이 경우 그 영업준칙에는 다음 각 호의 사항이 포함되어야 한다. 〈개정 2007.7.19., 2008.2.29.〉

1. 1일 최소 영업시간
2. 게임 테이블의 집전함(集錢函) 부착 및 내기금액 한도액의 표시 의무
3. 슬롯머신 및 비디오게임의 최소배당률
4. 전산시설·환전소·계산실·폐쇄회로의 관리기록 및 회계와 관련된 기록의 유지 의무
5. 카지노 종사원의 게임참여 불가 등 행위금지사항

### 시행규칙 제36조(카지노업의 영업준칙)

① 법 제28조제2항에 따라 카지노사업자가 지켜야 할 영업준칙은 별표 9와 같다. 다만, 「폐광지역 개발 지원에 관한 특별법」 제11조제3항에 따라 법 제28조제1항제4호가 적용되지 아니하는 카지노사업자가 지켜야 할 영업준칙은 별표 10과 같다. 〈개정 2019.6.11.〉
② 문화체육관광부장관은 별표 9의 영업준칙의 세부내용에 관하여 필요한 사항을 정하여 고시할 수 있다. 〈신설 2019.6.11.〉

## [별표 9] 카지노업 영업준칙 〈개정 2019.10.7.〉 규칙 제36조 관련)

1. 카지노사업자는 카지노업의 건전한 발전과 원활한 영업활동, 효율적인 내부 통제를 위하여 이사회·카지노총지배인·영업부서·안전관리부서·환전·전산전문요원 등 필요한 조직과 인력을 갖추어 1일 8시간 이상 영업하여야 한다.
2. 카지노사업자는 전산시설·출납창구·환전소·카운트룸[드롭박스(Drop box:게임테이블에 부착된 현금함)의 내용물을 계산하는 계산실]·폐쇄회로·고객편의시설·통제구역 등 영업시설을 갖추어 영업을 하고, 관리기록을 유지하여야 한다.
3. 카지노영업장에는 게임기구와 칩스·(Chips:카지노에서 베팅에 사용되는 도구)·카드 등의 기구를 갖추어 게임 진행의 원활을 기하고, 게임테이블에는 드롭박스를 부착하여야 하며, 베팅금액 한도표를 설치하여야 한다.
4. 카지노사업자는 고객출입관리, 환전, 재환전, 드롭박스의 보관·관리와 계산요원의 복장 및 근무요령을 마련하여 영업의 투명성을 제고하여야 한다.
5. 머신게임을 운영하는 사업자는 투명성 및 내부통제를 위한 기구·시설·조직 및 인원을 갖추어 운영하여야 하며, 머신게임의 이론적 배당률을 75% 이상으로 하고 배당률과 실제 배당률이 5% 이상 차이가 있는 경우 카지노검사기관에 즉시 통보하여 카지노검사기관의 조치에 응하여야 한다.
6. 카지노사업자는 회계기록·콤프(카지노사업자가 고객유치를 위해 고객에게 숙식 등을 무료로 제공하는 서비스)비용·크레딧(카지노사업자가 고객에게 게임참여를 조건으로 칩스를 신용대여하는 것)제공·예치금 인출·알선수수료·계약게임 등의 기록을 유지하여야 한다.
7. 카지노사업자는 게임을 할 때 게임 종류별 일반규칙과 개별규칙에 따라 게임을 진행하여야 한다.
8. 카지노종사원은 게임에 참여할 수 없으며, 고객과 결탁한 부정행위 또는 국내외의 불법영업에 관여하거나 그 밖에 관광종사자로서의 품위에 어긋나는 행위를 하여서는 아니 된다.

## [별표 10] 폐광지역 카지노사업자의 영업준칙 <개정 2019.6.11.>

(시행규칙 제36조 단서관련)

1. 별표 9의 영업준칙을 지켜야 한다.
2. 카지노 영업소는 회원용 영업장과 일반 영업장으로 구분하여 운영하여야 하며, 일반 영업장에서는 주류를 판매하거나 제공하여서는 아니 된다.
3. 매일 오전 6시부터 오전 10시까지는 영업을 하여서는 아니 된다.
4. (별표 8)의 테이블게임에 거는 금액의 최고 한도액은 일반 영업장의 경우에는 테이블별로 정하되, 1인당 1회 10만원 이하로 하여야 한다. 다만, 일반 영업장 전체 테이블의 2분의 1의 범위에서는 1인당 1회 30만원 이하로 정할 수 있다.
5. (별표 8〉의 머신게임에 거는 금액의 최고 한도는 1회 2천원으로 한다. 다만, 비디오 포커게임기는 2천500원으로 한다.
6. 머신게임의 게임기 전체 수량 중 2분의 1 이상은 그 머신게임기에 거는 금액의 단위가 100원 이하인 기기를 설치하여 운영하여야 한다.
7. 카지노 이용자에게 자금을 대여하여서는 아니 된다.
8. 카지노가 있는 호텔이나 영업소의 내부 또는 출입구 등 주요 지점에 폐쇄회로 텔레비전을 설치하여 운영하여야 한다.
9. 카지노 이용자의 비밀을 보장하여야 하며, 카지노 이용자에 관한 자료를 공개하거나 누출하여서는 아니 된다. 다만, 배우자 또는 직계존비속이 요청하거나 공공기관에서 공익적 목적으로 요청한 경우에는 자료를 제공할 수 있다.
10. 사망·폭력행위 등 사고가 발생한 경우에는 즉시 문화체육관광부장관에게 보고하여야 한다.
11. 회원용 영업장에 대한 운영·영업방법 및 카지노 영업장 출입일수는 내규로 정하되, 미리 문화체육관광부장관의 승인을 받아야 한다.

## 3) 카지노영업소 이용자의 준수사항

카지노영업소에 입장하는 자는 카지노사업자가 외국인(「해외이주법」 제2조의 규정에 의한 해외이주자를 포함한다)임을 확인하기 위하여 신분확인에 필요한 사항을 묻는 때에는 이에 응하여야 한다(법 제29조 전단). 카지노영업소에는 외국인만 입장할 수 있으므로 종사자들이 신분을 확인할 때 응해야 한다(법 제29조 후단).

### 법 제29조(카지노영업소 이용자의 준수사항)

카지노영업소에 입장하는 자는 카지노사업자가 외국인(「해외이주법」 제2조에 따른 해외이주자를 포함한다)임을 확인하기 위하여 신분 확인에 필요한 사항을 묻는 때에는 이에 응하여야 한다.

## 4. 관광진흥개발기금 납부의무

### 1) 납부금징수비율 및 납부액

카지노시업자는 총매출액의 100분의 10의 범위안에서 일정비율에 상당하는 금액을 「관광진흥개발기금법」에 의한 관광진흥개발기금에 납부하여야 한다(법 제30조제1항). 카지노업의 주목적이 외화를 직접 벌어들이는 것이므로, 수입액의 상당부분을 관광진흥개발기금에 납부하게 하는 규정이다.

여기서 총매출액이란 외형을 말하는 것이 아니라 고객으로부터 받은 총금액에서 영업을 통해 고객에게 지불한 총금액을 공제한 것이다. 예를 들어 당해 연도에 고객으로부터 받은 총금액이 500억원이고, 게임을 통해 고객에게 지불한 금액이 300억원이라면 당해 연도의 총매출액은 200억원이 된다.

> ⌐■ 법 제30조(기금 납부)
>
> ① 카지노사업자는 총매출액의 100분의 10의 범위에서 일정 비율에 해당하는 금액을 「관광진흥개발기금법」에 따른 관광진흥개발기금에 내야 한다.

> ⌐■ 시행령 제30조(관광진흥개발기금으로의 납부금 등)
>
> ① 법 제30조제1항에 따른 총매출액은 카지노영업과 관련하여 고객으로부터 받은 총금액에서 고객에게 지급한 총금액을 공제한 금액을 말한다. 〈개정 2021.1.5.〉
> ② 법 제30조제4항에 따른 관광진흥개발기금 납부금(이하 "납부금"이라 한다)의 징수비율은 다음 각 호의 어느 하나와 같다.
> 1. 연간 총매출액이 10억원 이하인 경우: 총매출액의 100분의 1
> 2. 연간 총매출액이 10억원 초과 100억원 이하인 경우: 1천만원+총매출액 중 10억원을 초과하는 금액의 100분의 5
> 3. 연간 총매출액이 100억원을 초과하는 경우: 4억6천만원+총매출액 중 100억원을 초과하는 금액의 100분의 10

※ 참고 : 납부액계산의 실례

> 매출액에 따른 납부금의 비율이 다르다. 예를 들어 설명해 보자.
> 1. 연간 총매출액이 10억원 이하인 경우: "총매출액의 100분의 1(1%)"
>    예를 들어 연간 총고객수입이 15억원, 총고객지출이 7억원이라면 총매출액은 8억원이므로 여기에 해당된다. 따라서 납부금은 8억원의 1% 즉 800만원이다.
> 2. 연간 총매출액이 10억원 초과 100억원 이하인 경우: "1천만원+총매출액 중 10억원을 초과하는 금액의 100분의 5(5%)"

연간 총매출액이 10억을 넘는 경우부터는 기본금에다 총매출액의 일정비율을 가산한다.
예를 들어 총고객수입이 연간 100억원, 총고객지출이 연간 60억원이면 총매출액은 40억원이므로 여기에 해당된다. 따라서 기본금 1천만원+30억의 5%(1억 5천만)이므로 납부금은 1억 6천만원이다.

3. 연간 총매출액이 100억원을 초과하는 경우 : "4억6천만원+총매출액중 100억원을 초과하는 금액의 100분의 10(10%)"
예를 들어 연간 총고객수입이 500억원, 총지출이 200억원이라면 총매출액은 300억원이므로 여기게 해당된다. 따라서, 납부금은 기본금 4억6천만원+총매출액 200억원의 10%(20억)이므로 24억 6천만원이 된다.

## 2) 납부금 보고 · 납부 절차

카지노사업자가 납부금을 납부기한까지 납부하지 아니하는 때에는 문화체육관광부장관은 10일 이상의 기간을 정하여 이를 독촉하여야 한다(법 제30조제1항전단). 이 경우 체납된 납부금에 대하여 는 100분의 3에 상당하는 가산금을 부과하여야 한다(법 제30조제1항 후단).

독촉을 받은 자가 그 기간 내에 납부금을 납부하지 아니한 때에는 국세체납처분의 예에 따라 이를 징수한다. 또한 카지노사업자는 매년 3월말까지 공인회계사의 감사보고서가 첨부된 전년도의 재무제표를 문화체육관광부장관에게 제출하여야 한다(「시행령」 제30조제3항). 한편, 카지노업 재무제표의 제출과 납부금 납부통지는, 전년도 재무제표 제출(3월말까지) → 납부금 납부통지(4월말까지 통지, 2월 이내 납부) → 미납시 납부금 독촉(10일이상 기간 설정) : 납부금 체납시 가산금 부과(3%) → 독촉기간 내 미납부시 국세체납처분의 예에 따라 징수하는 형식으로 한다(법 제30조제2항).

단, 납부금을 2회까지 분할납부할 수 있으며, 6월말/9월말까지로 한다. 또한, 천재지변(天災地變) 등으로 납부금을 기한 내 납부할 수 없을 때는 그 사유가 없어진 날로부터 7일 이내에 납부할 수 있게 하였다. 여기서 천재 · 지변이란 자연현상으로 일어나는 재앙이나 괴변으로, 지진, 홍수, 산사태, 대형화재 등을 말한다.

### 법 제30조(기금 납부)

② 카지노사업자가 제1항에 따른 납부금을 납부기한까지 내지 아니하면 문화체육관광부장관은 10일 이상의 기간을 정하여 이를 독촉하여야 한다. 이 경우 체납된 납부금에 대하여는 100분의 3에 해당하는 가산금을 부과하여야 한다. 〈개정 2008.2.29.〉

③ 제2항에 따른 독촉을 받은 자가 그 기간에 납부금을 내지 아니하면 국세 체납처분의 예에 따라 징수한다.

④ 제1항에 따른 총매출액, 징수비율 및 부과 · 징수절차 등에 필요한 사항은 대통령령으로 정한다.

⑤ 삭제 〈2023.5.16.〉

⑥ 삭제 〈2023.5.16.〉

> **⬛ 시행령 제30조(관광진흥개발기금으로의 납부금 등)**
>
> ③ 카지노사업자는 매년 3월 말까지 공인회계사의 감사보고서가 첨부된 전년도의 재무제표를 문화체육관광부장관에게 제출하여야 한다. 〈개정 2008.2.29〉
>
> ④ 문화체육관광부장관은 매년 4월 30일까지 제2항에 따라 전년도의 총매출액에 대하여 산출한 납부금을 서면으로 명시하여 2개월 이내의 기한을 정하여 한국은행에 개설된 관광진흥개발기금의 출납관리를 위한 계정에 납부할 것을 알려야 한다. 이 경우 그 납부금을 2회 나누어 내게 할 수 있되, 납부기한은 다음 각 호와 같다. 〈개정 2008.2.29, 2010.2.24.〉
>
> 1. 제1회: 해당 연도 6월 30일까지
>
> 2. 제2회: 해당 연도 9월 30일까지
>
> 3. 삭제 〈2010.2.24.〉
>
> 4. 삭제 〈2010.2.24.〉
>
> ⑤ 카지노사업자는 천재지변이나 그 밖에 이에 준하는 사유로 납부금을 그 기한까지 납부할 수 없는 경우에는 그 사유가 없어진 날부터 7일 이내에 내야 한다.
>
> ⑥ 카지노사업자는 다음 각 호의 요건을 모두 갖춘 경우 문화체육관광부장관에게 제4항 각 호에 따른 납부기한의 45일 전까지 납부기한의 연기를 신청할 수 있다. 〈신설 2021.3.23.〉
>
> 1. 「감염병의 예방 및 관리에 관한 법률」 제2조제2호에 따른 제1급감염병 확산으로 인한 매출액 감소가 문화체육관광부장관이 정하여 고시하는 기준에 해당할 것
>
> 2. 제1호에 따른 매출액 감소로 납부금을 납부하는 데 어려움이 있다고 인정될 것
>
> ⑦ 문화체육관광부장관은 제6항에 따른 신청을 받은 때에는 제4항에도 불구하고 「관광진흥개발기금법」 제6조에 따른 기금운용위원회의 심의를 거쳐 1년 이내의 범위에서 납부기한을 한 차례 연기할 수 있다. 〈신설 2021.3.23.〉

## 3) 이의 신청

관광진흥개발 납부금 또는 체납된 납부금에 따른 가산금을 부과 받은 카지노사업자가 부과된 납부금 또는 가산금에 대하여 이의가 있는 경우에는 부과 받은 날부터 30일 이내에 문화체육관광부장관에게 이의를 신청할 수 있다.

그리고 문화체육관광부장관은 이의신청을 받았을 때에는 그 신청을 받은 날부터 15일 이내에 이를 심의하여 그 결과를 신청인에게 서면으로 알려야 한다.

> **⬛ 법 제30조(기금 납부)**
>
> ① 카지노사업자는 총매출액의 100분의 10의 범위에서 일정 비율에 해당하는 금액을 「관광진흥개발기금법」에 따른 관광진흥개발기금에 내야 한다.
>
> ② 카지노사업자가 제1항에 따른 납부금을 납부기한까지 내지 아니하면 문화체육관광부장관은 10일 이상의 기간을 정하여 이를 독촉하여야 한다. 이 경우 체납된 납부금에 대하여는 100분의 3에 해당하는 가산금을 부과하여야 한다. 〈개정 2008.2.29.〉

⑤ 삭제 〈2023.5.16.〉
⑥ 삭제 〈2023.5.16.〉

### 법 제30조의2(납부금 부과 처분 등에 대한 이의신청 특례)

① 문화체육관광부장관은 제30조제1항에 따른 납부금 또는 같은 조 제2항 후단에 따른 가산금 부과 처분에 대한 이의신청을 받으면 그 신청을 받은 날부터 15일 이내에 이를 심의하여 그 결과를 신청인에게 서면으로 알려야 한다.
② 제1항에서 규정한 사항 외에 이의신청에 관한 사항은 「행정기본법」 제36조(제2항 단서는 제외한다)에 따른다.
[본조신설 2023.5.16.]

# 제5절  유원시설업

## 1. 유원시설업의 허가 및 신고

### 1) 허가(신고)관청 및 허가종류

유원시설업을 경영하고자 하는 자가 받아야 하는 행정처분의 종류는 유원시설업 종류에 따라서 달라진다. 즉 허가를 받아야 하는 유원시설업과 신고를 해야 하는 유원시설업 두 종류로 나누어진다.

### 법 제5조(허가와 신고)

② 제3조제1항제6호에 따른 유원시설업 중 대통령령으로 정하는 유원시설업을 경영하려는 자는 문화체육관광부령으로 정하는 시설과 설비를 갖추어 특별자치도지사·시장·군수·구청장의 허가를 받아야 한다. 〈개정 2008.2.29., 2008.6.5.〉
③ 제1항과 제2항에 따라 허가받은 사항 중 문화체육관광부령으로 정하는 중요 사항을 변경하려면 변경허가를 받아야 한다. 다만, 경미한 사항을 변경하려면 변경신고를 하여야 한다. 〈개정 2008.2.29.〉

### 시행령 제7조(허가대상 유원시설업)

법 제5조제2항에서 "대통령령으로 정하는 유원시설업"이란 종합유원시설업 및 일반유원시설업을 말한다.

### (1) 허가대상업종 및 허가관청

유원시설업 중 종합유원시설업과 일반유원시설업을 경영하고자 하는 자는 시장 · 군수 · 구청장의 허가를 받아야 한다.

### (2) 신고대상업종 및 신고관청

유원시설업 중 기타유원시설업을 경영하고자 하는 자는 시장 · 군수 · 구청장에게 신고하여야 한다.

### (3) 허가의 종류

### 가) 신규허가

종합유원시설업 및 일반유원시설업을 경영하고자 하는 자는 허가를 받아야 한다.

### 나) 변경허가

허가를 받은 사항 중 중요사항을 변경하고자 하는 때에는 변경허가를 받아야 한다. 경미한 사항의 변경은 변경신고를 하면 된다.

### 다) 조건부 영업허가

특별자치시장 · 특별자치도지사 · 시장 · 군수 · 구청장은 유원시설업의 허가를 함에 있어서 허가를 받은 날부터 종합유원시설업의 경우에는 5년 이내, 일반유원시설업의 경우에는 3년 이내(일정한 사유가 있는 경우에는 1회에 한하여 1년의 범위 안에서 그 기간을 연장할 수 있다)에 법에서 규정하는 시설 및 설비(「시행규칙」 제7조1 관련 별표 1)를 갖출 것을 조건으로 허가할 수 있다.

조건부 영업허가를 받은 자가 조건을 이행한 때에는 시설 및 설비내역서를 첨부한 '조건이행내역서'(「시행규칙」 제38조의 1항 관련 별지 제32호의2 서식)를 특별자치시장 · 특별자치도지사 · 시장 · 군수 · 구청장에게 제출하여야 한다(「시행규칙」 제38조).

특별자치시장 · 특별자치도지사 · 시장 · 군수 · 구청장은 조건부 허가를 받은 자가 정당한 사유없이 허가조건을 이행하지 아니하는 경우에는 그 허가를 취소하여야 한다(법 제31조, 제2항)

> **법 제31조(조건부 영업허가)**
>
> ① 특별자치시장 · 특별자치도지사 · 시장 · 군수 · 구청장은 유원시설업 허가를 할 때 5년의 범위에서 대통령령으로 정하는 기간에 제5조제2항에 따른 시설 및 설비를 갖출 것을 조건으로 허가할 수 있다. 다만, 천재지변이나 그 밖의 부득이한 사유가 있다고 인정하는 경우에는 해당 사업자의 신청에 따라 한 차례만 1년을 넘지 아니하는 범위에서 그 기간을 연장할 수 있다. 〈개정 2008.6.5.,

2011.4.5., 2018.6.12., 2023.8.8.〉

② 특별자치시장 · 특별자치도지사 · 시장 · 군수 · 구청장은 제1항에 따른 허가를 받은 자가 정당한 사유 없이 제1항에 따른 기간에 허가 조건을 이행하지 아니하면 그 허가를 즉시 취소하여야 한다. 〈개정 2008.6.5., 2011.4.5., 2018.6.12.〉

③ 제1항에 따른 허가를 받은 자는 제1항에 따른 기간 내에 허가 조건에 해당하는 필요한 시설 및 기구를 갖춘 경우 그 내용을 특별자치시장 · 특별자치도지사 · 시장 · 군수 · 구청장에게 신고하여야 한다. 〈개정 2011.4.5., 2018.6.12.〉

④ 특별자치시장 · 특별자치도지사 · 시장 · 군수 · 구청장은 제3항에 따른 신고를 받은 날부터 문화체육관광부령으로 정하는 기간 내에 신고수리 여부를 신고인에게 통지하여야 한다. 〈신설 2018.6.12.〉

⑤ 특별자치시장 · 특별자치도지사 · 시장 · 군수 · 구청장이 제4항에서 정한 기간 내에 신고수리 여부 또는 민원 처리 관련 법령에 따른 처리기간의 연장을 신고인에게 통지하지 아니하면 그 기간(민원 처리 관련 법령에 따라 처리기간이 연장 또는 재연장된 경우에는 해당 처리기간을 말한다)이 끝난 날의 다음 날에 신고를 수리한 것으로 본다. 〈신설 2018.6.12.〉

## 시행령 제31조(유원시설업의 조건부 영업허가의 기간 등)

① 법 제31조제1항에서 "대통령령으로 정하는 기간"이란 조건부 영업허가를 받은 날부터 다음 각 호의 구분에 따른 기간을 말한다.

1. 종합유원시설업을 하려는 경우: 5년 이내
2. 일반유원시설업을 하려는 경우: 3년 이내

② 법 제31조제1항 단서에서 "그 밖의 부득이한 사유"란 다음 각 호의 어느 하나에 해당하는 사유를 말한다.

1. 천재지변에 준하는 불가항력적인 사유가 있는 경우
2. 조건부 영업허가를 받은 자의 귀책사유가 아닌 사정으로 부지의 조성, 시설 및 설비의 설치가 지연되는 경우
3. 그 밖의 기술적인 문제로 시설 및 설비의 설치가 지연되는 경우

[전문개정 2011.10.6.]

## 시행규칙 제37조(유원시설업의 조건부 영업허가 신청)

① 법 제31조에 따라 조건부 영업허가를 받고자 하는 자는 별지 제11호서식의 유원시설업 조건부 영업허가 신청서에 제7조제2항제2호 및 제3호의 서류와 사업계획서를 첨부하여 특별자치시장 · 특별자치도지사 · 시장 · 군수 · 구청장에게 제출하여야 한다. 〈개정 2009.3.31., 2019.4.25.〉

② 제1항에 따른 신청서를 받은 특별자치시장 · 특별자치도지사 · 시장 · 군수 · 구청장은 「전자정부법」 제36조제1항에 따른 행정정보의 공동이용을 통하여 법인 등기사항증명서(법인만 해당한다)를 확인하여야 한다. 〈개정 2009.3.31., 2011.3.30., 2019.4.25.〉

③ 제1항의 사업계획서에는 다음 각 호의 사항이 포함되어야 한다.

1. 법 제5조제2항에 따른 시설 및 설비 계획
2. 공사 계획, 공사 자금 및 그 조달 방법
3. 시설별·층별 면적, 시설개요, 조감도, 사업 예정 지역의 위치도, 시설배치 계획도 및 토지명세서

④ 특별자치시장·특별자치도지사·시장·군수·구청장은 유원시설업의 조건부 영업허가를 하는 경우에는 별지 제13호서식의 유원시설업 조건부 영업허가증을 발급하여야 한다. 〈개정 2009.3.31., 2019.4.25.〉

### 시행규칙 제39조(조건부 영업허가의 기간 연장 신청)

법 제31조제1항 단서에 따라 조건부 영업허가의 기간을 연장받으려는 자는 조건부 영업허가의 기간이 만료되기 전에 법 제31조제1항 단서 및 영 제31조제2항 각호의 어느 하나에 해당하는 사유를 증명하는 서류를 특별자치시장·특별자치도지사·시장·군수·구청장에게 제출하여야 한다. 〈개정 2019.4.25.〉
[전문개정 2011.10.6.]

### 시행규칙 제38조(조건이행의 신고 등)

① 법 제31조에 따라 유원시설업의 조건부 영업허가를 받은 자는 영 제31조제1항에 따른 기간 내에 그 조건을 이행한 경우에는 별지 제32호의2서식의 조건이행내역 신고서에 시설 및 설비내역서를 첨부하여 특별자치시장·특별자치도지사·시장·군수·구청장에게 제출하여야 한다. 〈개정 2009.3.31., 2011.10.6., 2019.4.25.〉

② 제1항에 따른 조건이행내역 신고서를 제출한 자가 영업을 시작하려는 경우에는 별지 제11호서식의 유원시설업 허가신청서에 제7조제2항제4호부터 제6호까지의 서류를 첨부하여 특별자치시장·특별자치도지사·시장·군수·구청장에게 제출하여야 한다. 〈개정 2009.3.31, 2011.10.6., 2019.4.25.〉

③ 특별자치시장·특별자치도지사·시장·군수·구청장은 제2항에 따라 받은 서류를 검토한 결과 유원시설업의 허가조건을 충족하는 경우에는 신청인에게 제37조제4항에 따른 조건부 영업허가증을 별지 제13호서식의 유원시설업 허가증으로 바꾸어 발급하고, 별지 제14호서식의 유원시설업 허가·신고 관리대장을 작성하여 관리하여야 한다. 〈개정 2009.3.31., 2019.4.25.〉
[제목개정 2011.10.6.]

## 2) 허가기준

유원시설업의 허가를 받고자 하는 자는 법에서 규정하는 시설 및 설비(「시행규칙」 제7조 제1항 관련 별표1 '유원시설업의 시설 및 설비기준)를 갖추어야 한다.

### 시행규칙 제7조(유원시설업의 시설 및 설비기준과 허가신청절차 등)

① 법 제5조제2항에 따라 유원시설업을 경영하려는 자가 갖추어야 하는 시설 및 설비의 기준은

별표 1의2와 같다. 〈개정 2016.3.28.〉

② 법 제5조2항에 따른 유원시설업의 허가를 받으려는 자는 별지 제11호서식의 유원시설업허가신청서에 다음 각 호의 서류를 첨부하여 특별자치시장 · 특별자치도지사 · 시장 · 군수 · 구청장에게 제출하여야 한다. 이 경우 6개월 미만의 단기로 유원시설업의 허가를 받으려는 자는 허가신청서에 해당 기간을 표시하여 제출하여야 한다. 〈개정 2009.3.31., 2015.3.6., 2015.4.22., 2016.12.30., 2019.4.25., 2019.10.16.〉

1. 영업시설 및 설비개요서

2. 신청인(법인의 경우에는 대표자 및 임원)이 내국인인 경우에는 성명 및 주민등록번호를 기재한 서류

2의2. 신청인(법인의 경우에는 대표자 및 임원)이 외국인인 경우에는 법 제7조제1항 각 호에 해당하지 아니함을 증명하는 다음 각 목의 어느 하나에 해당하는 서류. 다만, 법 또는 다른 법령에 따라 인 · 허가 등을 받아 사업자등록을 하고 해당 영업 또는 사업을 영위하고 있는 자(법인의 경우에는 최근 1년 이내에 법인세를 납부한 시점부터 허가 신청 시점까지의 기간 동안 대표자 및 임원의 변경이 없는 경우로 한정한다)는 해당 영업 또는 사업의 인 · 허가증 등 인 · 허가 등을 받았음을 증명하는 서류와 최근 1년 이내에 소득세(법인의 경우에는 법인세를 말한다)를 납부한 사실을 증명하는 서류를 제출하는 경우에는 그 영위하고 있는 영업 또는 사업의 결격사유 규정과 중복되는 법 제7조제1항의 결격사유에 한하여 다음 각 목의 서류를 제출하지 아니할 수 있다.

　가. 해당 국가의 정부나 그 밖의 권한 있는 기관이 발행한 서류 또는 공증인이 공증한 신청인의 진술서로서 「재외공관 공증법」에 따라 해당 국가에 주재하는 대한민국공관의 영사관이 확인한 서류

　나. 「외국공문서에 대한 인증의 요구를 폐지하는 협약」을 체결한 국가의 경우에는 해당 국가의 정부나 그 밖의 권한 있는 기관이 발행한 서류 또는 공증인이 공증한 신청인의 진술서로서 해당 국가의 아포스티유(Apostille) 확인서 발급 권한이 있는 기관이 그 확인서를 발급한 서류

3. 정관(법인만 해당한다)

4. 유기시설 또는 유기기구의 영업허가 전 검사를 받은 사실을 증명하는 서류(안전성검사의 대상이 아닌 경우에는 이를 증명하는 서류)

5. 법 제9조에 따른 보험가입 등을 증명하는 서류

6. 법 제33조제2항에 따른 안전관리자(이하 "안전관리자"라 한다)에 관한 별지 제12호서식에 따른 인적사항

7. 임대차계약서 사본(대지 또는 건물을 임차한 경우만 해당한다)

8. 다음 각 목의 사항이 포함된 안전관리계획서

　가. 안전점검 계획

　나. 비상연락체계

　다. 비상 시 조치계획

　라. 안전요원 배치계획(물놀이형 유기시설 또는 유기기구를 설치하는 경우만 해당한다)

　마. 유기시설 또는 유기기구 주요 부품의 주기적 교체 계획

③ 제2항에 따른 신청서를 제출받은 특별자치시장·특별자치도지사·시장·군수·구청장은 「전자정부법」 제36조제1항에 따른 행정정보의 공동이용을 통하여 법인 등기사항증명서(법인만 해당한다)를 확인하여야 한다. 〈개정 2009.3.31., 2011.3.30., 2019.4.25.〉

④ 특별자치시장·특별자치도지사·시장·군수·구청장은 유원시설업을 허가하는 경우에는 별지 제13호서식의 유원시설업 허가증을 발급하고 별지 제14호서식의 유원시설업 허가·신고관리대장을 작성하여 관리하여야 한다. 〈개정 2009.3.31., 2019.4.25.〉

⑤ 유원시설업 허가증의 재발급에 관하여는 제5조를 준용한다.

## [별표 1의2] 유원시설업의 시설 및 설비기준 〈개정 2019.10.16.〉

(시행규칙 제7조 제1항 관련)

### 1. 공통기준

| 구 분 | 시설 및 설비기준 |
|---|---|
| 가. 실내에 설치한 유원시설업 | (1) 독립된 건축물이거나 다른 용도의 시설(「게임산업진흥에 관한 법률」 제2조제6호의2가목 또는 제7호에 따른 청소년게임제공업 또는 인터넷컴퓨터게임시설제공업의 시설은 제외한다)과 분리, 구획 또는 구분되어야 한다. <br> (2) 유원시설업 내에 「게임산업진흥에 관한 법률」 제2조제6호의2가목 또는 제7호에 따른 청소년게임제공업 또는 인터넷컴퓨터게임시설제공업을 하려는 경우 청소년게임제공업 또는 인터넷컴퓨터게임시설제공업의 면적 비율은 유원시설업 허가 또는 신고 면적의 50퍼센트 미만이어야 한다. |
| 나. 종합유원시설업 및 일반유원시설업 | (1) 방송시설 및 휴식시설(의자 또는 차양시설 등을 갖춘 것을 말한다)을 설치하여야 한다. <br> (2) 화장실(유원시설업의 허가구역으로부터 100미터 이내에 공동화장실을 갖춘 경우는 제외한다)을 갖추어야 한다. <br> (3) 이용객을 지면으로 안전하게 이동시키는 비상조치가 필요한 유기시설 또는 유기기구에 대하여는 비상시에 이용객을 안전하게 대피시킬 수 있는 시설[축전지 또는 발전기 등의 예비전원설비, 사다리, 계단시설, 윈치(중량물을 끌어올리거나 당기는 기계설비), 로프 등 해당 시설에 적합한 시설]을 갖추어야 한다. <br> (4) 물놀이형 유기시설 또는 유기기구를 설치한 경우 다음 각 호의 시설을 갖추어야 한다. <br> ① 수소이온화농도, 유리잔류염소농도를 측정할 수 있는 수질검사장비를 비치하여야 한다. <br> ② 익수사고를 대비한 수상인명구조장비(구명구, 구명조끼, 구명로프 등)를 갖추어야 한다. <br> ③ 물놀이 후 씻을 수 있는 시설(유원시설업의 허가구역으로부터 100미터 이내에 공동으로 씻을 수 있는 시설을 갖춘 경우는 제외한다)을 갖추어야 한다. |

## 2. 개별기준

| 구 분 | 시설 및 설비기준 |
| --- | --- |
| 가. 종합유원시설업 | (1) 대지 면적(실내에 설치한 유원시설업의 경우에는 건축물 연면적)은 1만 제곱미터 이상이어야 한다.<br>(2) 법 제33조제1항에 따른 안전성검사 대상 유기시설 또는 유기기구 6종 이상을 설치하여야 한다.<br>(3) 정전 등 비상시 유기시설 또는 유기기구 이외 사업장 전체의 안전에 필요한 설비를 작동하기 위한 예비전원시설과 의무 시설(구급약품, 침상 등이 비치된 별도의 공간) 및 안내소를 설치하여야 한다.<br>(4) 음식점 시설 또는 매점을 설치하여야 한다. |
| 나. 일반유원시설업 | (1) 법 제33조제1항의 규정에 의한 안전성검사 대상 유기시설 또는 유기기구 1종 이상을 설치하여야 한다.<br>(2) 안내소를 설치하고, 구급약품을 비치하여야 한다. |
| 다. 기타유원시설업 | (1) 대지 면적(실내에 설치한 유원시설업의 경우에는 건축물 연면적)은 40제 곱미터 이상이어야 한다.(시행규칙 제40조제1항 관련 별표 11 제2호나 목2)에 해당되는 유기시설 또는 유기기구를 설치하는 경우는 제외한다)<br>(2) 법 제33조제1항에 따른 안전성검사 대상이 아닌 유기시설 또는 유기기구 1종 이상을 설치하여야 한다.<br>(3) 구급약품을 비치하여야 한다. |

## 3. 제1호 및 제2호의 기준에 관한 특례

(1) 제1호 및 제2호에도 불구하고 제7조에 따라 6개월 미만의 단기로 일반유원시설업의 허가를 받으려 하거나 제11조에 따라 6개월 미만의 단기로 기타유원시설업의 신고를 하려는 경우에는 (2) 및 (3)의 기준을 적용한다.

(2) 공통기준

  (가) 실내에 설치하는 경우에는 독립된 건축물이거나 다른 용도의 시설(「게임산업진흥에 관한 법률」 제2조제6호의2가목 또는 제7호에 따른 청소년게임제공업 또는 인터넷컴퓨터게임시 설제공업의 시설은 제외한다)과 분리, 구획 또는 구분되어야 한다.

  (나) 실내에 설치한 유원시설업 내에 「게임산업진흥에 관한 법률」 제2조제6호의2가목 또는 제7 호에 따른 청소년게임제공업 또는 인터넷컴퓨터게임시설제공업을 하려는 경우 청소년게임 제공업 또는 인터넷컴퓨터게임시설제공업의 면적비율은 유원시설업 허가 또는 신고 면적의 50퍼센트 미만이어야 한다.

  (다) 구급약품을 비치하여야 한다.

(3) 개별기준

  (가) 일반유원시설업

    1) 법 제33조제1항에 따른 안전성검사 대상 유기시설 또는 유기기구 1종 이상을 설치하여야 한다.

2) 휴식시설 및 화장실을 갖추어야 하나, 불가피한 경우에는 허가구역으로부터 100미터 이내에 그 이용이 가능한 휴식시설 및 화장실을 갖추어야 한다.

3) 비상시 유기시설 또는 유기기구로부터 이용객을 안전하게 대피시킬 수 있는 시설(사다리, 로프 등)을 갖추어야 한다.

4) 물놀이형 유기시설 또는 유기기구를 설치한 경우 수질검사장비와 수상인명구조장비를 비치하여야 한다.

(나) 기타유원시설업

1) 대지 면적(실내에 설치한 유원시설업의 경우에는 건축물 연면적)은 40제곱미터 이상이어야 한다.(제40조제1항 관련 별표 11 제2호나목2)에 해당되는 유기시설 또는 유기기구를 설치하는 경우는 제외한다)

2) 법 제33조제1항에 따른 안전성검사 대상이 아닌 유기시설 또는 유기기구 1종 이상을 설치하여야 한다.


## 3) 허가(신고)신청

### (1) 신규허가(신고)신청

#### ▣ 법 제5조(허가와 신고)

⑤ 제1항부터 제4항까지의 규정에 따른 허가 및 신고의 절차 등에 필요한 사항은 문화체육관광부령으로 정한다. 〈개정 2008.2.29.〉

#### ▣ 시행규칙 제7조(유원시설업의 시설 및 설비기준과 허가신청 절차 등)

② 법 제5조제2항에 따른 유원시설업의 허가를 받으려는 자는 별지 제11호서식의 유원시설업허가신청서에 다음 각 호의 서류를 첨부하여 특별자치시장·특별자치도지사·시장·군수·구청장에게 제출하여야 한다. 이 경우 6개월 미만의 단기로 유원시설업의 허가를 받으려는 자는 허가신청서에 해당 기간을 표시하여 제출하여야 한다. 〈개정 2009.3.31., 2015.3.6., 2015.4.22., 2016.12.30., 2019.4.25., 2019.10.16.〉

1. 영업시설 및 설비개요서

2. 신청인(법인의 경우에는 대표자 및 임원)이 내국인인 경우에는 성명 및 주민등록번호를 기재한 서류

2의2. 신청인(법인의 경우에는 대표자 및 임원)이 외국인인 경우에는 법 제7조제1항 각 호에 해당하지 아니함을 증명하는 다음 각 목의 어느 하나에 해당하는 서류. 다만, 법 또는 다른 법령에 따라 인·허가 등을 받아 사업자등록을 하고 해당 영업 또는 사업을 영위하고 있는 자(법인의 경우에는 최근 1년 이내에 법인세를 납부한 시점부터 허가 신청 시점까지의 기간 동안 대표자 및 임원의 변경이 없는 경우로 한정한다)는 해당 영업 또는 사업의 인·허가증 등 인·허가 등을 받았음을 증명하는 서류와 최근 1년 이내에 소득세(법인의 경우에는 법인세를 말한다)를 납부한 사실을 증명하는 서류를 제출하는 경우에는 그 영위하고 있는 영업

또는 사업의 결격사유 규정과 중복되는 법 제7조제1항의 결격사유에 한하여 다음 각 목의 서류를 제출하지 아니할 수 있다.

　가. 해당 국가의 정부나 그 밖의 권한 있는 기관이 발행한 서류 또는 공증인이 공증한 신청인의 진술서로서 「재외공관 공증법」에 따라 해당 국가에 주재하는 대한민국공관의 영사관이 확인한 서류

　나. 「외국공문서에 대한 인증의 요구를 폐지하는 협약」을 체결한 국가의 경우에는 해당 국가의 정부나 그 밖의 권한 있는 기관이 발행한 서류 또는 공증인이 공증한 신청인의 진술서로서 해당 국가의 아포스티유(Apostille) 확인서 발급 권한이 있는 기관이 그 확인서를 발급한 서류

3. 정관(법인만 해당한다)

4. 유기시설 또는 유기기구의 영업허가 전 검사를 받은 사실을 증명하는 서류(안전성검사의 대상이 아닌 경우에는 이를 증명하는 서류)

5. 법 제9조에 따른 보험가입 등을 증명하는 서류

6. 법 제33조제2항에 따른 안전관리자(이하 "안전관리자"라 한다)에 관한 별지 제12호서식에 따른 인적사항

7. 임대차계약서 사본(대지 또는 건물을 임차한 경우만 해당한다)

8. 다음 각 목의 사항이 포함된 안전관리계획서

　가. 안전점검 계획

　나. 비상연락체계

　다. 비상 시 조치계획

　라. 안전요원 배치계획(물놀이형 유기시설 또는 유기기구를 설치하는 경우만 해당한다)

　마. 유기시설 또는 유기기구 주요 부품의 주기적 교체 계획

## 🔖 시행규칙 제11조(유원시설업의 신고등)

① 법 제5조제4항에 따른 유원시설업의 신고를 하려는 자가 갖추어야 하는 시설 및 설비기준은 별표 1의2와 같다. 〈개정 2016.3.28.〉

② 법 제5조제4항에 따른 유원시설업의 신고를 하려는 자는 별지 제17호서식의 기타유원시설업 신고서에 다음 각 호의 서류를 첨부하여 특별자치시장 · 특별자치도지사 · 시장 · 군수 · 구청장에게 제출하여야 한다. 이 경우 6개월 미만의 단기로 기타유원시설업의 신고를 하려는 자는 신고서에 해당 기간을 표시하여 제출하여야 한다. 〈개정 2009.3.31., 2015.3.6., 2016.12.30., 2019.4.25., 2019.10.16.〉

1. 영업시설 및 설비개요서

2. 유기시설 또는 유기기구가 안전성검사 대상이 아님을 증명하는 서류

3. 법 제9조에 따른 보험가입 등을 증명하는 서류

4. 임대차계약서 사본(대지 또는 건물을 임차한 경우만 해당한다)

5. 다음 각 목의 사항이 포함된 안전관리계획서

　가. 안전점검 계획

나. 비상연락체계

다. 비상 시 조치계획

라. 안전요원 배치계획(물놀이형 유기시설 또는 유기기구를 설치하는 경우만 해당한다)

마. 유기시설 또는 유기기구 주요 부품의 주기적 교체 계획

③ 제2항에 따른 신고서를 제출받은 특별자치시장·특별자치도지사·시장·군수·구청장은 「전자정부법」 제36조제1항에 따른 행정정보의 공동이용을 통하여 법인 등기사항증명서(법인만 해당한다)를 확인하여야 한다. 〈개정 2009.3.31., 2011.3.30.2019.4.25.〉

④ 특별자치도지사·시장·군수·구청장은 제2항에 따른 신고를 받은 경우에는 별지 제18호서식의 유원시설업 신고증을 발급하고, 별지 제14호서식에 따른 유원시설업 허가·신고 관리대장을 작성하여 관리하여야 한다. 〈개정 2009.3.31.〉

⑤ 유원시설업 신고증의 재발급에 관하여는 제5조를 준용한다.

### ■ 시행규칙 제7조(유원시설업의 시설 및 설비기준과 허가신청 절차 등)

③ 제2항에 따른 신청서를 제출받은 특별자치도지사·시장·군수·구청장은 「전자정부법」 제36조제1항에 따른 행정정보의 공동이용을 통하여 법인 등기사항증명서(법인만 해당한다)를 확인하여야 한다. 〈개정 2009.3.31., 2011.3.30.〉

## 가) 유원시설업의 신규허가신청

종합유원시설업 및 일반유원시설업의 허가를 받고자 하는 자는 유원시설업허가신청서(「시행규칙」 제7조 관련 별지 제11호 서식)에 필요 서류(「시행규칙」 제7조 제2항 참조)를 첨부하여 "특별자치시장·특별자치도지사·시장·군수·구청장"에게 제출하여야 한다.

한편 신청인이 법인의 경우, 신청서를 제출받은 담당공무원은 「전자정부법」 제21조제1항에 따른 행정정보의 공동이용을 통하여 법인등기부등본을 확인하여야 한다. 다만, 신청인이 확인에 동의하지 아니하는 경우에는 신청인으로 하여금 해당 서류를 첨부하도록 하여야 한다.

## 나) 기타유원시설업의 신규신고

기타유원시설업의 신고를 하고자 하는 자는 기타유원시설업신고서(「시행규칙」 제11조 관련 별지 제17호 서식)에 구비서류(「시행규칙」 제11조 제1항의 서류)를 첨부하여 "특별자치시장·특별자치도지사·시장·군수·구청장"에게 제출하여야 한다.

## (2) 유원시설업의 변경허가(변경신고)신청

## 가) 유원시설업의 변경허가(변경신고)대상

### 법 제5조(변경허가 및 변경신고)

③ 제1항과 제2항에 따라 허가받은 사항 중 문화체육관광부령으로 정하는 중요 사항을 변경하려면 변경허가를 받아야 한다. 다만, 경미한 사항을 변경하려면 변경신고를 하여야 한다. 〈개정 2008.2.29.〉

④ 제2항에 따라 대통령령으로 정하는 유원시설업 외의 유원시설업을 경영하려는 자는 문화체육관광부령으로 정하는 시설과 설비를 갖추어 특별자치도지사 · 시장 · 군수 · 구청장에게 신고하여야 한다. 신고한 사항 중 문화체육관광부령으로 정하는 중요 사항을 변경하려는 경우에도 또한 같다. 〈개정 2008.2.29., 2008.6.5.〉

### 시행규칙 제8조(변경허가 및 변경신고 사항 등)

① 카지노업 또는 유원시설업의 허가를 받은 자가 법 제5조제3항 본문에 따라 다음 각 호의 어느 하나에 해당하는 사항을 변경하려는 경우에는 변경허가를 받아야 한다. 〈개정 2016.12.30.〉

1. 카지노업의 경우
   가. 대표자의 변경
   나. 영업소 소재지의 변경
   다. 동일구내(같은 건물 안 또는 같은 울 안의 건물을 말한다)로의 영업장소 위치 변경 또는 영업장소의 면적 변경
   라. 법 제23조제1항에 따른 시설 또는 기구의 2분의 1 이상의 변경 또는 교체
   마. 법 제23조제2항에 따른 검사대상시설의 변경 또는 교체
   바. 법 제26조에 따른 영업종류의 변경

2. 유원시설업의 경우
   가. 영업소의 소재지 변경(유기시설 또는 유기기구의 이전을 수반하는 영업소의 소재지 변경은 제외한다)
   나. 안전성검사 대상 유기시설 또는 유기기구의 영업장 내에서의 신설 · 이전 · 폐기
   다. 영업장 면적의 변경

② 카지노업 또는 유원시설업의 허가를 받은 자가 법 제5조제3항 단서에 따라 다음 각 호의 어느 하나에 해당하는 사항을 변경하려는 경우에는 변경신고를 하여야 한다. 〈개정 2016.12.30.〉

1. 대표자 또는 상호의 변경(유원시설업만 해당한다)
2. 법 제23조제1항에 따른 시설 또는 기구의 2분의 1 미만의 변경 또는 교체(카지노업만 해당한다)
3. 안전성검사 대상이 아닌 유기시설 또는 유기기구의 신설 · 폐기(유원시설업만 해당한다)
4. 안전관리자의 변경(유원시설업만 해당한다)
5. 상호 또는 영업소의 명칭 변경(카지노업만 해당한다)
6. 안전성검사 대상 유기시설 또는 유기기구의 3개월 이상의 운행 정지 또는 그 운행의 재개(유원시설업만 해당한다)
7. 안전성검사 대상이 아닌 유기시설 또는 유기기구로서 제40조제4항 단서에 따라 정기 확인검사가 필요한 유기시설 또는 유기기구의 3개월 이상의 운행 정지 또는 그 운행의 재개(유원시설업만 해당한다)

> **■시행규칙 제12조(중요사항의 변경신고)**
>
> 법 제5조제4항 후단에서 "문화체육관광부령으로 정하는 중요사항"이란 다음 각 호의 사항을 말한다. 〈개정 2008.3.6., 2016.12.30.〉
> 1. 영업소의 소재시 변경(유기시설 또는 유기기구의 이선을 수반하는 영업소의 소재시 변경은 제외한다)
> 2. 안전성검사 대상이 아닌 유기시설 또는 유기기구의 신설 · 폐기 또는 영업장 면적의 변경
> 3. 대표자 또는 상호의 변경
> 4. 안전성검사 대상이 아닌 유기시설 또는 유기기구로서 제40조제4항 단서에 따라 정기 확인검사가 필요한 유기시설 또는 유기기구의 3개월 이상의 운행 정지 또는 그 운행의 재개

### ① 변경허가대상

종합유원시설업 및 일반유원시설업의 허가를 받은 자가 ⓐ 영업소의 소재지의 변경(유기시설 또는 유기기구의 이전을 수반하는 영업소의 소재지 변경은 제외한다), ⓑ 안전성검사 대상 유기시설 또는 유기기구의 신설 · 이전 · 폐기, ⓒ 영업장 면적의 변경 등과 같은 중요사항을 변경하고자 하는 때에는 변경허가를 받아야 한다(「시행규칙」 제8조).

### ② 변경신고대상

ⓐ 종합유원시설업 및 일반유원시설업의 허가를 받은 자: 대표자 또는 '상호의 변경', '안전성검사 대상이 아닌 유기시설 또는 유기기구의 신설, 폐기', '안전관리자의 변경', '안전성검사 대상 유기시설 또는 유기기구의 3개월 이상의 운행 정지 또는 그 운행의 재개' 등과 같은 사항을 변경하고자 하는 때에는 변경신고를 하여야 한다(「시행규칙」 제8조 제2항).

ⓑ 기타유원시설업 신고를 한 자: '영업소의 소재지 변경(유기시설 또는 유기기구의 이전을 수반하는 영업소의 소재지 변경은 제외한다)', '안전성검사 대상이 아닌 유기시설 또는 유기기구의 신설 · 폐기 또는 영업장 면적의 변경', '대표자 또는 상호의 변경', '안전성검사 대상이 아닌 유기시설 또는 유기기구로서 제40조제4항 단서에 따라 정기 확인검사가 필요한 유기시설 또는 유기기구의 3개월 이상의 운행 정지 또는 그 운행의 재개' 등과 같은 중요사항을 변경하고자 할 때에는 변경신고를 하여야 한다(「시행규칙」 제12조).

### 나) 변경허가 및 변경신고의 신청

> **■시행규칙 제10조(유원시설업의 변경허가 및 변경신고)**
>
> ① 법 제5조제3항 본문에 따라 유원시설업의 변경허가를 받으려는 자는 그 사유가 발생한 날부터 30일 이내에 별지 제16호서식의 유원시설업 허가사항 변경허가신청서에 다음 각 호의 서류를

첨부하여 특별자치시장·특별자치도지사·시장·군수·구청장에게 제출해야 한다. 〈개정 2009.3.31., 2009.12.31., 2015.3.6., 2016.12.30., 2019.4.25., 2022.10.17.〉

1. 허가증

2. 영업소의 소재지 또는 영업장의 면적을 변경하는 경우에는 그 변경내용을 증명하는 서류

3. 안전성검사 대상 유기시설 또는 유기기구를 신설·이전하는 경우에는 제7조제2항제8호에 따른 안전관리계획서 및 제40조제5항에 따른 검사결과서

4. 안전성검사 대상 유기시설 또는 유기기구를 폐기하는 경우에는 폐기내용을 증명하는 서류

② 법 제5조제3항 단서에 따라 유원시설업의 변경신고를 하려는 자는 그 변경사유가 발생한 날부터 30일 이내에 별지 제16호서식의 유원시설업 허가사항 변경신고서에 다음 각 호의 서류를 첨부하여 특별자치시장·특별자치도지사·시장·군수·구청장에게 제출해야 한다. 〈개정 2009.3.31., 2011.10.6., 2016.12.30., 2019.4.25., 2022.10.17.〉

1. 대표자 또는 상호를 변경하는 경우에는 그 변경내용을 증명하는 서류(대표자가 변경된 경우에는 그 대표자의 성명·주민등록번호를 기재한 서류를 포함한다)

2. 안전성검사 대상이 아닌 유기시설 또는 유기기구를 신설하는 경우에는 제7조제2항제8호에 따른 안전관리계획서 및 제40조제5항에 따른 검사결과서

2의2. 안전성검사 대상이 아닌 유기시설 또는 유기기구를 폐기하는 경우에는 그 폐기내용을 증명하는 서류

3. 안전관리자를 변경하는 경우 그 안전관리자에 관한 별지 제12호서식에 따른 인적사항

4. 제8조제2항제6호 또는 제7호에 해당하는 경우에는 그 내용을 증명하는 서류

③ 제2항에 따른 신고서를 제출받은 특별자치시장·특별자치도지사·시장·군수·구청장은 「전자정부법」 제36조제1항에 따른 행정정보의 공동이용을 통하여 법인 등기사항증명서(법인의 상호가 변경된 경우만 해당한다)를 확인하여야 한다. 〈개정 2009.3.31., 2011.3.30., 2019.4.25.〉

## 🔲 시행규칙 제13조(신고사항 변경신고)

법 제5조제4항 후단에 따라 신고사항의 변경신고를 하려는 자는 그 변경사유가 발생한 날부터 30일 이내에 별지 제19호서식의 기타유원시설업 신고사항 변경신고서에 다음 각 호의 서류를 첨부하여 특별자치시장·특별자치도지사·시장·군수·구청장에게 제출해야 한다. 〈개정 2009.3.31., 2011.10.6., 2016.12.30., 2019.4.25., 2022.10.17.〉

1. 신고증

2. 영업소의 소재지 또는 영업장의 면적을 변경하는 경우에는 그 변경내용을 증명하는 서류

3. 안전성검사 대상이 아닌 유기시설 또는 유기기구를 신설하는 경우에는 제11조제2항제5호에 따른 안전관리계획서 및 제40조제5항에 따른 검사결과서

4. 안전성검사 대상이 아닌 유기시설 또는 유기기구를 폐기하는 경우에는 그 폐기내용을 증명하는 서류

5. 대표자 또는 상호를 변경하는 경우에는 그 변경내용을 증명하는 서류

6. 제12조제4호에 해당하는 경우에는 그 내용을 증명하는 서류

### ① 종합유원시설업 및 일반유원시설업 변경허가(변경신고포함)신청

중요한 사항의 변경허가를 받거나 경미한 사항의 변경신고를 하고자 하는 자는 그 변경사유가 발생한 날부터 30일 이내에 각각 유원시설업 허가사항 변경허가신청서(「시행규칙」 제10조 관련 별지 제16호 서식) 및 유원시설업허가사항변경신고서(「시행규칙」 제10조 관련 별지 제16호 서식)에 각종의 서류(「시행규칙」 제10조 1항 및 2항 참조)를 첨부하여 특별자치시장 · 특별자치도지사 · 시장 · 군수 · 구청장에게 제출하여야 한다.

다만 신고인이 법인의 경우, 신고서를 제출받은 담당 공무원은 「전자정부법」 제21조제1항에 따른 행정정보의 공동이용을 통하여 법인등기부 등본(법인의 상호가 변경된 경우만 해당한다)을 확인하여야 한다. 다만, 신고인이 확인에 동의하지 아니하는 경우에는 신고인으로 하여금 해당 서류를 첨부하도록 하여야 한다.

### ② 기타유원시설업 변경신고신청

변경신고를 하고자 하는 자는 그 변경사유가 발생한 날로부터 30일 이내에 기타유원시설업신고사항변경신고서(「시행규칙」 제13조관련 별지 제19호서식)에 각종의 서류(「시행규칙」 제13조 참조)를 첨부하여 "특별자치시장 · 특별자치도지사 · 시장 · 군수 · 구청장"에게 제출하여야 한다.

### (3) 유원시설업의 조건부영업허가신청

> **■시행규칙 제38조(조건이행의 신고 등)**
>
> ① 법 제31조에 따라 유원시설업의 조건부 영업허가를 받은 자는 영 제31조제1항에 따른 기간 내에 그 조건을 이행한 경우에는 별지 제32호의2서식의 조건이행내역 신고서에 시설 및 설비내역서를 첨부하여 특별자치시장 · 특별자치도지사 · 시장 · 군수 · 구청장에게 제출하여야 한다. 〈개정 2009.3.31., 2011.10.6., 2019.4.25.〉
> ② 제1항에 따른 조건이행내역 신고서를 제출한 자가 영업을 시작하려는 경우에는 별지 제11호서식의 유원시설업 허가신청서에 제7조제2항제4호부터 제6호까지의 서류를 첨부하여 특별자치시장 · 특별자치도지사 · 시장 · 군수 · 구청장에게 제출하여야 한다. 〈개정 2009.3.31., 2011.10.6., 2019.4.25.〉
> [제목개정 2011.10.6.]

### 가) 조건이행내역서 제출

유원시설업의 조건부 영업허가를 받은 자는 시행령 제31조 제1항의 규정에 의한 기간 내(종합유원시설업은 5년, 일반유원시설업은 3년)에 그 조건을 이행한 때에는 시설 및 설비내역서를 첨부한 조건이행내역신고서(별지 제32호의2 서식)를 "특별자치시장 · 특별자치도지사 · 시장 · 군수 · 구청장"에게 제출하여야 한다.

## 나) 유원시설업허가신청서 제출

조건이행내역신고서를 제출한 자가 영업을 개시하고자 하는 때에는 유원시설업허가신청서(별지 제11호 서식)에 유기시설 또는 유기기구의 영업허가 전 검사를 받은 사실을 증명하는 서류, 보험가입 등을 증명하는 서류, 안전관리자 인적사항, 임대차계약서 사본 등의 서류를 첨부하여 "특별자치시장·특별자치도지사·시장·군수·구청장"에게 제출하여야 한다.

## 4) 유원시설업허가증(신고증)발급 및 관리대장 작성

### 시행규칙 제7조(유원시설업허가증)

④ 특별자치시장·특별자치도지사·시장·군수·구청장은 유원시설업을 허가하는 경우에는 별지 제13호서식의 유원시설업 허가증을 발급하고 별지 제14호 서식의 유원시설업 허가·신고관리대장을 작성하여 관리하여야 한다. 〈개정 2009.3.31., 2019.4.25.〉

### 시행규칙 제11조(유원시설업의 신고증)

④ 특별자치시장·특별자치도지사·시장·군수·구청장은 제2항에 따른 신고를 받은 경우에는 별지 제18호 서식의 유원시설업 신고증을 발급하고, 별지 제14호 서식에 따른 유원시설업 허가·신고 관리대장을 작성하여 관리하여야 한다. 〈개정 2009.3.31., 2019.4.25.〉

### 시행규칙 제38조(조건이행의 신고 등)

② 제1항에 따른 조건이행내역 신고서를 제출한 자가 영업을 시작하려는 경우에는 별지 제11호 서식의 유원시설업 허가신청서에 제7조제2항제4호부터 제6호까지의 서류를 첨부하여 특별자치시장·특별자치도지사·시장·군수·구청장에게 제출하여야 한다. 〈개정 2009.3.31., 2011.10.6., 2019.4.25.〉

③ 특별자치시장·특별자치도지사·시장·군수·구청장은 제2항에 따라 받은 서류를 검토한 결과 유원시설업의 허가조건을 충족하는 경우에는 신청인에게 제37조제4항에 따른 조건부 영업허가증을 별지 제13호 서식의 유원시설업 허가증으로 바꾸어 발급하고, 별지 제14호 서식의 유원시설업 허가·신고 관리대장을 작성하여 관리하여야 한다. 〈개정 2009.3.31., 2019.4.25.〉

[제목개정 2011.10.6.]

### (1) 유원시설업허가증의 발급 및 관리대장 작성·관리

특별자치시장·특별자치도지사·시장·군수·구청장은 유원시설업을 허가(변경허가 포함)하는 때에는 유원시설업허가증(「시행규칙」 제7조제4항 관련 별지 제13호 서식)을 발급하고 유원시설업업허가대장(「시행규칙」 제11조제2항 관련 별지 제14호 서식)을 작성·관리하여야 한다.

한편, 특별자치시장·특별자치도지사·시장·군수·구청장은 조건부영업허가를 받은 사업자가 제출한 유원시설업허가신청서를 검토한 결과, 유원시설업의 허가조건을 충족하는 때에는 신청인에게 조건부영업허가증을 유원시설업 허가증(별지 제13호 서식)으로 바꾸어 발급하고, 유원시설업 허가 관리대장(별지 제14호 서식)을 작성·관리하여야 한다.

## (2) 유원시설업신고증의 발급 및 관리대장 작성·관리

특별자치시장·특별자치도지사·시장·군수·구청장은 기타유원시설업의 신고(변경신고 포함)를 받은 때에는 유원시설업신고증(「시행규칙」제11조제4항 관련 별지 제18호 서식)을 발급하고 기타유원시설업업신고대장을 작성·관리하여야 한다.

## 5) 유원시설업의 허가증 및 신고증 재발급

유원시설업자가 허가증 또는 신고증을 재발급받고자 할 때에는 '등록증등재발급신청서(「시행규칙」제5조 관련 별지 제7호 서식)'를 허가 또는 신고관청에 제출하여야 한다(허가증 또는 신고증이 헐어 못쓰게 된 경우에는 허가증 또는 신고증을 첨부).

> **시행규칙 제7조(유원시설업의 허가증 재발급)**
>
> ⑤ 유원시설업 허가증의 재발급에 관하여는 제5조를 준용한다.

> **시행규칙 제5조(등록증의 재발급)**
>
> 영 제4조제4항에 따라 등록증의 재발급을 받으려는 자는 별지 제7호서식의 등록증등 재발급신청서(등록증이 헐어 못쓰게 된 경우에는 등록증을 첨부하여야 한다)를 특별자치시장·특별자치도지사·시장·군수·구청장에게 제출하여야 한다. 〈개정 2009.10.22., 2019.4.25.〉

> **시행규칙 제11조(유원시설업의 신고증 재발급)**
>
> ⑤ 유원시설업 신고증의 재발급에 관하여는 제5조를 준용한다.

## 6) 유원시설업의 허가 또는 신고취소 및 영업소폐쇄

## (1) 유원시설업의 허가 또는 신고취소

> **법 제7조(결격사유)**
>
> ② 관광사업의 등록 등을 받거나 신고를 한 자 또는 사업계획의 승인을 받은 자가 제1항 각 호의 어느 하나에 해당하면 문화체육관광부장관, 시·도지사 또는 시장·군수·구청장(이하 "등록기관등의 장"이라 한다)은 3개월 이내에 그 등록등 또는 사업계획의 승인을 취소하거나 영업소를 폐쇄하여야 한다. 다만, 법인의 임원 중 그 사유에 해당하는 자가 있는 경우 3개월 이내에 그 임원을 바꾸어 임명한 때에는 그러하지 아니하다. 〈개정 2008.2.29.〉

> **법 제31조(조건부 영업허가)**
>
> ① 특별자치시장·특별자치도지사·시장·군수·구청장은 유원시설업 허가를 할 때 5년의 범위에서 대통령령으로 정하는 기간에 제5조제2항에 따른 시설 및 설비를 갖출 것을 조건으로 허가할 수 있다. 다만, 천재지변이나 그 밖의 부득이한 사유가 있다고 인정하는 경우에는 해당 사업자의

신청에 따라 한 차례만 1년을 넘지 아니하는 범위에서 그 기간을 연장할 수 있다. 〈개정 2008.6.5., 2011.4.5., 2018.6.12., 2023.8.8.〉

② 특별자치시장 · 특별자치도지사 · 시장 · 군수 · 구청장은 제1항에 따른 허가를 받은 자가 정당한 사유 없이 제1항에 따른 기간에 허가 조건을 이행하지 아니하면 그 허가를 즉시 취소하여야 한다. 〈개정 2008.6.5., 2011.4.5., 2018.6.12.〉

③ 제1항에 따른 허가를 받은 자는 제1항에 따른 기간 내에 허가 조건에 해당하는 필요한 시설 및 기구를 갖춘 경우 그 내용을 특별자치시장 · 특별자치도지사 · 시장 · 군수 · 구청장에게 신고하여야 한다. 〈신설 2011.4.5., 2018.6.12.〉

④ 특별자치시장 · 특별자치도지사 · 시장 · 군수 · 구청장은 제3항에 따른 신고를 받은 날부터 문화체육관광부령으로 정하는 기간 내에 신고수리 여부를 신고인에게 통지하여야 한다. 〈신설 2018.6.12.〉

⑤ 특별자치시장 · 특별자치도지사 · 시장 · 군수 · 구청장이 제4항에서 정한 기간 내에 신고수리 여부 또는 민원 처리 관련 법령에 따른 처리기간의 연장을 신고인에게 통지하지 아니하면 그 기간(민원 처리 관련 법령에 따라 처리기간이 연장 또는 재연장된 경우에는 해당 처리기간을 말한다)이 끝난 날의 다음 날에 신고를 수리한 것으로 본다. 〈신설 2018.6.12.〉

### 법 제35조(허가 및 신고취소 등)

3. 제8조제4항(같은 조 제5항에 따라 준용하는 경우를 포함한다)에 따른 기한 내에 신고를 하지 아니한 경우

5. 제11조를 위반하여 관광사업의 시설을 타인에게 처분하거나 타인으로 하여금 경영하게 한 경우

14. 제32조에 따른 유원시설 등의 관리를 소홀히 한 경우

15. 제33조제1항에 따른 유기시설 또는 유기기구에 대한 안전성검사 및 안전성검사 대상에 해당되지 아니함을 확인하는 검사를 받지 아니하거나 같은 조 제2항에 따른 안전관리자를 배치하지 아니한 경우

16. 제34조제1항에 따른 영업질서 유지를 위한 준수사항을 지키지 아니하거나 같은 조 제2항을 위반하여 불법으로 제조한 부분품을 설치하거나 사용한 경우

17. 삭제 〈2011.4.5.〉

19. 관광사업의 경영 또는 사업계획을 추진함에 있어서 뇌물을 주고받은 경우

## 가) 허가 등이 반드시 취소되는 경우

특별자치시장 · 특별자치도지사 · 시장 · 군수 · 구청장은 다음과 같은 경우 유원시설업의 허가 또는 신고를 반드시 취소하여야 한다.

① 유원시설업의 허가를 받은 자가 모든 관광사업자에게 공통적으로 적용되는 결격사유(법 제7조 제1항)에 해당하게 된 때

② 시설 및 설비를 갖출 것을 조건으로 조건부영업허가를 받은 유원시설업자가 정당한 사유없이 그 조건을 이행하지 아니하는 때(법 제31조)

## 나) 허가 등이 취소될 수 있는 경우

등록기관 등의 장은 다음과 같은 경우 허가 등을 취소하거나 6개월 이내의 기간을 정하여 그 사업의 전부 또는 일부의 정지를 명하거나 시설·운영의 개선을 명할 수 있다.

① 유원시설업의 양수 또는 합병에 따른 관광사업자의 지위를 승계한 후 1개월 이내에 그 사실을 신고하지 않은 경우(법 제35조 제1항 제3호)

② 유원시설업을 경영함에 있어서 안전성검사대상기구를 타인에게 처분하거나 타인으로 하여금 경영하게 한 경우(법 제35조 제1항 제5호)

③ 유기시설 또는 유기기구에 대한 안전성검사 및 안전성검사대상에 해당하지 아니함을 확인하는 검사를 받지 아니하거나 안전관리자를 배치하지 아니한 경우(법 제35조 제1항 제1호)

④ 영업질서유지를 위한 준수사항을 지키지 아니하거나 법령을 위반하여 제조한 유기시설·유기기구 또는 유기기구의 부분품(部分品)을 설치하거나 사용한 경우(법 제35조 제1항 제16호)

⑤ 안전성검사를 받아야 하는 유기시설 및 유기기구에 대한 안전관리를 위하여 배치된 안전관리자의 안전교육(시행규칙 제56조 참조)과 관련, 협조하지 아니하는 경우(법 제35조 제1항 제17호)

⑥ 유원시설업의 경영 또는 사업계획을 추진함에 있어서 뇌물을 주고받은 경우

⑦ 유원시설관리를 소홀히 한 경우

## (2) 유원시설업 영업소폐쇄

특별자치시장·특별자치도지사·시장·군수·구청장은 다음과 같은 경우 유원시설업영업소를 폐쇄한다.

가) 유원시설업의 허가를 받은 자 또는 신고를 한 자가 모든 관광사업자에게 공통적으로 적용되는 결격사유(법 제7조 제1항 참조)에 해당하게 된 때

나) 허가를 받지 아니하고 또는 신고를 하지 아니하고 영업을 하거나 허가 또는 신고의 취소 또는 사업의 정지명령을 받고 계속하여 영업을 한 때(법 제36조)

> **□■ 법 제7조(결격사유)**
>
> ② 관광사업의 등록등을 받거나 신고를 한 자 또는 사업계획의 승인을 받은 자가 제1항 각 호의 어느 하나에 해당하면 문화체육관광부장관, 시·도지사 또는 시장·군수·구청장(이하 "등록기관등의 장"이라 한다)은 3개월 이내에 그 등록등 또는 사업계획의 승인을 취소하거나 영업소를 폐쇄하여야 한다. 다만, 법인의 임원 중 그 사유에 해당하는 자가 있는 경우 3개월 이내에 그 임원을 바꾸어 임명한 때에는 그러하지 아니다. 〈개정 2008.2.29.〉

> **📖 법 제36조(폐쇄조치 등)**
>
> ① 관할 등록기관등의 장은 제5조제1항 · 제2항 또는 제4항에 따른 허가 또는 신고 없이 영업을 하거나 제24조제2항 · 제31조제2항 또는 제35조에 따른 허가의 취소 또는 사업의 정지명령을 받고 계속하여 영업을 하는 자에 대하여는 그 영업소를 폐쇄하기 위하여 관계 공무원에게 다음 각 호의 조치를 하게 할 수 있다.
>
> 1. 해당 영업소의 간판이나 그 밖의 영업표지물의 제거 또는 삭제
> 2. 해당 영업소가 적법한 영업소가 아니라는 것을 알리는 게시물 등의 부착
> 3. 영업을 위하여 꼭 필요한 시설물 또는 기구 등을 사용할 수 없게 하는 봉인(封印)

## 2. 유원시설 등의 관리

### 1) 물놀이형 유원시설업자의 준수사항

유원시설업자 중 물놀이형 유기시설 또는 유기기구를 설치한 자는 문화체육관광부령으로 정하는 안전 · 위생기준을 지켜야 한다.

> **📖 법 제32조(물놀이형 유원시설업자의 준수사항)**
>
> 제5조제2항 또는 제4항에 따라 유원시설업의 허가를 받거나 신고를 한 자(이하 "유원시설업자"라 한다)중 물놀이형 유기시설 또는 유기기구를 설치한 자는 문화체육관광부령으로 정하는 안전 · 위생기준을 지켜야 한다.
> [전문개정 2009.3.25.]

### [별표 10의2] 물놀이형 유원시설업자의 안전 · 위생기준 <개정 2019.8.1.>
(시행규칙 제39조의2 관련)

1. 사업자는 사업장 내에서 이용자가 항상 이용 질서를 유지하도록 하여야 하며, 이용자의 활동에 제공되거나 이용자의 안전을 위하여 설치된 각종 시설 · 설비 · 장비 · 기구 등이 안전하고 정상적으로 이용될 수 있는 상태를 유지하여야 한다.
2. 사업자는 물놀이형 유기시설 또는 유기기구의 특성을 고려하여 음주 등으로 정상적인 이용이 곤란하다고 판단될 때에는 음주자 등의 이용을 제한하고, 해당 유기시설 또는 유기기구별 신장제한 등에 해당되는 어린이는 이용을 제한하거나 보호자와 동행하도록 하여야 한다.
3. 사업자는 물놀이형 유기시설 또는 유기기구의 정원, 주변 공간, 부속시설, 수상안전시설의 구비 정도 등을 고려하여 안전과 위생에 지장이 없다고 인정하는 범위에서 사업장의 동시수용 가능인원을 산정하여 특별자치도지사 · 시장 · 군수 · 구청장에게 제출하여야 하고, 기구별 정원을 초과하여 이용하게 하거나 동시수용 가능인원을 초과하여 입장시켜서는 아니 된다.
4. 사업자는 물놀이형 유기시설 또는 유기기구의 설계도에 제시된 유량이 공급되거나 담수되도록 하여야 하고, 이용자가 쉽게 볼 수 있는 곳에 수심 표시를 하여야 한다(수심이 변경되는 구간에는

변경된 수심을 표시한다).

5. 사업자는 풀의 물이 1일 3회 이상 여과기를 통과하도록 하여야 하며, 부유물 및 침전물의 유무를 상시 점검하여야 한다.

6. 의무 시설을 설치한 사업자는 의무 시설에 「의료법」에 따른 간호사 또는 「응급의료에 관한 법률」에 따른 응급구조사 또는 「간호조무사 및 의료유사업자에 관한 규칙」에 따른 간호조무사를 1명 이상 배치하여야 한다.

7. 사업자는 다음 각 목에서 정하는 항목에 관한 기준(해수를 이용하는 경우 「환경정책기본법 시행령」 제2조 및 별표 1 제3호라목의 II등급 기준을 적용한다)에 따라 사업장 내 풀의 수질 기준을 유지하여야 한다.

　가. 유리잔류염소는 0.4㎎/l에서 2.0㎎/l까지 유지하도록 하여야 한다. 다만, 오존소독 등으로 사전 처리를 하는 경우의 유리잔류염소농도는 0.2㎎/l 이상을 유지하여야 한다.

　나. 수소이온농도는 5.8부터 8.6까지 되도록 하여야 한다.

　다. 탁도는 2.8NTU 이하로 하여야 한다.

　라. 과망간산칼륨의 소비량은 15㎎/l 이하로 하여야 한다.

　마. 각 풀의 대장균군은 10밀리리터들이 시험대상 5개 중 양성이 2개 이하이어야 한다.

7의 2

8. 사업자는 이용자가 쉽게 볼 수 있는 곳에 물놀이형 유기시설 또는 유기기구의 정원 또는 사업장 동시수용인원, 물의 순환 횟수, 수질검사 일자 및 수질검사 결과 등을 게시하여야 한다. 이 경우 수질검사 결과 중 제7호가목부터 마목까지의 규정에 관한 내용은 게시하고, 같은 호 다목부터 마목까지의 규정에 관한 내용은 관리일지를 작성하여 비치·보관하여야 한다.

9. 사업자는 물놀이형 유기시설 또는 유기기구에 대한 관리요원을 배치하여 그 이용 상태를 항상 점검하여야 한다.

10. 사업자는 이용자의 안전을 위한 안전요원 배치와 관련하여 다음 사항을 준수하여야 한다.

　가. 안전요원이 할당 구역을 조망할 수 있는 적절한 배치 위치를 확보하여야 한다.

　나. 수심 100센티미터를 초과하는 풀에서는 면적 660제곱미터당 최소 1인이 배치되어야 하고, 수심 100센티미터 이하의 풀에서는 면적 1,000제곱미터당 최소 1인을 배치하여야 한다.

　다. 안전요원의 자격은 해양경찰청장이 지정하는 교육기관에서 발급하는 인명구조요원 자격증을 소지한 자, 대한적십자사나 「체육시설의 설치·이용에 관한 법률」 제34조에 따른 수영장 관련 체육시설업협회 등에서 실시하는 수상안전에 관한 교육을 받은 자 및 이와 동등한 자격요건을 갖춘 자만 해당한다. 다만, 수심 100센티미터 이하의 풀의 경우에는 문화체육관광부장관이 정하는 업종별 관광협회 또는 기관에서 실시하는 수상안전에 관한 교육을 받은 자도 배치할 수 있다.

11. 사업자는 안전요원이 할당한 구역 내에서 부상자를 신속하게 발견하여 응급처치를 이행할 수 있도록 이용자 안전관리계획, 안전요원 교육프로그램 및 안전 모니터링계획 등을 수립하여야 한다.

12. 사업자는 사업장 내에서 수영장 등 부대시설을 운영하는 경우 관계 법령에 따른 안전·위생기준을 준수하여야 한다.

## 2) 유기시설 및 유기기구의 안전성검사

### (1) 검사대상업종

유원시설업자는 안전성검사대상 유기시설 또는 유기기구에 대하여 특별자치시장·특별자치도지사 · 시장 · 군수 · 구청장이 실시하는 안전성검사를 받아야 하며, 안전성검사대상이 아닌 유기시설 또는 유기기구에 대하여는 안전성검사대상에 해당되지 아니함을 확인하는 검사를 받아야 한다. 따라서 안전성검사대상유기시설 또는 유기기구와 안전성검사대상이 아닌 유기시설 또는 유기기구를 모두 설치하고 있는 종합유원시설업과 일반유원시설업자는 안전성검사 및 안전성검사에 해당되지 아니함을 확인하는 검사 두 가지를 다 실시하여야 하며 안전성검사대상 유기시설 또는 유기기구를 설치하지 않는 기타유원시설업자는 안전성검사대상이 아닌 유기시설 또는 유기기구에 대하여 안전성검사대상에 해당되지 아니함을 확인하는 검사 한 가지만 받으면 된다.

### (2) 검사시기

유원시설업의 허가 또는 변경허가를 받으려는 자(조건부 영업허가를 받은 자로서 시행규칙 제38조 제2항의 규정에 의하여 조건이행내역서를 제출한 후 영업을 개시하고자 하는 경우를 포함한다)는 제1항에 따른 안전성검사대상 유기시설 · 유기기구에 대하여 허가 또는 변경허가 전에 안전성검사를 받아야 하며, 허가 또는 변경허가를 받은 다음 연도부터는 연 1회 이상 안전성검사를 받아야 한다. 즉, 종합유원시설업과 일반유원시설업은 사업허가를 받은 후 연 1회 이상 안전성검사를 받아야 한다(「시행규칙」 제40조 제2항). 다만, 최초로 안전성검사를 받은 지 10년이 지난 별표 11 제1호나목2)의 유기시설 또는 유기기구에 대하여는 반기별로 1회 이상 안전성 검사를 받아야 한다.

### (3) 사고보고의무 및 사고조사

유원시설업자는 그가 관련하는 유기시설 또는 유기기구로 인하여 대통령령으로 정하는 중대한 사고가 발생하였을 경우(시행령 제31조의2 참조) 사용중지 등 필요한 조치를 취하고 문화체육관광부령으로 정하는 바에 따라 특별자치도지사 · 시장 · 군수 · 구청장에게 통보하여야 하며, 특별자치도지사 · 시장 · 군수 · 구청장은 필요에 따라 자료의 제출 및 현장조사를 지시하고 현장조사 결과에 따라 사용중지 · 개선 및 철거를 명할 수 있다.

### (4) 재검사

안전성검사를 받은 유기시설 또는 유기기구 중 다음 각 호의 어느 하나에 해당하는 유기시설 또는 유기기구에 대하여는 재검사를 받아야 한다(「시행규칙」 제40조 제3항).

① 정기 또는 반기별 안전성검사 및 재검사에서 부적합 판정을 받은 유기시설 또는 유기기구, ② 사고가 발생한 유기시설 또는 유기기구(유기시설 또는 유기기구의 결함에 의하지 아니한 사고는 제외한다), ③ 3개월 이상 운행을 정지한 유기시설 또는 유기기구

안전성검사 대상이 아닌 유기시설 또는 유기기구는 최초로 확인검사를 받은 다음 연도부터는 2년마다 정기 확인검사를 받아야 하고, 그 확인검사에서 부적합 판정을 받은 유기시설 또는 유기기구는 재확인검사를 받아야 한다(시행규칙 제40조 제4항).

### (5) 검사기관

유기시설 또는 유기기구의 안전성검사에 관한 문화체육관광부장관의 권한은 시행령 제65조 제1항 제3호에 의해 문화체육관광부장관에게 등록한 업종별관광협회 또는 전문연구·검사기관 등에 위탁되었다. 문화체육관광부장관은 안정성검사권한을 위탁하는 경우 안전성검사등록기관의 명칭·주소 및 대표자 등을 고시하여야 한다. 업종별관광협회 또는 전문연구·검사기관이 안전성검사를 한 때에는 유기시설·유기기구 안전성검사의 기준 및 절차(문화체육관광부 고시)에 따른 유기시설·유기기구검사결과서를 작성하고 이를 지체 없이 검사신청인과 해당 유원시설업의 소재지를 관할하는 특별자치도지사·시장·군수·구청장에게 제출하여야 한다.

유기시설 또는 유기기구 검사결과서를 통지받은 특별자치시장·특별자치도지사·시장·군수·구청장은 그 안전성검사 또는 확인검사 결과에 따라 해당 사업자에게 다음 각 호의 조치를 하여야 한다.

1. 검사 결과 부적합 판정을 받은 유기시설 또는 유기기구에 대해서는 운행중지를 명하고, 재검사 또는 재확인검사를 받은 후 운행하도록 권고하여야 한다.
2. 검사 결과 적합 판정을 받았으나 개선이 필요한 사항이 있는 유기시설 또는 유기기구에 대해서는 개선을 하도록 권고할 수 있다.

다만, 3개월 이상 운행을 정지한 유기시설 또는 유기기구를 대상으로 재검사를 받은 경우에는 제2항에 따른 정기 안전성검사를 받은 것으로 본다.

안전성검사 대상이 아닌 유기시설 또는 유기기구로서 제40조제4항 단서에 따라 정기 확인검사가 필요한 유기시설 또는 유기기구의 3개월 이상의 운행 정지 또는 그 운행의 재개(유원시설업만 해당한다)에 해당하여 변경신고를 한 경우 또는 「재난 및 안전관리기본법」 제30조에 따른 긴급안전점검 등이 문화체육관광부장관이 정하여 고시하는 바에 따라 이루어진 경우에는 시행규칙 제40조 제4항 단서에 따른 정기 확인검사에서 제외할 수 있다.

---

**▶■ 시행령 제65조(권한의 위탁)**

① 문화체육관광부장관이나 시·도지사는 법 제80조제3항에 따라 다음 각 호의 권한을 한국관광공사, 협회, 지역별·업종별 관광협회, 전문 연구·검사기관 또는 자격검정기관에 각각 위탁한다. 〈개정 2008.2.29, 2009.1.20., 2009.10.7., 2015.8.4.〉

3. 법 제33조제1항에 따른 유기시설 또는 유기기구의 안전성검사 및 안전성검사 대상에 해당되지 아니함을 확인하는 검사에 관한 권한: 문화체육관광부령으로 정하는 인력과 시설 등을 갖추고 문화체육관광부령으로 정하는 바에 따라 문화체육관광부장관이 지정한 업종별 관광협회 또는 전문 연구·검사기관에 각각 위탁한다. 이 경우 문화체육관광부장관은 업종별 관광협회 또는 전문 연구·검사기관의 명칭·주소 및 대표자 등을 고시하여야 한다.

3의2. 법 제33조제3항에 따른 안전관리자의 안전교육에 관한 권한: 업종별 관광협회 또는 안전 관련 전문 연구·검사기관에 각각 위탁한다. 이 경우 문화체육관광부장관은 업종별 관광협회 및 안전 관련 전문 연구·검사기관의 명칭·주소 및 대표자 등을 고시하여야 한다.

⑤ 제1항제3호 및 제6호에 따라 위탁받은 업무를 수행한 업종별 관광협회 또는 전문 연구·검사기관은 그 업무를 수행하면서 법령 위반 사항을 발견한 경우에는 지체 없이 관할 특별자치시장·특별자치도지사·시장·군수·구청장에게 이를 보고하여야 한다. 〈개정 2009.1.20., 2019.4.9.〉

## 법 제33조(안전성검사 등)

① 유원시설업자 및 유원시설업의 허가 또는 변경허가를 받으려는 자(조건부 영업허가를 받은 자로서 그 조건을 이행한 후 영업을 시작하려는 경우를 포함한다)는 문화체육관광부령으로 정하는 안전성검사 대상 유기시설 또는 유기기구에 대하여 문화체육관광부령에서 정하는 바에 따라 특별자치시장·특별자치도지사·시장·군수·구청장이 실시하는 안전성검사를 받아야 하고, 안전성검사 대상이 아닌 유기시설 또는 유기기구에 대하여는 안전성검사 대상에 해당되지 아니함을 확인하는 검사를 받아야 한다. 이 경우 특별자치시장·특별자치도지사·시장·군수·구청장은 성수기 등을 고려하여 검사시기를 지정할 수 있다. 〈개정 2008.2.29., 2009.3.25., 2011.4.5., 2018.6.12.〉

## 시행령 제31조의2(유기시설 등에 의한 중대한 사고)

① 법 제33조의2제1항에서 "대통령령으로 정하는 중대한 사고"란 다음 각 호의 어느 하나에 해당하는 경우가 발생한 사고를 말한다.

1. 사망자가 발생한 경우
2. 의식불명 또는 신체기능 일부가 심각하게 손상된 중상자가 발생한 경우
3. 사고 발생일부터 3일 이내에 실시된 의사의 최초 진단결과 2주 이상의 입원 치료가 필요한 부상자가 동시에 3명 이상 발생한 경우
4. 사고 발생일부터 3일 이내에 실시된 의사의 최초 진단결과 1주 이상의 입원 치료가 필요한 부상자가 동시에 5명 이상 발생한 경우
5. 유기시설 또는 유기기구의 운행이 30분 이상 중단되어 인명 구조가 이루어진 경우

② 유원시설업자는 법 제33조의2제2항에 따라 자료의 제출 명령을 받은 날부터 7일 이내에 해당 자료를 제출하여야 한다. 다만, 특별자치시장·특별자치도지사·시장·군수·구청장은 유원시설업자가 정해진 기간 내에 자료를 제출하는 것이 어렵다고 사유를 소명한 경우에는 10일의 범위에서 그 제출 기한을 연장할 수 있다. 〈개정 2019.4.9.〉

③ 특별자치시장·특별자치도지사·시장·군수·구청장은 법 제33조의2제2항에 따라 현장조사를 실시하려면 미리 현장조사의 일시, 장소 및 내용 등을 포함한 조사계획을 유원시설업자에게 문서로 알려야 한다. 다만, 긴급하게 조사를 실시하여야 하거나 부득이한 사유가 있는 경우에는 그러하지 아니하다. 〈개정 2019.4.9.〉

④ 특별자치시장·특별자치도지사·시장·군수·구청장은 제3항에 따른 현장조사를 실시하는 경우에는 재난관리에 관한 전문가를 포함한 3명 이내의 사고조사반을 구성하여야 한다. 〈개정 2019.4.9.〉

⑤ 특별자치시장·특별자치도지사·시장·군수·구청장은 법 제33조의2제2항에 따른 자료 및 현장조사 결과에 따라 해당 유기시설 또는 유기기구가 안전에 중대한 침해를 줄 수 있다고 판단하는 경우에는 같은 조 제3항에 따라 다음 각 호의 구분에 따른 조치를 명할 수 있다. 〈개정 2019.4.9.〉

1. 사용중지 명령: 유기시설 또는 유기기구를 계속 사용할 경우 이용자 등의 안전에 지장을 줄 우려가 있는 경우
2. 개선 명령: 유기시설 또는 유기기구의 구조 및 장치의 결함은 있으나 해당 시설 또는 기구의 개선 조치를 통하여 안전 운행이 가능한 경우
3. 철거 명령: 유기시설 또는 유기기구의 구조 및 장치의 중대한 결함으로 정비·수리 등이 곤란하여 안전 운행이 불가능한 경우

⑥ 유원시설업자는 제5항에 따른 조치 명령에 대하여 이의가 있는 경우에는 조치 명령을 받은 날부터 2개월 이내에 이의 신청을 할 수 있다.

⑦ 특별자치시장·특별자치도지사·시장·군수·구청장은 제6항에 따른 이의 신청이 있는 경우에는 최초 구성된 사고조사반의 반원 중 1명을 포함하여 3명 이내의 사고조사반을 새로 구성하여 현장조사를 하여야 한다. 〈개정 2019.4.9.〉

⑧ 법 제33조의2제3항에 따라 개선 명령을 받은 유원시설업자는 유기시설 또는 유기기구의 개선을 완료한 후 제65조제1항제3호에 따라 유기시설 또는 유기기구의 안전성 검사 및 안전성검사 대상에 해당되지 아니함을 확인하는 검사에 관한 권한을 위탁받은 업종별 관광협회 또는 전문 연구·검사기관으로부터 해당 시설 또는 기구의 운행 적합 여부를 검사받아 그 결과를 관할 특별자치시장·특별자치도지사·시장·군수·구청장에게 제출하여야 한다. 〈개정 2019.4.9.〉
[본조신설 2015.11.18.]

## 법 제33조의2(사고보고의무 및 사고조사)

① 유원시설업자는 그가 관리하는 유기시설 또는 유기기구로 인하여 대통령령으로 정하는 중대한 사고가 발생한 때에는 즉시 사용중지 등 필요한 조치를 취하고 문화체육관광부령으로 정하는 바에 따라 특별자치시장·특별자치도지사·시장·군수·구청장에게 통보하여야 한다. 〈개정 2018.6.12.〉

② 제1항에 따라 통보를 받은 특별자치시장·특별자치도지사·시장·군수·구청장은 필요하다고 판단하는 경우에는 대통령령으로 정하는 바에 따라 유원시설업자에게 자료의 제출을 명하거나 현장조사를 실시할 수 있다. 〈개정 2018.6.12.〉

③ 특별자치시장·특별자치도지사·시장·군수·구청장은 제2항에 따른 자료 및 현장조사 결과에 따라 해당 유기시설 또는 유기기구가 안전에 중대한 침해를 줄 수 있다고 판단하는 경우에는 그 유원시설업자에게 대통령령으로 정하는 바에 따라 사용중지·개선 또는 철거를 명할 수 있다. 〈개정 2018.6.12.〉
[본조신설 2015.5.18.]

**■시행규칙 제40조(유기시설 또는 유기기구의 안전성검사 등)**

① 법 제33조제1항에 따른 안전성검사 대상 유기시설 또는 유기기구와 안전성검사 대상이 아닌 유기시설 및 유기기구는 별표 11과 같다. 〈개정 2016.12.30.〉

② 유원시설업의 허가 또는 변경허가를 받으려는 자(조건부 영업허가를 받은 자로서 제38조제2항에 따라 조건이행내역 신고서를 제출한 후 영업을 시작하려는 경우를 포함한다)는 제1항에 따른 안전성검사 대상 유기시설 또는 유기기구에 대하여 허가 또는 변경허가 전에 안전성검사를 받아야 하며, 허가 또는 변경허가를 받은 다음 연도부터는 연 1회 이상 정기 안전성검사를 받아야 한다. 다만, 최초로 안전성검사를 받은 지 10년이 지난 별표 11 제1호나목2)의 유기시설 또는 유기기구에 대하여는 반기별로 1회 이상 안전성 검사를 받아야 한다. 〈개정 2009.3.31., 2011.10.6., 2016.12.30.〉

③ 제2항에 따라 안전성검사를 받은 유기시설 또는 유기기구 중 다음 각 호의 어느 하나에 해당하는 유기시설 또는 유기기구는 재검사를 받아야 한다. 〈개정 2016.12.30.〉

1. 정기 또는 반기별 안전성검사 및 재검사에서 부적합 판정을 받은 유기시설 또는 유기기구

2. 사고가 발생한 유기시설 또는 유기기구(유기시설 또는 유기기구의 결함에 의하지 아니한 사고는 제외한다)

3. 3개월 이상 운행을 정지한 유기시설 또는 유기기구

④ 기타유원시설업의 신고를 하려는 자와 종합유원시설업 또는 일반유원시설업을 하는 자가 안전성검사 대상이 아닌 유기시설 또는 유기기구를 설치하여 운영하려는 경우에는 안전성검사 대상이 아님을 확인하는 검사를 받아야 한다. 다만, 별표 11 제2호나목2)의 유기시설 또는 유기기구는 최초로 확인검사를 받은 다음 연도부터는 2년마다 정기 확인검사를 받아야 하고, 그 확인검사에서 부적합 판정을 받은 유기시설 또는 유기기구는 재확인검사를 받아야 한다. 〈개정 2016.12.30.〉

⑤ 영 제65조제1항제3호에 따라 안전성검사 및 안전성검사 대상이 아님을 확인하는 검사에 관한 권한을 위탁받은 업종별 관광협회 또는 전문 연구 · 검사기관은 제2항부터 제4항까지의 규정에 따른 안전성검사 또는 안전성검사 대상이 아님을 확인하는 검사를 한 경우에는 문화체육관광부장관이 정하여 고시하는 바에 따라 검사결과서를 작성하여 지체 없이 검사신청인과 해당 유원시설업의 소재지를 관할하는 특별자치시장 · 특별자치도지사 · 시장 · 군수 · 구청장에게 각각 통지하여야 한다. 〈개정 2009.3.31., 2015.3.6., 2019.4.25.〉

⑥ 제2항부터 제4항까지의 규정에 따른 유기시설 또는 유기기구에 대한 안전성검사 및 안전성검사 대상이 아님을 확인하는 검사의 세부기준 및 절차는 문화체육관광부장관이 정하여 고시한다. 〈개정 2008.3.6.〉

⑦ 제5항에 따라 유기시설 또는 유기기구 검사결과서를 통지받은 특별자치시장 · 특별자치도지사 · 시장 · 군수 · 구청장은 그 안전성검사 또는 확인검사 결과에 따라 해당 사업자에게 다음 각 호의 조치를 하여야 한다. 〈신설 2008.8.26., 2009.3.31., 2016.12.30., 2019.4.25.〉

1. 검사 결과 부적합 판정을 받은 유기시설 또는 유기기구에 대해서는 운행중지를 명하고, 재검사 또는 재확인검사를 받은 후 운행하도록 권고하여야 한다.

2. 검사 결과 적합 판정을 받았으나 개선이 필요한 사항이 있는 유기시설 또는 유기기구에 대해서

는 개선을 하도록 권고할 수 있다.

⑧ 제3항제3호에 해당하여 재검사를 받은 경우에는 제2항에 따른 정기 안전성검사를 받은 것으로 본다. 〈신설 2016.12.30.〉

⑨ 제8조제2항제7호 및 제12조제4호에 해당하여 변경신고를 한 경우 또는 「재난 및 안전관리기본법」 제30조에 따른 긴급안전점검 등이 문화체육관광부장관이 정하여 고시하는 바에 따라 이루어진 경우에는 제4항 단서에 따른 정기 확인검사에서 제외할 수 있다. 〈신설 2016.12.30.〉

## 3) 안전성 검사기관의 등록

유기시설 및 유기기구의 안전성검사기관으로 등록을 하고자 하는 업종별관광협회 또는 전문연구 및 검사기관은 인력 및 시설 등의 일정한 요건(「시행규칙」 별표24 참조)을 갖추고 문화체육관광부장관에게 등록신청을 하여야 한다.

등록에 필요한 서류는 다음과 같다.

가. 등록신청서

나. 기술인력을 보유함을 증명하는 서류

다. 장비의 사진을 포함한 보유장비의 명세서

라. 사무실을 임차한 경우 사무실 건물의 임대차 계약서 사본

마. 관리직원에 대한 채용증명서 또는 재직증명서

바. 보증보험 가입을 증명하는 서류

사. 안전성 검사를 위한 세부규정

### 시행규칙 제70조(안전성검사기관 등록요건)

영 제65조제1항제3호 전단에서 "문화체육관광부령으로 정하는 인력과 시설 등"이란 별표 24의 요건을 말한다.

[전문개정 2015.8.4.]

### 시행규칙 제71조(안전성검사기관 지정 신청 절차 등)

① 영 제65조제1항제3호에 따라 지정 신청을 하려는 업종별 관광협회 또는 전문 연구·검사기관은 별지 제44호서식의 유기시설·기구 안전성검사기관 지정신청서에 다음 각 호의 서류를 첨부하여 문화체육관광부장관에게 제출해야 한다. 〈개정 2008.3.6., 2009.3.31., 2015.8.4., 2021.6.23.〉

1. 별표 24 제1호에 따른 인력을 보유함을 증명하는 서류

2. 별표 24 제2호에 따른 장비의 명세서(장비의 사진을 포함한다)

3. 사무실 건물의 임대차계약서 사본(사무실을 임차한 경우만 해당한다)

4. 관리직원 채용증명서 또는 재직증명서

5. 별표 24 제3호다목에 따른 보험 또는 공제 가입을 증명하는 서류

6. 별표 24 제3호라목에 따른 안전성검사를 위한 세부규정

② 문화체육관광부장관은 제1항에 따라 지정 신청을 한 업종별 관광협회 또는 전문 연구·검사기관에 대하여 별표 24에 따른 지정 요건에 적합하다고 인정하는 경우에는 별지 제45호서식의 지정서를 발급하고, 별지 제46호서식의 유기시설·기구 안전성검사기관 지정부를 작성하여 관리하여야 한다. 〈개정 2008.3.6., 2015.3.6., 2015.8.4.〉

③ 제2항에 따라 지정된 업종별 관광협회 또는 전문 연구·검사기관은 제40조제6항에 따라 문화체육관광부장관이 고시하는 안전성검사의 세부검사기준 및 절차에 따라 검사를 하여야 한다. 〈개정 2008.3.6., 2015.8.4.〉[제목개정 2015.8.4.]

## 4) 안전관리자의 배치

안전성검사를 받아야 하는 유원시설업자는 유기시설 및 유기기구에 대한 안전관리를 위하여 자격을 갖춘 안전관리자를 상시 배치하여야 한다(시행규칙 제41조 참조). 안전관리자를 상시 배치함으로써 안전사고 발생을 미연에 방지하도록 하는 법적장치를 마련하였다.

### 법 제33조(안전성검사 등)

② 제1항에 따라 안전성검사를 받아야 하는 유원시설업자는 유기시설 및 유기기구에 대한 안전관리를 위하여 사업장에 안전관리자를 항상 배치하여야 한다.

③ 제2항에 따른 안전관리자는 문화체육관광부장관이 실시하는 유기시설 및 유기기구의 안전관리에 관한 교육(이하 "안전교육"이라 한다)을 정기적으로 받아야 한다. 〈신설 2015.2.3.〉

④ 제2항에 따른 유원시설업자는 제2항에 따른 안전관리자가 안전교육을 받도록 하여야 한다. 〈신설 2015.2.3.〉

⑤ 제2항에 따른 안전관리자의 자격·배치 기준 및 임무, 안전교육의 내용·기간 및 방법 등에 필요한 사항은 문화체육관광부령으로 정한다. 〈개정 2008.2.29., 2015.2.3.〉

### 시행규칙 제41조(안전관리자의 자격·배치기준 및 임무 등)

① 법 제33조제2항에 따라 유원시설업의 사업장에 배치하여야 하는 안전관리자의 자격·배치기준 및 임무는 별표 12와 같다. 〈개정 2015.8.4., 2016.12.30.〉

② 법 제33조제3항에 따른 유기시설 및 유기기구의 안전관리에 관한 교육(이하 "안전교육"이라 한다)의 내용은 다음 각 호와 같다. 〈신설 2015.8.4.〉

1. 유원시설 안전사고의 원인 및 대응요령
2. 유원시설 안전관리에 관한 법령
3. 유원시설 안전관리 실무
4. 그 밖에 유원시설 안전관리를 위하여 필요한 사항

③ 법 제33조제2항에 따른 안전관리자는 법 제33조제3항에 따라 유원시설업의 사업장에 처음 배치된 날부터 3개월 이내에 안전교육을 받아야 한다. 다만, 다른 유원시설업 사업장에서 제2항에

따른 안전교육을 받고 2년이 경과하지 아니한 경우에는 그러하지 아니하다. 〈신설 2015.8.4., 2016.12.30., 2020.12.10.〉

④ 제3항에 따라 안전교육을 받은 안전관리자는 제3항에 따른 교육일부터 매 2년마다 1회 이상의 안전교육을 받아야 한다. 이 경우 1회당 안전교육 시간은 8시간 이상으로 한다. 〈신설 2015.8.4.〉

⑤ 영 제65조제1항제3호의2에 따라 안전관리자의 안전교육에 관한 권한을 위탁받은 업종별 관광협회 또는 안전관련 전문 연구·검사기관은 안전교육이 종료된 후 1개월 이내에 그 교육 결과를 해당 유원시설업의 소재지를 관할하는 특별자치시장·특별자치도지사·시장·군수·구청장에게 통지하여야 한다. 〈신설 2015.8.4., 2019.4.25.〉

[제목개정 2015.8.4.]

## [별표 12] 안전관리자의 자격·배치기준 및 임무 〈개정 2016.12.30.〉
(시행규칙 제41조 관련)

### 1. 안전관리자의 자격

| 구 분 | 자 격 |
|---|---|
| 종합<br>유원<br>시설<br>업 | 가. 「국가기술자격법」에 따른 기계·전기·전자 또는 안전관리 분야의 산업기사 자격이상 보유한 자<br>나. 「고등교육법」에 따른 이공계 전문대학 또는 이와 동등 이상의 학교를 졸업한 자로서 종합유원시설업소 또는 일반유원시설업소에서 1년 이상 유기시설 및 유기기구 안전점검·정비업무를 담당한 자 또는 기계·전기·산업안전·자동차정비 등 유원시설업의 유사경력 2년 이상인 자<br>다. 「국가기술자격법」에 따른 기계·전기·전자 또는 안전관리 분야의 기능사 자격이상 보유한 자로서 종합유원시설업소 또는 일반유원시설업소에서 2년 이상 유기시설 및 유기기구 안전점검·정비업무를 담당한 자 또는 기계·전기·산업안전·자동차정비 등 유원시설업의 유사경력 3년 이상인 자 |
| 일반<br>유원<br>시설<br>업 | 가. 「국가기술자격법」에 따른 기계·전기·전자 또는 안전관리 분야의 산업기사 또는 기능사 자격이상 보유한 자<br>나. 「고등교육법」에 따른 이공계 전문대학 또는 이와 동등 이상의 학교를 졸업한 자로서 종합유원시설업소 또는 일반유원시설업소에서 1년 이상 유기시설 및 유기기구 안전점검·정비업무를 담당한 자 또는 기계·전기·산업안전·자동차정비 등 유원시설업의 유사경력 2년 이상인 자<br>다. 「초·중등교육법」에 따른 공업계 고등학교 또는 이와 동등 이상의 학교를 졸업한 자로서 종합유원시설업소 또는 일반유원시설업소에서 2년 이상 유기시설 및 유기기구 안전점검·정비업무를 담당한 자 또는 기계·전기·산업안전·자동차정비 등 유원시설업의 유사경력 3년 이상인 자<br>라. 종합유원시설업 또는 일반유원시설업의 안전관리업무에 종사한 경력이 5년 이상인 자로서, 문화체육관광부장관이 지정하는 업종별 관광협회 또는 전문연구·검사기관에서 40시간 이상 안전교육을 이수한 자 |

2. 안전관리자의 배치기준
　가. 안전성검사 대상 유기기구 1종 이상 10종 이하를 운영하는 사업자: 1명 이상
　나. 안전성검사 대상 유기기구 11종 이상 20종 이하를 운영하는 사업자: 2명 이상
　다. 안전성검사 대상 유기기구 21종 이상을 운영하는 사업자: 3명 이상
3. 안전관리자의 임무
　가. 안전관리자는 안전운행 표준지침을 작성하고 유기시설 안전관리계획을 수립하고 이에 따라 안전
　　관리업무를 수행하여야 한다.
　나. 안전관리자는 매일 1회 이상 안전성검사 대상 유기시설 및 유기기구에 대한 안전점검을 하고
　　그 결과를 안전점검기록부에 기록·비치하여야 하며, 이용객이 보기 쉬운 곳에 유기시설 또는
　　유기기구별로 안전점검표시판을 게시하여야 한다.
　다. 유기시설과 유기기구의 운행자 및 유원시설 종사자에 대한 안전교육계획을 수립하고 이에 따라
　　교육을 하여야 한다.

## 5) 유원시설업의 영업질서 유지

유원시설업자는 영업질서의 유지를 위하여 [별표 13]에서 규정하고 있는 준수사항을 지켜야 한다.

### 법 제34조(영업질서의 유지 등)

① 유원시설업자는 영업질서 유지를 위하여 문화체육관광부령으로 정하는 사항을 지켜야 한다.
〈개정 2008.2.29.〉
② 유원시설업자는 법령을 위반하여 제조한 유기시설·유기기구 또는 유기기구의 부분품(部分品)을 설치하거나 사용하여서는 아니된다.

### 법 제34조의2(유원시설안전정보시스템의 구축·운영 등)

① 문화체육관광부장관은 유원시설의 안전과 관련된 정보를 종합적으로 관리하고 해당 정보를 유원시설업자 및 관광객에게 제공하기 위하여 유원시설안전정보시스템을 구축·운영할 수 있다.
② 제1항에 따른 유원시설안전정보시스템에는 다음 각 호의 정보가 포함되어야 한다.
1. 제5조제2항에 따른 유원시설업의 허가(변경허가를 포함한다) 또는 같은 조 제4항에 따른 유원시설업의 신고(변경신고를 포함한다)에 관한 정보
2. 제9조에 따른 유원시설업자의 보험 가입 등에 관한 정보
3. 제32조에 따른 물놀이형 유원시설업자의 안전·위생에 관한 정보
4. 제33조제1항에 따른 안전성검사 또는 안전성검사 대상에 해당하지 아니함을 확인하는 검사에 관한 정보
5. 제33조제3항에 따른 안전관리자의 안전교육에 관한 정보
6. 제33조의2제1항에 따라 통보한 사고 및 그 조치에 관한 정보
7. 유원시설업자가 이 법을 위반하여 받은 행정처분에 관한 정보
8. 그 밖에 유원시설의 안전관리를 위하여 대통령령으로 정하는 정보

③ 문화체육관광부장관은 특별자치시장·특별자치도지사·시장·군수·구청장, 제80조제3항에 따라 업무를 위탁받은 기관의 장 및 유원시설업자에게 유원시설안전정보시스템의 구축·운영에 필요한 자료를 제출 또는 등록하도록 요청할 수 있다. 이 경우 요청을 받은 자는 정당한 사유가 없으면 이에 따라야 한다.

④ 문화체육관광부장관은 제2항제3호 및 제4호에 따른 정보 등을 유원시설안전정보시스템을 통하여 공개할 수 있다.

⑤ 제4항에 따른 공개의 대상, 범위, 방법 및 그 밖에 유원시설안전정보시스템의 구축·운영에 필요한 사항은 문화체육관광부령으로 정한다.

[본조신설 2020.12.22.]

### ▣ 법 제34조의3(장애인의 유원시설 이용을 위한 편의 제공 등)

① 유원시설업을 경영하는 자는 장애인이 유원시설을 편리하고 안전하게 이용할 수 있도록 제작된 유기시설 및 유기기구(이하 "장애인 이용가능 유기시설등"이라 한다)의 설치를 위하여 노력하여야 한다. 이 경우 국가 및 지방자치단체는 해당 장애인 이용가능 유기시설등의 설치에 필요한 비용을 지원할 수 있다.

② 제1항에 따라 장애인 이용가능 유기시설등을 설치하는 자는 대통령령으로 정하는 편의시설을 갖추고 장애인이 해당 장애인 이용가능 유기시설등을 편리하게 이용할 수 있도록 하여야 한다.

[본조신설 2023.8.8.]

[시행일: 2024.2.9.] 제34조의3

### ▣ 시행규칙 제42조(유원시설업자의 준수사항)

법 제34조제1항에 따른 유원시설업자의 준수사항은 별표 13과 같다.

### ▣ 시행규칙 제42조의2(유원시설안전정보시스템을 통한 정보 공개)

문화체육관광부장관은 법 제34조의2제4항에 따라 다음 각 호의 정보를 같은 조 제1항에 따른 유원시설안전정보시스템을 통하여 공개할 수 있다.

1. 법 제5조제2항에 따른 유원시설업의 허가(변경허가를 포함한다) 또는 같은 조 제4항에 따른 신고(변경신고를 포함한다)에 관한 정보
2. 법 제32조에 따른 물놀이형 유원시설업자의 안전·위생과 관련하여 실시한 수질검사 결과에 관한 정보
3. 법 제33조제1항에 따른 안전성검사의 결과 또는 안전성검사 대상에 해당하지 않음을 확인하는 검사의 결과에 관한 정보
4. 법 제33조제3항에 따른 안전관리자의 안전교육 이수에 관한 정보

[본조신설 2021.6.23.]

## [별표 13] 유원시설업자의 준수사항(개정 2016.12.30.)

(시행규칙 제42조 관련)

1. 공통사항

(1) 사업자는 사업장 내에서 이용자가 항상 이용질서를 유지하게 하여야 하며, 이용자의 활동에 제공되거나 이용자의 안전을 위하여 설치된 각종 시설·설비·장비·기구 등이 안전하고 정상적으로 이용될 수 있는 상태를 유지하여야 한다.

(2) 사업자는 이용자를 태우는 유기시설 또는 유기기구의 경우 정원을 초과하여 이용자를 태우지 아니하도록 하고, 운행 개시 전에 안전상태를 확인하여야 하며, 특히 안전띠 또는 안전대의 안전성 여부와 착용상태를 확인하여야 한다.

(3) 사업자는 운행 전 이용자가 외관상 객관적으로 판단하여 정신적·신체적으로 이용에 부적합하다고 인정되거나 유기시설 또는 유기기구 내에서 본인 또는 타인의 안전을 저해할 우려가 있는 경우에는 게시 및 안내를 통하여 이용을 거부하거나 제한하여야 하고, 운행 중에는 이용자가 정위치에 있는지와 이상행동을 하는지를 주의하여 관찰하여야 하며, 유기시설 또는 유기기구 안에서 장난 또는 가무행위 등 안전에 저해되는 행위를 하지 못하게 하여야 한다.

(4) 사업자는 이용자가 보기 쉬운 곳에 이용요금표·준수사항 및 이용시 주의하여야 할 사항을 게시하여야 한다.

(5) 사업자는 허가 또는 신고된 영업소의 명칭(상호)을 표시하여야 한다.

(6) 사업자는 조명이 60럭스 이상이 되도록 유지하여야 한다. 다만, 조명효과를 이용하는 유기시설은 제외한다.

(7) 사업자는 화재발생에 대비하여 소화기를 설치하고, 이용자가 쉽게 알아볼 수 있는 곳에 피난안내도를 부착하거나 피난방법에 대하여 고지하여야 한다.

(8) 사업자는 유관기관(허가관청·경찰서·소방서·의료기관·안전성검사등록기관 등)과 안전관리에 관한 연락체계를 구축하고, 사망 등 중대한 사고의 발생 즉시 등록관청에 보고하여야 하며, 안전사고의 원인 조사 및 재발 방지대책을 수립하여야 한다.

(9) 사업자는 제40조제8항에 따른 행정청의 조치사항을 준수하여야 한다.

(10) 사업자는 「게임산업진흥에 관한 법률」 제2조제1호 본문에 따른 게임물에 해당하는 유기시설 또는 유기기구에 대하여 「게임산업진흥에 관한 법률」 제28조제2호·제2호의2·제3호 및 제6호에 따라 사행성을 조장하지 아니하도록 하여야 하며, 「게임산업진흥에 관한 법률 시행령」 제16조에 따른 청소년게임제공업자의 영업시간 및 청소년의 출입시간을 준수하여야 한다.

2. 개별사항

가. 종합·일반유원시설업

(1) 사업자는 법 제33조제2항에 따라 안전관리자를 배치하고, 안전관리자가 그 업무를 적절하게 수행하도록 지도·감독하는 등 유기시설 또는 유기기구를 안전하게 관리하여야 하며, 안전관리자가 교육 등으로 업무수행이 일시적으로 불가한 경우에는 유원시설업의 안전관리업무에 종사한 경력이 있는 자로 하여금 업무를 대행하게 하여야 한다.

(2) 사업자는 안전관리자가 매일 1회 이상 안전성검사 대상 및 대상이 아닌 유기시설 또는 유기기구에 대한 안전점검을 하고 그 결과를 안전점검기록부에 기록하여 1년 이상 보관하도록 하여야 하며, 이용자가 보기 쉬운 곳에 유기시설 또는 유기기구별로 안전점검표지판을 게시하여야 한다.

(3) 사업자는 안전관리자가 유기시설 또는 유기기구의 운행자 및 종사자에 대한 안전교육계획을 수립하여 주 1회 이상 안전교육을 실시하고, 그 교육일지를 기록·비치하여야 한다.

(4) 사업자는 운행자 및 종사자의 신규 채용시에는 사전 안전교육을 4시간 이상 실시하고, 그 교육일지를 기록·비치하여야 한다.

(5) 6개월 미만으로 단기 영업허가를 받은 사업자는 영업이 종료된 후 1개월 이내에 안전점검기록부와 교육일지를 시장·군수·구청장에게 제출하여야 한다.

나. 기타유원시설업

(1) 사업자 또는 종사자는 비상시 안전행동요령 등을 숙지하고 근무하여야 한다.

(2) 사업자는 본인 스스로 또는 종사자로 하여금 별표 11의 제2호나목1)에 해당하는 유기시설 또는 유기기구는 매일 1회 이상 안전점검을 하고 그 결과를 안전점검기록부에 기록하여 1년 이상 보관하도록 하여야 하며, 이용자가 보기 쉬운 곳에 유기시설 또는 유기기구별로 안전점검표지판을 게시하여야 한다.

(3) 사업자는 본인 스스로 또는 종사자에 대한 안전교육을 월 1회 이상 하고, 그 교육일지를 기록·비치하여야 하며, 별표 11 제2호나목2)에 해당하는 유기시설 또는 유기기구를 설치하여 운영하는 사업자는 제41조제2항에 따른 안전교육을 2년마다 1회 이상 4시간 이상 받아야 한다.

(4) 사업자는 종사자의 신규 채용시에는 사전 안전교육을 2시간 이상 실시하고, 그 교육일지를 기록·비치하여야 한다.

(5) 6개월 미만으로 단기 영업신고를 한 사업자는 영업이 종료된 후 1개월 이내에 안전점검기록부와 교육일지를 시장·군수·구청장에게 제출하여야 한다.

# 제6절 관광사업의 영업에 대한 지도·감독

## 1. 등록취소 등의 행정처분

### 1) 등록취소 등 행정처분의 조건

문화체육관광부장관 및 특별자치시장·특별자치도지사, 시장·군수·구청장 등 관광사업 관할등록기관의 장은 관광사업의 등록 등을 받거나 신고를 한 자 또는 사업계획의 승인을 얻은 자가 다음에 해당하는 때에는 그 등록 등 또는 사업계획의 승인을 취소하거나 6월 이내의 기간을 정하여 그 사업의 전부 또는 일부의 정지를 명하거나 시설·운영의 개선을 명할 수 있다.

가. 변경등록기간 내에 변경등록을 하지 아니하거나 등록한 영업범위를 벗어난 경우

나. 변경허가를 받지 아니하거나 변경신고를 하지 아니한 경우

다. 지정 기준에 적합하지 아니하게 된 경우

라. 기한 내에 신고를 하지 아니한 경우

마. 휴업 또는 폐업을 하고 알리지 아니하는 경우

바. 보험 또는 공제에 가입하지 아니하거나 영업보증금을 예치하지 아니한 경우

사. 사실과 다르게 관광표지를 붙이거나 관광표지에 기재되는 내용을 사실과 다르게 표시 또는 광고하는 행위를 한 경우

아. 관광사업의 시설을 타인에게 처분하거나 타인으로 하여금 경영하게 한 경우

자. 기획여행의 실시요건 또는 실시방법을 위반하여 기획여행을 실시한 경우

차. 여행계약서를 여행자에게 내주지 아니한 경우

카. 사업계획의 승인을 얻은 자가 정당한 사유 없이 대통령령으로 정하는 기간 내에 착공 또는 준공을 하지 아니하거나 같은 조를 위반하여 변경승인을 얻지 아니하고 사업계획을 임의로 변경한 경우

타. 제19조제1항 단서를 위반하여 등급결정을 신청하지 아니한 경우

파. 분양 또는 회원모집을 하거나 같은 조 제5항에 따른 공유자·회원의 권익을 보호하기 위한 사항을 준수하지 아니한 경우

하. 카지노업의 허가 요건에 적합하지 아니하게 된 경우

거. 카지노 시설 및 기구에 관한 유지·관리를 소홀히 한 경우

너. 제28조제1항 및 제2항에 따른 준수사항을 위반한 경우

더. 관광진흥개발기금을 납부하지 아니한 경우

러. 유원시설 등의 관리를 소홀히 한 경우

머. 유기시설 또는 유기기구에 대한 안전성검사 및 안전성검사 대상에 해당되지 아니함을 확인하는 검사를 받지 아니하거나 같은 조 제2항에 따른 안전관리자를 배치하지 아니한 경우

버. 영업질서 유지를 위한 준수사항을 지키지 아니하거나 같은 조 제2항을 위반하여 불법으로 제조한 부분품을 설치하거나 사용한 경우

서. 제78조에 따른 보고 또는 서류제출명령을 이행하지 아니하거나 관계 공무원의 검사를 방해한 경우

어. 관광사업의 경영 또는 사업계획을 추진함에 있어서 뇌물을 주고받은 경우

저. 고의로 계약 또는 약관을 위반한 경우(여행업자만 해당한다)

> **법 제35조(등록취소 등)**
>
> ① 관할 등록기관등의 장은 관광사업의 등록등을 받거나 신고를 한 자 또는 사업계획의 승인을 받은 자가 다음 각 호의 어느 하나에 해당하면 그 등록등 또는 사업계획의 승인을 취소하거나 6개월 이내의 기간을 정하여 그 사업의 전부 또는 일부의 정지를 명하거나 시설·운영의 개선을 명할 수 있다. 〈개정 2007.7.19., 2009.3.25., 2011.4.5., 2014.3.11., 2015.2.3., 2015.5.18., 2015.12.22., 2017.11.28., 2018.6.12., 2018.12.11., 2023.8.8.〉
>
> 1. 제4조에 따른 등록기준에 적합하지 아니하게 된 경우 또는 변경등록기간 내에 변경등록을 하지 아니하거나 등록한 영업범위를 벗어난 경우

1의2. 제5조제2항 및 제4항에 따라 문화체육관광부령으로 정하는 시설과 설비를 갖추지 아니하게 되는 경우

2. 제5조제3항 및 제4항 후단에 따른 변경허가를 받지 아니하거나 변경신고를 하지 아니한 경우

2의2. 제6조제2항에 따른 지정 기준에 적합하지 아니하게 된 경우

3. 제8조제4항(같은 조 제6항에 따라 준용하는 경우를 포함한다)에 따른 기한 내에 신고를 하지 아니한 경우

3의2. 제8조제8항을 위반하여 휴업 또는 폐업을 하고 알리지 아니하거나 미리 신고하지 아니한 경우

4. 제9조에 따른 보험 또는 공제에 가입하지 아니하거나 영업보증금을 예치하지 아니한 경우

4의2. 제10조제2항을 위반하여 사실과 다르게 관광표지를 붙이거나 관광표지에 기재되는 내용을 사실과 다르게 표시 또는 광고하는 행위를 한 경우

5. 제11조를 위반하여 관광사업의 시설을 타인에게 처분하거나 타인에게 경영하도록 한 경우

6. 제12조에 따른 기획여행의 실시요건 또는 실시방법을 위반하여 기획여행을 실시한 경우

7. 제14조를 위반하여 안전정보 또는 변경된 안전정보를 제공하지 아니하거나, 여행계약서 및 보험 가입 등을 증명할 수 있는 서류를 여행자에게 내주지 아니한 경우 또는 여행자의 사전 동의 없이 여행일정(선택관광 일정을 포함한다)을 변경하는 경우

8. 제15조에 따라 사업계획의 승인을 얻은 자가 정당한 사유 없이 대통령령으로 정하는 기간 내에 착공 또는 준공을 하지 아니하거나 같은 조를 위반하여 변경승인을 얻지 아니하고 사업계획을 임의로 변경한 경우

8의2. 제18조의2에 따른 준수사항을 위반한 경우

8의3. 제19조제1항 단서를 위반하여 등급결정을 신청하지 아니한 경우

9. 제20조제1항 및 제4항을 위반하여 분양 또는 회원모집을 하거나 같은 조 제5항에 따른 소유자 등ㆍ회원의 권익을 보호하기 위한 사항을 준수하지 아니한 경우

9의2. 제20조의2에 따른 준수사항을 위반한 경우

10. 제21조에 따른 카지노업의 허가 요건에 적합하지 아니하게 된 경우

11. 제23조제3항을 위반하여 카지노 시설 및 기구에 관한 유지ㆍ관리를 소홀히 한 경우

12. 제28조제1항 및 제2항에 따른 준수사항을 위반한 경우

13. 제30조를 위반하여 관광진흥개발기금을 납부하지 아니한 경우

14. 제32조에 따른 물놀이형 유원시설 등의 안전ㆍ위생기준을 지키지 아니한 경우

15. 제33조제1항에 따른 유기시설 또는 유기기구에 대한 안전성검사 및 안전성검사 대상에 해당되지 아니함을 확인하는 검사를 받지 아니하거나 같은 조 제2항에 따른 안전관리자를 배치하지 아니한 경우

16. 제34조제1항에 따른 영업질서 유지를 위한 준수사항을 지키지 아니하거나 같은 조 제2항을 위반하여 불법으로 제조한 부분품을 설치하거나 사용한 경우

16의2. 제38조제1항 단서를 위반하여 해당 자격이 없는 자를 종사하게 한 경우

17. 삭제 〈2011.4.5.〉

18. 제78조에 따른 보고 또는 서류제출명령을 이행하지 아니하거나 관계 공무원의 검사를 방해한 경우

19. 관광사업의 경영 또는 사업계획을 추진할 때 뇌물을 주고받은 경우

20. 고의로 여행계약을 위반한 경우(여행업자만 해당한다)

② 관할 등록기관등의 장은 관광사업의 등록등을 받은 자가 다음 각 호의 어느 하나에 해당하면 6개월 이내의 기간을 정하여 그 사업의 전부 또는 일부의 정지를 명할 수 있다. 〈신설 2007.7.19., 2008.2.29., 2011.4.5., 2023.8.8.〉
1. 제13조제2항에 따른 등록을 하지 아니한 사람에게 국외여행을 인솔하게 한 경우
2. 제27조에 따른 문화체육관광부장관의 지도와 명령을 이행하지 아니한 경우

## 2) 위반행위별 행정처분의 세부기준

행정처분(行政處分)이란 일반적으로 행정행위와 같은 개념으로 사용된다. 즉 행정청이 행하는 구체적 사실에 대한 법집행으로서의 공권력의 행사 또는 그 거부와 그에 준하는 행정작용 및 행정심판에 대한 재결을 의미한다.

문화체육관광부장관, 특별시장·광역시장·특별자치시장·도지사·특별자치도지사 또는 시장·군수·구청장 등 "등록기관등의 장"이 행정처분을 하기 위한 위반행위의 종별과 그 처분기준은 [별표 2 : 행정처분의 기준(「시행령」 제34조 제1항 관련)]과 같다.

### 🔖 법 제35조(등록취소 등)

③ 제1항 및 제2항에 따른 취소·정지처분 및 시설·운영개선명령의 세부적인 기준은 그 사유와 위반 정도를 고려하여 대통령령으로 정한다. 〈개정 2007.7.19.〉

### 🔖 시행령 제33조(행정처분의 기준 등)

① 법 제35조제1항 및 제2항에 따라 문화체육관광부장관, 특별시장·광역시장·특별자치시장·도지사·특별자치도지사(이하 "시·도지사"라 한다) 또는 시장·군수·구청장(이하 "등록기관등의 장"이라 한다)이 행정처분을 하기 위한 위반행위의 종류와 그 처분기준은 별표 2와 같다. 〈개정 2008.2.29., 2009.10.7., 2019.4.9.〉
② 등록기관등의 장이 제1항에 따라 행정처분을 한 경우에는 문화체육관광부령으로 정하는 행정처분기록대장에 그 처분내용을 기록·유지하여야 한다. 〈개정 2008.2.29.〉

### 🔖 시행규칙 제43조(행정처분기록대장의 기록·유지)

영 제33조제2항에 따른 행정처분기록대장은 별지 제34호 서식에 따른다.

## 3) 행정처분내용의 통보 등

등록취소와 관련, 관광사업의 등록기관 등의 장은 다음과 같은 사항을 처리하여야 한다.

첫째, 관할 등록기관등의 장은 관광사업에 사용할 것을 조건으로 관세법 등에 의하여 관세의 감면을 받은 물품을 보유하고 있는 관광사업자로부터 당해 물품의 수입면허를 받은

날부터 5년 이내에 당해 사업의 양도·폐업의 신고 또는 통보를 받거나 등록 등의 취소를
한 때에는 관할 세관장에게 그 사실을 즉시 통보하여야 한다. 세금을 감면받은 물품은 그
만큼 싸게 물품을 들여왔으며, 사업의 중지로 혹 그것이 시중에 유통된다면 세금의 탈루현
싱이 생길 수 있기 때문이다.

둘째, 등록기관의 장이 등록취소 등을 하게 되면 법18조(등록시의 신고·허가 의제)에 의
해 의제된 신고·허가 등에 대해서도 동일한 조치를 취해야 하므로 소관 행정기관의 장에
게 해당 사실을 통보할 수 있다. 통보할 수 있다가 아니라 통보해야 할 것이다, 왜냐하면
의제의 원인행위가 소멸되었기 때문이다.

셋째, 관할 등록기관 등의 장은 관광사업자에 대하여 등록 등을 취소하거나 사업의 전부
또는 일부의 정지를 명한 때에는 제17조제2항의 규정에 의한 소관행정기관의 장(외국인투
자기업인 경우에는 재정경제부장관을 포함한다)에게 그 사실을 통보할 수 있다.

넷째, 관할 등록기관등의 장 이외의 소관 행정기관의 장이 관광사업자에 대하여 그 사업
의 정지·취소 또는 시설의 이용을 금지·제한하고자 하는 때에는 미리 관할 등록기관등의
장과 협의하여야 한다. 의제된 인·허가에 문제가 생겨 소관관청이 행정처분을 하고자 할
때는 미리 관할 등록기관의 장과 협의해야 한다. 의제된 신고·허가 등 영업이 취소되면
주된 관광사업에 영향을 줄 수 있기 때문에 관광사업을 보호하기 위한 것이다.

다섯째, 관광숙박업자의 위반행위가 「공중위생관리법」 제11조제1항의 규정에 의한 위반
행위에 해당하는 경우에는 「공중위생관리법」의 규정에 불구하고 「관광진흥법」을 적용한
다. 이는 관광사업에 관한 한 행정처분을 할 경우, 그 기준이 「관광진흥법」과 다르다면 「관
광진흥법」의 기준이 우선 적용된다는 것이다.

> **법 제35조(등록취소 등)**
>
> ④ 관할 등록기관등의 장은 관광사업에 사용할 것을 조건으로 「관세법」 등에 따라 관세의 감면을
> 받은 물품을 보유하고 있는 관광사업자로부터 그 물품의 수입면허를 받은 날부터 5년 이내에
> 그 사업의 양도·폐업의 신고 또는 통보를 받거나 그 관광사업자의 등록등의 취소를 한 경우에는
> 관할 세관장에게 그 사실을 즉시 통보하여야 한다. 〈개정 2007.7.19.〉
> ⑤ 관할 등록기관등의 장은 관광사업자에 대하여 제1항 및 제2항에 따라 등록등을 취소하거나
> 사업의 전부 또는 일부의 정지를 명한 경우에는 제18조제1항 각 호의 신고 또는 인·허가 등의
> 소관 행정기관의 장(외국인투자기업인 경우에는 기획재정부장관을 포함한다)에게 그 사실을 통
> 보하여야 한다. 〈개정 2007.7.19., 2008.2.29., 2023.5.16.〉
> ⑥ 관할 등록기관등의 장 외의 소관 행정기관의 장이 관광사업자에 대하여 그 사업의 정지나
> 취소 또는 시설의 이용을 금지하거나 제한하려면 미리 관할 등록기관등의 장과 협의하여야 한다.
> 〈개정 2007.7.19.〉
> ⑦ 제1항 각 호의 어느 하나에 해당하는 관광숙박업자의 위반행위가 「공중위생관리법」 제11조제1항에
> 따른 위반행위에 해당하면 「공중위생관리법」의 규정에도 불구하고 이 법을 적용한다. 〈개정 2007.7.19.〉
> [시행일: 2024.2.9.] 제35조

## 2. 폐쇄조치 등

> **법 제36조(폐쇄조치 등)**
>
> ① 관할 등록기관등의 장은 제5조제1항·제2항 또는 제4항에 따른 허가 또는 신고 없이 영업을 하거나 제24조제2항·제31조제2항 또는 제35조에 따른 허가의 취소 또는 사업의 정지명령을 받고 계속하여 영업을 하는 자에 대하여는 그 영업소를 폐쇄하기 위하여 관계 공무원에게 다음 각 호의 조치를 하게 할 수 있다.
> 1. 해당 영업소의 간판이나 그 밖의 영업표지물의 제거 또는 삭제
> 2. 해당 영업소가 적법한 영업소가 아니라는 것을 알리는 게시물 등의 부착
> 3. 영업을 위하여 꼭 필요한 시설물 또는 기구 등을 사용할 수 없게 하는 봉인(封印)
> ② 관할 등록기관등의 장은 제35조제1항제4호의2에 따라 행정처분을 한 경우에는 관계 공무원으로 하여금 이를 인터넷 홈페이지 등에 공개하게 하거나 사실과 다른 관광표지를 제거 또는 삭제하는 조치를 하게 할 수 있다. 〈신설 2014.3.11.〉
> ③ 관할 등록기관등의 장은 제1항제3호에 따른 봉인을 한 후 다음 각 호의 어느 하나에 해당하는 사유가 생기면 봉인을 해제할 수 있다. 제1항제2호에 따라 게시를 한 경우에도 또한 같다. 〈개정 2014.3.11.〉
> 1. 봉인을 계속할 필요가 없다고 인정되는 경우
> 2. 해당 영업을 하는 자 또는 그 대리인이 정당한 사유를 들어 봉인의 해제를 요청하는 경우
> ④ 관할 등록기관등의 장은 제1항 및 제2항에 따른 조치를 하려는 경우에는 미리 그 사실을 그 사업자 또는 그 대리인에게 서면으로 알려주어야 한다. 다만, 급박한 사유가 있으면 그러하지 아니하다. 〈개정 2014.3.11.〉
> ⑤ 제1항에 따른 조치는 영업을 할 수 없게 하는 데에 필요한 최소한의 범위에 그쳐야 한다. 〈개정 2014.3.11.〉
> ⑥ 제1항 및 제2항에 따라 영업소를 폐쇄하거나 관광표지를 제거·삭제하는 관계 공무원은 그 권한을 표시하는 증표를 지니고 이를 관계인에게 내보여야 한다. 〈개정 2014.3.11.〉

### 1) 폐쇄조치사유

문화체육관광부장관 특별시장·광역시장·특별자치시장·도지사·특별자치도지사 또는 시장·군수·구청장은 다음과 같은 경우 관계공무원으로 하여금 해당 영업소를 폐쇄하게 할 수 있다(법 제36조 제1항).

① 카지노업이나 종합유원시설업 및 일반유원시설업이 허가를 받지 않고 또는 기타유원시설업이 신고를 하지 않고 영업을 한 때(법 제5조 제1, 2, 4항)

② 조건부허가를 받은 카지노업자(법 제24조)나 유원시설업자(법 제31조 제2항)가 정당한 사유없이 허가조건을 이행하지 않아 허가가 취소되었는데도 계속영업을 하는 때

③ 관광사업의 등록 및 허가 등을 받거나 신고를 한 자 또는 사업계획의 승인을 얻은 자가 일정한 이유로(법 제35조 참고) 인해 그 등록 및 허가 또는 사업계획의 승인이 취

소되거나 그 사업의 전부 또는 일부의 정지 및 시설·운영의 개선 명령을 받고 계속하여 영업을 하는 때

### 2) 폐쇄조치방법

영업소 폐쇄방법은 다음과 같다.
① 당해 영업소의 간판 기타 영업표지물의 제거·삭제
② 당해 영업소가 위법한 것임을 알리는 게시물 등의 부착
③ 영업을 위하여 꼭 필요한 시설물 또는 기구 등을 사용할 수 없게 하는 봉인

### 3) 폐쇄조치시 유의사항

영업소 폐쇄조치시 유의사항으로는
첫째, 미리 당해 사업자나 그 대리인에게 서면으로 이를 알려 주어야 한다. 다만, 급박한 사유가 있는 경우에는 그러하지 아니하다.
둘째, 폐쇄조치는 영업을 할 수 없게 함에 필요한 최소한의 범위에 그쳐야 한다.
셋째, 폐쇄조치를 취할 때 관계 공무원은 그 권한을 표시하는 증표를 관계인에게 내보여야 한다.

### 4) 봉인의 해제 및 부착게시물의 제거

시설물 또는 기구 등에 대한 봉인을 한 후 봉인을 계속할 필요가 없다고 인정하거나 사업자 또는 그 대리인이 정당한 사유로 봉인의 해제를 요청하는 때에는 그 봉인을 해제할 수 있다. 또한 위법한 것임을 알리는 게시물 등의 부착을 제거하는 경우에도 같다.

## 3. 관광사업자에 대한 과징금의 부과

> **법 제37조(과징금의 부과)**
>
> ① 관할 등록기관등의 장은 관광사업자가 제35조제1항 각 호 또는 제2항 각 호의 어느 하나에 해당되어 사업 정지를 명하여야 하는 경우로서 그 사업의 정지가 그 이용자 등에게 심한 불편을 주거나 그 밖에 공익을 해칠 우려가 있으면 사업 정지 처분을 갈음하여 2천만원 이하의 과징금(過徵金)을 부과할 수 있다. 〈개정 2009.3.25.〉
> ② 제1항에 따라 과징금을 부과하는 위반 행위의 종류·정도 등에 따른 과징금의 금액과 그 밖에 필요한 사항은 대통령령으로 정한다.
> ③ 관할 등록기관등의 장은 제1항에 따른 과징금을 내야 하는 자가 납부기한까지 내지 아니하면 국세 체납처분의 예 또는 「지방행정제재·부과금의 징수 등에 관한 법률」에 따라 징수한다. 〈개정 2013.8.6., 2020.3.24.〉

> **■ 시행령 제34조(과징금을 부과할 위반행위의 종류와 과징금의 금액),**
> **제35조(과징금의 부과 및 납부)**
>
> **제34조(과징금을 부과할 위반행위의 종류와 과징금의 금액)** ① 법 제37조제2항에 따라 과징금을 부과하는 위반행위의 종류와 위반 정도에 따른 과징금의 금액은 별표 3과 같다.
> ② 등록기관등의 장은 사업자의 사업규모, 사업지역의 특수성과 위반행위의 정도 및 위반횟수 등을 고려하여 제1항에 따른 과징금 금액의 2분의 1 범위에서 가중하거나 감경할 수 있다. 다만, 가중하는 경우에도 과징금의 총액은 2천만원을 초과할 수 없다.
>
> **제35조(과징금의 부과 및 납부)** ① 등록기관등의 장은 법 제37조에 따라 과징금을 부과하려면 그 위반행위의 종류와 과징금의 금액 등을 명시하여 납부할 것을 서면으로 알려야 한다.
> ② 제1항에 따라 통지를 받은 자는 20일 이내에 과징금을 등록기관등의 장이 정하는 수납기관에 내야 한다. 〈개정 2023.12.12.〉
> ③ 제2항에 따라 과징금을 받은 수납기관은 영수증을 납부자에게 발급하여야 한다.
> ④ 과징금의 수납기관은 제2항에 따라 과징금을 받은 경우에는 지체 없이 그 사실을 등록기관등의 장에게 통보하여야 한다.
> ⑤ 삭제 〈2021.9.24.〉

## 1) 과징금

과징금이란 행정청이 일정한 행정상 의무를 위반한 데 대한 제재로서 부과하는 금전적 부담을 말한다. 이는 범칙금(犯則金)·가산금(加算金) 등의 용어로도 불리며, 부과금(賦課金)이라고도 한다.

행정권에 의한 것은 수수료·사용료·특허료·납부금 등이 있고, 사법권에 의한 것은 벌금·과료·재판비용이 있다.

관광사업자에 대한 과징금이 부과되는 경우는 사업의 정지를 하여야 하는 경우로서 그 사업의 정지가 당해 사업의 이용자 등에게 심한 불편을 주거나 기타 공익을 해할 우려가 있는 때에는 그 사업정지에 갈음하여 일정금액(2천만원) 이하의 과징금을 부과할 수 있도록 한 것이다. 갈음이란 말은 본디 것 대신에 다른 것으로 가는 것을 말하다, 즉 대체(代替)하는 것이다. 예를 들어 관광숙박업이나 여행업에 대해 영업정지를 처분하게 되면 이미 숙박예약이나 기획여행을 예약한 관광객들에게 큰 불편과 혼란을 주게 되는 것이다.

## 2) 과징금 부과 및 납부

### (1) 과징금부과대상

관광사업의 등록 및 허가의 취소사유에 해당되는 경우(법 제33조 제1항 참조)에는 영업정지에 갈음하여 과징금이 부과될 수 있다.

### (2) 과징금부과대상 위반행위종별 및 과징금금액

과징금이 부과되는 위반행위 및 과징금금액은 시행령 제34조 제1항 관련 별표 3과 같다. 과징금의 한도는 2천만원이며, 1/2의 금액을 가중 또는 감경(減輕)할 수 있다. 단 가중의 경우 총금액이 2천만원을 초과할 수 없다.

### (3) 부과 및 납부방법

① 등록기관등의 장은 과징금을 부과하고자 하는 때에는 그 위반행위의 종별과 해당과 징금의 금액 등을 명시하여 이를 납부할 것을 서면으로 통지하여야 한다.
② 통지를 받은 자는 20일 이내에 과징금을 등록기관 등의 장이 정하는 수납기관에 납 부하여야 한다. 다만, 천재·지변 기타 부득이한 사유로 인하여 그 기간 내에 과징금 을 납부할 수 없는 때에는 그 사유가 없어진 날부터 7일 이내에 납부하여야 한다.
③ 과징금의 납부를 받은 수납기관은 영수증을 납부자에게 교부하여야 한다.
④ 과징금의 수납기관은 과징금을 수납한 때에는 지체 없이 그 사실을 등록기관등의 장 에게 통보하여야 한다.
⑤ 과징금은 이를 분할하여 납부할 수 없다.

### 3) 미납과징금의 강제징수

관할등록기관등의 장은 과징금을 납부하여야 할 자가 납부기한까지 이를 납부하지 아니 한 때에는 국세 또는 지방세 체납처분의 예에 따라 이를 징수한다. 즉 독촉(독촉장 발부 후 10일내의 납부기한을 줌) → 재산의 압류(체납액을 현저히 초과하는 과잉압류는 위법으로 불가) → 압류재산의 환가 → 배분(환가된 금전을 먼저 체납된 과징금에 충당하고 잔여액은 체납자에게 돌려줌. 이때 배분계산서를 작성하여 체납자에게 교부하여야 함) 등의 절차에 따라 미납과징금에 대한 강제징수를 실시한다.

## 제7절 관광종사원

## 1. 관광종사원의 자격

등록기관의 장은 관광사업자로 하여금 일정한 관광업무에 대하여 자격이 있는 자를 종사 하게 하도록 권고할 수 있다. 다만, 외국인 관광객을 대상으로 하는 여행업자는 관광통역안 내사의 자격을 가진 사람을 관광안내에 종사하게 하여야 한다. 따라서 관광통역안내 업무 를 담당하고자 하는 자는 반드시 관광통역안내사 자격증을 취득하여야 한다.

> **🔖 법 제38조(관광종사원의 자격 등)**
>
> ① 관할 등록기관등의 장은 대통령령으로 정하는 관광 업무에는 관광종사원의 자격을 가진 사람이 종사하도록 해당 관광사업자에게 권고할 수 있다. 다만, 외국인 관광객을 대상으로 하는 여행업자는 관광통역안내의 자격을 가진 사람을 관광안내에 종사하게 하여야 한다. 〈개정 2009.3.25., 2023.8.8.〉

> **🔖 시행령 제36조(자격을 필요로 하는 관광 업무 자격기준)**
>
> 법 제38조제1항에 따라 등록기관등의 장이 관광종사원의 자격을 가진 자가 종사하도록 권고할 수 있거나 종사하게 하여야 하는 관광 업무 및 업무별 자격기준은 별표 4와 같다. 〈개정 2009.10.7.〉
>
> [제목개정 2009.10.7.]

### 1) 관광종사원자격의 종류

관광종사원의 자격은 여행업 2종류와 관광숙박업 3종류, 총 5종류가 있다. 즉, 여행업의 경우 관광통역안내사와 국내여행안내사, 관광숙박업의 경우 호텔경영사, 호텔관리사, 호텔서비스사가 있다.

2009년 3월부터 관광업무별 자격을 가진 자가 종사하도록 권고해 오던 자격기준을 외국인관광객의 국내여행을 위한 안내업무에는 관광통역안내사 자격을 취득한 자만이 종사할 수 있도록 변경하였다(「시행령」 별표 4).

### [별표 4] 관광업무별 자격기준

(시행령 제36조 관련)

〈개정 2014.11.28.〉

| 업종 | 업무 | 종사하도록 권고할 수 있는 자 | 종사하게 하여야 하는 자 |
|---|---|---|---|
| 1. 여행업 | 가. 외국인 관광객의 국내여행을 위한 안내 | | 관광통역안내사 자격을 취득한 자 |
| | 나. 내국인의 국내여행을 위한 안내 | 국내여행안내사 자격을 취득한 자 | |
| 2. 관광숙박업 | 가. 4성급 이상의 관광호텔업의 총괄관리 및 경영업무 | 호텔경영사 자격을 취득한 자 | |
| | 나. 4성급 이상의 관광호텔업의 객실관리 책임자 업무 | 호텔경영사 또는 호텔관리사 자격을 취득한 자 | |
| | 다. 3성급 이하의 관광호텔업과 한국전통호텔업·수상관광호텔업·휴양콘도미니엄업·가족호텔업·호스텔업·소형호텔업 및 의료관광호텔업의 총괄관리 및 경영업무 | 호텔경영사 또는 호텔관리사 자격을 취득한 자 | |
| | 라. 현관·객실·식당의 접객 업무 | 호텔서비스사 자격을 취득한 자 | |

## 2) 관광종사원의 자격시험

### (1) 시험실시기관

관광종사원 자격시험에 관한 사항은 문화체육관광부장관의 권한사항이나(법 제 38조 제2항) '권한의 위임 위탁사항'에 관한 법 제 80조 제3항과  시행령 제 65조에 의해 한국산업인력 공단과 한국관광공사 및 협회에 위탁되어 있다.

한편, 시험실시기관과 자격증발급기관이 이원화되어 있어서 관광종사원자격증을 취득하고자 하는 자는 유의해야 한다. 즉  자격시험의 관리에 관한 업무는 한국산업인력공단에 위탁되어 있고 자격증의 등록 및 발급은 관광통역안내사 및 호텔경영사자격증의 경우에는 한국관광공사에 위탁되어 있으며 국내여행안내사 및 호텔서비스사자격증 등록 및 발급은 한국관광협회중앙회에 위탁되어 있다.

〈표 14〉 관광종사원국가자격시험 전형관리 및 발급기관

| 업종 | 자격증종류 | 전형관리 | 자격증관리(발급) |
|---|---|---|---|
| 여행업 | 1. 관광통역안내사 | 한국산업인력공단 (큐넷www.q-net.or.kr) | 한국관광공사 |
| | 2. 국내여행안내사 | | 한국관광협회중앙회 |
| | 3. 국외여행인솔자 | | 한국여행업협회 (KATA) |
| 관광숙박업 | 4. 호텔경영사 | 한국산업인력공단 (큐넷www.q-net.or.kr | 한국관광공사 |
| | 5. 호텔관리사 | | 한국관광공사 |
| | 6. 호텔서비스사 | | 한국관광협회중앙회 |
| 국제회의업 | 7. 컨벤션기획사1급 | | 한국산업인력공단 |
| | 8. 컨벤션기획사2급 | | |
| 의료관광업 | 9. 국제 의료관광코니네이터 | | |
| 문화관광해설사 | 10.문화관광해설사 (자격인증) | 지자제 | |

자료 : 한국관광공사(www.visitkorea.or.kr/)

> **법 제38조(관광종사원의 자격 등)**
>
> ② 제1항에 따른 관광종사원의 자격을 취득하려는 사람은 문화체육관광부령으로 정하는 바에 따라 문화체육관광부장관이 실시하는 시험에 합격한 후 문화체육관광부장관에게 등록하여야 한다. 다만, 문화체육관광부령으로 따로 정하는 사람은 시험의 전부 또는 일부를 면제할 수 있다. 〈개정 2008.2.29., 2023.8.8.〉

> **시행령 제65조(실시기관)**
>
> ① 문화체육관광부장관이나 시·도지사는 법 제80조제3항에 따라 다음 각 호의 권한을 한국관광공사, 협회, 지역별·업종별 관광협회, 전문 연구·검사기관 또는 자격검정기관에 각각 위탁한다. 〈개정 2008.2.29., 2009.1.20., 2009.10.7., 2015.8.4.〉
>
> 4. 법 제38조에 따른 관광종사원 중 관광통역안내사·호텔경영사 및 호텔관리사의 자격시험, 등록 및 자격증의 발급에 관한 권한: 한국관광공사에 위탁한다. 다만, 자격시험의 출제, 시행, 채점 등 자격시험의 관리에 관한 업무는 「한국산업인력공단법」에 따른 한국산업인력공단에 위탁한다.
>
> 5. 법 제38조에 따른 관광종사원 중 국내여행안내사 및 호텔서비스사의 자격시험, 등록 및 자격증의 발급에 관한 권한: 협회에 위탁한다. 다만, 자격시험의 출제, 시행, 채점 등 자격시험의 관리에 관한 업무는 「한국산업인력공단법」에 따른 한국산업인력공단에 위탁한다.
>
> 6. 법 제48조의6 및 제48조의7에 따른 문화관광해설사의 양성교육과정 등의 인증 및 인증의 취소에 관한 권한: 한국관광공사에 위탁한다.

> **시행령 제66조2(고유식별정보의 처리)**
>
> ② 다음 각 호의 어느 하나에 해당하는 자는 법 제9조에 따른 공제 또는 영업보증금 예치 사무를 수행하기 위하여 불가피한 경우 「개인정보 보호법 시행령」 제19조제1호 또는 제4호에 따른 주민등록번호 또는 외국인등록번호가 포함된 자료를 처리할 수 있다. 〈신설 2017.3.8., 2017.3.27.〉
>
> 1. 법 제43조제2항 및 이 영 제39조제1항에 따라 공제사업의 허가를 받은 협회
> 2. 영업보증금 예치 사무를 수행하는 문화체육관광부령으로 정하는 자

## (2) 시험의 실시 및 공고, 응시원서제출

> **시행규칙 제49조(시험의 실시 및 공고)**
>
> ① 시험은 매년 1회 이상 실시한다. 다만, 호텔경영사 시험은 격년으로 실시한다. 〈개정 2020.12.10.〉
> ② 한국산업인력공단은 시험의 응시자격·시험과목·일시·장소·응시절차, 그 밖에 시험에 필요한 사항을 시험 시행일 90일 전까지 인터넷 홈페이지 등에 공고해야 한다. 〈개정 2009.10.22., 2012.4.5., 2019.11.20.〉

> **시행규칙 제50조(응시원서)**
>
> 시험에 응시하려는 자는 별지 제36호서식의 응시원서를 한국산업인력공단에 제출하여야 한다. 〈개정 2009.10.22.〉

## 가) 시험실시 및 공고

관광종사원 자격시험은 매년 1회 이상 실시하며, 시험실시기관은 시험의 응시자격·시험

과목·일시·장소·응시절차 기타 시험에 필요한 사항을 시험시행일 90일 전까지 인터넷 홈페이지 등에 공고하여야 한다.

### 나) 응시원서제출

시험에 응시하고자 하는 자는 '「시행규칙」별지 제36호서식'의 응시원서를 한국산업인력공단에 제출하여야 한다.

### (3) 응시자격

관광종사원 자격시험의 응시자격과 관련해서 특별한 제한은 없으나 「관광진흥법」 제38조제5항(동법 제7조 준용)에 해당하는 결격사유가 없는 자여야 하며 호텔경영사나 호텔관리사자격시험의 경우 〈표 15〉와 같은 자격이 필요하다.

〈표 15〉 응시자격 및 제출서류

| 구 분 | 응시자격 | 제출서류(각 1부) | |
|---|---|---|---|
| | | 해당시험별 | 공 통 |
| 1. 관광통역안내사 | • 연령·학력·경력·국적 제한없음 | • 외국어공인시험성적증명서 | 응시원서(소정양식 1부 : 시행규칙 별지제36호서식)-사진2매(동일사진, 최근 6개월이내에 촬영한 탈모 상반신반명함판) 부착<br>* 응시수수료 20,000원 |
| 2. 국내여행안내사 | • 연령·학력·경력·국적 제한없음 | | |
| 3. 호텔경영사 | • 호텔관리사자격취득후 관광호텔에서 3년 이상 종사한 경력이 있는 자 | • 영어공인시험성적증명서<br>• 경력(재직)증명서(소정양식)<br>• 자격증사본(원본지참) | |
| | • 4성급 이상 호텔 임원(상근)으로 3년 이상 종사한 경력이 있는자 | • 영어공인시험성적증명서<br>• 경력(재직)증명서(소정양식)<br>• 임원으로 명시된 법인등기부등본 | |
| 4. 호텔관리사 | • 호텔서비스사 또는 조리사자격 취득후, 관광숙박업소에서 3년 이상 종사한 경력이 있는 자 | • 영어공인시험성적증명서<br>• 경력(재직)증명서<br>• 자격증사본(원본지참) | |
| | • 「고등교육법」에 따른 전문대학의 관광분야 학과를 졸업한 자(졸업예정자를 포함한다) 또는 관광분야의 과목을 이수하여 다른 법령에서 이와 동등한 학력이 있다고 인정되는 자 | | |

| | | | |
|---|---|---|---|
| 4. 호텔관리사 | • 「고등교육법」에 의한 대학을 졸업한 자(졸업예정자를 포함한다) 또는 다른 법령에서 이와 동등 이상의 학력이 있다고 인정되는 자<br>• 「초·중등교육법」에 의한 고등기술학교의 관광분야를 전공하는 과의 2년과정 이상을 이수하고 졸업한 자(졸업예정자를 포함한다) | • 영어공인시험성적증명서<br>• 졸업(예정)증명서 | |
| 5. 호텔서비스사 | • 연령·학력·경력·국적 제한 없음 | • 외국어(영, 일, 중국어)공인시험 성적증명서 | |

* 외국어공인시험성적증명서(사본제출가능, 단 중국어 한어수평고시(HSK의) 경우 성적표, 성적증명서 2부 모두 제출)는 응시원서 접수시 제출해야 하며 시행규칙 제47조 제3항 관련 '합격에 필요한 다른 외국어점수이상인자만 원서접수가능
* 원서접수후 조회결과 제출한 공인외국어시험성적이 하위인 경우 탈락 및 합격취소처리함.
* 시험면제대상자는 해당증빙서류를 반드시 첨부해야 한다.
* 외국어로 된 증빙서류는 번역공증서를 제출하여야 하며 원본대조후 사본제출가능
* 자료: 한국관광공사(visitkorea.or.kr) 큐넷(www.q-net.or.kr)「관광진흥법 시행규칙」 제48조

### 시행규칙 제48조(응시자격)

관광종사원 중 호텔경영사 또는 호텔관리사 시험에 응시할 수 있는 자격은 다음과 같이 구분한다.
〈개정 2014.12.31.〉
1. 호텔경영사 시험
　가. 호텔관리사 자격을 취득한 후 관광호텔에서 3년 이상 종사한 경력이 있는 자
　나. 4성급 이상 호텔의 임원으로 3년 이상 종사한 경력이 있는 자
2. 호텔관리사 시험
　가. 호텔서비스사 또는 조리사 자격을 취득한 후 관광숙박업소에서 3년 이상 종사한 경력이 있는 자
　나. 「고등교육법」에 따른 전문대학의 관광분야 학과를 졸업한 자(졸업예정자를 포함한다) 또는 관광분야의 과목을 이수하여 다른 법령에서 이와 동등한 학력이 있다고 인정되는 자
　다. 「고등교육법」에 따른 대학을 졸업한 자(졸업예정자를 포함한다) 또는 다른 법령에서 이와 동등 이상의 학력이 있다고 인정되는 자
　라. 「초·중등교육법」에 따른 고등기술학교의 관광분야를 전공하는 과의 2년과정 이상을 이수하고 졸업한 자(졸업예정자를 포함한다)

## (4) 시험실시방법

관광종사원 자격시험은 필기시험(외국어시험을 제외한 필기시험) → 외국어시험(관광통역안내사, 호텔경영사, 호텔관리사 및 호텔서비스사 자격시험에 한한다) → 면접시험의 방법으로 실시한다. 시험은 필기시험과 외국어시험을 함께 시행하고, 그 합격자에 대하여 면접시험을 행한다. 외국어시험은 관광통역안내사, 호텔경영사, 호텔관리사 및 호텔서비스사 자격시험의 경우에만 실시하며, 면접과 필기시험은 모든 자격시험에 실시한다.

> **법 제38조(관광종사원의 자격 등)**
>
> ② 제1항에 따른 관광종사원의 자격을 취득하려는 사람은 문화체육관광부령으로 정하는 바에 따라 문화체육관광부장관이 실시하는 시험에 합격한 후 문화체육관광부장관에게 등록하여야 한다. 다만, 문화체육관광부령으로 따로 정하는 사람은 시험의 전부 또는 일부를 면제할 수 있다. 〈개정 2008.2.29., 2023.8.8.〉

> **시행규칙 제44조(시험실시방법)**
>
> ① 법 제38조제2항 본문에 따른 관광종사원의 자격시험(이하 "시험"이라 한다)은 필기시험(외국어시험을 제외한 필기시험을 말한다. 이하 같다), 외국어시험(관광통역안내사·호텔경영사·호텔관리사 및 호텔서비스사 자격시험만 해당한다. 이하 같다) 및 면접시험으로 구분하되, 평가의 객관성이 확보될 수 있는 방법으로 시행하여야 한다.
> ② 면접시험은 제46조에 따른 필기시험 및 제47조에 따른 외국어시험에 합격한 자에 대하여 시행한다. 〈개정 2009.10.22.〉

## (5) 시험과목 및 합격결정기준

> **시행규칙 제45조(면접시험)**
>
> ① 면접시험은 다음 각 호의 사항에 관하여 평가한다.
> 1. 국가관·사명감 등 정신자세
> 2. 전문지식과 응용능력
> 3. 예의·품행 및 성실성
> 4. 의사발표의 정확성과 논리성
> ② 면접시험의 합격점수는 면접시험 총점의 6할 이상이어야 한다.

> **시행규칙 제46조(필기시험)**
>
> ① 필기시험의 과목과 합격결정의 기준은 별표 14와 같다.

> **🔲 시행규칙 제47조(외국어시험)**
>
> ① 관광종사원별 외국어시험의 종류는 다음 각 호와 같다. 〈개정 2009.12.31., 2019.6.11., 2019.11.20.〉
> 1. 관광통역안내사: 영어, 일어, 중국어, 프랑스어, 독어, 스페인어, 러시아어, 이탈리아어, 태국어, 베트남어, 말레이·인도네시아어, 아랍어 중 1과목
> 2. 호텔경영사, 호텔관리사 및 호텔서비스사: 영어, 일본어, 중국어 중 1과목
> 3. 삭제〈2019.11.20.〉
> ② 외국어시험은 다른 외국어시험기관에서 실시하는 시험(이하 "다른 외국어시험"이라 한다)으로 대체한다. 이 경우 외국어시험을 대체하는 다른 외국어시험의 점수 및 급수(별표 15 제1호 중 프랑스어의 델프(DELF)및 달프(DALF)시험의 점수 및 급수는 제외한다)는 응시원서 접수 마감일부터 2년 이내에 실시한 시험에서 취득한 점수 및 급수여야 한다. 〈개정 2010.3.17., 2019.6.11.〉
> ③ 제2항에 따른 다른 외국어시험의 종류 및 합격에 필요한 점수 및 급수는 별표 15와 같다.

## 가) 필기시험

필기시험과목 및 합격결정기준은 다음 [별표 14]와 같다.

### [별표 14] 필기시험의 시험과목 및 합격결정기준
(시행규칙 제46조 관련)

### 1. 시험과목 및 배점비율

| 구 분 | 시험과목 | 배점비율 |
|---|---|---|
| 가. 관광통역안내사 | 국　　사(근현대사포함) | 40% |
| | 관광자원해설 | 20% |
| | 관광법규(관광기본법·관광진흥법·관광진흥개발기금법·국제회의산업육성에 관한 법률 등의 관광관련 법규를 말한다. 이하 같다) | 20% |
| | 관광학개론 | 20% |
| | 계 | 100% |
| 나. 국내여행안내사 | 국　　사 | 30% |
| | 관광자원해설 | 20% |
| | 관광법규 | 20% |
| | 관광학개론 | 30% |
| | 계 | 100% |
| 다. 호텔경영사 | 관광법규 | 10% |
| | 호텔회계론 | 30% |
| | 호텔인사 및 조직관리론 | 30% |
| | 호텔마케팅론 | 30% |
| | 계 | 100% |

| 라. 호텔관리사 | 관광법규 | 30% |
| | 관광학개론 | 30% |
| | 호텔관리론 | 40% |
| | 계 | 100% |
| 마. 호텔서비스사 | 관광법규 | 30% |
| | 호텔실무(현관 · 객실 · 식당중심) | 70% |
| | 계 | 100% |

## 2. 합격결정기준

필기시험의 합격기준은 매과목 4할 이상, 전과목의 점수가 위의 배점비율로 환산하여 6할 이상이어야
한다.

### 나) 외국어시험

관광종사원별 외국어시험의 종류는 다음과 같다.

① 관광통역안내사: 영어 · 일어 · 중국어 · 불어 · 독어 · 스페인어 · 러시아어 중 1과목
② 호텔경영사, 호텔관리사 및 호텔서비스사 :영어 · 일본어 · 중국어 중 1과목
  단, 외국어시험은 다른 외국어시험기관에서 실시하는 시험으로 대체하며 이 경우 외
  국어시험을 대체하는 다른 외국어시험의 점수는 응시원서 접수 마감일로부터 2년 이
  내에 실시한 시험에서 취득한 점수에 한한다. 다른 외국어시험의 종류 및 합격에 필
  요한 점수는 [별표 15]와 같다.

### [별표 15] 다른 외국어시험의 종류 및 합격에 필요한 점수 또는 급수

(시행규칙 제47조 관련) 〈개정 2019 11.28.〉

## 1. 다른 외국어시험의 종류

| 구 분 | | 내 용 |
|---|---|---|
| 영어 | 토플<br>(TOEFL) | 아메리카합중국 이.티.에스(E.T.S: Education Testing Service)에서 시행하는 시험(Test of English as a Foreign Language)을 말한다. |
| | 토익<br>(TOEIC) | 아메리카합중국 이.티.에스(E.T.S: Education Testing Service)에서 시행하는 시험(Test of English for International Communication)을 말한다. |
| | 텝스<br>(TEPS) | 서울대학교영어능력검정시험(Test of English Proficiency, Seoul National University)을 말한다. |
| | 지텔프(G-TELP 레벨 2) | 아메리카합중국 샌디에이고 주립대(Sandiego State University)에서 시행하는 시험(General Test of English Language Proficiency)을 말한다. |

| | 플렉스<br>(FLEX) | 한국외국어대학교와 대한상공회의소에서 공동 시행하는 어학능력검정시험<br>(Foreign Language Examination)을 말한다. |
|---|---|---|
| 일본어 | 일본어능<br>력시험<br>(JPT) | 일본국 순다이(駿台)학원그룹에서 개발한 문제를 재단법인 국제교류진흥회에서<br>시행하는 시험(Japanese Proficiency Test)을 말한다. |
| | 일본어검<br>정시험<br>(日檢<br>NIKKEN) | 한국시사일본어사와 일본국서간행회(日本國書刊行會)에서 공동 개발하여 한국<br>시사일본어사에서 시행하는 시험을 말한다. |
| | 플렉스<br>(FLEX) | 한국외국어대학교와 대한상공회의소에서 공동 시행하는 어학능력검정시험<br>(Foreign Language Examination)을 말한다. |
| | 일본어능<br>력시험<br>(JLPT) | 일본국제교류기금 및 일본국제교육지원협회에서 시행하는 일본어능력시험<br>(Japanese Language Proficiency test)을 말한다. |
| 중국어 | 한어수평<br>고시(HSK) | 중국 교육부가 설립한 국가한어수평고시위원회(國家漢語水平考試委員會)에서<br>시행하는 시험(HanyuShuipingKaoshi)을 말한다. |
| | 플렉스<br>(FLEX) | 한국외국어대학교와 대한상공회의소에서 공동시행하는 어학능력검정시험<br>(Foreign Language Examination)을 말한다. |
| | 실용중국<br>어시험<br>(BCT) | 중국국가한어국제추광영도소조판공실(中国国家汉语国际推广领导小组办公<br>室)이 중국 북경대학교에 위탁 개발한 실용중국어시험(Business Chinese Test)<br>을 말한다. |
| | 중국어실<br>용능력시<br>험(CPT) | 중국어언연구소 출제 한국CPT관리위원회 주관 (주)시사중국어사에서 시행하는<br>생활실용커뮤니케이션 능력평가(Chinese Proficiency Test)를 말한다. |
| | 대만중국<br>어능력시험<br>(TOCFL) | 중화민국 교육부 산하 국가화어측험추동공작위원회에서 시행하는 중국어능력시<br>험(Test of Chinese as a Foreign Language)을 말한다. |
| 불어 | 플렉스(FL<br>EX) | 한국외국어대학교와 대한상공회의소에서 공동시행하는 어학능력검정시험<br>(Foreign Language Examination)을 말한다. |
| | 델프/달프<br>(DELF/<br>DALF) | 주한 프랑스대사관 문화과에서 시행하는 프랑스어 능력검정시험(Diplôme<br>d'Etudes en Langue Française)을 말한다. |

| 독어 | 플렉스 (FLEX) | 한국외국어대학교와 대한상공회의소에서 공동시행하는 어학능력검정시험 (Foreign Language Examination)을 말한다. |
|---|---|---|
| | 괴테어학 검정시험 (Goethe Zertifikat) | 유럽 언어능력시험협회 ALTE(Association of Language Testers in Europe) 회원 인 괴테-인스티투트(Goethe Institut)에서 시행하는 독일어능력검정시험을 말 한다. |
| 스페 인어 | 플렉스 (FLEX) | 한국외국어대학교와 대한상공회의소에서 공동시행하는 어학능력검정시험 (Foreign Language Examination)을 말한다. |
| | 델프 (DELE) | 스페인 문화교육부에서 주관하는 스페인어 능력 검정시험(Diploma de Español como Lengua Extranjera)을 말한다. |
| 러시 아어 | 플렉스 (FLEX) | 한국외국어대학교와 대한상공회의소에서 공동시행하는 어학능력검정시험 (Foreign Language Examination)을 말한다. |
| | 토르플 (TORFL) | 러시아 교육부 산하 시험기관 토르플 한국센터(계명대학교 러시아센터)에서 시 행하는 러시아어 능력검정시험(Test of Russian as a Foreign Language)을 말한다. |
| 이탈 리아 어 | 칠스 (CILS) | 이탈리아 시에나 외국인 대학(Università per Stranieri di Siena)에서 주관하는 이탈리아어 자격증명시험(Certificazione di Italiano come Lingua Straniera)을 말한다. |
| | 첼리 (CELI) | 이탈리아 페루지아 국립언어대학(Università per Stranieri di Perugia)과 주한 이탈리아문화원에서 공동 시행하는 이탈리아어 능력검정시험(Certificato di Conoscenza della Lingua Italiana)을 말한다. |
| 태국어, 베트 남어, 말레이 ·인도 네시 아어, 아랍어 | 플렉스 (FLEX) | 한국외국어대학교에서 주관하는 어학능력검정시험(Foreign Language Examination) 을 말한다. ※ 이 외국어시험은 부정기적으로 시행하는 수시시험임. |

## 2. 합격에 필요한 다른 외국어시험의 점수 또는 급수

| 시험명 | 자격구분 | | 관광통역<br>안내사 | 호텔<br>서비스사 | 호텔관리사 | 호텔경영사 | 만점/<br>최고급수 |
|---|---|---|---|---|---|---|---|
| 영어 | 토플<br>(TOEFLCBT) | | 217점 이상 | 147점 이상 | 207점 이상 | 230점 이상 | 300점 |
| | 토플<br>(TOEFL IBT) | | 81점 이상 | 51점 이상 | 76점 이상 | 88점 이상 | 120점 |
| | 토익<br>(TOEIC) | | 760점 이상 | 490점 이상 | 700점 이상 | 800점 이상 | 990점 |
| | 텝스<br>(TEPS) | 2018.5.12<br>전에<br>실시된<br>시험 | 677점 이상 | 381점 이상 | 670점 이상 | 728점 이상 | 990점 |
| | | 018.5.12<br>이후에<br>실시된<br>시험 | 372점 이상 | 201점 이상 | 367점 이상 | 404점 이상 | 600점 |
| | 지텔프(G-TELP<br>레벨 2) | | 74점 이상 | 39점 이상 | 66점 이상 | 79점 이상 | 100점 |
| | 플렉스<br>(FLEX) | | 776점 이상 | 381점 이상 | 670점 이상 | 728점 이상 | 1000점 |
| 일본어 | 일본어능력시험<br>(JPT) | | 740점 이상 | 510점 이상 | - | - | 990점 |
| | 일본어검정시험<br>(日檢<br>NIKKEN) | | 750점 이상 | 500점 이상 | - | - | 1000점 |
| | 플렉스<br>(FLEX) | | 776점 이상 | - | - | - | 1000점 |
| | 일본어능력시험<br>(JLPT) | | N1 이상 | | | | N1 |
| 중국어 | 한어수평고시<br>(HSK) | | 5급 이상 | 4급 이상 | - | - | 6급 |
| | 플렉스<br>(FLEX) | | 776점 이상 | - | - | - | 1000점 |
| | 실용<br>중국<br>어시<br>험<br>(BCT) | (B) | 181점 이상 | | | | 300점 |
| | | (B)<br>L&R | 601점 이상 | | | | 1000점 |

| | 중국어실용능력시험(CPT) | 750점 이상 | | | | 1000점 |
|---|---|---|---|---|---|---|
| | 대만중국어능력시험(TOCFL) | 5급(유리) 이상 | | | | 6급(정통) |
| 불어 | 플렉스(FLEX) | 776점 이상 | | | | 1000점 |
| | 델프/달프 (DELF/DALF) | DELF B2 이상 | | | | DALF C2 |
| 독일어 | 플렉스 (FLEX) | 776점 이상 | | | | 1000점 |
| | 괴테어학검정시험 (Goethe Zertifikat) | Goethe-Zertifikat B1(ZD) 이상 | | | | Goethe-Zertifikat C2 |
| 스페인어 | 플렉스 (FLEX) | 776점 이상 | | | | 1000점 |
| | 델프 (DELE) | B2 이상 | | | | C2 |
| 러시아어 | 플렉스 (FLEX) | 776점 이상 | | | | 1000점 |
| | 토르플 (TORFL) | 1단계 이상 | | | | 4단계 |
| 이탈리아어 | 칠스 (CILS) | Livello Due-B2 이상 | | | | Livello Quattro-C2 |
| | 첼리 (CELI) | CELI 3 이상 | | | | CELI 5 |
| 태국어 베트남어 말레이·인도네시아어 아랍어 | 플렉스 (FLEX) | 600점 이상 | | | | 1000점 |

### 다) 면접시험

면접시험은 ① 국가관 · 사명감 등 정신자세, ② 전문지식과 응용능력, ③ 예의 · 품행 및 성실, ④ 의사발표의 정확성과 논리 등 4개항에 걸쳐 실시한다. 합격점수는 면접시험총점의 6할 이상이어야 한다.

### (6) 시험의 면제

관광종사원자격을 취득하는 데 있어 일정한 자의 경우는 시험의 전부 또는 일부가 면제된다. 면제 해당자는 관련 서류를 첨부하여 시험실시기관에 제출하여야 한다.

각 자격시험별로 면제내용 등을 정리하면 다음 〈별표 16〉 및 〈표 16〉과 같다.

#### [별표 16] 시험의 면제기준 <개정 2019.11.20.>
(시행규칙 제51조 관련)

| 구 분 | 면제범위 | 면제대상자 | 제출서류 |
|---|---|---|---|
| 공 통 | 필기 및 외국어시험 전부면제 | 필기시험 및 외국어시험에 합격하고 면접시험에 불합격한 자에 대하여는 다음 회의 시험에 한하여 면제 | |
| 1. 관광통역 안내사 | 필기시험 전부면제 | 관광통역안내사자격증을 취득한 후 다른 외국어를 사용하는 관광통역안내사시험에 응시하는 자 | • 자격증사본(원본지참) |
| | 필기시험중 관광학개론, 관광법규면제 | 「고등교육법」에 따른 전문대학 이상의 학교에서 관광분야를 전공(전공과목이 관광법규 및 관광학개론 또는 이에 준하는 과목으로 구성되는 전공과목을 30학점 이상 이수한 경우를 말한다)하고 졸업한 자(졸업예정자 및 관광분야 과목을 이수하여 다른 법령에서 이와 동등한 학력을 취득한 자를 포함한다) | • 졸업(예정)증명서 〈표 14-1〉 세부내역 참조 |
| | | 문화체육관광부장관이 정하여 고시하는 교육기관에서 실시하는 60시간 이상의 실무교육과정(관광법규 및 관광학개론: 30%, 관광안내실무: 20%, 3) 관광자원안내실습: 50%)을 이수한 사람 | |
| | 해당 외국어 시험 면제 | 「고등교육법」에 따른 전문대학 이상의 학교 또는 이와 동등 이상의 학력이 인정되는 교육기관에서 해당 외국어를 3년 이상 계속하여 강의한 자 | • 경력(재직)증명서 • 강의실적증명서 |
| | | 4년 이상 해당 언어권의 외국에서 근무 또는 유학(해당 언어권의 언어를 사용하는 학교에서 공부한 것을 말한다)을 한 경력이 있는 자 | 〈표 14-1〉 세부내역 참조 |

| 구 분 | 면제범위 | 면제대상자 | 제출서류 |
|---|---|---|---|
| | | 「초·중등교육법」에 따른 중·고등학교 또는 고등기술학교에서 해당외국어를 5년이상 계속하여 강의한자. | • 경력증명서(교육청 또는 재단이사장발행) |
| 2. 국내여행 안내사 | 필기시험 전부면제 | 「고등교육법」에 따른 전문대학 이상의 학교 또는 다른 법령에서 이와 동등이상의 학력이 인정되는 교육기관에서 관광분야를 전공(전공과목이 관광법규 및 관광학개론 또는 이에 준하는 과목으로 구성되는 전공과목을 30학점 이상 이수한 경우를 말한다)하고 졸업한 자(졸업예정자 및 관광분야 과목을 이수하여 이와 동등한 학력을 취득한 자를 포함한다) | • 졸업(예정)증명서 |
| | | 여행안내와 관련된 업무에 2년 이상 종사한 경력이 있는 자 | • 경력(재직)증명서 |
| | | 「초·중등교육법」에 의한 고등학교 또는 고등기술학교 또는 다른 법령에서 이와 동등이상의 학력이 인정되는 교육기관에서 관광분야의 학과를 이수하고 졸업한 자(졸업예정자를 포함한다) | • 졸업(예정)증명서 |
| 3. 호텔 경영사 | 필기 및 외국어시험 면제 | 국내호텔과 체인호텔관계에 있는 해외호텔에서 호텔경영업무에 종사한 경력이 있는 자로서 해당 국내 체인호텔에 파견근무를 하고자 하는 자 | • 경력(재직)증명서 • 인사명령서 |
| | 필기시험 전부면제 | 호텔관리사 자격을 취득한 자로서 그 자격을 취득한 후 4성급 이상의 관광호텔에서 부장급 이상으로 3년 이상 종사한 경력이 있는 자 | • 자격증사본(원본지참) • 경력(재직)증명서 (소정양식) |
| | | 호텔관리사 자격을 취득한 자로서 그 자격을 취득한 후 3성급 관광호텔의 총괄 관리 및 경영업무에 3년 이상 종사한 경력이 있는 자 | • 자격증사본(원본지참) • 경력(재직)증명서 (소정양식) |
| 4. 호텔 관리사 | 필기시험 전부면제 | 고등교육법」에 따른 대학 이상의 학교 또는 다른 법령에서 이와 동등 이상의 학력이 인정되는 교육기관에서 호텔경영 분야를 전공하고 졸업한 자(졸업예정자를 포함한다)에 대하여 필기시험을 면제 | • 졸업(예정)증명서 |
| 5. 호텔 서비스사 | 필기시험 전부면제 | 「초·중등교육법」에 의한 고등학교 또는 고등기술학교 이상의 학교를 졸업한 자 또는 다 | • 졸업(예정)증명서 |

| 구 분 | 면제범위 | 면제대상자 | 제출서류 |
|---|---|---|---|
| | | 른 법령에서 이와 동등이상의 학력이 인정되는 교육기관에서 관광분야의 학과를 이수하고 졸업한 자(졸업예정자를 포함한다) | |
| | | 관광숙박업소의 접객업무에 2년 이상 종사한 경력이 있는 자 | • 졸업(예정)증명서 |

\* 제출서류는 해당자격시험응시원서 접수시 시험면제신청서(소정양식)와 함께 제출
\* 외국어로 된 증빙서류는 번역공증서제출해야 하며 원본대조후 사본제출가능
\* 자료 : 한국관광공사(visitkorea.or.kr) 및 큐넷(www.q-net.or.kr),관광진흥법 시행규칙 제51조

### 〈표 16〉 관광통역안내사 필기일부면제 및 외국어시험면제 신청시 필요서류

| 구 분 | 면제조건 | 필요서류 | 기타참고사항 |
|---|---|---|---|
| 외국어시험 면제 | • 반드시 만 4년 이상 해당 언어권 국가에서 근무 또는 유학 및 학교 졸업을 한 경력만 인정함.<br>• 상기 조건 외 기타 사유 및 단순거주 사실은 기간 및 시민권, 영주권 취득사실 등과 관계없이 불인정<br>• 유학 및 학교 졸업의 경우 국내 정규학교에 해당하는 교육기관 이수 및 졸업 사실만 인정, 단순 어학연수, 사설학원 수상경력 등은 불인정 | • 유학 및 학교경력증명<br>　- 졸업(예정)증명서(원본대조 후 사본제출 가능)<br>　- 졸업증명서 번역/공증<br>　- 출입국에관한사실증명서<br>• 근무경력 증명<br>　- 해당 근무처 발행경력(재직) 증명서<br>　- 해당 근무처 법인등기부등본 또는 이에 상응하는 서류<br>　- 관련 외국어서류 번역/공증<br>　- 출입국에관한사실증명서 | 경력증명은 합산이 가능하며 증명서는 각 기간별 1부씩 제출(예: 중학교 3년 1부＋고등학교 3년 1부)<br>　- 졸업(예정)증명서의 경우 입학 및 졸업시기가 명시되어 있어야 함<br>　- 근무경력 증명의 경우 법인 등기부등본 또는 최소한 회사 존재여부 증명가능한 서류 제출시에만 인정(자영업 등은 불인정) |
| 필기과목 일부면제 (관광법규, 관광학개론) | • 전문대학 이상 학교에서 관광분야 학과 전공자(복수전공, 부전공자 인정)<br>• 외국대학(2년제 이상)의 관광관련학과 전공자 | 　- 졸업(예정)증명서(원본대조 후 사본제출 가능, 외국대학인 경우 번역 및 공증서 포함)<br>　- 성적증명서(부전공자인 경우)<br>　- 출입국에 관한 사실증명서 | 부전공자의 경우 2개 과목 이수 사실이 명시된 성적증명서를 반드시 제출 |

\* 자료: 한국관광공사(www.visitkorea.or.kr)

> **⌐▪법 제38조(관광종사원의 자격 등)**
>
> ② 제1항에 따른 관광종사원의 자격을 취득하려는 사람은 문화체육관광부령으로 정하는 바에 따라 문화체육관광부장관이 실시하는 시험에 합격한 후 문화체육관광부장관에게 등록하여야 한다. 다만, 문화체육관광부령으로 따로 정하는 사람은 시험의 전부 또는 일부를 면제할 수 있다. 〈개정 2008.2.29., 2023.8.8.〉

> **⌐▪시행규칙 제51조(시험의 면제)**
>
> ① 법 제38조제2항 단서에 따라 시험의 일부를 면제할 수 있는 경우는 별표 16과 같다. 〈개정 2009.10.22.〉
>
> ② 필기시험 및 외국어시험에 합격하고 면접시험에 불합격한 자에 대하여는 다음 회의 시험에만 필기시험 및 외국어시험을 면제한다.
>
> ③ 제1항에 따라 시험의 면제를 받으려는 자는 별지 제37호서식의 관광종사원 자격시험 면제신청서에 경력증명서, 학력증명서 또는 그 밖에 자격을 증명할 수 있는 서류를 첨부하여 한국산업인력공단에 제출하여야 한다. 〈개정 2009.10.22.〉

> **⌐▪시행규칙 제51조의2(경력의 확인)**
>
> 제48조에 따른 응시자격 증명을 위한 경력증명서 또는 제51조제3항에 따른 시험의 면제를 위한 경력증명서를 제출받은 한국산업인력공단은 「전자정부법」 제36조제1항에 따른 행정정보의 공동 이용을 통해 응시자 또는 신청인의 국민연금가입자가입증명 또는 건강보험자격득실확인서를 확인해야 한다. 다만, 응시자 또는 신청인이 확인에 동의하지 않는 경우에는 해당 서류를 제출하도록 해야 한다.
>
> [본조신설 2019.6.11.]

### (7) 합격자공고

시험실시기관은 시험종료 후 합격자의 명단을 게시하고 합격자에게 등록신청을 할 것을 통보하여야 한다.

> **⌐▪시행규칙 제52조(합격자의 공고)**
>
> 시험실시기관은 시험 종료 후 합격자의 명단을 게시하고 합격자에게 등록신청을 할 것을 통보하여야 한다.

### (8) 등록

시험에 합격하거나 면제받은 사람은 그 날로부터 60일 이내에 탈모(脫帽 : 모자를 벗은) 상반신 반명함판 사진 2매를 첨부하여 한국관광공사 및 한국관광협회중앙회에 등록을 신청하여야 한다.

> **▣ 법 제38조(관광종사원의 자격 등)**
>
> ② 제1항에 따른 관광종사원의 자격을 취득하려는 사람은 문화체육관광부령으로 정하는 바에 따라 문화체육관광부장관이 실시하는 시험에 합격한 후 문화체육관광부장관에게 등록하여야 한다. 다만, 문화체육관광부령으로 따로 정하는 사람은 시험의 전부 또는 일부를 면제할 수 있다. 〈개정 2008.2.29., 2023.8.8.〉

> **▣ 시행령 제66조의2(고유식별정보의 처리)**
>
> ⑤ 문화체육관광부장관(제65조에 따라 문화체육관광부장관의 권한을 위임·위탁받은 자를 포함한다)은 법 제38조제2항부터 제4항까지의 규정에 따른 관광종사원의 자격 취득 및 자격증 교부에 관한 사무를 수행하기 위하여 불가피한 경우 「개인정보 보호법 시행령」 제19조제1호 또는 제4호에 따른 주민등록번호 또는 외국인등록번호가 포함된 자료를 처리할 수 있다. 〈개정 2017.3.8., 2017.3.27.〉

> **▣ 시행규칙 제53조(관광종사원의 등록 및 자격증발급)**
>
> ① 시험에 합격한 자는 법 제38조제2항에 따라 별지 제38호서식의 관광종사원 등록신청서에 사진(최근 6개월 이내에 모자를 쓰지 않고 촬영한 상반신 반명함판) 2매를 첨부하여 한국관광공사 및 한국관광협회중앙회에 등록을 신청하여야 한다. 〈개정 2009.10.22., 2019.6.11., 2019.8.1.〉
>
> ② 한국관광공사 및 한국관광협회중앙회는 제1항에 따른 신청을 받은 경우에는 법 제7조제1항에 따른 결격사유가 없는 자에 한하여 관광종사원으로 등록하고 별지 제39호서식의 관광종사원 자격증을 발급하여야 한다. 〈개정 2009.10.22.〉
>
> ③ 제2항에도 불구하고 관광통역안내사의 경우에는 별지 제39호의5서식에 따른 기재사항 및 교육이수 정보 등을 전자적 방식으로 저장한 집적회로(IC) 칩을 첨부한 자격증을 발급하여야 한다. 〈신설 2016.3.28.〉

## (9) 자격증 발급 및 재발급

한국관광공사 및 한국관광협회중앙회는 관광종사원의 등록신청을 받은 때에는 관광종사원자격증을 발급하여야 한다. 또한 자격증을 잃어버렸거나 그 자격증이 못쓰게 되어 자격증의 재발급을 받고자 하는 자가 관광종사원자격증 재발급신청서에 사진(최근 6월 이내에 촬영한 탈모 상반신 반명함판) 2매와 관광종사원자격증(자격증이 헐어 못쓰게 된 경우에 한한다)을 첨부하여 한국관광공사 및 한국관광협회중앙회에 제출한 때에는 자격증을 재발급한다.

> **법 제38조(관광종사원의 자격 등)**
>
> ③ 문화체육관광부장관은 제2항에 따라 등록을 한 사람에게 관광종사원 자격증을 내주어야 한다. 〈개정 2008.2.29., 2023.8.8.〉
> ④ 관광종사원 자격증을 가진 사람은 그 자격증을 잃어버리거나 못 쓰게 되면 문화체육관광부장관에게 그 자격증의 재교부를 신청할 수 있다. 〈개정 2008.2.29., 2023.8.8.〉

> **시행규칙 제53조(관광종사원 자격증발급)**
>
> ② 한국관광공사 및 한국관광협회중앙회는 제1항에 따른 신청을 받은 경우에는 법 제7조제1항에 따른 결격사유가 없는 자에 한하여 관광종사원으로 등록하고 별지 제39호서식의 관광종사원 자격증을 발급하여야 한다. 〈개정 2009.10.22.〉
> ③ 제2항에도 불구하고 관광통역안내사의 경우에는 별지 제39호의5서식에 따른 기재사항 및 교육이수 정보 등을 전자적 방식으로 저장한 집적회로(IC) 칩을 첨부한 자격증을 발급하여야 한다. 〈신설 2016.3.28.〉

> **시행규칙 제54조(관광종사원자격증의 재발급)**
>
> 법 제38조제4항에 따라 발급받은 자격증을 잃어버리거나 그 자격증이 못 쓰게 되어 자격증을 재발급받으려는 자는 별지 제38호서식의 관광종사원 자격증 재발급신청서에 사진(최근 6개월 이내에 모자를 쓰지 않고 촬영한 상반신 반명함판) 2매와 관광종사원 자격증(자격증이 헐어 못 쓰게 된 경우만 해당한다)을 첨부하여 한국관광공사 및 한국관광협회중앙회에 제출하여야 한다. 〈개정 2009.10.22., 2019.8.1.〉

## 2. 관광종사원 결격사유

법 제7조(관광사업자결격사유)에 해당되는 사람은 관광종사원이 될 수 없다. 즉 금치산자, 한정치산자, 미복권된 파산자, 징역이상의 실형을 받고 형이 종료되고 2년이 지나지 않은 자, 형을 받지 않기로 확정되고 2년이 지나지 않은 자, 형의 집행유예 중인 자 등은 관광종사원이 될 수 없다(제2장 제1절 3의 관광사업자의 결격사유 참조).

관광통역안내의 자격이 없는 사람은 외국인 관광객을 대상으로 하는 관광안내(제1항 단서에 따라 외국인 관광객을 대상으로 하는 여행업에 종사하여 관광안내를 하는 경우에 한정한다. 이하 이 조에서 같다)를 하여서는 아니되며, 관광통역안내의 자격을 가진 사람이 관광안내를 하는 경우에는 제3항에 따른 자격증을 패용하여야 한다. 또한, 관광종사원은 제3항에 따른 자격증을 다른 사람에게 대여하여서는 아니 된다.

문화체육관광부장관은 부정한 방법으로 시험에 응시한 사람이나 시험에서 부정한 행위를 한 사람에 대하여는 그 시험을 정지 또는 무효로 하거나 합격결정을 취소하고, 그 시험을 정지하거나 무효로 한 날 또는 합격결정을 취소한 날부터 3년간 시험응시자격을 정지할 수 있다.

---

**법 제38조(관광종사원의 자격 등)**

⑤ 제2항에 따른 시험의 최종합격자 발표일을 기준으로 제7조제1항 각 호(제3호는 제외한다)의 어느 하나에 해당하는 사람은 제1항에 따른 관광종사원의 자격을 취득하지 못한다. 〈개정 2011.4.5., 2019.12.3., 2023.8.8.〉

⑥ 관광통역안내의 자격이 없는 사람은 외국인 관광객을 대상으로 하는 관광안내(제1항 단서에 따라 외국인 관광객을 대상으로 하는 여행업에 종사하여 관광안내를 하는 경우에 한정한다. 이하 이 조에서 같다)를 하여서는 아니 된다. 〈신설 2016.2.3.〉

⑦ 관광통역안내의 자격을 가진 사람이 관광안내를 하는 경우에는 제3항에 따른 자격증을 달아야 한다. 〈신설 2016.2.3., 2023.8.8.〉

⑧ 제3항에 따른 자격증은 다른 사람에게 빌려주거나 빌려서는 아니 되며, 이를 알선해서도 아니 된다. 〈개정 2019.12.3.〉

⑨ 문화체육관광부장관은 제2항에 따른 시험에서 다음 각 호의 어느 하나에 해당하는 사람에 대하여는 그 시험을 정지 또는 무효로 하거나 합격결정을 취소하고, 그 시험을 정지하거나 무효로 한 날 또는 합격결정을 취소한 날부터 3년간 시험응시자격을 정지한다. 〈신설 2017.11.28.〉

1. 부정한 방법으로 시험에 응시한 사람
2. 시험에서 부정한 행위를 한 사람

---

## 3. 관광종사원의 자격취소 등

---

**법 제40조(자격취소 등)**

문화체육관광부장관(관광종사원 중 대통령령으로 정하는 관광종사원에 대하여는 시·도지사)은 제38조제1항에 따라 자격을 가진 관광종사원이 다음 각 호의 어느 하나에 해당하면 문화체육관광부령으로 정하는 바에 따라 그 자격을 취소하거나 6개월 이내의 기간을 정하여 자격의 정지를 명할 수 있다. 다만, 제1호 및 제5호에 해당하면 그 자격을 취소하여야 한다. 〈개정 2008.2.29., 2011.4.5., 2016.2.3.〉

1. 거짓이나 그 밖의 부정한 방법으로 자격을 취득한 경우
2. 제7조제1항 각 호(제3호는 제외한다)의 어느 하나에 해당하게 된 경우
3. 관광종사원으로서 직무를 수행하는 데에 부정 또는 비위(非違) 사실이 있는 경우
4. 삭제 〈2007.7.19.〉
5. 제38조제8항을 위반하여 다른 사람에게 관광종사원 자격증을 대여한 경우

---

**시행규칙 제56조(종사원의 자격취소 등)**

법 제40조에 따라 문화체육관광부령으로 정하는 관광종사원의 자격취소 등에 관한 처분 기준은 별표 17과 같다. 〈개정 2008.3.6.〉

[제57조에서 이동 〈2014.12.31.〉]

## 1) 자격취소 및 자격정지 대상

문화체육관광부장관(관광종사원 중 대통령령이 정하는 관광종사원에 대하여는 시·도지사)은 자격을 가진 관광종사원이 다음의 경우에 해당하는 때에는 그 자격을 취소하거나 6개월 이내의 기간을 정하여 자격의 정지를 명할 수 있다.

① 사위(詐僞 : 거짓, 속임수) 등 부정한 방법으로 자격을 취득한 경우, 이 경우에는 자격을 취소하여야 한다.

② 종사자로서 법제7조 1항에 해당되게 된 경우 : 즉, 금치산자, 한정치산자, 미복권된 파산자, 징역 이상의 실형을 받고 형이 종료되고 2년이 지나지 않은 자, 형을 받지 않기로 확정되고 2년이 지나지 않은 자, 형의 집행유예중인 자

③ 직무수행에서 부정 또는 비위(非違 : 법에 어긋나는 일) 사실이 있는 경우

④ 다른 사람에게 관광종사원의 자격증을 대여한 경우에는 자격을 취소하여야 한다.

## 2) 처분기준

관광종사원의 자격취소 등에 관한 처분기준은 다음(「시행규칙」 제57조관련 별표 17)과 같다.

### (1) 일반기준(일반기준은 일반적인 행정처분과 동일하다)

가) 위반행위가 2이상일 때에는 그중 중한 처분기준(중한 처분기준이 동일할 때에는 그중 하나의 처분기준을 말한다)에 의하며, 2이상의 처분기준이 동일한 자격정지일 경우에는 중한 처분기준의 2분의 1까지 가중처분할 수 있되, 각 처분기준을 합산한 기간을 초과할 수 없다.

나) 개별적 행정처분기준의 1차·2차·3차 및 4차라 함은 최근 1년간 같은 위반행위로 인하여 행정처분을 받은 것을 말한다.

### (2) 개별기준

개별기준은 다음과 같은 형식으로 이루어져 있다.

| 위반행위 | 근거법령 | 행정처분기준 | | | |
|---|---|---|---|---|---|
| | | 1차위반 | 2차위반 | 3차위반 | 4차위반 |
| 가) 거짓이나 그 밖의 부정한 방법으로 자격을 취득한 경우 | 법제40조1호 | 자격취소 | | | |
| 나) 법 제7조제1항 각 호의 어느 하나에 해당하게 된 경우 | 법제40조2호 | 자격취소 | | | |
| 다) 관광종사원으로서 직무를 수행함에 있어 부정 또는 비위사실이 있는 경우 | 법제40조3호 | 자격정지1월 | 자격정지3월 | 자격정지5월 | 자격취소 |

## 4. 관광종사원의 교육

문화체육관광부장관 또는 시·도지사는 관광종사원과 그 밖에 관광 업무에 종사하는 자의 업무능력 향상 및 지역의 문화와 관광자원 전반에 대한 전문성 향상을 위한 교육에 필요한 지원을 할 수 있다.

> **□■법 제39조(교육)**
>
> 문화체육관광부장관 또는 시·도지사는 관광종사원과 그 밖에 관광 업무에 종사하는 자의 업무능력 향상 및 지역의 문화와 관광자원 전반에 대한 전문성 향상을 위한 교육에 필요한 지원을 할 수 있다. 〈개정 2023.10.31.〉
> [전문개정 2011.4.5.]
> [시행일: 2024.5.1.] 제39조

### 1) 교육계획의 작성 및 통보

문화체육관광부장관은 관광종사원 교육을 위한 매년도 교육계획을 작성하고, 동 교육 계획에 의하여 교육을 받아야 할 관광종사원이 소속하고 있는 관광사업자에게 교육대상자 및 교육시간 기타 교육실시에 관한 사항을 통보하여야 한다.

### 2) 안전관리자 교육

종합유원시설업 또는 일반유원시설업의 사업장에 배치된 안전관리자는 배치된 날부터 6개월 이내에 문화체육관광부장관이 지정하는 업종별 관광협회 또는 전문연구·검사기관이 실시하는 안전교육을 8시간 이상 받아야 한다.

# 제3장 관광사업자단체

관광사업자단체는 관광사업자가 관광사업을 건전하게 발전시키고 사업자 자신들의 권익을 증진시키기 위하여 설립하는 일종의 동업자 단체로서 지역별 및 업종별 단체가 있다. 그 중에서 한국관광협회중앙회는 지역별 및 업종별 또는 기타단체가 회원으로 구성된 관광사업자단체의 중앙본부에 해당한다.

# 제1절 한국관광협회중앙회

## 1. 설립

'한국관광협회중앙회(KTA : Korea Toursim Association, 이하 '중앙회'라 한다 ' http://www.ekta.kr)
는 1963년 3월 11일 당시 관광사업진흥법 제31조에 의거 특수법인 '대한관광협회'로 설립되
었다. '대한관광협회'는 그 다음해 1977년 6월 1일 업종별관광협회를 통합하여 '대한관광협
회중앙회'로 개편되었으나, 1973년 4월 25일 '한국관광협회'로 명칭이 개편되었다. 그 후
1999년 3월 22일 '한국관광협회'는 「관광진흥법」 제39조에 의거 '한국관광협회중앙회'로 명
칭이 변경되면서 그 위상도 격상되었다. '중앙회'는 우리나라 관광업계를 대표하여 업계 전
반의 의견을 종합·조정하고 국내·외 관련기관과 상호협조함으로써 산업의 진흥과 회원의
권익 및 복리증진에 이바지함을 목적으로 하고 있다. 한국관광협회중앙회의 기본 설립절차
는 지역별 관광협회 및 업종별 관광협회의 대표자 3분의 1 이상으로 구성되는 발기인(發起
人)이 정관(定款)을 작성하여 지역별 관광협회 및 업종별 관광협회의 대표자 과반수로 구성
되는 창립총회의 의결을 거쳐야 한다.

> **■법 제41조(한국관광협회중앙회 설립), 제42조(정관)**
>
> **제41조(한국관광협회중앙회 설립)** ① 제45조에 따른 지역별 관광협회 및 업종별 관광협회는
> 관광사업의 건전한 발전을 위하여 관광업계를 대표하는 한국관광협회중앙회(이하 "협회"라 한다)
> 를 설립할 수 있다.
> ② 협회를 설립하려는 자는 대통령령으로 정하는 바에 따라 문화체육관광부장관의 허가를 받아야
> 한다. 〈개정 2008. 2. 29.〉
> ③ 협회는 법인으로 한다.
> ④ 협회는 설립등기를 함으로써 성립한다.
>
> **제42조(정관)** 협회의 정관에는 다음 각 호의 사항을 적어야 한다.
> 1. 목적
> 2. 명칭
> 3. 사무소의 소재지
> 4. 회원 및 총회에 관한 사항
> 5. 임원에 관한 사항
> 6. 업무에 관한 사항
> 7. 회계에 관한 사항
> 8. 해산(解散)에 관한 사항
> 9. 그 밖에 운영에 관한 중요 사항

> **▪ 시행령 제38조(한국관광협회중앙회의 설립요건)**
>
> ① 법 제41조제2항에 따라 한국관광협회중앙회(이하 "협회"라 한다)를 설립하려면 제41조에 따른 지역별 관광협회 및 업종별 관광협회의 대표자 3분의 1 이상으로 구성되는 발기인이 정관을 작성하여 지역별 관광협회 및 업종별 관광협회의 대표자 과반수로 구성되는 창립총회의 의결을 거쳐야 한다.
>
> ② 협회의 설립 후 임원이 임명될 때까지 필요한 업무는 발기인이 수행한다.

## 2. 업무

'중앙회'는 다음과 같은 일을 한다.

① 관광사업의 발전을 위한 업무
  관광진흥사업과 관광산업 발전을 위한 대정부 건의사업, 방송 및 홍보매체를 통한 건전관광 홍보, 회원 공제사업과 지급보증업무, 관광장학사업, 관광정보화사업 등을 하고 있다.
② 관광사업진흥에 필요한 조사·연구 및 홍보
③ 관광통계
④ 관광종사원의 교육 및 사후관리
⑤ 회원의 공제사업
⑥ 정부 또는 지방자치단체로부터의 수탁업무:
  (a) 관광종사원(국내여행안내사, 호텔서비스사)자격 등록 및 자격증발급업무(관광진흥법 제36조 및 시행령 제65조 제1항 5호 참조)
  (b) 국민관광상품권 발행 및 운영
  (c) 호텔업 등급결정업무
⑦ 관광안내소의 운영
⑧ 제1호 내지 제7호의 업무에 부수되는 수익사업

'중앙회'는 수익사업으로 한국관광명품점(http://souvenir.or.kr/)을 운영하고 있다. 한국관광명품점은 문화체육관광부가 투자하고 '중앙회'가 위탁관리하는 사업으로 1999년 9월 17일 개장하여 영업하고 있다. 한국관광명품점은 문화를 바탕으로 하는 관광기념품육성계획의 일환으로 우리나라의 대표적인 관광기념품을 엄선해서 전시판매하는 기념품점을 개설하여 내외국인 관광객의 쇼핑명소화를 추구할 뿐만 아니라 궁극적으로는 문화상품제조업체를 육성해서 판로를 지원하여 고용창출을 극대화하자는 취지에서 설립되었다. 그리고 '중앙회'의 수탁업무 중 호텔업 등급결정업무는 지난 2015년에 호텔등급 평가제도가 새로 도입되면서 한국관광공사가 6년 동안 운영하였으나, 2021년 1월 1일부터 '중앙회'가 호텔업 등급결정업무의 수탁기관으로 지정되었다.

기타 '중앙회'는 관광산업의 중요성을 대국민에게 인식시키기 위한 「관광의 날 기념식」행사를 개최하고, 청년실업 해소를 위한 관광산업 분야의 청년인턴채용사업을 전개하고 있다. 또한 국내관광을 활성화하고 국민복지관광을 실현하기 위한 사업으로 '국민관광상품권 ('https://www.koreatravels.com:5003/index.asp)을 발행하고 있다. 즉 국민관광상품권판매에서 발생하는 수익금의 일부로 관광에 소외된 이웃에게 여행의 기회를 제공하는 복지관광의 일환인 사회환원프로그램을 2005년부터 운영하고 있다.

국제협력 업무로는 한·중 관광업자 교류회, 일본지역 한국문화관광홍보단 등을 파견하여 세계관광의 흐름에 능동적으로 대처하고 있으며 PATA, ASTA 등 국제기구 회의에 참가하여 관광한국의 위상 제고와 국제기구와의 협력을 강화하여 나가고 있다.

> **법 제43조(업무)**
>
> ① 협회는 다음 각 호의 업무를 수행한다.
> 1. 관광사업의 발전을 위한 업무
> 2. 관광사업 진흥에 필요한 조사·연구 및 홍보
> 3. 관광 통계
> 4. 관광종사원의 교육과 사후관리
> 5. 회원의 공제사업
> 6. 국가나 지방자치단체로부터 위탁받은 업무
> 7. 관광안내소의 운영
> 8. 제1호부터 제7호까지의 규정에 의한 업무에 따르는 수익사업
> ② 제1항제5호에 따른 공제사업은 문화체육관광부장관의 허가를 받아야 한다.
> 〈개정 2008.2.29〉
> ③ 제2항에 따른 공제사업의 내용 및 운영에 필요한 사항은 대통령령으로 정한다.

> **법 제44조(「민법」의 준용)**
>
> 협회에 관하여 이 법에 규정된 것 외에는 「민법」 중 사단법인(社團法人)에 관한 규정을 준용한다.

## 3. 공제사업

공제란 서로 힘을 합하여 도운다는 말이다. 일반보험과 거의 같은 내용으로 협회가 운영하는 공제사업에는 관광사업자만 가입할 수 있는 것이다. 공제사업의 내용은 다음과 같다.

① 관광사업행위로 인하여 발생하는 대물(對物) 및 대인(對人) 배상
② 종사원의 사고에 대한 보상
③ 경제적 상호 부조

### 🔖 시행령 제39조(공제사업의 허가 등)

① 법 제43조제2항에 따라 협회가 공제사업의 허가를 받으려면 공제규정을 첨부하여 문화체육관광부장관에게 신청하여야 한다. 〈개정 2008.2.29.〉

② 제1항에 따른 공제규정에는 사업의 실시방법, 공제계약, 공제분담금 및 책임준비금의 산출방법에 관한 사항이 포함되어야 한다.

③ 제1항에 따른 공제규정을 변경하려면 문화체육관광부장관의 승인을 받아야 한다. 〈개정 2008.2.29.〉

④ 공제사업을 하는 자는 공제규정에서 정하는 바에 따라 매 사업연도 말에 그 사업의 책임준비금을 계상하고 적립하여야 한다.

⑤ 공제사업에 관한 회계는 협회의 다른 사업에 관한 회계와 구분하여 경리하여야 한다.

### 🔖 시행령 제40조(공제사업의 내용)

법 제43조제3항에 따른 공제사업의 내용은 다음 각 호와 같다.

1. 관광사업자의 관광사업행위와 관련된 사고로 인한 대물 및 대인배상에 대비하는 공제 및 배상업무

2. 관광사업행위에 따른 사고로 인하여 재해를 입은 종사원에 대한 보상업무

3. 그 밖에 회원 상호간의 경제적 이익을 도모하기 위한 업무

## 제2절  관광협회의 종류

관광사업자는 지역별 또는 업종별로 당해 분야의 관광사업의 건전한 발전을 위하여 지역별 또는 업종별 관광협회를 설립할 수 있다

지역별 관광협회 및 업종별 관광협회의 설립 · 운영 등은 한국관광협회중앙회의 규정을 준용(準用)한다.

### 🔖 법 제45조(지역별 · 업종별 관광협회), 제46조(협회에 관한 규정의 준용)

**제45조(지역별 · 업종별 관광협회)** ① 관광사업자는 지역별 또는 업종별로 그 분야의 관광사업의 건전한 발전을 위하여 대통령령으로 정하는 바에 따라 지역별 또는 업종별 관광협회를 설립할 수 있다.

② 제1항에 따른 업종별 관광협회는 문화체육관광부장관의 설립허가를, 지역별 관광협회는 시 · 도지사의 설립허가를 받아야 한다. 〈개정 2008.2.29.〉

③ 시 · 도지사는 해당 지방자치단체의 조례로 정하는 바에 따라 제1항에 따른 지역별 관광협회가 수행하는 사업에 대하여 예산의 범위에서 사업비의 전부 또는 일부를 지원할 수 있다. 〈신설 2023.3.21.〉

**제46조(협회에 관한 규정의 준용)** 지역별 관광협회 및 업종별 관광협회의 설립 · 운영 등에 관하여는 제41조부터 제44조까지의 규정을 준용한다.

> **⬛ 시행령 제41조(지역별 또는 업종별 관광협회의 설립)**
>
> 법 제45조제1항에 따라 지역별 관광협회 또는 업종별 관광협회를 설립할 수 있는 범위는 다음 각 호와 같다. 〈개정 2009.1.20., 2019.4.9.〉
> 1. 지역별 관광협회는 특별시 · 광역시 · 특별자치시 · 도 및 특별자치도를 단위로 설립하되, 필요하다고 인정되는 지역에는 지부를 둘 수 있다.
> 2. 업종별 관광협회는 업종별로 업무의 특수성을 고려하여 전국을 단위로 설립할 수 있다.

## 1. 지역별 관광협회

지역별관광협회는 시 · 도지사의 허가를 받아 특별시, 광역시,특별자치시 · 도 및 특별자치도 단위로 설립하고, 지부를 둘 수도 있다.

현재 지역별관광협회로는 서울특별시관광협회 부산광역시관광협회, 대구광역시관광협회, 인천광역시관광협회, 광주광역시관광협회, 대전광역시관광협회, 경기도관광협회, 강원도관광협회, 충청북도관광협회, 충청남도관광협회, 전라북도관광협회, 전라남도관광협회, 경상북도관광협회, 경상남도관광협회, 제주도관광협회가 있다.

## 2. 업종별 관광협회

업종별 관광협회는 관광진흥법 제43조에 의해 전국단위로 설립된 한국호텔업협회(1996년 9월 12일 설립,), 한국여행업협회(1991년 12월 설립,), 한국종합유원시설협회(1985년 2월 설립), 한국카지노업관광협회(1995년 3월 설립), 한국휴양콘도미니엄경영협회(1998년 설립), 한국MICE협회(2003년 8월 설립) 등이 있다.

## 3. 기타 관광사업자 단체

기타 관광사업자단체로는 체육시설의 설치 · 이용에 관한 법률 제37조에 의하여 설립된 한국골프장경영협회 및 한국스키장경영협회가 있다.

# 제4장 관광의 진흥과 홍보

## 제1절 관광정보의 활용

문화체육관광부장관은 관광에 관한 정보의 활용과 관광을 통한 국제친선을 도모하기 위하여 관광과 관련된 국제기구와의 협력관계를 증진하여야 한다. 문화체육관광부장관은 이러한 업무를 원활히 수행하기 위하여 관광사업자·관광사업자단체 또는 한국관광공사(이하 "관광사업자등"이라 한다)에게 필요한 사항을 권고·조정할 수 있다.

관광사업자 등은 특별한 사유가 없는 한 문화체육관광부장관의 권고·조정에 협조하여야 한다.

우리나라는 현재 관광과 관련된 국제기구 즉 UNWTO(United Nations World Tourism Organization : 세계관광기구), PATA(Pacific Asia Travel Association : 태평양·아시아관광협회), ASTA(Amerian Society of Travel Agent : 미주여행업협회), EATA(East Asia Travel Association : 동아시아관광협회), 및 OECD(Organization for Economic Cooperation and Development : 경제개발협력기구) 등에 가입하여 협력관계를 유지하고 있다.

> **법 제47조(관광정보의 활용 등)**
>
> ① 문화체육관광부장관은 관광에 관한 정보의 활용과 관광을 통한 국제 친선을 도모하기 위하여 관광과 관련된 국제기구와의 협력 관계를 증진하여야 한다. 〈개정 2008.2.29.〉
>
> ② 문화체육관광부장관은 제1항에 따른 업무를 원활히 수행하기 위하여 관광사업자·관광사업자단체 또는 한국관광공사(이하 "관광사업자등"이라 한다)에 필요한 사항을 권고·조정할 수 있다. 〈개정 2008.2.29., 2023.8.8.〉
>
> ③ 관광사업자등은 특별한 사유가 없으면 제2항에 따른 문화체육관광부장관의 권고나 조정에 협조하여야 한다. 〈개정 2008.2.29.〉

## 제2절 관광통계

문화체육관광부장관과 지방자치단체의 장은 관광개발기본계획 및 권역별 관광개발계획을 효과적으로 수립·시행하고 관광산업에 활용하기 위하여 관광통계 작성을 위한 실태조사를 할 수 있으며, 필요하면 공공기관, 연구소 및 민간기업 등에 협조를 요청할 수 있다.

관광통계에 관한 사항을 법으로 규정함으로써 관광통계의 생산·관리 등이 쉬워짐에 따라 정확한 관광산업 진흥시책을 마련할 수 있을 것이다.

> **법 제47조의2(관광통계)**
>
> ① 문화체육관광부장관과 지방자치단체의 장은 제49조제1항 및 제2항에 따른 관광개발기본계획 및 권역별 관광개발계획을 효과적으로 수립·시행하고 관광산업에 활용하도록 하기 위하여 국내외의 관광통계를 작성할 수 있다.
>
> ② 문화체육관광부장관과 지방자치단체의 장은 관광통계를 작성하기 위하여 필요하면 실태조사를 하거나, 공공기관·연구소·법인·단체·민간기업·개인 등에게 협조를 요청할 수 있다.
>
> ③ 제1항 및 제2항에서 규정한 사항 외에 관광통계의 작성·관리 및 활용에 필요한 사항은 대통령령으로 정한다.
>
> [본조신설 2009.3.25.]

> **시행령 제41조의2(관광통계 작성 범위)**
>
> ① 법 제47조의2제1항에 따른 관광통계의 작성범위는 다음 각 호와 같다.
> 1. 외국인 방한(訪韓) 관광객의 관광행태에 관한 사항
> 2. 국민의 관광행태에 관한 사항
> 3. 관광사업자의 경영에 관한 사항
> 4. 관광지와 관광단지의 현황 및 관리에 관한 사항
> 5. 그 밖에 문화체육관광부장관 또는 지방자치단체의 장이 관광사업의 발전을 위하여 필요하다고 인정하는 사항
>
> [본조신설 2009.10.7.]

# 제3절 장애인 및 관광취약계층의 관광지원

국가 및 지방자치단체는 장애인의 여행 기회를 확대하고 장애인의 관광 활동을 장려·지원하며, 장애인의 여행 및 관광 활동 권리를 증진하기 위하여 관련 시설을 설치하며, 장애인의 관광 지원 사업과 장애인 관광 자원 단체에 대하여 경비를 보조하는 등 필요한 지원을 할 수 있다.

더불어 경제적·사회적 여건 등으로 관광 활동에 제약을 받고 있는 관광취약계층의 여행 기회를 확대하고 관광 활동을 장려하기 위하여 「국민기초생활 보장법」에 따른 수급권자, 그밖에 소득수준이 낮은 저소득층 등 대통령령으로 정하는 관광취약 계층에게 여행이용권[34]을 지급할 수 있다.

> **법 제47조의3(장애인·고령자 관광 활동의 지원)**
>
> ① 국가 및 지방자치단체는 장애인·고령자의 여행 기회를 확대하고 장애인·고령자의 관광 활동을 장려·지원하기 위하여 관련 시설을 설치하는 등 필요한 시책을 강구하여야 한다. 〈개정 2023.3.21.〉
> ② 국가 및 지방자치단체는 장애인·고령자의 여행 및 관광 활동 권리를 증진하기 위하여 장애인·고령자의 관광 지원 사업과 장애인·고령자 관광 지원 단체에 대하여 경비를 보조하는 등 필요한 지원을 할 수 있다. 〈개정 2023.3.21.〉
>
> [본조신설 2014.5.28.]
> [제목개정 2023.3.21.]

---

34) 정부는 여행이용권대신에 통합문화이용권인 문화누리카드를 발급하고 있다. 문화누리키드(www.mnuri.kr/)

> **■ 법 제47조4(관광취약계층의 관광복지 증진 시책 강구)**
>
> 국가 및 지방자치단체는 경제적·사회적 여건 등으로 관광 활동에 제약을 받고 있는 관광취약계층의 여행 기회를 확대하고 관광 활동을 장려하기 위하여 필요한 시책을 강구하여야 한다.
>
> [본조신설 2014.5.28.]

> **■ 시행령 제41조의3(관광취약계층의 범위)**
>
> 법 제47조의5제1항에서 "「국민기초생활 보장법」에 따른 수급권자, 그 밖에 소득수준이 낮은 저소득층 등 대통령령으로 정하는 관광취약계층"이란 다음 각 호의 어느 하나에 해당하는 사람을 말한다. 〈개정 2015.11.30., 2023.9.26.〉
>
> 1. 「국민기초생활 보장법」 제2조제2호에 따른 수급자
> 2. 「국민기초생활 보장법」 제2조제10호에 따른 차상위계층에 해당하는 사람 중 다음 각 목의 어느 하나에 해당하는 사람
>    가. 「국민기초생활 보장법」 제7조제1항제7호에 따른 자활급여 수급자
>    나. 「장애인복지법」 제49조제1항에 따른 장애수당 수급자 또는 같은 법 제50조에 따른 장애아동수당 수급자
>    다. 「장애인연금법」 제5조에 따른 장애인연금 수급자
>    라. 「국민건강보험법 시행령」 별표 2 제3호라목의 경우에 해당하는 사람
> 3. 「한부모가족지원법」 제5조 및 제5조의2에 따른 지원대상자
> 4. 그 밖에 경제적·사회적 제약 등으로 인하여 관광 활동을 영위하기 위하여 지원이 필요한 사람으로서 문화체육관광부장관이 정하여 고시하는 기준에 해당하는 사람
>
> [본조신설 2014.11.28.]
> [종전 제41조의3은 제41조의7로 이동 〈2014.11.28.〉]

## 제4절 여행이용권

정부는 2014년 5월, 「관광진흥법」 개정을 통해, '여행이용권'의 정의를 신설함으로써 국가나 지방자치단체가 경제적 사회적 여건 등으로 관광활동에 제약을 받고 있는 관광취약계층의 여행기회를 확대하고 관광활동을 장려하기 위해 관광취약계층에 대한 여행경비를 지원할 수 있는 법적근거를 마련하였다. 여행이용권은 관광복지를 위한 일종의 바우처로서 관광취약계층이 관광활동을 영위할 수 있도록 금액이나 수량이 기재(전자적 또는 자기적 방법에 의한 기록을 포함한다.) 된 증표를 말한다. 정부는 2005년부터 문화바우처(이용권) 사업을 추진하고 2011년에는 문화이용권카드제도를 도입하였으며 2013년 문화, 여행, 스포츠관람에 이용할 수 있는 통합문화이용권으로서 통합문화누리카드를 발급하고 있다.[35]

---

35) 문화누리(http://www.mnuri.kr/)참조

> **시행령 제41조의4(여행이용권의 지급에 필요한 자료)**
>
> 법 제47조의5제2항 본문에서 "가족관계증명·국세·지방세·토지·건물·건강보험 및 국민연금에 관한 자료 등 대통령령으로 정하는 자료"란 다음 각 호의 자료를 말한다.
> 1. 제41조의3에 따른 관광취약계층에 해당함을 확인하기 위한 자료
> 2. 주민등록등본
> 3. 가족관계증명서
> [본조신설 2014.11.28.]
> [종전 제41조의4는 제41조의8로 이동 〈2014.11.28.〉]

> **법 제47조5(여행이용권의 지급 및 관리)**
>
> ① 국가 및 지방자치단체는 「국민기초생활 보장법」에 따른 수급권자, 그 밖에 소득수준이 낮은 저소득층 등 대통령령으로 정하는 관광취약 계층에게 여행이용권을 지급할 수 있다.
> ② 국가 및 지방자치단체는 여행이용권의 수급자격 및 자격유지의 적정성을 확인하기 위하여 필요한 가족관계증명·국세·지방세·토지·건물·건강보험 및 국민연금에 관한 자료 등 대통령령으로 정하는 자료를 관계 기관의 장에게 요청할 수 있고, 해당 기관의 장은 특별한 사유가 없으면 요청에 따라야 한다. 다만, 「전자정부법」 제36조제1항에 따른 행정정보 공동이용을 통하여 확인할 수 있는 사항은 예외로 한다.
> ③ 국가 및 지방자치단체는 제2항에 따른 자료의 확인을 위하여 「사회복지사업법」 제6조의2제2항에 따른 정보시스템을 연계하여 사용할 수 있다.
> ④ 국가 및 지방자치단체는 여행이용권의 발급, 정보시스템의 구축·운영 등 여행이용권 업무의 효율적 수행을 위하여 대통령령으로 정하는 바에 따라 전담기관을 지정할 수 있다.
> ⑤ 제1항부터 제4항까지에서 규정한 사항 외에 여행이용권의 지급·이용 등에 필요한 사항은 대통령령으로 정한다.
> ⑥ 문화체육관광부장관은 여행이용권의 이용 기회 확대 및 지원 업무의 효율성을 제고하기 위하여 여행이용권을 「문화예술진흥법」 제15조의4에 따른 문화이용권 등 문화체육관광부령으로 정하는 이용권과 통합하여 운영할 수 있다.
> [본조신설 2014.5.28.]

> **시행령 제41조의5(여행이용권 업무의 전담기관)**
>
> ① 법 제47조의5제4항에 따른 여행이용권 업무의 전담기관(이하 "전담기관"이라 한다)의 지정 요건은 다음 각 호와 같다.
> 1. 제3항 각 호의 업무를 수행하기 위한 인적·재정적 능력을 보유할 것
> 2. 제3항 각 호의 업무를 수행하는 데에 필요한 시설을 갖출 것
> 3. 여행이용권에 관한 홍보를 효율적으로 수행하기 위한 관련 기관 또는 단체와의 협력체계를 갖출 것
> ② 문화체육관광부장관은 제1항 각 호의 요건을 모두 갖춘 전담기관을 지정하였을 때에는 그

사실을 문화체육관광부의 인터넷 홈페이지에 게시하여야 한다.

③ 전담기관이 수행하는 업무는 다음 각 호와 같다.

1. 여행이용권의 발급에 관한 사항

2. 법 제47조의5제4항에 따른 정보시스템의 구축 · 운영

3. 여행이용권 이용활성화를 위한 관광단체 및 관광시설 등과의 협력

4. 여행이용권 이용활성화를 위한 조사 · 연구 · 교육 및 홍보

5. 여행이용권 이용자의 편의 제고를 위한 사업

6. 여행이용권 관련 통계의 작성 및 관리

7. 그 밖에 문화체육관광부장관이 여행이용권 업무의 효율적 수행을 위하여 필요하다고 인정하는 사무

[본조신설 2014.11.28.]


**시행령 제41조의6(여행이용권의 발급)**

전담기관 또는 특별자치시장 · 시장(제주특별자치도의 경우에는 「제주특별자치도 설치 및 국제자유도시 조성을 위한 특별법」 에 따른 행정시장을 말한다) · 군수 · 구청장은 문화체육관광부령으로 정하는 바에 따라 여행이용권을 발급한다. 〈개정 2019.4.9.〉

[본조신설 2014.11.28.]


**시행규칙 제56조의2(여행이용권의 통합운영)**

① 법 제47조의5제6항에서 "「문화예술진흥법」 제15조의4에 따른 문화이용권 등 문화체육관광부령으로 정하는 이용권"이란 다음 각 호의 이용권을 말한다.

1. 「문화예술진흥법」 제15조의4에 따른 문화이용권

2. 그 밖에 문화체육관광부장관이 지급 · 관리하는 이용권으로서 문화체육관광부장관이 정하여 고시하는 이용권

[본조신설 2014.12.31.]


**시행규칙 제56조의3(여행이용권의 발급 등)**

여행이용권의 발급 및 재발급에 관하여는 「문화예술진흥법 시행규칙」 제2조부터 제4조까지를 준용한다. 이 경우 "문화이용권"은 "여행이용권"으로, "한국문화예술위원회의 위원장"은 "전담기관"으로 본다.

[본조신설 2014.12.31.]


## 제5절　국제협력 및 해외진출지원

　문화체육관광부장관은 국내 관광산업의 국제협력 및 해외시장 진출을 촉진하기 위하여 국제전시회의 개최 및 참가 지원, 외국자본의 투자유치, 해외마케팅 및 홍보활동, 해외진출에 관한 정보제공, 수출 관련 협력체계의 구축, 그 밖에 국제협력 및 해외진출을 위하여 필

요한 사업 필요한 사업을 지원할 수 있다(법 제47조의 6).

---

**📖 법 제47조의6(국제협력 및 해외진출 지원)**

① 문화체육관광부장관은 관광산업의 국제협력 및 해외시장 진출을 촉진하기 위하여 다음 각 호의 사업을 지원할 수 있다.
1. 국제전시회의 개최 및 참가 지원
2. 외국자본의 투자유치
3. 해외마케팅 및 홍보활동
4. 해외진출에 관한 정보제공
5. 수출 관련 협력체계의 구축
6. 그 밖에 국제협력 및 해외진출을 위하여 필요한 사업
② 문화체육관광부장관은 제1항에 따른 사업을 효율적으로 지원하기 위하여 대통령령으로 정하는 관계 기관 또는 단체에 이를 위탁하거나 대행하게 할 수 있으며, 이에 필요한 비용을 보조할 수 있다.
[본조신설 2018.12.11.]

---

# 제6절 관광산업진흥사업

문화체육관공부장관은 관광산업의 활성화를 도모함으로써 관광산업의 지속적인 성장을 도모하고 일자리 창출에 기여하기 위하여 창업 지원, 전문인력 양성, 연구개발, 지역특화 관광 상품 및 서비스 발굴·육성 등의 사업을 추진할 수 있다(법제47조의 7).[36]

---

**📖 법 제47조의7(관광산업 진흥 사업)**

문화체육관광부장관은 관광산업의 활성화를 위하여 대통령령[37]으로 정하는 바에 따라 다음 각 호의 사업을 추진할 수 있다.
1. 관광산업 발전을 위한 정책·제도의 조사·연구 및 기획
2. 관광 관련 창업 촉진 및 창업자의 성장·발전 지원
3. 관광산업 전문인력 수급분석 및 육성
4. 관광산업 관련 기술의 연구개발 및 실용화
5. 지역에 특화된 관광 상품 및 서비스 등의 발굴·육성
6. 그 밖에 관광산업 진흥을 위하여 필요한 사항
[본조신설 2018.12.24.]

---

36) 문화체육관광부는 관계부처와 합동으로 고용창출효과 및 지역경제력 활력제고 등을 위한 지역관광활성화방안에 대한 연구를 실시하였다. 문화체육관광부, 「지역관광활성화방안」, 2018.7.11.
37) 조문에서 위임한 하위법령이 아직 없음.

**▣ 법 제47조의8(스마트관광산업의 육성)**

① 국가와 지방자치단체는 기술기반의 관광산업 경쟁력을 강화하고 지역관광을 활성화하기 위하여 스마트관광산업(관광에 정보통신기술을 융합하여 관광객에게 맞춤형 서비스를 제공하고 관광콘텐츠·인프라를 지속적으로 발전시킴으로써 경제적 또는 사회적 부가가치를 창출하는 산업을 말한다. 이하 같다)을 육성하여야 한다.

② 문화체육관광부장관은 스마트관광산업의 육성을 위하여 다음 각 호의 사업을 추진·지원할 수 있다.

1. 스마트관광산업 발전을 위한 정책·제도의 조사·연구 및 기획
2. 스마트관광산업 관련 창업 촉진 및 창업자의 성장·발전 지원
3. 스마트관광산업 관련 기술의 연구개발 및 실용화
4. 스마트관광산업 기반 지역관광 개발
5. 스마트관광산업 진흥에 필요한 전문인력 양성
6. 그 밖에 스마트관광산업 육성을 위하여 필요한 사항

[본조신설 2021.6.15.]

# 제7절 관광홍보

국제관광의 촉진과 국민관광의 건전한 발전을 위하여 문화체육관광부장관 또는 시·도지사는 다음과 같은 일을 할 수 있다.

**▣ 법 제48조(관광 홍보 및 관광자원 개발)**

① 문화체육관광부장관 또는 시·도지사는 국제 관광의 촉진과 국민 관광의 건전한 발전을 위하여 국내외 관광 홍보 활동을 조정하거나 관광 선전물을 심사하거나 그 밖에 필요한 사항을 지원할 수 있다. 〈개정 2008.2.29.〉

② 문화체육관광부장관 또는 시·도지사는 제1항에 따라 관광홍보를 원활히 추진하기 위하여 필요하면 문화체육관광부령으로 정하는 바에 따라 관광사업자등에게 해외관광시장에 대한 정기적인 조사, 관광 홍보물의 제작, 관광안내소의 운영 등에 필요한 사항을 권고하거나 지도할 수 있다. 〈개정 2008.2.29.〉

③ 지방자치단체의 장, 관광사업자 또는 제54조제1항에 따라 관광지·관광단지의 조성계획승인을 받은 자는 관광지·관광단지·관광특구·관광시설 등 관광자원을 안내하거나 홍보하는 내용의 옥외광고물(屋外廣告物)을 「옥외광고물 등의 관리와 옥외광고산업 진흥에 관한 법률」의 규정에도 불구하고 대통령령으로 정하는 바에 따라 설치할 수 있다. 〈개정 2016.1.6.〉

## 1. 관광홍보활동의 조정 및 관광선전물의 심사

문화체육관광부장관 또는 시·도지사는 국제관광의 촉진과 국민관광의 건전한 발전을 위하여 국내외 관광홍보활동을 조정하거나 관광선전물의 심사, 기타 필요한 사항을 지원할 수 있다.

## 2. 관광홍보활동을 위한 권고 및 지도

문화체육관광부장관 또는 시·도지사는 관광홍보를 원활히 추진하기 위하여 필요한 때에는 문화체육관광부령이 정하는 바에 따라 관광사업자등에게 해외관광시장에 대한 정기적인 조사, 관광홍보물의 제작, 관광안내소의 운영 등에 관하여 필요한 사항을 권고·지도할 수 있다.

## 3. 옥외광고물 설치 지원

지방자치단체의 장, 관광사업자 또는 제54조제1항에 따라 관광지·관광단지의 조성계획 승인을 얻은 자는 관광지·관광단지·관광특구·관광시설 등 관광자원을 안내하거나 홍보하는 내용의 옥외광고물(屋外廣告物)을 「옥외광고물 등의 관리와 옥외광고산업 진흥에 관한 법률」의 규정에도 불구하고 대통령령으로 정하는 바에 따라 설치할 수 있다.

# 제8절 관광자원 개발 및 지역축제

## 1. 관광자원 개발

문화체육관광부장관 및 지방자치단체의 장은 관광객의 유치, 관광복지의 증진 및 관광진흥을 위하여 다음과 같은 사업을 추진할 수 있다.

> **법 제48조(관광 홍보 및 관광자원 개발)**
>
> ④ 문화체육관광부장관과 지방자치단체의 장은 관광객의 유치, 관광복지의 증진 및 관광 진흥을 위하여 대통령령 또는 조례로 정하는 바에 따라 다음 각 호의 사업을 추진할 수 있다. 〈개정 2008.2.29., 2016.2.3., 2023.6.20.〉
> 1. 문화, 체육, 레저 및 산업시설 등의 관광자원화사업
> 2. 해양관광의 개발사업 및 자연생태의 관광자원화사업
> 3. 관광상품의 개발에 관한 사업
> 4. 국민의 관광복지 증진에 관한 사업

5. 유휴자원을 활용한 관광자원화사업
6. 주민 주도의 지역관광 활성화 사업

**🔲■ 시행령 제41조의7(주민 주도의 지역관광 활성화 사업)**

문화체육관광부장관은 법 제48조제4항제6호에 따라 주민 주도의 지역관광 활성화를 위하여 다음 각 호의 사업을 추진할 수 있다.

1. 주민 주도의 지역관광 활성화 관련 전문인력 및 지역관광 분야 주민사업체(지역 주민으로 구성되어 영리를 목적으로 지역관광 사업을 수행하는 법인 또는 단체를 말한다)의 발굴·육성 ·교육 및 활동 지원
2. 주민 주도의 지역관광 홍보
3. 지역자원을 활용한 관광콘텐츠 개발 지원
4. 주민 주도의 지역관광 모니터링 및 평가
5. 그 밖에 주민 주도의 지역관광 활성화를 위하여 필요한 사업

[본조신설 2023.12.12.]
[종전 제41조의7은 제41조의8로 이동 〈2023.12.12.〉]

## 1) 문화, 체육, 레저 및 산업시설 등의 관광자원화사업

지역문화(축제), 스포츠행사, 산업시설 등을 관광자원화한다.

## 2) 해양관광의 개발사업 및 자연생태의 관광자원화사업

해양레저, 해양스포츠, 수족관, 유람선, 수영장 등의 관광자원화. 생태관광(eco-tourism)을 개발 관광자원화하는 사업을 추진할 수 있다.

## 3) 관광상품의 개발에 관한 사업

지역 자체 또는 지역을 연계하여 다양한 관광코스를 개발한다.

## 4) 국민의 관광복지 증진에 관한 사업

접근로의 용이화, 편의시설 확충, 저렴한 숙박시설 개발, 관광정보의 제공 등 국민들이 보다 편리하고 안전하게 여행할 수 있는 기반을 제공한다.

## 5) 유휴자원을 활용한 관광자원화 사업

폐교 및 폐산업시설, 폐광 등 전국에 산재한 유휴자원을 활용한 관광자원화 사업을 촉진시켜 지역 관광산업 활성화와 경제력 향상에 이바지할 수 있을 것으로 기대된다.

### 6) 주민 주도의 지역관광 활성화 사업

전문인력 및 지역관광 분야 주민사업체의 발굴·육성·교육 및 활동을 지원하여 주민 주도의 지역관광 활성화와 지역경제 향상에 긍정적인 역할을 할 것으로 기대된다.

## 2. 지역축제

정부는 유사한 지역축제가 급증함에 따른 예산낭비를 막고 지역축제의 체계적인 정비와 육성을 도모할 필요성에서 지역축제의 지정과 지원, 평가 등에 관한 사항을 법으로 규정하였다. 선심성·전시성 유사축제가 양산되는 것을 방지하고 각 지역의 관광자원을 활용한 문화관광축제의 특성화에 기여할 수 있도록 하였다.

문화체육관광부장관은 지역축제의 체계적 육성 및 활성화를 위하여 지역축제에 대한 실태조사와 평가를 할 수 있다. 그리고 문화체육관광부장관은 지역축제의 통폐합 등을 포함한 그 발전방향에 대하여 지방자치단체의 장에게 의견을 제시하거나 권고할 수 있다.

> **법 제48조의2(지역축제 등)**
>
> ① 문화체육관광부장관은 지역축제의 체계적 육성 및 활성화를 위하여 지역축제에 대한 실태조사와 평가를 할 수 있다.
> ② 문화체육관광부장관은 지역축제의 통폐합 등을 포함한 그 발전방향에 대하여 지방자치단체의 장에게 의견을 제시하거나 권고할 수 있다.
> ③ 문화체육관광부장관은 다양한 지역관광자원을 개발·육성하기 위하여 우수한 지역축제를 문화관광축제로 지정하고 지원할 수 있다.
> ④ 제3항에 따른 문화관광축제의 지정 기준 및 지원 방법 등에 필요한 사항은 대통령령으로 정한다.
> [본조신설 2009.3.25.]

### 1) 지역축제의 지정

문화체육관광부장관은 다양한 지역관광자원을 개발·육성하기 위하여 첫째 축제의 특성 및 콘텐츠, 둘째 축제의 운영능력, 셋째 관광객 유치 효과 및 경제적 파급효과, 넷째 그 밖에 문화체육관광부장관이 정하는 사항 등을 고려하여 우수한 지역 축제를 문화관광축제로 지정하고 지원할 수 있다. 문화체육관광부는 지역관광 활성화 및 외국인 관광객 유치 확대를 통한 세계적인 축제 육성을 기본방향으로 하고 있으며, 국내의 전통문화와 독특한 주제를 바탕으로 한 지역축제 중 관광 상품성이 큰 축제를 대상으로 1995년부터 지속적으로 지원·육성하고 있다. 연도별 문화관광축제 선정 및 지원현황은 다음 표와 같다.[38]

---

38) 문화체육관광부, 「2022년 기준 관광동향에 관한 연차보고서」, p.182.

〈표 17〉 연도별 문화관광축제 선정·지원 현황

| 1997년 | 1998년 | 1999년 | 2000년 | 2001년 | 2002년 | 2003년 | 2004년 |
|---|---|---|---|---|---|---|---|
| 10개(예산없음) | 18개 | 21개 | 25개 | 30개 | 29개 | 30개 | 37개 |
| 2005년 | 2006년 | 2007년 | 2008년 | 2009년 | 2010년 | 2011년 | 2012년 | 2013년 |
| 45개 | 52개 | 52개 | 56개 | 57개 | 44개 | 44개 | 45개 | 42개 |
| 2014년 | 2015년 | 2016년 | 2017년 | 2018년 | 2019년 | 2020년 | 2021년 | 2022년 |
| 40개 | 44개 | 43개 | 41개 | 40개 | 41개 | 35개 | 34개 | 33개 |

자료 : 문화체육관광부 내부자료.
　주 1) 1999년까지 한국관광공사에서 예산을 지원하던 것을 2000년부터는 전액 국고(관광진흥개발기금)
　　　 지원체제로 전환.
　　2) 2020년 등급제 폐지 및 지정 체계 개선에 따라 직접지원 예산을 줄이고 간접지원(컨설팅 및 홍보
　　　 마케팅 지원)을 확대함.

> **□■시행령 제41조의8(문화관광축제의 지정 기준)**
>
> 법 제48조의2제3항에 따른 문화관광축제의 지정 기준은 문화체육관광부장관이 다음
> 각 호의 사항을 고려하여 정한다.
> 1. 축제의 특성 및 콘텐츠
> 2. 축제의 운영능력
> 3. 관광객 유치 효과 및 경제적 파급효과
> 4. 그 밖에 문화체육관광부장관이 정하는 사항
> [본조신설 2009.10.7.]
> [제41조의7에서 이동, 종전 제41조의8은 제41조의9로 이동 〈2023.12.12.〉]

## 2) 지역축제의 지정신청 및 지원

　문화관광축제로 지정받으려는 지역축제의 개최자는 관할 특별시·광역시·특별자치시·
도·특별자치도를 거쳐 문화체육관광부장관에게 지정신청을 하여야 한다.

　지정신청을 받은 문화체육관광부장관은 지정 기준(시행령 제41조의7)에 따라 문화관광축
제를 지정하고 예산의 범위에서 지원할 수 있다. 2024-2025년도 선정된 문화관광축제 현황
은 다음 표와 같다.[39]

---

39) 문화체육관광부, 「2024-2025년도 문화관광축제 선정」, 2023.12.19.

〈표 18〉 2024-2025년도 문화관광축제 25개 선정

| 구 분 | 축제명 |
|---|---|
| 인천(2개) | 부평풍물대축제, 인천펜타포트음악축제 |
| 경기(5개) | 수원화성문화제, 시흥갯골축제, 안성맞춤남사당바우덕이축제, 연천구석기축제, 화성뱃놀이축제 |
| 강원(3개) | 강릉커피축제, 정선아리랑제, 평창송어축제 |
| 충북(1개) | 음성품바축제 |
| 충남(1개) | 한산모시문화제 |
| 울산(1개) | 울산옹기축제 |
| 대구(1개) | 대구치맥페스티벌 |
| 경북(2개) | 고려대가야축제, 포항국제불빛축제 |
| 경남(1개) | 밀양아리랑대축제 |
| 부산(1개) | 광안리어방축제 |
| 전북(3개) | 순창장류축제, 임실N치즈축제, 진안홍삼축제 |
| 전남(4개) | 목포항구축제, 보성다향대축제, 영암왕인문화제, 정남진장흥물축제 |

> ■시행령 제41조의9(문화관광축제의 지원방법)
>
> ① 법 제48조의2제3항에 따라 문화관광축제로 지정받으려는 지역축제의 개최자는 관할 특별시·광역시·특별자치시·도·특별자치도를 거쳐 문화체육관광부장관에게 지정신청을 하여야 한다. 〈개정 2019.4.9.〉
> ② 제1항에 따른 지정신청을 받은 문화체육관광부장관은 제41조의7에 따른 지정 기준에 따라 문화관광축제를 지정한다. 〈개정 2014.11.28., 2019.4.9.〉
> ③ 문화체육관광부장관은 지정받은 문화관광축제를 예산의 범위에서 지원할 수 있다. 〈개정 2019.4.9.〉
> [본조신설 2009.10.7.]
> [제41조의8에서 이동, 종전 제41조의9는 제41조의10으로 이동 〈2023.12.12.〉]

## 3. 지속가능한 관광활성화

문화체육관광부장관은 에너지·자원의 사용을 최소화하고 기후변화에 대응하며 환경 훼손을 줄이고, 지역주민의 삶과 균형을 이루며 지역경제와 상생발전 할 수 있는 지속가능한 관광자원의 개발을 장려하기 위하여 정보제공 및 재정지원 등 필요한 조치를 강구할 수 있다. 이와 관련되는 사업으로 정부는 생태관광지역[40]을 지정하거나 관광두레사업을 운영

하고 있다. 정부는 2008년 문화체육관광부와 환경부가 공동으로 생태관광 활성화 방안을 수립하고 환경부가 2013년 자연환경보전법을 제정하면서 2013년부터 환경적으로 보전가치가 있고 생태계 보호의 중요성을 체험하고 교육할 수 있는 지역을 생태관광지역으로 지정하고 있다.[41]

관광두레는 지역주민들이 지역고유의 특색을 지닌 숙박 · 음식 · 여행 · 체험 · 레저 · 기념품 등을 생산 · 판매하는 관광사업체를 창업하고 경영할 수 있도록 밀착 · 지원하는 사업으로서 2013년에 시작해 2023년 12월 기준, 52개 지역에 230여개 주민사업체를 육성(관리)하고 있다.[42]

### 1) 특별관리지역의 지정

또한 최근 일부 관광지역에서 수용 가능한 범위를 넘어 관광객이 몰리면서 이로 인한 주민의 피해가 심각한 문제로 대두되고 있는 바,[43] 이를 방지하기 위하여 시 · 도지사나 시장 · 군수 · 구청장은 수용 범위를 초과한 관광객의 방문으로 자연환경이 훼손되거나 주민의 평온한 생활환경을 해칠 우려가 있어 관리할 필요가 있다고 인정되는 지역을 조례로 정하는 바에 따라 특별관리지역으로 지정할 수 있다(법 제48조의 3 제2항).

### 2) 특별관리지역의 지정 변경, 해제

시 · 도지사나 시장 · 군수 · 구청장은 특별관리지역을 지정 · 변경 또는 해제할 때에는 대통령령으로 정하는 바에 따라 미리 주민의 의견을 들어야 하며, 관계 행정기관의 장과 협의하여야 한다(법 제48조의 3 제3항). 시 · 도지사나 시장 · 군수 · 구청장은 특별관리지역을 지정 · 변경 또는 해제할 때에는 문화체육관광부령으로 정하는 바에 따라 특별관리지역의 위치, 면적, 지정일시, 그 밖에 조례로 정하는 사항을 고시하여야 한다(법 제48조의 3 제4항).

### 3) 특별관리지역의 방문시간 제한 등

시 · 도지사나 시장 · 군수 · 구청장은 특별관리지역에 대하여 조례로 정하는 바에 따라 관광객 방문시간 제한 등 필요한 조치를 할 수 있다(법 제48조의 3 제5항).

---

40) 생태관광이란 생태계가 특히 우수하거나 자연경관이 수려한 지역에서 자연자산의 보전 및 현명한 이용을 통하여 환경의 중요성을 체험할 수 있는 자연친화적인 관광을 말한다(자연환경보전법 제2조 18)

41) 「우리나라 생태관광 이야기」(www.eco-tour.kr/). 2023년 12월 말 기준. 창녕 우포 늪 등 29개 지역이 생태관광지역으로 선정되어 있다.

42) 「관광두레」 홈페이지(https://tourdure.visitkorea.or.kr/home/main.do)

43) 이러한 현상을 오버투어리즘(over tourism)이라고 한다. 이정학, 관광학원론, 대왕사, 2019. p.138.

**■ 법 제48조의3(지속가능한 관광활성화)**

① 문화체육관광부장관은 에너지·자원의 사용을 최소화하고 기후변화에 대응하며 환경 훼손을 줄이고, 지역주민의 삶과 균형을 이루며 지역경제와 상생발전 할 수 있는 지속가능한 관광자원의 개발을 장려하기 위하여 정보제공 및 재정지원 등 필요한 조치를 강구할 수 있다. 〈개정 2019.12.3.〉

② 시·도지사나 시장·군수·구청장은 다음 각 호의 어느 하나에 해당하는 지역을 조례로 정하는 바에 따라 특별관리지역으로 지정할 수 있다. 이 경우 특별관리지역이 같은 시·도 내에서 둘 이상의 시·군·구에 걸쳐 있는 경우에는 시·도지사가 지정하고, 둘 이상의 시·도에 걸쳐 있는 경우에는 해당 시·도지사가 공동으로 지정한다. 〈신설 2019.12.3., 2021.4.13., 2023.10.31.〉

1. 수용 범위를 초과한 관광객의 방문으로 자연환경이 훼손되거나 주민의 평온한 생활환경을 해칠 우려가 있어 관리할 필요가 있다고 인정되는 지역

2. 차량을 이용한 숙박·취사 등의 행위로 자연환경이 훼손되거나 주민의 평온한 생활환경을 해칠 우려가 있어 관리할 필요가 있다고 인정되는 지역. 다만, 다른 법령에서 출입, 주차, 취사 및 야영 등을 금지하는 지역은 제외한다.

③ 문화체육관광부장관은 특별관리지역으로 지정할 필요가 있다고 인정하는 경우에는 시·도지사 또는 시장·군수·구청장으로 하여금 해당 지역을 특별관리지역으로 지정하도록 권고할 수 있다. 〈신설 2021.4.13.〉

④ 시·도지사나 시장·군수·구청장은 특별관리지역을 지정·변경 또는 해제할 때에는 대통령령으로 정하는 바에 따라 미리 주민의 의견을 들어야 하며, 문화체육관광부장관 및 관계 행정기관의 장과 협의하여야 한다. 다만, 대통령령으로 정하는 경미한 사항을 변경하려는 경우에는 예외로 한다. 〈신설 2019.12.3., 2021.4.13.〉

⑤ 시·도지사나 시장·군수·구청장은 특별관리지역을 지정·변경 또는 해제할 때에는 특별관리지역의 위치, 면적, 지정일시, 지정·변경·해제 사유, 특별관리지역 내 조치사항, 그 밖에 조례로 정하는 사항을 해당 지방자치단체 공보에 고시하고, 문화체육관광부장관에게 제출하여야 한다. 〈신설 2019.12.3., 2021.4.13.〉

⑥ 시·도지사나 시장·군수·구청장은 특별관리지역에 대하여 조례로 정하는 바에 따라 관광객 방문시간 제한, 편의시설 설치, 이용수칙 고지, 이용료 징수, 차량·관광객 통행 제한 등 필요한 조치를 할 수 있다. 〈신설 2019.12.3., 2021.4.13., 2023.10.31.〉

⑦ 시·도지사나 시장·군수·구청장은 제6항에 따른 조례를 위반한 사람에게 「지방자치법」 제27조에 따라 1천만원 이하의 과태료를 부과·징수할 수 있다. 〈신설 2021.4.13.〉

⑧ 시·도지사나 시장·군수·구청장은 특별관리지역에 해당 지역의 범위, 조치사항 등을 표시한 안내판을 설치하여야 한다. 〈신설 2021.4.13.〉

⑨ 문화체육관광부장관은 특별관리지역 지정 현황을 관리하고 이와 관련된 정보를 공개하여야 하며, 특별관리지역을 지정·운영하는 지방자치단체와 그 주민 등을 위하여 필요한 지원을 할 수 있다. 〈신설 2021.4.13.〉

⑩ 그 밖에 특별관리지역의 지정 요건, 지정 절차 등 특별관리지역 지정 및 운영에 필요한 사항은 해당 지방자치단체의 조례로 정한다. 〈신설 2021.4.13.〉

[본조신설 2009.3.25.]

[시행일: 2024.5.1.] 제48조의3

> **■ 시행령 제41조의10(특별관리지역의 지정 · 변경 · 해제)**
>
> ① 시 · 도지사 또는 시장 · 군수 · 구청장은 법 제48조의3제4항 본문에 따라 주민의 의견을 들으려는 경우에는 해당 지역의 주민을 대상으로 공청회를 개최해야 한다. 〈개정 2021.10.14.〉
>
> ② 시 · 도지사 또는 시장 · 군수 · 구청장은 법 제48조의3제4항 본문에 따른 협의를 하려는 경우에는 문화체육관광부령으로 정하는 서류를 문화체육관광부장관 및 관계 행정기관의 장에게 제출해야 한다. 〈신설 2021.10.14.〉
>
> ③ 법 제48조의3제4항 본문에 따라 협의 요청을 받은 문화체육관광부장관 및 관계 행정기관의 장은 협의 요청을 받은 날부터 30일 이내에 의견을 제출해야 한다. 〈개정 2021.10.14.〉
>
> ④ 법 제48조의3제4항 단서에서 "대통령령으로 정하는 경미한 사항을 변경하는 경우"란 다음 각 호의 변경에 해당하지 않는 경우를 말한다. 〈신설 2021.10.14.〉
>
> 1. 특별관리지역의 위치 또는 면적의 변경
> 2. 특별관리지역의 지정기간의 변경
> 3. 특별관리지역 내 조치사항 중 다음 각 목에 해당하는 사항의 변경
>
>     가. 관광객 방문제한 시간
>
>     나. 특별관리지역 방문에 부과되는 이용료
>
>     다. 차량 · 관광객 통행제한 지역
>
>     라. 그 밖에 가목부터 다목까지에 준하는 조치사항으로서 주민의 의견을 듣거나 문화체육관광부장관 및 관계 행정기관의 장과 협의를 할 필요가 있다고 인정되는 사항
>
> [본조신설 2020.6.2.]
>
> [제41조의9에서 이동, 종전 제41조의10은 제41조의11로 이동 〈2023.12.12.〉]

# 제9절 문화관광해설사

## 1. 문화관광해설사 양성 및 활용계획

### 1) 문화관광해설사 양성 계획

문화관광해설사란 관광객의 이해와 감상, 체험기회를 제고하기 위하여 역사 · 문화 · 예술 · 자연 등 관광자원 전반에 대한 전문적인 해설을 제공하는 자를 말한다(법제2조 12). 문화체육관광부장관은 문화관광해설사를 효과적이고 체계적으로 양성 · 활용하기 위하여 해마다 문화관광해설사의 양성 및 활용계획을 수립하고, 이를 지방자치단체의 장에게 알려야 한다.

지방자치단체의 장은 문화관광해설사 양성 및 활용계획에 따라 관광객의 규모, 관광자원의 보유 현황, 문화관광해설사에 대한 수요 등을 고려하여 해마다 문화관광해설사 운영계획을 수립 · 시행하여야 한다. 이 경우 문화관광해설사의 양성 · 배치 · 활용 등에 관한 사항을 포함하여야 한다.

> **▫️법 제48조의4(문화관광해설사의 양성 및 활용계획 등)**
>
> ① 문화체육관광부장관은 문화관광해설사를 효과적이고 체계적으로 양성·활용하기 위하여 해마다 문화관광해설사의 양성 및 활용계획을 수립하고, 이를 지방자치단체의 장에게 알려야 한다.
> ② 지방자치단체의 장은 제1항에 따른 문화관광해설사 양성 및 활용계획에 따라 관광객의 규모, 관광자원의 보유 현황, 문화관광해설사에 대한 수요 등을 고려하여 해마다 문화관광해설사 운영계획을 수립·시행하여야 한다. 이 경우 문화관광해설사의 양성·배치·활용 등에 관한 사항을 포함하여야 한다.
> [본조신설 2011.4.5.]

### 2) 관광체험프로그램의 개발

문화체육관광부장관 또는 지방자치단체의 장은 관광객에게 역사·문화·예술·자연 등의 관광자원과 연계한 체험기회를 제공하고, 관광을 활성화하기 위하여 관광체험교육프로그램을 개발·보급할 수 있다. 이 경우 장애인을 위한 관광체험교육프로그램을 개발하여야 한다.

> **▫️법 제48조의5(관광체험교육프로그램 개발)**
>
> 문화체육관광부장관 또는 지방자치단체의 장은 관광객에게 역사·문화·예술·자연 등의 관광자원과 연계한 체험기회를 제공하고, 관광을 활성화하기 위하여 관광체험교육프로그램을 개발·보급할 수 있다. 이 경우 장애인을 위한 관광체험교육프로그램을 개발하여야 한다.
> [본조신설 2011.4.5.]

## 2. 문화관광해설사 양성교육과정의 개설 및 운영

### 1) 문화관광해설사 양성교육과정의 개설

문화체육관광부장관 또는 시·도지사는 문화관광해설사 양성을 위한 교육과정을 개설(開設)하여 운영할 수 있다.

> **▫️법 제48조의6(문화관광해설사 양성교육과정의 개설·운영)**
>
> ① 문화체육관광부장관 또는 시·도지사는 문화관광해설사 양성을 위한 교육과정을 개설(開設)하여 운영할 수 있다.
> ② 제1항에 따른 교육과정의 개설·운영에 필요한 사항은 문화체육관광부령으로 정한다.
> [전문개정 2018.12.11.]

## 2) 문화관광해설사 양성교육과정운영기준

문화관광해설사 양성교육과정을 개설 운영하려는 자는 교육과목 및 교육시간, 강의실 등의 기준에 관한 사항을 규정하고 있는 관광진흥법 시행규칙 제57조의 3. 및 「문화관광해설사 양성교육과정의 개설 · 운영 및 배치 · 활용에 관한 고시」[44] 에서 정하고 있는 사항을 준수하여야 한다.

---

**▣ 시행규칙 제57조의3(문화관광해설사 양성교육과정의 개설 · 운영 기준)**

① 법 제48조의6제2항에 따른 문화관광해설사 양성을 위한 교육과정의 개설 · 운영 기준은 별표 17의2와 같다. 〈개정 2019.4.25.〉

② 제1항에 따른 교육과정의 개설 · 운영 기준에 필요한 세부적인 사항은 문화체육관광부장관이 정하여 고시한다. 〈개정 2019.4.25.〉

[본조신설 2011.10.6.]

[제목개정 2019.4.25.]

---

### [별표 17의2] 문화관광해설사 양성교육과정의 개설 · 운영기준

(제57조의3제1항 관련) 〈개정 2019.4.25.〉

| 구분 | 개설 · 운영 기준 | | |
|---|---|---|---|
| 교육과목 및 교육시간 | 교육과목(실습을 포함한다) | | 교육시간 |
| | 기본 소양 | 1) 문화관광해설사의 역할과 자세<br>2) 문화관광자원의 가치 인식 및 보호<br>3) 관광객의 특성 이해 및 관광약자 배려 | 20시간 |
| | 전문 지식 | 4) 관광정책 및 관광산업의 이해<br>5) 한국 주요 문화관광자원의 이해<br>6) 지역 특화 문화관광자원의 이해 | 40시간 |
| | 현장 실무 | 7) 해설 시나리오 작성 및 해설 기법<br>8) 해설 현장 실습<br>9) 관광 안전관리 및 응급처치 | 40시간 |
| | 합 계 | | 100시간 |
| 교육시설 | 1) 강의실<br>2) 강사대기실<br>3) 회의실<br>4) 그 밖에 교육에 필요한 기자재 및 시스템 | | |

비고: 1)부터 9)까지의 모든 과목을 교육해야 하며, 이론교육은 정보통신망을 통한 온라인 교육을 포함하여 구성할 수 있다.

---

44) 「문화관광해설사 양성교육과정의 개설 · 운영 및 배치 · 활용에 관한 고시」 (문화체육관광부고시 제2019-19호)

### 3) 문화관광해설사 양성교육과정의 개설·운영 위탁

문화체육관광부장관 또는 시·도지사는 문화관광해설사 양성교육과정의 개설·운영에 관한 권한을 한국관광공사 또는 문화관광해설사 양성교육에 필요한 교육과정·교육내용, 인력·조직 및 시설·장비를 모두 갖춘 교육기관에 위탁한다(시행령 제65조제1항제6호).

---

**법 제80조 제3항**

③문화체육관광부장관 또는 시·도지사 및 시장·군수·구청장은 다음 각 호의 권한의 전부 또는 일부를 대통령으로 정하는 바에 따라 한국관광공사, 협회, 지역별·업종별 관광협회 및 대통령으로 정하는 전문 연구·검사기관, 자격검정기관이나 교육기관에 위탁할 수 있다. 〈개정 2007.7.19., 2008.2.29., 2008.6.5., 2009.3.25., 2011.4.5., 2015.2.3., 2018.3.13., 2018.12.11., 2018.12.24., 2019.12.3.〉

**시행령 제65조(권한의 위탁)**

① 등록기관등의 장은 법 제80조제3항에 따라 다음 각 호의 권한을 한국관광공사, 협회, 지역별·업종별 관광협회, 전문 연구·검사기관, 자격검정기관 또는 교육기관에 각각 위탁한다. 이 경우 문화체육관광부장관 또는 시·도지사는 제3호, 제3호의2 및 제6호의 경우 위탁한 업종별 관광협회, 전문 연구·검사기관 또는 관광 관련 교육기관의 명칭·주소 및 대표자 등을 고시해야 한다. 〈개정 2008.2.29., 2009.1.20., 2009.10.7., 2011.10.6., 2015.8.4., 2018.6.5., 2019.4.9.〉

6. 법 제48조의6제1항에 따른 문화관광해설사 양성을 위한 교육과정의 개설·운영에 관한 권한: 한국관광공사 또는 다음 각 목의 요건을 모두 갖춘 관광 관련 교육기관

　가. 기본소양, 전문지식, 현장실무 등 문화관광해설사 양성교육(이하 이 호에서 "양성교육"이 한다)에 필요한 교육과정 및 교육내용을 갖추고 있을 것

　나. 강사 등 양성교육에 필요한 인력과 조직을 갖추고 있을 것

　다. 강의실, 회의실 등 양성교육에 필요한 시설과 장비를 갖추고 있을 것

---

## 3. 문화관광해설사의 선발 및 활용

문화체육관광부장관 또는 지방자치단체의 장은 문화관광해설사양성 교육과정을 이수한 자를 문화관광해설사로 선발하여 활용할 수 있다.

### 1) 문화관광해설사의 선발 기준

문화관광해설사는 이론 및 실습교육과정을 이수하고 3개월 이상의 실무수습을 이수하여야 하며 문화체육관광부장관 또는 지방자치단체의 장은 이론 및 실습 평가항목이 각각 70점 이상을 득점한 사람 중에서 각각의 평가항목의 비중을 곱한 점수가 고득점자인 사람의 순으로 선발한다(법제48조의8제2항 및 시행규칙제 57조의제2항 관련 별표17의 4.참조).

## 2) 문화관광해설사의 배치 활용

문화체육관광부장관 또는 지방자치단체의 장은 문화관광해설사를 배치 · 활용할 경우 해당 지역의 관광객 규모와 관광자원의 보유 현황 및 문화관광해설사에 대한 수요, 문화관광해설사의 활동 실적 및 태도 등을 고려하여야 한다.

---

### 법 제48조의8(문화관광해설사의 선발 및 활용)

① 문화체육관광부장관 또는 지방자치단체의 장은 제48조의6제1항에 따른 교육과정을 이수한 사람을 문화관광해설사로 선발하여 활용할 수 있다. 〈개정 2018.12.11., 2023.8.8.〉
② 문화체육관광부장관 또는 지방자치단체의 장은 제1항에 따라 문화관광해설사를 선발하는 경우 문화체육관광부령으로 정하는 바에 따라 이론 및 실습을 평가하고, 3개월 이상의 실무수습을 마친 사람에게 자격을 부여할 수 있다. 〈개정 2023.8.8.〉
③ 문화체육관광부장관 또는 지방자치단체의 장은 예산의 범위에서 문화관광해설사의 활동에 필요한 비용 등을 지원할 수 있다.
④ 그 밖에 문화관광해설사의 선발, 배치 및 활용 등에 필요한 사항은 문화체육관광부령으로 정한다.
[본조신설 2011.4.5.]

---

### 시행령 제66조의2(고유식별정보의 처리)

① 문화체육관광부장관(제65조에 따라 문화체육관광부장관의 권한을 위임 · 위탁받은 자를 포함한다) 및 지방자치단체의 장(해당 권한이 위임 · 위탁된 경우에는 그 권한을 위임 · 위탁받은 자를 포함한다)은 다음 각 호의 사무를 수행하기 위하여 불가피한 경우 「개인정보 보호법 시행령」 제19조에 따른 주민등록번호, 여권번호 또는 외국인등록번호가 포함된 자료를 처리할 수 있다. 〈신설 2017.3.27., 2018.6.5., 2023.12.12.〉

1. 법 제4조에 따른 여행업, 관광숙박업, 관광객 이용시설업 및 국제회의업의 등록 등에 관한 사무
2. 법 제5조에 따른 카지노업 또는 유원시설업의 허가 또는 신고 등에 관한 사무
3. 법 제6조에 따른 관광 편의시설업의 지정 등에 관한 사무
4. 법 제8조에 따른 관광사업의 양수 등에 관한 사무
5. 법 제15조에 따른 사업계획의 승인 등에 관한 사무
5의2. 법 제24조에 따른 카지노업의 조건부 영업허가 등에 관한 사무
5의3. 법 제31조에 따른 유원시설업의 조건부 영업허가 등에 관한 사무
6. 법 제48조의8에 따른 문화관광해설사의 선발 및 활용 등에 관한 사무
7. 법 제48조의10 및 제48조의11에 따른 한국관광 품질인증 및 그 취소에 관한 사무

> **■시행규칙 제57조의5(문화관광해설사 선발 및 활용)**
>
> ① 문화체육관광부장관 또는 지방자치단체의 장은 법 제48조의8제1항에 따라 문화관광해설사를 선발하려는 경우에는 문화관광해설사의 선발 인원, 평가 일시 및 장소, 응시원서 접수기간, 그 밖에 선발에 필요한 선발계획을 수립하고 이를 공고하여야 한다.
>
> ② 문화체육관광부장관 또는 지방자치단체의 장이 법 제48조의8제2항에 따라 이론 및 실습을 평가하려는 경우에는 별표 17의4의 평가 기준에 따라 평가하여야 한다.
>
> ③ 제1항에 따른 선발계획에 따라 문화관광해설사를 선발하려는 경우에는 제2항의 평가 기준에 따른 평가 결과 이론 및 실습 평가항목 각각 70점 이상을 득점한 사람 중에서 각각의 평가항목의 비중을 곱한 점수가 고득점자인 사람의 순으로 선발한다.
>
> ④ 문화체육관광부장관 또는 지방자치단체의 장은 문화관광해설사를 배치·활용하려는 경우에 해당 지역의 관광객 규모와 관광자원의 보유 현황 및 문화관광해설사에 대한 수요, 문화관광해설사의 활동 실적 및 태도 등을 고려하여야 한다.
>
> ⑤ 그 밖에 문화관광해설사의 선발, 배치 및 활용 등에 필요한 세부적인 사항은 문화체육관광부장관이 정하여 고시한다.
>
> [본조신설 2011.10.6.]

### [별표 17의4] 문화관광해설사 평가 기준(시행규칙제57조의5제2항 관련)

〈개정 2019.4.25.〉

| 평가항목 | | 세부 평가내용 | 배점 | 비중 |
|---|---|---|---|---|
| 1. 이론 | 기본 소양 | 1) 문화관광해설사의 역할과 자세<br>2) 문화관광자원의 가치 인식 및 보호<br>3) 관광객의 특성 이해 및 관광약자 배려 | 30점 | 70% |
| | 전문 지식 | 4) 관광정책 및 관광산업의 이해<br>5) 한국 주요 문화관광자원의 이해<br>6) 지역 특화 문화관광자원의 이해 | 70점 | |
| | 합 계 | | 100점 | |
| 2. 실습 | 현장 실무 | 7) 해설 시나리오 작성<br>8) 해설 기법 시연<br>9) 관광 안전관리 및 응급처치 | 45점<br>45점<br>10점 | 30% |
| | 합 계 | | 100점 | |

비고: 1)부터 9)까지의 모든 항목을 평가해야 하며, 이론 평가는 객관식 문제와 주관식 문제를 병행하여 평가한다.

※ 비고 : 이론 평가 시 객관식 문제와 주관식 문제를 병행하여 평가한다.

# 제10절   한국관광품질인증

## 1. 한국관광품질인증제도

문화체육관광부장관은 관광객의 편의를 돕고 관광서비스의 수준을 향상시키기 위하여 관광사업 및 이와 밀접한 관련이 있는 사업으로서 대통령령으로 정하는 사업을 위한 시설 및 서비스 등을 대상으로 품질인증을 할 수 있다.

> **▣ 법 제48조의10(한국관광 품질인증)**
>
> ① 문화체육관광부장관은 관광객의 편의를 돕고 관광서비스의 수준을 향상시키기 위하여 관광사업 및 이와 밀접한 관련이 있는 사업으로서 대통령령으로 정하는 사업을 위한 시설 및 서비스 등(이하 "시설등"이라 한다)을 대상으로 품질인증(이하 "한국관광 품질인증"이라 한다)을 할 수 있다.
> ② 한국관광 품질인증을 받은 자는 대통령령으로 정하는 바에 따라 인증표지를 하거나 그 사실을 홍보할 수 있다.
> ③ 한국관광 품질인증을 받은 자가 아니면 인증표지 또는 이와 유사한 표지를 하거나 한국관광 품질인증을 받은 것으로 홍보하여서는 아니 된다.
> ④ 문화체육관광부장관은 한국관광 품질인증을 받은 시설등에 대하여 다음 각 호의 지원을 할 수 있다.
> 1. 「관광진흥개발기금법」에 따른 관광진흥개발기금의 대여 또는 보조
> 2. 국내 또는 국외에서의 홍보
> 3. 그 밖에 시설등의 운영 및 개선을 위하여 필요한 사항
> ⑤ 문화체육관광부장관은 한국관광 품질인증을 위하여 필요한 경우에는 특별자치시장 · 특별자치도지사 · 시장 · 군수 · 구청장 및 관계 기관의 장에게 자료 제출을 요청할 수 있다. 이 경우 자료 제출을 요청받은 특별자치시장 · 특별자치도지사 · 시장 · 군수 · 구청장 및 관계 기관의 장은 특별한 사유가 없으면 이에 따라야 한다.
> ⑥ 한국관광 품질인증의 인증 기준 · 절차 · 방법, 인증표지 및 그 밖에 한국관광 품질인증 제도 운영에 필요한 사항은 대통령령으로 정한다.
>
> [본조신설 2018.3.13.]

## 2. 한국관광품질인증대상 사업

야영장업, 외국인관광 도시민박업, 관광식당업, 한옥체험업, 관광면세업, 관광숙박업을 제외한 공중위생법에 따른 숙박업, 외국인관광객면세판매장 그 밖에 관광사업 및 이와 밀접한 관련이 있는 사업으로서 문화체육관광부장관이 정하여 고시하는 사업은 한국관광품질인증을 받을 수 있다.

> **시행령 제41조의11(한국관광 품질인증의 대상)**
>
> 법 제48조의10제1항에서 "대통령령으로 정하는 사업"이란 다음 각 호의 어느 하나에 해당하는
> 사업을 말한다. 〈개정 2019.7.9., 2020.4.28.〉
> 1. 제2조제1항제3호다목의 야영장업
> 2. 제2조제1항제3호바목의 외국인관광 도시민박업
> 3. 제2조제1항제3호사목의 한옥체험업
> 4. 제2조제1항제6호라목의 관광식당업
> 5. 제2조제1항제6호카목의 관광면세업
> 6. 「공중위생관리법」 제2조제1항제2호에 따른 숙박업(법 제3조제1항제2호에 따른 관광숙박업을
>    제외한다)
> 7. 「외국인관광객 등에 대한 부가가치세 및 개별소비세 특례규정」 제4조제2항에 따른 외국인관광
>    객면세판매장
> 8. 그 밖에 관광사업 및 이와 밀접한 관련이 있는 사업으로서 문화체육관광부장관이 정하여
>    고시하는 사업
> [본조신설 2018.6.5.]
> [제41조의10에서 이동, 종전 제41조의11은 제41조의12로 이동 〈2023.12.12.〉]

## 3. 한국관광품질인증의 인증기준

한국관광품질인증을 받고자 하는 사업자는 첫째, 관광객 편의를 위한 시설 및 서비스를
갖추고 둘째, 관광객 응대를 위한 전문 인력을 확보하여야 하며 셋째, 재난 및 안전관리 위
험으로부터 관광객을 보호할 수 있는 사업장 안전관리 방안을 수립하여야 한다. 그리고
넷째, 해당 사업의 관련 법령을 준수하여야 하며(시행령 제41조의 10) 관광진흥법 시행규칙에
서 규정하는 세부인증기준(시행규칙 제57조의 6관련 별표17의 5 참조)을 준수하여야 한다.

> **시행령 제41조의12(한국관광 품질인증의 인증 기준)**
>
> ① 법 제48조의10제1항에 따른 한국관광 품질인증(이하 "한국관광 품질인증"이라 한다)의 인증
> 기준은 다음 각 호와 같다.
> 1. 관광객 편의를 위한 시설 및 서비스를 갖출 것
> 2. 관광객 응대를 위한 전문 인력을 확보할 것
> 3. 재난 및 안전관리 위험으로부터 관광객을 보호할 수 있는 사업장 안전관리 방안을 수립할 것
> 4. 해당 사업의 관련 법령을 준수할 것
> ② 한국관광 품질인증의 인증 기준에 관한 세부사항은 문화체육관광부령으로 정한다.
> [본조신설 2018.6.5.]
> [제41조의11에서 이동, 종전 제41조의12는 제41조의13으로 이동 〈2023.12.12.〉]

> **🔖 시행규칙 제57조의6(한국관광 품질인증의 인증 기준)**
>
> 영 제41조의11에 따른 한국관광 품질인증(이하 "한국관광 품질인증"이라 한다)의 세부 인증 기준은 별표 17의5와 같다. 〈개정 2020.6.4.〉
>
> [본조신설 2018.6.14.]

## 4. 한국관광 품질인증의 절차 및 방법

한국관광 품질인증을 받으려는 자는 법(관광진흥법 시행령 제41조의 11)에서 정하는 품질인증 신청서 및 서류(시행규칙 제57조의 7)를 문화체육관광부장관에게 제출하여야 한다.

> **🔖 시행령 제41조의13(한국관광 품질인증의 절차 및 방법 등)**
>
> ① 한국관광 품질인증을 받으려는 자는 문화체육관광부령으로 정하는 품질인증 신청서를 문화체육관광부장관에게 제출하여야 한다.
>
> ② 문화체육관광부장관은 제1항에 따라 제출된 신청서의 내용을 평가·심사한 결과 제41조의11에 따른 인증 기준에 적합하면 신청서를 제출한 자에게 문화체육관광부령으로 정하는 인증서를 발급해야 한다. 〈개정 2020.6.2.〉
>
> ③ 문화체육관광부장관은 제2항에 따른 평가·심사 결과 제41조의11에 따른 인증 기준에 부적합하면 신청서를 제출한 자에게 그 결과와 사유를 알려주어야 한다. 〈개정 2020.6.2.〉
>
> ④ 한국관광 품질인증의 유효기간은 제2항에 따라 인증서가 발급된 날부터 3년으로 한다.
>
> ⑤ 제1항부터 제3항까지에서 규정한 사항 외에 한국관광 품질인증의 절차 및 방법에 관한 세부사항은 문화체육관광부령으로 정한다.
>
> [본조신설 2018.6.5.]
>
> [제41조의12에서 이동, 종전 제41조의13은 제41조의14로 이동 〈2023.12.12.〉]

> **🔖 시행규칙 제57조의7(한국관광 품질인증의 절차 및 방법 등)**
>
> ① 한국관광 품질인증을 받으려는 자는 별지 제39호의6서식의 한국관광 품질인증 신청서(전자문서로 된 신청서를 포함한다)에 다음 각 호의 서류(전자문서를 포함한다)를 첨부하여 한국관광공사에 제출하여야 한다.
>
> 1. 「부가가치세법」 제8조제5항에 따른 사업자등록증의 사본 1부
> 2. 해당 사업의 관련 법령을 준수하여 허가·등록 또는 지정을 받거나 신고를 하였음을 증명할 수 있는 서류 1부
> 3. 한국관광 품질인증의 인증 기준 전부 또는 일부와 인증 기준이 유사하다고 문화체육관광부장관이 인정하여 고시하는 인증(이하 "유사 인증"이라 한다)이 유효함을 증명할 수 있는 서류 1부(해당 서류가 있는 경우에만 첨부한다)
> 4. 그 밖에 한국관광공사가 한국관광 품질인증의 대상별 특성에 따라 한국관광 품질인증을 위한 평가·심사에 필요하다고 인정하여 영 제65조제7항에 따른 한국관광 품질인증 및 그 취소에 관한 업무 규정(이하 "업무 규정"이라 한다)으로 정하는 서류 각 1부
>
> ② 제1항에 따른 신청을 받은 한국관광공사는 서류평가, 현장평가 및 심의를 실시한 결과 별표 17의5에 따른 세부 인증 기준에 적합하면 신청서를 제출한 자에게 별지 제39호의7서식의 한국관광 품질인증서를 발급하여야 한다.

③ 한국관광공사는 제2항에 따른 서류평가 시 유효한 유사 인증을 받은 것으로 인정되는 자에 대하여 별표 17의5에 따른 인증 기준 전부 또는 일부를 갖추었음을 인정할 수 있다.
④ 한국관광공사는 한국관광 품질인증을 받은 자에게 해당 연도의 사업 운영 실적을 다음 연도 1월 20일까지 제출할 것을 요청할 수 있다.
[본조신설 2018.6.14.]

## 5. 한국관광 품질인증 인증표지

**■ 시행령 제41조의14(한국관광 품질인증의 인증표지)**

한국관광 품질인증의 인증표지는 별표 4의2와 같다.
[본조신설 2018.6.5.]
[제41조의13에서 이동 〈2023.12.12.〉]

**[별표 4의2] 한국관광 품질인증의 인증표지**〈개정 2020.6.2.〉
관광진흥법 시행령(제41조의13 관련)

| 비례 적용<br>(정비례로 확대 또는 축소하여 사용) | 최소사용 크기 |
|---|---|

1. 인증표지의 기본형은 흰색을 바탕으로 하여 위와 같이 하고, 로고는 붉은색과 파란색, 글자는 검은색으로 한다.
2. 비례 적용 및 최소사용 크기는 다음의 기준에 따른다.

## 6. 한국관광 품질인증 취소

문화체육관광부장관은 한국관광 품질인증을 받은 자가 거짓이나 그 밖의 부정한 방법으로 인증을 받은 경우, 인증 기준에 적합하지 아니하게 된 경우에는 그 인증을 취소할 수 있다.

> **법 제48조의11(한국관광 품질인증의 취소)**
>
> 문화체육관광부장관은 한국관광 품질인증을 받은 자가 다음 각 호의 어느 하나에 해당하는 경우에는 그 인증을 취소할 수 있다. 다만, 제1호에 해당하는 경우에는 인증을 취소하여야 한다.
> 1. 거짓이나 그 밖의 부정한 방법으로 인증을 받은 경우
> 2. 제48조의10제6항에 따른 인증 기준에 적합하지 아니하게 된 경우
>
> [본조신설 2018.3.13.]

## 7. 일 · 휴양 연계 관광산업의 육성

국가와 지방자치단체는 관광산업과 지역관광을 활성화하기 위하여 일 · 휴양연계관광산업(지역관광과 기업의 일 · 휴양연계제도를 연계하여 관광인프라를 조성하고 맞춤형 서비스를 제공함으로써 경제적 또는 사회적 부가가치를 창출하는 산업)을 육성하여야 한다.

> **법 제48조의12(일 · 휴양연계관광산업의 육성)**
>
> ① 국가와 지방자치단체는 관광산업과 지역관광을 활성화하기 위하여 일 · 휴양연계관광산업(지역관광과 기업의 일 · 휴양연계제도를 연계하여 관광인프라를 조성하고 맞춤형 서비스를 제공함으로써 경제적 또는 사회적 부가가치를 창출하는 산업을 말한다. 이하 같다)을 육성하여야 한다.
> ② 문화체육관광부장관은 다양한 지역관광자원을 개발 · 육성하기 위하여 일 · 휴양연계관광산업의 관광 상품 및 서비스를 발굴 · 육성할 수 있다.
> ③ 지방자치단체는 일 · 휴양연계관광산업의 활성화를 위하여 기업 또는 근로자에게 조례로 정하는 바에 따라 업무공간, 체류비용의 일부 등을 지원할 수 있다.
>
> [본조신설 2023.8.8.]
> [시행일: 2024.2.9.] 제48조의12

## 8. 권한의 위임 및 위탁

법(법 제30조 제3항)에 의해서 한국관광품질인증 및 취소에 관한 업무는 한국관광공사에 위탁되어 있다.

> **법 제80조제3항(권한의 위임,위탁)**
>
> ③문화체육관광부장관 또는 시·도지사 및 시장·군수·구청장은 다음 각 호의 권한의 전부 또는 일부를 대통령령으로 정하는 바에 따라 한국관광공사, 협회, 지역별·업종별 관광협회 및 대통령령으로 정하는 전문 연구·검사기관, 자격검정기관이나 교육기관에 위탁할 수 있다. 〈개정 2007.7.19., 2008.2.29., 2008.6.5., 2009.3.25., 2011.4.5., 2015.2.3., 2018.3.13., 2018.12.11., 2018.12.24., 2019.12.3.〉

> **시행령 제65조제7항(권한의 위탁)**
>
> ① 등록기관등의 장은 법 제80조제3항에 따라 다음 각 호의 권한을 한국관광공사, 협회, 지역별·업종별 관광협회, 전문 연구·검사기관, 자격검정기관 또는 교육기관에 각각 위탁한다. 이 경우 문화체육관광부장관 또는 시·도지사는 제3호, 제3호의2 및 제6호의 경우 위탁한 업종별 관광협회, 전문 연구·검사기관 또는 관광 관련 교육기관의 명칭·주소 및 대표자 등을 고시해야 한다. 〈개정 2008.2.29., 2009.1.20., 2009.10.7., 2011.10.6., 2015.8.4., 2018.6.5., 2019.4.9.〉
> 7. 법 제48조의10 및 제48조의11에 따른 한국관광 품질인증 및 그 취소에 관한 업무: 한국관광공사

> **시행규칙 제71조의2(한국관광 품질인증 및 그 취소에 관한 업무 규정)**
>
> 영 제65조제7항에 따른 업무 규정에는 다음 각 호의 사항이 모두 포함되어야 한다.
> 1. 한국관광 품질인증의 대상별 특성에 따른 세부 인증 기준
> 2. 서류평가, 현장평가 및 심의의 절차 및 방법에 관한 세부사항
> 3. 한국관광 품질인증의 취소 기준·절차 및 방법에 관한 세부사항
> 4. 그 밖에 문화체육관광부장관이 한국관광 품질인증 및 그 취소에 필요하다고 인정하는 사항
> [본조신설 2018.6.14.]

# 제5장 관광지 등의 개발

## 제1절 관광지 및 관광단지의 개발

관광지 및 관광단지(이하 '관광지 등'이라 함)가 개발되기 위해서는 일정한 과정을 거쳐야 한다. 즉, 일정지역이 '관광지 등'으로 개발되기 위해서는 제일 먼저 '관광지 등'으로 지정을 받아야 한다. '관광지 등'의 지정은 시장·군수·구청장이 지정신청을 하면 시·도지사가 관계기관의 장과 협의 후 지정을 한다. '관광지 등'을 지정하면 지정권자는 일정지역이 '관광지 등'으로 지정된 것을 고시하여야 한다.

지정된 '관광지 등'은 개발을 위한 조성계획이 수립되고 조성계획수립 후 조성계획이 시행되어 '관광지 등'으로 개발된다. '관광지 등'의 조성계획은 시장·군수·구청장이 수립, 시·도지사의 승인을 받아야 한다. 단 관광단지의 경우에는 문화체육관광부령이 지정하는

공공법인 또는 민간개발자도 조성계획을 수립할 수 있다. 공공법인 또는 민간개발자가 조성계획승인을 얻고자 하는 때에는 조성계획을 수립, 시장 · 군수 · 구청장에게 신청서류를 제출하여야 하며 서류를 제출받은 시장 · 군수 · 구청장은 검토의견서를 첨부하여 시 · 도지사에 제출하여야 한다. 시 · 도지사가 조성계획을 승인하기 위해서는 관계기관의 장과 협의하여야 한다. 조성계획이 승인되면 시 · 도지사는 조성계획이 수립된 것을 고시하여야 한다. 고시후 조성계획승인을 얻은 자는 조성사업을 행한다. 이들 과정을 그림으로 나타내면 〈그림 1〉과 같다.

〈그림 1〉 관광지 및 관광단지개발과정

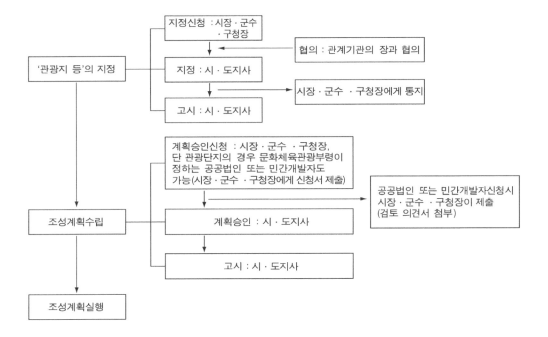

## 1. 관광개발계획

문화체육관광부장관은 관광자원을 효율적으로 개발 · 관리하기 위하여 전국을 대상으로 관광 개발기본계획을 수립하여야 하며, 시 · 도지사(특별자치도지사는 제외한다)는 기본계획에 의하여 구분된 권역을 대상으로 권역별관광개발계획을 수립하여야 한다. 기본계획은 문화체육관광부장관이 10년마다, 권역계획은 기본계획을 바탕으로 시 · 도지사(특별자치도지사는 제외한다)가 5년마다 수립한다.

**■ 법 제49조(관광개발기본계획 등)**

① 문화체육관광부장관은 관광자원을 효율적으로 개발하고 관리하기 위하여 전국을 대상으로 다음과 같은 사항을 포함하는 관광개발기본계획(이하 "기본계획"이라 한다)을 수립하여야 한다. 〈개정 2008.2.29.〉

1. 전국의 관광 여건과 관광 동향(動向)에 관한 사항
2. 전국의 관광 수요와 공급에 관한 사항
3. 관광자원 보호·개발·이용·관리 등에 관한 기본적인 사항
4. 관광권역(觀光圈域)의 설정에 관한 사항
5. 관광권역별 관광개발의 기본방향에 관한 사항
6. 그 밖에 관광개발에 관한 사항

② 시·도지사(특별자치도지사는 제외한다)는 기본계획에 따라 구분된 권역을 대상으로 다음 각 호의 사항을 포함하는 권역별 관광개발계획(이하 "권역계획"이라 한다)을 수립하여야 한다. 〈개정 2008.6.5., 2009.3.25.〉

1. 권역의 관광 여건과 관광 동향에 관한 사항
2. 권역의 관광 수요와 공급에 관한 사항
3. 관광자원의 보호·개발·이용·관리 등에 관한 사항
4. 관광지 및 관광단지의 조성·정비·보완 등에 관한 사항
4의2. 관광지 및 관광단지의 실적 평가에 관한 사항
5. 관광지 연계에 관한 사항
6. 관광사업의 추진에 관한 사항
7. 환경보전에 관한 사항
8. 그 밖에 그 권역의 관광자원의 개발, 관리 및 평가를 위하여 필요한 사항

**■ 시행령 제42조(관광개발계획의 수립시기)**

① 법 제49조제1항에 따른 관광개발기본계획(이하 "기본계획"이라 한다)은 10년마다 수립한다. 〈개정 2020.6.2., 2020.12.8.〉

② 문화체육관광부장관은 사회적·경제적 여건 변화 등을 고려하여 5년마다 제1항에 따른 기본계획을 전반적으로 재검토하고 개선이 필요한 사항을 정비해야 한다. 〈신설 2020.6.2., 2020.12.8.〉

③ 법 제49조제2항에 따른 권역별 관광개발계획(이하 "권역계획"이라 한다)은 5년마다 수립한다. 〈신설 2020.6.2., 2020.12.8.〉

## 1) 기본계획수립

관광개발기본계획의 수립 및 변경은 시·도지사의 기본계획수립 요구 → 문화체육관광부장관이 종합·조정 → 관계부처의장과 협의 → 문화체육관광부장관이 확정의 순으로 일정한 절차를 거친다.

> **법 제50조(기본계획)**
>
> ① 시·도지사는 기본계획의 수립에 필요한 관광 개발사업에 관한 요구서를 문화체육관광부장관에게 제출하여야 하고, 문화체육관광부장관은 이를 종합·조정하여 기본계획을 수립하고 공고하여야 한다. 〈개정 2008.2.29.〉
>
> ② 문화체육관광부장관은 수립된 기본계획을 확정하여 공고하려면 관계 부처의 장과 협의하여야 한다. 〈개정 2008.2.29.〉
>
> ③ 확정된 기본계획을 변경하는 경우에는 제1항과 제2항을 준용한다.
>
> ④ 문화체육관광부장관은 관계 기관의 장에게 기본계획의 수립에 필요한 자료를 요구하거나 협조를 요청할 수 있고, 그 요구 또는 협조 요청을 받은 관계 기관의 장은 정당한 사유가 없으면 요청에 따라야 한다. 〈개정 2008.2.29.〉

## 2) 권역계획의 수립

권역계획은 시·도지사의 수립 → 문화체육관광부장관의 조정 → 관계부처의 장과 협의 → 공고의 순으로 일정한 절차를 거쳐 수립된다.

만약 하나의 권역이 2개 이상의 시도에 걸쳐 있는 경우, 관계 시·도지사가 협의하여 수립하고, 협의가 되지 않으면 문화체육관광부장관이 지정하는 시·도지사가 수립하여야 한다.

> **법 제51조(권역계획)**
>
> ① 권역계획(圈域計劃)은 그 지역을 관할하는 시·도지사(특별자치도지사는 제외한다. 이하 이 조에서 같다)가 수립하여야 한다. 다만, 둘 이상의 시·도에 걸치는 지역이 하나의 권역계획에 포함되는 경우에는 관계되는 시·도지사와의 협의에 따라 수립하되, 협의가 성립되지 아니한 경우에는 문화체육관광부장관이 지정하는 시·도지사가 수립하여야 한다. 〈개정 2008.2.29., 2008.6.5.〉
>
> ② 시·도지사는 제1항에 따라 수립한 권역계획을 문화체육관광부장관의 조정과 관계 행정기관의 장과의 협의를 거쳐 확정하여야 한다. 이 경우 협의요청을 받은 관계 행정기관의 장은 특별한 사유가 없으면 그 요청을 받은 날부터 30일 이내에 의견을 제시하여야 한다. 〈개정 2007.7.19., 2008.2.29., 2023.8.8.〉
>
> ③ 시·도지사는 권역계획이 확정되면 그 요지를 공고하여야 한다.

## 3) 권역계획의 변경

확정된 권역계획의 내용을 변경할 경우 권역계획수립과 같은 절차를 밟아야 하나, 다음과 같은 경미한 사항(시행령 제43조 각호)의 변경에 대해서는 관계부처의 장과의 협의에 갈음하여 문화체육관광부장관의 승인을 얻어야 한다.

① 권역의 관광여건 및 관광동향에 관한 사항
② 권역의 관광수요 및 공급에 관한 사항
③ 관광사업의 추진에 관한 사항

④ 환경보전에 관한 사항

⑤ 기타 그 권역의 관광자원의 개발과 관리를 위하여 필요한 사항

⑥ 관광자원의 보호·개발·이용·관리 등에 관한 사항

⑦ 관광지 또는 관광단지의 축소

⑧ 관광지등의 면적의 100분의 30이내의 확대

⑨ 지형여건 등에 따른 관광지 등의 구역조정

### 법 제51조(권역계획)

④ 확정된 권역계획을 변경하는 경우에는 제1항부터 제3항까지의 규정을 준용한다. 다만, 대통령령으로 정하는 경미한 사항의 변경에 대하여는 관계 부처의 장과의 협의를 갈음하여 문화체육관광부장관의 승인을 받아야 한다. 〈개정 2008.2.29.〉

⑤ 그 밖에 권역계획의 수립 기준 및 방법 등에 필요한 사항은 대통령령으로 정하는 바에 따라 문화체육관광부장관이 정한다. 〈신설 2020.6.9.〉

### 시행령 제43조(경미한 권역계획의 변경)

법 제51조제4항 단서에서 "대통령령으로 정하는 경미한 사항의 변경"이란 다음 각 호의 어느 하나에 해당하는 것을 말한다. 〈개정 2020.12.8.〉

1. 기본계획의 범위에서 하는 법 제49조제2항제1호·제2호 또는 제6호부터 제8호까지에 관한 사항의 변경

2. 법 제49조제2항제3호부터 제5호까지에 관한 사항 중 다음 각 목의 변경

　가. 관광자원의 보호·이용 및 관리 등에 관한 사항

　나. 관광지 또는 관광단지(이하 "관광지등"이라 한다)의 면적(권역계획상의 면적을 말한다. 이하 다목과 라목에서 같다)의 축소

　다. 관광지등 면적의 100분의 30 이내의 확대

　라. 지형여건 등에 따른 관광지등의 구역 조정(그 면적의 100분의 30 이내에서 조정하는 경우만 해당한다)이나 명칭 변경

### 시행령 제43조의2(권역계획의 수립 기준 및 방법 등)

① 문화체육관광부장관은 권역계획이 기본계획에 부합되도록 권역계획의 수립 기준 및 방법 등을 포함하는 권역계획 수립지침을 작성하여 특별시장·광역시장·특별자치시장·도지사에게 보내야 한다.

② 제1항에 따른 권역계획 수립지침에는 다음 각 호의 사항이 포함되어야 한다.

1. 기본계획과 권역계획의 관계

2. 권역계획의 기본사항과 수립절차

3. 권역계획의 수립 시 고려사항 및 주요 항목

4. 그 밖에 권역계획의 수립에 필요한 사항

[본조신설 2020.12.8.]

## 2. '관광지등'의 지정

### 1) '관광지등'의 지정 신청

#### (1) '관광지등'의 지정신청

관광지 및 관광단지는 시장·군수·구청장의 신청에 의하여 기본계획 및 권역계획을 기준으로 시·도지사가 지정한다. 다만, 특별자치도의 경우에는 특별자치도지사가 지정한다. 이 경우 대통령령이 정하는 경미한 면적의 변경은 제2항 본문의 규정에 의한 협의를 하지 아니할 수 있다.

#### (2) 신청서류

관광지 및 관광단지지정을 신청하고자 하는 시장·군수·구청장은 지정신청서(시행규칙 별지 제40호 서식)에 일정의 서류(시행규칙 제58조 제1항 참조)를 첨부하여 특별시장·광역시장·도지사에게 제출하여야 한다. 지정의 취소 및 그 면적의 변경을 신청하고자 하는 경우에도 또한 같다. 다만, 관광지등의 지정취소 또는 그 면적변경의 경우에는 그 취소 또는 변경과 관계되지 아니하는 사항에 대한 서류는 첨부하지 아니한다.

#### (3) '관광지등'의 지정

특별시장·광역시장·도지사가 지정 등의 신청을 받은 때에는 관광지등의 개발필요성, 타당성, 관광지·관광단지의 구분기준 및 관광개발계획과의 적합성 여부 등을 종합적으로 검토하여야 하며 '관광지등'을 지정할 경우, 관계기관의 장과 협의를 하여야 한다(다만, 도시지역으로의 편입이 예상되는 지역 또는 자연환경을 고려하여 제한적인 이용·개발을 하려는 지역으로서 계획적·체계적인 관리가 필요한 계획관리지역으로 결정·고시된 지역을 관광지 등으로 지정하고자 하는 때에는 그러하지 아니하다 : 법 제52조 2항 참조). 협의요청을 받은 관계행정기관의 장은 특별한 사유가 없는 한 그 요청을 받은 날부터 30일 이내에 의견을 제시하여야 한다. 지정취소 또는 그 면적의 변경의 경우에도 '관광지등'의 지정절차와 같다. 단 경미한 면적(시행령 제44조 참조)의 변경의 경우에는 관계기관의 장과 협의를 하지 아니할 수 있다.

> **법 제52조(관광지의 지정 등)**
>
> ① 관광지 및 관광단지(이하 "관광지등"이라 한다)는 문화체육관광부령으로 정하는 바에 따라 시장·군수·구청장의 신청에 의하여 시·도지사가 지정한다. 다만, 특별자치시 및 특별자치도의 경우에는 특별자치시장 및 특별자치도지사가 지정한다. 〈개정 2008.2.29., 2008.6.5., 2009.3.25., 2018.6.12.〉
>
> ② 시·도지사는 제1항에 따른 관광지등을 지정하려면 사전에 문화체육관광부장관 및 관계 행정기관의 장과 협의하여야 한다. 다만, 「국토의 계획 및 이용에 관한 법률」 제30조에 따라 같은

법 제36조제1항제2호다목에 따른 계획관리지역(같은 법의 규정에 따라 도시·군관리계획으로 결정되지 아니한 지역인 경우에는 종전의 「국토이용관리법」 제8조에 따라 준도시지역으로 결정·고시된 지역을 말한다)으로 결정·고시된 지역을 관광지등으로 지정하려는 경우에는 그러하지 아니하다. 〈개정 2011.4.5., 2011.4.14.〉

③ 문화체육관광부장관 및 관계 행정기관의 장은 「환경영향평가법」 등 관련 법령에 특별한 규정이 있거나 정당한 사유가 있는 경우를 제외하고는 제2항 본문에 따른 협의를 요청받은 날부터 30일 이내에 의견을 제출하여야 한다. 〈개정 2018.6.12.〉

④ 문화체육관광부장관 및 관계 행정기관의 장이 제3항에서 정한 기간(「민원 처리에 관한 법률」 제20조제2항에 따라 회신기간을 연장한 경우에는 그 연장된 기간을 말한다) 내에 의견을 제출하지 아니하면 협의가 이루어진 것으로 본다. 〈신설 2018.6.12.〉

⑤ 관광지등의 지정 취소 또는 그 면적의 변경은 관광지등의 지정에 관한 절차에 따라야 한다. 이 경우 대통령령으로 정하는 경미한 면적의 변경은 제2항 본문에 따른 협의를 하지 아니할 수 있다. 〈개정 2007.7.19., 2018.6.12.〉

⑥ 시·도지사는 제1항 또는 제5항에 따라 지정, 지정취소 또는 그 면적변경을 한 경우에는 이를 고시하여야 한다. 〈개정 2007.7.19., 2018.6.12.〉

### 법 제52조의2(행위 등의 제한)

① 제52조에 따라 관광지등으로 지정·고시된 지역에서 건축물의 건축, 공작물의 설치, 토지의 형질 변경, 토석의 채취, 토지분할, 물건을 쌓아놓는 행위 등 대통령령으로 정하는 행위를 하려는 자는 특별자치시장·특별자치도지사·시장·군수·구청장의 허가를 받아야 한다. 허가받은 사항을 변경하려는 경우에도 또한 같다.

② 제1항에도 불구하고 재해복구 또는 재난수습에 필요한 응급조치를 위하여 하는 행위는 제1항에 따른 허가를 받지 아니하고 할 수 있다.

③ 제1항에 따라 허가를 받아야 하는 행위로서 관광지등의 지정 및 고시 당시 이미 관계 법령에 따라 허가를 받았거나 허가를 받을 필요가 없는 행위에 관하여 그 공사 또는 사업에 착수한 자는 대통령령으로 정하는 바에 따라 특별자치시장·특별자치도지사·시장·군수·구청장에게 신고한 후 이를 계속 시행할 수 있다.

④ 특별자치시장·특별자치도지사·시장·군수·구청장은 제1항을 위반한 자에게 원상회복을 명할 수 있으며, 명령을 받은 자가 그 의무를 이행하지 아니하면 「행정대집행법」에 따라 이를 대집행(代執行)할 수 있다.

⑤ 제1항에 따른 허가에 관하여 이 법에서 규정한 것을 제외하고는 「국토의 계획 및 이용에 관한 법률」 제57조부터 제60조까지 및 제62조를 준용한다.

⑥ 제1항에 따라 허가를 받은 경우에는 「국토의 계획 및 이용에 관한 법률」 제56조에 따라 허가를 받은 것으로 본다.

[본조신설 2020.6.9.]

### 시행령 제44조(경미한 면적 변경)

법 제52조제5항 후단에서 "대통령령으로 정하는 경미한 면적의 변경"이란 다음 각 호의 것을 말한다. 〈개정 2020.6.2.〉

1. 지적조사 또는 지적측량의 결과에 따른 면적의 정정 등으로 인한 면적의 변경
2. 관광지등 지정면적의 100분의 30 이내의 면적(「농지법」 제28조에 따른 농업진흥지역의 농지가 1만 제곱미터 이상, 농업진흥지역이 아닌 지역의 농지가 6만 제곱미터 이상 추가로 포함되는 경우는 제외한다)의 변경

### 시행규칙 제58조(관광지등의 지정신청 등)

① 법 제52조제1항 및 같은 조 제5항에 따라 관광지등의 지정 및 지정 취소 또는 그 면적의 변경(이하 "지정등"이라 한다)을 신청하려는 자는 별지 제40호서식의 관광지(관광단지) 지정등 신청서에 다음 각 호의 서류를 첨부하여 특별시장·광역시장·도지사에게 제출하여야 한다. 다만, 관광지등의 지정 취소 또는 그 면적 변경의 경우에는 그 취소 또는 변경과 관계 없는 사항에 대한 서류는 첨부하지 아니한다. 〈개정 2009.10.22., 2019.4.25.〉

1. 관광지등의 개발방향을 기재한 서류
2. 관광지등과 그 주변의 주요 관광자원 및 주요 접근로 등 교통체계에 관한 서류
3. 「국토의 계획 및 이용에 관한 법률」에 따른 용도지역을 기재한 서류
4. 관광객 수용능력 등을 기재한 서류
5. 관광지등의 구역을 표시한 축척 2만5천분의 1 이상의 지형도 및 지목·지번 등이 표시된 축척500분의 1부터 6천분의 1까지의 도면
6. 관광지등의 지번·지목·지적 및 소유자가 표시된 토지조서(임야에 대하여는 「산지관리법」에 따른 보전산지 및 준보전산지로 구분하여 표시하고, 농지에 대하여는 「농지법」에 따른 농업진흥지역 및 농업진흥지역이 아닌 지역으로 구분하여 표시한다)

② 제1항에 따른 신청을 하려는 자는 별표 18의 관광지·관광단지의 구분기준에 따라 그 지정등을 신청하여야 한다.

③ 특별시장·광역시장·도지사는 제1항에 따른 지정등의 신청을 받은 경우에는 제1항에 따른 관광지등의 개발 필요성, 타당성, 관광지·관광단지의 구분기준 및 법 제49조에 따른 관광개발기본계획 및 권역별 관광개발계획에 적합한지 등을 종합적으로 검토하여야 한다. 〈개정 2009.10.22.〉

### 시행규칙 제58조의2(시행 중인 공사 등의 신고서)

영 제45조의2제3항에서 "문화체육관광부령으로 정하는 신고서"란 별지 제40호의2서식의 공사(사업) 진행상황 신고서를 말한다.

[본조신설 2020.12.10.]

## [별표 18] 관광지 · 관광단지의 구분기준

시행규칙(제58조제2항 관련) 〈개정 2014.12.31.〉

1. **관광단지**: 가목의 시설을 갖추고, 나목의 시설 중 1종 이상의 필요한 시설과 다목 또는 라목의
   시설 중 1종 이상의 필요한 시설을 갖춘 지역으로서 총면적이 50만 제곱미터 이상인 지역(다만,
   마목 및 바목의 시설은 임의로 갖출 수 있다)

| 시설구분 | 시설종류 | 구비기준 |
|---|---|---|
| 가. 공공편익시설 | 화장실, 주차장, 전기시설, 통신시설, 상하수도시설 또는 관광안내소 | 각 시설이 관광객이 이용하기에 충분할 것 |
| 나. 숙박시설 | 관광호텔, 수상관광호텔, 한국전통호텔, 가족호텔 또는 휴양콘도미니엄 | 관광숙박업의 등록기준에 부합할 것 |
| 다. 운동 · 오락시설 | 골프장, 스키장, 요트장, 조정장, 카누장, 빙상장, 자동차경주장, 승마장, 종합체육시설, 경마장, 경륜장 또는 경정장 | 「체육시설의 설치 · 이용에 관한 법률」 제10조에 따른 등록체육시설업의 등록기준, 「한국마사회법 시행령」 제5조에 따른 시설 · 설비기준 또는 「경륜 · 경정법 시행령」 제5조에 따른 시설 · 설비기준에 부합할 것 |
| 라. 휴양 · 문화시설 | 민속촌, 해수욕장, 수렵장, 동물원, 식물원, 수족관, 온천장, 동굴자원, 수영장, 농어촌휴양시설, 산림휴양시설, 박물관, 미술관, 활공장, 자동차야영장, 관광유람선 또는 종합유원시설 | 관광객이용시설업의 등록기준 또는 유원시설업의 설비기준에 부합할 것 |
| 마. 접객시설 | 관광공연장, 관광유흥음식점, 관광극장유흥업점, 외국인전용유흥음식점, 관광식당 등 | 관광객이용시설업의 등록기준 또는 관광편의시설업의 지정기준에 적합할 것 |
| 바. 지원시설 | 관광종사자 전용숙소, 관광종사자 연수시설, 물류 · 유통 관련 시설 | 관광단지의 관리 · 운영 및 기능 활성화를 위해서 필요한 시설일 것 |

(비고) 관광단지의 총면적 기준은 시 · 도지사가 그 지역의 개발목적 · 개발 · 계획 · 설치시설 및 발전전
망 등을 고려하여 일부 완화하여 적용할 수 있다.

2. **관광지**: 제1호가목의 시설을 갖춘 지역(다만, 나목부터 바목까지의 시설은 임의로 갖출 수 있다)

### 2) 관광지등의 지정·고시 등

### (1) 고 시

시·도지사(특별자치도지사는 제외한다)는 '관광지등'으로 지정, 취소, 면적변경 승인을 한 때에는 일정한 사항들을(시행령 제45조 참조) 포함하여 승인사항을 고시하여 국민에게 알려야 한다.

### (2) 통 지

시·도지사(특별자치시장·특별자치도지사는 제외한다)는 관광지 등을 지정·고시하는 때에는 그 지정내용을 관계 시장·군수·구청장에게 통지하여야 한다.

### (3) 토지조서의 비치

통지를 받은 특별자치시장·특별자치도지사와 시장·군수·구청장은 관광지등의 지번·지목·지적 및 소유자가 표시된 토지조서를 비치하여 일반인이 열람할 수 있도록 하여야 한다. 지번(地番)은 토지의 번지, 지목(地目)은 토지의 종류(대지, 전, 답 등), 지적(地積)은 토지의 면적, 소유자(所有者)는 법적 명의자를 말한다.

---

**법 제52조(관광지의 지정 등)**

⑤ 관광지등의 지정 취소 또는 그 면적의 변경은 관광지등의 지정에 관한 절차에 따라야 한다. 이 경우 대통령령으로 정하는 경미한 면적의 변경은 제2항 본문에 따른 협의를 하지 아니할 수 있다. 〈개정 2007.7.19., 2018.6.12.〉

---

**시행령 제45조(관광지등의 지정·고시 등)**

① 법 제52조제6항에 따른 시·도지사의 고시에는 다음 각 호의 사항이 포함되어야 한다. 〈개정 2019.4.9.〉

1. 고시연월일
2. 관광지등의 위치 및 면적
3. 관광지등의 구역이 표시된 축척 2만 5천분의 1 이상의 지형도

② 시·도지사(특별자치시장·특별자치도지사는 제외한다)는 관광지등을 지정·고시하는 경우에는 그 지정내용을 관계 시장·군수·구청장에게 통지하여야 한다. 〈개정 2009.1.20., 2019.4.9.〉

③ 특별자치시장·특별자치도지사와 제2항에 따른 통지를 받은 시장·군수·구청장은 관광지등의 지번·지목·지적 및 소유자가 표시된 토지조서를 갖추어 두고 일반인이 열람할 수 있도록 하여야 한다. 〈개정 2009.1.20., 2019.4.9.〉

> **시행령 제45조의2(행위 등의 제한)**
>
> ① 법 제52조의2제1항 전단에서 "건축물의 건축, 공작물의 설치, 토지의 형질 변경, 토석의 채취, 토지분할, 물건을 쌓아놓는 행위 등 대통령령으로 정하는 행위"란 다음 각 호의 어느 하나에 해당하는 행위를 말한다.
>
> 1. 건축물의 건축: 「건축법」 제2조제1항제2호에 따른 건축물(가설건축물을 포함한다)의 건축, 대수선 또는 용도변경
> 2. 공작물의 설치: 인공을 가하여 제작한 시설물(「건축법」 제2조제1항제2호에 따른 건축물은 제외한다)의 설치
> 3. 토지의 형질 변경: 절토(땅깎기)·성토(흙쌓기)·정지(땅고르기)·포장(흙덮기) 등의 방법으로 토지의 형상을 변경하는 행위, 토지의 굴착(땅파기) 또는 공유수면의 매립
> 4. 토석의 채취: 흙·모래·자갈·바위 등의 토석을 채취하는 행위(제3호에 따른 토지의 형질 변경을 목적으로 하는 것은 제외한다)
> 5. 토지분할
> 6. 물건을 쌓아놓는 행위: 옮기기 어려운 물건을 1개월 이상 쌓아놓는 행위
> 7. 죽목(竹木)을 베어내거나 심는 행위
>
> ② 특별자치시장·특별자치도지사·시장·군수·구청장은 법 제52조의2제1항에 따른 허가를 하려는 경우 법 제54조제1항 단서에 따른 조성계획의 승인을 받은 자가 이미 있는 때에는 그 의견을 들어야 한다.
>
> ③ 법 제52조의2제3항에 따른 신고를 하려는 자는 관광지등으로 지정·고시된 날부터 30일 이내에 문화체육관광부령으로 정하는 신고서에 다음 각 호의 서류를 첨부하여 해당 특별자치시장·특별자치도지사·시장·군수·구청장에게 제출해야 한다.
>
> 1. 관계 법령에 따른 허가를 받았거나 허가를 받을 필요가 없음을 증명할 수 있는 서류
> 2. 신고일 기준시점의 공정도를 확인할 수 있는 사진
> 3. 배치도 등 공사 또는 사업 관련 도서(제1항제3호 또는 제4호에 따른 토지의 형질 변경 또는 토석의 채취에 해당하는 경우로 한정한다)
>
> [본조신설 2020.12.8.]

### 3) 조사·측량실시

시·도지사는 기본계획과 권역계획을 수립하거나, '관광지등'의 지정을 받기 위해 필요한 때에는 해당지역에 대한 조사와 측량을 할 수 있다. 또 조사와 측량을 위하여 필요한 때에는 타인이 점유하는 토지에 출입할 수 있으며 출입 및 조사·측량으로 인하여 손실을 입은 자가 있을 때에는 시·도지사가 그 손실을 보상하여야 한다.

> **📖 법 제53조(조사·측량 실시)**
>
> ① 시·도지사는 기본계획 및 권역계획을 수립하거나 관광지등의 지정을 위하여 필요하면 해당 지역에 대한 조사와 측량을 실시할 수 있다. 〈개정 2007.7.19.〉
>
> ② 제1항에 따른 조사와 측량을 위하여 필요하면 타인이 점유하는 토지에 출입할 수 있다.
>
> ③ 제2항에 따른 타인이 점유하는 토지에의 출입에 관하여는 「국토의 계획 및 이용에 관한 법률」 제130조와 제131조를 준용한다.

## 3. 관광지 및 관광단지의 조성

### 1) 조성계획의 수립

### (1) 조성계획수립주체

'관광지등'을 관할하는 시장·군수·구청장은 조성계획을 작성하여 시·도지사의 승인을 얻어야 한다. 이를 변경(경미한 사항의 변경을 제외한다)하고자 하는 때에도 또한 같다. 다만, 관광단지의 경우에는 관광단지를 개발하고자 하는 공공기관 등 공공법인 또는 민간개발자(이하 "관광단지개발자"라 한다)가 조성계획을 작성하여 시·도지사의 승인을 얻을 수 있다. 특히 제주도의 경우에는 특별자치도지사가 관계 행정기관의 장과 협의하여 조성계획을 수립하고 조성계획을 수립한 때에는 지체없이 이를 고시하여야 한다. 관광지 및 관광단지조성계획수립주체를 세분화하면 다음과 같다.

① 관광지: 특별자치시장 및 특별자치도지사·시장·군수·구청장

② 관광단지: 특별자치시장 및 특별자치도지사·시장·군수·구청장 또는 한국관광공사법에 의한 한국관광공사 또는 한국관광공사가 관광단지개발을 위하여 출자한 법인, 한국토지주택공사법에 의한 한국토지공사, 지방공기업법에 의하여 설립된 지방공사 및 지방공단, 「제주특별자치도설치 및 국제자유도시조성을 위한 특별법」에 의한 국제자유도시개발센타

> **📖 법 제54조(조성계획의 수립 등)**
>
> ① 관광지등을 관할하는 시장·군수·구청장은 조성계획을 작성하여 시·도지사의 승인을 받아야 한다. 이를 변경(대통령령으로 정하는 경미한 사항의 변경은 제외한다)하려는 경우에도 또한 같다. 다만, 관광단지를 개발하려는 공공기관 등 문화체육관광부령으로 정하는 공공법인 또는 민간개발자(이하 "관광단지개발자"라 한다)는 조성계획을 작성하여 대통령령으로 정하는 바에 따라 시·도지사의 승인을 받을 수 있다. 〈개정 2008.2.29., 2011.4.5.〉
>
> ⑤ 관광지등을 관할하는 특별자치시장 및 특별자치도지사는 관계 행정기관의 장과 협의하여 조성계획을 수립하고, 조성계획을 수립한 때에는 지체 없이 이를 고시하여야 한다. 〈신설 2008.6.5., 2018.6.12.〉

> **■ 시행규칙 제61조(관광단지개발자)**
>
> ① 법 제54조제1항 단서에서 "문화체육관광부령으로 정하는 공공법인"이란 다음 각 호의 어느 하나에 해당하는 것을 말한다. 〈개정 2008.3.6., 2019.6.12.〉
> 1. 「한국관광공사법」에 따른 한국관광공사 또는 한국관광공사가 관광단지 개발을 위하여 출자한 법인
> 2. 「한국토지주택공사법」에 따른 한국토지공사
> 3. 「지방공기업법」에 따라 설립된 지방공사 및 지방공단
> 4. 「제주특별자치도 설치 및 국제자유도시 조성을 위한 특별법」에 따른 제주국제자유도시개발센터
> ② 법 제55조제5항에서 "문화체육관광부령으로 정하는 관광단지개발자"란 제1항 각 호의 공공법인 또는 법 제2조제8호의 민간개발자를 말한다. 〈개정 2008.3.6.〉

> **■ 시행규칙 제61조의2(사유지의 매수 요청)**
>
> ① 법 제54조제6항에 따라 남은 사유지의 매수를 요청하려는 자는 별지 제40호의3서식의 사유지 매수요청서에 다음 각 호의 서류를 첨부하여 같은 항에 따른 사업시행자(사업시행자가 같은 조 제1항 단서에 따른 관광단지개발자인 경우는 제외한다. 이하 이 조에서 같다)에게 제출해야 한다. 〈개정 2020.12.10.〉
> 1. 사업계획서
> 2. 조성하려는 토지면적 중 사유지의 3분의 2 이상을 취득하였음을 증명할 수 있는 자료(토지 등기사항증명서로 확인할 수 없는 경우만 해당한다)
> 3. 매수를 요청하는 사유지의 위치도 및 지번
> 4. 매수 요청 사유(토지소유자 및 관계인과 협의를 통한 사유지의 취득이 어렵다고 판단한 근거를 포함한다)
> ② 사업시행자는 제1항에 따른 매수요청서를 받은 경우에는 「전자정부법」 제36조제1항에 따른 행정정보의 공동이용을 통해 토지 등기사항증명서와 토지(임야)대장을 확인해야 한다.
> [본조신설 2020.6.4.]
> [종전 제61조의2는 제61조의3으로 이동 〈2020.6.4.〉]

## (2) 조성계획내용

조성계획에는 관광지시설계획과 투자계획 및 '관광지등'의 관리계획이 포함되어야 한다(시행규칙 제60조 참조).

관광시설계획에는 공공편익시설, 숙박시설, 상가시설, 관광휴양·오락시설 및 기타 시설지구로 구분된 토지이용계획 및 시설물설치계획, 조경계획, 기타 전기·통신·상수도 및 하수도설치계획이 포함되어야 하고 지방자치단체의 장이 조성계획을 수립하는 경우에는 관광시설계획에 대한 관련부서별 의견이 포함되어야 한다. 투자계획에는 재원조달계획, 연차별 투자계획이 '관광지등'의 관리계획에는 시설물의 관리계획, 인원확보 및 조직에 관한 계획, 관광지등의 효율적 관리방안이 포함되어야 한다.

### 시행규칙 제60조(관광시설계획 등의 작성)

① 영 제46조제1항에 따라 작성되는 조성계획에는 다음 각 호의 사항이 포함되어야 한다. 〈개정 2009.3.31., 2019.6.12.〉

1. 관광시설계획
   가. 공공편익시설, 숙박시설, 상가시설, 관광 휴양, 오락시설 및 그 밖의 시설지구로 구분된 토지이용계획
   나. 건축연면적이 표시된 시설물설치계획(축척 500분의 1부터 6천분의 1까지의 지적도에 표시한 것이어야 한다)
   다. 조경시설물, 조경구조물 및 조경식재계획이 포함된 조경계획
   라. 그 밖의 전기 · 통신 · 상수도 및 하수도 설치계획
   마. 관광시설계획에 대한 관련부서별 의견(지방자치단체의 장이 조성계획을 수립하는 경우만 해당한다)
2. 투자계획
   가. 재원조달계획
   나. 연차별 투자계획
3. 관광지등의 관리계획
   가. 관광시설계획에 포함된 시설물의 관리계획
   나. 관광지등의 관리를 위한 인원 확보 및 조직에 관한 계획
   다. 그 밖의 관광지등의 효율적 관리방안

② 제1항제1호가목에 따른 각 시설지구 안에 설치할 수 있는 시설은 별표 19와 같다.

### [별표 19] 관광지등의 시설지구안에 설치할 수 있는 시설〈개정 2019.6.12.〉

(시행규칙 제60조제2항 관련)

| 시설지구 | 설치할 수 있는 시설 |
|---|---|
| 공공편익 시설지구 | 도로, 주차장, 관리사무소, 안내시설, 광장, 정류장, 공중화장실, 금융기관, 관공서, 폐기물 처리시설, 오수처리시설, 상하수도시설, 그 밖에 공공의 편익시설과 관련되는 시설로서 관광지등의 기반이 되는 시설 |
| 숙박시설 지구 | 「공중위생관리법」 및 이 법에 따른 숙박시설, 그 밖에 관광객의 숙박과 체재에 적합한 시설 |
| 상가시설 지구 | 판매시설, 「식품위생법」에 따른 업소, 「공중위생관리법」에 따른 업소(숙박업은 제외한다), 사진관, 그 밖의 물품이나 음식 등을 판매하기에 적합한 시설 |
| 관광 휴양 · 오락시설 지구 | 1. 휴양 · 문화시설: 공원, 정자, 전망대, 조경휴게소, 의료시설, 노인시설, 삼림욕장, 자연휴 양림, 연수원, 야영장, 온천장, 보트장, 유람선터미널, 낚시터, 청소년수련시설, 공연장, 식물원, 동물원, 박물관, 미술관, 수족관, 문화원, 교양관, 도서관, 자연학습장, 과학관, 국제회의장, 농 · 어촌휴양시설, 그 밖에 휴양과 교육 · 문화와 관련된 시설<br>2. 운동 · 오락시설: 「체육시설의 설치 · 이용에 관한 법률」에 따른 체육시설, 이 법에 따른 유원시설, 「게임산업진흥에 관한 법률」에 따른 게임제공업소, 케이블카(리프트카), 수렵장, 어린이놀이터, 무도장, 그 밖의 운동과 놀이에 직접 참여하거나 관람하기에 적합한 시설 |
| 기타시설 지구 | 위의 지구에 포함되지 아니하는 시설 |

비고: 개별시설에 각종 부대시설이 복합적으로 있는 경우에는 그 시설의 주된 기능을 중심으로 시설지구를 구분한다.

## 2) 조성계획승인신청

### (1) 서류제출

조성계획을 수립한 자는 일정의 서류(시행령 제46조 제1항 참조)를 첨부하여 조성계획승인 신청을 하여야 한다. 변경승인을 얻고자 하는 경우에도 같다. 다만, 조성계획의 변경승인을 신청하는 경우에는 변경과 관계되지 아니하는 사항에 대한 서류는 이를 첨부하지 아니한다. 또한 민간개발자가 개발하는 경우로서 민간개발자가 국·공유지에 대한 소유권 또는 사용권을 증명할 수 있는 서류는 이를 조성계획승인 후 공사착공 전에 제출할 수 있다.

### (2) 시장·군수·구청장의 검토

정부투자기관 등 공공법인 또는 민간개발자가 조성계획의 승인 또는 변경승인을 신청하는 때에는 관할 특별자치시장·특별자치도지사·시장·군수·구청장에게 조성계획 승인 또는 변경승인신청서를 제출하여야 하며, 조성계획 승인 또는 변경승인신청서를 제출받은 시장·군수·구청장은 제출받은 날부터 20일 이내에 검토의견서를 첨부하여 이를 시·도지사(특별자치시장·특별자치도지사는 제외한다)에게 제출하여야 한다.

---

**시행령 제46조(조성계획의 승인신청)**

① 법 제54조제1항에 따라 관광지등 조성계획의 승인 또는 변경승인을 받으려는 자는 다음 각 호의 서류를 첨부하여 조성계획의 승인 또는 변경승인을 신청하여야 한다. 다만, 조성계획의 변경승인을 신청하는 경우에는 변경과 관계되지 아니하는 사항에 대한 서류는 첨부하지 아니하고, 제4호에 따른 국·공유지에 대한 소유권 또는 사용권을 증명할 수 있는 서류는 조성계획 승인 후 공사착공 전에 제출할 수 있다. 〈개정 2008.2.29.〉

1. 문화체육관광부령으로 정하는 내용을 포함하는 관광시설계획서·투자계획서 및 관광지등 관리계획서
2. 지번·지목·지적·소유자 및 시설별 면적이 표시된 토지조서
3. 조감도
4. 법 제2조제8호의 민간개발자가 개발하는 경우에는 해당 토지의 소유권 또는 사용권을 증명할 수 있는 서류. 다만, 민간개발자가 개발하는 경우로서 해당 토지 중 사유지의 3분의 2 이상을 취득한 경우에는 취득한 토지에 대한 소유권을 증명할 수 있는 서류와 국·공유지에 대한 소유권 또는 사용권을 증명할 수 있는 서류

② 법 제54조제1항 단서에 따라 관광단지개발자가 조성계획의 승인 또는 변경승인을 신청하는 경우에는 특별자치시장·특별자치도지사·시장·군수·구청장에게 조성계획 승인 또는 변경승인신청서를 제출하여야 하며, 조성계획 승인 또는 변경승인신청서를 제출받은 시장·군수·구청장은 제출받은 날부터 20일 이내에 검토의견서를 첨부하여 시·도지사(특별자치시장·특별자치도지사는 제외한다)에게 제출하여야 한다. 〈개정 2009.1.20., 2019.4.9.〉

### 3) 조성계획승인·고시 등

### (1) 조성계획승인 및 고시

'관광지등'을 관할하는 시장·군수·구청장은 조성계획을 작성하여 시·도지사의 승인을 얻어야 한다. 이를 변경(경미한 사항의 변경은 제외한다)하고자 하는 때에도 또한 같다.

다만, 제주특별자치도의 경우에는 특별자치도지사가 관계행정기관의 장과 조성계획을 수립하고 조성계획을 수립한 때에는 지체없이 이를 고시하기 때문에(법 제54조 ⑤항) 특별한 승인이 필요하지 않다.

한편, 조성계획의 승인을 얻은 자가 경미한 조성계획의 변경을 하는 경우에는 관계행정기관의 장과 조성계획 승인권자에게 각각 이를 통보하여야 한다. 여기서 경미한 사항(시행규칙 제47조 제1항 참조)은 주로 토지나 건축물의 면적을 변경하는 것이다. 시·도지사는 조성계획을 승인하고자 하는 때에는 관계행정기관의 장과 협의하여야 한다. 이를 변경하고자 하는 때에도 또한 같다.

사업시행자가 아닌 자로서 조성사업을 하려는 자가 조성하려는 토지면적 중 사유지의 3분의 2 이상을 취득한 경우에는 사업시행자에게 남은 사유지의 매수를 요청할 수 있다(제54조제6항).

시·도지사가 조성계획을 승인한 때에는 지체없이 이를 고시하여야 한다.

> **┗■ 법 제54조(조성계획의 수립 등)**
>
> ① 관광지등을 관할하는 시장·군수·구청장은 조성계획을 작성하여 시·도지사의 승인을 받아야 한다. 이를 변경(대통령령으로 정하는 경미한 사항의 변경은 제외한다)하려는 경우에도 또한 같다. 다만, 관광단지를 개발하려는 공공기관 등 문화체육관광부령으로 정하는 공공법인 또는 민간개발자(이하 "관광단지개발자"라 한다)는 조성계획을 작성하여 대통령령으로 정하는 바에 따라 시·도지사의 승인을 받을 수 있다. 〈개정 2008.2.29., 2011.4.5.〉
>
> ② 시·도지사는 제1항에 따른 조성계획을 승인하거나 변경승인을 하고자 하는 때에는 관계 행정기관의 장과 협의하여야 한다. 이 경우 협의요청을 받은 관계 행정기관의 장은 특별한 사유가 없으면 그 요청을 받은 날부터 30일 이내에 의견을 제시하여야 한다. 〈개정 2007.7.19., 2023.8.8.〉
>
> ③ 시·도지사가 제1항에 따라 조성계획을 승인 또는 변경승인한 때에는 지체 없이 이를 고시하여야 한다. 〈개정 2007.7.19.〉
>
> ④ 민간개발자가 관광단지를 개발하는 경우에는 제58조제13호 및 제61조를 적용하지 아니한다. 다만, 조성계획상의 조성 대상 토지면적 중 사유지의 3분의 2 이상을 취득한 경우 남은 사유지에 대하여는 그러하지 아니하다. 〈개정 2009.3.25.〉
>
> ⑤ 제1항부터 제3항까지에도 불구하고 관광지등을 관할하는 특별자치시장 및 특별자치도지사는 관계 행정기관의 장과 협의하여 조성계획을 수립하고, 조성계획을 수립한 때에는 지체 없이 이를 고시하여야 한다. 〈신설 2008.6.5., 2018.6.12.〉

⑥ 제1항에 따라 조성계획의 승인을 받은 자(제5항에 따라 특별자치시장 및 특별자치도지사가 조성계획을 수립한 경우를 포함한다. 이하 "사업시행자"라 한다)가 아닌 자로서 조성계획을 시행하기 위한 사업(이하 "조성사업"이라 한다)을 하려는 자가 조성하려는 토지면적 중 사유지의 3분의 2 이상을 취득한 경우에는 대통령령으로 정하는 바에 따라 사업시행자(사업시행자가 관광단지개발자인 경우는 제외한다)에게 남은 사유지의 매수를 요청할 수 있다. 〈신설 2019.12.3.〉

---

### 시행령 제47조(경미한 조성계획의 변경)

① 법 제54조제1항 후단에서 "대통령령으로 정하는 경미한 사항의 변경"이란 다음 각 호의 어느 하나에 해당하는 것을 말한다. 〈개정 2020.6.2.〉

1. 관광시설계획면적의 100분의 20 이내의 변경

2. 관광시설계획 중 시설지구별 토지이용계획면적(조성계획의 변경승인을 받은 경우에는 그 변경 승인을 받은 토지이용계획면적을 말한다)의 100분의 30 이내의 변경(시설지구별 토지이용계획 면적이 2천200제곱미터 미만인 경우에는 660제곱미터 이내의 변경)

3. 관광시설계획 중 시설지구별 건축 연면적(조성계획의 변경승인을 받은 경우에는 그 변경승인을 받은 건축 연면적을 말한다)의 100분의 30 이내의 변경(시설지구별 건축 연면적이 2천200제곱미터 미만인 경우에는 660제곱미터 이내의 변경)

4. 관광시설계획 중 숙박시설지구에 설치하려는 시설(조성계획의 변경승인을 받은 경우에는 그 변경승인을 받은 시설을 말한다)의 변경(숙박시설지구 안에 설치할 수 있는 시설 간 변경에 한정한다)으로서 숙박시설지구의 건축 연면적의 100분의 30 이내의 변경(숙박시설지구의 건축 연면적이 2천200제곱미터 미만인 경우에는 660제곱미터 이내의 변경)

5. 관광시설계획 중 시설지구에 설치하는 시설의 명칭 변경

6. 법 제54조제1항에 따라 조성계획의 승인을 받은 자(같은 조 제5항에 따라 특별자치시장 및 특별자치도지사가 조성계획을 수립한 경우를 포함한다. 이하 "사업시행자"라 한다)의 성명 (법인인 경우에는 그 명칭 및 대표자의 성명을 말한다) 또는 사무소 소재지의 변경. 다만, 양도·양수, 분할, 합병 및 상속 등으로 인해 사업시행자의 지위나 자격에 변경이 있는 경우는 제외한다.

② 관광지등 조성계획의 승인을 받은 자는 제1항에 따라 경미한 조성계획의 변경을 하는 경우에는 관계 행정기관의 장과 조성계획 승인권자에게 각각 통보하여야 한다.

### 시행령 제47조의2(사유지의 매수 요청)

① 법 제54조제6항에 따라 남은 사유지의 매수를 요청하려는 자는 문화체육관광부령으로 정하는 바에 따라 사유지 매수요청서를 사업시행자(사업시행자가 같은 조 제1항 단서에 따른 관광단지개발자인 경우는 제외한다. 이하 이 조에서 같다)에게 제출해야 한다.

② 사업시행자는 제1항에 따라 사유지의 매수 요청을 받은 경우에는 다음 각 호의 사항을 검토해야 한다.

1. 사유지의 매수 필요성 및 시급성

2. 사유지의 매수를 요청한 자가 토지소유자 및 관계인과 성실하게 협의에 임하였는지 여부

3. 사유지의 매수를 요청한 자와 토지소유자 간의 협의 가능 여부

4. 그 밖에 사업시행자가 사유지의 매수를 위하여 검토가 필요하다고 인정하는 사항

③ 사업시행자는 법 제54조제6항에 따른 매수 요청을 받아들인 경우에는 사유지의 매수를 요청한 자에게 매수 업무에 드는 비용을 받을 수 있다.

[본조신설 2020.6.2.]

[종전 제47조의2는 제47조의3으로 이동 〈2020.6.2.〉]

### 시행령 제47조의3(조성사업용 토지 매입의 승인 신청)

법 제55조제2항에 따라 시 · 도지사의 승인을 받아 조성사업(조성계획을 시행하기 위한 사업을 말한다. 이하 같다)에 필요한 토지를 매입하려는 자는 문화체육관광부령으로 정하는 승인신청서에 다음 각 호의 서류를 첨부하여 시 · 도지사에게 승인을 신청해야 한다.

1. 다음 각 목의 사항이 포함된 토지 매입계획서

　가. 매입 예정 토지의 세목

　나. 토지의 매입 예정 시기

2. 매입 예정 토지의 사업계획서(시설물 및 공작물 등의 위치 · 규모 및 용도가 포함된 설치계획을 포함한다)

3. 다음 각 목의 사항이 포함된 자금계획서

　가. 재원조달계획

　나. 연차별 자금투입계획

4. 조성사업 예정지를 표시한 도면

[본조신설 2019.6.11.]

[제47조의2에서 이동 〈2020.6.2.〉]

### 시행규칙 제61조의3(조성사업용 토지매입의 승인신청)

영 제47조의3에서 "문화체육관광부령으로 정하는 승인신청서"란 별지 제40호의4서식의 조성사업 토지매입 승인신청서를 말한다. 〈개정 2020.6.4., 2020.12.10.〉

[본조신설 2019.6.12.]

[제61조의2에서 이동 〈2020.6.4.〉]

## (2) 관광지 지정 등의 실효 및 취소

### 가) 관광지 지정 등의 실효

### ① 관광지 지정의 효력상실

관광지로 지정·고시된 관광지 등에 대하여 그 고시일부터 2년 이내에 조성계획의 승인신청이 없는 경우에는 그 고시일부터 2년이 경과한 다음날에 그 관광지 지정은 효력을 상실한다. 또한 조성계획승인을 위한 관계기관장과의 협의과정에서 조성계획의 효력이 상실된 관광지에 대하여 그 조성계획의 효력이 상실된 날부터 2년 이내에 새로운 조성계획의 승인신청이 없는 경우에도 관광지 지정의 효력은 상실한다. 즉 관광지지정은 무효가 된다.

### ② 조성계획승인의 효력 상실

조성계획의 승인을 얻은 관광지의 사업시행자(조성사업을 행하는 자를 포함한다)가 조성계획의 승인고시일 부터 2년 이내에 사업을 착수하지 아니하는 경우에는 조성계획의 승인고시일부터 2년이 경과한 다음날에 그 조성계획의 승인은 효력을 상실한다.

> **■ 법 제56조(관광지등 지정 등의 실효 및 취소 등)**
>
> ① 제52조에 따라 관광지등으로 지정·고시된 관광지등에 대하여 그 고시일부터 2년 이내에 제54조제1항에 따른 조성계획의 승인신청이 없으면 그 고시일부터 2년이 지난 다음 날에 그 관광지등 지정은 효력을 상실한다. 제2항에 따라 조성계획의 효력이 상실된 관광지등에 대하여 그 조성계획의 효력이 상실된 날부터 2년 이내에 새로운 조성계획의 승인신청이 없는 경우에도 또한 같다. 〈개정 2011.4.5.〉
> ② 제54조제1항에 따라 조성계획의 승인을 받은 관광지등 사업시행자(제55조제3항에 따른 조성사업을 하는 자를 포함한다)가 같은 조 제3항에 따라 조성계획의 승인고시일부터 2년 이내에 사업을 착수하지 아니하면 조성계획 승인고시일부터 2년이 지난 다음 날에 그 조성계획의 승인은 효력을 상실한다. 〈개정 2011.4.5.〉
> [제목개정 2011.4.5.]

### 나) 조성계획승인 취소

관광자원은 미래세대에 온전히 물려줄 유산이다. 따라서 '관광지 등'의 개발은 환경과 조화된 지속가능한 개발이 되어야 한다. 이에 정부는 진흥법 제53조의 2를 통해 관광지의 조성계획 및 설계, 운영관리 전 과정에 친환경 관광지조성지침을 마련함으로써 난개발로 인한 환경훼손, 자원낭비 등의 문제를 해결할 수 있도록 하였다.

### ① 조성계획승인 취소

시·도지사는 조성계획의 승인을 얻은 민간개발자가 사업중단 등으로 환경·미관을 크게 해치거나 관광지 및 관광단지의 실적 평가 결과 조성사업의 완료가 어렵다고 판단되는 경우에는 조성계획의 승인을 취소하거나 이의 개선을 명할 수 있다.

### ② 기한의 연장

시·도지사는 행정절차의 이행 등 부득이한 사유로 조성계획 승인신청 또는 사업착수 기한의 연장이 불가피하다고 인정하는 경우에는 1년 이내의 범위에서 1회에 한하여 조성계획 승인 취소기한을 연장할 수 있다.

### ③ 승인취소고시

시·도지사는 '관광지등'의 지정 또는 조성계획 승인의 효력이 상실된 경우 및 환경미관의 저해로 승인이 취소된 경우에는 지체없이 그 사실을 고시하여야 한다.

---

**┗▪법 제56조(관광지등 지정 등의 실효 및 취소 등)**

③ 시·도지사는 제54조제1항에 따라 조성계획 승인을 받은 민간개발자가 사업 중단 등으로 환경·미관을 크게 해치거나 제49조제2항제4호의2에 따른 관광지 및 관광단지의 실적 평가 결과 조성사업의 완료가 어렵다고 판단되는 경우에는 조성계획의 승인을 취소하거나 이의 개선을 명할 수 있다. 〈개정 2019.12.3.〉
④ 시·도지사는 제1항과 제2항에도 불구하고 행정절차의 이행 등 부득이한 사유로 조성계획 승인신청 또는 사업 착수기한의 연장이 불가피하다고 인정되면 1년 이내의 범위에서 한 번만 그 기한을 연장할 수 있다.
⑤ 시·도지사는 제1항이나 제2항에 따라 지정 또는 승인의 효력이 상실된 경우 및 제3항에 따라 승인이 취소된 경우에는 지체 없이 그 사실을 고시하여야 한다.
[제목개정 2011.4.5.]

---

### (3) 민간개발자의 관광단지 개발시 일부규정의 적용배제

민간개발자가 관광단지를 개발할 경우에는 「공익사업을 위한 토지 등의 취득 및 보상에 관한 법률」 제20조 제1항에 의한 사업인정의 의제(「관광진흥법」 제58조 제13호), 토지 등의 수용 및 사용(「관광진흥법」 제61조)에 관한 규정의 적용은 배제된다. 따라서 민간개발자가 진흥법에 의하여 관광단지 조성계획승인을 받더라도 이와는 별도로 「공익사업을 위한 토지 등의 취득 및 보상에 관한 법률」에 의하여 사업인정을 받아 토지수용에 따른 업무를 처리하여야 한다. 그러나 조성계획상의 조성대상 토지면적 중 사유지의 3분의 2 이상을 취득한 경우 잔여사유지에 대하여는 그러하지 아니하다.

---

**┗▪법 제54조(조성계획승인)**

④ 민간개발자가 관광단지를 개발하는 경우에는 제58조제13호 및 제61조를 적용하지 아니한다. 다만, 조성계획상의 조성 대상 토지면적 중 사유지의 3분의 2 이상을 취득한 경우 남은 사유지에 대하여는 그러하지 아니하다. 〈개정 2009.3.25.〉

### (4) 조성계획승인시 의제처리

시·도지사로부터 조성계획의 승인을 얻은 때에는 조성사업과 관련되는 관계 법률의 규정에 의해 처분 받아야 하는 행정처분(「법」 제58조 참조), 즉 인·허가 등을 받거나 신고를 한 것으로 본다.

'관광지등'의 조성사업을 시행하기 위해서는 조성사업과 관련되는 인·허가 등의 행정처분을 받지 않으면 아니된다. 그러나 조성사업시행자가 '관광지등'의 조성을 위해서 조성과 관련되는 많은 종류의 행정처분을 받기 위해 그 많은 행정기관에 개별적으로 일일이 행정처분신청을 하여야 한다면 시간과 비용의 손실이 많을 것이다. 따라서 조성계획승인 관청이 조성계획승인신청자로부터 의제되는 인·허가와 관련되는 서류를 제출받아 관련행정기관과 미리 협의를 거쳐 조성계획을 승인함으로써 조성계획 승인과 동시에 인·허가 등을 받은 것으로 간주(의제)한 것이다.

> **■ 법 제58조(인·허가 등의 의제)**
>
> ① 제54조제1항에 따라 조성계획의 승인 또는 변경승인을 받거나 같은 조 제5항에 따라 특별자치시장 및 특별자치도지사가 조성계획을 수립한 경우 다음 각 호의 인·허가 등에 관하여 시·도지사가 인·허가 등의 관계 행정기관의 장과 미리 협의한 사항에 대해서는 해당 인·허가 등을 받거나 신고를 한 것으로 본다. 〈개정 2007.7.19., 2007.12.27., 2008.3.21., 2008.6.5., 2009.3.25., 2010.4.15., 2010.5.31., 2011.4.5., 2011.4.14., 2014.1.14., 2018.6.12., 2020.1.29., 2022.12.27., 2023.5.16., 2023.8.8.〉
>
> 1. 「국토의 계획 및 이용에 관한 법률」 제30조에 따른 도시·군관리계획(같은 법 제2조제4호다목의 계획 중 대통령령으로 정하는 시설 및 같은 호 마목의 계획 중 같은 법 제51조에 따른 지구단위계획구역의 지정 계획 및 지구단위계획만 해당한다)의 결정, 같은 법 제32조제2항에 따른 지형도면의 승인, 같은 법 제36조에 따른 용도지역 중 도시지역이 아닌 지역의 계획관리지역 지정, 같은 법 제37조에 따른 용도지구 중 개발진흥지구의 지정, 같은 법 제56조에 따른 개발행위의 허가, 같은 법 제86조에 따른 도시·군계획시설사업 시행자의 지정 및 같은 법 제88조에 따른 실시계획의 인가
> 2. 「수도법」 제17조에 따른 일반수도사업의 인가 및 같은 법 제52조에 따른 전용 상수도설치시설의 인가
> 3. 「하수도법」 제16조에 따른 공공하수도 공사시행 등의 허가
> 4. 「공유수면 관리 및 매립에 관한 법률」 제8조에 따른 공유수면 점용·사용허가, 같은 법 제17조에 따른 점용·사용 실시계획의 승인 또는 신고, 같은 법 제28조에 따른 공유수면의 매립면허, 같은 법 제35조에 따른 국가 등이 시행하는 매립의 협의 또는 승인 및 같은 법 제38조에 따른 공유수면매립실시계획의 승인
> 5. 삭제 〈2010.4.15.〉
> 6. 「하천법」 제30조에 따른 하천공사 등의 허가 및 실시계획의 인가, 같은 법 제33조에 따른 점용허가 및 실시계획의 인가

7. 「도로법」제36조에 따른 도로관리청이 아닌 자에 대한 도로공사 시행의 허가 및 같은 법 제61조에 따른 도로의 점용 허가

8. 「항만법」제9조제2항에 따른 항만개발사업 시행의 허가 및 같은 법 제10조제2항에 따른 항만개발사업실시계획의 승인

9. 「사도법」제4조에 따른 사도개설의 허가

10. 「산지관리법」제14조 · 제15조에 따른 산지전용허가 및 산지전용신고, 같은 법 제15조의2에 따른 산지일시사용허가 · 신고, 「산림자원의 조성 및 관리에 관한 법률」제36조제1항 · 제5항 및 제45조제1항 · 제2항에 따른 입목벌채 등의 허가와 신고

11. 「농지법」제34조제1항에 따른 농지 전용·허가

12. 「자연공원법」제20조에 따른 공원사업 시행 및 공원시설관리의 허가와 같은 법 제23조에 따른 행위 허가

13. 「공익사업을 위한 토지 등의 취득 및 보상에 관한 법률」제20조제1항에 따른 사업인정

14. 「초지법」제23조에 따른 초지전용의 허가

15. 「사방사업법」제20조에 따른 사방지 지정의 해제

16. 「장사 등에 관한 법률」제8조제3항에 따른 분묘의 개장신고 및 같은 법 제27조에 따른 분묘의 개장허가

17. 「폐기물관리법」제29조에 따른 폐기물 처리시설의 설치승인 또는 신고

18. 「온천법」제10조에 따른 온천개발계획의 승인

19. 「건축법」제11조에 따른 건축허가, 같은 법 제14조에 따른 건축신고, 같은 법 제20조에 따른 가설건축물 건축의 허가 또는 신고

20. 제15조제1항에 따른 관광숙박업 및 제15조제2항에 따른 관광객 이용시설업 · 국제회의업의 사업계획 승인. 다만, 제15조에 따른 사업계획의 작성자와 제55조제1항에 따른 조성사업의 사업시행자가 동일한 경우에 한정한다.

21. 「체육시설의 설치 · 이용에 관한 법률」제12조에 따른 등록 체육시설업의 사업계획 승인. 다만, 제15조에 따른 사업계획의 작성자와 제55조제1항에 따른 조성사업의 사업시행자가 동일한 경우에 한정한다.

22. 「유통산업발전법」제8조에 따른 대규모점포의 개설등록

23. 「공간정보의 구축 및 관리 등에 관한 법률」제86조제1항에 따른 사업의 착수 · 변경의 신고

② 시 · 도지사(제54조제5항에 따른 조성계획 수립의 경우에는 특별자치시장 및 특별자치도지사를 말한다)는 제1항 각 호의 인 · 허가 등이 포함되어 있는 조성계획을 승인 · 변경승인 또는 수립하려는 경우 미리 관계 행정기관의 장과 협의하여야 한다. 〈개정 2023.5.16.〉

③ 제1항 및 제2항에서 규정한 사항 외에 인 · 허가 등 의제의 기준 및 효과 등에 관하여는 「행정기본법」제24조부터 제26조까지를 준용한다. 〈개정 2023.5.16.〉

### 4) 조성계획의 시행

#### (1) 조성사업시행주체

가) 조성계획승인을 얻은 자

조성사업의 시행은 원칙적으로 조성계획의 승인을 얻은 자(특별자치시장·특별자치도지사·시장·군수·구청장 또는 조성계획 승인을 받은 자)가 시행한다.

나) 조성계획의 승인을 얻은 자(사업시행자)가 아닌 자

사업시행자가 아닌 자로서 조성사업을 행하고자 하는 자는 일정한 기준과 절차(「시행령」제48조 참조)에 따라야 한다. 사업시행자가 특별자치시장·특별자치도지사·시장·군수·구청장인 경우에는 특별자치시장·특별자치도지사·시장·군수·구청장의 허가를 받아, 사업시행자가 관광단지개발자인 경우에는 관광단지개발자와 협의하여 조성사업을 행할 수 있다. 단, 사업시행자가 아닌 자로서 조성시업(특별지치시장·특별자치도지사·시장·군수·구청장이 조성계획의 승인을 얻은 사업에 한한다. 이하 같다)을 시행하고자 하는 자가 관광숙박업, 관광객이용시설업 및 국제회의업의 사업계획승인을 얻은 때에는 시장·군수·구청장의 허가를 받지 아니하고 당해 조성사업을 시행할 수 있다.

다) 조성사업허가 및 협의신청

사업시행자가 아닌 자가 조성사업의 허가를 받거나 협의를 하고자 하는 때에는 조성사업허가 또는 협의신청서(별지 제41호서식)에 구비서류(「시행규칙」제62조 참조)를 첨부하여 '관광지등'의 사업시행자에게 제출하여야 한다.

특별자치시장·특별자치도지사·시장·군수·구청장 또는 사업시행자가 허가 또는 협의를 하고자 하는 경우에는 조성계획에의 저촉여부, 관광지등의 자연경관 및 특성에의 적합여부를 검토하여야 한다.

> **☐ 법 제55조(조성계획의 시행)**
>
> ① 조성사업은 이 법 또는 다른 법령에 특별한 규정이 있는 경우 외에는 사업시행자가 행한다. 〈개정 2008.6.5., 2018.6.12., 2019.12.3.〉
> ③ 사업시행자가 아닌 자로서 조성사업을 하려는 자는 대통령령으로 정하는 기준과 절차에 따라 사업시행자가 특별자치시장·특별자치도지사·시장·군수·구청장인 경우에는 특별자치시장·특별자치도지사·시장·군수·구청장의 허가를 받아서 조성사업을 할 수 있고, 사업시행자가 관광단지개발자인 경우에는 관광단지개발자와 협의하여 조성사업을 할 수 있다. 〈개정 2008.6.5., 2018.6.12.〉
> ④ 사업시행자가 아닌 자로서 조성사업(특별자치시장·특별자치도지사·시장·군수·구청장이 조성계획의 승인을 받은 사업만 해당한다. 이하 이 항에서 같다)을 시행하려는 자가 제15조제1항 및 제2항에 따라 사업계획의 승인을 받은 경우에는 제3항에도 불구하고 특별자치시장·특별자치도지사·시장·군수·구청장의 허가를 받지 아니하고 그 조성사업을 시행할 수 있다. 〈개정 2008.6.5., 2018.6.12.〉

> **▣ 시행령 제48조(조성사업의 시행허가 등)**
>
> ① 법 제55조제3항에 따라 조성사업의 시행허가를 받거나 협의를 하려는 자는 문화체육관광부령으로 정하는 바에 따라 특별자치시장·특별자치도지사·시장·군수·구청장 또는 사업시행자에게 각각 신청해야 한다. 〈개정 2008.2.29., 2009.1.20., 2019.4.9., 2020.6.2.〉
> ② 특별자치시장·특별자치도지사·시장·군수·구청장 또는 사업시행자는 제1항에 따른 허가 또는 협의를 하려면 해당 조성사업에 대하여 다음 각 호의 사항을 검토하여야 한다. 〈개정 2009.1.20., 2019.4.9.〉
> 1. 조성계획에 저촉 여부
> 2. 관광지등의 자연경관 및 특성에 적합 여부

> **▣ 시행규칙 제62조(조성사업의 허가신청 등)**
>
> ① 법 제55조제1항에 따른 사업시행자가 아닌 자가 법 제55조제3항에 따라 조성사업의 허가를 받거나 협의를 하려는 경우에는 별지 제41호서식의 조성사업 허가 또는 협의신청서에 다음 각 호의 서류를 첨부하여 관광지등의 사업시행자에게 제출하여야 한다. 〈개정 2009.10.22.〉
> 1. 사업계획서(위치, 용지면적, 시설물설치계획, 건설비내역 및 재원조달계획 등을 포함한다)
> 2. 시설물의 배치도 및 설계도서(평면도 및 입면도를 말한다)
> 3. 부동산이 타인 소유인 경우에는 토지소유자가 자필서명된 사용승낙서 및 신분증 사본
> ② 제1항에 따른 신청서를 받은 관광지등의 사업시행자는 「전자정부법」 제36조제1항에 따른 행정정보의 공동이용을 통하여 부동산의 등기사항증명서를 확인하여야 한다. 〈개정 2009.3.31., 2011.3.30., 2015.4.22.〉

### (2) 용지의 매수 및 보상업무위탁

#### 가) 조성계획승인 전 용지매수에 대한 특례

조성계획의 승인을 받아 관광지등을 개발하려는 자가 관광지등의 개발 촉진을 위하여 조성계획의 승인 전에 대통령령으로 정하는 바에 따라 시·도지사의 승인을 받아 그 조성사업에 필요한 토지를 매입한 경우에는 사업시행자로서 토지를 매입한 것으로 본다. 토지가격의 상승 또는 매입곤란 등을 예상하여 사전에 시행대상 토지를 확보하기 위함이다.

#### 나) 관광단지개발자의 용지매수 및 보상업무위탁

관광단지개발자(공공법인 또는 민간개발자)는 필요한 경우, 용지의 매수 및 손실보상업무를 지방자치단체장에게 위탁할 수 있다. 단, 민간개발자의 경우에는 사유지의 3분의 2이상을 매수하고(법 제54조 제4항 단서 참조) 잔여 토지를 수용 또는 사용하는 경우에 위탁이 가능하다. 위탁을 받은 지방자치단체의 장은 '용지의 매수 및 보상업무의 위탁수수료 산정기준표'(「시행규칙」 제63조 관련 별표 20)에 의거 위탁한 자에게 해당 업무에 대한 수수료를 청구

할 수 있다. 즉 용지매수 금액이 10억원 이하이면 수수료가 해당금액의 2% 이내, 10~30억원이면 1.7% 이내, 30~50억원이면 1.3%이내, 50억원 초과이면 1% 이내이다.

---

**■ 법 제55조(조성계획의 시행)**

② 제54조에 따라 조성계획의 승인을 받아 관광지등을 개발하려는 자가 관광지등의 개발 촉진을 위하여 조성계획의 승인 전에 대통령령으로 정하는 바에 따라 시·도지사의 승인을 받아 그 조성사업에 필요한 토지를 매입한 경우에는 사업시행자로서 토지를 매입한 것으로 본다. 〈개정 2018.12.11.〉

⑤ 관광단지를 개발하려는 공공기관 등 문화체육관광부령으로 정하는 관광단지개발자는 필요하면 용지의 매수 업무와 손실보상 업무(민간개발자인 경우에는 제54조제4항 단서에 따라 남은 사유지를 수용하거나 사용하는 경우만 해당한다)를 대통령령으로 정하는 바에 따라 관할 지방자치단체의 장에게 위탁할 수 있다. 〈개정 2008.2.29., 2011.4.5.〉

---

**■ 시행령 제49조(용지매수 및 보상업무의 위탁)**

① 관광단지개발자는 법 제55조제5항에 따라 조성사업을 위한 용지의 매수 업무와 손실보상 업무를 관할 지방자치단체의 장에게 위탁하려면 그 위탁 내용에 다음 각 호의 사항을 명시하여야 한다.

1. 위탁업무의 시행지 및 시행기간
2. 위탁업무의 종류·규모·금액
3. 위탁업무 수행에 필요한 비용과 그 지급방법
4. 그 밖에 위탁업무를 수행하는 데에 필요한 사항

② 지방자치단체의 장은 제1항에 따라 위탁을 받은 경우에는 문화체육관광부령으로 정하는 바에 따라 그 업무를 위탁한 자에게 수수료를 청구할 수 있다. 〈개정 2008.2.29.〉

---

**■ 시행규칙 제63조(위탁수수료)**

영 제49조제2항에 따른 용지의 매수업무와 손실보상업무의 위탁에 따른 수수료의 산정기준은 별표 20과 같다.

---

## [별표 20] 용지매수 및 보상업무의 위탁수수료 산정기준표

(시행규칙 제63조 관련)

| 용지매수의 금액별 | 위탁수수료의 기준 (용지매수대금에 대한 백분율) | 비 고 |
|---|---|---|
| 10억원 이하 | 2.0퍼센트 이내 | 1. "용지매수의 금액"이란 용지매입비, 시설의 매수 및 인건비, 관리보상비 및 지장물보상비와 이주위자료의 합계액을 말한다. |
| 10억원 초과 30억원 이하 | 1.7퍼센트 이내 | 2. 감정수수료 및 등기수수료 등 법정수수료는 위탁수수료의 기준을 정할 때 고려하지 아니한다. 3. 개발사업의 완공 후 준공 및 관리처분을 위한 측량, 지목변 |

| 30억원 초과 50억원 이하 | 1.3퍼센트 이내 | 경, 관리이전을 위한 소유권의 변경절차를 위한 관리비는 이 기준수수료의 100분의 30의 범위에서 가산할 수 있다. |
|---|---|---|
| 50억원 초과 | 1.0퍼센트 이내 | 4. 지역적인 특수조건이 있는 경우에는 이 위탁료율을 당사자가 상호 협의하여 증감 조정할 수 있다. |

## (3) 수용 및 사용

### 가) 수용 및 사용의 정의

① 수용: 수용이란 특정한 공익사업을 위하여 보상을 전제로 법률이 정하는 바에 따라 소유권 등 개인의 특정한 재산권을 강제적으로 취득하는 것을 말한다. 토지나 건축물 등 개인의 특정한 재산이 공익사업에 필요한 경우라고 하더라도 일반적인 매매거래의 방법으로 그 재산을 취득하는 것이 원칙적이나, 이것이 불가능한 경우 신속하고 효과적인 공익사업의 수행을 위해 이러한 제도가 사용된다.

② 사용: 특정한 공익사업 등 기타의 복지행정을 위하여 사업자나 국가, 지방자치단체 및 공공단체가 타인의 재산에 대한 사용권을 행사하는 것이다.

### 나) 수용 및 사용의 법적근거

수용 및 사용은 강제적으로 개인의 재산권을 취득하거나 사용하는 것이므로 법률의 근거가 있어야 하고 정당한 보상을 지급하여야 한다(「헌법」 제23조 제3항).[45] 따라서 「공익사업을 위한 토지 등의 취득 및 보상에 관한 법률」(이하 「토지보상법」이라 한다)에서는 공익사업에 필요한 토지 등을 협의 또는 수용에 의하여 취득하거나 사용함에 따른 손실의 보상에 관한 사항을 규정함으로써 공익사업의 효율적인 수행을 통하여 공공복리의 증진과 재산권의 적정한 보호를 도모하고 있다.

### 다) 수용 및 사용목적물

'관광지등'을 조성하는 사업자는 조성사업의 시행을 위해 토지 등 다음과 같은 물건 또는 권리를 수용 또는 사용할 수 있다. 다만, 농업용수권 기타 농지개량시설을 수용 또는 사용하고자 하는 때에는 미리 농림축산식품부장관의 승인을 얻어야 한다. 그리고 관광단지를 개발하는 민간개발자는 관광단지 조성계획상의 조성대상 토지면적 중 사유지의 3분의 2 이상을 취득한 경우에 한해서 잔여사유지에 대하여 토지와 물건 또는 권리를 수용 또는 사용할 수 있을 뿐이다(법 제54조제4항 참조).

① 토지의 소유권: 수용 및 사용의 기본대상이다.

② 토지에 관한 소유권외의 권리: 토지에 관한 소유권외의 권리에는 지상권, 저당권, 전세권, 임차권 등이 있다. 이러한 권리는 토지소유권과 함께 수용되는 것이 원칙이나

---

45) 헌법 제23조 제3항: 공공필요에 의한 재산권의 수용사용 또는 제한 및 그에 대한 보상은 법률로써 하되, 정당한 보상을 지급하여야 한다.

따로 분리하여 수용되는 경우도 있다.

③ 토지에 정착한 입목, 건물 기타 물건 및 이에 관한 소유권외의 권리: 토지에 정착한 입목, 건물 기타 토지에 정착된 물건에 대한 소유권은 그 자체로 독립하여 수용할 수 없기 때문에 토지를 수용할 때 그 정착물의 이전료를 보상하고 이전시키는 것이 원칙이나, 공익사업을 위하여 필요한 경우에는 당해 토지와 함께 수용할 수 있다. 그러나 토지정착물의 소유권외의 권리, 즉 물권이나 채권은 수용의 목적물이 되기 때문에 토지와 함께 수용된다.

④ 물의 사용에 관한 권리: 물의 사용에 대한 권리는 그 자체로서 수용될 수 있다.

⑤ 토지에 속한 토석 또는 모래와 조약돌: 토지로부터 분리되지 아니한 상태의 흙, 돌, 모래, 조약돌은 토지의 구성요소로서 토지소유권의 내용을 이루는 것이므로 토지가 수용되는 경우에는 당연히 함께 수용되나, 토지는 필요 없고 오직 그에 속한 흙, 돌, 모래, 조약돌만을 필요로 하는 경우에는 토지와는 별도로 이것들만 수용할 수 있다.

### 라) 수용 및 사용절차

토지의 수용 및 사용절차는 먼저 사업시행자가 법률에 따라 사업인정을 받고, 토지의 소유자와 협의를 하여야 한다. 협의가 이루어지지 않는 경우에는 토지수용위원회에 재결(裁決)을 신청하여 결정하고, 그 결정에 불복(不服)하는 경우에 이의신청 및 행정소송을 제기할 수 있다. 즉 토지의 수용 및 사용절차에는 ① 사업인정 → ② 협의 → ③ 재결 → ④ 이의신청 및 행정소송제기 4단계가 있다.

한편, 재결의 신청은 사업인정고시가 있는 날로부터 1년 이내에 관할 토지수용위원회에 신청(「토지보상법」 제28조 제1항)하는 것이 원칙이지만, '관광지등'의 조성사업에 필요한 토지수용을 위한 재결의 신청은 조성사업의 시행기간 내에 신청할 수 있다(법 제1조제2항 참조). 그리고 '관광지등'의 조성사업을 시행하기 위년 토지 등의 수용 또는 사용의 절차 신청·보상·재결신청은 「관광진흥법」에 규정되어 있는 것을 제외하고는 「토지보상법」을 적용한다.

---

**▣ 법 제61조(수용 및 사용)**

① 사업시행자는 제55조에 따른 조성사업의 시행에 필요한 토지와 다음 각 호의 물건 또는 권리를 수용하거나 사용할 수 있다. 다만, 농업 용수권(用水權)이나 그 밖의 농지개량 시설을 수용 또는 사용하려는 경우에는 미리 농림축산식품부장관의 승인을 받아야 한다. 〈개정 2008.2.29, 2013.3.23.〉

1. 토지에 관한 소유권 외의 권리

2. 토지에 정착한 입목이나 건물, 그 밖의 물건과 이에 관한 소유권 외의 권리

3. 물의 사용에 관한 권리

4. 토지에 속한 토석 또는 모래와 조약돌

② 제1항에 따른 수용 또는 사용에 관한 협의가 성립되지 아니하거나 협의를 할 수 없는 경우에는 사업시행자는 「공익사업을 위한 토지 등의 취득 및 보상에 관한 법률」 제28조제1항에도 불구하고 조성사업 시행 기간에 재결(裁決)을 신청할 수 있다.

③ 제1항에 따른 수용 또는 사용의 절차, 그 보상 및 재결 신청에 관하여는 이 법에 규정되어 있는 것 외에는 「공익사업을 위한 토지 등의 취득 및 보상에 관한 법률」을 적용한다.

### (4) 손실보상

가) 손실보상의 의의

손실보상이란 국가 또는 공공단체의 적법(適法)한 공권력(公權力)의 행사에 의하여 사유재산권에 특별한 손실이 가해진 경우에 그 특별한 손실에 대하여 지급되는 재산적 보상을 말한다. 예컨대, 도시계획으로 인하여 철거되는 가옥에 대하여 보상금을 지급하는 것과 같다. 행정상의 손실보상은 적법(適法)한 행정작용으로 인한 손실을 보상하는 제도인 점에서 위법행위(違法行爲)로 인한 행정상의 손해배상(損害賠償)과 구별된다.

나) 손실보상의 원칙

① 「헌법」상 원칙 - 헌법 제23조 제3항은 '공공필요에 의한 재산권의 수용사용 또는 제한 및 그에 대한 보상은 법률로써 하되, 정당한 보상을 지급하여야 한다'.고 규정하고 있다. 따라서 '관광지등'을 조성하는 사업자는 조성사업의 시행을 위해 토지 등 물건 또는 권리를 수용 또는 사용할 경우 법률에 근거한 정당한 보상을 지급하여야 한다.

② 「토지취득보상법」상 원칙 - 「토지취득보상법」 제1조는 '공익사업에 필요한 토지 등을 협의 또는 수용에 의하여 취득하거나 사용함에 따른 손실의 보상에 관한 사항을 규정함으로써 공익사업의 효율적인 수행을 통하여 공공복리의 증진과 재산권의 적정한 보호를 도모하는 것을 목적으로 한다.'라고 규정하고 있다. 따라서 '관광지등'을 조성하는 사업자는 조성사업의 시행을 위해 토지 등 물건 또는 권리를 수용 또는 사용할 경우 「토지취득보상법」에 근거, 손실을 보상하여야 한다.

「토지취득보상법」에 의한 손실보상의 일반원칙은 사업시행자 보상의 원칙(동법 제61조), 사전보상의 원칙(동법 제62조), 현금보상 및 예외적 채권보상의 원칙(동법 제63조 제1항), 개인별 보상의 원칙(동법 제64조 본문), 일괄배상의 원칙(동법 제65조), 사업시행이익과의 상계금지 원칙[동법 제66조: 사업시행자는 동일한 소유자에게 속하는 일단(一團)의 토지의 일부를 취득하거나 사용하는 경우 해당 공익사업의 시행으로 인하여 잔여지(殘餘地)의 가격이 증가하거나 그 밖의 이익이 발생한 경우에도 그 이익을 그 취득 또는 사용으로 인한 손실과 상계(相計)할 수 없다] 등이다.

다) 보상액 산정

보상액의 산정은 협의에 의한 경우에는 협의 성립 당시의 가격을, 재결에 의한 경우에는 수용 또는 사용의 재결 당시의 가격을 기준으로 한다(동법 제 70조 제1항). 보상액을 산정할 경우에 해당 공익사업으로 인하여 토지 등의 가격이 변동되었을 때에는 이를 고려하지 아니한다(동법 제70조 제2항).

### 라) 손실보상의 종류 및 기준

「토지취득보상법」에서 규정하고 있는 손실보상의 종류 및 기준을 보면 다음과 같다.

① '취득 하는 토지의 보상'(동법 제70조): 공시지가기준(지가변동률, 생산자물가상승률과 그 밖에 그 토지의 위치·형상·환경·이용상황 등을 고려하여 평가)
② '사용하는 토지의 보상'(동법 제71조): 토지와 인근 유사토지의 지료(地料), 임대료, 사용방법, 사용기간 및 그 토지의 가격 등
③ '잔여지 손실보상'(동법 제73조): 손실 및 공사비용 보상 또는 잔여지 매수
④ '건축물 등 물건에 대한 보상'(동법 제75조): 이전료 및 가격보상,
⑤ '잔여 건축물 손실보상'(동법 제75조의2): 손실보상 또는 매수
⑥ '권리의 보상'(동법 제76조): 투자비용, 예상 수익 및 거래가격 등
⑦ '영업의 손실 등에 대한 보상'(동법 제77조): 영업이익과 시설의 이전비용

### (5) 이주대책

#### 가) 이주대책수립

관광지 등을 조성하는 사업시행자는 관광지 등의 조성사업을 시행함에 따라 토지·물건 또는 권리를 상실하여 생활의 근거를 잃게 되는 자를 위한 이주대책(移住對策)을 수립·실시하여야 한다.

이주대책의 수립은 「토지보상법」의 제78조 제2항·제3항 및 제81조의 규정을 준용한다. 즉 사업시행자가 이주대책을 수립하고자 할 경우에는 미리 관할자치자체단체의 장과 협의하여야 하고(동법 제78조 제2항) 국가나 지방자치단체는 이주대책의 실시에 따른 주택지의 조성 및 주택의 건설에 대하여는 주택법에 의한 국민주택기금을 우선 지원하여야 한다(동법 제78조 제3항).

#### 나) 이주대책내용

사업시행자가 수립하는 이주대책에는 ① 택지 및 농경지의 매입, ② 택지조성 및 주택의 건설, ③ 이주보상금, ④ 이주방법 및 이주시기, ⑤ 이주대책에 따른 비용, ⑥ 기타 필요한 사항이 포함되어야 한다.

#### 다) 보상업무 등의 위탁

사업시행자는 보상 또는 이주대책에 관한 업무를 ① 지방자치단체, ② 보상실적이 있거나 보상업무에 관한 전문성이 있는 정부투자기관 또는 정부출자기관으로서 대통령령(「토지보상법 시행령」 제43조)이 정하는 기관(한국토지주택공사, 한국수자원공사, 한국도로공사, 한국농어촌공사, 주식회사 한국감정원, 지방공사)에 위탁할 수 있다(「토지보상법」 제81조 제1항).

> **└■ 법 제66조(이주대책)**
>
> ① 사업시행자는 조성사업의 시행에 따른 토지 · 물건 또는 권리를 제공함으로써 생활의 근거를 잃게 되는 자를 위하여 대통령령으로 정하는 내용이 포함된 이주대책을 수립 · 실시하여야 한다.
> ② 제1항에 따른 이주대책의 수립에 관하여는 「공익사업을 위한 토지 등의 취득 및 보상에 관한 법률」 제78조제2항 · 제3항과 제81조를 준용한다.

> **└■ 시행령 제56조(이주대책의 내용)**
>
> 사업시행자는 법 제65조제1항에 따라 특별자치시장 · 특별자치도지사 · 시장 · 군수 · 구청장에게 법 제64조에 따른 이용자 분담금, 원인자 부담금 또는 유지 · 관리 및 보수 비용(이하 이 조에서 "분담금등"이라 한다)의 징수를 위탁하려면 그 위탁 내용에 다음 각 호의 사항을 명시하여야 한다. 〈개정 2009.1.20., 2019.4.9.〉
> 1. 분담금등의 납부의무자의 성명 · 주소
> 2. 분담금등의 금액
> 3. 분담금등의 납부사유 및 납부기간
> 4. 그 밖에 분담금등의 징수에 필요한 사항

### (6) 공공시설의 우선설치원칙

국가 · 지방자치단체 또는 사업시행자는 관광지 등의 조성사업과 그 운영에 관련되는 도로, 전기, 상 · 하수도 등 공공시설을 우선하여 설치하도록 노력하여야 한다. 건축물이 들어선 이후에는 이러한 기반시설을 설치할 수가 없기 때문에 공공시설, 특히 기반시설을 먼저 설치해야 한다.

> **└■ 법 제57조(공공시설의 우선 설치)**
>
> 국가 · 지방자치단체 또는 사업시행자는 관광지등의 조성사업과 그 운영에 관련되는 도로, 전기, 상 · 하수도 등 공공시설을 우선하여 설치하도록 노력하여야 한다.

### (7) 관광단지의 전기시설설치

가) 전기시설 설치 비용

관광단지에 전기를 공급하는 자는 관광단지 조성사업의 시행자가 요청하는 경우 관광단지에 전기를 공급하기 위한 전기간선시설(電氣幹線施設) 및 배전시설(配電施設)을 관광단지 조성계획에서 도시 · 군계획시설로 결정된 도로까지 설치하되 비용은 전기를 공급하는 자가 부담한다. 다만, 관광단지 조성사업의 시행자 · 입주기업 · 지방자치단체 등의 요청에 의하여 전기간선시설 및 배전시설을 땅속에 설치하는 경우에는 전기를 공급하는 자와 땅속에 설치할 것을 요청하는 자가 각각 100분의 50의 비율로 설치비용을 부담한다.

### 나) 전기시설 설치범위

전기간선시설(電氣幹線施設) 및 배전시설(配電施設)을 설치하여야 하는 구체적인 설치범위는 관광단지 조성사업구역 밖의 기간(基幹)이 되는 시설로부터 조성사업구역 안의 토지이용계획상 6미터 이상의 도시계획시설로 결정된 도로에 접하는 개별필지의 경계선까지다.

> **법 제57조의2(관광단지의 전기시설설치)**
>
> ① 관광단지에 전기를 공급하는 자는 관광단지 조성사업의 시행자가 요청하는 경우 관광단지에 전기를 공급하기 위한 전기간선시설(電氣幹線施設) 및 배전시설(配電施設)을 관광단지 조성계획에서 도시·군계획시설로 결정된 도로까지 설치하되, 구체적인 설치범위는 대통령령으로 정한다. 〈개정 2011.4.14.〉
> ② 제1항에 따라 관광단지에 전기를 공급하는 전기간선시설 및 배전시설의 설치비용은 전기를 공급하는 자가 부담한다. 다만, 관광단지 조성사업의 시행자·입주기업·지방자치단체 등의 요청에 의하여 전기간선시설 및 배전시설을 땅속에 설치하는 경우에는 전기를 공급하는 자와 땅속에 설치할 것을 요청하는 자가 각각 100분의 50의 비율로 설치비용을 부담한다.
> [본조신설 2009.3.25.]
> [시행일: 2012.4.15.] 제57조의2

> **시행령 제49조의2(전기간선시설 등의 설치 범위)**
>
> 법 제57조의2제1항에 따라 전기간선시설(電氣幹線施設) 및 배전시설(配電施設)을 설치하여야 하는 구체적인 설치범위는 관광단지 조성사업구역 밖의 기간(基幹)이 되는 시설로부터 조성사업구역 안의 토지이용계획상 6미터 이상의 도시·군계획시설로 결정된 도로에 접하는 개별필지의 경계선까지를 말한다. 〈개정 2012.4.10.〉
> [본조신설 2009.10.7.]

### (8) 준공검사

#### 사가) 준공검사신청

업시행자가 관광지등 조성사업의 전부 또는 일부를 완료한 때에는 대통령령으로 정하는 바에 따라 지체 없이 시·도지사에게 준공검사를 받아야 한다. 이 경우 시·도지사는 해당 준공검사 시행에 관하여 관계 행정기관의 장과 미리 협의하여야 한다.

사업시행자가 조성사업의 전부 또는 일부를 완료하여 준공검사를 받으려는 때에는 관련 서류와 도면을 첨부하여 사업시행자의 성명(법인인 경우에는 법인의 명칭 및 대표자의 성명을 말한다), 주소, 조성사업의 명칭, 조성사업을 완료한 지역의 위치 및 면적, 조성사업기간사항을 적은 준공검사신청서를 시·도지사에게 제출하여야 한다.

**법 제58조의2(준공검사)**

① 사업시행자가 관광지등 조성사업의 전부 또는 일부를 완료한 때에는 대통령령으로 정하는 바에 따라 지체 없이 시·도지사에게 준공검사를 받아야 한다. 이 경우 시·도지사는 해당 준공검사 시행에 관하여 관계 행정기관의 장과 미리 협의하여야 한다.
② 사업시행자가 제1항에 따라 준공검사를 받은 경우에는 제58조제1항 각 호에 규정된 인·허가 등에 따른 해당 사업의 준공검사 또는 준공인가 등을 받은 것으로 본다.
[본조신설 2009.3.25.]

**시행령 제50조(인·허가 등의 의제)**

법 제58조제1항제1호에서 "대통령령으로 정하는 시설"이란 「국토의 계획 및 이용에 관한 법률 시행령」 제2조제1항제2호에 따른 유원지를 말한다.

**시행령 제50조의2(준공검사)**

① 사업시행자가 법 제58조의2제1항에 따라 조성사업의 전부 또는 일부를 완료하여 준공검사를 받으려는 때에는 다음 각 호의 사항을 적은 준공검사신청서를 시·도지사에게 제출하여야 한다.
1. 사업시행자의 성명(법인인 경우에는 법인의 명칭 및 대표자의 성명을 말한다)·주소
2. 조성사업의 명칭
3. 조성사업을 완료한 지역의 위치 및 면적
4. 조성사업기간
② 제1항에 따른 준공검사신청서에는 다음 각 호의 서류 및 도면을 첨부해야 한다. 〈개정 2009.12.14., 2010.10.14., 2015.6.1., 2016.8.31., 2019.7.2., 2020.12.8.〉
1. 준공설계도서(착공 전의 사진 및 준공사진을 첨부한다)
2. 「공간정보의 구축 및 관리 등에 관한 법률」에 따라 지적소관청이 발행하는 발행하는 지적측량성과도
3. 법 제58조의3에 따른 공공시설 및 토지 등의 귀속조사문서와 도면(민간개발자인 사업시행자의 경우에는 용도폐지된 공공시설 및 토지 등에 대한 「감정평가 및 감정평가사에 관한 법률」 제2조제4호에 따른 감정평가법인등의 평가조서와 새로 설치된 공공시설의 공사비 산출 명세서를 포함한다)
4. 「공유수면 관리 및 매립에 관한 법률」 제46조, 제35조제4항 및 같은 법 시행령 제51조에 따라 사업시행자가 취득할 대상 토지와 국가 또는 지방자치단체에 귀속될 토지 등의 내역서(공유수면을 매립하는 경우에만 해당한다)
5. 환지계획서 및 신·구 지적대조도(환지를 하는 경우에만 해당한다)
6. 개발된 토지 또는 시설 등의 관리·처분 계획

**시행규칙 63조의2(준공검사신청서 등)**

① 영 제50조의2제1항에 따른 준공검사신청서는 별지 제41호의2서식에 따른다.
② 영 제50조의2제4항에 따른 준공검사증명서는 별지 제41호의3서식에 따른다.
[본조신설 2009.10.22.]

## 나) 관계기관장의 협의

사업시행자가 준공검사를 신청한 경우, 시·도지사는 해당 준공검사 시행에 관하여 행정기관의 장과 미리 협의하여야 한다. 이때 준공검사 신청을 받은 시·도지사는 검사일정을 정하여 준공검사 신청 내용에 포함된 공공시설을 인수하거나 관리하게 될 국가기관 또는 지방자치단체의 장에게 검사일 5일 전까지 통보하여야 하며, 준공검사에 참여하려는 국가기관 또는 지방자치단체의 장은 준공검사일 전날까지 참여를 요청하여야 한다.

### 법 제58조의2(준공검사)

① 사업시행자가 관광지등 조성사업의 전부 또는 일부를 완료한 때에는 대통령령으로 정하는 바에 따라 지체 없이 시·도지사에게 준공검사를 받아야 한다. 이 경우 시·도지사는 해당 준공검사 시행에 관하여 관계 행정기관의 장과 미리 협의하여야 한다.

### 시행령 제50조의2(준공검사)

③ 제1항에 따른 준공검사 신청을 받은 시·도지사는 검사일정을 정하여 준공검사 신청 내용에 포함된 공공시설을 인수하거나 관리하게 될 국가기관 또는 지방자치단체의 장에게 검사일 5일 전까지 통보하여야 하며, 준공검사에 참여하려는 국가기관 또는 지방자치단체의 장은 준공검사일 전날까지 참여를 요청하여야 한다.

## 다) 준공검사증명서 발급 및 공시

준공검사 신청을 받은 시·도지사는 준공검사를 하여 해당 조성사업이 「관광진흥법」 제54조(조성계획의 수립 등)에 따라 승인된 조성계획대로 완료되었다고 인정하는 경우에는 준공검사증명서를 발급하고, 조성사업의 명칭, 사업시행자의 성명 및 주소, 조성사업을 완료한 지역의 위치 및 면적, 준공년월일, 주요 시설물의 관리·처분에 관한 사항, 그 밖에 시·도지사가 필요하다고 인정하는 사항 사항을 공보에 고시하여야 한다.

### 시행령 제50조의2(준공검사)

④ 제1항에 따른 준공검사 신청을 받은 시·도지사는 준공검사를 하여 해당 조성사업이 법 제54조에 따라 승인된 조성계획대로 완료되었다고 인정하는 경우에는 준공검사증명서를 발급하고, 다음 각 호의 사항을 공보에 고시하여야 한다.
1. 조성사업의 명칭
2. 사업시행자의 성명 및 주소
3. 조성사업을 완료한 지역의 위치 및 면적
4. 준공년월일
5. 주요 시설물의 관리·처분에 관한 사항
6. 그 밖에 시·도지사가 필요하다고 인정하는 사항
[본조신설 2009.10.7.]

### 라) 준공검사 등의 의제

사업시행자가 준공검사를 받은 경우에는 「관광진흥법」 제58조제1항 각 호(인·허가 등의 의제)에 규정된 인·허가 등에 따른 해당 사업의 준공검사 또는 준공인가 등을 받은 것으로 본다.

> **■ 법 제58조의2(준공검사)**
>
> ② 사업시행자가 제1항에 따라 준공검사를 받은 경우에는 제58조제1항 각 호에 규정된 인·허가 등에 따른 해당 사업의 준공검사 또는 준공인가 등을 받은 것으로 본다. [본조신설 2009.3.25.]

## (9) 공공시설 등의 귀속

사업시행자가 조성사업의 시행으로 「국토의 계획 및 이용에 관한 법률」(동법 제2조제13호)에 따른 공공시설을 새로 설치하거나 기존의 공공시설에 대체되는 시설을 설치한 경우 그 귀속에 관하여는 같은 법 제65조를 준용한다. 이 경우 "행정청이 아닌 경우"는 "사업시행자인 경우"로 본다.

공공시설 등을 등기하는 경우에는 조성계획승인서와 준공검사증명서로써 「부동산등기법」의 등기원인을 증명하는 서면을 갈음할 수 있다. 「국토의 계획 및 이용에 관한 법률」을 준용할 때 관리청이 불분명한 재산 중 도로·하천·도랑 등에 대하여는 국토교통부장관을, 그 밖의 재산에 대하여는 기획재정부장관을 관리청으로 본다.

> **■ 법 제58조의 3(공공시설 등의 귀속)**
>
> ① 사업시행자가 조성사업의 시행으로 「국토의 계획 및 이용에 관한 법률」 제2조제13호에 따른 공공시설을 새로 설치하거나 기존의 공공시설에 대체되는 시설을 설치한 경우 그 귀속에 관하여는 같은 법 제65조를 준용한다. 이 경우 "행정청이 아닌 경우"는 "사업시행자인 경우"로 본다.
> ② 제1항에 따른 공공시설 등을 등기하는 경우에는 조성계획승인서와 준공검사증명서로써 「부동산등기법」의 등기원인을 증명하는 서면을 갈음할 수 있다.
> ③ 제1항에 따라 「국토의 계획 및 이용에 관한 법률」을 준용할 때 관리청이 불분명한 재산 중 도로·도랑 등에 대하여는 국토교통부장관을, 하천에 대하여는 환경부장관을, 그 밖의 재산에 대하여는 기획재정부장관을 관리청으로 본다. 〈개정 2020.12.31.〉
> [본조신설 2009.3.25.]

## 5) 관광지등의 처분

사업시행자는 조성된 토지, 개발된 관광시설 및 지원시설의 전부 또는 일부를 매각 또는 임대하거나 타인에게 위탁하여 경영하게 할 수 있다. 이때 토지·관광시설 또는 지원시설을 매수·임차하거나 그 경영을 수탁한 자는 그 토지나 관광시설 또는 지원시설에 관한 권리·의무를 승계한다.

> **법 제59조(관광지등의 처분)**
>
> ① 사업시행자는 조성한 토지, 개발된 관광시설 및 지원시설의 전부 또는 일부를 매각하거나 임대하거나 타인에게 위탁하여 경영하게 할 수 있다.
> ② 제1항에 따라 토지·관광시설 또는 지원시설을 매수·임차하거나 그 경영을 수탁한 자는 그 토지나 관광시설 또는 지원시설에 관한 권리·의무를 승계한다.

### 6) 국토의 계획 및 이용에 관한 법률의 준용

사업시행자가 조성계획을 수립하고, 조성사업을 시행하며 관광지 등을 처분할 때에는 관광진흥법에 규정되어 있는 것을 제외하고는 국토의 계획 및 이용에 관한 법률 제90조(서류의 열람 등)·제100조(다른 법률과의 관계)·제130조(토지에의 출입 등) 및 제131조(토지에의 출입 등에 따른 손실보상)의 규정을 준용한다.

> **법 제60조(국토의계획및이용에관한법률의 준용)**
>
> 조성계획의 수립, 조성사업의 시행 및 관광지등의 처분에 관하여는 이 법에 규정되어 있는 것 외에는 「국토의 계획 및 이용에 관한 법률」 제90조·제100조·제130조 및 제131조를 준용한다. 이 경우 "국토교통부장관 또는 시·도지사"는 "시·도지사"로, "실시계획"은 "조성계획"으로, "인가"는 "승인"으로, "도시·군계획시설사업의 시행지구"는 "관광지등"으로, "도시·군계획시설사업의 시행자"는 "사업시행자"로, "도시·군계획시설사업"은 "조성사업"으로, "국토교통부장관"은 "문화체육관광부장관"으로, "광역도시·군계획 또는 도시·군계획"은 "조성계획"으로 본다. 〈개정 2008.2.29., 2011.4.14., 2013.3.23.〉

### 7) 사업시행자의 비용징수

### (1) 선수금

사업시행자는 그가 개발하는 토지 또는 시설을 분양받거나 시설물을 이용하고자 하는 자로부터 그 대금의 전부 또는 일부를 미리 받을 수 있다. 이때 그 금액 및 납부방법에 대하여 토지 또는 시설을 분양받거나 시설물을 이용하고자 하는 자와 협의하여야 한다.

> **법 제63조(선수금)**
>
> 사업시행자는 그가 개발하는 토지 또는 시설을 분양받거나 시설물을 이용하려는 자로부터 그 대금의 전부 또는 일부를 대통령령으로 정하는 바에 따라 미리 받을 수 있다.

> **시행령 제52조(선수금)**
>
> 사업시행자는 법 제63조에 따라 선수금을 받으려는 경우에는 그 금액 및 납부방법에 대하여 토지 또는 시설을 분양받거나 시설물을 이용하려는 자와 협의하여야 한다.

## (2) 이용자 분담금 및 원인자 부담금

이용자분담금(利用者分擔金)이란 지원시설을 건설하고자 할 때 소요되는 비용을 실제 이용자들이 나누어 부담하는 금액을 말한다. 공사비 및 토지보상비 등을 포함하여 산정하며 이용자와 협의하여 결정한다.

또한 원인자부담금(原因者負擔金)이란 지원시설을 건설하게 된 원인을 제공한 공사나 행위가 있다면 그에 대한 비용을 원인제공자가 부담하도록 한 것이다. 금액 등은 이용자분담금과 같은 방법으로 산정한다.

> **법 제64조(이용자 분담금 및 원인자 부담금)**
>
> ① 사업시행자는 지원시설 건설비용의 전부 또는 일부를 대통령령으로 정하는 바에 따라 그 이용자에게 분담하게 할 수 있다.
> ② 지원시설 건설의 원인이 되는 공사 또는 행위가 있으면 사업시행자는 대통령령으로 정하는 바에 따라 그 공사 또는 행위의 비용을 부담하여야 할 자에게 그 비용의 전부 또는 일부를 부담하게 할 수 있다.

> **법 제64조의2(분담금 부과 처분 등에 대한 이의신청 특례)**
>
> ① 사업시행자는 제64조제1항에 따른 분담금 또는 같은 조 제2항에 따른 부담금 부과에 대한 이의신청을 받으면 그 신청을 받은 날부터 15일 이내에 이를 심의하여 그 결과를 신청인에게 서면으로 통지하여야 한다.
> ② 제1항에서 규정한 사항 외에 처분에 대한 이의신청에 관한 사항은 「행정기본법」 제36조(제2항 단서는 제외한다)에 따른다.
> [본조신설 2023.5.16.]

> **시행령 제53조, 제54조**
>
> **시행령 제53조(이용자분담금)** ① 사업시행자는 법 제64조제1항에 따라 지원시설의 이용자에게 분담금을 부담하게 하려는 경우에는 지원시설의 건설사업명·건설비용·부담금액·납부방법 및 납부기한을 서면에 구체적으로 밝혀 그 이용자에게 분담금의 납부를 요구하여야 한다.
> ② 제1항에 따른 지원시설의 건설비용은 다음 각 호의 비용을 합산한 금액으로 한다.
> 1. 공사비(조사측량비·설계비 및 관리비는 제외한다)
> 2. 보상비(감정비를 포함한다)
> ③ 제1항에 따른 분담금액은 지원시설의 이용자의 수 및 이용횟수 등을 고려하여 사업시행자가 이용자와 협의하여 산정한다.
>
> **시행령 제54조(원인자 부담금)** 사업시행자가 법 제64조제2항에 따라 원인자 부담금을 부담하게 하려는 경우에는 이용자 분담금에 관한 제53조를 준용한다.

### (3) 공동시설의 유지·관리 및 보수비의 분담

관광지등의 안에 있는 공동시설의 유지·관리 및 보수에 소요되는 비용의 전부나 일부를 관광지내에서 사업을 경영하는 자에게 분담하게 한다.

> **■ 법 제64조(이용자 분담금 및 원인자 부담금)**
>
> ③ 사업시행자는 관광지등의 안에 있는 공동시설의 유지·관리 및 보수에 드는 비용의 전부 또는 일부를 대통령령으로 정하는 바에 따라 관광지등에서 사업을 경영하는 자에게 분담하게 할 수 있다.
> ④ 삭제 〈2023.5.16.〉
> ⑤ 삭제 〈2023.5.16.〉

> **■ 시행령 제55조(유지·관리 및 보수비의 분담)**
>
> ① 사업시행자는 법 제64조제3항에 따라 공동시설의 유지·관리 및 보수 비용을 분담하게 하려는 경우에는 공동시설의 유지·관리·보수 현황, 분담금액, 납부방법, 납부기한 및 산출내용을 적은 서류를 첨부하여 관광지등에서 사업을 경영하는 자에게 그 납부를 요구하여야 한다.
> ② 제1항에 따른 공동시설의 유지·관리 및 보수 비용의 분담비율은 시설사용에 따른 수익의 정도에 따라 사업시행자가 사업을 경영하는 자와 협의하여 결정한다.
> ③ 사업시행자는 유지·관리·보수 비용의 분담 및 사용 현황을 매년 결산하여 비용분담자에게 통보하여야 한다.

### (4) 강제징수 및 징수위탁

이용자분담금, 원인자부담금 그리고 유지·관리 및 보수비용의 납입의무자가 이를 이행하지 않을 때 사업시행자는 관할 특별자치시장·특별자치도지사·시장·군수·구청장에게 징수를 위탁하고, 징수금액의 10%를 징수 수수료로 한다.

> **■ 법 제65조(강제징수)**
>
> ① 제64조에 따라 이용자 분담금·원인자 부담금 또는 유지·관리 및 보수에 드는 비용을 내야 할 의무가 있는 자가 이를 이행하지 아니하면 사업시행자는 대통령령으로 정하는 바에 따라 그 지역을 관할하는 특별자치시장·특별자치도지사·시장·군수·구청장에게 그 징수를 위탁할 수 있다. 〈개정 2008.6.5., 2018.6.12.〉
> ② 제1항에 따라 징수를 위탁받은 특별자치도지사·시장·군수·구청장은 지방세 체납처분의 예에 따라 이를 징수할 수 있다. 이 경우 특별자치시장·특별자치도지사·시장·군수·구청장에게 징수를 위탁한 자는 특별자치도지사·시장·군수·구청장이 징수한 금액의 100분의 10에 해당하는 금액을 특별자치도·시·군·구에 내야 한다. 〈개정 2008.6.5., 2018.6.12., 2018.6.12.〉

사업시행자는 법 제65조제1항에 따라 특별자치시장·특별자치도지사·시장·군수·구청장에게 법 제64조에 따른 이용자 분담금, 원인자 부담금 또는 유지·관리 및 보수 비용(이하 이 조에서 "분담금등"이라 한다)의 징수를 위탁하려면 그 위탁 내용에 다음 각 호의 사항을 명시하여야 한다. 〈개정 2009.1.20., 2019.4.9.〉

1. 분담금등의 납부의무자의 성명·주소
2. 분담금등의 금액
3. 분담금등의 납부사유 및 납부기간
4. 그 밖에 분담금등의 징수에 필요한 사항

## 4. 관광지 등의 관리

### 1) 관광지 등의 관리·운영주체

사업시행자는 관광지 등의 관리·운영에 필요한 조치를 하여야 하며 필요한 경우, 관광사업자단체 등에게 관광지 등의 관리·운영을 위탁할 수 있다. 관광사업자단체란 법41조 및 법45조에 의한 한국관광협회중앙회, 지역별관광협회, 업종별 관광협회를 말한다.

□■ 법 제69조(관광지등의 관리)

① 사업시행자는 관광지등의 관리·운영에 필요한 조치를 하여야 한다.
② 사업시행자는 필요하면 관광사업자 단체 등에 관광지등의 관리·운영을 위탁할 수 있다.

### 2) 입장료 등의 징수 및 사용

관광지 등에서 조성사업을 하거나 건축 기타 시설을 한 자는 관광지 등에 입장하는 자로부터 입장료를 징수할 수 있으며, 관광시설을 관람 또는 이용하는 자로부터 관람료 또는 이용료를 징수할 수 있다. 관광지의 입장료, 시설의 관람료 또는 이용료의 징수대상의 범위와 금액은 특별자치도지사·시장·군수·구청장이 정하며, 입장료 등은 관광지 등의 보존·관리와 그 개발에 사용되어야 한다.

□■ 법 제67조(입장료 등의 징수 및 사용)

① 관광지등에서 조성사업을 하거나 건축, 그 밖의 시설을 한 자는 관광지등에 입장하는 자로부터 입장료를 징수할 수 있고, 관광시설을 관람하거나 이용하는 자로부터 관람료나 이용료를 징수할 수 있다.
② 제1항에 따른 입장료·관람료 또는 이용료의 징수 대상의 범위와 그 금액은 관광지등이 소재하는 지방자치단체의 조례로 정한다. 〈개정 2008.6.5., 2018.6.12., 2020.6.9.〉

③ 지방자치단체는 제1항에 따라 입장료·관람료 또는 이용료를 징수하면 이를 관광지등의 보존·관리와 그 개발에 필요한 비용에 충당하여야 한다.

④ 지방자치단체는 지역관광 활성화를 위하여 관광지등에서 조성사업을 하거나 건축, 그 밖의 시설을 한 자(국가 또는 지방자치단체는 제외한다)가 제1항에 따라 징수한 입장료·관람료 또는 이용료를 「지역사랑상품권 이용 활성화에 관한 법률」 제2조제1호에 따른 지역사랑상품권을 활용하여 관광객에게 환급하는 경우 조례로 정하는 바에 따라 환급한 입장료·관람료 또는 이용료의 전부 또는 일부에 해당하는 비용을 지원할 수 있다. 〈신설 2023.10.31.〉

[시행일: 2024.5.1.] 제67조

# 제2절 관광특구

## 1. 관광특구의 지정

### 1) 관광특구의 지정요건

### (1) 관광특구의 지정신청자 및 지정권자

관광특구는 관광지등 또는 외국인관광객이 주로 이용하는 지역 중에서 시장·군수·구청장의 신청(특별자치시 및 특별자치도의 경우는 제외한다)에 따라 시·도지사가 지정한다. 이 경우 관광특구로 지정하려는 대상지역이 같은 시·도 내에서 둘 이상의 시·군·구에 걸쳐 있는 경우에는 해당 시장·군수·구청장이 공동으로 지정을 신청하여야 하고, 둘 이상의 시·도에 걸쳐 있는 경우에는 해당 시장·군수·구청장이 공동으로 지정을 신청하고 해당 시·도지사가 공동으로 지정하여야 한다. 시·도지사가 관광특구의 지정신청을 받은 경우에는 전문기관에 조사·분석을 의뢰하여야 한다.

① 지정신청자: 시장·군수·구청장
② 지정권자: 시·도지사

> **법 제70조(관광특구의 지정)**
>
> ① 관광특구는 다음 각 호의 요건을 모두 갖춘 지역 중에서 시장·군수·구청장의 신청(특별자치시 및 특별자치도의 경우는 제외한다)에 따라 시·도지사가 지정한다. 이 경우 관광특구로 지정하려는 대상지역이 같은 시·도 내에서 둘 이상의 시·군·구에 걸쳐 있는 경우에는 해당 시장·군수·구청장이 공동으로 지정을 신청하여야 하고, 둘 이상의 시·도에 걸쳐 있는 경우에는 해당 시장·군수·구청장이 공동으로 지정을 신청하고 해당 시·도지사가 공동으로 지정하여야 한다. 〈개정 2007.7.19., 2008.2.29., 2008.6.5., 2018.6.12., 2018.12.24., 2019.12.3.〉

제70조제1항 및 제2항에 따라 시 · 도지사 또는 특례시의 시장이 관광특구를 지정하려는 경우에는 같은 조 제1항 각 호의 요건을 갖추었는지 여부와 그 밖에 관광특구의 지정에 필요한 사항을 검토하기 위하여 대통령령으로 정하는 전문기관에 조사 · 분석을 의뢰하여야 한다. 〈개정 2022.5.3.〉

[본조신설 2019.12.3.]

[제목개정 2022.5.3.]

## (2) 관광특구의 지정요건

관광특구로 지정되기 위하여서는 다음과 같은 요건을 모두 갖추어야 한다.

① 외국인 관광객의 수요를 충족시킬 수 있는 접객시설, 상가시설, 휴양 · 오락시설, 숙박시설, 공공편익시설 및 관광안내시설이 분포되어 있어야 하되, 관광숙박시설이 1종류이상, 상가시설이 1개소이상, 관광객이용시설과 유원시설 등이 2종류이상 있을 것(세부기준은 시행규칙 제64조 제1항 관련 별표 21 참조).

② 문화체육관광부장관이 고시하는 기준을 갖춘 통계전문기관의 통계결과 당해 지역의 최근 1년간 외국인 관광객이 10만명(서울특별시는 50만명) 이상일 것

③ 관광활동과 직접적인 관련성이 없는 토지의 비율이 관광특구 전체 면적의 10퍼센트를 초과하지 아니할 것

④ 제1호 내지 제3호의 요건을 갖춘 지역이 서로 분리되어 있지 아니할 것

법 제70조(관광특구의 지정)

① 관광특구는 다음 각 호의 요건을 모두 갖춘 지역 중에서 시장 · 군수 · 구청장의 신청(특별자치시 및 특별자치도의 경우는 제외한다)에 따라 시 · 도지사가 지정한다. 이 경우 관광특구로 지정하려는 대상지역이 같은 시 · 도 내에서 둘 이상의 시 · 군 · 구에 걸쳐 있는 경우에는 해당 시장 · 군수 · 구청장이 공동으로 지정을 신청하여야 하고, 둘 이상의 시 · 도에 걸쳐 있는 경우에는 해당 시장 · 군수 · 구청장이 공동으로 지정을 신청하고 해당 시 · 도지사가 공동으로 지정하여야 한다. 〈개정 2007.7.19., 2008.2.29., 2008.6.5., 2018.6.12., 2018.12.24., 2019.12.3.〉

1. 외국인 관광객 수가 대통령령으로 정하는 기준 이상일 것

2. 문화체육관광부령으로 정하는 바에 따라 관광안내시설, 공공편익시설 및 숙박시설 등이 갖추어져 외국인 관광객의 관광수요를 충족시킬 수 있는 지역일 것

3. 관광활동과 직접적인 관련성이 없는 토지의 비율이 대통령령으로 정하는 기준을 초과하지 아니할 것

4. 제1호부터 제3호까지의 요건을 갖춘 지역이 서로 분리되어 있지 아니할 것

② 제1항 각 호 외의 부분 전단에도 불구하고 「지방자치법」 제198조제2항제1호에 따른 인구 100만 이상 대도시(이하 "특례시"라 한다)의 시장은 관할 구역 내에서 제1항 각 호의 요건을

모두 갖춘 지역을 관광특구로 지정할 수 있다. 〈신설 2022.5.3.〉

③ 관광특구의 지정·취소·면적변경 및 고시에 관하여는 제52조제2항·제3항·제5항 및 제6항을 준용한다. 이 경우 "시·도지사"는 "시·도지사 또는 특례시의 시장"으로 본다. 〈개정 2018.6.12., 2022.5.3.〉

### 시행령 제58조(관광특구의 지정요건)

① 법 제70조제1항제1호에서 "대통령령으로 정하는 기준"이란 문화체육관광부장관이 고시하는 기준을 갖춘 통계전문기관의 통계결과 해당 지역의 최근 1년간 외국인 관광객 수가 10만명(서울특별시는 50만 명)인 것을 말한다. 〈개정 2008.2.29.〉

② 법 제70조제1항제3호에서 "대통령령으로 정하는 기준"이란 관광특구 전체 면적 중 관광활동과 직접적인 관련성이 없는 토지가 차지하는 비율이 10퍼센트인 것을 말한다. 〈개정 2020.6.2.〉

### 시행령 제58조의2(관광특구의 지정신청에 대한 조사·분석 전문기관)

법 제70조의2에서 "대통령령으로 정하는 전문기관"이란 다음 각 호의 기관 또는 단체를 말한다.

1. 「문화기본법」 제11조의2에 따른 한국문화관광연구원
2. 「정부출연연구기관 등의 설립·운영 및 육성에 관한 법률」에 따른 정부출연연구기관으로서 관광정책 및 관광산업에 관한 연구를 수행하는 기관
3. 다음 각 목의 요건을 모두 갖춘 기관 또는 단체
   가. 관광특구 지정신청에 대한 조사·분석 업무를 수행할 조직을 갖추고 있을 것
   나. 관광특구 지정신청에 대한 조사·분석 업무와 관련된 분야의 박사학위를 취득한 전문인력을 확보하고 있을 것
   다. 관광특구 지정신청에 대한 조사·분석 업무와 관련하여 전문적인 조사·연구·평가 등을 한 실적이 있을 것

[본조신설 2020.6.2.]

### 시행규칙 제64조(관광특구의 지정요건 등)

① 법 제70조제1항제2호에 따른 관광특구 지정요건의 세부기준은 별표 21과 같다.

## [별표 21] 관광특구지정요건의 세부기준

(시행규칙 제64조 제1항 관련)

개정〈2016.3.28.〉

| 시설구분 | 시설종류 | 구비기준 |
|---|---|---|
| 가. 공공편익시설 | 화장실, 주차장, 전기시설, 통신시설, 상하수도시설 | 각 시설이 관광객이 이용하기에 충분할 것 |
| 나. 관광안내시설 | 관광안내소, 외국인통역안내소, 관광지 표지판 | 각 시설이 관광객이 이용하기에 충분할 것 |
| 다. 숙박시설 | 관광호텔, 수상관광호텔, 한국전통호텔, 가족호텔 및 휴양콘도미니엄 | 영 별표 1의 등록기준에 부합되는 관광숙박시설이 1종류 이상일 것 |
| 라. 휴양·오락시설 | 민속촌, 해수욕장, 수렵장, 동물원, 식물원, 수족관, 온천장, 동굴자원, 수영장, 농어촌휴양시설, 산림휴양시설, 박물관, 미술관, 활공장, 자동차야영장, 관광유람선 및 종합유원시설 | 영 별표 1의 등록기준에 부합되는 관광객이용시설 또는 별표 1의2의 시설 및 설비기준에 부합되는 유원시설이 1종류 이상일 것 |
| 마. 접객시설 | 관광공연장, 관광유흥음식점, 관광극장유흥업점, 외국인전용유흥음식점, 관광식당 | 영 별표 1의 등록기준에 부합되는 관광객이용시설 또는 별표 2의 지정기준에 부합되는 관광편의시설로서 관광객이 이용하기에 충분할 것 |
| 바. 상가시설 | 관광기념품전문판매점, 백화점, 재래시장, 면세점 등 | 1개소 이상일 것 |

## 2) 관광특구의 지정절차

### (1) 지정신청

관광특구의 지정·지정취소 또는 그 면적의 변경(이하 "지정 등"이라 한다)을 신청하고자 하는 시장·군수·구청장(특별자치도의 경우는 제외한다)은 '관광특구등지정신청서'(「시행규칙」 제64조 2항 관련 별지 제42호서식)에 관광지등의 개발방향을 기재한 서류, 관광지등과 그 주변의 주요 관광자원 및 주요 접근로 등 교통체계에 관한 서류, 「국토의 계획 및 이용에 관한 법률」에 따른 용도지역을 기재한 서류, 대상지역이 관광권역계획상 관광지등의 개발이 가능한지 여부와 관광객 수용능력 등을 기재한 서류, 관광지등의 구역을 표시한 축척 2만5천분의 1 이상의 지형도 및 지목·지번 등이 표시된 축척 500분의 1부터 6천분의 1까지의 도면 등 각종 서류를 첨부하여 특별시장·광역시장·도지사에게 제출하여야 한다. 다만, 관광특구의 지정취소 또는 그 면적의 변경의 경우에는 그 취소 또는 변경과 관계되지 아니하는 사항에 대한 서류는 이를 첨부하지 아니한다.

### (2) 적합성여부 검토

특별시장·광역시장·도지사는 관광특구의 지정신청을 받은 때에는 관광특구의 개발필요성, 타당성, 관광특구의 지정요건 및 관광개발계획과의 적합성 여부 등을 종합적으로 검토하여야 한다(「시행규칙」 제64조 제3항 및 법 제58조 제3항).

### (3) 관계행정기관의 장과 협의

관광지나 관광단지의 지정에서처럼 시·도지사가 관광특구를 지정하고자 할 경우에는 관계기관의 장과 협의를 하여야 한다(법 제58조 제3항, 제64조 제4항).

> **┗█ 법 제70조(관광특구의 지정)**
>
> ② 제1항 각 호 외의 부분 전단에도 불구하고 「지방자치법」 제198조제2항제1호에 따른 인구 100만 이상 대도시(이하 "특례시"라 한다)의 시장은 관할 구역 내에서 제1항 각 호의 요건을 모두 갖춘 시역을 관광특구로 지정할 수 있다. 〈신설 2022.5.3.〉

> **┗█ 시행규칙 제64조(관광특구의 지정신청 등)**
>
> ② 법 제70조제1항 및 제2항에 따라 관광특구의 지정 및 지정 취소 또는 그 면적의 변경(이하 이 조에서 "지정등"이라 한다)을 신청하려는 시장·군수·구청장(특별자치시·특별자치도의 경우는 제외한다)은 별지 제42호서식의 관광특구 지정등 신청서에 다음 각 호의 서류를 첨부하여 특별시장·광역시장·도지사에게 제출하여야 한다. 다만, 관광특구의 지정 취소 또는 그 면적 변경의 경우에는 그 취소 또는 변경과 관계되지 아니하는 사항에 대한 서류는 첨부하지 아니한다. 〈개정 2009.3.31., 2009.10.22., 2019.4.25.〉
> 1. 신청사유서
> 2. 주요관광자원 등의 내용이 포함된 서류
> 3. 해당 지역주민 등의 의견수렴 결과를 기재한 서류
> 4. 관광특구의 진흥계획서
> 5. 관광특구를 표시한 행정구역도와 지적도면
> 6. 제1항의 요건에 적합함을 증명할 수 있는 서류
> ③ 관광특구의 지정등에 관하여는 제58조제3항을 준용한다.

### 3) 관광특구의 지정고시

시·도지사는 관광특구의 지정절차를 거쳐 관광특구의 지정, 지정의 취소, 또는 그 면적의 변경을 한 때에는 이를 고시하고 그 지정내용을 관계 시장·군수·구청장에게 통지하여야 한다(본장 제2절. 2. 2 '관광지등'의 지정·고시 등 참고).

### 법 제70조(관광특구의 지정)

② 제1항 각 호 외의 부분 전단에도 불구하고 「지방자치법」 제198조제2항제1호에 따른 인구 100만 이상 대도시(이하 "특례시"라 한다)의 시장은 관할 구역 내에서 제1항 각 호의 요건을 모두 갖춘 지역을 관광특구로 지정할 수 있다. 〈신설 2022.5.3.〉

## 2. 관광특구의 진흥계획

### 1) 관광특구의 진흥계획수립

특별자치시장 · 특별자치도지사 · 시장 · 군수 · 구청장은 관할 구역 내 관광특구를 방문하는 외국인관광객의 유치촉진 등을 위하여 다음과 같은 사항이 포함된 관광특구진흥계획을 수립 · 시행하여야 한다. 그리고 계획을 수립하기 위하여 필요한 경우, 당해 시 · 군 · 구 주민의 의견을 들을 수 있다.

① 외국인 관광객을 위한 관광편의시설의 개선에 관한 사항
② 특색 있고 다양한 축제, 행사 그 밖에 홍보에 관한 사항
③ 관광객 유치를 위한 제도개선에 관한 사항
④ 관광특구를 중심으로 주변지역과 연계한 관광코스의 개발에 관한 사항
⑤ 관광질서 확립 및 관광서비스 개선 등 관광객 유치를 위하여 필요한 사항 , 즉범죄예방 계획 및 바가지 요금 · 퇴폐행위 · 호객행위 근절 대책, 관광불편신고센터의 운영계획, 관광특구안의 접객시설 등 관련시설 종사원에 대한 교육계획, 외국인 관광객을 위한 토산품 등 관광상품 개발 · 육성계획

### 법 제71조(관광특구의 진흥계획)

① 특별자치시장 · 특별자치도지사 · 시장 · 군수 · 구청장은 관할 구역 내 관광특구를 방문하는 외국인 관광객의 유치 촉진 등을 위하여 관광특구진흥계획을 수립하고 시행하여야 한다. 〈개정 2008.6.5., 2018.6.12.〉
② 제1항에 따른 관광특구진흥계획에 포함될 사항 등 관광특구진흥계획의 수립 · 시행에 필요한 사항은 대통령령으로 정한다.

### 시행령 제59조(관광특구의 진흥계획의 수립 · 시행 등)

① 특별자치시장 · 특별자치도지사 · 시장 · 군수 · 구청장은 법 제71조에 따른 관광특구진흥계획 (이하 "진흥계획"이라 한다)을 수립하기 위하여 필요한 경우에는 해당 특별자치시 · 특별자치도 · 시 · 군 · 구 주민의 의견을 들을 수 있다. 〈개정 2009.1.20., 2019.4.9.〉
② 특별자치시장 · 특별자치도지사 · 시장 · 군수 · 구청장은 다음 각 호의 사항이 포함된 진흥계

획을 수립 · 시행한다. 〈개정 2008.2.29., 2009.1.20., 2019.4.9.〉

1. 외국인 관광객을 위한 관광편의시설의 개선에 관한 사항
2. 특색 있고 다양한 축제, 행사, 그 밖에 홍보에 관한 사항
3. 관광객 유치를 위한 제도개선에 관한 사항
4. 관광특구를 중심으로 주변지역과 연계한 관광코스의 개발에 관한 사항
5. 그 밖에 관광질서 확립 및 관광서비스 개선 등 관광객 유치를 위하여 필요한 사항으로서 문화체육관광부령으로 정하는 사항

③ 특별자치시장 · 특별자치도지사 · 시장 · 군수 · 구청장은 수립된 진흥계획에 대하여 5년마다 그 타당성을 검토하고 진흥계획의 변경 등 필요한 조치를 하여야 한다. 〈개정 2009.1.20., 2019.4.9.〉

**┗■시행규칙 제65조(관광특구진흥계획의 수립 내용)**

영 제59조제2항제5호에 따른 관광특구진흥계획에 포함하여야 할 사항은 다음 각 호와 같다.

1. 범죄예방 계획 및 바가지 요금, 퇴폐행위, 호객행위 근절 대책
2. 관광불편신고센터의 운영계획
3. 관광특구 안의 접객시설 등 관련시설 종사원에 대한 교육계획
4. 외국인 관광객을 위한 토산품 등 관광상품 개발 · 육성계획

### 2) 관광특구진흥계획의 집행상황 평가

#### (1) 평가 주기

시 · 도지사는 관광진흥계획의 집행상황을 연 1회 평가하고 문화체육관광부장관은 추가 평가가 필요하다고 인정될 경우, 직접 평가할 수 있으나(시행령 제60조) 관광특구활성화를 위하여 3년마다 관광특구에 대한 평가를 실시하여야 한다(법 제73조 제3항).

#### (2) 평가방법

관광관련 학계 · 기관 및 단체의 전문가와 지역주민, 관광관련업계종사자가 포함된 평가단을 구성하여 평가하여야 한다.

#### (3) 평가결과보고

시 · 도지사는 평가결과를 평가가 종료한 날부터 1월 이내에 문화체육관광부장관에게 보고하여야 한다. 이때 문화체육관광부장관은 시 · 도지사가 보고한 사항 외에 추가로 평가가 필요하다고 인정되는 경우에는 진흥계획의 집행상황을 직접 평가할 수 있다.

> **법 제73조(관광특구에 대한 평가 등)**
>
> ① 시·도지사 또는 특례시의 시장은 대통령령으로 정하는 바에 따라 제71조에 따른 관광특구진흥계획의 집행 상황을 평가하고, 우수한 관광특구에 대하여는 필요한 지원을 할 수 있다. 〈개정 2008.2.29., 2019.12.3., 2022.5.3.〉
>
> ② 시·도지사 또는 특례시의 시장은 제1항에 따른 평가 결과 제70조에 따른 관광특구 지정 요건에 맞지 아니하거나 추진 실적이 미흡한 관광특구에 대하여는 대통령령으로 정하는 바에 따라 관광특구의 지정취소·면적조정·개선권고 등 필요한 조치를 하여야 한다. 〈개정 2021.4.13., 2022.5.3.〉
>
> ③ 문화체육관광부장관은 관광특구의 활성화를 위하여 관광특구에 대한 평가를 3년마다 실시하여야 한다. 〈신설 2019.12.3.〉
>
> ④ 문화체육관광부장관은 제3항에 따른 평가 결과 우수한 관광특구에 대하여는 필요한 지원을 할 수 있다. 〈신설 2019. 12. 3.〉
>
> ⑤ 문화체육관광부장관은 제3항에 따른 평가 결과 제70조에 따른 관광특구 지정 요건에 맞지 아니하거나 추진 실적이 미흡한 관광특구에 대하여는 대통령령으로 정하는 바에 따라 해당 시·도지사 또는 특례시의 시장에게 관광특구의 지정취소·면적조정·개선권고 등 필요한 조치를 할 것을 요구할 수 있다. 〈신설 2019.12.3., 2022.5.3.〉
>
> ⑥ 제3항에 따른 평가의 내용, 절차 및 방법 등에 필요한 사항은 대통령령으로 정한다. 〈신설 2019.12.3.〉

> **시행령 제60조(진흥계획의 평가 및 조치)**
>
> ① 시·도지사 또는 「지방자치법」 제198조제2항제1호에 따른 인구 100만 이상 대도시(이하 "특례시"라 한다)의 시장은 법 제73조제1항에 따라 진흥계획의 집행 상황을 연 1회 평가해야 하며, 평가 시에는 관광 관련 학계·기관 및 단체의 전문가와 지역주민, 관광 관련 업계 종사자가 포함된 평가단을 구성하여 평가해야 한다. 〈개정 2023.5.2.〉
>
> ② 시·도지사 또는 특례시의 시장은 제1항에 따른 평가 결과를 평가가 끝난 날부터 1개월 이내에 문화체육관광부장관에게 제출해야 하며, 문화체육관광부장관은 시·도지사 또는 특례시의 시장이 제출한 사항 외에 추가로 평가가 필요하다고 인정되면 진흥계획의 집행 상황을 직접 평가할 수 있다. 〈개정 2008.2.29., 2023.5.2., 2023.11.16.〉

## 3. 관광특구에 대한 지원

국가 및 지방자치단체는 관광특구를 방문하는 외국인관광객의 관광활동을 위한 편의증진 등 관광특구의 진흥을 위하여 필요한 지원을 할 수 있으나, 관광특구안의 문화·체육·숙박·상가·교통·주차시설로서 문화체육관광부장관이 관광객유치를 위하여 특히 필요하다고 인정하는 시설 및 우수한 관광특구에 대하여 지원할 수 있다. 지원금은 관광진흥개발기금법에 의한 관광진흥개발기금을 보조 또는 융자할 수 있다.

> **📕 법 제72조(관광특구에 대한 지원)**
>
> ① 국가나 지방자치단체는 관광특구를 방문하는 외국인 관광객의 관광 활동을 위한 편의 증진 등 관광특구 진흥을 위하여 필요한 지원을 할 수 있다.
>
> ② 문화체육관광부장관은 관광특구를 방문하는 관광객의 편리한 관광 활동을 위하여 관광특구 안의 문화 · 체육 · 숙박 · 상가 · 교통 · 주차시설로서 관광객 유치를 위하여 특히 필요하다고 인정되는 시설에 대하여 「관광진흥개발기금법」에 따라 관광진흥개발기금을 대여하거나 보조할 수 있다. 〈개정 2008.2.29., 2009.3.25., 2019.12.3.〉
>
> ④ 문화체육관광부장관은 제3항에 따른 평가 결과 우수한 관광특구에 대하여는 필요한 지원을 할 수 있다. 〈신설 2019.12.3.〉

## 4. 관광특구의 지정취소 등

시 · 도지사는 관광특구진흥계획의 집행상황평가결과, 관광특구지정요건에 적합하지 아니하거나 추진실적이 미흡한 관광특구에 대하여는은 관광특구의 지정취소 · 면적조정 · 개선권고 등 필요한 조치를 할 수 있다(법제70조 제2항).

문화체육관광부장관은 관광특구 지정 요건에 맞지 아니하거나 추진 실석이 미흡한 관광특구에 대하여는 해당 시 · 도지사에게 관광특구의 지정취소 · 면적조정 · 개선권고 등 필요한 조치를 할 것을 요구할 수 있다(법제70조 제5항).

### 1) 관광특구지정취소

① 관광특구의 지정요건에 3년 연속 미달하여 개선될 여지가 없다고 판단되는 경우, 관광특구 지정 취소

② 진흥계획의 추진실적이 미흡한 관광특구로서 지정면적의 조정 또는 투자 및 사업계획 등의 개선권고를 3회 이상 이행하지 아니한 경우, 관광특구 지정 취소

### 2) 개선권고

진흥계획의 추진실적이 미흡한 관광특구에 대하여는 지정면적의 조정 또는 투자 및 사업계획 등의 개선 권고

> **📕 법 제73조(관광특구에 대한 평가 등)**
>
> ② 시 · 도지사 또는 특례시의 시장은 제1항에 따른 평가 결과 제70조에 따른 관광특구 지정 요건에 맞지 아니하거나 추진 실적이 미흡한 관광특구에 대하여는 대통령령으로 정하는 바에 따라 관광특구의 지정취소 · 면적조정 · 개선권고 등 필요한 조치를 하여야 한다. 〈개정 2021.4.13., 2022.5.3.〉
>
> ⑤ 문화체육관광부장관은 제3항에 따른 평가 결과 제70조에 따른 관광특구 지정 요건에 맞지 아니하거나 추진 실적이 미흡한 관광특구에 대하여는 대통령령으로 정하는 바에 따라 해당 시 ·

도지사 또는 특례시의 시장에게 관광특구의 지정취소 · 면적조정 · 개선권고 등 필요한 조치를 할 것을 요구할 수 있다. 〈신설 2019.12.3., 2022.5.3.〉

⑥ 제3항에 따른 평가의 내용, 절차 및 방법 등에 필요한 사항은 대통령령으로 정한다. 〈신설 2019.12.3.〉

**🔖 시행령 제60조(진흥계획의 평가 및 조치)**

③ 법 제73조제2항에 따라 시 · 도지사 또는 특례시의 시장은 진흥계획의 집행 상황에 대한 평가 결과에 따라 다음 각 호의 구분에 따른 조치를 해야 한다. 〈개정 2021.10.14., 2023.5.2.〉

1. 관광특구의 지정요건에 3년 연속 미달하여 개선될 여지가 없다고 판단되는 경우에는 관광특구 지정 취소
2. 진흥계획의 추진실적이 미흡한 관광특구로서 제3호에 따라 개선권고를 3회 이상 이행하지 아니한 경우에는 관광특구 지정 취소
3. 진흥계획의 추진실적이 미흡한 관광특구에 대하여는 지정 면적의 조정 또는 투자 및 사업계획 등의 개선 권고

[제목개정 2020.6.2.]

**🔖 시행령 제60조의2(관광특구의 평가 및 조치)**

① 문화체육관광부장관은 법 제73조제3항에 따라 관광특구에 대하여 다음 각 호의 사항을 평가해야 한다.

1. 법 제70조에 따른 관광특구 지정 요건을 충족하는지 여부
2. 최근 3년간의 진흥계획 추진 실적
3. 외국인 관광객의 유치 실적
4. 그 밖에 관광특구의 활성화를 위하여 평가가 필요한 사항으로서 문화체육관광부령으로 정하는 사항

② 문화체육관광부장관은 법 제73조제3항에 따른 관광특구의 평가를 위하여 평가 대상지역의 특별자치시장 · 특별자치도지사 · 시장 · 군수 · 구청장에게 평가 관련 자료의 제출을 요구할 수 있으며, 필요한 경우 현지조사를 할 수 있다.

③ 문화체육관광부장관은 법 제73조제3항에 따라 관광특구에 대한 평가를 하려는 경우에는 세부 평가계획을 수립하여 평가 대상지역의 특별자치시장 · 특별자치도지사 · 시장 · 군수 · 구청장에게 평가실시일 90일 전까지 통보해야 한다.

④ 문화체육관광부장관은 법 제73조제5항에 따라 다음 각 호의 구분에 따른 조치를 해당 시 · 도지사 또는 특례시의 시장에게 요구할 수 있다. 〈개정 2023.5.2.〉

1. 법 제70조에 따른 관광특구의 지정 요건에 맞지 않아 개선될 여지가 없다고 판단되는 경우: 관광특구 지정 취소
2. 진흥계획 추진 실적이 미흡한 경우: 면적조정 또는 개선권고
3. 제2호에 따른 면적조정 또는 개선권고를 이행하지 않은 경우: 관광특구 지정 취소

⑤ 시 · 도지사 또는 특례시의 시장은 제4항 각 호의 구분에 따른 조치 요구를 받은 날부터 1개월

이내에 조치계획을 문화체육관광부장관에게 보고해야 한다. 〈개정 2023.5.2.〉

[본조신설 2020.6.2.]

[종전 제60조의2는 제60조의3으로 이동 〈2020.6.2.〉]

## 5. 관광특구내의 영업시간 및 영업행위

관광특구 안에서는 식품위생법 제43조의 영업제한규정을 적용하지 아니한다. 즉 식품위생법 제43조에서는 시·도지사는 영업의 질서 또는 선량한 풍속을 유지하기 위하여 필요하다고 인정하는 때에는 식품접객업자 및 그 종업원에 대하여 영업시간 및 영업행위에 관한 필요한 제한을 할 수 있도록 규정하고 있지만, 관광특구 안에서는 영업시간이라든지 영업행위에 관한 제한이 없다.

---

### 법 제74조(다른 법률에 대한 특례)

① 관광특구 안에서는 「식품위생법」 제43조에 따른 영업제한에 관한 규정을 적용하지 아니한다. 〈개정 2009.2.6, 2011.4.5.〉

② 관광특구 안에서 대통령령으로 정하는 관광사업자는 「건축법」 제43조에도 불구하고 연간 180일 이내의 기간 동안 해당 지방자치단체의 조례로 정하는 바에 따라 공개 공지(공지: 공터)를 사용하여 외국인 관광객을 위한 공연 및 음식을 제공할 수 있다. 다만, 울타리를 설치하는 등 공중(公衆)이 해당 공개 공지를 사용하는 데에 지장을 주는 행위를 하여서는 아니 된다. 〈신설 2011.4.5., 2017.3.21.〉

③ 관광특구 관할 지방자치단체의 장은 관광특구의 진흥을 위하여 필요한 경우에는 시·도경찰청장 또는 경찰서장에게 「도로교통법」 제2조에 따른 차마(車馬) 또는 노면전차의 도로통행 금지 또는 제한 등의 조치를 하여줄 것을 요청할 수 있다. 이 경우 요청받은 시·도경찰청장 또는 경찰서장은 「도로교통법」 제6조에도 불구하고 특별한 사유가 없으면 지체 없이 필요한 조치를 하여야 한다. 〈신설 2011.4.5., 2018.3.27., 2020.12.22.〉

[제목개정 2011.4.5.]

---

### 시행령 제60조의3(「건축법」에 대한 특례를 적용받는 관광사업자의 범위)

법 제74조제2항 본문에서 "대통령령으로 정하는 관광사업자"란 다음 각 호의 어느 하나에 해당하는 관광사업을 경영하는 자를 말한다. 〈개정 2021.3.23.〉

1. 법 제3조제1항제2호에 따른 관광숙박업
2. 법 제3조제1항제4호에 따른 국제회의업
3. 제2조제1항제1호가목에 따른 종합여행업
4. 제2조제1항제3호마목에 따른 관광공연장업
5. 제2조제1항제6호라목, 사목 및 카목에 따른 관광식당업, 여객자동차터미널시설업 및 관광면세업

[전문개정 2017.6.20.]

[제60조의2에서 이동 〈2020.6.2.〉]

# 제6장 보칙

## 제1절 재정지원

문화체육관광부장관은 관광에 관한 사업을 하는 지방자치단체·관광사업자단체 또는 관광사업자에게 보조금을 지급할 수 있다. 보조금이란 국가 또는 지방자치단체가 일정한 사업의 조성을 위하여 사인(私人) 또는 공공단체에게 지급하는 금전을 말한다.

## 1. 재정지원 절차

### 1) 재정지원 신청

**법 제76조(재정지원)**

① 문화체육관광부장관은 관광에 관한 사업을 하는 지방자치단체, 관광사업자 단체 또는 관광사업자에게 대통령령으로 정하는 바에 따라 보조금을 지급할 수 있다. 〈개정 2008.2.29.〉
② 지방자치단체는 그 관할 구역 안에서 관광에 관한 사업을 하는 관광사업자 단체 또는 관광사업자에게 조례로 정하는 바에 따라 보조금을 지급할 수 있다.
③ 국가 및 지방자치단체는 「국유재산법」, 「공유재산 및 물품 관리법」, 그 밖의 다른 법령에도 불구하고 관광지등의 사업시행자에 대하여 국유·공유 재산의 임대료를 대통령령으로 정하는 바에 따라 감면할 수 있다. 〈신설 2011.4.5.〉

**법 제76조의2(감염병 확산 등에 따른 지원)**

① 국가와 지방자치단체는 감염병 확산 등으로 관광사업자에게 경영상 중대한 위기가 발생한 경우 필요한 지원을 할 수 있다.
[본조신설 2021.8.10.]

**시행령 제61조(국고보조금의 지급신청)**

① 법 제76조제1항에 따른 보조금을 받으려는 자는 문화체육관광부령으로 정하는 바에 따라 문화체육관광부장관에게 신청하여야 한다. 〈개정 2008.2.29.〉
② 문화체육관광부장관은 제1항에 따른 신청을 받은 경우 필요하다고 인정하면 관계 공무원의 현지조사 등을 통하여 그 신청의 내용과 조건을 심사할 수 있다. 〈개정 2008.2.29.〉

**시행령 제64조2(공유 재산의 임대료 감면)**

① 법 제76조제3항에 따른 공유 재산의 임대료 감면율은 고용창출, 지역경제 활성화에 미치는 영향 등을 고려하여 공유 재산 임대료의 100분의 30의 범위에서 해당 지방자치단체의 조례로 정한다.
② 법 제76조제3항에 따라 공유 재산의 임대료를 감면받으려는 관광지등의 사업시행자는 해당 지방자치단체의 장에게 감면 신청을 하여야 한다.
[본조신설 2011.10.6.]

> **시행규칙 제66조(국고보조금의 신청)**
>
> ① 영 제61조에 따라 보조금을 받으려는 자는 별지 제43호서식의 국고보조금 신청서에 다음 각 호의 사항을 기재한 서류를 첨부하여 문화체육관광부장관에게 제출하여야 한다. 〈개정 2008.3.6.〉
> 1. 사업 개요(건설공사인 경우 시설내용을 포함한다) 및 효과
> 2. 사업자의 자산과 부채에 관한 사항
> 3. 사업공정계획
> 4. 총사업비 및 보조금액의 산출내역
> 5. 사업의 경비 중 보조금으로 충당하는 부분 외의 경비 조달방법
> ② 보조금을 받으려는 자가 지방자치단체인 경우에는 제1항제2호 및 제5호의 사항을 생략할 수 있다.

### (1) 신청서류제출

보조금을 지급받고자 하는 자는 국고보조금신청서(「시행규칙」 제66조관련 별지 제43호서식)에 시행규칙 제66조 제1항 각호의 사항을 기재한 서류를 첨부하여 문화체육관광부장관에게 제출하여야 하며, 공유 재산의 임대료를 감면받으려는 관광지등의 사업시행자(법 제76조제3항 참조)는 해당 지방자치단체의 장에게 감면 신청을 하여야 한다.

### (2) 신청의 내용 및 조건심사

문화체육관광부장관은 국고보조금지급신청을 받은 경우 필요하다고 인정하는 때에는 관계공무원의 현지조사 등을 통하여 그 신청의 내용과 조건을 심사할 수 있으며(「시행령」 제61조②항), 공유 재산의 임대료 감면율은 고용창출, 지역경제 활성화에 미치는 영향 등을 고려하여 공유 재산 임대료의 100분의 30의 범위에서 해당 지방자치단체의 조례로 정한다(법 제76조제3항 참조).

## 2) 재정지원의 결정 및 보조금지급

### (1) 지원결정 및 통지

문화체육관광부장관은 보조금지급 신청이 타당하다고 인정되는 때에는 보조금의 지급을 결정하고 이를 신청인에게 통지하여야 한다.

### (2) 보조금 지급

보조금은 사업 완료 전에 지급함을 원칙으로 하되, 필요한 경우 사업완료후에 이를 지급할 수 있다.

> **⬛ 시행령 제62조(보조금의 지급결정 등)**
>
> ① 문화체육관광부장관은 제61조에 따른 신청이 타당하다고 인정되면 보조금의 지급을 결정하고 그 사실을 신청인에게 알려야 한다. 〈개정 2008.2.29.〉
> ② 제1항에 따른 보조금은 원칙적으로 사업완료 전에 지급하되, 필요한 경우 사업완료 후에 지급할 수 있다.

## 2. '보조사업자'의 의무

### 1) 사업추진실적보고

보조금을 지급받은 자(이하 "보조사업자"라 한다)는 문화체육관광부장관이 정하는 바에 따라 그 사업추진실적을 문화체육관광부장관에게 보고하여야 한다.

### 2) 사업계획변경사항의 신고 및 승인

보조사업자는 첫째, 성명(법인인 경우에는 그 명칭 또는 대표자의 성명)·주소를 변경한 때, 둘째, 정관 또는 규약을 변경한 때, 셋째, 해산 또는 파산한 때, 넷째, 사업을 개시 또는 종료한 때에는 지체 없이 이를 문화체육관광부장관에게 신고하여야 한다. 또한 보조사업자는 사업계획을 변경 또는 폐지하거나 그 사업을 중지하고자 하는 때에는 지체 없이 이를 문화체육관광부장관에게 미리 승인을 얻어야 한다.

> **⬛ 시행령 제62조(보조금의 지급결정 등)**
>
> ③ 보조금을 받은 자(이하 "보조사업자"라 한다)는 문화체육관광부장관이 정하는 바에 따라 그 사업추진 실적을 문화체육관광부장관에게 보고하여야 한다. 〈개정 2008.2.29.〉

> **⬛ 시행령 제63조(사업계획의 변경 등)**
>
> ① 보조사업자는 사업계획을 변경 또는 폐지하거나 그 사업을 중지하려는 경우에는 미리 문화체육관광부장관의 승인을 받아야 한다. 〈개정 2008.2.29.〉
> ② 보조사업자는 다음 각 호의 어느 하나에 해당하는 사실이 발생한 경우에는 지체 없이 문화체육관광부장관에게 신고하여야 한다. 다만, 사망한 경우에는 그 상속인이, 합병한 경우에는 그 합병으로 존속되거나 새로 설립된 법인의 대표자가, 해산한 경우에는 그 청산인이 신고하여야 한다. 〈개정 2008.2.29.〉
> 1. 성명(법인인 경우에는 그 명칭 또는 대표자의 성명)이나 주소를 변경한 경우
> 2. 정관이나 규약을 변경한 경우
> 3. 해산하거나 파산한 경우
> 4. 사업을 시작하거나 종료한 경우

## 3. 재정지원금의 사용제한 및 지급취소 등

### 1) 사용제한

'보조사업자'는 보조금을 지급받은 목적 외의 용도로 이를 사용할 수 없다.

### 2) 지급취소 등

문화체육관광부장관은 보조금의 지급결정을 받은 자 또는 보조사업자가 첫째 허위 기타 부정한 방법으로 보조금의 지급을 신청하였거나 지급받은 때, 둘째 보조금의 지급조건에 위반한 때에는 보조금의 지급결정의 취소, 보조금의 지급정지 또는 이미 지급한 보조금의 전부 또는 일부의 반환을 명할 수 있다.

> **시행령 제64조(보조금의 사용제한 등)**
>
> ① 보조사업자는 보조금을 지급받은 목적 외의 용도로 사용할 수 없다.
> ② 문화체육관광부장관은 보조금의 지급결정을 받은 자 또는 보조사업자가 다음 각 호의 어느 하나에 해당하는 경우에는 보조금의 지급결정의 취소, 보조금의 지급정지 또는 이미 지급한 보조금의 전부 또는 일부의 반환을 명할 수 있다. 〈개정 2008.2.29.〉
> 1. 거짓이나 그 밖의 부정한 방법으로 보조금의 지급을 신청하였거나 받은 경우
> 2. 보조금의 지급조건을 위반한 경우

# 제2절   청문

관할 등록기관 등의 장은 국외여행 인솔자 자격의 취소, 관광사업의 등록 등이나 사업계획 승인의 취소, 관광종사원 자격의 취소, 한국관광 품질인증의 취소, 조성계획승인의 취소, 카지노기구의 검사 등의 위탁 취소처분을 하고자 하는 경우에는 청문[46]을 실시하여야 한다.

이러한 제도를 채택한 것은 관광사업자나 관광종사원에게 행정처분 등 불이익을 주고자 할 때 처분대상자에게 변명할 수 있게 하거나 또는 행정관청이 미처 파악하지 못한 불가피한 사항 등을 발견하여 부당한 처분을 배제하고자 한 것이다.

---

[46] 청문이란 행정절차의 핵심적 내용으로서 실질적으로는 이해관계인의 의견진술 및 자료제출의 절차적 기회를 의미하고, 형식적으로는 청문이라는 형식으로 행하여지는 행정과정을 의미한다. 그러나 청문의 본질적인 의미는 이해관계인이 자신을 위하여 변명할 수 있는 기회라고 할 수 있다.

> **□■ 법 제77조(청문)**
>
> 관할 등록기관등의 장은 다음 각 호의 어느 하나에 해당하는 처분을 하려면 청문을 하여야 한다.
> 〈개정 2011.4.5., 2018.3.13., 2018.12.11., 2019.12.3.〉
> 1. 제13조의2에 따른 국외여행 인솔자 자격의 취소
> 2. 제24조제2항·제31조제2항 또는 제35조제1항에 따른 관광사업의 등록등이나 사업계획승인의 취소
> 3. 제40조에 따른 관광종사원 자격의 취소
> 4. 제48조의11에 따른 한국관광 품질인증의 취소
> 5. 제56조 제3항에 따른 조성계획 승인의 취소
> 6. 제80조제5항에 따른 카지노기구의 검사 등의 위탁 취소
> [시행일 : 2020.6.4.] 제77조제6호

# 제3절  보고 및 검사

## 1. 지방자치단체장의 보고의무

지방자치단체장은 관광진흥정책의 수립·집행에 필요한 사항과 다음과 같은 사항을 문화체육관광부장관에게 보고하여야 한다.

① 관광지등의 지정현황 및 조성계획승인현황 : 지정 또는 승인 즉시 보고하여야 한다.
② 관광사업의 등록현황, 사업계획의 승인현황, 분양 또는 회원모집현황 : 이들 사항은 6개월마다 보고하는데 매반기 종료 후 다음달 10일까지 보고하여야 한다.

## 2. '관할 등록기관등의 장'의 권한

관할 등록기관등의 장은 관광진흥시책의 수립·집행 및 이 법의 시행을 위하여 필요한 때에는 관광사업자단체 또는 관광사업자에 대하여 그 사업에 관한 보고를 하게 하거나 서류의 제출을 명할 수 있다.

## 3. 검사

관광사업의 관할 등록기관등의 장은 소속공무원으로 하여금 관광사업자단체나 관광사업자의 사무소·사업장 또는 영업소 등에 출입하여 장부·서류 기타 물건을 검사하게 할 수 있다. 이때 소속공무원은 공무원 증표를 제시해야 한다.

### 법 제78조(보고 · 검사)

① 지방자치단체의 장은 문화체육관광부령으로 정하는 바에 따라 관광진흥정책의 수립 · 집행에 필요한 사항과 그 밖에 이 법의 시행에 필요한 사항을 문화체육관광부장관에게 보고하여야 한다. 〈개정 2008.2.29.〉

② 관할 등록기관등의 장은 관광진흥시책의 수립 · 집행 및 이 법의 시행을 위하여 필요하면 관광사업자 단체 또는 관광사업자에게 그 사업에 관한 보고를 하게 하거나 서류를 제출하도록 명할 수 있다.

③ 관할 등록기관등의 장은 관광진흥시책의 수립 · 집행 및 이 법의 시행을 위하여 필요하다고 인정하면 소속 공무원에게 관광사업자 단체 또는 관광사업자의 사무소 · 사업장 또는 영업소 등에 출입하여 장부 · 서류나 그 밖의 물건을 검사하게 할 수 있다.

④ 제3항의 경우 해당 공무원은 그 권한을 표시하는 증표를 지니고 이를 관계인에게 내보여야 한다.

### 시행규칙 제67조(보고)

① 법 제78조제1항에 따라 지방자치단체의 장은 다음 각 호의 사항을 문화체육관광부장관에게 보고해야 한다. 〈개정 2008.3.6., 2009.10.22., 2020.12.10.〉

1. 법 제4조에 따른 관광사업의 등록 현황
2. 법 제15조에 따른 사업계획의 승인 현황
3. 법 제49조제2항에 따른 권역계획에 포함된 관광자원 개발의 추진현황
4. 법 제52조에 따른 관광지등의 지정 현황
5. 법 제54조에 따른 관광지등의 조성계획 승인 현황

② 제1항제1호부터 제3호까지에 따른 보고는 매 연도 말 현재의 상황을 해당 연도가 끝난 후 20일 이내에 제출해야 하며, 제1항제4호 및 제5호에 따른 보고는 지정 또는 승인 즉시 해야 한다. 〈개정 2009.10.22., 2020.12.10.〉

### 시행규칙 제68조(검사공무원의 증표)

법 제78조제4항에 따른 공무원의 증표는 별표 22와 같다.

**[별표 22] 검사공무원의 증표**<개정 2015.12.30.>

(시행규칙 제68조 관련)

(앞 쪽)

| |
|---|
| 제    호<br>직    명<br>성    명<br>생 년 월 일<br><br>위의 사람은 「관광진흥법」 제78조제4항에 따른 검사공무원임을 증명합니다.<br>유효기간    년    월    일부터<br>            년    월    일까지<br><br>문화체육관광부장관<br>시 · 도 지 사 ㉑<br>시장 · 군수 · 구청장 |

90mm×60mm(청색켄트지 120g/㎡)

(뒤 쪽)

| |
|---|
| 1. 이 증표는 본인만 사용할 수 있다.<br>2. 이 증표는 사업장에 출입 · 검사할 경우에 관계자에게 내보여야 한다.<br>3. 이 증표를 분실한 경우에는 지체 없이 그 사유를 발행처에 보고하고 재발급받<br>   아야 한다.<br>4. 사용기간을 경과하거나 사용하지 못하게 된 경우에는 지체 없이 발행처에 반납<br>   하여야 한다. |
| 이 증표를 습득하신 분은 가까운 우체함에 넣어 주시기 바랍니다. |

# 제4절 수수료

## 1. 수수료의 청구

수수료(手數料)란 어떤 일을 맡아 처리해주는 데 소요되는 경비를 말하다.

관광진흥법에서는 다음의 경우에 수수료를 청구한다.

① 여행업 · 관광숙박업 · 관광객이용시설업 및 국제회의업의 등록 또는 변경등록 ② 카지노업의 허가 또는 변경허가, ③ 유원시설업의 허가 또는 변경허가를 신청하거나 유원시설업의 신고 또는 변경 신고, ④ 관광편의시설업의 지정, ⑤ 관광사업자의 지위승계 신고, ⑥ 관광숙박업 · 관광객이용시설업 및 국제회의업에 대한 사업계획의 승인 · 변경승인, ⑦ 관광숙박업의 등급결정 신청, ⑧ 카지노시설 및 기구의 검사(반입사용시) 및 카지노기구의 검정, ⑨ 유기시설 또는 유기기구가 안전성검사 또는 안전성검사대상에 해당되지 아니함을 확인하는 검사, ⑩ 관광종사원자격시험의 응시 · 등록 · 자격증재발급신청의 경우, ⑪ 한국관광 품질인증을 받으려는 자

> **┗▪ 법 제79조(수수료청구)**
>
> 다음 각 호의 어느 하나에 해당하는 자는 문화체육관광부령으로 정하는 바에 따라 수수료를 내야 한다. 〈개정 2007.7.19., 2008.2.29., 2009.3.25., 2011.4.5., 2018.3.11.〉
>
> 1. 제4조제1항 및 제4항에 따라 여행업, 관광숙박업, 관광객 이용시설업 및 국제회의업의 등록 또는 변경등록을 신청하는 자
> 2. 제5조제1항 및 제3항에 따라 카지노업의 허가 또는 변경허가를 신청하는 자
> 3. 제5조제2항부터 제4항까지의 규정에 따라 유원시설업의 허가 또는 변경허가를 신청하거나 유원시설업의 신고 또는 변경신고를 하는 자
> 4. 제6조에 따라 관광 편의시설업 지정을 신청하는 자
> 5. 제8조제4항 및 제5항에 따라 지위 승계를 신고하는 자
> 6. 제15조제1항 및 제2항에 따라 관광숙박업, 관광객 이용시설업 및 국제회의업에 대한 사업계획의 승인 또는 변경승인을 신청하는 자
> 7. 제19조에 따라 관광숙박업의 등급 결정을 신청하는 자
> 8. 제23조제2항에 따라 카지노시설의 검사를 받으려는 자
> 9. 제25조제2항에 따라 카지노기구의 검정을 받으려는 자
> 10. 제25조제3항에 따라 카지노기구의 검사를 받으려는 자
> 11. 제33조제1항에 따라 안전성검사 또는 안전성검사 대상에 해당되지 아니함을 확인하는 검사를 받으려는 자
> 12. 제38조제2항에 따라 관광종사원 자격시험에 응시하려는 자
> 13. 제38조제2항에 따라 관광종사원의 등록을 신청하는 자
> 14. 제38조제4항에 따라 관광종사원 자격증의 재교부를 신청하는 자
> 15. 삭제 〈2018.12.11.〉
> 16. 제48조의10에 따라 한국관광 품질인증을 받으려는 자 〈신설 2018.3.13.〉
>
> [시행일: 2011.10.6.] 제79조제15호

## 2. 수수료 산출기준

수수료금액 및 금액의 산출은 시행규칙 제69조에 의해 결정한다.

> **┗▪ 시행규칙 제69조(수수료 산출기준)**
>
> ① 법 제79조제1호, 제2호, 제4호부터 제7호까지, 제10호, 제12호부터 제16호까지의 규정에 따른 수수료는 별표 23과 같다. 〈개정 2011.10.6., 2018.6.14.〉
>
> ② 법 제79조제3호에 따른 유원시설업의 허가·변경허가·신고 또는 변경신고에 관한 수수료는 해당 시·군·구(자치구를 말한다. 이하 같다)의 조례로 정한다.
>
> ③ 법 제79조제8호에 따른 카지노시설의 검사에 관한 수수료는 카지노전산시설 검사기관의 검사 공정별로 필요한 경비를 산출하여 이에 대한 직접인건비, 직접경비, 제경비 및 기술료를 합한

금액으로 한다.

④ 법 제79조제11호에 따른 유기시설 또는 유기기구의 안전성검사 또는 안전성검사 대상에 해당되지 아니함을 확인하는 검사에 관한 수수료는 문화체육관광부장관이 정하여 고시하되, 「엔지니어링산업 진흥법」 제31조제2항에 따른 엔지니어링사업의 대가 기준을 고려하여 검사의 난이도, 검사에 걸린 시간 등에 따른 유기기구 종류별 금액을 정하여야 한다. 〈개정 2019.10.16.〉

⑤ 제3항에 따른 경비의 산출기준은 「소프트웨어산업 진흥법」 제22조제4항 및 같은 법 시행령 제16조에 따른 소프트웨어기술자의 노임단가에 따르며, 직접인건비, 직접경비, 제경비 및 기술료의 범위와 요율 및 직접인건비의 기준금액은 「엔지니어링산업 진흥법」 제31조제2항에 따른 엔지니어링사업의 대가 기준에 따른다. 〈개정 2019.10.16.〉

⑥ 법 제79조제12호에 따라 관광종사원 자격시험에 응시하려고 납부한 수수료에 대한 반환기준은 다음 각 호와 같다. 〈개정 2011.2.17.〉

1. 수수료를 과오납한 경우: 그 과오납한 금액의 전부
2. 시험 시행일 20일 전까지 접수를 취소하는 경우: 납입한 수수료의 전부
3. 시험관리기관의 귀책사유로 시험에 응시하지 못하는 경우: 납입한 수수료의 전부
4. 시험 시행일 10일 전까지 접수를 취소하는 경우: 납입한 수수료의 100분의 50

⑦ 제1항부터 제4항까지의 규정에 따른 수수료와 법 제80조에 따라 문화체육관광부장관의 권한이 한국관광공사, 한국관광협회중앙회, 지역별 관광협회, 업종별 관광협회, 카지노전산시설 검사기관, 카지노기구 검사기관, 유기시설·유기기구 안전성검사기관 또는 한국산업인력공단에 위탁된 업무에 대한 수수료는 해당 기관 또는 해당 기관이 지정하는 은행에 내야 한다. 〈개정 2009.12.31.〉

## 3. 수수료 반환기준 및 납부방법

관광종사원 자격시험에 응시하려고 납부한 수수료에 대해서는 일정한 기준에 의해 반환이 된다. 즉 수수료를 과오납한 경우에는 그 과오납한 금액의 전부, 시험 시행일 20일 전까지 접수를 취소하는 경우에는 납입한 수수료의 전부, 시험관리기관의 귀책사유로 시험에 응시하지 못하는 경우에는 납입한 수수료의 전부, 시험 시행일 10일 전까지 접수를 취소하는 경우에는 납입한 수수료의 100분의 50이 반환된다.

수수료는 문화체육관광부장관의 권한이 한국관광공사, 한국관광협회중앙회, 지역별 관광협회, 업종별 관광협회, 카지노전산시설 검사기관, 카지노기구 검사기관, 유기시설·유기기구 안전성검사기관 또는 한국산업인력공단에 위탁된 업무에 대한 수수료와 함께 해당 기관 또는 해당 기관이 지정하는 은행에 내야 한다.

### 🔲 시행규칙 제69조(수수료반환기준 및 납부방법)

⑥ 법 제79조제12호에 따라 관광종사원 자격시험에 응시하려고 납부한 수수료에 대한 반환기준은 다음 각 호와 같다. 〈개정 2011.2.17.〉

1. 수수료를 과오납한 경우: 그 과오납한 금액의 전부

2. 시험 시행일 20일 전까지 접수를 취소하는 경우: 납입한 수수료의 전부

3. 시험관리기관의 귀책사유로 시험에 응시하지 못하는 경우: 납입한 수수료의 전부

4. 시험 시행일 10일 전까지 접수를 취소하는 경우: 납입한 수수료의 100분의 50

⑦ 제1항부터 제4항까지의 규정에 따른 수수료와 법 제80조에 따라 문화체육관광부장관의 권한이 한국관광공사, 한국관광협회중앙회, 지역별 관광협회, 업종별 관광협회, 카지노 전산시설 검사기관, 카지노기구 검사기관, 유기시설·유기기구 안전성검사기관 또는 한국산업인력공단에 위탁된 업무에 대한 수수료는 해당 기관 또는 해당 기관이 지정하는 은행에 내야 한다. 〈개정 2009.12.31.〉

# 제5절 권한의 위임·위탁

## 1. 권한의 위임 및 위탁

### 1) 권한의 위임

### (1) 권한위임의 의의

"위임"이라 함은 각종 법률에 규정된 행정기관의 장의 권한 중 일부를 그 보조기관 또는 하급행정기관의 장이나 지방자치단체의 장에게 맡겨 그의 권한과 책임하에 행사하도록 하는 것을 말한다(「행정권한의 위임 및 위탁에 관한 규정」제2조 제1항).

따라서 권한의 위임이란 행정관청이 자신의 법령상 권한의 일부를 다른 관청에 이양하고, 수임관청(보통하급관청)의 권한으로서 그 명의와 책임하에 행사하게 하는 것을 말한다. 단, 권한의 위임은 첫째 법령으로 정해진 권한배정의 변경을 의미하므로 법적 근거를 요하고, 둘째 권한 자체가 이양되며, 셋째 수임관청이 보통 상급관청인 점에서 권한의 대리와 구별된다.

### (2) 권한위임의 효과

권한이 위임되면 위임관청은 수임관청의 행위에 대해서 책임을 지지 아니한다. 다만, 위임행위 자체에서 생기는 책임과 수임관청이 하급관청인 경우 상급관청으로서 일반적 감독책임은 진다.

### (3) 권한위임대상

문화체육관광부장관은 권한의 일부를 대통령령이 정하는 바에 의하여 시·도지사에게 위임할 수 있고, 시·도지사는 문화체육관광부장관으로부터 위임받은 권한의 일부를 문화

체육관광부장관의 승인을 얻어 시장·군수·구청장에게 재위임할 수 있다. 즉 문화체육관광부장관 → 시·도지사 → 시장·군수·구청장의 순으로 권한이 위임·재위임된다. 현재 관광진흥법에서는 관광사업의 등록 등의 업무를 지방자치단체의 장에게 이양하고 있다. 즉 여행업, 관광숙박업, 관광객이용시설업 및 국제회의업에 대한 문화체육관광부장관 또는 시·도지사의 등록권한을 각각 시·도지사 또는 시장·군수·구청장에게 이양하고 있다 (이에 대해서는 Ⅲ. 관광진흥법 제2장 제1절 2. 관광사업의 등록·허가등을 참고).

### 2) 권한의 위탁

권한의 위탁(委託)이란 각종 법률에 규정된 행정기관의 장의 권한 중 일부를 다른 행정기관의 장에게 맡겨 그의 권한과 책임하에 권한을 행사하도록 하는 것을 말한다(「행정권한의 위임 및 위탁에 관한 규정」 제2조제2항).

문화체육관광부장관은 한국관광공사, 협회, 지역별·업종별 관광협회 및 대통령령이 정하는 전문 연구·검사기관에 다음과 같은 권한을 위탁할 수 있다.

### (1) 지역별 관광협회에 위탁하는 사항

관광편의시설업중 관광식당업·관광사진업·여객자동차터미널 시설업 및 관광토속주 판매업의 지정 및 지정취소(「시행령」 제65조제1항제1호)

### (2) 업종별 관광협회에 위탁하는 사항

국외여행인솔자의 등록 및 자격증 발급에 관한 권한(「시행령」 제65조제1항제1호의2)

### (3) 지정 검사기관에 위탁하는 사항

카지노기구의 검사(「시행령」 제65조제1항제2호)

### (4) 전문 연구·검사기관 또는 자격검정기관에 위탁하는 사항

① 유기시설 또는 유기기구의 안정성검사 및 안전성검사 또는 안전성검사에 해당되지 아니함을 확인하는 검사(안전성검사를 행할 수 있는 인력과 시설을 갖춘 업종별 관광협회 및 전문 연구·검사기관)(「시행령」 제65조제1항제3호)
② 안전관리자의 안전교육에 관한 사항(업종별 관광협회 또는 안전 관련 전문 연구·검사기관)(「시행령」 제65조제1항제3호의2)
③ 관광종사원 자격시험의 출제, 시행, 채점 등 자격시험의 관리(한국산업인력공단)

### (5) 한국관광공사에게 위탁하는 사항

① 관광종사원 중 관광통역안내사·호텔경영사 및 호텔관리사의 자격 등록 및 자격증의 발급(「시행령」 제65조제1항제4호),

② 문화관광해설사 양성을 위한 교육과정의 개설 · 운영에 관한 권한 47)(「시행령」 제65조제1
항제6호)

③ 한국관광 품질인증 및 그 취소에 관한 업무(「시행령」 제65조제1항제7호)

## (6) 협회(한국관광협회중앙회)에 위탁하는 사항

관광종사원 중 국내여행안내사 및 호텔서비스사의 자격등록 및 자격증의 발급(「시행령」
제65조제1항제5호)

---

**법 제80조(권한의 위임 · 위탁 등)**

① 이 법에 따른 문화체육관광부장관의 권한은 대통령령으로 정하는 바에 따라 그 일부를 시 · 도
지사에게 위임할 수 있다. 〈개정 2008.2.29.〉

② 시 · 도지사(특별자치시장은 제외한다)는 제1항에 따라 문화체육관광부장관으로부터 위임받
은 권한의 일부를 문화체육관광부장관의 승인을 받아 시장(「세주특별자치도 설치 및 국제자유도
시 조성을 위한 특별법」 제11조제2항에 따른 행정시장을 포함한다) · 군수 · 구청장에게 재위임할
수 있다. 〈개정 2008.2.29., 2018.6.12.〉

③ 문화체육관광부장관 또는 시 · 도지사 및 시장 · 군수 · 구청장은 다음 각 호의 권한의 전부
또는 일부를 대통령령으로 정하는 바에 따라 한국관광공사, 협회, 지역별 · 업종별 관광협회 및
대통령령으로 정하는 전문 연구 · 검사기관, 자격검정기관이나 교육기관에 위탁할 수 있다. 〈개정
2007.7.19., 2008.2.29., 2008.6.5., 2009.3.25., 2011.4.5., 2015.2.3., 2018.3.13., 2018.12.11.,
2018.12.24., 2019.12.3., 2021.6.15.〉

1. 제6조에 따른 관광 편의시설업의 지정 및 제35조에 따른 지정 취소

1의2. 제13조제2항 및 제3항에 따른 국외여행 인솔자의 등록 및 자격증 발급

2. 제19조제1항에 따른 관광숙박업의 등급 결정

2의2. 삭제 〈2018.3.13.〉

3. 제25조제3항에 따른 카지노기구의 검사

4. 제33조제1항에 따른 안전성검사 또는 안전성검사 대상에 해당되지 아니함을 확인하는 검사

4의2. 제33조제3항에 따른 안전관리자의 안전교육

5. 제38조제2항에 따른 관광종사원 자격시험 및 등록

6. 제47조의7에 따른 사업의 수행

6의2. 제47조의8제2항에 따른 사업의 수행

7. 제48조의6제1항에 따른 문화관광해설사 양성을 위한 교육과정의 개설 · 운영

8. 제48조의10 및 제48조의11에 따른 한국관광 품질인증 및 그 취소

9. 제73조제3항에 따른 관광특구에 대한 평가

---

47) 법(「시행령」 제65조제1항제6호)에서 정하는 요건을 모두 갖춘 관광 관련 교육기관에 위탁할 수 있다.

**■ 시행령 제65조(권한의 위탁)**

① 등록기관등의 장은 법 제80조제3항에 따라 다음 각 호의 권한을 한국관광공사, 협회, 지역별·업종별 관광협회, 전문 연구·검사기관, 자격검정기관 또는 교육기관에 각각 위탁한다. 이 경우 문화체육관광부장관 또는 시·도지사는 제3호, 제3호의2, 제6호 및 제8호의 경우 위탁한 업종별 관광협회, 전문 연구·검사기관 또는 관광 관련 교육기관의 명칭·주소 및 대표자 등을 고시해야 한다. 〈개정 2008.2.29., 2009.1.20., 2009.10.7., 2011.10.6., 2015.8.4., 2018.6.5., 2019.4.9., 2020.6.2.〉

1. 법 제6조 및 법 제35조에 따른 관광 편의시설업 중 관광식당업·관광사진업 및 여객자동차터미널시설업의 지정 및 지정취소에 관한 권한 : 지역별 관광협회

1의2. 법 제13조제2항 및 제3항에 따른 국외여행 인솔자의 등록 및 자격증 발급에 관한 권한: 업종별 관광협회

1의3. 삭제 〈2018.6.5.〉

2. 법 제25조제3항에 따른 카지노기구의 검사에 관한 권한 : 법 제25조제2항에 따라 문화체육관광부장관이 지정하는 검사기관(이하 "카지노기구 검사기관"이라 한다)

3. 법 제33조제1항에 따른 유기시설 또는 유기기구의 안전성검사 및 안전성검사 대상에 해당되지 아니함을 확인하는 검사에 관한 권한 : 문화체육관광부령으로 정하는 인력과 시설 등을 갖추고 문화체육관광부령으로 정하는 바에 따라 문화체육관광부장관이 지정한 업종별 관광협회 또는 전문 연구·검사기관

3의2. 법 제33조제3항에 따른 안전관리자의 안전교육에 관한 권한: 업종별 관광협회 또는 안전 관련 전문 연구·검사기관

4. 법 제38조에 따른 관광종사원 중 관광통역안내사·호텔경영사 및 호텔관리사의 자격시험, 등록 및 자격증의 발급에 관한 권한 : 한국관광공사. 다만, 자격시험의 출제, 시행, 채점 등 자격시험의 관리에 관한 업무는 「한국산업인력공단법」에 따른 한국산업인력공단에 위탁한다.

5. 법 제38조에 따른 관광종사원 중 국내여행안내사 및 호텔서비스사의 자격시험, 등록 및 자격증의 발급에 관한 권한 : 협회. 다만, 자격시험의 출제, 시행, 채점 등 자격시험의 관리에 관한 업무는 「한국산업인력공단법」에 따른 한국산업인력공단에 위탁한다.

6. 법 제48조의6제1항에 따른 문화관광해설사 양성을 위한 교육과정의 개설·운영에 관한 권한: 한국관광공사 또는 다음 각 목의 요건을 모두 갖춘 관광 관련 교육기관

　　가. 기본소양, 전문지식, 현장실무 등 문화관광해설사 양성교육(이하 이 호에서 "양성교육"이라 한다)에 필요한 교육과정 및 교육내용을 갖추고 있을 것

　　나. 강사 등 양성교육에 필요한 인력과 조직을 갖추고 있을 것

　　다. 강의실, 회의실 등 양성교육에 필요한 시설과 장비를 갖추고 있을 것

7. 법 제48조의10 및 제48조의11에 따른 한국관광 품질인증 및 그 취소에 관한 업무: 한국관광공사

8. 법 제73조제3항에 따른 관광특구에 대한 평가: 제58조의2 각 호에 따른 조사·분석 전문기관

## 2. 위탁업무집행보고

### 1) 위탁업무수행자

위탁업무수행자는 형법 제129~제132조의 적용에 있어서는 이를 공무원으로 본다. 즉 위탁업무수행자가 공무원이 아니더라도, 형법 제129조(수뢰, 사전수뢰), 제130조(제3자 뇌물제공), 제131조(수뢰 후 부정처사, 사후수뢰), 제132조(알선수뢰)를 적용하게 될 경우에는 위탁업무수행자를 공무원으로 보고 동법의 조항들을 적용하게 되는 것이다.

### 2) 위탁업무의 보고 및 승인

수임·수탁 기관은 그 실시내용을 즉 다음과 같은 사항을 즉시 또는 정해진 기간 내에 위임·위탁기관에 보고하거나 승인을 얻어야 한다.

① 지역별 관광협회에 위탁하는 사항(관광편의시설업 중 관광식당업·관광사진업·여객자동차터미널시설업 및 관광토속주판매업의 시정 및 지정취소) : 위탁업무 결과는 지역별관광협회 → 시·도지사 → 문화체육관광부장관(익월 10일까지)에게 보고된다.

② 지정 검사기관에 위탁하는 사항(카지노기구의 검사) : 기구검사기관은 검사업무규정을 정하여 문화체육관광부장관에게 승인을 얻는다.

③ 유기시설 또는 유기기구의 안정성검사 및 안전성검사 또는 안전성검사에 해당되지 아니함을 확인하는 검사(위탁받은 업무를 행한 업종별관광협회 또는 단체 및 전문연구·검사기관) : 그 업무를 수행함에 있어서 법령위반사항을 발견한 때에는 지체 없이 관할 특별자치도지사·시장·군수·구청장에게 이를 보고하여야 한다.

④ 한국관광공사에게 위탁하는 사항(국외여행인솔자의 등록 및 자격증 발급, 관광종사원의 자격시험, 등록 및 자격증 발급, 문화관광해설사 양성교육 과정 등의 인증 및 인증의 취소)과 한국관광협회중앙회에 위탁하는 사항(국내여행안내사 및 호텔서비스사의 자격시험, 등록 및 자격증의 발급, 문화관광해설사 양성교육 과정 등의 인증 및 인증의 취소, 한국관광 품질인증 및 그 취소에 관한 업무) : 업무를 행한 때에는 이를 분기별로 종합하여 다음 분기 10일까지 문화체육관광부장관에게 보고하여야 한다.

⑤ 한국관광 품질인증 및 그 취소에 관한 업무를 위탁받은 한국관광공사는 문화체육관광부령으로 정하는 바에 따라 한국관광 품질인증 및 그 취소에 관한 업무 규정을 정하여 문화체육관광부장관의 승인을 받아야 하며, 이를 변경하는 경우에도 또한 같다.

> **시행령 제65조(권한의 위탁)**
>
> ② 제1항제1호에 따라 위탁받은 업무를 수행한 지역별 관광협회는 이를 시·도지사에게 보고하여야 한다.
> ③ 시·도지사는 제2항에 따라 지역별 관광협회로부터 보고받은 사항을 매월 종합하여 다음 달 10일까지 문화체육관광부장관에게 제출해야 한다. 〈개정 2008.2.29., 2023.11.16.〉

④ 제1항제2호에 따라 카지노기구의 검사에 관한 권한을 위탁받은 카지노기구 검사기관은 문화체육관광부령으로 정하는 바에 따라 제1항제2호의 검사에 관한 업무 규정을 정하여 문화체육관광부장관의 승인을 받아야 한다. 이를 변경하는 경우에도 또한 같다. 〈개정 2008.2.29.〉

⑤ 제1항제3호에 따라 위탁받은 업무를 수행한 업종별 관광협회 또는 전문 연구·검사기관은 그 업무를 수행하면서 법령 위반 사항을 발견한 경우에는 지체 없이 관할 특별자치도지사·시장·군수·구청장에게 이를 보고하여야 한다. 〈개정 2009.1.20., 2011.10.6.〉

⑥ 제1항제1호의2 및 제4호부터 제7호까지에 따라 위탁받은 업무를 수행한 한국관광공사, 협회, 업종별 관광협회 및 한국산업인력공단은 국외여행인솔자의 등록 및 자격증 발급, 관광종사원의 자격시험, 등록 및 자격증의 발급, 문화관광해설사 양성교육 과정 등의 인증 및 인증의 취소, 한국관광 품질인증 및 그 취소에 관한 업무를 수행한 경우에는 이를 분기별로 종합하여 다음 분기 10일까지 문화체육관광부장관에게 보고하여야 한다.

⑦ 제1항제7호에 따라 한국관광 품질인증 및 그 취소에 관한 업무를 위탁받은 한국관광공사는 문화체육관광부령으로 정하는 바에 따라 한국관광 품질인증 및 그 취소에 관한 업무 규정을 정하여 문화체육관광부장관의 승인을 받아야 한다. 이를 변경하는 경우에도 또한 같다. 〈신설 2018.6.5.〉

## 법 제80조(권한의 위임·위탁 등)

④ 제3항에 따라 위탁받은 업무를 수행하는 한국관광공사, 협회, 지역별·업종별 관광협회 및 전문 연구·검사기관이나 자격검정기관의 임원 및 직원과 제23조제2항·제25조제2항에 따라 검사기관의 검사·검정 업무를 수행하는 임원 및 직원은 「형법」 제129조부터 제132조까지의 규정을 적용하는 경우 공무원으로 본다. 〈개정 2008.6.5.〉

⑤ 문화체육관광부장관 또는 특별자치시장·특별자치도지사·시장·군수·구청장은 제3항제3호 및 제4호에 따른 검사에 관한 권한을 위탁받은 자가 다음 각 호의 어느 하나에 해당하면 그 위탁을 취소하거나 6개월 이내의 기간을 정하여 업무의 전부 또는 일부의 정지를 명하거나 업무의 개선을 명할 수 있다. 다만, 제1호에 해당하는 경우에는 그 위탁을 취소하여야 한다. 〈신설 2019.12.3.〉

1. 거짓이나 그 밖의 부정한 방법으로 위탁사업자로 선정된 경우
2. 거짓이나 그 밖의 부정한 방법으로 제25조제3항 또는 제33조제1항에 따른 검사를 수행한 경우
3. 정당한 사유 없이 검사를 수행하지 아니한 경우
4. 문화체육관광부령으로 정하는 위탁 요건을 충족하지 못하게 된 경우

⑥ 제5항에 따른 위탁 취소, 업무 정지의 기준 및 절차 등에 필요한 사항은 문화체육관광부령으로 정한다. 〈신설 2019.12.3.〉

> **■ 시행규칙 제72조의2(검사기관에 대한 처분의 요건 및 기준 등)**
>
> ① 법 제80조제5항제4호에서 "문화체육관광부령으로 정하는 위탁 요건"이란 다음 각 호의 구분에 따른 요건을 말한다.
> 1. 카지노기구검사기관의 경우: 별표 7의2에 따른 카지노기구검사기관의 지정 요건을 충족할 것
> 2. 안전성검사기관의 경우: 별표 24에 따른 안전성검사기관의 지정 요건을 충족할 것
> ② 법 제80조제5항에 따른 검사기관에 대한 처분기준은 별표 25와 같다.
> ③ 문화체육관광부장관 또는 특별자치시장·특별자치도지사·시장·군수·구청장은 법 제80조제5항에 따라 검사기관의 위탁을 취소하거나 업무정지 또는 업무개선을 명한 경우에는 지체 없이 그 사실을 문화체육관광부 또는 특별자치시·특별자치도·시·군·구의 인터넷 홈페이지에 공고해야 한다.
> [본조신설 2020.6.4.]

# 제7장 벌칙

## 제1절 벌칙

벌칙은 어떤 행위를 명하거나 또는 제한·금지하는 규정에 위반한 자에 대하여 벌을 과할 것을 정한 규정을 말하는 것으로 관광진흥법에서 규정하고 있는 벌칙은 행정벌, 그 중에서도 행정형벌에 해당한다.[48] 관광진흥법에서 규정하고 있는 행정형벌에는 다음과 같은 종류들이 있다.

### 1. 5년 이하 징역 또는 5천만원 이하 벌금

허가를 받지 않고 카지노업을 경영한자 및 카지노사업자의 준수사항(제28조 제1항 제1호 및 제2호)을 위반한 자는 5년 이하의 징역 또는 5천만원 이하의 벌금형에 처한다. 이때 양자를 병과할 수도 있다.

---

48) 행정벌에는 행정형벌과 행정질서벌이 있는데 행정형벌은 형법상의 벌로서 원칙적으로 형법총칙이 적용되는 사형·징역·금고·자격상실·자격정지·벌금·구류·과료 및 몰수 등이 이에 해당한다(부록 법률용어 및 관련 법소개 참조). 행정질서벌이란 형법상 형벌은 아닌 벌로서 '과태료'가 이에 해당한다(과태료에 대해서는 후술함).

> **□ 법 제81조(벌칙)**
>
> 다음 각 호의 어느 하나에 해당하는 자는 5년 이하의 징역 또는 5천만원 이하의 벌금에 처한다.
> 이 경우 징역과 벌금은 병과(倂科)할 수 있다.
> 1. 제5조제1항에 따른 카지노업의 허가를 받지 아니하고 카지노업을 경영한 자
> 2. 제28조제1항제1호 또는 제2호를 위반한 자

## 2. 3년 이하 징역 또는 3천만원 이하 벌금

다음과 같은 경우, 3년 이하의 징역 또는 3천만원 이하의 벌금형에 처한다. 이때 양자를 병과(並科)할 수도 있다.

① 등록하지 않고 여행업, 관광숙박업(사업계획의 승인을 얻은 관광숙박업), 국제회의 업, 관광객이용시설업을 경영하는 자

② 허가받지 않고 종합유원시설업, 일반유원시설업을 경영한 자

③ 등록 등 자격이 없는 자가 휴양콘도미니엄의 분양 및 회원모집, 가족호텔업 및 제2 종 종합휴양업의 회원모집을 하거나, 유사명칭사용 · 타숙박시설과의 연계 · 유사 오 인행위 등을 하는 경우

> **□ 법 제82조(벌칙)**
>
> 다음 각 호의 어느 하나에 해당하는 자는 3년 이하의 징역 또는 3천만원 이하의 벌금에 처한다.
> 이 경우 징역과 벌금은 병과할 수 있다. 〈개정 2009.3.25.〉
> 1. 제4조제1항에 따른 등록을 하지 아니하고 여행업 · 관광숙박업(제15조제1항에 따라 사업계획 의 승인을 받은 관광숙박업만 해당한다) · 국제회의업 및 제3조제1항제3호나목의 관광객 이용 시설업을 경영한 자
> 2. 제5조제2항에 따른 허가를 받지 아니하고 유원시설업을 경영한 자
> 3. 제20조제1항 및 제2항을 위반하여 시설을 분양하거나 회원을 모집한 자

## 3. 2년 이하 징역 또는 2천만원 이하 벌금

카지노사업자(종사자 포함)가 다음과 같은 행위를 한 때는 2년 이하의 징역 또는 2천만 원 이하의 벌금에 처하게 된다. 이때 징역과 벌금형 양자를 병과할 수도 있다.

① 카지노 변경허가 및 변경신고 미이행

② 관광사업 인수시 지위승계신고 미이행

③ 중요 관광시설의 타인경영

④ 검사받지 않은 카지노시설의 영업

⑤ 카지노기구의 영업장 반입시 검사미필 상태로 영업

⑥ 카지노 검사합격필 등의 훼손

⑦ 허가받지 않은 장소에서의 카지노영업, 내국인의 입장, 과도한 사행심 유발 광고, 허가받지 않은 카지노영업·영업방법 및 배당금 미신고, 19세 미만자 입장허용 등

⑧ 사업정지기간 중의 영업

⑨ 시설·운영의 개선명령에 위반한 자

⑩ 관광사업경영에서 사위·부정한 방법의 사용, 부당한 금품의 수수

⑪ 관광진흥시책 수립·집행 및 법의 시행에 필요한 보고나 서류제출을 미이행하거나, 관광사업체나 단체의 공무원 출입방해·검사 거부 등

---

**▣ 법 제83조(벌칙)**

다음 각 호의 어느 하나에 해당하는 카지노사업자(제28조제1항 본문에 따른 종사원을 포함한다)는 2년 이하의 징역 또는 2천만원 이하의 벌금에 처한다. 이 경우 징역과 벌금은 병과할 수 있다. 〈개정 2007.7.19., 2011.4.5.〉

1. 제5조제3항에 따른 변경허가를 받지 아니하거나 변경신고를 하지 아니하고 영업을 한 자
2. 제8조제4항을 위반하여 지위승계신고를 하지 아니하고 영업을 한 자
3. 제11조제1항을 위반하여 관광사업의 시설 중 부대시설 외의 시설을 타인에게 경영하게 한 자

4. 제23조제2항에 따른 검사를 받아야 하는 시설을 검사를 받지 아니하고 이를 이용하여 영업을 한 자5. 제25조제3항에 따른 검사를 받지 아니하거나 검사 결과 공인기준등에 맞지 아니한 카지노기구를 이용하여 영업을 한 자
6. 제25조제4항에 따른 검사합격증명서를 훼손하거나 제거한 자
7. 제28조제1항제3호부터 제8호까지의 규정을 위반한 자
8. 제35조제1항 본문에 따른 사업정지처분을 위반하여 사업정지 기간에 영업을 한 자
9. 제35조제1항 본문에 따른 개선명령을 위반한 자
10. 제35조제1항제19호를 위반한 자
11. 제78조제2항에 따른 보고 또는 서류의 제출을 하지 아니하거나 거짓으로 보고를 한 자나 같은 조 제3항에 따른 관계 공무원의 출입·검사를 거부·방해하거나 기피한 자

---

## 4. 1년 이하 징역 또는 1천만원 이하 벌금

다음의 경우, 1년 이하의 징역 또는 1천만원 이하의 벌금형에 처하며 양자를 병과할 수도 있다.

① 유원시설업의 변경허가·변경신고 미이행 영업

② 유원시설업의 미신고 영업

③ 안전성검사 미수 유기시설 또는 유기기구 설치

④ 국외여행 인솔자 및 관광종사원의 자격증을 자격증을 빌려주거나 빌린 자 또는 이를 알선한 자

⑤ 유기시설·유기기구 또는 유기기구의 법령위반 부분품을 설치·사용 물놀이형 유원시설 등의 안전·위생기준을 지키지 아니한 경우

⑥ 관광지등의 사업시행자가 아닌 자의 조성사업

---

**📖 법 제84조(벌칙)**

다음 각 호의 어느 하나에 해당하는 자는 1년 이하의 징역 또는 1천만원 이하의 벌금에 처한다. 〈개정 2007.7.19., 2009.3.25., 2019.12.3., 2020.6.9., 2023.8.8.〉

1. 제5조제3항에 따른 유원시설업의 변경허가를 받지 아니하거나 변경신고를 하지 아니하고 영업을 한 자
2. 제5조제4항 전단에 따른 유원시설업의 신고를 하지 아니하고 영업을 한 자

2의2. 제13조제4항을 위반하여 자격증을 빌려주거나 빌린 자 또는 이를 알선한 자

2의3. 거짓이나 그 밖의 부정한 방법으로 제25조제3항 또는 제33조제1항에 따른 검사를 수행한 자

3. 제33조를 위반하여 안전성검사를 받지 아니하고 유기시설 또는 유기기구를 설치한 자

3의2. 거짓이나 그 밖의 부정한 방법으로 제33조제1항에 따른 검사를 받은 자

4. 제34조제2항을 위반하여 유기시설·유기기구 또는 유기기구의 부분품(部分品)을 설치하거나 사용한 자

4의2. 제35조제1항제14호에 해당되어 관할 등록기관등의 장이 내린 명령을 위반한 자

5. 제35조제1항제20호에 해당되어 관할 등록기관등의 장이 내린 개선명령을 위반한 자

5의2. 제38조제8항을 위반하여 자격증을 빌려주거나 빌린 자 또는 이를 알선한 자

5의3. 제52조의2제1항에 따른 허가 또는 변경허가를 받지 아니하고 같은 항에 규정된 행위를 한 자

5의4. 제52조의2제1항에 따른 허가 또는 변경허가를 거짓이나 그 밖의 부정한 방법으로 받은 자

5의5. 제52조의2제4항에 따른 원상회복명령을 이행하지 아니한 자

6. 제55조제3항을 위반하여 조성사업을 한 자

---

## 5. 양벌규정

법인의 대표자나 법인 또는 개인의 대리인, 사용인, 그 밖의 종업원이 그 법인 또는 개인의 업무에 관하여 제81조부터 제84조까지의 어느 하나에 해당하는 위반행위를 하면 그 행위자를 벌하는 외에 그 법인 또는 개인에게도 해당 조문의 벌금형을 과(科)한다. 다만, 법인 또는 개인이 그 위반행위를 방지하기 위하여 해당 업무에 관하여 상당한 주의와 감독을 게을리하지 아니한 경우에는 그러하지 아니하다. 영업주가 종업원 등에 대한 관리 감독상 주의 의무를 다한 경우에는 처벌을 면하게 함으로써 양벌규정에도 책임주의 원칙이 관철되도록 하고 있다.

> **■ 법 제85조(양벌규정)**
>
> 법인의 대표자나 법인 또는 개인의 대리인, 사용인, 그 밖의 종업원이 그 법인 또는 개인의 업무에 관하여 제81조부터 제84조까지의 어느 하나에 해당하는 위반행위를 하면 그 행위자를 벌하는 외에 그 법인 또는 개인에게도 해당 조문의 벌금형을 과(科)한다. 다만, 법인 또는 개인이 그 위반행위를 방지하기 위하여 해당 업무에 관하여 상당한 주의와 감독을 게을리하지 아니한 경우에는 그러하지 아니하다.
>
> [전문개정 2010.3.17.]

## 제2절 과태료49)

### 1. 과태료부과 대상

법의 순조로운 집행을 위해 다음과 같은 행위를 한 경우, 500만원 이하 또는 100만원 이하의 과태료에 처한다.

1) 500만원 이하 과태료 대상: 유원시설업자가 관리하는 유기시설 또는 유기기구로 인하여 대통령령으로 정하는 중대한 사고가 발생한 때 즉시 사용중지 등 필요한 조치를 취하고 문화체육관광부령으로 정하는 바에 따라 특별자치도지사·시장·군수·구청장에게 통보하지 아니한 경우

2) 100만원 이하 과태료 대상:

① 관광사업자와 유사한 상호의 사용(법 제10조 제3항 참조)

② 카지노 영업준칙의 미준수(제28조제2항 전단 참조)

③ 안전관리자가 문화체육관광부장관이 실시하는 유기시설 및 유기기구의 안전관리에 관한 교육을 정기적으로 받지 않았거나 유원시설업자가 안전관리자의 안전교육 의무를 이행하지 아니한 때

④ 관광통역안내자격이 없는 사람이 관광통역안내를 한 자, 자격증을 패용하지 아니한자

⑤ 문화관광해설사 인정기준에 관한 문화체육관광부령을 위반하여 인증을 받지 아니한 교육프로그램 또는 교육과정에 인증표시를 하거나 이와 유사한 표시를 한 자(제48조의6 제4항 참조)

⑥ 한국관광품질인증을 받지 않은 자가 인증표지 또는 이와 유사한 표지를 하거나 한국관광 품질인증을 받은 것으로 홍보한 자

---

49) 금전벌의 일종으로서 과태료는 과료와 달리 형법상(「형법」 제41조)의 형벌이 아니다. 따라서 과벌절차는 「형사소송법」에 의하지 않고 질서위반행위규제법(제정 : 2007.12.21. 법률8726호, 개정 : 2011.4.5. 법률제10544호)에 의한다.

## 2. 위반행위별 과태료 금액

위반행위별 과태료금액은 「시행령 제67조 제3항 관련 별표5」과 같다.

### 🔲 법 제86조(과태료)

① 다음 각 호의 어느 하나에 해당하는 자에게는 500만원 이하의 과태료를 부과한다. 〈신설 2015.5.18., 2019.12.3.〉

1. 제33조의2제1항에 따른 통보를 하지 아니한 자
2. 제38조제6항을 위반하여 관광통역안내를 한 자

② 다음 각 호의 어느 하나에 해당하는 자에게는 100만원 이하의 과태료를 부과한다. 〈개정 2011.4.5., 2014.3.11., 2015.2.3., 2015.5.18., 2016.2.3., 2018.3.13., 2023.8.8.〉

1. 삭제 〈2011.4.5.〉
2. 제10조제3항을 위반한 자
3. 삭제 〈2011.4.5.〉
4. 제28조제2항 전단을 위반하여 영업준칙을 지키지 아니한 자
4의2. 제33조제3항을 위반하여 안전교육을 받지 아니한 자
4의3. 제33조제4항을 위반하여 안전관리자에게 안전교육을 받도록 하지 아니한 자
4의4. 삭제 〈2019.12.3.〉
4의5. 제38조제7항을 위반하여 자격증을 달지 아니한 자
5. 삭제 〈2018.12.11.〉
6. 제48조의10제3항을 위반하여 인증표지 또는 이와 유사한 표지를 하거나 한국관광 품질인증을 받은 것으로 홍보한 자

③ 제1항 및 제2항에 따른 과태료는 대통령령으로 정하는 바에 따라 관할 등록기관등의 장이 부과·징수한다. 〈개정 2015.5.18.〉

④ 삭제 〈2009.3.25.〉

⑤ 삭제 〈2009.3.25.〉

### 🔲 시행령 제67조(과태료의 부과)

법 제86조제1항 및 제2항에 따른 과태료의 부과기준은 별표 5와 같다. 〈개정 2015.11.18.〉

[전문개정 2008.8.26.]

## [별표 5] 과태료의 부과기준<개정 2019.4.9.>
(시행령제67조 관련)

### 1. 일반기준

가. 위반행위의 횟수에 따른 과태료의 가중된 부과기준은 최근 2년간 같은 위반행위로 과태료 부과처분을 받은 경우에 적용한다. 이 경우 기간의 계산은 위반행위에 대하여 과태료 부과처분을 받은 날과 그 처분 후 다시 같은 위반행위를 하여 적발된 날을 기준으로 한다.

나. 가목에 따라 가중된 부과처분을 하는 경우 가중처분의 적용 차수는 그 위반행위 전 부과처분 차수(가목에 따른 기간 내에 과태료 부과처분이 둘 이상 있었던 경우에는 높은 차수를 말한다)의 다음 차수로 한다.

다. 부과권자는 다음의 어느 하나에 해당하는 경우에는 제2호의 개별기준에 따른 과태료 금액의 2분의 1의 범위에서 그 금액을 줄일 수 있다. 다만, 과태료를 체납하고 있는 위반행위자에 대해서는 그렇지 않다.

  1) 위반행위자가 「질서위반행위규제법 시행령」 제2조의2제1항 각 호의 어느 하나에 해당하는 경우

  2) 위반행위자가 처음 해당 위반행위를 한 경우로서 5년 이상 해당 업종을 모범적으로 영위한 사실이 인정되는 경우

  3) 위반행위자가 자연재해·화재 등으로 재산에 현저한 손실이 발생하거나 사업여건의 악화로 사업이 중대한 위기에 처하는 등의 사정이 있는 경우

  4) 위반행위가 사소한 부주의나 오류로 인한 것으로 인정되는 경우

  5) 위반행위자가 같은 위반행위로 벌금이나 사업정지 등의 처분을 받은 경우

  6) 위반행위자가 법 위반상태를 시정하거나 해소하기 위하여 노력한 것으로 인정되는 경우

  7) 그 밖에 위반행위의 정도, 위반행위의 동기와 그 결과 등을 고려하여 과태료의 금액을 줄일 필요가 있다고 인정되는 경우

### 2. 개별기준

| 위반행위 | 근거 법조문 | 과태료금액 | | |
|---|---|---|---|---|
| | | 1차 위반 | 2차 위반 | 3차 위반 이상 |
| 가. 법 제10조제3항을 위반하여 관광표지를 사업장에 붙이거나 관광사업의 명칭을 포함하는 상호를 사용한 경우 | 법 제86조 제2항제2호 | 30 | 60 | 100 |
| 나. 법 제28조제2항 전단을 위반하여 영업준칙을 지키지 않은 경우 | 법 제86조 제2항제4호 | 100 | 100 | 100 |
| 다. 법 제33조제3항을 위반하여 안전교육을 받지 않은 경우 | 법 제86조 제2항제4호의2 | 30 | 60 | 100 |
| 라. 법 제33조제4항을 위반하여 안전관리자에게 안전교육을 받도록 하지 않은 경우 | 법 제86조 제2항 제4호의3 | 50 | 100 | 100 |

| | | | | |
|---|---|---|---|---|
| 마. 법 제33조의2제1항을 위반하여 유기시설 또는 유기기구로 인한 중대한 사고를 통보하지 않은 경우 | 법 제86조 제1항 | 100 | 200 | 300 |
| 바. 법 제38조제6항을 위반하여 관광통역안내를 한 경우 | 법 제86조 제2항제4호의4 | 50 | 100 | 100 |
| 사. 법 제38조제7항을 위반하여 자격증을 패용하지 않은 경우 | 법 제86조 제2항제4호의5 | 3 | 3 | 3 |
| 아. 삭제〈2019.4.9.〉 | | | | |
| 자. 법 제48조의10제3항을 위반하여 인증표지 또는 이와 유사한 표지를 하거나 한국관광 품질 인증을 받은 것으로 홍보한 경우 | 법 제86조 제2항제6호 | 30 | 60 | 100 |

## 3. 과태료 부과·징수

과태료는 관할 등록기관 등의 장이 부과·징수한다. 「과태료의 부과·징수, 재판절차 등에 관한 사항은 질서위반행위규제법」(제정 : 2007.12.21. 법률8726호, 개정 : 2018.12.18. 법률제15979호. 이하 「행위규제법」이라 한다)[50]에 의한다. 징수절차는 행위규제법 또는 행위규제령에 반하지 아니하는 범위에서 국고금관리법령 또는 지방재정·회계법령을 준용한다(「행위규제령」 제8조 제1항). 과태료의 징수 절차를 국고금관리법령 또는 지방재정·회계법령법령과 달리 정할 필요가 있는 경우에는 따로 총리령 또는 부령으로 정한다(행위규제령 제8조 제2항).

> **법 제86조(과태료의 부과)**
>
> ③ 제1항에 따른 과태료는 대통령령으로 정하는 바에 따라 관할 등록기관등의 장이 부과·징수한다.

> **질서위반행위규제법 제1조(징수절차)**
>
> 이 법은 법률상 의무의 효율적인 이행을 확보하고 국민의 권리와 이익을 보호하기 위하여 질서위반행위의 성립요건과 과태료의 부과·징수 및 재판 등에 관한 사항을 규정하는 것을 목적으로 한다

---

50) 질서위반행위규제법은 질서위반행위의 성립과 과태료 처분에 관한 법률관계를 명확히 하여 국민의 권익을 보호하도록 하고, 개별 법령에서 통일되지 못하고 있던 과태료의 부과·징수 절차를 일원화하며, 행정청이 재판에 참여할 수 있도록 하고, 지방자치단체가 부과한 과태료는 지방자치단체의 수입이 되도록 하는 등 과태료 재판과 집행절차를 개선·보완함으로써 과태료가 의무이행확보수단으로서의 기능을 효과적으로 수행할 수 있도록 2007년 12월21일 법률 제8726호로 제정되었다.

> **■질서위반행위규제법 시행령 제8조(징수절차)**
>
> ① 과태료의 징수 절차는 법 또는 이 영에 반하지 아니하는 범위에서 국고금관리법령 또는 지방재
> 정 · 회계법령을 준용한다. 〈개정 2016.11.29.〉
> ② 제1항에도 불구하고 과태료의 징수 절차를 국고금관리법령 또는 지방재정 · 회계법령과 달리
> 정할 필요가 있는 경우에는 따로 총리령 또는 부령으로 정한다. 〈개정 2016.11.29.〉

## 1) 과태료의 부과 · 징수

### (1) 사전통지

'등록기관 등의 장'은 과태료를 부과하는 때에는 당해 위반행위를 조사 · 확인한 후 위반
사실 · 과태료의 금액 등을 서면으로 명시하여 이를 납부할 것을 과태료처분대상자에게 통
지하여야 한다(「행위규제법」제16조 제1항). '등록기관 등의 장' 은 과태료의 금액을 정함에 있
어서는 앞에서 설명한 「관광진흥법 시행령 제67조 제3항 관련 별표 5」을 기준으로 하되,
당해 위반행위의 동기와 그 결과 등을 참작하여야 한다.

### (2) 처분대상자의 의견진술

과태료를 부과하고자 하는 때에는 10일이상의 기간을 정하여 과태료처분대상자에게 구
술 또는 서면에 의한 의견진술의 기회를 부여하여야 한다. 이 경우 지정된 기일까지 의견
진술이 없는 경우에는 의견이 없는 것으로 본다(「행위규제법」 제16조 제1항).

### (3) 과태료 부과

등록기관 등의 장은 의견 제출 절차를 마친 후에 서면(당사자가 동의하는 경우에는 전자
문서를 포함한다)으로 과태료를 부과하여야 한다(「행위규제법」 제17조). 서면에는 질서위반행
위, 과태료 금액, 그 밖에 당사자의 성명(법인인 경우에는 명칭과 대표자의 성명)과 주소,
과태료 부과의 원인이 되는 사실, 과태료 금액 및 적용법령, 과태료를 부과하는 행정청의
명칭과 주소, 과태료 납부 기한, 납부 방법 및 수납 기관, 과태료를 내지 않으면 불이익이
부과될 수 있다는 사실과 그 요건 등 대통령령[51]으로 정하는 사항을 명시하여야 한다. 과
태료 납부기한의 연기 및 분할납부에 관하여는 「국세징수법」 제15조부터 제20조까지의 규
정을 준용한다.

### (4) 이의제기

과태료처분에 불복이 있는 자는 그 처분의 고지를 받은 날부터 60일 이내에 관할 등록기
관 등의 장에게 서면으로 이의를 제기할 수 있다(「행위규제법」 제20조).

---

51) 질서위반행위규제법 시행령 제4조

### (5) 법원에의 통보

과태료처분을 받은 자가 이의를 제기한 때에는 관할 등록기관 등의 장은 이의제기를 받은 날로부터 14일 이내에 이에 대한 의견 및 증빙서류를 첨부하여 법원에 그 사실을 통보하여야 한다(「행위규제법」 제21조).

## 2) 재판 및 집행

과태료부과에 대한 이의제기사실을 통보받은 관할 법원은 비송사건절차법 제2조부터 제4조까지, 제6조, 제7조, 제10조(인증과 감정을 제외한다) 및 제24조부터 제26조까지의 규정을 준용, 과태료의 재판을 한다(「행위규제법」 제28조).

## 3) 가산금 및 강제징수

행정청은 당사자가 납부기한까지 과태료를 납부하지 아니한 때에는 납부기한을 경과한 날부터 체납된 과태료에 대하여 100분의 3에 상당하는 가산금을 징수한다(「행위규제법」 제24조 제1항). 체납된 과태료를 납부하지 아니한 때에는 납부기한이 경과한 날부터 매 1개월이 경과할 때마다 체납된 과태료의 1천분의 12에 상당하는 가산금을 제1항에 따른 가산금에 가산하여 징수한다. 이 경우 중가산금을 가산하여 징수하는 기간은 60개월을 초과하지 못한다(「행위규제법」 제24조 제2항). 행정청은 당사자가 제20조제1항에 따른 기한 이내에 이의를 제기하지 아니하고 제1항에 따른 가산금을 납부하지 아니한 때에는 국세 또는 지방세 체납처분의 예에 따라 징수한다(「행위규제법」 제24조 제3항).

과태료 징수절차를 그림으로 나타내면 다음과 같다.

〈그림 2〉 과태료 징수절차

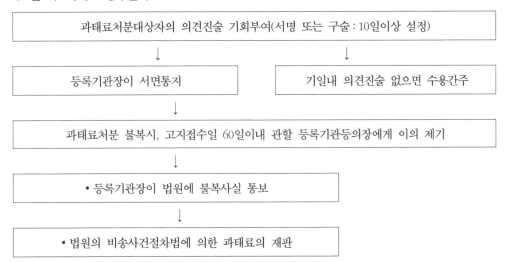

# 제3절 규제의 재검토

문화체육관광부장관은 별표 1에 따른 관광사업의 등록기준(같은 표 제2호사목에 따른 의료관광호텔업의 등록기준은 제외한다)에 대하여 2014년 1월 1일을 기준으로 3년마다(매 3년이 되는 해의 1월 1일 전까지를 말한다) 그 타당성을 검토하여 개선 등의 조치를 해야 한다.

---

**🔖 시행령 제66조의3(규제의 재검토)**

문화체육관광부장관은 다음 각 호의 사항에 대하여 다음 각 호의 기준일을 기준으로 3년마다(매 3년이 되는 해의 1월 1일 전까지를 말한다) 그 타당성을 검토하여 개선 등의 조치를 해야 한다.
1. 제5조 및 별표 1에 따른 관광사업의 등록기준(같은 표 제2호사목에 따른 의료관광호텔업의 등록기준은 제외한다): 2020년 1월 1일
2. 제22조에 따른 호텔업 등급결정 대상 중 가족호텔업의 포함 여부: 2022년 1월 1일
[전문개정 2022.3.8.]

---

**🔖 시행규칙 제73조(규제의 재검토)**

① 삭제 〈2022.6.3.〉
② 문화체육관광부장관은 다음 각 호의 사항에 대하여 다음 각 호의 기준일을 기준으로 3년마다(매 3년이 되는 해의 기준일과 같은 날 전까지를 말한다) 그 타당성을 검토하여 개선 등의 조치를 해야 한다. 〈신설 2013.12.31., 2015.8.4., 2016.12.28., 2018.11.29., 2020.6.23., 2022.6.3.〉
1. 제7조에 따른 유원시설업의 시설 및 설비기준과 허가신청 절차 등: 2014년 1월 1일
2. 제15조에 따른 관광 편의시설업의 지정기준: 2014년 1월 1일
3. 제18조에 따른 여행업자의 보험 가입 등: 2014년 1월 1일
3의2. 제20조에 따른 타인 경영 금지 관광시설: 2017년 1월 1일
4. 제22조에 따른 국외여행 인솔자의 자격요건: 2014년 1월 1일
5. 제27조에 따른 휴양콘도미니엄 분양 또는 회원모집 첨부서류 등 모집기준: 2014년 1월 1일
5의2. 제28조의2 및 별표 7에 따른 야영장의 안전·위생기준: 2015년 8월 4일
6. 제39조의2에 따른 물놀이형 유기시설·유기기구의 안전·위생기준: 2014년 1월 1일
7. 제40조에 따른 유기시설 또는 유기기구의 안전성검사 등: 2014년 1월 1일
8. 제42조 및 별표 13에 따른 유원시설업자의 준수사항: 2022년 1월 1일
9. 제49조제1항에 따른 시험의 실시: 2022년 1월 1일
10. 제62조제1항에 따른 조성사업 허가 또는 협의신청서에 포함되어야 할 사항 및 첨부서류: 2020년 1월 1일
③ 문화체육관광부장관은 다음 각 호의 사항에 대하여 다음 각 호의 기준일을 기준으로 5년마다(매 5년이 되는 해의 기준일과 같은 날 전까지를 말한다) 그 타당성을 검토하여 개선 등의 조치를 해야 한다. 〈개정 2015.12.30., 2016.12.28., 2020.6.23., 2022.6.3.〉
1. 제2조제4항제3호의3 및 제3호의4에 따른 안전확인 서류: 2022년 1월 1일

2. 제3조제2항제2호에 따른 안전확인 서류: 2022년 1월 1일

3. 제57조의6 및 별표 17의5에 따른 한국관광 품질인증의 세부 인증 기준: 2022년 1월 1일

[본조신설 2009.10.22.]

# 부칙

부칙이란 법령에 있어서 본칙에 부수하는 시행일, 경과규정, 관계 법령의 개정 등에 관한 내용을 규정하는 부분을 말한다.

## 관광진흥법 부칙

부 칙 〈법률 제19592호, 2023.8.8.〉

(법률용어 정비를 위한 문화체육관광위원회 소관 43개 법률 일부개정법률)

이 법은 공포한 날부터 시행한다.

## 관광진흥법 시행령 부칙

부칙 〈대통령령 제33941호, 2023.12.12.〉

이 영은 공포한 날부터 시행한다. 다만, 제41조의7의 개정 규정은 2023년 12월 21일부터 시행한다.

## 관광진흥법 시행규칙 부칙

부 칙 〈문화체육관광부령 제502호, 2023.2.2.〉

이 규칙은 공포한 날부터 시행한다. 다만, 별표8 카지노업의 영업종류 개정 규정은 공포 후 6개월이 경과한 날부터 시행한다.

# Ⅳ. 호텔업 등급결정업무 위탁 및 등급결정에 관한 요령

제정 2011.03.31. 문화체육관광부고시 제2011-12호
일부개정 2020.02.18. 문화체육관광부고시 제2020-7호
일부개정 2021.01.25. 문화체육관광부고시 제2021-7호

**제1조(목적)** 이 요령은 관광진흥법 시행령(이하 "영"이라 한다) 제66조 제3항 및 관광진흥법 시행규칙(이하 "규칙"이라 한다) 제25조의3 제3항의 규정에 의거 호텔업 등급결정업무의 위탁과 등급결정기준 및 그 절차 등에 관한 세부적인 사항을 정함으로서 호텔업의 등급결정이 합리적이고 효율적으로 이루어지도록 함을 목적으로 한다.

**제2조(등급결정업무의 위탁)** ① 영 제66조의 규정에 의하여 호텔업의 등급결정 업무를 수행하고자 하는 법인은 별지 제1호 서식의 호텔업 등급결정업무 수탁신청서에 다음 각 호의 서류를 첨부하여 문화체육관광부장관에게 제출하여야 한다.

1. 등급결정업무 실시계획서
2. 관광숙박업의 육성과 서비스 개선 등에 관한 연구 및 계몽활동 등의 실적 및 관련 자료
3. 제13조의 규정에 의하여 위촉한 호텔업 등급평가요원(이하 "등급평가요원"이라 한다)의 명단, 이력서, 경력·실적증명서 또는 자격증사본(경력·실적 또는 자격이 있는 경우에 한한다) 및 위촉동의서
4. 등급결정업무를 수행하고자 하는 법인의 등급결정업무 운영세칙

② 제1항 제1호의 등급결정업무 실시계획서에는 다음 각 호의 사항이 포함되어야 한다.

1. 등급결정의 실시시기·방법 및 주안점
2. 제12조의 규정에 의한 호텔업 등급평가단(이하 "평가단"이라 한다)의 구성원칙 또는 요령
3. 등급결정 업무 수행을 위한 인력구성 및 운영계획
4. 등급결정에 대한 수수료의 징수방법과 등급결정에 따른 비용 조달방법
5. 등급결정과정에서 나타날 수 있는 이견사항에 대한 조정절차 또는 방법
6. 기타 효과적인 등급결정업무의 수행을 위하여 필요한 사항

③ 제1항에 따른 신청서를 제출받은 문화체육관광부장관은 「전자정부법」 제36조제2항

에 따른 행정정보의 공동이용을 통하여 법인등기부등본을 확인하여야 한다.

**제3조(등급결정 수탁기관의 선정)** ① 문화체육관광부장관은 제2조의 규정에 의하여 등급결정업무 수탁신청서를 접수한 경우에는 구비요건을 확인하고 위탁여부를 결정하며, 등급결정 수탁기관의 선정은 3년 단위로 한다.

② 문화체육관광부장관은 제1항의 규정에 의하여 선정한 등급결정 수탁기관에 대하여 별지 제2호 서식의 호텔업 등급결정업무 수탁기관 확인증을 교부하고 이를 고시한 후 별지 제3호 서식의 호텔업 등급결정업무 수탁기관 등록대장에 이를 기재하고 관리하여야 한다.

**제4조(변경사항 통보)** 등급결정 수탁기관은 제2조 제1항 제3호의 사항을 변경하는 경우에는 문화체육관광부 장관에게 통보하여야하며, 제2항 각 호의 사항을 변경하는 경우에는 문화체육관광부장관의 승인을 받아야 한다.

**제5조(등급결정신청)** ① 법 제4조 제1항의 규정에 의하여 시장·군수·구청장(이하 "등록관청"이라 한다)에게 호텔업을 등록한 자(이하 "사업자"라 한다)는 관광진흥법 시행규칙(이하 "규칙"이라 한다) 제25조 제1항 각 호의 규정에 의한 호텔업 등급결정 신청사유가 발생한 때에는 별지 제4호 서식의 호텔업 등급결정 신청서(이하 "등급결정 신청서"라 한다)에 다음 각 호의 사항이 기재된 서류를 첨부하여 등급결정 수탁기관에 제출하여야 한다.

1. 호텔업 시설의 현황
2. 제7조의 규정에 의한 호텔업 세부등급 평가기준에 의한 자율평가결과
3. 관광사업자 등록증·사업자등록증·통장사본
4. 6개 항목 안전점검필증
5. 감점항목 확인서

② 하나의 사업주가 동일 지역 또는 건축물 내에 상이한 브랜드 또는 등급의 호텔을 소유·운영하는 경우, 각각의 호텔은 제1항의 규정에 따른 호텔업 등급결정 신청서를 별도로 제출하여야 한다.

**제6조(등급결정 거부 제한)** 등급결정 수탁기관은 제5조 제1항의 규정에 의하여 사업자가 신청한 등급결정 신청을 거부할 수 없다. 단, 제5조 제1항 각호에 따른 서류가 미비한 경우에는 당해 신청을 접수하지 아니할 수 있다.

**제7조(등급평가기준)** ① 규칙 제25조 제3항의 규정에 의한 호텔업의 등급 결정의 기준은 별표1과 같다.

② 규칙 제25조 제3항에 따른 등급별 세부평가기준(이하 "등급평가기준"이라 한다)은 별표2와 같다.

**제8조(등급평가 실시)** ① 등급결정 수탁기관이 제5조 제1항의 규정에 의한 등급결정신청서를 접수한 때에는 평가단을 구성하여 등급평가를 위한 조사를 실시하여야 한다. 다만, 문체부 장관은 평가 중 일부를 등급결정 수탁기관 외에 관광진흥법 시행령 제66조 제1항 제1호의 요건을 갖춘 법인 또는 해당 업무 수행에 적합한 인력과 전문성을 갖춘 기관에서 실시하게 할 수 있다.

② 제1항의 규정에 의한 조사는 사업자가 신청한 등급에 따라 다음 각호와 같이 실시한다.

1. 신청한 등급이 4·5성급인 경우 : 등급평가요원이 사업자가 제출한 자율평가결과와 증빙자료를 참고하여 사업자에 사전통지 후 조사하는 현장평가(이하 "현장평가"라 한다.)와 등급평가요원이 당해 호텔에 사전통지 없이 암행으로 1박을 하며 조사하는 암행평가(이하 "암행평가"이라 한다.)를 모두 실시한다.

2. 신청한 등급이 1·2·3성급인 경우 : 현장평가 및 당해 호텔에 사전통지 없이 방문하여 당일로 조사하는 불시평가(이하 "불시평가"라 한다.)를 모두 실시한다.

③ 평가단은 사업자에게 필요한 자료의 제출을 요구할 수 있다.

④ 신청 등급별 등급평가비용은 별표3과 같다. 다만, 평가비용을 지급함에 있어 세부적인 사항은 등급결정 수탁기관의 장이 정한다.

**제9조(결과보고서의 제출)** 평가단은 제8조에 따른 조사를 완료한 때에는 별표2의 등급평가기준 양식에 따른 조사결과보고서(이하 "조사결과보고서"라 한다)를 현장에서 등급결정 수탁기관의 인솔자에게 제출하여야 한다. 단, 암행 및 불시평가요원은 등급결정 수탁기관의 장이 정하는 바에 따라 제출할 수 있다.

**제10조(등급평가 및 통보)** ① 등급결정 수탁기관은 평가단으로부터 조사결과보고서를 제출 받은 때에는 7일 이내에 별표1의 기준을 적용하여 조사결과가 사업자가 신청한 등급의 결정기준을 충족하는지 판단하여야 한다.

② 등급결정 수탁기관은 제9조에 따라 제출된 조사결과보고서를 확인한 결과 등급평가요원 2인 이상의 평가점수 차이가 현장평가의 경우 총 배점의 20% 이상, 암행평가의 경우 총 배점의 30% 이상 발생한 경우 당해 등급평가요원 외의 자를 위촉하여 당해 조사를 다시 실시할 수 있다.

③ 등급결정 수탁기관은 제1항의 규정에 의한 등급평가결과를 별지 제5호의 서식에 따라 문화체육관광부장관과 등록관청 및 당해 사업자에게 즉시 통보하여야 한다.

④ 등급결정 수탁기관은 당해 사업자가 요청하는 경우 수탁기관의 장이 별도로 정하는 바에 따라 제2항에 따른 통보결과보다 세부적인 평가내용을 공개할 수 있다.

⑤ 등급결정 수탁기관은 제1항에 따라 평가한 결과 등급이 결정된 경우에는 사업자에게 별지 제6호의 서식에 따른 등급인정서를 발급하여야 한다.

**제11조(안전 관련 법규 준수여부 확인)** ① 사업자는 등급결정을 받으려는 호텔시설이 다음 각 호의 점검 또는 검사 대상인 경우 해당 점검 또는 검사를 득하였음을 증빙하는 자료를 등급결정을 신청한 때까지 제출하여야 한다.

1. 시설물의 안전 및 유지관리에 관한 특별법 제11조에 따른 안전점검 및 제12조에 따른 정밀안전진단
2. 화재예방, 소방시설 설치·유지 및 안전관리에 관한 법률 제25조에 따른 점검
3. 승강기시설 안전관리법 제32조에 따른 검사
4. 도시가스사업법 제17조에 따른 검사
5. 에너지이용 합리화법 제39조에 따른 검사
6. 전기사업법 제65조에 따른 정기검사

② 등급결정 수탁기관은 사업자가 제1항의 규정에 따라 제출한 자료가 유효한 것인지를 확인하여야 하며, 유효여부는 등급결정일을 기준으로 판단한다

**제12조(평가단의 구성)** ① 제8조 제1항의 규정에 의한 평가단은 별표4에 따라 구성한다.

② 등급결정 수탁기관이 제1항의 규정에 의한 평가단을 구성할 경우에 등급평가의 객관성·공정성 확보를 위하여 등급평가 대상호텔이 소재한 시·도와 인접지역에 상주하는 등급평가요원을 배제할 수 있다.

③ 평가단으로 구성된 등급평가요원은 등급평가대상 호텔과 이해관계가 없음을 확인하는 이해관계 확인서를 작성하여야 한다.

**제13조(등급평가요원의 위촉)** ① 등급결정 수탁기관은 제12조 제1항의 평가단을 구성하기 위하여 규칙 제72조 각 호의 규정에 의한 자격요건을 갖춘 자를 50인 이상 등급평가요원으로 위촉하여야 한다.

② 등급결정 수탁기관이 제1항의 규정에 의하여 등급평가요원으로 위촉하는 경우에는 다음 각 호의 서류를 제출 받아 관리하여야 한다.

1. 별지 제7호 서식에 의한 호텔업 등급평가요원 위촉동의서
2. 이력서
3. 경력 또는 실적증명서
4. 자격증사본
5. 윤리서약서

③ 등급결정 수탁기관은 제1항의 규정에 의하여 위촉한 등급평가요원에게는 별지 제8호 서식의 호텔업 등급평가요원 위촉장을 발급하여야 한다.

④ 등급평가요원은 제2항 각호에 따른 이력 및 경력이 변동되는 경우에는 등급결정 수탁기관에 알려야하며, 등급결정 수탁기관은 이에 대한 데이터베이스를 구축하여 관리하여야 한다.

⑤ 제1항의 규정에 의하여 위촉한 등급평가요원은 관광진흥법 제80조 제4항의 규정에 의한 등급결정 수탁기관의 임원으로 본다.

**제14조(등급평가요원의 임기)** ① 제13조의 규정에 의하여 위촉된 등급평가요원의 임기는 위촉일부터 2년으로 한다. 다만, 다음 각 호의 경우에는 임기와 관계없이 평가요원을 새로이 위촉할 수 있다.

1. 등급결정 수탁기관이 새로 선정된 경우
2. 기존 평가요원의 해촉으로 충원이 필요한 경우
3. 호텔업 등급결정 제도 개선을 위하여 평가요원 추가선발이 필요하다고 문화체육관광부장관이 인정하는 경우

② 등급평가요원은 1차에 한해 1년의 범위 내에서 연임할 수 있다.

③ 등급결정 수탁기관은 제1항의 규정에 의하여 임기가 만료되는 등급평가요원 중 재위촉하는 등급평가요원의 신분에 변동이 없는 경우에는 세13조 제2항 제1호의 호텔업 등급평가요원 위촉동의서만을 제출받아 재위촉할 수 있다

**제15조(등급평가요원의 위촉제한)** 등급결정 수탁기관은 제16조의 규정에 의하여 해촉된 경력이 있는 자를 해촉된 날부터 5년이 경과하지 아니한 경우에는 등급평가요원으로 재위촉할 수 없다.

**제16조(등급평가요원의 해촉)** ① 등급결정 수탁기관은 제13조 제1항의 규정에 의하여 위촉한 등급평가요원이 다음 각 호의 1에 해당되는 경우에는 이를 해촉하여야 한다.

1. 평가단의 활동과 관련하여 국가공무원법 제56조·제58조·제60조·제61조 및 제63조의 규정에 위반한 행위를 한 때
2. 사망·해외이민·파산선고 등으로 등급평가요원으로서의 직무를 수행할 수 없을 때
3. 등급평가시 제12조 제3항에 따라 작성한 이해관계 확인서가 허위임이 확인되거나, 제13조 제2항 제5호의 윤리서약을 위반한 경우
4. 등급평가가 현저하게 잘못되었다고 인정할만한 사실이 발생한 경우 해당평가 결과에 귀책사유가 있는 때
5. 암행평가 일정 및 사실을 피평가 호텔에 사전에 알린 경우

② 등급결정 수탁기관은 제1항의 규정에 의하여 등급평가요원을 해촉한 경우에는 이를 즉시 문화체육관광부장관에게 통보하여야 한다.

**제17조(등급평가요원의 책임)** 등급평가요원은 평가단에 참여하여 입수한 호텔업의 시설내용과 자료를 사업자의 동의 없이 외부에 누설하여서는 아니 된다.

**제18조(사업자의 의무)** 사업자는 제8조 제4항의 규정에 의하여 평가단으로부터 평가와 관련한 자료의 제출을 요구받은 때에는 성실하게 이에 응하여야 한다.

**제19조(수당 등의 지급)** 등급결정 수탁기관은 평가단에 참여한 등급평가요원에게 예산의 범위 안에서 수당과 여비를 지급할 수 있다.

**제20조(시설의 보완요청)** 등급결정 수탁기관은 평가단의 조사결과 나타난 노후화된 시설의 교체 또는 이용자의 서비스에 장애를 초래하는 사항에 대하여 시정하는 조치를 취할 수 있도록 관할관청에 이를 통보할 수 있다.

**제21조(재신청 등에 따른 평가)** ① 등급결정 수탁기관은 등급결정을 신청한 사업자가 다음 각 호의 사유로 재신청 등을 신청하는 경우 이전 등급평가단 외의 자를 지정하여 등급평가를 실시한다.

1. 규칙 제25조 제5항에 따른 보류결정에 대해 규칙 제25조의2 제1항에 따라 사업자가 등급결정을 재신청한 경우
2. 규칙 제25조의2 제2항에 따른 보류결정에 대해 규칙 제25조의2 제3항에 따라 사업자가 이전 신청한 등급보다 낮은 등급으로 등급결정을 신청한 경우
3. 규칙 제25조의2 제2항에 따른 보류결정에 대해 규칙 제25조의2 제3항에 따라 사업자가 이의를 신청하여 등급결정 수탁기관이 제24조에 따른 심의위원회의 의결을 거쳐 정당한 이유가 있다고 판단한 경우

② 제1항에 따른 평가의 방법은 제8조에 따른 평가방법 및 제12조에 따른 평가단의 구성을 준용한다. 다만, 제1항 제3호에 따른 평가는 불시평가 또는 암행평가 평가요원 수를 당초의 2배로 한다.

③ 제2항에 따른 평가비용은 별표3에 따른 수수료를 준용하되, 사업자가 부담한다. 다만 제2항 단서에 의해 평가요원의 수가 추가됨에 따른 실비를 가중한다.

**제21조의2(이의신청의 처리)** ① 규칙 제25조의2 제3항에 따라 등급결정에 이의를 신청하려는 사업자는 별지제9호 서식으로 이의신청서를 제출하여야 한다.

② 제1항에 따라 사업자가 등급결정에 이의를 신청한 경우 등급결정 수탁기관은 제24조에 따라 설치된 자문위원회에 등급결정 보류에 대한 이의신청 심의를 요청할 수 있다.

③ 제1항에 따라 등급결정 수탁기관의 요청을 받은 자문위원회는 등급결정 보류를 받은 자의 이의신청이 정당한 이유가 있는지 여부를 심의하여야 한다.

④ 자문위원회가 사업자의 이의신청에 따라 재평가할 필요가 있다고 판단하는 경우 등급결정 수탁기관은 등급평가를 다시 실시해야 한다.

**제21조의3(재평가)** ① 등급결정 수탁기관은 등급결정을 통보한 후 해당 등급평가가 현저하게 잘못되었다고 인정할 만한 사실이 발생하였거나, 서비스의 현격한 불량 등으로 인하여 기존 등급을 유지하는 것이 부적합하다고 판단하는 경우 제24조에 따른 심의위원회의 의결을 거쳐 이전 등급평가단 외의 자를 지정하여 등급평가를 다시 실시한다.

② 제1항에 따른 평가의 방법은 제8조에 따른 평가방법 및 제12조에 따른 평가단의 구성을 준용한다.

③ 제2항에 따른 평가 비용은 별표3에 따른 수수료를 준용하되, 사업자가 부담한다. 다만 등급결정 수탁기관의 귀책사유에 따라 실시하는 재평가의 경우 등급결정 수탁기관이 부담한다.

제21조의4(등급결정 후 중간점검) ① 등급결정 수탁기관은 등급결정 통보 이후 호텔 서비스의 관리 상태 등에 대한 점검이 필요한 경우 등급결정자문위원회의 의결을 거쳐 제8조에 따른 암행평가 또는 불시평가(이하 '중간점검'이라 한다)를 실시할 수 있다. 다만, 결정등급이 4·5성급인 호텔의 경우 유효기간 내에 반드시 1회 이상 실시하여야 한다.

② 등급결정 수탁기관은 제1항에 따른 중간점검 후 그 결과를 사업자에게 통보하여야 한다.

③ 등급결정 수탁기관은 제1항에 따른 중간점검 결과를 별표2의 등급평가기준에 따라 등급결정의 유효기간 종료에 따라 실시하는 등급평가에 반영하여야 한다. 다만, 경미한 서비스 미비에 대하여는 시정조치를 권고할 수 있다.

제22조(등급결정 수탁기관에 대한 지도점검) ① 문화체육관광부장관은 필요하다고 인정하는 경우에는 등급결정 수탁기관에 대한 지도점검을 실시할 수 있다.

② 문화체육관광부장관은 제1항의 지도점검결과 등급평가가 부당하거나 부정하게 결정된 사실이 확인된 경우에는 등급결정 수탁기관의 장에게 호텔업에 대한 등급평가를 다시 실시하게 할 수 있다.

제23조(위탁취소 등) ① 문화체육관광부장관은 등급결정 수탁기관이 다음 각 호의 1에 해당하는 때에는 당해 등급결정 수탁기관에 대한 위탁을 취소할 수 있다.

1. 제4조의 규정에 의한 변경사항을 통보하지 않거나 승인 받지 아니하여 3회 이상의 독촉을 받고도 이를 이행하지 아니한 때

2. 제6조의 규정을 위반하여 사업자로부터 등급결정 신청을 정당한 사유 없이 거절한 때

3. 제12조의 규정에 의한 평가단의 구성 및 제13조의 규정에 의한 등급평가요원의 위촉이 부정한 방법에 의하여 이루어진 때

4. 제13조의 규정에 의한 등급평가요원 최소 기준을 미달한 때

5. 제22조의 규정에 의한 지도점검을 거부하거나 명령을 이행하지 아니한 때

6. 그 밖에 문화체육관광부장관이 위탁취소가 필요하다고 판단한 때

② 문화체육관광부장관은 등급결정 수탁기관이 당해 등급의 평가가 부당하거나 부정하게 결정되는 등 등급결정과 관련한 과실이 발생할 경우에는 등급결정권한의 정지 조치를 6월 이내로 취할 수 있다.

③ 위탁취소 등으로 등급결정 권한을 행사할 수 있는 수탁기관이 없어 등급결정을 받지 못한 호텔은 등급결정 결과를 새로 받기 전까지 종전의 등급 표지를 부착할 수 있다.

제24조(등급결정자문위원회의 설치) ① 등급결정 수탁기관은 호텔 등급결정 업무의 효율적 추진과 투명성 제고를 위하여 호텔 또는 소비자보호 분야 전문가 5인 이상 15인 이내로 구성된 심의위원회를 둘 수 있으며, 이 경우 심의위원 총수의 3분의 1의 범위내에서 한국관광협회중앙회 또는 한국관광호텔업협회에서 추천한 인사로 구성한다.

② 제1항에 따른 심의위원회는 다음 각호의 사항에 대하여 자문 또는 심의한다.

1. 호텔업 등급결정 제도의 개선에 관한 사항

2. 이의신청 또는 불만처리의 해석 및 분쟁 조정사항

3. 그 밖에 등급결정 수탁기관의 장이 필요하다고 인정하는 사항

③ 위원장은 위원 중에서 호선하며, 위원장은 회의에 관한 사무를 총괄하고 심의위원회를 대표한다.

④ 위원장은 심의위원회의 회의를 소집하고, 그 의장이 된다.

⑤ 심의위원회는 재적위원 과반수의 출석으로 개의하고, 출석위원 과반수의 찬성으로 의결한다.

⑥ 제1항부터 제5항까지에서 규정한 사항 외에 심의위원회의 구성 및 운영에 필요한 사항은 등급결정 수탁기관의 장이 정한다.

제25조(운영세칙) 이 고시에서 정한 사항 외에 호텔업 등급결정업무의 평가 및 절차에 관하여 필요한 사항은 등급결정 수탁기관의 장이 정한다.

제26조(재검토기한) 문화체육관광부장관은 이 고시에 대하여 「훈령ㆍ예규 등의 발령 및 관리에 관한 규정」에 따라 2017년 10월 1일 기준으로 매 3년이 되는 시점(매 3년째의 9월 30일까지를 말한다)마다 그 타당성을 검토하여 개선 등의 조치를 하여야 한다.

**부칙** 〈제2021-7호, 2021. 1. 25.〉

제1조(시행일) 이 고시는 공포한 날부터 시행한다.

제2조(심의위원회 구성에 대한 경과조치) 제24조제1항은 위원별 임기만료 시점에 충원하여야 하는 총수의 범위 내에서 적용토록 한다.

## [별표 1] 호텔업의 등급결정 기준

(제7조제1항 관련)

| 구분 | | 5성 | 4성 | 3성 | 2성 | 1성 |
|---|---|---|---|---|---|---|
| 등급<br>평가<br>기준 | 현장평가 | 700점 | 585점 | 500점 | 400점 | 400점 |
| | 암행평가/<br>불시평가 | 300점 | 265점 | 200점 | 200점 | 200점 |
| | 총 배점 | 1,000점 | 850점 | 700점 | 600점 | 600점 |
| 결정<br>기준 | 공통<br>기준 | 1. 별표 2에 따른 등급별 등급평가기준 상의 필수항목을 충족할 것<br>2. 제11조 제1항에 따른 점검 또는 검사가 유효할 것 | | | | |
| | 등급별<br>기준 | 평가점수가<br>총 배점의<br>90% 이상 | 평가점수가<br>총 배점의<br>80% 이상 | 평가점수가<br>총 배점의<br>70% 이상 | 평가점수가<br>총 배점의<br>60% 이상 | 평가점수가<br>총 배점의<br>50% 이상 |

1. 1·2성급은 통합 신청 및 접수방식으로 진행하며 1·2성급 평가표를 공통 적용한다.
2. 1·2성급은 총 배점의 60% 이상 득점 시 2성급 등급을 부여하고, 50% 이상 60% 미만 득점 시 1성급 등급을 부여한다.
3. 한국전통호텔업 및 소형호텔업의 등급평가기준은 등급에 상관없이 현장평가 400점 및 불시평가 200점을 합산하여 총 배점을 600점으로 하되, 상기 표의 결정기준에 따라 등급을 부여한다.
4. 가족호텔업의 등급평가기준은 등급에 상관없이 현장평가 700점 및 불시평가 300점을 합산하여 총 배점을 1,000점으로 하되, 상기 표의 결정기준에 따라 등급을 부여한다.

## [별표 3] 수수료

(제8조제4항 관련)

(단위 : 천원)

| 구 분 | | 수수료 | 비 고 |
|---|---|---|---|
| 관광<br>호텔업 | 5성급 | 2,800 | 현장평가 3인, 암행평가 2인 |
| | 4성급 | 2,650 | 현장평가 3인, 암행평가 2인 |
| | 3성급 | 1,680 | 현장평가 2인, 불시평가 2인 |
| | 2성급 | 1,680 | 현장평가 2인, 불시평가 2인 |
| | 1성급 | 1,680 | 현장평가 2인, 불시평가 2인 |
| 한국전통호텔업 | | 1,680 | 현장평가 2인, 불시평가 2인 |
| 소형호텔업 | | 1,680 | 현장평가 2인, 불시평가 2인 |
| 가족호텔업 | | 1,680 | 현장평가 2인, 불시평가 2인 |

* 등급결정수탁기관은 호텔 현장평가결과 관광진흥법 시행규칙 제25조제5항에 따른 등급결정 보류 시 피평가호텔에 일부 금액(관광호텔업 5성 : 1,550천원, 관광호텔업 4성 : 1,400천원, 관광호텔업 1~3성 및 한국전통호텔업, 소형호텔업, 가족호텔업 : 840천원)을 환불

## [별표 4] 등급평가단의 구성

(제12조제1항 관련)

등급평가단의 구성(제12조제1항 관련)

| 구 분 | | 현장평가 | 암행평가/불시평가 |
|---|---|---|---|
| 관광<br>호텔업 | 5성 | 3인 | 2인 |
| | 4성 | 3인 | 2인 |
| | 3성 | 2인 | 2인 |
| | 2성 | 2인 | 2인 |
| | 1성 | 2인 | 2인 |
| 한국전통호텔업 | | 2인 | 2인 |
| 소형호텔업 | | 2인 | 2인 |

1. 현장평가요원은 시행규칙 제72조 제1호 내지 제2호의 요건을 충족시키는 자로 하고, 불시평가요원 또는 암행평가요원은 해당호텔의 현장평가요원이었던 자를 제외한 자로 하되 그 중 1인은 시행규칙 72조 제3호의 요건을 충족시키는 자여야 한다.

2. 현장평가와 암행평가/불시평가는 각기 다른 날짜에 실시되어야 한다.

3. 불시평가는 평가요원 2인이 동행하여 평가하여야 한다.

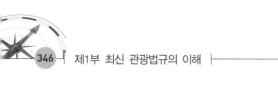
**[별지 제1호 서식]**

| 호텔업 등급결정업무 수탁신청서 | | | | 처리기간 |
|---|---|---|---|---|
| | | | | 30 일 |
| 법인명 | | | 대표자 | |
| 소재지 | | | | |
| 법인등록일 | | | 법인설립근거 | |
| 법인구성 | 임원의 구성 | | 명( ) | |
| | 법인구성(회원)자격 | | | |
| 법인설립목적 | | | | |

「관광진흥법 시행령」 제66조 및 「호텔업 등급결정업무 위탁 및 등급결정에 관한 요령」 제2조의 규정에 의하여 호텔업의 등급결정 업무를 수행하고자 위와 같이 등급결정기관으로 등록을 신청합니다.

년     월     일

신청인(대표자):          (서명 또는 인)

| | 신청인(대표자) 제출서류 | 담당 공무원 확인사항 | |
|---|---|---|---|
| 구비서류 | 1. 등급결정업무 실시계획서<br>2. 법인의 대표자 또는 임원이 「관광진흥법」 제7조 제1항 각호에 해당하지 아니함을 증명하는 서류<br>3. 위촉한 호텔업 등급평가요원의 명단, 이력서, 경력·실적증명서 또는 자격증 사본(경력·실적 또는 자격이 있는 경우에 한함) 및 위촉동의서 | 법인등기부등본 | 수수료 |
| | | | 없 음 |

210mm×297mm[일반용지 60g/㎡(재활용품)]

**[별지 제2호 서식]**

# 호텔업 등급결정업무 수탁기관 확인증

1. 등록번호: 제          호

2. 법 인 명:              (대표자:        )

3. 소 재 지:

「관광진흥법 시행령」 제66조 및 「호텔업 등급결정업무 위탁 및 등급결정에 관한 요령」
제3조의 규정에 의하여 귀 법인이 호텔업 등급결정업무 수탁기관임을 확인합니다.

년    월    일

문 화 체 육 관 광 부 장 관    직인

210mm×297mm(보존용지(1종)120g/㎡)

**[별지 제3호 서식]**

# 호텔업 등급결정업무 수탁기관 대장

| 번호 | 위탁<br>일자 | 위탁<br>기간 | 법인명 | 대표자 | 소재지 | 전화번호 |
|------|------|------|------|------|------|------|
|      |      |      |      |      |      |      |
|      |      |      |      |      |      |      |
|      |      |      |      |      |      |      |

210mm×297mm[일반용지 60g/㎡(재활용품)]

## [별지 제4호 서식]

■ 문화체육관광부 고시 「호텔업등급결정업무 위탁 및 등급결정에 관한 요령」 [별지 제4호서식]

<개정 2019.9.10.>

# 호텔업 등급결정 신청서

| 접수번호 | 접수일시 | | 발급확인 | 처리기간 | **90일** |
|---|---|---|---|---|---|
| 신청인 | 사업자(대표자)명 | | 생년월일(남/여) | | |
| | 주소 | | | | |
| 호텔현황 | 상호 또는 명칭 | | 최초등록일 | | |
| | 영업장 소재지 | | | | |
| | 전화번호 | | | | |
| | 전자메일주소 | | | | |
| | 현지등급 | | | | |
| | 신청등급 | | | | |
| 신청사유 | | | | | |

「관광진흥법 시행규칙」 제25조제1항 및 「호텔업등급결정업무 위탁 및 등급결정에 관한 요령」 제5조의 규정에 의하여 위와 같이 호텔업의 등급결정을 신청합니다. 또한 본 신청인은 향후 결정등급과 일치하는 등급표지를 부착할 것이며, 관광호텔 등급표지를 미부착하거나 관광진흥법 제10조제2항을 위반하여 허위 표시 또는 허위광고가 적발될 경우 위반사실이 언론 등에 공표됨에 동의합니다.

년       월       일

신청인(대표자)                        (서명 또는 인)

## 호텔업 등급결정업무 수탁기관장 귀하

| 신청인 제출서류 |
|---|
| 1. 호텔업시설의 현황 |
| 2. 호텔업세부등급평가기준에 의한 자율평가결과 |
| 3. 관광사업자 등록증 . 사업자등록증 . 통장사본 |
| 4. 6개 항목 안전점검필증 |
| 5. 감점항목 확인서 |

| 처리절차 |
|---|

210mm×297mm[일반용지 60g/㎡(재활용품)]

**[별지 제5호 서식]**

# 호텔업 등급평가결과 통보서

| 호텔명 | | 대표자 | |
|---|---|---|---|
| 소재지 | | | |
| 현등급 | | 신청등급 | |
| 등급평가<br>신청일 | | 평가기간 | ~ |

| 등급평가결과 | 등급결정 ( √ 표기 ) | ( )성급으로 결정함 |
|---|---|---|
| | 등급보류시( √ 표기 ) | 등급기준에 미달하여 등급결정을 보류함 |

「관광진흥법 시행규칙」 제25조, 제25조의2 및 「호텔업 등급결정업무 위탁 및 등급결정에 관한 요령」에 의하여 실시한 호텔업등급평가결과를 상기와 같이 통보합니다.

년    월    일

**(호텔업 등급결정업무 수탁기관명)**   직인

※ 첨부서류: 호텔업 등급평가 결과

210㎜×297㎜[일반용지 60g/㎡(재활용품)]

**[별지 제6호 서식]**

(능급결정업무 수탁기관명)

제   -   호

# 등급인정서
# 호텔업종

상   호:

등   급:

주   소:

유효기간:

(등급결정업무 수탁기관명)은(는) 관광진흥법 제19조 및 같은 법 시행령 제66조 규정에 의하여 위와 같이 등급을 결정함

## Certificate of Grade
## Hotel Type

Company Name:

Grade:

Address:

Valid Period:

This certificate verifies that (등급결정업무 수탁기관 영문명) has determined the grade of the above hotel as specified, pursuant to Ariticle 19 of the Tourism Promotion Act and the provisions under Article 66 of its Enforcement Decree

<table>
<tr><td align="center">년   월   일</td><td align="right">Month, Day, Year</td></tr>
</table>

( 등 급 결 정 업 무          ( 등 급 결 정 업 무

수 탁 기 관 명 )  [직인]       수 탁 기 관 영 문 명)

**[별지 제7호 서식]**

# 호텔업 등급평가요원 위촉동의서

본인은 귀 (등급결정업무 수탁기관명)에서 시행하는 호텔업의 등급평가위원으로 위촉함에 아래와 같이 동의합니다.

○ 참여분야:
○ 참여기간:   .  .  . ~   .  .  . (     년간)

년      월      일

성명:          (서명 또는 인)

(생년월일:       성별:     )

**(호텔업 등급결정업무 수탁기관장) 귀하**

※ 첨부서류
1. 이력서
2. 경력 또는 실적증명서(해당자에 한함)
3. 자격증 사본(해당자에 한함)

210mm×297mm[일반용지 60g/㎡(재활용품)]

**[별지 제8호 서식]**

제    -    호

# 호텔업 등급평가요원 위촉장

1. 성     명:         (한문:        )
2. 생년월일:
3. 평가분야:
4. 위촉기간:

귀하를 우리 (등급결정업무 수탁기관명)에서 시행하는 호텔업 등급결정 사업의 등급평가요원으로 위촉합니다.

년      월      일

**(호텔업 등급결정업무 수탁기관명)** [직인]

210mm×297mm(보존용지(1종)120g/㎡)

**[별지 제9호 서식]**

| 호텔업등급결정 이의신청서 | | | 처리기간 | |
|---|---|---|---|---|
| | | | 90 일 | |
| 신청인 | 사업자(대표자)명 | | 생년월일(남/여)<br>(대표자) | |
| | 주소 | | | |
| 호텔<br>현황 | 상호 또는 명칭 | | 최초등록일 | |
| | 영업장 소재지 | | | |
| | 신청등급 | | | |
| | 등급평가일 | | 등급보류결정일 | |
| 이의<br>신청<br>사유 | | | | |

「관광진흥법 시행규칙」 제25조의2 제3항 및 「호텔업 등급결정업무 위탁 및 등급결정에 관한 요령」 제21조의2의 규정에 의하여 위와 같이 호텔업의 등급결정에 이의신청 신청합니다.

년     월     일

신청인(대표자):                    (서명 또는 인)

**(호텔업 등급결정업무 수탁기관장) 귀하**

210㎜×297㎜[일반용지 60g/㎡(재활용품)]

# V. 카지노업 영업준칙

개정 1995.07.13. 문화체육관광부고시 제1995-26호
개정 1998.01.05. 문화체육과광부고시 제1997-60호
개정 1999.10.02. 문화체육관광부고시 제1999-26호
개정 2002.07.15. 문화체육관광부고시 제2002-9호
개정 2004.07.02. 문화체육관광부고시 제2004-4호
개정 2008.07.31. 문화체육관광부고시 제2008-23호
개정 2012.03.29. 문화체육관광부고시 제2012-13호
일부개정 2019.08.06. 문화체육관광부고시 제2019-33호
일부개정 2020.05.20. 문화체육관광부고시 제2020-23호
일부개정 2023.07.10. 문화체육관광부고시 제2023-39호

# 제1장 총칙

**제1조(목적)** 이 준칙은 「관광진흥법」 제28조·제30조, 「관광진흥법 시행령」 제30조 및 「관광진흥법 시행규칙」 제36조의 규정에 의하여 카지노사업자와 카지노 종사원 및 카지노 이용객이 카지노업의 영업 및 회계와 관련하여 지켜야 할 사항을 정함으로써 카지노업의 건전한 발전을 도모함을 목적으로 한다.

**제2조(적용범위)** 카지노업의 영업 및 회계에 관하여는 다른 법령에 특별한 규정이 있는 경우를 제외하고는 이 준칙이 정하는 바에 의한다.

**제3조(정의)** 이 준칙에서 사용하는 용어의 정의는 다음과 같다.
1. "베팅"이라 함은 게임에 참여하기 위해 금전을 거는 행위를 말한다.
2. "칩스"라 함은 카지노에서 베팅에 사용되는 도구를 말한다.
3. "테이블게임"이라 함은 테이블, 주사위, 휠 등을 사용하는 게임으로서 관광진흥법 시행규칙 제35조제1항에서 정한 게임을 말한다.
4. "머신게임"이라 함은 관광진흥법 시행규칙 제35조제1항에서 정한 슬롯머신(Slot Machine) 및 비디오게임(Video Game)을 말한다.
5. "전자테이블게임"이라 함은 일반적인 테이블게임과 머신게임의 특성이 조합된 형태의 전자장치의 작동에 의해 진행되는 테이블게임으로서 다음 각 목의 어느 하나에 해당

하면서 「관광진흥법 시행규칙」 제35조제1항에서 정한 게임을 말한다.

　가. 딜러운영 전자테이블게임: 딜러가 게임을 진행하고 베팅과 지불 등이 이용자 단말기를 통하여 이루어지는 형태의 전자테이블게임

　나. 무인 전자테이블게임: 딜러 없이 게임진행, 베팅, 지불 등이 이용자 단말기를 통하여 이루어지는 형태의 전자테이블게임

6. "단말기"라 함은 전자테이블게임에서 베팅에 참여하기 위한 전자식 숫자표시장치로서 일반 테이블게임 레이아웃과 같은 모양으로 구성된 디스플레이를 말한다.

7. "티켓(Ticket)"이라 함은 바우처의 일종으로 머신게임 혹은 전자테이블게임 이용을 목적으로 기구에서 발행되고, 현금과 동일하게 사용되는 종이, 카드 등의 형태를 말한다.

8. "바우처(Voucher)"라 함은 카지노영업장에서 게임을 진행함에 있어서 현금과 동일하게 사용가능함을 보증하는 전표를 말한다.

9. "콤프"라 함은 카지노사업자가 고객 유치를 위해 카지노 고객에게 무료로 숙식, 교통서비스, 골프비용, 물품(기프트카드 포함), 기타 서비스 등을 제공하는 것을 말한다.

10. "크레딧"이라 함은 카지노사업자가 고객에게 게임 참여를 조건으로 칩스로 신용대여하는 것을 말한다.

11. "카운트룸"이라 함은 드롭박스의 내용물을 계산하는 계산실을 말한다.

12. "서베일런스실"이라 함은 카지노영업장에 설치된 모든 CCTV 화면을 확인하는 곳을 말한다.

13. "고객관리대장"이라 함은 카지노영업장에 출입한 사실이 있는 고객에 한정하여 고객의 이름, 여권번호, 국적, 유효기간 등의 기록을 유지하여 입장을 원활하게 하기 위한 장부를 말한다.

14. "드롭박스"라 함은 게임테이블에 부착되거나 머신게임 및 전자테이블게임 기구 내에 있는 현금 등이 모이는 함을 말한다.

15. "드롭"이라 함은 드롭박스 내에 있는 현금, 수표, 유가증권 등의 내용물을 말한다.

16. "전문모집인"이라 함은 카지노사업자와 일정한 계약을 맺고 카지노사업자의 판촉을 대행하여 게임의 결과에 따라 수익을 분배하는 등의 행위를 하는 자, 또는 법인 등을 말한다.

17. "프리칩스 쿠폰"이라 함은 카지노게임 참여를 통한 입장객 증대와 매출촉진을 목적으로 외래관광객을 대상으로 직·간접적으로 배포한 쿠폰을 말한다.

18. "프리칩스"라 함은 프리칩스 쿠폰에 기재된 금액만큼 교환되어지는 칩스를 말한다.

19. "칩스교환대"라 함은 테이블게임 기기와는 별도로 칩스교환을 하는 부스를 말한다.

20. "기록, 유지"라 함은 전산 자료 또는 장부에 의해 수치 등을 작성, 보관하는 것을 말한다.

# 제2장 영업시설 및 기구관리

**제4조(영업시설의 기준)** ① 카지노사업자는 카지노업의 운영을 위하여 관광진흥법 시행규칙 제29조에서 정한 시설을 갖추어 영업을 하여야 한다.

② 카운트룸, 칩스를 관리하는 장소는 각각 카운트, 칩스 관리 이외 별도의 업무를 수행할 수 없도록 독립된 공간으로 운영해야 한다.

**제5조(전산시설 설치기준 등)** 카지노전산시설 설치기준 및 운영요령은 문화체육관광부장관이 고시하는 카지노전산시설기준에 의한다.

**제6조(출납창구의 설치기준)** 출납창구는 다음 각 호의 기준에 적합하게 설치하여야 한다.
1. 현금, 칩스, 기록문서가 통과할 수 있도록 개봉된 창구를 설치하여야 한다.
2. 출납장면을 녹화할 수 있도록 CCTV를 설치하여야 한다.
3. 출입문 내부에 잠금장치를 설치하여야 한다.
4. 카지노사업자는 고객의 편의증대를 위하여 칩스교환대를 설치 운영할 수 있다.

**제7조(환전영업소의 설치기준 등)** ① 환전영업소의 설치기준은 제6조의 규정을 준용한다.
② 카지노사업자는 필요한 경우 환전업무와 출납업무를 동일한 장소에서 수행하게 할 수 있다.

**제8조(카운트룸 설치기준)** 카운트룸은 다음 각 호의 기준에 적합하게 설치하여야 한다.
1. 출입문은 1개이어야 한다.
2. 출입문에는 잠금장치를 설치하여야 한다.
3. 바닥까지 보이는 투명한 재질로 제작된 계산대를 갖추어야 한다.
4. 계산장면을 녹화할 수 있도록 CCTV를 설치하여야 한다.
5. 드롭박스를 안전하게 보관할 수 있는 공간을 확보하여야 한다.

**제9조(CCTV의 녹화)** ① 카지노사업자는 다음 각 호에 해당하는 장면을 녹화하여야 한다.
1. 카지노 영업장 출입장면
2. 환전(재환전) 및 출납장면
3. 모든 게임기구에서 행해지는 게임장면
4. 카운트룸에서 행해지는 계산장면
5. 모든 게임기구의 도어 개폐장면
6. 기타 카지노에서 일어나는 행위

② CCTV 녹화물은 촬영장소에 따라 관리번호(월 · 일 · 시간 표기)를 부여하여 다음 각 호에서 정한 기간 동안 보관하여야 한다.

1. 카운트룸의 계산장면 : 녹화한 날부터 20일 이상

2. 기타 장면 : 녹화한 날부터 6일 이상

③ 카지노사업자는 CCTV설비의 작동상태를 주기적으로 점검하여 별지 제1호서식의 CCTV점검기록부에 점검결과를 기록하여야 한다.

**제10조(통제구역 설정 및 관리)** ① 카지노사업자는 다음 각 호의 구역을 통제구역으로 설정하고 출입문에 통제구역 표시를 붙여야 한다.

1. 카운트룸

2. 서베일런스실

② 통제구역에 허가받은 자 이외의 자가 출입한 경우에는 별지 제2호서식의 통제구역 출입대장에 다음 각 호의 사항을 기록하여야 한다.

1. 출입자이름

2. 출입일시

3. 출입사유

③ 제2항의 허가받은 자라 함은 다음 각 호의 자를 말한다.

1. 카운트룸 : 계산요원

2. 서베일런스실 : CCTV시설 담당부서 직원

**제11조(시설관리)** 카지노사업자는 이 준칙에서 정한 시설을 성실히 유지·관리하여야 한다.

**제12조(게임기구의 관리)** ① 카지노사업자는 별지 제3호서식의 게임기구현황표를 작성하고 게임기구를 성실히 관리하여야 한다.

② 기구를 철거할 때에는 해당 게임기구 운영책임자, 근무조책임자 및 안전관리부서요원이 함께 참여하여야 한다.

③ 카지노사업자가 영업장 내에서 일시 또는 영구적으로 기구를 철거할 때에는 각각의 기구에 대한 철거 당시의 드롭박스 등에 있는 금액과 투입, 지불 및 미터기의 수치를 별도로 기록·유지하여야 한다.

④ 배당률이 존재하는 기구에 대해서 운영책임자는 출납부서와 협조하여 주기적으로 이론적배당률과 실제배당률의 차이를 점검하고, 그 차이가 5%이상일 경우에는 검사기관의 장에게 즉시 통보하여야 하며 이에 따른 검사기관의 조치에 응하여야 한다.

⑤ 머신게임기구 및 전자테이블게임기구의 주도어를 연 때에는 반드시 전산장치 또는 영업일지에 다음사항을 기록·비치하여야 한다.

1. 일시

2. 사유

3. 조치결과

4. 직원의 성명 및 서명

제13조(칩스의 관리) ① 카지노사업자는 위조칩스의 발생 등 정당한 사유가 있을 때에는 즉시 예비칩스로 교체, 사용할 수 있다.

② 카지노사업자는 칩스관리대장을 비치하고 기록을 유지하여야 하며 게임진행에 지장이 없도록 적정수량을 확보하여야 한다.

③ 칩스는 사업장내 안전한 장소에 보관하여야 하며 언제나 확인이 가능하도록 정리되어 있어야 한다.

제14조(카드의 관리) ① 카지노사업자는 사업장내의 지정된 장소에 카드를 보관하여야 한다.

② 흠집 등 카드에 이상이 발견되면 즉시 카드를 교체하여야 한다.

# 제3장 영업절차

제15조(고객출입관리) ① 카지노 사업자는 내국인(해외이주법 제2조의 규정에 의한 해외이주자를 제외한다)을 출입시켜서는 아니된다. 다만, 카지노이용객의 편의를 돕기 위한 여행사 직원과 방문객은 방문증을 패용케 한 후 출입시킬 수 있으나 게임에 참가할 수 없도록 조치를 취하여야 한다.

② 카지노 출입구에는 "내국인출입금지"라는 표지를 붙여야 한다.

③ 카지노사업자는 모든 카지노입장객에 대해 다음 각 호에 해당하는 신분증명서를 각인별로 직접 확인해야 한다.

1. 해외이주자의 경우 : 여권, 해당 이주국가에서 발행한 영주자격을 확인할 수 있는 증명서(영주권 카드 등), 주민등록표초본, 기타 문화체육관광부장관이 지정하는 서류를 함께 확인

2. 외국인의 경우 : 여권, PT여권(여행증명서), 외교관신분증, 미군 ID카드, 선원수첩(선원증), 외국인등록증, 외국국적동포국내거소신고증, 영주증 중 하나 이상의 서류. 다만, 외국인이 입장할 경우 다음 각목에 한에 각인별로 직접 확인을 생략할 수 있으나, 내국인으로 확인된 경우에는 관광진흥법령에 규정된 제재를 받아야 한다.

   가. 동반한 여행사직원이 고객명단을 제출한 단체입장객의 경우

   나. 별지 제4호서식의 고객관리대장 및 고객관리용 전산장치에 등재되어 있는 단골고객의 경우

④ 카지노사업자는 19세 미만의 자를 출입시켜서는 아니된다.

⑤ 카지노사업자는 별지 제5호서식의 입장객 현황을 작성하여야 한다.

⑥ 카지노사업자는 다음 각 호의 사람의 입장을 금지시킬 수 있다.

1. 무기소지 등으로 타인에게 위협을 줄 수 있는 자
2. "폭력행위등처벌에관한법률" 제4조에 따른 단체 또는 집단을 구성하거나 그 단체 또는 집단에 자금을 제공한자
3. 카지노에서 불법행위나 소란행위 등으로 영업장 운영을 방해한 경력이 있는 자
4. 폭력 · 만취 · 고성방가 · 정신장애 · 악취 등으로 타인에게 위압 또는 혐오감을 느끼게 하는 자
5. 국내외를 막론하고 불법행위 등으로 카지노업체에 피해를 입힌 경력이 있는 자
6. 카드카운터 등 전문도박인으로 인정되는 자

⑦ 카지노사업자는 제6항 각호에 해당하는 자가 발생한 경우에는 한국카지노업관광협회에 이를 보고하여야 하며, 한국카지노업관광협회는 매월 카지노사업자에게 이들의 명단을 통보하여야 한다.

⑧ 카지노영업장내에서 영업행위를 방해하거나 방해할 우려가 있는 자는 강제 퇴장시킬 수 있다.

⑨ 제1항 내지 제2항의 규정은 폐광지역개발지원에관한특별법에 의하여 설립된 카지노에는 적용하지 아니한다.

**제16조(환전)** ① 카지노 환전영업소에서 환전할 수 있는 외화의 종류 등은 외국환거래법령이 정한 바에 따른다.

② 환전영업소에서의 환율적용 및 행정절차는 외국환거래법령에 따른다.

**제17조(게임규칙)** 카지노업의 영업종류별 개별규칙은 관광진흥법(이하 "법"이라 한다) 제26조제2항 및 관광진흥법 시행규칙(이하 "규칙"이라 한다) 제35조제2항의 규정에 의하여 문화체육관광부장관에게 신고한 카지노업의 영업종류별 영업방법 및 배당금에 관한 규정에 의한다.

**제18조(게임의 진행)** ① 카지노사업자는 게임 참가자가 1명이라도 게임을 진행할 수 있다.

② 모든 게임에서 베팅과 지불은 카지노사업자가 인정하는 칩스(전자칩스를 포함한다)만 사용하여야 한다.

③ 수표로 칩스를 교환하고자 하는 게임 참가자에게 카지노사업자는 신분증 제시를 요구할 수 있다.

④ 카지노사업자는 각 테이블에 베팅 가능한 최저 · 최대 한도금액을 설정하여야 한다.

⑤ 게임 참가자는 베팅한도금액을 초과하거나 미달되게 베팅하여서는 아니된다.

⑥ 카지노사업자가 카지노 특성에 맞는 규칙을 정할 경우에는 이를 게시하여야 하며 카지노사업자와 게임 참가자는 그 규칙을 준수하여야 한다.

⑦ 게임을 위한 베팅은 반드시 베팅지역에 칩스를 놓아야 한다.

**제19조(칩스수불)** ① 영업부서와 칩스관리부서에 칩스이동이 발생할 경우에는 별지 제6호서식의 칩스전표 2부를 작성하여 부본은 테이블의 드롭박스에 투입하고 원본은 칩스관리부서에서 이를 보관하여야 한다.

② 제1항의 칩스전표에는 다음 각 호의 사항을 기재하여야 한다.

1. 칩스전표 발행일시

2. 게임종목 및 테이블번호

3. 액면가별 칩스수량

③ 칩스전표상의 금액과 실제 칩스금액을 확인하기 위하여 영업부서의 딜러와 감독자, 칩스관리직원이 서명하여야 한다.

④ 칩스전표를 잘못 발행한 경우에는 VOID라고 표시하고, 책임자가 서명하여야 한다.

⑤ 전산시스템이 구축되어 전자서명 등으로 칩스 이동의 확인 및 관리가 가능한 경우 이를 전산화일 보관으로 대체 할 수 있다.

**제20조(출납과 재환전)** ① 칩스는 고객이 요청할 경우 즉시 현금 등으로 교환하여야 한다.

② 출납에서는 칩스 교환 요구 고객의 게임 참가 및 크레딧 제공 여부를 확인할 수 있으며 게임에 참가하지 않았거나 크레딧을 상환하지 않는 고객에 대하여는 현금교환을 지연 또는 거부할 수 있다.

③ 재환전시 행정절차와 장표관리에 관하여는 외국환거래법령에 따른다.

**제21조(드롭박스의 열쇠관리등)** ① 테이블에서 드롭박스를 제거하는 열쇠는 회계부서와 독립된 부서에서 관리하여야 한다.

② 드롭박스 개봉열쇠는 계산요원만이 취급할 수 있다.

③ 드롭박스 제거열쇠와 드롭박스 개봉열쇠를 동일인이 관리하도록 하여서는 아니된다.

**제22조(드롭박스의 계산 및 확인 절차)** ① 드롭박스 계산은 일정한 시간을 정하여 실시하여야 한다.

② 드롭박스의 계산은 카운트룸에서만 하여야 한다.

③ 계산에는 최소한 3명의 직원이 참여하여야 하며, 1명은 화폐 등의 금액을 계산하고 다른 1명은 집계표를 작성하며, 나머지 1명은 이를 감독하는 방법으로 업무를 분장하여야 한다. 단, 카지노전산시설에 연결되어 계수한 내용이 자동 입력되는 지폐 계수기를 운영하는 경우 감독 업무를 수행하는 1인을 포함하여 2명의 직원이 참여할 수 있다.

④ 드롭박스를 개봉하면 투명한 테이블에 내용물을 쏟아 내용물의 잔류여부를 감독자에게 확인시킨 다음 현금, 수표, 유가증권(티켓, 바우처 등)등으로 분리하여 계산하여야 한다.

⑤ 각 테이블, 머신게임기구, 전자테이블게임기구 단말기별로 작성된 드롭액을 집계하여 별지 제7호서식의 집계표를 작성하고 계산에 참여한 전원이 서명하여야 하며, 계산내용

을 수정할 때에도 또한 같다.

⑥ 카지노사업자는 계산이 종료된 후 다음 사항을 확인하여야 한다.

1. 바우처 원본과 사본의 모든 내용과 서명 등이 일치하는지 여부

2. 티켓의 위조 등 정상적으로 발행되었는지 여부

3. 회수된 바우처 및 티켓과 현금의 합계가 드롭보고서와 일치하는지 여부

4. 계산금액에 오기가 없는지 및 화폐금액으로의 환산이 정확한지 여부

5. 미터기에 의해 판독한 금액과 실제 계산한 금액과의 차이 등

# 제4장 회계제도

**제23조(중앙금고의 관리)** ① 중앙금고는 금고회계원의 책임 하에 운영하여야 한다.

② 모든 거래는 일일금고잔고보고서에 매 교대조별로 요약 기록하여야 한다.

**제24조(회계년도)** 카지노사업자에 대한 기금 부과를 위한 회계년도는 매년 1월 1일에 시작하여 12월 31일에 종료한다.

**제25조(회계기준)** 카지노사업자는 카지노영업장의 수입 및 비용과 관련된 모든 거래를 기업회계기준에 적합하도록 기록 유지하여야 한다.

**제26조(회계기록)** 회계기록은 복식부기에 의하여야 하고 다음 각 호와 관련된 증빙서류는 5년간 유지 보관하여야 한다.

1. 매출액, 카지노수입금, 카지노손실금에 관한 사항

2. 크레딧 관련 사항

3. 기타 영업 및 회계에 관한 주요사항(단, 전산시스템에 의거 관리되는 경우 바우처, 티켓 등 제반 증빙서류는 전산화일 보관으로 대체할 수 있다

**제27조(외부감사)** 카지노사업자는 재무제표를 작성하여 외부감사인에 의한 회계감사를 받아야 한다.

**제28조(매출액 산정)** ① 총매출액이라 함은 카지노영업과 관련하여 고객으로부터 수입한 총금액에서 고객에게 지불한 총금액을 공제한 금액을 말한다.

② 제1항에서 고객으로부터 수입한 총 금액이라 함은 다음 각 호의 합을 말한다. 단, 프리칩스쿠폰 및 프리칩스에 해당하는 금액은 고객으로부터 수입한 총 금액에 산입하지 않으며, 기업회계기준에 따라 처리한다.

1. 테이블게임에서 카지노고객에게 현금, 수표, 유가증권 등을 칩스로 교환하여 준 금액

과 크레딧으로 제공한 금액

2. 카지노고객이 머신게임기구 및 전자테이블게임기구에 투입한 금액

③ 제1항에서 고객에게 지불한 총금액이라 함은 카지노고객에게 칩스, 티켓, 바우처 등을 현금으로 교환하여 준 금액과 제30조의 규정에 의하여 대손처리한 금액을 말한다.

④ 카지노사업자는 일일단위로 테이블게임, 전자테이블게임 및 머신게임의 매출액 내역을 각각 별도로 작성, 별지 제8호부터 제10호서식의 각 영업구분별 매출액 현황을 작성하여야 한다.

⑤ 매출액은 일일단위로 결산하여 카지노고객으로부터 수입한 총금액이 카지노고객에게 지불한 총금액을 초과한 경우에는 별지 제11호서식의 매출액 현황에 이를 카지노수입금으로 표기처리하고, 카지노고객에게 지불한 총금액이 카지노고객으로부터 수입한 총금액을 초과하는 경우에는 이를 카지노손실금으로 표기처리하여야 한다.

⑥ 계약게임과 관련하여 카지노고객 및 전문모집인에게 지불하는 대가는 게임이 종료된 후 영업장 내에서 칩스로 지불하여야 하며, 동 대가는 제3항의 카지노고객에게 지불한 총금액에 산입한다.(단, 전문모집인이 내국인일 경우 계약게임 대가는 현금으로 지급할 수 있다)

**제29조(매출액 자동확인시스템 구축 등)** ① 매출액 자동확인시스템을 구축한 카지노사업자에 대하여는 제22조 제6항의 계산확인 절차의 규정을 적용하지 아니할 수 있다.

② 매출액 자동확인시스템에 의한 매출액 기록은 리세팅이 불가능하고, 전원이 차단된 상태에서도 5년간 기록이 보존되어야 하며, 필요시 일일매출액 및 누적매출액의 출력이 즉시 가능하여야 한다.

**제30조(대손처리)** 카지노고객이 제공한 현금, 수표, 유가증권 등이 위조 판명되거나 부도로 인하여 회수 불가능한 경우와 카지노사업자가 크레딧을 제공받은 자로부터 크레딧을 회수할 수 없다고 판단될 경우에는 관계법령이 정하는 바에 따라 이를 대손처리할 수 있다.

**제31조(콤프비용의 범위)** 카지노사업자가 카지노고객에게 제공할 수 있는 콤프의 범위는 다음 각 호와 같다.

1. 고객 운송을 목적으로 지불할 경우
2. 고객 숙박을 목적으로 지불할 경우
3. 고객에게 식음료 및 주류제공을 목적으로 지불할 경우
4. 카지노 고객유치를 목적으로 골프비용, 물품(기프트 카드 포함), 기타 서비스 등을 제공 또는 지불할 경우

**제32조(콤프비용 증빙서류)** 카지노사업자가 카지노고객에게 콤프를 제공할 때에는 다음 각 호의 증빙서류를 구비하여야 한다.

1. 콤프승인서
2. 수혜자의 여권사본
3. 항공권 복사본, 숙식영수증 등 콤프비용제공 증명서류

**제33조(크레딧 제공 등)** ① 카지노사업자(폐광지역개발지원에관한특별법에 의한 카지노사업자는 제외한다)는 카지노게임 참가자에게 크레딧을 제공할 수 있다. 이 경우 다음 각 호의 사항이 기록된 크레딧전표를 발행하여야 하며, 별지 제12호서식의 크레딧내역서에 크레딧 제공 및 상환관련 기록을 유지하여야 한다.

1. 제공일시
2. 금액
3. 제공자의 성명 및 서명
4. 제공받은 자의 성명, 주소 또는 전화번호 및 서명

② 크레딧전표는 원·부본을 작성하여 크레딧 발행부서에 안전하게 보관한다.

③ 크레딧전표는 일련번호를 부여하여 순서대로 발행하며, 잘못 발행된 전표는 'VOID'라고 표시하고 책임자가 서명하여야 한다.

**제34조(크레딧 한도)** 카지노사업자가 카지노게임 참가자에게 제공하는 크레딧의 한도는 외국환거래법령이 정하는 바에 의한다.

**제35조(크레딧 상환)** 크레딧이 상환될 때에는 상환 즉시 크레딧장부에 기록하여야 하며, 크레딧전표 원·부본에 "VOID"라고 표시한 후 원본은 크레딧을 제공받은 고객에게 교부하고 부본은 크레딧발행부서에서 보관한다.

**제36조(계약게임 등)** ① 카지노사업자는 외래관광객 유치 및 외화획득을 위하여 카지노고객 및 전문모집인과의 계약에 의하여 일정한 대가를 지불하는 조건으로 계약게임을 유치할 수 있다.

② 카지노사업자가 카지노고객 및 전문모집인과 계약게임 관계가 성립되면 게임계약서 및 카지노고객 또는 전문모집인과의 계약게임이 종료될 때마다 별지 제13호서식의 계약게임결과서를 작성하여 보관하여야 한다.

**제37조(보고)** ① 카지노사업자는 제15조의 입장객현황, 제28조의 매출액현황, 제33조의 크레딧내역서 및 제36조의 계약게임결과서를 익월 10일까지 문화체육관광부에게 보고하여야 한다.

② 문화체육관광부장관은 관광진흥법 제45조에 따라 설립된 업종별 관광협회로 하여금 제1항의 보고를 대신하도록 할 수 있다.

# 제5장 카지노 종사원의 준수사항

**제38조(게임규칙 준수)** 카지노종사원은 게임을 운영할 때 이 준칙에서 정한 사항을 준수하여야 한다.

**제39조(종사원의 품위유지)** ① 카지노종사원은 관광종사자로서의 품위를 유지하여야 한다.

② 카지노종사원은 사업자가 정한 복장을 착용하고 단정한 상태를 유지하여야 하며, 고객에게 불쾌감을 주는 태도와 행동을 하여서는 아니 된다.

③ 카지노종사원은 허가받지 않은 카지노업 영업에 관여하거나 참여할 수 없다.

**제40조(종사원의 교육)** ① 한국카지노업관광협회 등은 관광진흥법 및 문화체육관광부령이 정하는 바에 따라 카지노종사원에 대한 교육을 실시하여야 한다.

② 카지노사업자는 종사원이 제1항의 규정에 의한 교육을 받도록 협조하여야 한다.

**제41조(머신기구 검사기관의 지정기준)** 문화체육관광부장관이 법 제25조제2항 및 규칙 제33조제3항의 규정에 의하여 검사기관을 지정하고자 할 때에는 다음 각 호의 요건을 갖춘 경우에 한하여 지정할 수 있다.

1. 검사기관의 대표자, 임원, 주주가 법 제7조제1항 각호의 1에 해당되지 않아야 한다.
2. 검사기관은 머신기구의 배당률을 확인할 수 있는 능력을 갖추어야 한다.
3. 시행규칙 제33조제1항의 기준에 의한 머신게임기구의 규격 및 기준을 심사할 수 있는 인력 및 장비를 갖추어야 한다.

### 부칙 〈제2023-39호, 2023.07.10.〉

**제1조(시행일)** 이 고시는 공포한 날부터 시행한다. 다만, 제3조제5호의 개정규정은 2023년 8월 3일부터 시행한다.

■ 카지노업 영업준칙 [별지 제1호서식] 〈개정 2019.6. .〉

## CCTV 점검기록부

| 점검일시 | 점검장비(기기) | 점검항목 | 점검결과 | 점검원 | 비고 |
|---|---|---|---|---|---|
|  |  |  |  |  |  |

210㎜×297㎜[백상지(120g/㎡) 또는 백상지(80g/㎡)]

■ 카지노업 영업준칙 [별지 제2호서식] 〈개정 2019.6. .〉

## 통제구역(카운터룸, 서베일런스실) 출입대장

| 출입자 성명 | 출입일시 | | 출입사유 | 책임자 서명 | 비고 |
|---|---|---|---|---|---|
|  | 입실 | 퇴실 |  |  |  |
|  |  |  |  |  |  |

210㎜×297㎜[백상지(120g/㎡) 또는 백상지(80g/㎡)

■ 카지노업 영업준칙 [별지 제3호서식] 〈개정 2019.6. .〉

## 게임기구 현황표

| 기구명 | 연월일 | 입고 | 출고 | 현재고 | 비고 |
|---|---|---|---|---|---|
|  |  |  |  |  |  |

210㎜×297㎜[백상지(120g/㎡) 또는 백상지(80g/㎡)]

■ 카지노업 영업준칙 [별지 제4호서식] 〈개정 2019.6. .〉

## 고객관리대장

| 고객명 | 여권번호 | 성별 | 생년월일 | 발급국가 | 발급일 | 만료일 |
|---|---|---|---|---|---|---|
|  |  |  |  |  |  |  |

210㎜×297㎜[백상지(120g/㎡) 또는 백상지(80g/㎡)]

■ 카지노업 영업준칙 [별지 제5호서식] 〈개정 2019.6. .〉

# 입장객 현황(월)

| 일자 | 요일 | 입장인원(명) | 비고 |
|---|---|---|---|
|  |  |  |  |

210㎜ × 297㎜[백상지(120g/㎡) 또는 백상지(80g/㎡)]

■ 카지노업 영업준칙 [별지 제6호서식] 〈개정 2019.6. .〉

# 칩스전표

게임종류(테이블번호):일자 :

근무조 : 시간 :

발 생 사 유:

| 칩 스 종 류 | 칩 스 수 량 | 금액 | 확 인 | |
|---|---|---|---|---|
|  |  |  | 부 서 명 | 성명 또는 서명 |
|  |  |  |  |  |
|  |  |  |  |  |
|  |  |  |  |  |
|  |  |  |  |  |
|  |  |  |  |  |
|  |  |  |  |  |
|  |  |  |  |  |

※ 칩스 불출 시 전표와 칩스 회수 시 전표는 색깔, 발행사유 명기 등의 방법으로 구분하여야 한다.

210㎜ × 297㎜[백상지(120g/㎡) 또는 백상지(80g/㎡)]

■ 카지노업 영업준칙 [별지 제7호서식] 〈개정 2019.6. .〉

# 집계표(테이블게임, 머신게임, 전자테이블게임)

일 자

| 드롭박스 번호 | 현 금 | 수 표 | 유가증권등 기타 | 계 | 비 고 |
|---|---|---|---|---|---|
|  |  |  |  |  |  |
|  |  |  |  |  |  |
|  |  |  |  |  |  |
|  |  |  |  |  |  |
|  |  |  |  |  |  |
|  |  |  |  |  |  |
| 합계 |  |  |  |  |  |

※ 게임종류별 번호 순서대로 기재하고 각 게임 종류별로 소계를 표시한 다음 맨 마지막 란에 합계금액을 표시
※ 비고란에는 수정내용 등 특기사항을 표시
※ 자체 실정에 맞게 계산요원 및 감독자의 서명 란을 만들어 사용

210㎜×297㎜[백상지(120g/㎡) 또는 백상지(80g/㎡)]

■ 카지노업 영업준칙 [별지 제8호서식] 〈개정 2018.6. .〉

# 테이블게임 매출액 현황 ( 월)

매출년도:

| 일자 | 드롭액 | 크레딧 | 지불금 | 매출액 | | 누적액 |
|---|---|---|---|---|---|---|
|  |  |  |  | 수입금 | 손실금 |  |
|  |  |  |  |  |  |  |
|  |  |  |  |  |  |  |
|  |  |  |  |  |  |  |
|  |  |  |  |  |  |  |
|  |  |  |  |  |  |  |
|  |  |  |  |  |  |  |
| 총매출액 |  |  |  |  |  |  |

210㎜×297㎜[백상지(120g/㎡) 또는 백상지(80g/㎡)]

■ 카지노업 영업준칙 [별지 제9호서식] 〈개정 2018.6. .〉

## 전자테이블게임 매출액 현황 ( 월)

| 일자 | 전자테이블게임 | | | 합계 |
| --- | --- | --- | --- | --- |
| | IN | OUT | 매출액 | |
| | | | | |
| 매출액 | | | | |

210㎜×297㎜[백상지(120g/㎡) 또는 백상지(80g/㎡)]

■ 카지노업 영업준칙 [별지 제10호서식] 〈개정 2018.6. .〉

## 머신게임매출액 현황 ( 월)

| 일자 | 슬롯머신 | | | 비디오게임 | | | 합계 |
| --- | --- | --- | --- | --- | --- | --- | --- |
| | IN | OUT | 매출액 | IN | OUT | 매출액 | |
| | | | | | | | |
| 매출액 | | | | | | | |

210㎜×297㎜[백상지(120g/㎡) 또는 백상지(80g/㎡)]

■ 카지노업 영업준칙 [별지 제11호서식] 〈개정 2019.6. .〉

## 월매출액 현황 ( 월)

| 일자 | 매출액 | 카지노수입금 | | | 카지노손실금 | | | 누적액 |
|---|---|---|---|---|---|---|---|---|
| | | 테이블 | 전자테이블 | 머신게임 | 테이블 | 전자테이블 | 머신게임 | |
| | | | | | | | | |
| | | | | | | | | |
| | | | | | | | | |
| | | | | | | | | |
| | | | | | | | | |
| | | | | | | | | |
| | | | | | | | | |
| 총매출액 | | | | | | | | |

210㎜ ×297㎜[백상지(120g/㎡) 또는 백상지(80g/㎡)]

■ 카지노업 영업준칙 [별지 제12호서식] 〈개정 2019.6. .〉

## 크레딧 내역 ( 월)

발생년도:

| 일자 | 제공내역 | | | 상환내역 | | | | |
|---|---|---|---|---|---|---|---|---|
| | 제공자 성명 | 제공받는자성명 (주소또는 전화번호) | 금액 | 제공일자 | 상환 일자 | 상환자 성명 | 제공받은 금액 | 상환금액 |
| | | | | | | | | |
| | | | | | | | | |
| | | | | | | | | |
| | | | | | | | | |
| | | | | | | | | |
| | | | | | | | | |

210㎜ ×297㎜[백상지(120g/㎡) 또는 백상지(80g/㎡)]

■ 카지노업 영업준칙 [별지 제13호서식] 〈개정 2019.6. .〉

# 전문모집인 및 고객과의 계약게임결과서

(앞쪽)

### 1. 전문모집인과의 계약게임결과서

(단위 : 명, 원)

| 연번 | 계약일자 | 게임기간 | 전문모집인 | | 고객수 | 매출내역 | | | | 수수료내역 | | | | 비용분담 | | 정산일 (수수료 지급일) |
|---|---|---|---|---|---|---|---|---|---|---|---|---|---|---|---|---|
| | | | 성명 | 국적 | | 드롭액 (A) | 지불액 (B) | 매출액 (C=A-B) | 총매출액 (C-D) | 수수료 (D=E+F) | 손실금수수료 (E) | 롤링수수료 (F) | 수수료지급내역 | 사업자 | 전문모집인 | |
| | | | | | | | | | | | | | | | | |
| | | | | | | | | | | | | | | | | |
| | | | | | | | | | | | | | | | | |
| | | | | | | | | | | | | | | | | |
| | | | | | | | | | | | | | | | | |
| | | | | | | | | | | | | | | | | |
| | | | | | | | | | | | | | | | | |
| | | | | | | | | | | | | | | | | |
| 합계 | | | | | | | | | | | | | | | | |

※ 1) 비용분담은 사업자 또는 전문모집인이 부담하는 사항(예, 항공료, 숙박료, 식음료비 등)을 기재, 혹은 부담하는 주체를 기재
　 2) 정산일과 수수료 지급일이 다를 경우에 기재

210㎜×297㎜[백상지(120g/㎡) 또는 백상지(80g/㎡)]

(뒤쪽)

### 2. 고객과의 계약게임결과서

(단위 : 명, 원)

| 연번 | 계약일자 | 게임기간 | 고객 | | 매출내역 | | | | 수수료내역 | | | | 비용분담 | | 정산일 (수수료 지급일) |
|---|---|---|---|---|---|---|---|---|---|---|---|---|---|---|---|
| | | | 성명 | 국적 | 드롭액 (A) | 지불액 (B) | 매출액 (C=A-B) | 총매출액 (C-D) | 수수료소계 (D=E+F) | 손실금수수료 (E) | 롤링수수료 (F) | 수수료지급내역 | 사업자 | 고객 | |
| | | | | | | | | | | | | | | | |
| | | | | | | | | | | | | | | | |
| | | | | | | | | | | | | | | | |
| | | | | | | | | | | | | | | | |
| | | | | | | | | | | | | | | | |
| | | | | | | | | | | | | | | | |
| | | | | | | | | | | | | | | | |
| | | | | | | | | | | | | | | | |
| 합계 | | | | | | | | | | | | | | | |

※ 1) 비용분담은 사업자 또는 고객이 부담하는 사항(예, 항공료, 숙박료, 식음료비 등)을 기재, 혹은 부담하는 주체를 기재
　 2) 정산일과 수수료 지급일이 다를 경우에 기재

210㎜×297㎜[백상지(120g/㎡) 또는 백상지(80g/㎡)]

# VI. 여행업 보증보험·공제 및 영업보증금 운영규정

문화체육관광부고시 제2013-15호, 2013.04.30. 일부개정
문화체육관광부고시 제2017-8호, 2017.02.28. 일부개정

# 제1장 총칙

**제1조(목적)** 이 규정은 관광진흥법 제9조 및 동법 시행규칙(이하 "시행규칙"이라 한다) 제18조의 규정에 의한 여행업자가 가입 또는 예치하여야 하는 보증보험·공제(이하 "보증보험 등"이라 한다) 및 영업보증금의 운영에 필요한 사항을 정함을 목적으로 한다.

**제2조(정의)** 이 규정에서 사용하는 용어의 정의는 다음과 같다.

1. "보증보험금 등"이라 함은 여행업자가 시행규칙 제18조의 규정에 의하여 보증보험 회사 또는 한국관광협회중앙회여행공제회에 가입한 금액을 말한다.
2. "영업보증금"이라 함은 여행업자가 시행규칙 제18조의 규정에 의하여 업종별 관광 협회(업종별 관광협회가 구성되지 아니한 경우에는 "지역별관광협회", 지역별관광협 회가 구성되지 아니한 경우 "광역 단위의 지역관광협의회"를 말한다. 이하 "업종·지역별협회·광역 단위의 지역관광협의회"라 한다)에 예치한 금액을 말한다.

**제3조(적용범위)** 이 규정은 여행업자가 여행알선과 관련한 사고로 인하여 여행자에게 피해를 준 경우 보증보험 등의 가입 또는 영업보증금의 예치기간 내에 발생한 변상금의 청구에 한하여 적용한다.

# 제2장 가입 및 해약

**제4조(보증보험 등에의 가입 등)** ① 여행업을 등록한 자가 시행규칙 제18조의 규정에 의하여 보증보험 등에 가입하거나 영업보증금을 예치하여야 하는 경우 그 피보험자는 업종·지역별 협회장·광역 단위의 지역관광협의회장으로 하여야 하며, 보증보험 등의

가입 또는 영업보증금의 예치를 위한 단위기간은 1년 이상으로 한다.

② 보증보험 등에 가입하거나 영업보증금을 예치하려는 자는 관광진흥법 시행규칙 제18조제3항에 따른 보증보험 등 가입금액(영업보증금 예치금액)의 기준이 되는 증빙자료(직전 사업연도 매출액 등)를 보험회사 등에 제출하여야 한다.

③ 보증보험 등에 가입하거나 영업보증금을 예치한 자는 보험증서, 공제증서 또는 예치증서 원본을 업종·지역별 협회장·광역 단위의 지역관광협의회장에게 제출하여야 한다.

④ 제3항의 규정에 따른 피보험자는 여행업자가 보증보험 등의 가입 또는 영업보증금의 예치후 기간만료 30일전에 기간만료 예정 사실을 여행업자 및 관할 등록기관의 장에게 사전 통보하여야 한다.

**제5조(보험회사 등의 조치)** ① 문화체육관광부장관은 제4조의 규정에 의하여 여행업자로부터 보증보험 등의 가입 또는 영업보증금의 예치를 받는 보증보험회사·여행공제회 또는 업종·지역별 협회장·광역 단위의 지역관광협의회장(이하 "보험회사 등"이라 한다)에 다음 각 호의 사항이 포함된 보증보험 등 또는 영업보증금의 운영에 필요한 사항을 정한 약관 또는 요령의 마련을 요청할 수 있다.

1. 보증보험 등의 가입·영업보증금의 예치에 관한 세부절차

2. 변상금의 청구·지불 및 환급에 관한 제반내용

② 문화체육관광부장관, 시·도지사, 한국관광협회중앙회장, 한국여행업협회장 및 지역별관광협회장·광역 단위의 지역관광협의회장은 제1항의 규정에 의하여 약관 또는 요령을 마련한 보험회사 등에게 그 약관 또는 요령의 제출을 요청할 수 있다.

**제6조(해약 및 환급)** ① 보험회사 등은 여행업의 등록이 취소되거나 폐업 또는 도산을 한 경우(기획여행의 경우 계획하였다가 기획여행을 실시하지 아니하게 된 경우)를 제외하고는 여행업자가 가입 또는 예치한 보증보험 등 또는 영업보증금을 해약하거나 환급하여서는 아니된다.

② 영업보증금을 관리하는 업종·지역별 협회장·광역 단위의 지역관광협의회장이 여행업자로부터 영업보증금의 환급을 청구 받은 때에는 최고 고시를 통하여 영업보증금에서 변상할 사항이 없음을 확인하고 환급하여야 한다.

# 제3장 피해변상

**제7조(피해변상 신청)** 여행알선과 관련한 사고로 인하여 피해를 입은 여행자는 당해 여행업자로부터 피해변상을 받을 수 없을 경우에 피해변상을 신청할 수 있으며, 이 경우 보증보험 등 또는 영업보증금의 피보험자 또는 변상금 수령자로 되어있는 업종 · 지역별협회장 · 광역 단위의 지역관광협의회장에게 하여야 한다.

**제8조(변상금 청구)** ① 제7조의 규정에 의하여 피해여행자로부터 변상금 지불신청을 받은 업종 · 지역별협회장 · 광역단위의 지역관광협의회장은 신청자외의 다른 피해자가 있는지 여부를 확인할 수 있도록 지체 없이 일간지에 공고하되 60일 이상 접수할 수 있도록 해야 한다.

② 변상금 신청을 받은 업종 · 지역별협회장 · 광역 단위의 지역관광협의회장은 피해변상 신청내용과 관련한 증빙자료 등을 검토 · 확인하고, 변상청구액을 정하여 보험회사 등에 청구하여야 하며, 청구 후 지체없이 피해여행자에게 관련 진행상황을 통보하여야 한다.

③ 제1항의 규정에 의한 변상금 청구의 적정을 기하기 위하여 각 업종 · 지역별협회장 · 광역 단위의 지역관광협의회장은 관계 전문가를 포함한 자체 심사기구를 설치 · 운영할 수 있다.

**제9조(변상금 지불)** ① 업종 · 지역별협회장 · 광역 단위의 지역관광협의회장으로부터 변상금 지불청구를 받은 보험회사 등은 특별한 사유가 없는 한 변상금 지불청구를 받은 날로부터 15일 이내에 변상금 전액을 지불하여야 한다.

② 보험회사 등은 변상금을 업종 · 지역별협회장 · 광역 단위의 지역관광협의회장에게 지불하거나 정당한 채권자에게 직접 지급할 수 있다.

③ 보험회사 등으로부터 변상금을 수령한 업종 · 지역별협회장 · 광역 단위의 지역관광협의회장은 지체 없이 이를 정당한 채권자에게 지불하여야 한다.

**제10조(초과변상금)** 보험회사 등은 변상금의 총액이 보증보험금 등 또는 영업보증금을 초과하는 경우에는 다른 법률에서 별도로 정한 경우가 아니면 피해자별 변상금액에 비례 균분하여 각각 변상하여야 하며, 그 순위에 차별을 두지 아니 한다.

# 제4장 보칙

**제11조(영업보증금의 충당)** 영업보증금에서 변상을 함으로써 그 예치잔액이 시행규칙 제18조의 규정에서 정한 금액에 미달할 경우 당해 여행업자는 1월 이내에 그 부족액을 전액 충당하여야 하며, 이를 관리하는 협회장은 이에 필요한 조치를 하여야 한다.

**제12조(장부 등의 비치)** 보험회사 등은 보증보험금 등 또는 영업보증금의 가입·예치 및 변상금의 지불 등에 관한 사항을 기록·관리하는 장부 및 증빙자료 등을 비치하여야 한다.

**제13조(재검토기한)** 「훈령·예규 등의 발령 및 관리에 관한 규정」에 따라 이 고시에 대하여 2017년 3월 1일을 기준으로 매년 3년이 되는 시점(매 3년째의 2월 28일까지를 말한다.) 마다 그 타당성을 검토하여 개선 등의 조치를 하여야 한다.

## 부칙 〈제2013-15호., 2013.4.30.〉

**제1조(시행일)** 이 고시는 고시한 날부터 시행한다.

## 부칙 〈제2017-8호., 2017.2.28.〉

**제1조(시행일)** 이 고시는 고시한 날부터 시행한다.

 최신 관광법규의 이해

# Ⅶ. 여행업 표준약관

## 1. 국내여행표준약관

공정거래위원회 표준약관 제10020호, 개정 2019.08.30.

**제1조(목적)** 이 약관은 ○○여행사와 여행자가 체결한 국내여행계약의 세부이행 및 준수사항을 정함을 목적으로 합니다.

**제2조(여행업자와 여행자 의무)** ① 여행업자는 여행자에게 안전하고 만족스러운 여행서비스를 제공하기 위하여 여행알선 및 안내·운송·숙박 등 여행계획의 수립 및 실행과정에서 맡은 바 임무를 충실히 수행하여야 합니다.

② 여행자는 안전하고 즐거운 여행을 위하여 여행자간 화합도모 및 여행업자의 여행질서 유지에 적극 협조하여야 합니다.

**제3조(여행의 종류 및 정의)** 여행의 종류와 정의는 다음과 같습니다.

1. 희망여행: 여행자가 희망하는 여행조건에 따라 여행업자가 실시하는 여행.
2. 일반모집여행: 여행업자가 수립한 여행조건에 따라 여행자를 모집하여 실시하는 여행.
3. 위탁모집여행: 여행업자가 만든 모집여행상품의 여행자 모집을 타 여행업체에 위탁하여 실시하는 여행.

**제4조(계약의 구성)** ① 여행계약은 여행계약서(붙임)와 여행약관·여행일정표(또는 여행설명서)를 계약내용으로 합니다.

② 여행일정표(또는 여행설명서)에는 여행일자별 여행지와 관광내용·교통수단·쇼핑횟수·숙박장소·식사 등 여행실시일정 및 여행사 제공 서비스 내용과 여행자 유의사항이 포함되어야 합니다.

**제5조(특약)** 여행업자와 여행자는 관계법규에 위반되지 않는 범위내에서 서면으로 특약을 맺을 수 있습니다. 이 경우 표준약관과 다름을 여행업자는 여행자에게 설명하여야 합니다.

**제6조(계약서 및 약관 등 교부)** 여행업자는 여행자와 여행계약을 체결한 경우 계약서와 여행약관, 여행일정표(또는 여행설명서)를 각 1부씩 여행자에게 교부하여야 합니다.

**제7조(계약서 및 약관 등 교부 간주)** 다음 각 호의 경우에는 여행업자가 여행자에게 여행계

약서와 여행약관 및 여행일정표(또는 여행설명서)가 교부된 것으로 간주합니다.

1. 여행자가 인터넷 등 전자정보망으로 제공된 여행계약서, 약관 및 여행일정표(또는 여행설명서)의 내용에 동의하고 여행계약의 체결을 신청한데 대해 여행업자가 전자정보망 내지 기계적 장치 등을 이용하여 여행자에게 승낙의 의사를 통지한 경우

2. 여행업자가 팩시밀리 등 기계적 장치를 이용하여 제공한 여행계약서, 약관 및 여행일정표(또는 여행설명서)의 내용에 대하여 여행자가 동의하고 여행계약의 체결을 신청하는 서면을 송부한데 대해 여행업자가 전자정보망 내지 기계적 장치 등을 이용하여 여행자에게 승낙의 의사를 통지한 경우

**제8조(여행업자의 책임)** ① 여행업자는 여행 출발시부터 도착시까지 여행업자 본인 또는 그 고용인, 현지여행업자 또는 그 고용인 등(이하 '사용인'이라 함)이 제2조제1항에서 규정한 여행업자 임무와 관련하여 여행자에게 고의 또는 과실로 손해를 가한 경우 책임을 집니다.

② 여행업자는 항공기, 기차, 선박 등 교통기관의 연발착 또는 교통체증 등으로 인하여 여행자가 입은 손해를 배상하여야 합니다. 단 여행업자가 고의 또는 과실이 없음을 입증한 때에는 그러하지 아니합니다.

③ 여행업자는 자기나 그 사용인이 여행자의 수화물 수령·인도·보관 등에 관하여 주의를 해태하지 아니하였음을 증명하지 아니 하는 한 여행자의 수화물 멸실, 훼손 또는 연착으로 인하여 발생한 손해를 배상하여야 합니다.

**제9조(최저 행사인원 미 충족시 계약해제)** ① 여행업자는 최저행사인원이 충족되지 아니하여 여행계약을 해제하는 경우 당일여행의 경우 여행출발 24시간 이전까지, 1박2일 이상인 경우에는 여행출발 48시간 이전까지 여행자에게 통지하여야 합니다.

② 여행업자가 여행참가자 수의 미달로 전항의 기일내 통지를 하지 아니하고 계약을 해제하는 경우 이미 지급받은 계약금 환급 외에 계약금 100% 상당액을 여행자에게 배상하여야 합니다.

**제10조(계약체결 거절)** 여행업자는 여행자에게 다음 각 호의 1에 해당하는 사유가 있을 경우에는 여행자와의 계약체결을 거절할 수 있습니다.

1. 다른 여행자에게 폐를 끼치거나 여행의 원활한 실시에 지장이 있다고 인정될 때
2. 질병 기타 사유로 여행이 어렵다고 인정될 때
3. 계약서에 명시한 최대행사인원이 초과되었을 때

**제11조(여행요금)** ① 기본요금에는 다음 각 호가 포함됩니다. 단, 희망여행은 당사자간 합의에 따릅니다.

1. 항공기, 선박, 철도 등 이용운송기관의 운임(보통운임기준)
2. 공항, 역, 부두와 호텔사이 등 송영버스요금

3. 숙박요금 및 식사요금

4. 안내자경비

5. 여행 중 필요한 각종 세금

6. 국내 공항·항만 이용료

7. 일정표내 관광지 입장료

8. 기타 개별계약에 따른 비용

② 여행자는 계약 체결시 계약금(여행요금 중 10%이하의 금액)을 여행업자에게 지급하여야 하며, 계약금은 여행요금 또는 손해배상액의 전부 또는 일부로 취급합니다.

③ 여행자는 제1항의 여행요금 중 계약금을 제외한 잔금을 여행출발 전일까지 여행업자에게 지급하여야 합니다.

④ 여행자는 제1항의 여행요금을 여행업자가 지정한 방법(지로구좌, 무통장 입금 등)으로 지급하여야 합니다.

⑤ 희망여행요금에 여행자 보험료가 포함되는 경우 여행업자는 보험회사명, 보상내용 등을 여행자에게 설명하여야 합니다.

**제12조(여행조건의 변경요건 및 요금 등의 정산)**  ① 위 제1조 내지 제11조의 여행조건은 다음 각 호의 1의 경우에 한하여 변경될 수 있습니다.

1. 여행자의 안전과 보호를 위하여 여행자의 요청 또는 현지사정에 의하여 부득이하다고 쌍방이 합의한 경우

2. 천재지변, 전란, 정부의 명령, 운송·숙박기관 등의 파업·휴업 등으로 여행의 목적을 달성할 수 없는 경우

② 제1항의 여행조건 변경으로 인하여 제11조제1항의 여행요금에 증감이 생기는 경우에는 여행출발 전 변경 분은 여행출발 이전에, 여행 중 변경 분은 여행종료 후 10일 이내에 각각 정산(환급)하여야 합니다.

③ 제1항의 규정에 의하지 아니하고 여행조건이 변경되거나 제13조 또는 제14조의 규정에 의한 계약의 해제·해지로 인하여 손해배상액이 발생한 경우에는 여행출발 전 발생 분은 여행출발이전에, 여행 중 발생 분은 여행 종료 후 10일 이내에 각각 정산(환급)하여야 합니다.

④ 여행자는 여행출발후 자기의 사정으로 숙박, 식사, 관광 등 여행요금에 포함된 서비스를 제공받지 못한 경우 여행업자에게 그에 상응하는 요금의 환급을 청구할 수 없습니다. 단, 여행이 중도에 종료된 경우에는 제14조에 준하여 처리합니다.

**제13조(여행출발 전 계약해제)**  ① 여행업자 또는 여행자는 여행출발전 이 여행계약을 해제할 수 있습니다. 이 경우 발생하는 손해액은 '소비자피해보상규정'(재정경제부고시)에 따라 배상합니다.

② 여행업자 또는 여행자는 여행출발 전에 다음 각 호의 1에 해당하는 사유가 있는 경우

상대방에게 제1항의 손해배상액을 지급하지 아니하고 이 여행계약을 해제할 수 있습니다.

1. 여행업자가 해제할 수 있는 경우

    가. 제12조제1항제1호 및 제2호사유의 경우

    나. 여행자가 다른 여행자에게 폐를 끼치거나 여행의 원활한 실시에 현저한 지장이 있다고 인정될 때

    다. 질병 등 여행자의 신체에 이상이 발생하여 여행에의 참가가 불가능한 경우

    라. 여행자가 계약서에 기재된 기일까지 여행요금을 지급하지 아니하는 경우

2. 여행자가 해제할 수 있는 경우

    가. 제12조제1항제1호 및 제2호사유의 경우

    나. 여행자의 3촌이내 친족이 사망한 경우

    다. 질병 등 여행자의 신체에 이상이 발생하여 여행에의 참가가 불가능한 경우

    라. 배우자 또는 직계존비속이 신체이상으로 3일 이상 병원(의원)에 입원하여 여행 출발시까지 퇴원이 곤란한 경우 그 배우자 또는 보호자 1인

    마. 여행업자의 귀책사유로 계약서에 기재된 여행일정대로의 여행실시가 불가능해진 경우

**제14조(여행출발 후 계약해지)**　① 여행업자 또는 여행자는 여행출발 후 부득이한 사유가 있는 경우 이 계약을 해지할 수 있습니다. 단, 이로 인하여 상대방이 입은 손해를 배상하여야 합니다.

② 제1항의 규정에 의하여 계약이 해지된 경우 여행업자는 여행자가 귀가하는데 필요한 사항을 협조하여야 하며, 이에 필요한 비용으로서 여행업자의 귀책사유에 의하지 아니한 것은 여행자가 부담합니다.

**제15조(여행의 시작과 종료)**　여행의 시작은 출발하는 시점부터 시작하며 여행일정이 종료하여 최종목적지에 도착함과 동시에 종료합니다. 다만, 계약 및 일정을 변경할 때에는 예외로 합니다.

**제16조(설명의무)**　여행업자는 이 약관에 정하여져 있는 중요한 내용 및 그 변경사항을 여행자가 이해할 수 있도록 설명하여야 합니다.

**제17조(보험가입 등)**　여행업자는 여행과 관련하여 여행자에게 손해가 발생 한 경우 여행자에게 보험금을 지급하기 위한 보험 또는 공제에 가입하거나 영업 보증금을 예치하여야 합니다.

**제18조(기타사항)**　① 이 계약에 명시되지 아니한 사항 또는 이 계약의 해석에 관하여 다툼이 있는 경우에는 여행업자와 여행자가 합의하여 결정하되, 합의가 이루어지지 아니한 경우에는 관계법령 및 일반관례에 따릅니다.

② 특수지역에의 여행으로서 정당한 사유가 있는 경우에는 약관의 내용과 다르게 정할 수 있습니다.

# 2. 국외여행 표준약관

공정거래위원회 표준약관 제10021호, 개정 2019.08.30.

**제1조(목적)** 이 약관은 ○○여행사와 여행자가 체결한 국외여행계약의 세부 이행 및 준수 사항을 정함을 목적으로 합니다.

**제2조(여행업자와 여행자 의무)** ① 여행업자는 여행자에게 안전하고 만족스러운 여행서비스를 제공하기 위하여 여행알선 및 안내·운송·숙박 등 여행계획의 수립 및 실행과정에서 맡은 바 임무를 충실히 수행하여야 합니다.

② 여행자는 안전하고 즐거운 여행을 위하여 여행자간 화합도모 및 여행업자의 여행질서 유지에 적극 협조하여야 합니다.

**제3조(용어의 정의)** 여행의 종류 및 정의, 해외여행수속대행업의 정의는 다음과 같습니다.

1. 기획여행: 여행업자가 미리 여행목적지 및 관광일정, 여행자에게 제공될 운송 및 숙식 서비스 내용(이하 '여행서비스'라 함), 여행요금을 정하여 광고 또는 기타 방법으로 여행자를 모집하여 실시하는 여행.

2. 희망여행: 여행자(개인 또는 단체)가 희망하는 여행조건에 따라 여행업자가 운송·숙식·관광 등 여행에 관한 전반적인 계획을 수립하여 실시 하는 여행.

3. 해외여행 수속대행(이하 수속대형계약이라 함): 여행업자가 여행자로부터 소정의 수속대행요금을 받기로 약정하고, 여행자의 위탁에 따라 다음에 열거하는 업무(이하 수속대행업무라함)를 대행하는 것.

   1) 여권, 사증, 재입국 허가 및 각종 증명서 취득에 관한 수속

   2) 출입국 수속서류 작성 및 기타 관련업무

**제4조(계약의 구성)** ① 여행계약은 여행계약서(붙임)와 여행약관·여행일정표(또는 여행설명서)를 계약내용으로 합니다.

② 여행일정표(또는 여행설명서)에는 여행일자별 여행지와 관광내용·교통수단·쇼핑횟수·숙박장소·식사 등 여행실시일정 및 여행사 제공 서비스 내용과 여행자 유의사항이 포함되어야 합니다.

**제5조(특약)** 여행업자와 여행자는 관계법규에 위반되지 않는 범위내에서 서면으로 특약을 맺을 수 있습니다. 이 경우 표준약관과 다름을 여행업자는 여행자에게 설명해야 합니다.

**제6조(계약서 및 약관 등 교부)** 여행업자는 여행자와 여행계약을 체결한 경우 계약서와 여행약관, 여행일정표(또는 여행설명서)를 각 1부씩 여행자에게 교부하여야 합니다.

**제7조(계약서 및 약관 등 교부 간주)** 여행업자와 여행자는 다음 각 호의 경우 여행계약서와

여행약관 및 여행일정표(또는 여행설명서)가 교부된 것으로 간주합니다.

1. 여행자가 인터넷 등 전자정보망으로 제공된 여행계약서, 약관 및 여행일정표(또는 여행설명서)의 내용에 동의하고 여행계약의 체결을 신청한데 대해 여행업자가 전자정보망 내지 기계적 장치 등을 이용하여 여행자에게 승낙의 의사를 통지한 경우

2. 여행업자가 팩시밀리 등 기계적 장치를 이용하여 제공한 여행계약서, 약관 및 여행일정표(또는 여행설명서)의 내용에 대하여 여행자가 동의하고 여행계약의 체결을 신청하는 서면을 송부한데 대해 여행업자가 전자정보망 내지 기계적 장치 등을 이용하여 여행자에게 승낙의 의사를 통지한 경우

**제8조(여행업자의 책임)** 여행업자는 여행 출발시부터 도착시까지 여행업자 본인 또는 그 고용인, 현지여행업자 또는 그 고용인 등(이하 '사용인'이라 함)이 제2조제1항에서 규정한 여행업자 임무와 관련하여 여행자에게 고의 또는 과실로 손해를 가한 경우 책임을 집니다.

**제9조(최저행사인원 미 충족시 계약해제)** ① 여행업자는 최저행사인원이 충족되지 아니하여 여행계약을 해제하는 경우 여행출발 7일전까지 여행자에게 통지하여야 합니다.

② 여행업자가 여행참가자 수 미달로 전항의 기일내 통지를 하지 아니하고 계약을 해제하는 경우 이미 지급받은 계약금 환급 외에 다음 각 목의 1의 금액을 여행자에게 배상하여야 합니다.

가. 여행출발 1일전까지 통지시: 여행요금의 20%

나. 여행출발 당일 통지시: 여행요금의 50%

**제10조(계약체결 거절)** 여행업자는 여행자에게 다음 각 호의 1에 해당하는 사유가 있을 경우에는 여행자와의 계약체결을 거절할 수 있습니다.

1. 다른 여행자에게 폐를 끼치거나 여행의 원활한 실시에 지장이 있다고 인정될 때

2. 질병 기타 사유로 여행이 어렵다고 인정될 때

3. 계약서에 명시한 최대행사인원이 초과되었을 때

**제11조(여행요금)** ① 여행계약서의 여행요금에는 다음 각 호가 포함됩니다. 단, 희망여행은 당사자간 합의에 따릅니다.

1. 항공기, 선박, 철도 등 이용운송기관의 운임(보통운임기준)

2. 공항, 역, 부두와 호텔사이 등 송영버스요금

3. 숙박요금 및 식사요금

4. 안내자경비

5. 여행 중 필요한 각종세금

6. 국내외 공항·항만세

7. 관광진흥개발기금

8. 일정표내 관광지 입장료

9. 기타 개별계약에 따른 비용

② 여행자는 계약체결시 계약금(여행요금 중 10% 이하 금액)을 여행업자에게 지급하여야 하며, 계약금은 여행요금 또는 손해배상액의 전부 또는 일부로 취급합니다.

③ 여행자는 제1항의 여행요금 중 계약금을 제외한 잔금을 여행출발 7일전까지 여행업자에게 지급하여야 합니다.

④ 여행자는 제1항의 여행요금을 여행업자가 지정한 방법(지로구좌, 무통장입금 등)으로 지급하여야 합니다.

⑤ 희망여행요금에 여행자 보험료가 포함되는 경우 여행업자는 보험회사명, 보상내용 등을 여행자에게 설명하여야 합니다.

**제12조(여행요금의 변경)** ① 국외여행을 실시함에 있어서 이용운송·숙박기관에 지급하여야 할 요금이 계약체결시보다 5%이상 증감하거나 여행요금에 적용된 외화환율이 계약체결시보다 2% 이상 증감한 경우 여행업자 또는 여행자는 그 증감된 금액 범위 내에서 여행요금의 증감을 상대방에게 청구할 수 있습니다.

② 여행업자는 제1항의 규정에 따라 여행요금을 증액하였을 때에는 여행출발일 15일전에 여행자에게 통지하여야 합니다.

**제13조(여행조건의 변경요건 및 요금 등의 정산)** ① 위 제1조 내지 제12조의 여행조건은 다음 각 호의 1의 경우에 한하여 변경될 수 있습니다.

  1. 여행자의 안전과 보호를 위하여 여행자의 요청 또는 현지사정에 의하여 부득이하다고 쌍방이 합의한 경우

  2. 천재지변, 전란, 정부의 명령, 운송·숙박기관 등의 파업·휴업 등으로 여행의 목적을 달성할 수 없는 경우

② 제1항의 여행조건 변경 및 제12조의 여행요금 변경으로 인하여 제11조제1항의 여행요금에 증감이 생기는 경우에는 여행출발 전 변경 분은 여행출발 이전에, 여행 중 변경 분은 여행종료 후 10일 이내에 각각 정산(환급)하여야 합니다.

③ 제1항의 규정에 의하지 아니하고 여행조건이 변경되거나 제14조 또는 제15조의 규정에 의한 계약의 해제·해지로 인하여 손해배상액이 발생한 경우에는 여행출발 전 발생 분은 여행출발이전에, 여행 중 발생 분은 여행종료 후 10일 이내에 각각 정산(환급)하여야 합니다.

④ 여행자는 여행출발 후 자기의 사정으로 숙박, 식사, 관광 등 여행요금에 포함된 서비스를 제공받지 못한 경우 여행업자에게 그에 상응하는 요금의 환급을 청구할 수 없습니다. 단, 여행이 중도에 종료된 경우에는 제16조에 준하여 처리합니다.

**제14조(손해배상)** ① 여행업자는 현지여행업자 등의 고의 또는 과실로 여행자에게 손해를 가한 경우 여행업자는 여행자에게 손해를 배상하여야 합니다.

② 여행업자의 귀책사유로 여행자의 국외여행에 필요한 여권, 사증, 재입국 허가 또는 각

종 증명서 등을 취득하지 못하여 여행자의 여행일정에 차질이 생긴 경우 여행업자는 여행자로부터 절차대행을 위하여 받은 금액 전부 및 그 금액의 100% 상당액을 여행자에게 배상하여야 합니다.

③ 여행업자는 항공기, 기차, 선박 등 교통기관의 연발착 또는 교통체증 등으로 인하여 여행자가 입은 손해를 배상하여야 합니다. 단, 여행업자가 고의 또는 과실이 없음을 입증한 때에는 그러하지 아니합니다.

④ 여행업자는 자기나 그 사용인이 여행자의 수하물 수령, 인도, 보관 등에 관하여 주의를 해태(懈怠)하지 아니하였음을 증명하지 아니하면 여행자의 수하물 멸실, 훼손 또는 연착으로 인한 손해를 배상할 책임을 면하지 못합니다.

**제15조(여행출발 전 계약해제)** ① 여행업자 또는 여행자는 여행출발전 이 여행계약을 해제할 수 있습니다. 이 경우 발생하는 손해액은 '소비자피해보상규정'(재정경제부고시)에 따라 배상합니다.

② 여행업자 또는 여행자는 여행출발 전에 다음 각 호의 1에 해당하는 사유가 있는 경우 상대방에게 제1항의 손해배상액을 지급하지 아니하고 이 여행계약을 해제할 수 있습니다.

1. 여행업자가 해제할 수 있는 경우
   가. 제13조제1항제1호 및 제2호사유의 경우
   나. 다른 여행자에게 폐를 끼치거나 여행의 원활한 실시에 현저한 지장이 있다고 인정될 때
   다. 질병 등 여행자의 신체에 이상이 발생하여 여행에의 참가가 불가능한 경우
   라. 여행자가 계약서에 기재된 기일까지 여행요금을 납입하지 아니한 경우
2. 여행자가 해제할 수 있는 경우
   가. 제13조제1항제1호 및 제2호의 사유가 있는 경우
   나. 여행자의 3촌 이내 친족이 사망한 경우
   다. 질병 등 여행자의 신체에 이상이 발생하여 여행에의 참가가 불가능한 경우
   라. 배우자 또는 직계존비속이 신체이상으로 3일 이상 병원(의원)에 입원하여 여행출발 전까지 퇴원이 곤란한 경우 그 배우자 또는 보호자 1인
   마. 여행업자의 귀책사유로 계약서 또는 여행일정표(여행설명서)에 기재된 여행일정대로의 여행실시가 불가능해진 경우
   바. 제12조제1항의 규정에 의한 여행요금의 증액으로 인하여 여행 계속이 어렵다고 인정될 경우

**제16조(여행출발 후 계약해지)** ① 여행업자 또는 여행자는 여행출발 후 부득이한 사유가 있는 경우 이 여행계약을 해지할 수 있습니다. 단, 이로 인하여 상대방이 입은 손해를 배상하여야 합니다.

② 제1항의 규정에 의하여 계약이 해지된 경우 여행업자는 여행자가 귀국하는데 필요한

사항을 협조하여야 하며, 이에 필요한 비용으로서 여행업자의 귀책사유에 의하지 아니한 것은 여행자가 부담합니다.

**제17조(여행의 시작과 종료)**  여행의 시작은 탑승수속(선박인 경우 승선수속)을 마친 시점으로 하며, 여행의 종료는 여행자가 입국장 보세구역을 벗어나는 시점으로 합니다. 단, 계약내용상 국내이동이 있을 경우에는 최초 출발지에서 이용하는 운송수단의 출발시각과 도착시각으로 합니다.

**제18조(설명의무)**  여행업자는 계약서에 정하여져 있는 중요한 내용 및 그 변경사항을 여행자가 이해할 수 있도록 설명하여야 합니다.

**제19조(보험가입 등)**  여행업자는 이 여행과 관련하여 여행자에게 손해가 발생한 경우 여행자에게 보험금을 지급하기 위한 보험 또는 공제에 가입하거나 영업보증금을 예치하여야 합니다.

**제20조(기타사항)**  ① 이 계약에 명시되지 아니한 사항 또는 이 계약의 해석에 관하여 다툼이 있는 경우에는 여행업자 또는 여행자가 합의하여 결정하되, 합의가 이루어지지 아니한 경우에는 관계법령 및 일반관례에 따릅니다.
② 특수지역에의 여행으로서 정당한 사유가 있는 경우에는 이 표준약관의 내용과 달리 정할 수 있습니다.

# Ⅷ. 소비자분쟁해결기준[1]

(공정거래위원회고시 제2022-25호, 2022. 12. 28., 일부개정)

## 1. 국내여행 분쟁유형 및 해결기준

### 1) 여행취소로 인한 피해

### (1) 여행사의 귀책사유로 여행사가 취소하는 경우

① 당일여행인 경우

- 여행개시 3일전까지 통보시 ⇒ 계약금환급
- 여행개시 2일전까지 통보시 ⇒ 계약금환급 및 요금의 10% 배상
- 여행개시 1일전까지 통보시 ⇒ 계약금환급 및 요금의 20% 배상
- 여행당일 통보 및 통보가 없는 경우 ⇒ 계약금환급 및 요금의 30% 배상

② 숙박여행인 경우

- 여행개시 5일전까지 통보시 ⇒ 계약금환급
- 여행개시 2일전까지 통보시 ⇒ 계약금환급 및 요금의 10% 배상
- 여행개시 1일전까지 통보시 ⇒ 계약금환급 및 요금의 20% 배상
- 여행당일 통보 및 통보가 없는 경우 ⇒ 계약금환급 및 요금의 30% 배상

### (2) 여행자의 귀책사유로 여행자가 취소하는 경우

① 당일여행인 경우

- 여행개시 3일전까지 통보시 ⇒ 전액환급
- 2일전까지 통보시 ⇒ 요금의 10% 배상
- 여행개시 1일전까지 통보시 ⇒ 요금의 20% 배상
- 여행개시 당일 취소하거나 연락없이 불참할 경우 ⇒ 요금의 30% 배상

---

1) 「소비자분쟁해결기준」(공정거래위원회고시 제2022-25호, 2022.12.28., 일부개정)[별표 2] 「품목별해결기준」
의 62개품목 중 〈31 여행업(2개 업종)〉 참조 정리함.

② 숙박여행인 경우

- 5일전까지 취소 통보시 ⇒ 전액환급
- 여행개시 2일전까지 취소 통보시 ⇒ 요금의 10% 배상
- 여행개시 1일전까지 취소 통보시 ⇒ 요금의 20% 배상
- 당일취소하거나 연락없이 불참한 경우 ⇒ 요금의 30% 배상 (3) 여행사의 계약조건
  위반으로 여행자가 여행계약을 해제하는 경우(여행전)

## (3) 여행사의 계약조건 위반으로 여행계약을 해지하는 경우

① 당일여행인 경우

- 여행개시 3일전까지 계약조건 변경 통보시 ⇒ 계약금환급
- 여행개시 2일전까지 계약조건 변경 통보시 ⇒계약금환급 및 요금의 10% 배상
- 1일전까지 계약조건 변경 통보시 ⇒ 계약금환급 및 요금의 20% 배상
- 여행당일 계약조건 변경통보 또는 통보가 없을 시 ⇒ 계약금환급 및 요금의 30% 배상

② 숙박여행인 경우

- 여행개시 5일전까지 계약조건 변경 통보시 ⇒ 계약금환급
- 2일전까지 계약조건 변경 통보시 ⇒ 계약금환급 및 요금의 10% 배상
- 1일전까지 계약조건 변경 통보시 ⇒ 계약금환급 및 요금의 20% 배상
- 여행당일 계약조건 변경통보 또는 통보가 없을 시 ⇒ 계약금환급 및 요금의 30% 배상

## (4) 여행참가자 수의 미달로 여행사가 여행계약을 취소하는 경우

(사전 통지기일 미준수) ⇒ 계약금환급 및 계약금의 100%(위약금) 배상

**(5)** 천재지변, 전란, 정부의 명령, 운송·숙박기관 등의 파업·휴업 등으로 여행의 목적을 달성할 수 없는 사유로 취소하는 경우 ⇒ 계약금환급

**2)** 여행사의 계약조건 위반으로 인한 피해(여행후) ⇒ 여행자가 입은 손해배상

**3)** 여행사 또는 여행종사자의 고의 또는 과실로 인한 여행자의 피해 ⇒ 여행자가 입은 손해배상

**4)** 여행 중 위탁수하물의 분실, 도난, 기타사고로 인한 피해 ⇒ 여행자가 입은 손해배상

**5)** 여행사가 고의·과실로 인해 여행일정의 지연 또는 운송 미완수 ⇒ 여행자가 입은 손해배상
  ※ 운송수단의 고장, 교통사고 등 운수업체의 고의·과실에 의한 경우도 포함

## 2. 국외여행 분쟁유형 및 해결기준

### 1) 여행취소로 인한 피해

#### (1) 여행사의 귀책사유로 여행사가 취소하는 경우 ⇒ 여행자가 입은 손해배상

○ 여행개시 30일전까지( ~30) 통보 시 ⇒ 계약금환급
○ 여행개시 20일전까지(29~20) 통보시 ⇒ 여행요금의 10% 배상
○ 여행개시 10일전까지(19~10) 통보시 ⇒ 여행요금의 15% 배상
○ 여행개시 8일전까지(9~8) 통보시 ⇒ 여행요금의 20% 배상
○ 여행개시 1일전까지(7~1) 통보시 ⇒ 여행요금의 30% 배상
○ 여행 당일 통보시 ⇒ 여행경비의 50% 배상

#### (2) 여행자의 여행계약 해제 요청이 있는 경우

○ 여행개시 30일전까지( ~30) 통보 시 ⇒ 계약금환급
○ 여행개시 20일전까지(29~20) 통보시 ⇒ 여행요금의 10% 배상
○ 여행개시 10일전까지(19~10) 통보시 ⇒ 여행요금의 15% 배상
○ 여행개시 8일전까지(9~8) 통보시 ⇒ 여행요금의 20% 배상
○ 여행개시 1일전까지(7~1) 통보시 ⇒ 여행요금의 30% 배상
○ 여행 당일 통보시 ⇒ 여행경비의 50% 배상

#### (3) 여행참가자 수의 미달로 여행개시 7일전까지 여행계약해제 통지시 ⇒ 계약금 환급

#### (4) 여행참가자 수의 미달로 인한 여행 개시 7일전 까지 통지 기일 미준수

○ 여행개시 1일전까지 통지시 ⇒ 여행경비의 30% 배상
○ 여행 출발당일 통지시 ⇒ 여행경비의 50% 배상

#### (5) 천재지변, 전란, 정부의 명령, 운송·숙박기관 등의 파업·휴업 등으로 여행의 목적을 달성할 수 없는 사유로 취소하는 경우 ⇒ 계약금환급

### 2) 여행사의 계약조건 위반으로 인한 피해(여행후)

⇒ 신체 손상이 없을 때 최대 여행 대금 범위내에서 배상
⇒ 신체손상 시 위자료, 치료비, 휴업손해 등 배상

### 3) 여행계약의 이행에 있어 여행종사자의 고의 또는 과실로 여행자에게 손해를 끼쳤을 경우 ⇒ 여행자가 입은 손해배상

4) 여행 출발 이후 소비자와 사업자의 귀책사유 없이 당초 계약과 달리 이행되지 않은 일정이 있는 경우 ⇒ 사업자는 이행되지 않은 일정에 해당하는 금액을 소비자에게 환급. (* 단, 사업자가 이미 비용을 지급하고 환급받지 못하였음을 소비자에게 입증하는 경우와 별도의 비용 지출이 없음을 입증하는 경우는 제외함.)

5) 여행 출발 이후 당초 계획과 다른 일정으로 대체되는 경우 (당초 일정의 소요 비용보다 대체 일정의 소요 비용이 적게 든 경우) ⇒ 사업자는 그 차액을 소비자에게 환급

6) 감염병 발생으로 사업자 또는 여행자가 계약해제를 요청한 경우
  ○ 외국 정부가 우리 국민에 대해 입국금지·격리조치 및 이에 준하는 명령을 발령하여 계약을 이행할 수 없는 경우, 계약체결 이후 외교부가 여행지역·국가에 여행경보 3단계(철수권고)·4단계(여행금지)를 발령하여 계약을 이행할 수 없는 경우, 항공·철도·선박 등의 운항이 중단되어 계약을 이행할 수 없는 경우 ⇒ 위약금 없이 계약금 환급
  ○ 계약체결 이후 외교부가 여행지역·국가에 특별여행주의보를 발령하거나 세계보건기구(WHO)가 감염병 경보 6단계(세계적 대유행, 팬데믹)·5단계를 선언하여 계약을 이행하기 상당히 어려운 경우 ⇒ 위약금 50% 감경
  ※ 사업자는 이미 지급받은 여행요금(계약금 포함) 등에서 위약금 감경 후 잔액을 여행자에게 환급함
  ※ 세계보건기구(WHO)가 감염병 경보 5단계를 선언한 경우는 감염병이 발생한 해당지역에 한함

# IX. 국외여행인솔자 교육기관 지정 및 교육과정 운영에 관한 요령

문화체육관광부고시 제2023-30호, 2023.6.1., 일부개정

**제1조(목적)** 이 요령은 「관광진흥법 시행규칙」(이하 "규칙"이라 한다) 제22조 제2항의 규정에 따라 국외여행인솔자 교육기관의 지정과 교육과정의 운영에 관하여 필요한 사항을 정함을 목적으로 한다.

**제2조(교육의 종류 및 정의)** ① 규칙 제22조제1항제2호 및 제3호에 따른 국외여행인솔자 교육은 소양교육과 양성교육으로 나눈다.

② 소양교육은 여행업체에서 6개월 이상 근무하고 국외여행경험이 있는 자를 대상으로 국외여행인솔에 필요한 지식 및 실무를 가르치는 교육과정을 말한다.

③ 양성교육은 관광관련 중등교육(관광고등학교 교육과정)을 이수한 자 및 고등교육(전문대학이상의 교육과정)을 이수했거나 이수예정인 자를 대상으로 국외여행인솔에 필요한 지식 및 실무 가르치는 교육과정을 말한다.

**제3조(교육기관의 지정)** ① 규칙 제22조제1항제2호 및 제3호의 규정에 대하여 국외여행인솔자 교육을 위한 교육기관을 운영하고자 하는 자는 이 요령이 정하는 바에 의하여 문화체육관광부장관의 지정을 받아야 한다.

② 교육기관 지정을 신청할 수 있는 자는 다음 각 호와 같다.

1. 한국관광공사 관광아카데미
2. 관광사업자 단체 또는 관광사업자가 운영하는 교육시설
3.「고등교육법」 제2조에 규정된 학교
4.「평생교육법」 제2조에 규정된 평생교육시설

**제4조(교육기관의 지정신청)** 제3조의 규정에 의하여 국외여행인솔자 교육기관으로 지정을 받고자 하는 자는 다음 각호의 서류를 갖추어 별지 제1호 서식의 국외여행인솔자 교육기관 지정신청서를 문화체육관광부장관에게 제출하여야 한다.

1. 제3조 제2항의 규정에 의해 신청 가능한 기관임을 증명할 수 있는 서류
2. 교육기관 개황
3. 교육과정 운영계획(교육기관 지정기준 참조작성)

4. 교육시설 현황

5. 강사의 명부 및 이력서 등

**제5조(교육기관 지정서 교부)** 문화체육관광부장관은 제4조의 규정에 의한 국외여행인솔자 교육기관 지정신청을 받은 경우에는 별표의 교육기관 지정기준에 적합한지의 여부를 검토한 후 별지 제2호 서식의 국외여행인솔자 교육기관 지정서를 신청인에게 교부하여야 한다.

**제6조(교육기관의 지정기준 등)** 제3조의 규정에 의한 교육기관별 시설 및 운영 등에 관한 지정기준은 별표와 같다.

**제7조(지정 취소)** 문화체육관광부장관은 제 7조의 규정에 의거 교육기관으로 지정받은 기관에 대하여 다음 각호에 해당하는 경우, 그 지정을 취소할 수 있다.

1. 교육기관이 지정당시 별표 지정 기준(시설 및 운영기준)을 유지하지 못할 경우

2. 최근 3년간 교육과정을 운영하지 않을 경우

3. 허위로 교육과정을 운영하는 경우

4. 9조의 교육기관의 역할 및 임무를 다하지 못하여 국외여행인솔자를 배출하는 교육기관으로서의 목적을 달성할 수 없다고 문화관광체육관광부장관이 인정한 때

**제8조(지정서의 재교부)** ① 제6조의 규정에 의하여 교부받은 지정서를 재교부 받고자 하는 교육기관은 문화체육관광부장관에게 지정서 재교부를 신청하여야 한다.

② 재교부 받고자 하는 자는 다음 각호의 재교부사유에 해당하는 첨부자료를 제출해야 한다.

1. 분실: 분실사유서(6하 원칙에 맞추어 작성), 사업자등록증

2. 교육기관명칭변경: 교육기관명칭변경승인공문(교육과학기술부발행), 이미 발급된 지정서, 사업자등록증

3. 대표자변경: 변경 대표의 임명장, 이미 발급된 지정서, 사업자등록증

4. 훼손: 이미 발급된 지정서, 사업자등록증

5. 기타: 자체 논의 후 첨부자료 결정

**제9조(교육기관의 역할 및 임무)** ① 국외여행인솔자 교육기관은 품격 있고 모범적인 국외여행인솔자 배출을 위해 노력하여야 하며, 책임 있는 관리를 위하여 본 요령을 숙지, 이에 맞게 운영해야 한다.

② 건전한 국외여행환경 조성과 국외여행인솔자 소양 제고를 위해 문화체육관광부가 국외여행인솔자 교육과 관련한 자료의 제출을 요구할 경우 해당 교육기관은 자료 제출에 협조하여야 한다.

**제10조(재검토기한)** 문화체육관광부장관은 이 고시에 대하여 「훈령·예규 등의 발령 및 관리에 관한 규정」에 따라 2024년 1월 1일 기준으로 매 3년이 되는 시점(매 3년째의 12월

31일까지를 말한다)마다 그 타당성을 검토하여 개선 등의 조치를 하여야 한다.

# 부칙 〈제2023-30호, 2023.06.01.〉

**제1조(시행일)** 이 고시는 고시한 날부터 시행한다.

**제2조(경과조치)** 이 고시 시행전에 종전의 국외여행인솔자 소양교육 실시요령 및 양성기관의 지정 등에 관한 요령에 의해 교육기관으로 지정을 받은 교육기관은 이 고시에 의해 교육기관으로 지정된 것으로 본다.

**[별표]**

| 종 별 | 기 준 |
|---|---|
| 가. 강의실 | ☐ 80㎡이상 강의실 1개 이상<br>- 50인을 초과하는 경우 초과 1인당 1.5㎡씩 추가 확보<br>☐ 강의실 내 빔프로젝터, 스크린, 마이크, 음향시설 구비 |
| 나. 실습실 | ☐ 50인 이상이 실습할 수 있는 다음의 모의시설을 갖춘 실습실<br>- 항공 예약 발권 시설(시스템)<br>- 출입국 심사 및 세관통관시설(선택사항)<br>- 공항 항공사카운터 모형(선택사항)<br>☐ 어학실습실 |
| 나. 교육의 내용 | ☐ 필수교육내용<br>- 여행사실무, 관광관련법규, 국외여행인솔자실무, 관광서비스실무, 세계관광문화, 해외여행 안전관리 중 선택<br>☐ 선택교육내용<br>- 교육기관 자유선택(단, 국외여행인솔자 교육과정과 관련된 교과과정으로 편성)<br>☐ 외국어 교육: 실무영어, 실무일어, 실무중국어 등<br>☐ 교육기관은 위의 필수교육, 선택교육, 외국어교육을 기반으로 교과과정을 편성하며 필수 50%, 선택 30%, 외국어 20%의 비중으로 구성 |
| 다. 강사의 자격 | ☐ 해당 교육과목에 대한 석사학위 이상의 자격을 가진 자로서 전문대학 이상의 교육기관에서 시간강의를 담당하는 자, 또는 그 이상의 자격이 있는 자<br>☐ 해당 교육과목에 대한 실무행정을 2년 이상 담당한 경력이 있는 공무원<br>☐ 해당 교육과목에 대한 관련업종의 실무경험이 10년 이상 되는 자 |
| 마. 교육시간 | ☐ 양성: 80시간 이상<br>- 단, 외국어시험의 점수 및 급수를 제출할 경우 외국어교육기간 면제 가능 (관광진흥법 시행규칙 제47조 및 별표15-2를 기준으로 함)<br>☐ 소양: 15시간 이상 |

| 종 별 | 기 준 |
|---|---|
| 바. 출석 및 평가 | □ 출석: 출석율 80% 미달자에 대한 교육취소 등 제재조치 계획 수립<br>□ 평가: 양성교육과정은 과목별 1회 이상, 소양교육과정은 종합 시험 1회 이상<br>  으로 한다 |
| 사. 교육대상자<br>  요건 | 〈양성교육〉<br>□ 전문대학 이상의 학교에서 관광관련학과를 졸업한자 또는 졸업예정자(*세부<br>  설명 근거법규: 고등교육법 시행령 제70조제1항제1호)<br>  *세부설명<br>  1. 전문대학 이상의 학교에서 관광관련학과 졸업자 또는 졸업예정자<br>    ① 관광관련학과를 전공한 자<br>    ② 관광관련학과를 복수전공한 자<br>    ③ 관광관련학과를 부전공한 자<br>    (단, 부전공자는 관광관련학과의 필수과목을 이수해야 하며 성적증명서,<br>    졸업장 등을 추가로 제출하여야 함)<br>  2. 관광관련학과 재학생 또는 휴학생인 경우, 2년제는 2학기, 3년제는 4학기,<br>    4년제는 5학기를등록한 자는 수강이 가능함. 단, 자격증은 최종학기를<br>    등록한 자에게 발급됨<br>  3. 학점은행제 관광관련 전공 학생인 경우 60학점 이상 이수한 자<br>  4. 기타 고등교육법령 관련 규정에 따른 동등한 자격이 있다고 인정되는 자<br>  5. 관광관련학과 석 · 박사 과정 수료예정자 이상<br>  6. 관광관련학과의 범위<br>    ① 관광학과, 관광경영학과, 호텔관광학과, 관광외국어학과 등<br>    ② 단, 관광관련 전공 중 전공명칭만으로 판단이 애매한 경우, 교육기관이<br>      성적증명서를 근거로 해당학과의 학제가 관광관련학과에 부합하는지<br>      를 판단하고, 필요할 경우 문화체육관광부에 의견을 문의하도록 함<br>□ 관광고등학교를 졸업한 자<br><br>〈소양교육〉<br>□ 이하 2개 요건을 모두 충족하는 자<br> - 여행업체에서 6개월 이상 근무한 자<br> - 해외여행경험이 있는 자 |

**[별지 제1호 서식]**

## 국외여행인솔자 교육기관 지정신청서

<table>
<tr><td rowspan="4">신<br>청<br>인</td><td>① 기 관 명</td><td colspan="3"></td></tr>
<tr><td>② 대표자명</td><td></td><td>③ 사업자 생년월일<br>또는 법인 등록번호</td><td></td></tr>
<tr><td>④ 설립년월일</td><td></td><td>⑤ 기관연락처</td><td></td></tr>
<tr><td>⑥ 기관소재지</td><td colspan="3">(우)</td></tr>
</table>

「관광진흥법 시행규칙」 22조제2항 및 「문화체육관광부 국외여행인솔자 교육기관 지정 및 교육과정 운영에 관한 요령」 4조의 규정에 의하여 국외여행인솔자 교육기관으로 지정을 받고자 신청합니다.

년      월      일

신 청 인                 (인)

문화체육관광부장관 귀하

<table>
<tr><td rowspan="2">〈구비서류〉<br>　1. 요령 제3조제2항의 규정에 의해 신청 가능한 기관임을 증명할 수 있는<br>　　　서류<br>　2. 교육기관 개황<br>　3. 교육과정 운영계획 및 교육시설 현황<br>　4. 강사의 명부 및 이력서 등</td><td>수　수　료</td></tr>
<tr><td>(없 음)</td></tr>
</table>

**[별지 제2호 서식]**

제      호

# 국외여행인솔자 교육기관 지정서

1. 기 관 명:
2. 대표자명:
3. 기관소재지:
4. 지정일자:


위와 같이 「관광진흥법 시행규칙」 제22조제2항 및 「문화체육관광부 국외여행
인솔자 교육기관 지정 및 교육과정 운영에 관한 요령」 제5조의 규정에 의하여
국외여행인솔자 교육기관으로 지정합니다.



년      월      일


## 문화체육관광부장관

210mm×297mm

 최신 관광법규의 이해

# X. 문화관광해설사 교육과정 등의 인증 및 배치·활용 고시

문화체육관광부고시 제2014-54호, 2015.01.12., 일부개정
문화체육관광부고시 제2019-19호, 2019.05.02., 일부개정

**제1조(목적)** 이 고시는 관광진흥법 시행규칙(이하 "시행규칙"이라 한다) 제57조의3 및 제57조의5 규정에 의거하여 문화관광해설사 양성교육과정의 개설·운영 및 해설사의 배치·활용에 관한 사항을 정하는 것을 목적으로 한다.

**제2조(적용범위)** 이 고시는 문화관광해설사, 문화관광해설사 양성교육과정의 개설·운영을 하고자 하는 자 및 문화관광해설사를 선발·배치·활용하는 지방자치단체에 대해 적용한다.

**제3조** 삭제

**제4조** 삭제

**제5조** 삭제

**제6조(교육과정 개설·운영 기준)** 문화관광해설사 양성을 위한 교육과정의 개설·운영 기준에 대한 내용은 시행규칙 제57조의3(별표17의2)을 따르되, 그 세부적인 사항은 별표 1과 같다.

**제7조(배치원칙)** 지방자치단체의 장(이하 "지자체의 장"이라 한다)은 문화관광해설사 배치 시 공정·객관·타당원칙에 따라 다음 각 호가 반영되도록 하여야 한다.

1. 해당 지역의 관광객 규모, 관광자원의 보유현황, 문화관광해설사에 대한 수요 등을 고려하여야 한다.

2. 도보관광, 시티투어, 체험관광, 수학여행 등 다양한 유형의 관광객들을 대상으로 전문적인 해설서비스를 제공할 수 있도록 배치장소의 확대 및 배치방법의 다양화를 위해 노력하여야 한다.

3. 문화관광해설사의 실적을 점검하고 관광객 만족도 조사를 정기적으로 실시하여 그 결과를 다음연도 배치시 반영하여야 한다.

**제8조(배치심사위원회 구성)** ① 지방자치단체의 장은 문화관광해설사의 배치를 결정하기 위하여 배치심사위원회를 구성·운영하여야 한다.

② 배치심사위원회는 다음 각 호의 자격을 지닌 10인 이내의 위원으로 구성하며, 지방자치단체장이 위촉한다.

1. 역사·문화·예술·자연 등 관광자원 전반에 관하여 학식과 경험이 풍부한 자로서, 관련업무 3년 이상 경력자 또는 전문가

2. 문화관광해설사 양성업무와 관련이 있는 5급 이상의 공무원

③ 배치심사위원회의 위원장은 위원 중 1인으로 호선하며, 간사는 해당 지방자치단체 소속 해당 업무 담당 공무원 1인으로 구성하여 운영한다.

④ 위원의 임기는 1년으로 하며, 연임할 수 있다.

**제9조(배치심사위원회 운영)** ① 배치심사위원회의 위원장은 배치심사를 위한 회의를 소집하고 그 의장이 된다.

② 회의는 재적위원 과반수 출석과 출석위원 과반수 찬성으로 의결한다.

③ 배치심사위원회의 회의에 참석한 민간위원과 관계전문가에 대하여는 예산의 범위 내에서 수당과 여비를 지급할 수 있다.

④ 기타 배치심사위원회의 구성·운영에 관하여 필요한 사항은 배치심사위원회의 의결을 거쳐 위원장이 정한다.

**제10조(문화관광해설사의 배치)** ① 지자체의 장은 제8조에 따른 문화관광해설사 배치심사위원회의 심사를 거쳐 문화관광해설사의 배치를 결정하여야 한다.

② 배치심사위원회는 문화관광해설사의 배치 심사 시 다음 각호의 사항을 반영하여야 한다.

1. 문화관광해설사의 역량 및 수행능력, 활동실적

2. 문화관광해설사의 활동 태도

3. 실적점검 및 관광객 만족도 조사 결과

4. 문화관광해설사의 양성을 위하여 지방자치단체의 장이 정하는 교육과정의 이수여부

③ 배치심사위원회는 문화관광해설사가 다음 각호의 하나에 해당하는 경우에 배치 심사에서 제외할 수 있다.

1. 관광객으로부터 불친절, 해설오류 등의 불만이 제기된 자

2. 배치 후 특별한 사유 없이 활동하지 아니한 자

3. 그 밖에 문화관광해설사로서 품위를 손상시킨 자

④ 배치심사위원회는 제1항에 따른 배치 심사시, 필요한 경우 관계전문가를 출석하게 하여 의견을 듣거나 관계기관·단체 등에 대하여 자료 및 의견제출 등 협조를 요청할 수 있다.

**제11조(문화관광해설사의 활동지원)** 장관 및 지자체의 장은 문화관광해설사의 해설 활동의 여건 개선을 위하여 다음 각호의 사항을 지원할 수 있다.

1. 인터넷을 통한 사전예약시스템 구축
2. 해설활동을 목적으로 국가 및 지방자치단체가 운영하는 문화시설, 문화재, 자연공원 및 관광지 방문시 입장료 면제 등 우대혜택 제공
3. 문화관광해설사 네트워크 구축 및 교육을 통한 역량 강화
4. 기타 장관 및 지자체의 장이 필요하다고 인정하는 사항

**제12조(문화관광해설사의 활동관리)** ① 지자체의 장은 문화관광해설사의 활동현황 및 실적에 관한 통계를 반기별로 문화체육관광부에 보고하여야 한다.

② 장관은 매년 문화관광해설사 활동에 대한 성과를 평가하고, 그 결과를 다음연도 운영계획에 반영하여야 한다.

③ 장관은 평가결과에 따라 우수 지방자치단체에 대하여 예산반영, 표창수여 등의 우대조치를 할 수 있다.

## 부칙 〈제2019-19호, 2019.5.2.〉

**제1조(시행일)** 이 고시는 발령한 날부터 시행한다.

**제2조(재검토기한)** 장관은 「훈령·예규 등의 발령 및 관리에 관한 규정」에 따라 이 고시에 대하여 2019년 7월 1일 기준으로 매 3년이 되는 시점(매 3년째의 6월 30일까지를 말한다)마다 그 타당성을 검토하여 개선 등의 조치를 하여야 한다.

# 제2부

# 관광관련 법규의 이해

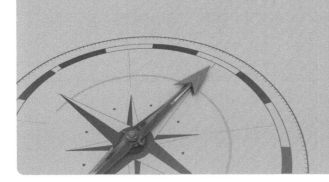

 최신 관광법규의 이해

# Ⅰ. 관광진흥개발기금법(시행령·시행규칙)

- **관광진흥개발기금법**

  제정          1972.12.29.          법률 제2402호
  일부개정      2018.12.24.          법률 제16050호
  타법개정      2023.08.09.          법률 제19592호

- **관광진흥개발기금법 시행령**

  제정          1973.07.02.          대통령령 제6749호
  일부개정      2017.09.04.          대통령령 제28261호
  일부개정      2021.03.23.          대통령령 제 31543호

- **관광진흥개발기금법 시행규칙**

  제정          1963.07.05.          교통부령 제449호
  일부개정      2010.09.03.          문화체육관광부령 제64호

## 1. 목적

| 법 제1조(목적) |
| --- |
| 이 법은 관광사업을 효율적으로 발전시키고 관광을 통한 외화 수입의 증대에 이바지하기 위하여 관광진흥개발기금을 설치하는 것을 목적으로 한다. |
| **시행령 제1조(목적)** |
| 이 영은 「관광진흥개발기금법」의 시행에 필요한 사항을 규정함을 목적으로 한다. |
| **시행규칙 제1조(목적)** |
| 이 규칙은 「관광진흥개발기금법」 및 같은 법 시행령에서 위임된 사항과 그 시행에 필요한 사항을 규정함을 목적으로 한다. |

## 2. 기금의 설치 및 재원

### 법 제2조 (기금의 설치 및 재원)

① 정부는 이 법의 목적을 달성하는 데에 필요한 자금을 확보하기 위하여 관광진흥개발기금(이하 "기금"이라 한다)을 설치한다. 〈개정 2017.11.28.〉

② 기금은 다음 각 호의 재원(財源)으로 조성한다.

1. 정부로부터 받은 출연금

2. 「관광진흥법」 제30조에 따른 납부금

3. 제3항에 따른 출국납부금

4. 「관세법」 제176조의2제4항에 따른 보세판매장 특허수수료의 100분의 50

5. 기금의 운용에 따라 생기는 수익금과 그 밖의 재원 〈신설 2017.11.28.〉

③ 국내 공항과 항만을 통하여 출국하는 자로서 대통령령으로 정하는 자는 1만원의 범위에서 대통령령으로 정하는 금액을 기금에 납부하여야 한다.

④ 제3항에 따른 납부금을 부과받은 자가 부과된 납부금에 대하여 이의가 있는 경우에는 부과받은 날부터 60일 이내에 문화체육관광부장관에게 이의를 신청할 수 있다. 〈신설 2011.4.5.〉

⑤ 문화체육관광부장관은 제4항에 따른 이의신청을 받았을 때에는 그 신청을 받은 날부터 15일 이내에 이를 검토하여 그 결과를 신청인에게 서면으로 알려야 한다. 〈신설 2011.4.5.〉

⑥ 제3항에 따른 납부금의 부과·징수의 절차 등에 필요한 사항은 대통령령으로 정한다. 〈개정 2011.4.5.〉
[전문개정 2007.12.21.]

⑦ 제4항 및 제5항에서 규정한 사항 외에 이의신청에 관한 사항은 「행정기본법」 제36조(제2항 단서는 제외한다)에 따른다. 〈신설 2023.5.16.〉

## 2-1. 출국납부금의 납부대상 및 금액

### 시행령 제1조의2(납부금의 납부대상 및 금액)

① 「관광진흥개발기금법」(이하 "법"이라 한다) 제2조제3항에서 "대통령령으로 정하는 자"란 다음 각 호의 어느 하나에 해당하는 자를 제외한 자를 말한다.

1. 외교관여권이 있는 자

2. 2세(선박을 이용하는 경우에는 6세) 미만인 어린이

3. 국외로 입양되는 어린이와 그 호송인

4. 대한민국에 주둔하는 외국의 군인 및 군무원

5. 입국이 허용되지 아니하거나 거부되어 출국하는 자

6. 「출입국관리법」 제46조에 따른 강제퇴거 대상자 중 국비로 강제 출국되는 외국인

7. 공항통과 여객으로서 다음 각 목의 어느 하나에 해당되어 보세구역을 벗어난 후 출국하는 여객

　가. 항공기 탑승이 불가능하여 어쩔 수 없이 당일이나 그 다음 날 출국하는 경우

　나. 공항이 폐쇄되거나 기상이 악화되어 항공기의 출발이 지연되는 경우

　다. 항공기의 고장·납치, 긴급환자 발생 등 부득이한 사유로 항공기가 불시착한 경우

　라. 관광을 목적으로 보세구역을 벗어난 후 24시간 이내에 다시 보세구역으로 들어오는 경우

8. 국제선 항공기 및 국제선 선박을 운항하는 승무원과 승무교대를 위하여 출국하는 승무원
② 법 제2조제3항에 따른 납부금은 1만원으로 한다. 다만, 선박을 이용하는 경우에는 1천원으로 한다.

## 2-2. 출국납부금의 부과제외

> **시행령 제1조의3(납부금의 부과제외)**
>
> ① 제1조의2제1항 각 호의 어느 하나에 해당하는 자는 법 제2조제1항에 따른 관광진흥개발기금(이하
> "기금"이라 한다)의 납부금 부과·징수권자(이하 "부과권자"라 한다)로부터 출국 전에 납부금 제외
> 대상 확인서를 받아 출국 시 제출하여야 한다. 다만, 선박을 이용하여 출국하는 자와 승무원은 출국
> 시 부과권자의 확인으로 갈음할 수 있다.
> ② 제1조의2제1항제7호에 따른 공항통과 여객이 납부금 제외 대상 확인서를 받으려는 경우에는 항공
> 운송사업자가 항공기 출발 1시간 전까지 그 여객에 대한 납부금의 부과 제외 사유를 서면으로 부과권
> 자에게 제출하여야 한다. [전문개정 2008.7.24.]

## 2-3. 출국납부금에 대한 이의신청

> **법 제2조 (부과납부금 이의신청)**
>
> ④ 제3항에 따른 납부금을 부과받은 자가 부과된 납부금에 대하여 이의가 있는 경우에는 부과받은
> 날부터 60일 이내에 문화체육관광부장관에게 이의를 신청할 수 있다. 〈신설 2011.4.5.〉
> ⑤ 문화체육관광부장관은 제4항에 따른 이의신청을 받았을 때에는 그 신청을 받은 날부터 15일 이내에
> 이를 검토하여 그 결과를 신청인에게 서면으로 알려야 한다. 〈신설 2011.4.5.〉

## 2-4. 기금의 수납

> **시행령 제14조(기금의 수납)**
>
> 법 제2조제2항의 재원이 기금계정에 납입된 경우 이를 수납한 자는 지체 없이 그 납입서를 기금수입징
> 수관에게 송부하여야 한다. [전문개정 2008.7.24.]

# 3. 기금의 관리

> **법 제3조(기금의 관리)**
>
> ① 기금은 문화체육관광부장관이 관리한다. 〈개정 2008.2.29.〉
> ② 문화체육관광부장관은 기금의 집행·평가·결산 및 여유자금 관리 등을 효율적으로 수행하기 위하여
> 10명 이내의 민간 전문가를 고용한다. 이 경우 필요한 경비는 기금에서 사용할 수 있다. 〈개정 2008.2.29.〉
> ③ 제2항에 따른 민간 전문가의 고용과 운영에 필요한 사항은 대통령령으로 정한다.
> [전문개정 2007.12.21.]

## 4. 기금의 회계연도

| 법 제4조(기금의 회계연도) |
| --- |
| 기금의 회계연도는 정부의 회계연도에 따른다. |

## 5. 기금의 용도

**법 제5조(기금의 용도)**

① 기금은 다음 각 호의 어느 하나에 해당하는 용도로 대여(貸與)할 수 있다.

1. 호텔을 비롯한 각종 관광시설의 건설 또는 개수(改修)

2. 관광을 위한 교통수단의 확보 또는 개수

3. 관광사업의 발전을 위한 기반시설의 건설 또는 개수

4. 관광지·관광단지 및 관광특구에서의 관광 편의시설의 건설 또는 개수

② 문화체육관광부장관은 기금에서 관광정책에 관하여 조사·연구하는 법인의 기본재산 형성 및 조사·연구사업, 그 밖의 운영에 필요한 경비를 보조할 수 있다. 〈개정 2008.2.29.〉

③ 기금은 다음 각 호의 어느 하나에 해당하는 사업에 대여하거나 보조할 수 있다. 〈개정 2009.3.5.〉

1. 국외 여행자의 건전한 관광을 위한 교육 및 관광정보의 제공사업

2. 국내외 관광안내체계의 개선 및 관광홍보사업

3. 관광사업 종사자 및 관계자에 대한 교육훈련사업

4. 국민관광 진흥사업 및 외래관광객 유치 지원사업

5. 관광상품 개발 및 지원사업

6. 관광지·관광단지 및 관광특구에서의 공공 편익시설 설치사업

7. 국제회의의 유치 및 개최사업

8. 장애인 등 소외계층에 대한 국민관광 복지사업

9. 전통관광자원 개발 및 지원사업

10. 그 밖에 관광사업의 발전을 위하여 필요한 것으로서 대통령령으로 정하는 사업

④ 기금은 민간자본의 유치를 위하여 필요한 경우 다음 각 호의 어느 하나의 사업이나 투자조합에 출자(出資)할 수 있다.

1. 「관광진흥법」 제2조제6호 및 제7호에 따른 관광지 및 관광단지의 조성사업

2. 「국제회의산업 육성에 관한 법률」 제2조제3호에 따른 국제회의시설의 건립 및 확충 사업

3. 관광사업에 투자하는 것을 목적으로 하는 투자조합

4. 그 밖에 관광사업의 발전을 위하여 필요한 것으로서 대통령령으로 정하는 사업

[전문개정 2007.12.21.]

⑤ 기금은 신용보증을 통한 대여를 활성화하기 위하여 예산의 범위에서 다음 각 호의 기관에 출연할 수 있다. 〈신설 2018.12.24.〉

## 5-1. 대여 또는 보조사업

### 시행령 제2조(대여 또는 보조사업)

법 제5조제3항제10호에서 "대통령령으로 정하는 사업"이란 다음 각 호의 사업을 말한다. 〈개정 2010.9.17., 2021.3.23.〉

1. 「관광진흥법」 제4조에 따라 여행업을 등록한 자나 같은 법 제5조에 따라 카지노업을 허가받은 자(「관광진흥법 시행령」 제2조제1항제1호가목에 따른 종합여행업을 등록한 자나 「관광진흥법」 제5조에 따라 카지노업을 허가받은 자가 「관광진흥법」 제45조에 따라 설립한 관광협회를 포함한다)의 해외지사 설치

2. 관광사업체 운영의 활성화

3. 관광진흥에 기여하는 문화예술사업

4. 지방자치단체나 「관광진흥법」 제54조제1항 단서에 따른 관광단지개발자 등의 관광지 및 관광단지 조성사업

5. 관광지·관광단지 및 관광특구의 문화·체육시설, 숙박시설, 상가시설로서 관광객 유치를 위하여 특히 필요하다고 문화체육관광부장관이 인정하는 시설의 조성

6. 관광 관련 국제기구의 설치

[전문개정 2008.7.24.]

## 5-2. 기금의 대여·보조 업무

### 시행령 제3조(기금대여업무의 취급)

문화체육관광부장관은 「한국산업은행법」 제20조에 따라 한국산업은행이 기금의 대여업무를 할 수 있도록 한국산업은행에 기금을 대여할 수 있다.

[전문개정 2014.12.30.]

## 5-3. 대여업무계획의 승인·대여이자

### 시행령 제9조(대여업무계획의 승인)

한국산업은행이 제3조에 따라 기금의 대여업무를 할 경우에는 미리 기금대여업무계획을 작성하여 문화체육관광부장관의 승인을 받아야 한다.

[전문개정 2008.7.24.]

### 시행령 제10조(기금의 대여이자 등)

기금의 대하이자율(貸下利子率), 대여이자율, 대여기간 및 연체이자율은 위원회의 심의를 거쳐 문화체육관광부장관이 기획재정부장관과 협의하여 정한다. 이를 변경하는 경우에도 또한 같다.

[전문개정 2008.7.24.]

**시행규칙 제3조(기금의 대하신청)**

한국산업은행의 은행장은 영 제9조에 따른 대여업무계획에 따라 기금을 사용하려는 자로부터 대여신청을 받으면 대여에 필요한 기금을 대하(貸下)하여 줄 것을 문화체육관광부장관에게 신청하여야 한다. 〈개정 2010.9.3.〉

## 5-4. 출자사업

**시행령 제3조의 4(출자대상 등)**

① 법 제5조제4항제4호에서 "관광사업의 발전을 위하여 필요한 것으로서 대통령령으로 정하는 사업"이란 「자본시장과 금융투자업에 관한 법률」 제9조제18항 및 제19항에 따른 집합투자기구 또는 사모집합투자기구나 「부동산투자회사법」 제2조제1호에 따른 부동산투자회사에 의하여 투자되는 다음 각 호의 어느 하나의 사업을 말한다. 〈신설 2011.8.4.〉

1. 법 제5조제4항제1호 또는 제2호에 따른 사업

2. 「관광진흥법」 제2조제1호에 따른 관광사업

② 법 제5조제4항에 따라 기금을 출자할 때에는 출자로 인한 민간자본 유치의 기여도 등 출자의 타당성을 검토하여야 한다. 〈개정 2011.8.4.〉

③ 제2항에 따른 기금 출자 및 관리에 관한 세부기준, 절차, 그 밖에 필요한 사항은 문화체육관광부장관이 정하여 고시한다. 〈개정 2011.8.4.〉

[전문개정 2008.7.24.]

[제목개정 2011.8.4.]

**관광진흥법 제2조 제1호**

제2조(정의) 이 법에서 사용하는 용어의 뜻은 다음과 같다. 〈개정 2007.7.19.〉

1. "관광사업"이란 관광객을 위하여 운송 · 숙박 · 음식 · 운동 · 오락 · 휴양 또는 용역을 제공하거나 그 밖에 관광에 딸린 시설을 갖추어 이를 이용하게 하는 업(業)을 말한다.

## 6. 기금운용위원회의 설치

**법 제6조(기금운용위원회의 설치)**

① 기금의 운용에 관한 종합적인 사항을 심의하기 위하여 문화체육관광부장관 소속으로 기금운용위원회(이하 "위원회"라 한다)를 둔다. 〈개정 2008.2.29.〉

② 위원회의 조직과 운영에 필요한 사항은 대통령령으로 정한다.

[전문개정 2007.12.21.]

## 6-1. 기금운용위원회의 구성 및 직무 등

### 시행령 제4조(기금운용위원회의 구성)

① 법 제6조에 따른 기금운용위원회(이하 "위원회"라 한다)는 위원장 1명을 포함한 10명 이내 위원으로 구성한다.

② 위원장은 문화체육관광부 제2차관이 되고, 위원은 다음 각 호의 사람 중에서 문화체육관광부장관이 임명하거나 위촉한다. 〈개정 2010.9.17.〉

1. 기획재정부 및 문화체육관광부의 고위공무원단에 속하는 공무원
2. 관광 관련 단체 또는 연구기관의 임원
3. 공인회계사의 자격이 있는 사람
4. 그 밖에 기금의 관리·운용에 관한 전문 지식과 경험이 풍부하다고 인정되는 사람

[전문개정 2008.7.24.]

### 시행령 제4조의2(위원의 해임 및 해촉)

문화체육관광부장관은 제4조제2항에 따른 위원이 다음 각 호의 어느 하나에 해당하는 경우에는 해당 위원을 해임하거나 해촉(解囑)할 수 있다.

1. 심신장애로 인하여 직무를 수행할 수 없게 된 경우
2. 직무와 관련된 비위사실이 있는 경우
3. 직무태만, 품위손상이나 그 밖의 사유로 인하여 위원으로 적합하지 아니하다고 인정되는 경우
4. 위원 스스로 직무를 수행하는 것이 곤란하다고 의사를 밝히는 경우

[본조신설 2016.5.10.]

## 7. 기금의 운용계획

### 법 제7조(기금의 운용계획안의 수립 등)

① 문화체육관광부장관은 매년 「국가재정법」에 따라 기금운용계획안을 수립하여야 한다. 기금운용계획을 변경하는 경우에도 또한 같다. 〈개정 2008.2.29.〉

② 제1항에 따른 기금운용계획안을 수립하거나 기금운용계획을 변경하려면 위원회의 심의를 거쳐야 한다.

[전문개정 2007.12.21.]

## 8. 기금의 수입과 지출

### 법 제8조(기금의 수입과 지출)

① 기금의 수입은 제2조제2항 각 호의 재원으로 한다.

② 기금의 지출은 제5조에 따른 기금의 용도를 위한 지출과 기금의 운용에 따르는 경비로 한다. 〈개정 2023.8.8.〉

[전문개정 2007.12.21.]

# 9. 기금의 회계기관

## 법 제9조(기금의 회계기관)

문화체육관광부장관은 기금의 수입과 지출에 관한 사무를 하게 하기 위하여 소속 공무원 중에서 기금수입징수관, 기금재무관, 기금지출관 및 기금출납 공무원을 임명한다. 〈개정 2008.2.29.〉

[전문개정 2007.12.21.]

## 시행령 제11조(기금의 회계기관)

문화체육관광부장관은 법 제9조에 따라 기금수입징수관, 기금재무관, 기금지출관, 기금출납 공무원을 임명한 경우에는 감사원장, 기획재정부장관 및 한국은행총재에게 알려야 한다.

[전문개정 2008.7.24.]


## 9-1. 기금의 지출한도액

## 시행령 제15조(기금의 지출한도액)

① 문화체육관광부장관은 기금재무관으로 하여금 지출원인행위를 하게 할 경우에는 기금운용계획에 따라 지출 한도액을 배정하여야 한다.

② 문화체육관광부장관은 제1항에 따라 지출 한도액을 배정한 경우에는 기획재정부장관과 한국은행 총재에게 이를 알려야 한다.

③ 기획재정부장관은 기금의 운용 상황 등을 고려하여 필요한 경우에는 기금의 지출을 제한하게 할 수 있다.

[전문개정 2008.7.24.]

## 시행규칙 제2조(기금지출 한도액의 통지)

문화체육관광부장관은 「관광진흥개발기금법 시행령」(이하 "영"이라 한다) 제15조제1항에 따라 배정한 기금지출 한도액을 한국산업은행의 은행장에게 알린다.

[전문개정 2008.8.7., 2010.9.3.]


## 9-2. 기금의 지출원인행위

## 시행령 제17조(기금의 지출원인행위)

기금재무관이 지출원인행위를 할 경우에는 제15조에 따라 배정받은 지출 한도액을 초과하여서는 아니 된다.

[전문개정 2008.7.24.]

## 9-3. 기금지출원인행위액보고서등의 작성 제출

**시행령 제16조(기금지출원인행위액보고서등의 작성 제출)**

기금재무관은 기금지출원인행위액보고서를, 기금지출관은 기금출납보고서를 그 행위를 한 달의 말일을 기준으로 작성하여 다음 달 15일까지 기획재정부장관에게 제출하여야 한다.

[전문개정 2008.7.24.]

## 9-4. 기금 사용 보고 및 감독

**시행령 제18조(기금 사용 보고)**

제3조에 따라 기금의 대여업무를 취급하는 한국산업은행은 문화체육관광부령으로 정하는 바에 따라 기금의 대여 상황을 문화체육관광부장관에게 보고하여야 한다.

[전문개정 2008.7.24.]

**시행령 제19조(감독)**

문화체육관광부장관은 한국산업은행의 은행장과 기금을 대여받은 자에게 기금 운용에 필요한 사항을 명령하거나 감독할 수 있다. 〈개정 2010.9.17.〉

[전문개정 2008.7.24.]

**시행규칙 제4조(보고)**

한국산업은행은 영 제18조에 따라 매월의 기금사용업체별 대여금액, 대여잔액 등 기금대여 상황을 다음 달 10일 이전까지 보고하여야 하고, 반기(半期)별 대여사업 추진상황을 그 반기의 다음 달 10일 이전까지 보고하여야 한다. 〈개정 2010.9.3.〉

[전문개정 2008.8.7.]

## 9-5. 장부의 비치 및 결산보고

**시행령 제20조(장부의 비치)**

① 기금수입징수관과 기금재무관은 기금총괄부, 기금지출원인행위부 및 기금징수부를 작성·비치하고, 기금의 수입·지출에 관한 총괄 사항과 기금지출 원인행위 사항을 기록하여야 한다.

② 기금출납공무원은 기금출납부를 작성·비치하고, 기금의 출납 상황을 기록하여야 한다.

[전문개정 2008.7.24.]

**시행령 제21조(결산보고)**

문화체육관광부장관은 회계연도마다 기금의 결산보고서를 작성하여 다음 연도 2월 말일까지 기획재정부장관에게 제출하여야 한다. 〈개정 1994.12.23., 1998.11.13., 2002.1.26., 2008.2.29.〉

## 10. 기금계정의 설치 및 납입 · 수납

| 법 제10조(기금계정의 설치) |
| --- |
| 문화체육관광부장관은 기금지출관으로 하여금 한국은행에 관광진흥개발기금의 계정(計定)을 설치하도록 하여야 한다. 〈개정 2008.2.29.〉<br>[전문개정 2007.12.21.] |
| **시행령 제12조(기금계정)** |
| 문화체육관광부장관은 법 제10조에 따라 한국은행에 관광진흥개발기금계정(이하 "기금계정"이라 한다)을 설치할 경우에는 수입계정과 지출계정으로 구분하여야 한다.<br>[전문개정 2008.7.24.] |
| **시행령 제12조의2(납부금의 기금납입)** |
| 부과권자는 납부금을 부과 · 징수한 경우에는 지체 없이 납부금을 기금계정에 납입하여야 한다.<br>[전문개정 2008.7.24.] |
| **시행령 제13조(대여기금의 납입)** |
| ① 한국산업은행총재나 기금을 전대(轉貸)받은 금융기관의 장은 대여기금(전대받은 기금을 포함한다)과 그 이자를 수납한 경우에는 즉시 기금계정에 납입하여야 한다.<br>② 제1항에 위반한 경우에는 납입기일의 다음 날부터 제10조에 따른 연체이자를 납입하여야 한다.<br>[전문개정 2008.7.24.] |
| **시행령 제14조(기금의 수납)** |
| 법 제2조제2항의 재원이 기금계정에 납입된 경우 이를 수납한 자는 지체 없이 그 납입서를 기금수입징수관에게 송부하여야 한다.<br>[전문개정 2008.7.24.] |

## 11. 목적 이외의 사용금지

| 법 제11조(목적 이외의 사용금지 등) |
| --- |
| ① 기금을 대여받거나 보조받은 자는 대여받거나 보조받을 때에 지정된 목적 외의 용도에 기금을 사용하지 못한다.<br>② 대여받거나 보조받은 기금을 목적 외의 용도에 사용하였을 때에는 대여 또는 보조를 취소하고 이를 회수한다.<br>③ 문화체육관광부장관은 기금의 대여를 신청한 자 또는 기금의 대여를 받은 자가 다음 각 호의 어느 하나에 해당하면 그 대여 신청을 거부하거나, 그 대여를 취소하고 지출된 기금의 전부 또는 일부를 회수한다. 〈신설 2011.4.5.〉<br>1. 거짓이나 그 밖의 부정한 방법으로 대여를 신청한 경우 또는 대여를 받은 경우 |

2. 잘못 지급된 경우

3. 「관광진흥법」에 따른 등록·허가·지정 또는 사업계획 승인 등의 취소 또는 실효 등으로 기금의 대여자격을 상실하게 된 경우

4. 대여조건을 이행하지 아니한 경우

5. 그 밖에 대통령령으로 정하는 경우

④ 다음 각 호의 어느 하나에 해당하는 자는 해당 기금을 대여받거나 보조받은 날부터 3년 이내에 기금을 대여받거나 보조받을 수 없다. 〈신설 2011.4.5.〉

1. 제2항에 따라 기금을 목적 외의 용도에 사용한 자

2. 거짓이나 그 밖의 부정한 방법으로 기금을 대여받거나 보조받은 자

[전문개정 2007.12.21.]

[제목개정 2011.4.5.]

## 11-1. 기금 대여취소

### 시행령 제18조의 2(기금대여의 취소 등)

① 법 제11조제3항제5호에서 "대통령령으로 정하는 경우"란 기금을 대여받은 후 「관광진흥법」 제4조에 따른 등록 또는 변경등록이나 같은 법 제15조에 따른 사업계획 변경승인을 받지 못하여 기금을 대여받을 때에 지정된 목적 사업을 계속하여 수행하는 것이 현저히 곤란하거나 불가능한 경우를 말한다.

② 문화체육관광부장관은 법 제11조에 따라 취소된 기금의 대여금 또는 보조금을 회수하려는 경우에는 그 기금을 대여받거나 보조받은 자에게 해당 대여금 또는 보조금을 반환하도록 통지하여야 한다.

③ 제2항에 따라 대여금 또는 보조금의 반환 통지를 받은 자는 그 통지를 받은 날부터 2개월 이내에 해당 대여금 또는 보조금을 반환하여야 하며, 그 기한까지 반환하지 아니하는 경우에는 그 다음 날부터 제10조에 따른 연체이자율을 적용한 연체이자를 내야 한다.

[본조신설 2011.8.4.]

## 12. 납부금 부과·징수업무의 위탁

### 법 제12조(납부금 부과·징수업무의 위탁)

① 문화체육관광부장관은 제2조제3항에 따른 납부금의 부과·징수의 업무를 대통령령으로 정하는 바에 따라 관계 중앙행정기관의 장과 협의하여 지정하는 자에게 위탁할 수 있다. 〈개정 2008.2.29.〉

② 문화체육관광부장관은 제1항에 따라 납부금의 부과·징수의 업무를 위탁한 경우에는 기금에서 납부금의 부과·징수의 업무를 위탁받은 자에게 그 업무에 필요한 경비를 보조할 수 있다. 〈개정 2008.2.29.〉

[전문개정 2007.12.21.]

### 시행령 제22조(납부금 부과·징수업무의 위탁)

문화체육관광부장관은 법 제12조제1항에 따라 납부금의 부과·징수 업무를 지방해양수산청장, 「항만공사법」에 따른 항만공사 및 「항공법」 제2조제7호의2에 따른 공항운영자에게 각각 위탁한다.

[전문개정 2012.5.14.]

 최신 관광법규의 이해

# Ⅱ. 관광진흥개발기금관리 및 운용요령

제정 1984.07.11. 교통부훈령 제771호
개정 1985.12.09. 교통부훈령 제800호
개정 1998.12.30. 문화관광부훈령 제 39호
일부개정 2016.08.18. 문화체육관광부훈령 제294호
일부개정 2017.12.26. 문화체육관광부훈령 제334호

**제1조(목적)** 이 요령은 관광진흥개발기금법(이하 "법"이라 한다) 제3조의 규정에 의하여 관광진흥개발기금(이하 "기금"이라 한다)의 관리 및 운용에 관하여 필요한 사항을 규정함을 목적으로 한다.

**제2조(관광진흥개발기금 지원지침)** ① 문화체육관광부장관은 법 제7조의 규정에 의한 기금 운용 계획을 확정한 후 관광진흥개발기금과 기금운용 계획이 정하는 금융자금을 포함한 관광진흥개발기금의 융자지원지침 (이하 "지원지침"이라 한다)을 수립하고 이를 문화체육관광부장관이 정하는 기관에 시달하여야 한다.

② 지원지침은 다음 사항이 포함되어야 한다.

1. 융자규모 및 조건
2. 융자대상자의 자격
3. 융자한도 선정기준
4. 기타 필요한 사항

**제3조(분야별 기금의 한도 시달)** 문화체육관광부장관은 기금을 관광숙박 시설 건설, 관광숙박 시설 개 · 보수, 국민관광시설 확충, 관광사업체 운영, 기타 문화체육관광부장관이 정하는 분야로 구분하여 한도를 시달하여야 한다. 다만, 기금운용상 필요한 경우에는 분야별 한도를 통합하여 운용할 수 있다.

**제4조(융자공고)** 지원지침을 시달받은 기관은 시달받은 날로부터 15일 이내에 인터넷 홈페이지(누리집) 및 「신문 등의 진흥에 관한 법률」 제9조제1항에 따라 전국을 보급지역으로 등록한 일반일간신문 등에 융자안내 공고를 하여야 한다.

**제5조(융자신청)** 융자를 받고자 하는 자는 지원지침에 부합되어야 하며 융자공고에 따라서 소정기한내에 융자신청서를 제출하여야 한다.

**제6조(융자대상자격)** 기금융자신청을 하여 융자대상이 될 수 있는 자는 다음 각호에 해당하여야 한다.

1. 관광진흥법의 규정에 의한 관광사업자 및 관광사업계획 승인을 받은 자

2. 관광진흥법의 규정에 의한 관광지 또는 관광단지 개발을 추진중인 자

3. 2호이외의 자로서 관광지 및 관광단지내의 기반시설 또는 관광객 편의 시설 등을 추진중인 자

4. 융자신청년도에 개보수 중이거나 개보수 예정인 관광사업자

5. 마리나항만법에 따라 마리나업을 등록한 자

6. 관광진흥법에 따른 호텔업에 다음 각 목의 요건을 갖추고 투자하려는 자

　가. 기금 융자신청 기간내 호텔 투자계획이 있을 것

　나. 10년 이상 호텔업 운영위탁계약을 체결할 것

　다. 업력 10년 이상인 호텔운영사 또는 관광사업자의 지분참여가 10% 이상일 것

7. 문화체육관광부 지원 사업을 통해 선정된 (예비)관광벤처기업 및 관광기념품개발·판매업자

8. 여객자동차 운수사업법에 따라 자동차대여업을 등록한 자

9. 수상레저안전법 또는 수중레저활동의 안전 및 활성화 등에 관한 법률에 따라 수상레저사업 또는 수중레저사업을 등록한 자

10. 대한민국 테마여행 10선 지역(대표코스내 관광자원)내에서 식품위생법에 따라 일반음식점영업을 신고한 자(2021년까지 한시 지원)

11. 관광객 유치에 기여하는 축제·행사를 주최하려는 자

**제7조(융자대상자별 융자한도 선정)** 융자신청서를 접수한 기관은 지원지침이 정한 융자규모내에서 융자대상자로 적합한 자를 다음달 5영업일이내(운영자금은 분기별 소정기한)에 문화체육관광부장관이 정하는 서식에 따라 융자대상자별 융자한도를 결정하여 문화체육관광부장관에게 통보하여야 한다.

**제8조(소요자금 산정기준)** ① 관광숙박시설 건설 및 국민관광시설 확충 사업에 있어서는 운영비를 제외한 소요자금에 대하여 기금운용계획이 정한 범위내에서 기금을 융자한다.
② 관광시설 개보수사업은 당해 개보수에 관련되는 총 비용을 소요 자금으로 하여 기금운용계획이 정한 범위내에서 기금을 융자한다.
③ 기타 분야는 문화체육관광부장관이 지원지침에 정하는 바에 의한다.

**제9조(융자한도 조정)** 문화체육관광부장관은 제7조의 규정에 의하여 제출 받은 융자대상자별 융자한도를 검토하여야 하며, 지원지침에 부적격인 경우에는 이의 조정을 지시할 수 있다.

**제10조(융자대상자 취소)** ① 문화체육관광부장관은 제7조의 규정에 의한 융자대상자가 다음 각호에 해당되는 경우에는 융자대상자별 융자한도의 취소를 지시할 수 있다.

1. (삭제)

   2. (삭제)

   3. 허위 또는 부정한 수단으로 융자신청한 사실이 발견될 때

   4. 융자지원지침에서 정한 조건을 불이행할 때

   5. 기타 문화체육관광부장관의 명령이나 지시에 정당한 이유없이 응하지 아니한 때

  ② 취소등 지시를 받은 기관은 지시사항을 즉시 처리하고 이를 당사자 에게 통보하여야 한다.

**제11조(융자한도 추가선정)** 제7조의 규정에 의하여 융자대상자별 융자 한도를 결정한 기관은 제9조와 제10조의 규정에 의한 융자대상자 조정 · 취소 및 기타 사유로 지원지침에서 정한 융자규모에 미달될 때에는 융자대상자별 지원한도를 추가로 선정할 수 있다.

**제12조(효력)** 융자대상자별 융자한도 선정의 효력은 지원지침에서 정한 일자까지만 유효하다. 다만, 융자한도를 결정한 기관이 결정을 취소한 경우에는 취소한 날로부터 융자한도 선정효력은 소멸한다.

**제13조(융자절차등)** 차입신청을 받은 기관은 금융기관의 일반시설자금 대출절차와 동일하게 취급하여 공사실적에 따라 사정하고 문화체육관광부장관이 통지한 기금지출한도액 범위내에서 대하신청을 하여야 한다. 다만, 지방자치단체의 장이 차입신청을 하는 경우에는 행정자치부장관의 기채승인서를 첨부하여야 한다.

**제13조의1(기금의 대하)** ① 문화체육관광부장관이 차입신청을 받은 기관으로부터 대하신청서를 접수한 때에는 대하요청금액, 전대차주, 대하 조건, 기금지출한도액 등 대하신청내용이 관계법령 및 지침에 적합한지 여부를 확인한 후 특별한 사유가 없는 한 신청서 접수일로부터 5일이내에 처리하여야 한다.

  ② 대하신청서의 내용이 기금운용의 관계법령이나 지침에 위배되거나 하자가 있을 경우에는 이를 반려하거나 보완을 지시할 수 있다.

  ③ 기금의 지원규모를 운용기관의 운용규모보다 초과하여 신청하였을 경우에는 자금별 미집행잔액을 지원기간만료 1개월전부터 대하시마다 대하신청기관에 통지하여야 한다.

  ④ 전항에 의하여 자금별 미집행 잔액을 통지받은 기관은 기금융자가 원활히 이루어지도록 이를 융자대상자에게 주지시켜야 한다.

**제14조(융자방법)** ① 기금을 대하 또는 전대받은 기관(이하 "기금융자 취급자"라 한다)은 융자대상자의 공사실적에 따라 기금과 기금운용계획에서 정한 금융자금을 합하여 융자한다. 단, 지방자치단체는 공사기성실적과 관계없이 선정된 기금과 기금운용계획에서 정한 금융자금을 전액 융자 받을 수 있다.

  ② 기금융자취급자는 문화체육관광부장관으로부터 기금대하가 지연되는 경우 자체금

융자금으로 융자할 수 있으며, 추후 해당액의 기금을 대하 받아 대환할 수 있다.

**제15조(대하금 회수)** 문화체육관광부장관은 다음 각호에 해당하는 경우에는 사용자가 발행한 차용증서상의 상환기간에도 불구하고 대하한 관광진흥개발기금을 2개월 이내에 상환하도록 기금을 대하받은 기관에게 지시할 수 있으며, 상환명령 후 2개월이 경과되도록 상환하지 않은 경우에는 초과일로부터 연체이자를 부과한다.

1. 관광진흥법에 의한 사업계획승인, 등록, 기타 사업영위에 필요한 주된 인허가가 취소 또는 실효되었을 경우
2. 융자금을 지원목적 이외의 용도로 사용한 때

**제16조(이자 계산 등)** ① 기금의 이자는 문화체육관광부장관이 기금을 대하한 날의 익일(또는 전납입기일 익일)부터 납입하는 날까지 일할 계산 한다. 다만, 대하일에 상환하는 경우는 1일로 한다.

② 기금융자취급자는 채무자가 상환금을 약정기일 내에 납부하지 아니할 때에는 기금융자취급자의 연체이자율을 적용하여 연체이자를 징수한다.

③ 기금융자취급자가 기금사용자로부터 기금 및 이자를 기한전 수납한 때에는 5일이내(산업은행이 직접 수납한 경우에는 2일이내)그 사유와 금액을 문화체육관광부장관에게 보고하여야 하며 소정기일 후에는 연체 이자를 납입하여야 한다.

**제17조(기금융자취급자의 의무)** ① 기금융자취급자는 기금사용자에게 기금을 융자하는 경우 기금융자에 관계된 절차를 제외하고는 어떠한 부담도 부과하여서는 아니된다.

② 기금융자취급자는 기금융자가 원활히 이루어지고 여유기금이 발생하지 않도록 하여야 한다.

**제18조(기금사용자의 의무)** ① 기금사용자는 기금에 관한 문화체육관광부장관의 지시명령이나 감독을 받아야 하며 정당한 이유없이 지시명령이나 감독을 거부한 경우에는 문화체육관광부장관은 융자선정의 취소 또는 융자기금의 미상환액을 회수할 수 있다.

② 기금사용자는 융자목적외에 기금을 사용하여서는 아니되며 별도의 장부를 비치하여 기장에 철저를 기하여야 한다.

③ (삭제)

**제19조(사후관리)** 기금융자취급자는 융자된 기금이 관광진흥의 목적에 이바지 할 수 있도록 사후관리를 철저히 하여야 한다.

**제20조(보고)** ① (삭제)

② 기금융자취급자는 융자추진현황을 문화체육관광부장관이 정하는 서식에 따라 매반기 다음달 5일 까지 문화체육관광부장관에게 보고하여야 한다.

**제21조(위촉위원 직무윤리 사전진단 등)** ① 법 제6조에 따른 기금운용위원회 위원 위촉 후보자는 문화체육관광부장관이 정하는 직무윤리 사전진단서를 작성하여야 하며, 문화체육관광부장관은 사전진단 결과에 따라 후보자별 위원으로서의 직무 적합성 여부를 확인한 후에 위촉하여야 한다.

② 위원을 신규 위촉하는 경우에는 위원회 업무와 관련된 공정한 직무수행을 위하여 문화체육관광부장관이 정하는 직무윤리 서약서를 작성하게 하여야 한다.

**제22조(여유자금 운용 등)** 융자 등에 사용하지 아니한 여유자금의 금융 기관 예치 및 출자 등에 관하여는 관광진흥개발기금 자산운용지침과 문화체육관광부장관이 따로 정하는 바에 의한다.

**부칙(1998. 4. 23.)**

이 요령은 발령한 날로부터 시행한다.

**부칙(2001.6.27.)**

이 요령은 발령한 날로부터 시행한다.

**부칙(2005.12.27.)**

이 요령은 발령한 날로부터 시행한다.

**부칙(2008.10.20)**

이 요령은 발령한 날로부터 시행한다.

**부칙(2010.10.22.)**

이 훈령은 발령한 날로부터 시행한다.

**부칙(2016. 8.18.)**

이 훈령은 발령한 날부터 시행한다.

**부칙(2017.12.26.)**

이 훈령은 발령한 날부터 시행한다.

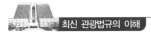
최신 관광법규의 이해

# Ⅲ. 국제회의산업 육성에 관한 법률
## (시행령 · 시행규칙)

- **법률**

  제정　　　1996.12.30.　법률 제5210호
  일부개정　2017.11.28.　법률 제15059호
  일부개정　2020.12.22.　법률 제17705호
  일부개정　2021.11.30.　법률 제18522호
  일부개정　2022.09.27.　법률 제18983호
  일부개정　2023.05.16.　법률 제19411호

- **시행령**

  제정　　　1997.04.04.　대통령령 제15337호
  전문개정　2004.02.07.　대통령령 제18271호
  개정　　　2006.06.12.　대통령령 제19513호
  일부개정　2018.05.28.　대통령령 제28906호
  일부개정　2020.11.10.　대통령령 제31150호
  일부개정　2022.08.02.　대통령령 제32837호
  일부개정　2022.12.27.　대통령령 제33127호

- **시행규칙**

  제정　　　1997.05.12.문화체육관광부령 제37호
  전문개정　2004.02.21.문화체육관광부령 제87호
  일부개정　2015.09.25.문화체육관광부령제221호
  일부개정　2020.11.10.문화체육관광부령제409호

## 1. 목적

| 법 제1조 (목적) |
| --- |
| 이 법은 국제회의의 유치를 촉진하고 그 원활한 개최를 지원하여 국제회의산업을 육성 · 진흥함으로써 관광산업의 발전과 국민경제의 향상 등에 이바지함을 목적으로 한다. <br> [전문개정 2007.12.21.] |
| 시행령 제1조 (목적) |
| 이 영은 「국제회의산업 육성에 관한 법률」에서 위임된 사항과 그 시행에 필요한 사항을 규정함을 목적으로 한다. 〈개정 2011.11.16.〉 |
| 시행규칙 제1조 (목적) |
| 이 규칙은 「국제회의산업 육성에 관한 법률」 및 같은 법 시행령에서 위임된 사항과 그 시행에 필요한 사항을 규정함을 목적으로 한다. <br> [전문개정 2011.11.24.] |

## 2. 정의

| 법 제2조 (정의) |
| --- |
| 이 법에서 사용하는 용어의 뜻은 다음과 같다. 〈개정 2015.3.27., 2022.9.27.〉 |
| 1. "국제회의"란 상당수의 외국인이 참가하는 회의(세미나 · 토론회 · 전시회 · 기업회의 등을 포함한다)로서 대통령령으로 정하는 종류와 규모에 해당하는 것을 말한다. |
| 2. "국제회의산업"이란 국제회의의 유치와 개최에 필요한 국제회의시설, 서비스 등과 관련된 산업을 말한다. |
| 3. "국제회의시설"이란 국제회의의 개최에 필요한 회의시설, 전시시설 및 이와 관련된 지원시설 · 부대시설 등으로서 대통령령으로 정하는 종류와 규모에 해당하는 것을 말한다. |
| 4. "국제회의도시"란 국제회의산업의 육성 · 진흥을 위하여 제14조에 따라 지정된 특별시 · 광역시 또는 시를 말한다. |
| 5. "국제회의 전담조직"이란 국제회의산업의 진흥을 위하여 각종 사업을 수행하는 조직을 말한다. |
| 6. "국제회의산업 육성기반"이란 국제회의시설, 국제회의 전문인력, 전자국제회의체제, 국제회의 정보 등 국제회의의 유치 · 개최를 지원하고 촉진하는 시설, 인력, 체제, 정보 등을 말한다. |
| 7. "국제회의복합지구"란 국제회의시설 및 국제회의집적시설이 집적되어 있는 지역으로서 제15조의2에 따라 지정된 지역을 말한다. |
| 8. "국제회의집적시설"이란 국제회의복합지구 안에서 국제회의시설의 집적화 및 운영 활성화에 기여하는 숙박시설, 판매시설, 공연장 등 대통령령으로 정하는 종류와 규모에 해당하는 시설로서 제15조의3에 따라 지정된 시설을 말한다. <br> [전문개정 2007.12.21.] |

## 2-1. 국제회의의 종류·규모

**시행령 제2조(국제회의의 종류·규모)**

「국제회의산업 육성에 관한 법률」(이하 "법"이라 한다) 제2조제1호에 따른 국제회의는 다음 각 호의 어느 하나에 해당하는 회의를 말한다. 〈개정 2020.11.10., 2022.12.27.〉

1. 국제기구, 기관 또는 법인·단체가 개최하는 회의로서 다음 각 목의 요건을 모두 갖춘 회의
   가. 해당 회의에 3개국 이상의 외국인이 참가할 것
   나. 회의 참가자가 100명 이상이고 그 중 외국인이 50명 이상일 것
   다. 2일 이상 진행되는 회의일 것
2. 삭제 〈2022.12.27.〉
3. 국제기구, 기관, 법인 또는 단체가 개최하는 회의로서 다음 각 목의 요건을 모두 갖춘 회의
   가. 「감염병의 예방 및 관리에 관한 법률」 제2조제2호에 따른 제1급감염병 확산으로 외국인이 회의장에 직접 참석하기 곤란한 회의로서 개최일이 문화체육관광부장관이 정하여 고시하는 기간 내일 것
   나. 회의 참가자 수, 외국인 참가자 수 및 회의일수가 문화체육관광부장관이 정하여 고시하는 기준에 해당할 것

[전문개정 2011.11.16.]

## 2-2. 국제회의시설의 종류·규모

**시행령 제3조(국제회의시설의 종류·규모)**

① 법 제2조제3호에 따른 국제회의시설은 전문회의시설·준회의시설·전시시설·지원시설 및 부대시설로 구분한다. 〈개정 2022.12.27.〉
② 전문회의시설은 다음 각 호의 요건을 모두 갖추어야 한다.
1. 2천명 이상의 인원을 수용할 수 있는 대회의실이 있을 것
2. 30명 이상의 인원을 수용할 수 있는 중·소회의실이 10실 이상 있을 것
3. 옥내와 옥외의 전시면적을 합쳐서 2천제곱미터 이상 확보하고 있을 것
③ 준회의시설은 국제회의 개최에 필요한 회의실로 활용할 수 있는 호텔연회장·공연장·체육관 등의 시설로서 다음 각 호의 요건을 모두 갖추어야 한다.
1. 200명 이상의 인원을 수용할 수 있는 대회의실이 있을 것
2. 30명 이상의 인원을 수용할 수 있는 중·소회의실이 3실 이상 있을 것
④ 전시시설은 다음 각 호의 요건을 모두 갖추어야 한다.
1. 옥내와 옥외의 전시면적을 합쳐서 2천제곱미터 이상 확보하고 있을 것
2. 30명 이상의 인원을 수용할 수 있는 중·소회의실이 5실 이상 있을 것
⑤ 지원시설은 다음 각 호의 요건을 모두 갖추어야 한다. 〈신설 2022.12.27.〉
1. 다음 각 목에 따른 설비를 모두 갖출 것
   가. 컴퓨터, 카메라 및 마이크 등 원격영상회의에 필요한 설비
   나. 칸막이 또는 방음시설 등 이용자의 정보 노출방지에 필요한 설비
2. 제1호 각 목에 따른 설비의 설치 및 이용에 사용되는 면적을 합한 면적이 80제곱미터 이상일 것
⑥ 부대시설은 국제회의 개최와 전시의 편의를 위하여 제2항 및 제4항의 시설에 부속된 숙박시설·주차시설·음식점시설·휴식시설·판매시설 등으로 한다. 〈개정 2022.12.27.〉

[전문개정 2011.11.16.]

## 3. 국가의 책무

### 법 제3조 (국가의 책무)

① 국가는 국제회의산업의 육성·진흥을 위하여 필요한 계획의 수립 등 행정상·재정상의 지원조치를 강구하여야 한다.

② 제1항에 따른 지원조치에는 국제회의 참가자가 이용할 숙박시설, 교통시설 및 관광 편의시설 등의 설치·확충 또는 개선을 위하여 필요한 사항이 포함되어야 한다.

[전문개정 2007.12.21.]

## 4. 국제회의 전담조직의 지정 및 설치

### 법 제5조 (국제회의 전담조직의 지정 및 설치)

① 문화체육관광부장관은 국제회의산업의 육성을 위하여 필요하면 국제회의 전담조직(이하 "전담조직"이라 한다)을 지정할 수 있다. 〈개정 2008.2.29.〉

② 국제회의시설을 보유·관할하는 지방자치단체의 장은 국제회의 관련 업무를 효율적으로 추진하기 위하여 필요하다고 인정하면 전담조직을 설치·운영할 수 있으며, 그에 필요한 비용의 전부 또는 일부를 지원할 수 있다. 〈개정 2016.12.20.〉

③ 전담조직의 지정·설치 및 운영 등에 필요한 사항은 대통령령으로 정한다.

[전문개정 2007.12.21.]

## 4-1. 국제회의 전담조직의 업무

### 시행령 제9조(국제회의 전담조직의 업무)

법 제5조제1항에 따른 국제회의 전담조직은 다음 각 호의 업무를 담당한다.

1. 국제회의의 유치 및 개최 지원
2. 국제회의산업의 국외 홍보
3. 국제회의 관련 정보의 수집 및 배포
4. 국제회의 전문인력의 교육 및 수급(需給)
5. 법 제5조제2항에 따라 지방자치단체의 장이 설치한 전담조직에 대한 지원 및 상호 협력
6. 그 밖에 국제회의산업의 육성과 관련된 업무

[전문개정 2011.11.16.]

## 4-2. 국제회의 전담조직의 지정

**시행령 제10조 (국제회의 전담조직의 지정)**

문화체육관광부장관은 법 제5조제1항에 따라 국제회의 전담조직을 지정할 때에는 제9조 각 호의 업무를 수행할 수 있는 전문인력 및 조직 등을 적절하게 갖추었는지를 고려하여야 한다.

[전문개정 2011.11.16.]

# 5. 국제회의산업육성기본계획의 수립 등

**법 제6조 (국제회의산업육성기본계획의 수립 등)**

① 문화체육관광부장관은 국제회의산업의 육성·진흥을 위하여 다음 각 호의 사항이 포함되는 국제회의산업육성기본계획(이하 "기본계획"이라 한다)을 5년마다 수립·시행하여야 한다. 〈개정 2008.2.29., 2017.11.28., 2020.12.22., 2022.9.27.〉

1. 국제회의 유치와 촉진에 관한 사항
2. 국제회의 원활한 개최에 관한 사항
3. 국제회의에 필요한 인력의 양성에 관한 사항
4. 국제회의시설의 설치와 확충에 관한 사항
5. 국제회의시설의 감염병 등에 대한 안전·위생·방역 관리에 관한 사항
6. 국제회의산업 진흥을 위한 제도 및 법령 개선에 관한 사항
7. 그 밖에 국제회의산업의 육성·진흥에 관한 중요 사항

② 문화체육관광부장관은 기본계획에 따라 연도별 국제회의산업육성시행계획(이하 "시행계획"이라 한다)을 수립·시행하여야 한다. 〈신설 2017.11.28.〉

③ 문화체육관광부장관은 기본계획 및 시행계획의 효율적인 달성을 위하여 관계 중앙행정기관의 장, 지방자치단체의 장 및 국제회의산업 육성과 관련된 기관의 장에게 필요한 자료 또는 정보의 제공, 의견의 제출 등을 요청할 수 있다. 이 경우 요청을 받은 자는 정당한 사유가 없으면 이에 따라야 한다. 〈개정 2008.2.29., 2017.11.28.〉

④ 문화체육관광부장관은 기본계획의 추진실적을 평가하고, 그 결과를 기본계획의 수립에 반영하여야 한다. 〈신설 2017.11.28.〉

⑤ 기본계획·시행계획의 수립 및 추진실적 평가의 방법·내용 등에 필요한 사항은 대통령령으로 정한다. 〈개정 2017.11.28.〉

[전문개정 2007.12.21.]

## 5-1. 국제회의산업육성 기본계획

**시행령 제11조(국제회의산업육성기본계획의 수립 등)**

① 문화체육관광부장관은 법 제6조에 따른 국제회의산업육성기본계획과 국제회의산업육성시행계획을 수립하거나 변경하는 경우에는 국제회의산업과 관련이 있는 기관 또는 단체 등의 의견을 들어야

한다.

② 문화체육관광부장관은 법 제6조제4항에 따라 국제회의산업육성기본계획의 추진실적을 평가하는 경우에는 연도별 국제회의산업육성시행계획의 추진실적을 종합하여 평가하여야 한다.

③ 문화체육관광부장관은 제2항에 따른 국제회의산업육성기본계획의 추진실적 평가에 필요한 조사·분석 등을 전문기관에 의뢰할 수 있다.

[전문개정 2018.5.28.]

## 5-2. 수당

### 시행령 제7조 (수당)

육성위원회 및 자문단의 회의에 출석한 위원 및 자문위원에 대하여는 예산의 범위안에서 수당과 여비를 지급할 수 있다. 다만, 공무원인 위원 또는 자문위원이 그 소관업무와 관련되는 회의에 출석하는 경우는 그러하지 아니하다.

# 6. 국제회의 유치 · 개최 지원

### 법 제7조 (국제회의 유치 · 개최 지원)

① 문화체육관광부장관은 국제회의의 유치를 촉진하고 그 원활한 개최를 위하여 필요하다고 인정하면 국제회의를 유치하거나 개최하는 자에게 지원을 할 수 있다. 〈개정 2008.2.29.〉

② 제1항에 따른 지원을 받으려는 자는 문화체육관광부령으로 정하는 바에 따라 문화체육관광부장관에게 그 지원을 신청하여야 한다. 〈개정 2008.2.29.〉

[전문개정 2007.12.21.]

## 6-1. 국제회의 개최 지원신청

### 시행규칙 제2조(국제회의 유치 · 개최 지원신청)

「국제회의산업 육성에 관한 법률」(이하 "법"이라 한다) 제7조제2항에 따라 국제회의 유치·개최에 관한 지원을 받으려는 자는 별지 제1호서식의 국제회의 지원신청서에 다음 각 호의 서류를 첨부하여 법 제5조제1항에 따른 국제회의 전담조직의 장에게 제출해야 한다. 〈개정 2020.11.10.〉

1. 국제회의 유치·개최 계획서(국제회의의 명칭, 목적, 기간, 장소, 참가자 수, 필요한 비용 등이 포함되어야 한다) 1부

2. 국제회의 유치·개최 실적에 관한 서류(국제회의를 유치·개최한 실적이 있는 경우만 해당한다) 1부

3. 지원을 받으려는 세부 내용을 적은 서류 1부

[전문개정 2011.11.24.]

## 6-2. 지원 결과 보고

### 시행규칙 제3조(지원 결과 보고)

법 제7조에 따라 지원을 받은 국제회의 유치·개최자는 해당 사업이 완료된 후 1개월(영 제2조제3호에 따른 국제회의를 유치하거나 개최하여 지원금을 받은 경우에는 문화체육관광부장관이 정하여 고시하는 기한) 이내에 법 제5조제1항에 따른 국제회의 전담조직의 장에게 사업 결과 보고서를 제출해야 한다. 〈개정 2020.11.10.〉

[전문개정 2011.11.24.]

## 7. 국제회의산업육성기반 조성

### 법 제8조(국제회의산업 육성기반 조성)

① 문화체육관광부장관은 국제회의산업 육성기반을 조성하기 위하여 관계 중앙행정기관의 장과 협의하여 다음 각 호의 사업을 추진하여야 한다. 〈개정 2008.2.29., 2022.9.27.〉

1. 국제회의시설의 건립
2. 국제회의 전문인력의 양성
3. 국제회의산업 육성기반의 조성을 위한 국제협력
4. 인터넷 등 정보통신망을 통하여 수행하는 전자국제회의 기반의 구축
5. 국제회의산업에 관한 정보와 통계의 수집·분석 및 유통
6. 국제회의 기업 육성 및 서비스 연구개발
7. 그 밖에 국제회의산업 육성기반의 조성을 위하여 필요하다고 인정되는 사업으로서 대통령령으로 정하는 사업

② 문화체육관광부장관은 다음 각 호의 기관·법인 또는 단체(이하 "사업시행기관"이라 한다) 등으로 하여금 국제회의산업 육성기반의 조성을 위한 사업을 실시하게 할 수 있다. 〈개정 2008.2.29.〉

1. 제5조제1항 및 제2항에 따라 지정·설치된 전담조직
2. 제14조제1항에 따라 지정된 국제회의도시
3. 「한국관광공사법」에 따라 설립된 한국관광공사
4. 「고등교육법」에 따른 대학·산업대학 및 전문대학
5. 그 밖에 대통령령으로 정하는 법인·단체

[전문개정 2007.12.21.]

### 시행령 제12조(국제회의산업 육성기반 조성사업 및 사업시행기관)

① 법 제8조제1항제7호에서 "대통령령으로 정하는 사업"이란 다음 각 호의 사업을 말한다. 〈개정 2022.12.27.〉

1. 법 제5조에 따른 국제회의 전담조직의 육성
2. 국제회의산업에 관한 국외 홍보사업

② 법 제8조제2항제5호에서 "대통령령으로 정하는 법인·단체"란 국제회의산업의 육성과 관련된 업무를 수행하는 법인·단체로서 문화체육관광부장관이 지정하는 법인·단체를 말한다.

[전문개정 2011.11.16.]

## 8. 국제회의시설의 건립 및 운영촉진 등

**법 제9조(국제회의시설의 건립 및 운영 촉진 등)**

문화체육관광부장관은 국제회의시설의 건립 및 운영 촉진 등을 위하여 사업시행기관이 추진하는 다음 각 호의 사업을 지원할 수 있다. 〈개정 2008.2.29.〉

1. 국제회의시설의 건립

2. 국제회의시설의 운영

3. 그 밖에 국제회의시설의 건립 및 운영 촉진을 위하여 필요하다고 인정하는 사업으로서 문화체육관광부령으로 정하는 사업

[전문개정 2007.12.21.]

**시행규칙 제4조(국제회의시설의 지원)**

법 제9조제3호에서 "문화체육관광부령으로 정하는 사업"이란 국제회의시설의 국외 홍보활동을 말한다.

[전문개정 2011.11.24.]

## 9. 국제회의 전문인력의 교육·훈련 등

**법 제10조 (국제회의 전문인력의 교육·훈련 등)**

문화체육관광부장관은 국제회의 전문인력의 양성 등을 위하여 사업시행기관이 추진하는 다음 각 호의 사업을 지원할 수 있다. 〈개정 2008.2.29.〉

1. 국제회의 전문인력의 교육·훈련

2. 국제회의 전문인력 교육과정의 개발·운영

3. 그 밖에 국제회의 전문인력의 교육·훈련과 관련하여 필요한 사업으로서 문화체육관광부령으로 정하는 사업

[전문개정 2007.12.21.]

**시행규칙 제5조(전문인력의 교육·훈련)**

법 제10조제3호에서 "문화체육관광부령으로 정하는 사업"이란 국제회의 전문인력 양성을 위한 인턴사원제도 등 현장실습의 기회를 제공하는 사업을 말한다.

[전문개정 2011.11.24.]

## 10. 국제협력의 촉진

**법 제11조 (국제협력의 촉진)**

문화체육관광부장관은 국제회의산업 육성기반의 조성과 관련된 국제협력을 촉진하기 위하여 사업시행기관이 추진하는 다음 각 호의 사업을 지원할 수 있다. 〈개정 2008.2.29.〉

1. 국제회의 관련 국제협력을 위한 조사·연구

2. 국제회의 전문인력 및 정보의 국제 교류

3. 외국의 국제회의 관련 기관·단체의 국내 유치

4. 그 밖에 국제회의 육성기반의 조성에 관한 국제협력을 촉진하기 위하여 필요한 사업으로서 문화체육관광부령으로 정하는 사업

[전문개정 2007.12.21.]

### 시행규칙 제6조(국제협력의 촉진)

법 제11조제4호에서 "문화체육관광부령으로 정하는 사업"이란 다음 각 호의 사업을 말한다.

1. 국제회의 관련 국제행사에의 참가

2. 외국의 국제회의 관련 기관·단체에의 인력 파견

[전문개정 2011.11.24.]

## 11. 전자국제회의기반의 확충

### 법 제12조 (전자국제회의기반의 확충)

① 정부는 전자국제회의 기반을 확충하기 위하여 필요한 시책을 강구하여야 한다.

② 문화체육관광부장관은 전자국제회의 기반의 구축을 촉진하기 위하여 사업시행기관이 추진하는 다음 각 호의 사업을 지원할 수 있다. 〈개정 2008.2.29.〉

1. 인터넷 등 정보통신망을 통한 사이버 공간에서의 국제회의 개최

2. 전자국제회의 개최를 위한 관리체제의 개발 및 운영

3. 그 밖에 전자국제회의 기반의 구축을 위하여 필요하다고 인정하는 사업으로서 문화체육관광부령으로 정하는 사업

[전문개정 2007.12.21.]

### 시행규칙 제7조(전자국제회의 기반 구축)

법 제12조제2항제3호에서 "문화체육관광부령으로 정하는 사업"이란 전자국제회의 개최를 위한 국내외 기관 간의 협력사업을 말한다.

[전문개정 2011.11.24.]

## 12. 국제회의 정보의 유통촉진

### 법 제13조 (국제회의 정보의 유통촉진)

① 정부는 국제회의 정보의 원활한 공급·활용 및 유통을 촉진하기 위하여 필요한 시책을 강구하여야 한다.

② 문화체육관광부장관은 국제회의 정보의 공급·활용 및 유통을 촉진하기 위하여 사업시행기관이 추진하는 다음 각 호의 사업을 지원할 수 있다. 〈개정 2008.2.29.〉

1. 국제회의 정보 및 통계의 수집·분석

2. 국제회의 정보의 가공 및 유통

3. 국제회의 정보망의 구축 및 운영

4. 그 밖에 국제회의 정보의 유통 촉진을 위하여 필요한 사업으로 문화체육관광부령으로 정하는 사업

③ 문화체육관광부장관은 국제회의 정보의 공급·활용 및 유통을 촉진하기 위하여 필요하면 문화체육관광부령으로 정하는 바에 따라 관계 행정기관과 국제회의 관련 기관·단체 또는 기업에 대하여 국제회의 정보의 제출을 요청하거나 국제회의 정보를 제공할 수 있다. 〈개정 2008.2.29., 2022.9.27.〉

[전문개정 2007.12.21.]

### 시행규칙 제8조(국제회의 정보의 유통 촉진)

① 법 제13조제2항제4호에서 "문화체육관광부령으로 정하는 사업"이란 국제회의 정보의 활용을 위한 자료의 발간 및 배포를 말한다.

② 문화체육관광부장관은 법 제13조제3항에 따라 국제회의 정보의 제출을 요청하거나, 국제회의 정보를 제공할 때에는 요청하려는 정보의 구체적인 내용 등을 적은 문서로 하여야 한다.

[전문개정 2011.11.24.]

## 13. 국제회의도시의 지정 등

### 법 제14조 (국제회의도시의 지정 등)

① 문화체육관광부장관은 대통령령으로 정하는 국제회의도시 지정기준에 맞는 특별시·광역시 시를 국제회의도시로 지정할 수 있다. 〈개정 2008.2.29, 2009.3.18.〉

② 문화체육관광부장관은 국제회의도시를 지정하는 경우 지역 간의 균형적 발전을 고려하여야 한다. 〈개정 2008.2.29.〉

③ 문화체육관광부장관은 국제회의도시가 제1항에 따른 지정기준에 맞지 아니하게 된 경우에는 그 지정을 취소할 수 있다. 〈개정 2008.2.29, 2009.3.18.〉

④ 문화체육관광부장관은 제1항과 제3항에 따른 국제회의도시의 지정 또는 지정취소를 한 경우에는 그 내용을 고시하여야 한다. 〈개정 2008.2.29.〉

⑤ 제1항과 제3항에 따른 국제회의도시의 지정 및 지정취소 등에 필요한 사항은 대통령령으로 정한다.

[전문개정 2007.12.21.]

## 13-1. 국제회의도시의 지정기준

### 시행령 제13조(국제회의도시의 지정기준)

법 제14조제1항에 따른 국제회의도시의 지정기준은 다음 각 호와 같다. 〈개정 2011.11.16.〉

1. 지정대상 도시안에 국제회의시설이 있고, 해당 특별시·광역시 또는 시에서 이를 활용한 국제회의 산업 육성에 관한 계획을 수립하고 있을 것 〈개정 2011.11.16.〉

2. 지정대상 도시안에 숙박시설·교통시설·교통안내체계 등 국제회의 참가자를 위한 편의시설이 갖추어져 있을 것 〈개정 2011.11.16.〉

3. 지정대상 도시 또는 그 주변에 풍부한 관광자원이 있을 것 〈개정 2011.11.16.〉

**시행령 제13조의2(국제회의복합지구의 지정 등)**

① 법 제15조의2제1항에 따른 국제회의복합지구 지정요건은 다음 각 호와 같다. 〈개정 2022.8.2.〉

1. 국제회의복합지구 지정 대상 지역 내에 제3조제2항에 따른 전문회의시설이 있을 것

2. 국제회의복합지구 지정 대상 지역 내에서 개최된 회의에 참가한 외국인이 국제회의복합지구 지정일이 속한 연도의 전년도 기준 5천명 이상이거나 국제회의복합지구 지정일이 속한 연도의 직전 3년간 평균 5천명 이상일 것. 이 경우 「감염병의 예방 및 관리에 관한 법률」에 따른 감염병의 확산으로 「재난 및 안전관리 기본법」 제38조제2항에 따른 경계 이상의 위기경보가 발령된 기간에 개최된 회의에 참가한 외국인의 수는 회의에 참가한 외국인의 수에 문화체육관광부장관이 정하여 고시하는 가중치를 곱하여 계산할 수 있다.

3. 국제회의복합지구 지정 대상 지역에 제4조 각 호의 어느 하나에 해당하는 시설이 1개 이상 있을 것

4. 국제회의복합지구 지정 대상 지역이나 그 인근 지역에 교통시설·교통안내체계 등 편의시설이 갖추어져 있을 것

② 국제회의복합지구의 지정 면적은 400만 제곱미터 이내로 한다.

③ 특별시장·광역시장·특별자치시장·도지사·특별자치도지사(이하 "시·도지사"라 한다)는 국제회의복합지구의 지정을 변경하려는 경우에는 다음 각 호의 사항을 고려하여야 한다.

1. 국제회의복합지구의 운영 실태

2. 국제회의복합지구의 토지이용 현황

3. 국제회의복합지구의 시설 설치 현황

4. 국제회의복합지구 및 인근 지역의 개발계획 현황

④ 시·도지사는 법 제15조의2제4항에 따라 국제회의복합지구의 지정을 해제하려면 미리 해당 국제회의복합지구의 명칭, 위치, 지정 해제 예정일 등을 20일 이상 해당 지방자치단체의 인터넷 홈페이지에 공고하여야 한다.

⑤ 시·도지사는 국제회의복합지구를 지정하거나 지정을 변경한 경우 또는 지정을 해제한 경우에는 법 제15조의2제5항에 따라 다음 각 호의 사항을 관보, 「신문 등의 진흥에 관한 법률」 제2조제1호가목에 따른 일반일간신문 또는 해당 지방자치단체의 인터넷 홈페이지에 공고하고, 문화체육관광부장관에게 국제회의복합지구의 지정, 지정 변경 또는 지정 해제의 사실을 통보하여야 한다.

1. 국제회의복합지구의 명칭

2. 국제회의복합지구를 표시한 행정구역도와 지적도면

3. 국제회의복합지구 육성·진흥계획의 개요(지정의 경우만 해당한다)

4. 국제회의복합지구 지정 변경 내용의 개요(지정 변경의 경우만 해당한다)

5. 국제회의복합지구 지정 해제 내용의 개요(지정 해제의 경우만 해당한다)

[본조신설 2015.9.22.]

**시행령 제13조의3(국제회의복합지구 육성·진흥계획의 수립 등)**

① 법 제15조의2제2항 전단에 따른 국제회의복합지구 육성·진흥계획(이하 "국제회의복합지구 육성·진흥계획"이라 한다)에는 다음 각 호의 사항이 포함되어야 한다.

1. 국제회의복합지구의 명칭, 위치 및 면적

2. 국제회의복합지구의 지정 목적

3. 국제회의시설 설치 및 개선 계획
4. 국제회의집적시설의 조성 계획
5. 회의 참가자를 위한 편의시설의 설치·확충 계획
6. 해당 지역의 관광자원 조성·개발 계획
7. 국제회의복합지구 내 국제회의 유치·개최 계획
8. 관할 지역 내의 국제회의업 및 전시사업자 육성 계획
9. 그 밖에 국제회의복합지구의 육성과 진흥을 위하여 필요한 사항

② 법 제15조의2제2항 후단에서 "대통령령으로 정하는 중요한 사항"이란 국제회의복합지구의 위치, 면적 또는 지정 목적을 말한다.

③ 시·도지사는 수립된 국제회의복합지구 육성·진흥계획에 대하여 5년마다 그 타당성을 검토하고 국제회의복합지구 육성·진흥계획의 변경 등 필요한 조치를 하여야 한다.

[본조신설 2015.9.22.]

### 시행령 제13조의4(국제회의집적시설의 지정 등)

① 법 제15조의3제1항에 따른 국제회의집적시설의 지정요건은 다음 각 호와 같다.
1. 해당 시설(설치 예정인 시설을 포함한다. 이하 이 항에서 같다)이 국제회의복합지구 내에 있을 것
2. 해당 시설 내에 외국인 이용자를 위한 안내체계와 편의시설을 갖출 것
3. 해당 시설과 국제회의복합지구 내 전문회의시설 간의 업무제휴 협약이 체결되어 있을 것

② 국제회의집적시설의 지정을 받으려는 자는 법 제15조의3제2항에 따라 문화체육관광부령으로 정하는 지정신청서를 문화체육관광부장관에게 제출하여야 한다.

③ 국제회의집적시설 지정 신청 당시 설치가 완료되지 아니한 시설을 국제회의집적시설로 지정받은 자는 그 설치가 완료된 후 해당 시설이 제1항 각 호의 요건을 갖추었음을 증명할 수 있는 서류를 문화체육관광부장관에게 제출하여야 한다.

④ 문화체육관광부장관은 법 제15조의3제3항에 따라 국제회의집적시설의 지정을 해제하려면 미리 관할 시·도지사의 의견을 들어야 한다.

⑤ 문화체육관광부장관은 법 제15조의3제1항에 따라 국제회의집적시설을 지정하거나 같은 조 제3항에 따라 지정을 해제한 경우에는 관보, 「신문 등의 진흥에 관한 법률」 제2조제1호가목에 따른 일반일간신문 또는 문화체육관광부의 인터넷 홈페이지에 그 사실을 공고하여야 한다.

⑥ 제1항부터 제5항까지에서 규정한 사항 외에 설치 예정인 국제회의집적시설의 인정 범위 등 국제회의집적시설의 지정 및 해제에 필요한 사항은 문화체육관광부장관이 정하여 고시한다.

[본조신설 2015.9.22.]

## 13-2. 국제회의도시의 지정신청

### 시행규칙 제9조(국제회의도시의 지정신청)

법 제14조제1항에 따라 국제회의도시의 지정을 신청하려는 특별시장·광역시장 또는 시장은 다음 각 호의 내용을 적은 서류를 문화체육관광부장관에게 제출하여야 한다.

1. 국제회의시설의 보유 현황 및 이를 활용한 국제회의산업 육성에 관한 계획
2. 숙박시설 · 교통시설 · 교통안내체계 등 국제회의 참가자를 위한 편의시설의 현황 및 확충계획
3. 지정대상 도시 또는 그 주변의 관광자원의 현황 및 개발계획
4. 국제회의 유치 · 개최 실적 및 계획
[전문개정 2011.11.24.]

## 14. 국제회의도시의 지원

### 법 제15조 (국제회의도시의 지원)

문화체육관광부장관은 제14조제1항에 따라 지정된 국제회의도시에 대하여는 다음 각 호의 사업에 우선 지원할 수 있다. 〈개정 2008.2.29.〉
1. 국제회의도시에서의 「관광진흥개발기금법」 제5조의 용도에 해당하는 사업
2. 제16조제2항 각 호의 어느 하나에 해당하는 사업
[전문개정 2007.12.21.]

### 법 제15조의2 (국제회의복합지구의 지정 등)

① 특별시장 · 광역시장 · 특별자치시장 · 도지사 · 특별자치도지사(이하 "시 · 도지사"라 한다)는 국제회의산업의 진흥을 위하여 필요한 경우에는 관할구역의 일정 지역을 국제회의복합지구로 지정할 수 있다.
② 시 · 도지사는 국제회의복합지구를 지정할 때에는 국제회의복합지구 육성 · 진흥계획을 수립하여 문화체육관광부장관의 승인을 받아야 한다. 대통령령으로 정하는 중요한 사항을 변경할 때에도 또한 같다.
③ 시 · 도지사는 제2항에 따른 국제회의복합지구 육성 · 진흥계획을 시행하여야 한다.
④ 시 · 도지사는 사업의 지연, 관리 부실 등의 사유로 지정목적을 달성할 수 없는 경우 국제회의복합지구 지정을 해제할 수 있다. 이 경우 문화체육관광부장관의 승인을 받아야 한다.
⑤ 시 · 도지사는 제1항 및 제2항에 따라 국제회의복합지구를 지정하거나 지정을 변경한 경우 또는 제4항에 따라 지정을 해제한 경우 대통령령으로 정하는 바에 따라 그 내용을 공고하여야 한다.
⑥ 제1항에 따라 지정된 국제회의복합지구는 「관광진흥법」 제70조에 따른 관광특구로 본다.
⑦ 제2항에 따른 국제회의복합지구 육성 · 진흥계획의 수립 · 시행, 국제회의복합지구 지정의 요건 및 절차 등에 필요한 사항은 대통령령으로 정한다.
〈신설 2015.3.27.〉

### 법 제15조의3 (국제회의집적시설의 지정 등)

① 문화체육관광부장관은 국제회의복합지구에서 국제회의시설의 집적화 및 운영 활성화를 위하여 필요한 경우 시 · 도지사와 협의를 거쳐 국제회의집적시설을 지정할 수 있다.
② 제1항에 따른 국제회의집적시설로 지정을 받으려는 자(지방자치단체를 포함한다)는 문화체육관광부장관에게 지정을 신청하여야 한다.
③ 문화체육관광부장관은 국제회의집적시설이 지정요건에 미달하는 때에는 대통령령으로 정하는 바에 따라 그 지정을 해제할 수 있다.

④ 그 밖에 국제회의집적시설의 지정요건 및 지정신청 등에 필요한 사항은 대통령령으로 정한다. 〈신설 2015.3.27.〉

### 법 제15조의4 (부담금의 감면 등)

① 국가 및 지방자치단체는 국제회의복합지구 육성·진흥사업을 원활하게 시행하기 위하여 필요한 경우에는 국제회의복합지구의 국제회의시설 및 국제회의집적시설에 대하여 관련 법률에서 정하는 바에 따라 다음 각 호의 부담금을 감면할 수 있다.

1. 「개발이익 환수에 관한 법률」 제3조에 따른 개발부담금
2. 「산지관리법」 제19조에 따른 대체산림자원조성비
3. 「농지법」 제38조에 따른 농지보전부담금
4. 「초지법」 제23조에 따른 대체초지조성비
5. 「도시교통정비 촉진법」 제36조에 따른 교통유발부담금

② 지방자치단체의 장은 국제회의복합지구의 육성·진흥을 위하여 필요한 경우 국제회의복합지구를 「국토의 계획 및 이용에 관한 법률」 제51조에 따른 지구단위계획구역으로 지정하고 같은 법 제52조제3항에 따라 용적률을 완화하여 적용할 수 있다.
〈신설 2015.3.27.〉


## 15. 재정 지원

### 법 제16조 (재정 지원)

① 문화체육관광부장관은 이 법의 목적을 달성하기 위하여 「관광진흥개발기금법」 제2조제2항제3호에 따른 국외 여행자의 출국납부금 총액의 100분의 10에 해당하는 금액의 범위에서 국제회의산업의 육성재원을 지원할 수 있다. 〈개정 2008.2.29.〉

② 문화체육관광부장관은 제1항에 따른 금액의 범위에서 다음 각 호에 해당되는 사업에 필요한 비용의 전부 또는 일부를 지원할 수 있다. 〈개정 2008.2.29.〉

1. 제5조제1항 및 제2항에 따라 지정·설치된 전담조직의 운영
2. 제7조제1항에 따른 국제회의 유치 또는 그 개최자에 대한 지원
3. 제8조제2항제2호부터 제5호까지의 규정에 따른 사업시행기관에서 실시하는 국제회의산업 육성기반 조성사업
4. 제10조부터 제13조까지의 각 호에 해당하는 사업
4의2. 제15조의2에 따라 지정된 국제회의복합지구의 육성·진흥을 위한 사업 〈신설 2015.3.27.〉
4의3. 제15조의3에 따라 지정된 국제회의집적시설에 대한 지원 사업 〈신설 2015.3.27.〉
5. 그 밖에 국제회의산업의 육성을 위하여 필요한 사항으로서 대통령령으로 정하는 사업

③ 제2항에 따른 지원금의 교부에 필요한 사항은 대통령령으로 정한다.

④ 제2항에 따른 지원을 받으려는 자는 대통령령으로 정하는 바에 따라 문화체육관광부장관 또는 제18조에 따라 사업을 위탁받은 기관의 장에게 지원을 신청하여야 한다. 〈개정 2008.2.29.〉

[전문개정 2007.12.21.]

### 시행령 제14조(재정 지원 등)

법 제16조제2항에 따른 지원금은 해당 사업의 추진 상황 등을 고려하여 나누어 지급한다. 다만, 사업의 규모·착수시기 등을 고려하여 필요하다고 인정할 때에는 한꺼번에 지급할 수 있다.

[전문개정 2011.11.16.]

## 15-1. 지원금의 관리 및 회수

### 시행령 제15조(지원금의 관리 및 회수)

① 법 제16조제2항에 따라 지원금을 받은 자는 그 지원금에 대하여 별도의 계정(計定)을 설치하여 관리해야 하고, 그 사용 실적을 사업이 끝난 후 1개월(제2조제3호에 따른 국제회의를 유치하거나 개최하여 지원금을 받은 경우에는 문화체육관광부장관이 정하여 고시하는 기한) 이내에 문화체육관광부장관에게 보고해야 한다. 〈개정 2020.11.10.〉

② 법 제16조제2항에 따라 지원금을 받은 자가 법 제16조제2항 각 호에 따른 용도 외에 지원금을 사용하였을 때에는 그 지원금을 회수할 수 있다.

[전문개정 2011.11.16.]

## 16. 다른 법률과의 관계

### 법 제17조(다른 법률에 따른 허가·인가 등의 의제)

① 국제회의시설의 설치자가 국제회의시설에 대하여 「건축법」 제11조에 따른 건축허가를 받으면 같은 법 제11조제5항 각 호의 사항 외에 특별자치도지사·시장·군수 또는 구청장(자치구의 구청장을 말한다. 이하 이 조에서 같다)이 다음 각 호의 허가·인가 등의 관계 행정기관의 장과 미리 협의한 사항에 대해서는 해당 허가·인가 등을 받거나 신고를 한 것으로 본다. 〈개정 2008.3.21., 2009.6.9., 2011.8.4., 2017.1.17., 2017.11.28., 2021.11.30., 2023.5.16.〉

1. 「하수도법」 제24조에 따른 시설이나 공작물 설치의 허가
2. 「수도법」 제52조에 따른 전용상수도 설치의 인가
3. 「소방시설 설치 및 관리에 관한 법률」 제6조제1항에 따른 건축허가의 동의
4. 「폐기물관리법」 제29조제2항에 따른 폐기물처리시설 설치의 승인 또는 신고
5. 「대기환경보전법」 제23조, 「물환경보전법」 제33조 및 「소음·진동관리법」 제8조에 따른 배출시설 설치의 허가 또는 신고

② 국제회의시설의 설치자가 국제회의시설에 대하여 「건축법」 제22조에 따른 사용승인을 받으면 같은 법 제22조제4항 각 호의 사항 외에 특별자치도지사·시장·군수 또는 구청장이 다음 각 호의 검사·신고 등의 관계 행정기관의 장과 미리 협의한 사항에 대해서는 해당 검사를 받거나 신고를 한 것으로 본다. 〈개정 2008.3.21., 2009.6.9., 2017.1.17., 2023.5.16.〉

1. 「수도법」 제53조에 따른 전용상수도의 준공검사
2. 「소방시설공사업법」 제14조제1항에 따른 소방시설의 완공검사

3. 「폐기물관리법」 제29조제4항에 따른 폐기물처리시설의 사용개시 신고

4. 「대기환경보전법」 제30조 및 「물환경보전법」 제37조에 따른 배출시설 등의 가동개시(稼動開始) 신고

③ 제1항과 제2항에 따른 협의를 요청받은 행정기관의 장은 그 요청을 받은 날부터 15일 이내에 의견을 제출하여야 한다. 〈개정 2023.5.16.〉

④ 제1항부터 제3항까지에서 규정한 사항 외에 허가 · 인가, 검사 및 신고 등 의제의 기준 및 효과 등에 관하여는 「행정기본법」 제24조부터 제26조까지를 따른다. 이 경우 같은 법 제24조제4항 전단 중 "20일"은 "15일"로 한다. 〈개정 2023.5.16.〉

[전문개정 2007.12.21.]

[제목개정 2023.5.16.]

## 16-1. 인가 · 허가 등의 의제를 위한 서류 제출

### 시행규칙 제10조(인가 · 허가 등의 의제를 위한 서류 제출)

법 제17조제3항에서 "문화체육관광부령으로 정하는 관계 서류"란 법 제17조제1항 및 제2항에 따라 의제(擬制)되는 허가 · 인가 · 검사 등에 필요한 서류를 말한다.

[전문개정 2011.11.24.]

## 17. 권한의 위탁

### 법 제18조 (권한의 위탁)

① 문화체육관광부장관은 제7조에 따른 국제회의 유치 · 개최의 지원에 관한 업무를 대통령령으로 정하는 바에 따라 법인이나 단체에 위탁할 수 있다. 〈개정 2008.2.29.〉

② 문화체육관광부장관은 제1항에 따른 위탁을 한 경우에는 해당 법인이나 단체에 예산의 범위에서 필요한 경비(經費)를 보조할 수 있다. 〈개정 2008.2.29.〉

[전문개정 2007.12.21.]

### 시행령 제16조 (권한의 위탁)

문화체육관광부장관은 법 제18조제1항에 따라 법 제7조에 따른 국제회의 유치 · 개최의 지원에 관한 업무를 법 제5조제1항에 따른 국제회의 전담조직에 위탁한다.

[전문개정 2011.11.16.]

**[별지 제1호서식]** 〈개정 2015.9.25.〉

# 국제회의 지원신청서

| 접수번호 | | 접수일자 | | | | 처리기간 | 30일 |
|---|---|---|---|---|---|---|---|

| 신청인 | 대표자 성명 | | 생년월일 | |
|---|---|---|---|---|
| | 주소(대표자) | | 전화번호 | |
| | 단체명·상호 | | 자본금 | |
| | 주소(단체) | | 전화번호 | |
| | 설립목적 | | 설립연도 | |
| | 지원 요망사항 | | | |

「국제회의산업 육성에 관한 법률」 제7조제2항 및 같은 법 시행규칙 제2조에 따라 위와 같이 신청합니다.

년 월 일

신청인

국제회의 전담조직의 장

(서명 또는 인)

귀하

| 첨부서류 | 1. 국제회의 유치·개최 계획서(국제회의의 명칭, 목적, 기간, 장소, 참가자 수, 필요한 비용 등이 포함되어야 합니다) 1부<br>2. 국제회의 유치·개최 실적에 관한 서류(국제회의를 유치·개최한 실적이 있는 경우만 제출합니다) 1부<br>3. 지원을 받으려는 세부 내용을 적은 서류 1부 | 수수료<br>없 음 |
|---|---|---|

## 처리절차

| 신청서 작성 | → | 접 수 | → | 검 토 | → | 결 정 | → | 통 보 |
|---|---|---|---|---|---|---|---|---|
| 신청인 | | 국제회의<br>전담조직 | | 국제회의<br>전담조직 | | 국제회의<br>전담조직 | | 신청인 |

210mm×297mm[백상지 80g/㎡(재활용품)]

**[별지 제2호서식]** 〈신설 2015.9.25.〉

# 국제회의집적시설 지정신청서

*[ ]에는 해낭뇌는 곳에 V표를 합니다.

| 접수번호 | | 접수일자 | | 처리기간 | |
|---|---|---|---|---|---|

| 신청인 | 기관 명칭 | | 사업자등록번호 | |
|---|---|---|---|---|
| | 주 소 | | 전화번호 | |
| | 대표자 성명 | | 생년월일 | |

| 집접시설 위치 | (주소)<br>(해당 국제회의복합지구의 명칭 및 위치)<br>(인근 전문회의시설의 명칭 및 해당시설로부터의 거리) |
|---|---|
| 집적시설 종류 | [ ] 숙박시설　　　[ ] 판매시설　　　[ ] 공연장 |

| 집접시설 규모 | (숙박시설)「관광진흥법」및 같은 법 시행령에 따른 세부 입종, 객실 수, 면적 표기 |
|---|---|
| | (판매시설)「유통산업발전법」별표에 따른 대규모점포 종류 및 면적 표기 |
| | (공연징)「공연법」에 따른 공연징 여부, 객석 수, 면적 표기 |

| 전문회의시설<br>과의 관계 및<br>편의시설 등 | 복합지구 내 전문회의시설과의 업무제휴 협약 내용 |
|---|---|
| | 외국인 이용자를 위한 안내체계 및 편의시설 현황 |

「국제회의산업 육성에 관한 법률」제15조의3제2항 및 같은 법 시행령 제13조의4제2항에 따라 위와 같이 국제회의집적시설의 지정을 신청합니다.

년　　　월　　　일

신청인 (서명 또는 인)

　　문화체육관광부장관 귀하

| 첨부서류 | 1. 지정 신청 당시 설치가 완료된 시설인 경우:「국제회의산업 육성에 관한 법률 시행령」(이하 "영"이라 함) 제4조 각 호의 어느 하나에 해당하는 시설에 해당하고 영 제13조의4제1항 각 호의 지정 요건을 갖추고 있음을 증명할 수 있는 서류<br>2. 지정신청 당시 설치가 완료되지 아니한 시설의 경우: 설치가 완료되는 시점에는 영 제4조 각 호의 어느 하나에 해당하는 시설에 해당하고 영 제13조의4제1항 각 호의 요건을 충족할 수 있음을 확인할 수 있는 서류 | 수수료<br>없 음 |
|---|---|---|

처리절차

| 신청서 작성 | → | 접 수 | → | 검 토 | → | 결 정 | → | 통 보 |
|---|---|---|---|---|---|---|---|---|
| 신청인 | | 처리기관<br>(문화체육관광부) | | 처리기관<br>(문화체육관광부) | | 처리기관<br>(문화체육관광부) | | 신청인 |

210mm×297mm[백상지(80g/㎡) 또는 중질지(80g/㎡)]

최신 관광법규의 이해

# Ⅳ. 여권법
## (시행령 · 시행규칙)

- **여권법**

  | | | | |
  |---|---|---|---|
  | 제정 | 1961.12.31. | 법률 | 제940호 |
  | 일부개정 | 2017.03.21. | 법률 | 제14606호 |
  | 일부개정 | 2018.12.24. | 법률 | 제16025호 |
  | 일부개정 | 2020.12.22. | 법률 | 제17689호 |
  | 일부개정 | 2021.01.05. | 법률 | 제17820호 |
  | 일부개정 | 2021.04.20. | 법률 | 제18080호 |
  | 일부개정 | 2023.03.28. | 법률 | 제19274호 |
  | 일부개정 | 2023.03.28. | 법률 | 제19276호 |
  | 일부개정 | 2023.08.08. | 법률 | 제19580호 |

- **여권법 시행령**

  | | | | |
  |---|---|---|---|
  | 제정 | 1962.02.29. | 각령 | 제427호 |
  | 전문개정 | 1974.12.31. | 대통령령 | 제7457호 |
  | 개정 | 1975.09.04. | 대통령령 | 제7788호 |
  | 전부개정 | 2008.06.25. | 대통령령 | 제20857호 |
  | 일부개정 | 2019.11.05. | 대통령령 | 제30182호 |
  | 일부개정 | 2020.03.03. | 대통령령 | 제30498호 |
  | 일부개정 | 2020.12.15. | 대통령령 | 제31262호 |
  | 일부개정 | 2021.07.06. | 대통령령 | 제31865호 |
  | 일부개정 | 2022.05.31. | 대통령령 | 제32655호 |
  | 일부개정 | 2022.07.11. | 대통령령 | 제32790호 |
  | 일부개정 | 2023.04.05. | 대통령령 | 제33376호 |
  | 일부개정 | 2023.09.27. | 대통령령 | 제33772호 |

- **여권법 시행규칙**

  | | | | |
  |---|---|---|---|
  | 제정 | 1962.05.04. | 외무부령 | 제28호 |
  | 전문개정 | 1988.12.31. | 외무부령 | 제139호 |
  | 개정 | 1989.09.28. | 외무부령 | 제143호 |
  | 전부개정 | 2008.06.27. | 외교통상부령 | 제89호 |
  | 일부개정 | 2019.12.05. | 외교부령 | 제73호 |
  | 일부개정 | 2020.12.21. | 외교부령 | 제86호 |
  | 일부개정 | 2021.07.06. | 외교부령 | 제94호 |
  | 일부개정 | 2021.12.21. | 외교부령 | 제101호 |
  | 일부개정 | 2023.02.28. | 외교부령 | 제112호 |

# 1. 목적

| 법 제1조(목적) |
| --- |
| 이 법은 대한민국 국적 및 신분을 증명하는 여권(旅券)의 발급, 효력과 그 밖에 여권에 관하여 필요한 사항을 규정함을 목적으로 한다. 〈개정 2021.1.5.〉 |
| 시행령 제1조(목적) |
| 이 영은 「여권법」에서 위임된 사항과 그 시행에 필요한 사항을 규정함을 목적으로 한다. |
| 시행규칙 제1조(목적) |
| 이 규칙은 「여권법」 및 「여권법 시행령」에서 위임된 사항과 그 시행에 필요한 사항을 정함을 목적으로 한다. |

# 2. 여권의 종류

| 법 제2조(여권의 소지) |
| --- |
| 외국을 여행하려는 국민은 이 법에 따라 발급된 여권을 소지하여야 한다. |
| 법 제4조(여권의 종류) |
| ① 여권의 종류는 다음 각 호와 같다. 〈개정 2021.1.5.〉<br>1. 일반여권<br>2. 관용여권<br>3. 외교관여권<br>4. 긴급여권(제1호부터 제3호까지의 규정에 따른 여권을 발급받거나 재발급받을 시간적 여유가 없는 경우로서 여권의 긴급한 발급이 필요하다고 인정되어 발급하는 여권을 말한다)<br>② 여권은 1회에 한정하여 외국여행을 할 수 있는 여권(이하 "단수여권"이라 한다)과 유효기간 만료일까지 횟수에 제한 없이 외국여행을 할 수 있는 여권(이하 "복수여권"이라 한다)으로 구분하며, 여권의 종류별로 다음 각 호의 구분에 따라 발급한다. 〈신설 2021.1.5.〉<br>1. 일반여권·관용여권과 외교관여권: 단수여권과 복수여권<br>2. 긴급여권: 단수여권<br>③ 삭제 〈2023.8.8.〉<br>[시행일: 2024.2.9.] 제4조 |
| 법 제4조의2(관용여권의 발급대상자) |
| 외교부장관은 다음 각 호의 어느 하나에 해당하는 사람에게 관용여권을 발급할 수 있다.<br>1. 공무(公務)로 국외에 여행하는 공무원<br>2. 「외무공무원법」 제32조에 따라 재외공관에 두는 행정직원<br>3. 그 밖에 대통령령으로 정하는 사람<br>[본조신설 2023.8.8.] |

[시행일: 2024.2.9.] 제4조의2

## 법 제4조의3(외교관여권의 발급대상자)

외교부장관은 다음 각 호의 어느 하나에 해당하는 사람에게 외교관여권을 발급할 수 있다.

1. 전직 · 현직 대통령
2. 전직 · 현직 국회의장
3. 전직 · 현직 대법원장
4. 전직 · 현직 헌법재판소장
5. 전직 · 현직 국무총리
6. 전직 · 현직 외교부장관
7. 특명전권대사 및 국제올림픽위원회 위원
8. 외교부장관이 지정한 외교부 소속 공무원
9. 「외무공무원법」 제31조에 따라 재외공관에 근무하는 다른 국가공무원 및 지방공무원
10. 특별사절 및 정부대표
11. 그 밖에 대통령령으로 정하는 사람

[본조신설 2023.8.8.]

[시행일: 2024.2.9.] 제4조의3

## 법 제5조(여권의 유효기간)

① 제4조에 따른 여권(긴급여권은 제외한다)의 종류별 유효기간은 다음 각 호와 같다. 〈개정 2021.1.5.〉

1. 일반여권 : 10년 이내
2. 관용여권 : 5년 이내
3. 외교관여권 : 5년 이내

② 여권의 종류별 유효기간의 설정 등에 필요한 사항은 대통령령으로 정한다.

## 법 제5조의2(관용여권의 발급 관리)

① 외교부장관은 제19조제5항에 따른 관용여권의 반납 현황을 포함하여 정기적으로 관용여권의 발급 현황을 조사하여야 한다.

② 외교부장관은 제1항에 따른 관용여권 발급 현황 자료의 제출을 해당 기관의 장에게 요청할 수 있다. 이 경우 자료 제출을 요청받은 기관의 장은 특별한 사유가 없으면 그 요청에 따라야 한다.

③ 관용여권의 발급 현황 조사에 필요한 사항은 대통령령으로 정한다.

[본조신설 2023.8.8.]

[시행일: 2024.2.9.] 제5조의2

## 시행령 제2조(여권의 규격 등)

① 여권과 「여권법」(이하 "법"이라 한다) 제14조제1항에 따른 여권을 갈음하는 증명서(이하 "여행증명서"라 한다)의 규격은 가로 8.8센티미터, 세로 12.5센티미터로 한다.

② 여권과 여행증명서(이하 "여권 등"이라 한다)에는 표지의 오른쪽 위에 나라문장(紋章)을 표시하고, 그 아래에 한글 및 로마자로 각각 대한민국의 국호(國號)와 여권 등의 종류를 표기한다. 다만, 법

제7조제1항 각 호의 정보가 전자적으로 수록된 여권의 경우에는 국제민간항공기구에서 정하는 기준에 따라 정보가 전자적으로 수록된 여권임을 상징하는 표식(標識)을 표지의 오른쪽 아래에 추가한다. 〈개정 2020.12.15.〉

③ 여권 등의 종류에 따른 표지 색상과 면수는 다음 각 호와 같다. 〈개정 2009.12.30., 2014.1.21., 2015.1.12., 2020.3.3., 2020.12.15., 2021.7.6.〉

1. 일반여권: 남색(단수여권은 14면, 복수여권은 26면 또는 58면). 다만, 5년 미만의 복수여권은 26면으로 한다.

2. 관용여권: 진회색(26면 또는 58면)

3. 외교관여권: 적색(26면 또는 58면)

4. 긴급여권: 청색(12면)

5. 여행증명서: 검정색(12면)

# 3. 여권의 수록정보 및 관리(기재사항 및 기재방법)

## 1) 여권의 수록정보와 수록방법

### 법 제7조(여권의 수록 정보와 수록 방법)

① 여권에 수록하는 정보는 다음 각 호와 같다. 〈개정 2018.12.24.〉

1. 여권의 종류, 발행국, 여권번호, 발급일, 기간만료일과 발급관청

2. 여권의 명의인(名義人)의 성명, 국적, 성별, 생년월일과 사진

3. 삭제 〈2009.10.19.〉

② 제1항 각 호의 정보는 대통령령으로 정하는 바에 따라 여권에 인쇄하고 전자적으로 수록한다. 다만, 재외공관에서의 여권발급 등 대통령령으로 정하는 부득이한 사유가 있는 경우에는 전자적으로 수록하지 아니할 수 있다.

### 법 제7조의2(여권의 로마자 성명 수록 및 변경 등)

① 외교부장관은 제7조제1항제2호에 따른 여권의 명의인의 한글 성명을 대통령령으로 정하는 바에 따라 로마자표기(이하 이 조에서 "로마자성명"이라 한다)로 수록하여야 한다.

② 여권을 재발급받거나 여권의 효력상실로 여권을 다시 발급받으려는 사람이 한글 성명의 개명 등 대통령령으로 정하는 사유로 로마자성명의 정정이나 변경이 필요한 경우에는 외교부장관에게 로마자성명의 정정 또는 변경을 신청할 수 있다.

③ 외교부장관은 제2항의 신청에 따라 로마자성명을 정정하거나 변경할 수 있다. 다만, 로마자성명의 정정이나 변경을 범죄 등에 이용할 것이 명백하다고 인정되는 경우에는 로마자성명의 정정이나 변경을 거부할 수 있다.

[본조신설 2023.8.8.]

[시행일: 2024.2.9.] 제7조의2

### 시행령 제3조(여권 등의 수록 정보와 수록 방법)

① 법 제7조제1항 각 호의 정보는 여권의 개인정보면에 인쇄하고 여권에 전자적으로 수록한다. 이 경우 여권 명의인의 로마자로 표기한 성명(이하 "로마자성명"이라 한다)은 국제민간항공기구의 관련 규정에 따라 한글 성명에 맞게 표기하여야 하며, 이에 관한 세부 사항은 외교부령으로 정한다. 〈개정 2009.12.30., 2011.9.30., 2012.6.8., 2013.3.23., 2018.4.3., 2020.12.15.〉

② 법 제7조제2항 단서(법 제14조제3항에 따라 준용되는 경우를 포함한다)에 따라 다음 각 호의 어느 하나에 해당하는 경우에는 여권 등의 정보를 전자적 방법으로 수록하지 않을 수 있다. 〈개정 2009.12.30., 2013.3.23., 2021.7.6.〉

1. 긴급여권 발급

2. 여행증명서 발급

③ 법 제9조제1항 단서에 따라 다음 각 호의 어느 하나에 해당하는 사람은 여권 발급을 신청할 때에 지문을 제공하지 아니할 수 있다. 〈개정 2009.12.30., 2017.6.27.〉

1. 의학적 이유로 지문 채취를 할 수 없는 사람

2. 18세 미만인 사람

3. 법 제9조제3항 단서에 따라 대리인으로 하여금 여권발급을 신청하게 하는 사람

④ 법 제9조제2항에 따른 시각장애인용 점자 여권에는 여권번호, 로마자성명, 발급일 및 기간만료일이 점자로 인쇄된 투명스티커를 부착한다. 〈신설 2017.6.27., 2018.4.3.〉

### 시행령 제3조의2(여권의 로마자성명 변경 등)

① 외교부장관은 다음 각 호의 어느 하나에 해당하는 사유가 있다고 인정하는 경우에는 여권을 재발급받거나 여권의 효력상실로 여권을 다시 발급받으려는 사람의 신청에 따라 제3조에 따른 여권의 수록 정보 중 로마자성명을 정정하거나 변경할 수 있다. 다만, 로마자성명의 정정이나 변경을 범죄 등에 이용할 것이 명백하다고 인정되는 경우에는 외교부장관은 로마자성명의 정정이나 변경을 거부할 수 있다. 〈개정 2012.9.7., 2013.3.23., 2018.4.3., 2021.7.6.〉

1. 여권의 로마자성명이 한글성명의 발음과 명백하게 일치하지 않는 경우. 다만, 여권의 로마자성명 표기에 대한 통계 상 해당 한글성명을 가지고 있는 사람 중 외교부장관이 정하여 고시하는 기준 이상에 해당하는 사람이 사용하고 있는 로마자성명을 여권의 로마자성명으로 사용하고 있는 경우는 제외한다.

2. 국외에서 취업이나 유학 등을 이유로 여권의 로마자성명과 다른 로마자성명을 이미 사용한 경우로서 여권의 로마자성명을 변경하지 않으면 국외 체류나 활동에 상당한 불편을 초래할 우려가 있는 경우이거나 장기간 사용해 온 경우

3. 국외여행, 해외이주, 유학 등의 이유로 가족구성원이 함께 출국하게 되어 여권에 로마자로 표기한 성(이하 "로마자 성"이라 한다)을 다른 가족구성원의 여권에 쓰인 로마자 성과 일치시킬 필요가 있는 경우

4. 여권의 로마자 성에 배우자의 로마자 성을 추가 · 변경 또는 삭제하려고 할 경우

5. 여권의 로마자성명의 철자가 명백하게 부정적인 의미를 갖는 경우

6. 개명된 한글성명에 따라 로마자성명을 변경하려는 경우

7. 최초 발급한 여권의 사용 전에 로마자성명을 변경하려는 경우

8. 18세 미만일 때 사용한 여권상 로마자성명을 18세 이후 계속 사용 중인 경우로서 동일한 한글성명을

로마자로 다르게 표기하려는 경우

9. 해외이주를 위하여 여권의 로마자성명을 해외이주 입국사증의 로마자성명과 일치시킬 필요가 있는
　　경우

10. 같은 로마자성명을 가진 사람이 외국에서 입국규제 대상으로 등록되어 있는 경우

11. 그 밖에 외교부장관이 출입국 또는 국외 체류를 위하여 여권의 로마자성명의 정정이나 변경이 필요하
　　다고 인정하는 경우

② 외교부장관은 제1항에 따라 로마자성명이 정정되거나 변경되는 경우로서 새로 발급되는 여권에 구
로마자성명을 표기할 필요가 있다고 인정할 때에는 새로 발급되는 여권에 구 로마자성명을 표기할 수
있다. 〈개정 2013.3.23., 2018.4.3.〉

③ 제1항 및 제2항에서 규정한 사항 외에 로마자성명의 정정 및 변경에 필요한 사항은 외교부령으로
정한다. 〈개정 2012.6.8., 2013.3.23., 2018.4.3.〉

[본조신설 2011.9.30.]

[제목개정 2018.4.3.]

---

**시행령 제3조의3(여권정보통합관리시스템의 구축·운영)**

① 외교부장관은 법 제8조제2항에 따른 여권정보통합관리시스템에서 수집·보관·관리하는 정보의
석성성을 매년 정기적으로 점검·평가해야 한다.

② 외교부장관은 제1항의 점검·평가와 법 제8조제2항에 따른 여권정보통합관리시스템의 연계 운영에
필요한 자료의 제출을 법 제21조제1항에 따라 여권 사무를 대행하는 기관에 요청할 수 있다.

③ 제2항에 따라 자료의 제출을 요청받은 여권 사무 대행 기관은 특별한 사유가 없는 한 30일 이내에
자료를 제출해야 한다.

④ 제1항부터 제3항까지에서 규정한 사항 외에 여권정보통합관리시스템의 구축·운영에 필요한 사항은
외교부장관이 정한다.

[본조신설 2020.12.15.]

---

## 2) 정보의 수집 및 관리

**법 제8조(여권업무의 수행에 필요한 정보의 수집·보관과 관리)**

① 외교부장관은 제7조제1항 및 제7조의2제1항에 따라 여권에 수록하는 정보를 포함하여, 여권을
발급받는 사람의 지문(指紋)(이하 "지문"이라 한다), 주소, 주민등록번호, 연락처, 국내 긴급연락처,
여권발급기록 등 외교부령으로 정하는 바에 따라 여권업무의 수행에 필요한 정보를 수집·보관하고
관리할 수 있다. 다만, 지문은 여권발급 과정에서 본인 여부를 확인하기 위한 목적 외에는 수집·보관
·관리할 수 없으며 그 보관 및 관리 기간은 3개월 이내로 한다. 〈개정 2009.10.19., 2013.3.23.,
2018.12.24., 2023.8.8.〉

② 외교부장관은 제1항에 따른 정보의 수집·보관 및 관리를 위하여 여권정보통합관리시스템을 구축하
고 이를 제21조제1항에 따라 여권 사무를 대행하는 기관과 연계하여 운영할 수 있다. 〈신설 2018.12.24.〉

③ 제2항에 따른 여권정보통합관리시스템의 구축 · 운영에 필요한 사항은 대통령령으로 정한다. 〈신설 2018.12.24.〉

[시행일: 2024.2.9.] 제8조

**시행규칙 제2조(여권업무의 수행에 필요한 정보)**

삭제 〈2020. 12. 21.〉

**시행규칙 제2조의2(여권의 로마자성명 표기 · 변경 등)**

① 「여권법 시행령」(이하 "영"이라 한다) 제3조제1항 후단에 따른 여권 명의인의 로마자로 표기한 성명(이하 "로마자성명"이라 한다)은 가족관계등록부에 등록된 한글성명을 문화체육관광부장관이 정하여 고시하는 표기 방법에 따라 음절 단위로 음역(音譯)에 맞게 표기하며, 이름은 각 음절을 붙여서 표기하는 것을 원칙으로 하되 음절 사이에 붙임표(-)를 쓸 수 있다. 다만, 가족관계등록부에 등록된 한글 성 또는 이름이 로마자로 표기되는 외국식 이름 또는 외국어와 음역이 일치할 경우 그 외국식 이름 또는 외국어를 여권의 로마자성명으로 표기할 수 있다. 〈개정 2015.2.17., 2017.6.27., 2018.4.3., 2021.7.6.〉

② 여권 발급 신청인이 영 제3조의2제1항제2호에 따라 국외에서 이미 사용한 로마자성명으로 변경하려는 경우로서 그 로마자성명이 가족관계등록부 상의 한글성명에 대한 로마자표기가 아닌 경우에는 기존 로마자성명 앞 또는 뒤에 변경하려는 로마자성명을 함께 표기할 수 있다. 〈개정 2018.4.3., 2021.7.6.〉

③ 영 제3조의2제1항제4호에 따른 배우자의 로마자로 표기한 성(이하 "로마자 성"이라 한다)의 추가나 변경 신청을 받은 외교부장관은 「전자정부법」 제36조제1항에 따른 행정정보의 공동이용이나 관계 행정기관에서 관리하는 전산정보자료의 확인(이하 "행정정보의 공동이용등"이라 한다)을 통하여 주민등록표 등 · 초본이나 가족관계등록부를 확인하여야 한다. 다만, 신청인이 확인에 동의하지 않은 경우에는 해당 서류(가족관계등록부를 확인하여야 하는 경우에는 가족관계기록사항에 관한 증명서를 말한다)를 제출하도록 하여야 한다. 〈개정 2013.4.1., 2018.4.3.〉

④ 영 제3조의2제1항제4호에 따른 배우자의 로마자 성은 "spouse of 배우자 로마자 성" 형식으로 여권에 표기한다. 〈개정 2018.4.3.〉

[본조신설 2012.7.3.]

[제목개정 2018.4.3.]

## 3) 여권의 기재사항변경

**법 제15조(여권의 기재사항변경)**

여권을 발급받은 사람은 외교부장관에게 제7조제1항 각 호 및 제7조의2제1항의 정보를 제외한 여권의 기재사항변경을 신청할 수 있다. 〈개정 2013.3.23., 2023.8.8.〉

[시행일: 2024.2.9.] 제15조

> **시행령 제22조(여권의 기재사항변경)**
>
> 법 제15조에 따라 구(舊) 여권번호 및 출생지의 기재 등을 위하여 여권의 기재사항변경을 신청하려는 사람은 외교부령으로 정하는 신청서에 유효한 여권을 첨부하여 신청해야 한다.
> [전문개정 2020.12.15.]

> **시행규칙 제14조(여권 기재사항 변경신청서)**
>
> ① 영 제22조에 따른 여권 기재사항 변경신청서(전자문서로 된 신청서를 포함한다)는 별지 제5호서식에 따른다. 〈개정 2012.7.3., 2020.12.21.〉
> ② 영 제22조에 따라 여권 기재사항 변경신청을 받은 외교부장관은 행정정보의 공동이용등을 통하여 주민등록표 등·초본이나 가족관계등록부를 확인해야 한다. 다만, 신청인이 확인에 동의하지 않는 경우에는 해당 서류(가족관계등록부를 확인해야 하는 경우에는 기본증명서를 말한다)를 제출하도록 해야 한다. 〈신설 2020.12.21.〉

## 4. 여권의 발급

### 1) 여권발급권자

> **법 제3조(여권발급권자)**
>
> 여권은 외교부장관이 발급한다. 〈개정 2013.3.23.〉

### 2) 여권의 발급신청

> **법 제9조(여권의 발급 신청)**
>
> ① 여권을 발급받으려는 사람은 제8조의 정보를 제공하면서 외교부장관에게 여권의 발급을 신청하여야 한다. 다만, 지문을 채취할 수 없는 부득이한 사정이 있는 등 대통령령으로 정하는 경우에는 지문을 제공하지 아니할 수 있다. 〈개정 2013.3.23.〉
> ② 외교부장관은 「장애인복지법」 제2조제2항에 따른 장애인 중 시각장애인이 제1항에 따른 여권의 발급을 신청하는 경우 시각장애인용 점자 여권을 발급할 수 있다. 〈신설 2017.3.21., 2021.1.5.〉
> ③ 제1항에 따른 여권의 발급 신청은 본인이 직접 하여야 한다. 다만, 외교부령으로 정하는 사람에 대하여는 대리인으로 하여금 신청하게 할 수 있다. 〈개정 2013.3.23., 2017.3.21.〉
> ④ 18세 미만인 사람이 제1항에 따라 여권을 발급받으려는 경우에는 법정대리인의 동의를 받아 여권의 발급을 신청하여야 한다. 〈신설 2021.1.5.〉

> **시행령 제3조(여권 등의 수록 정보와 수록 방법)**
>
> ③ 법 제9조제1항 단서에 따라 다음 각 호의 어느 하나에 해당하는 사람은 여권 발급을 신청할 때에 지문을 제공하지 아니할 수 있다. 〈개정 2009.12.30., 2017.6.27.〉
> 1. 의학적 이유로 지문 채취를 할 수 없는 사람

2. 18세 미만인 사람

3. 법 제9조제3항 단서에 따라 대리인으로 하여금 여권발급을 신청하게 하는 사람

④ 법 제9조제2항에 따른 시각장애인용 점자 여권에는 여권번호, 로마자성명, 발급일 및 기간만료일이 점자로 인쇄된 투명스티커를 부착한다. 〈신설 2017.6.27.〉〈개정 2018.3.4.〉

---

**시행규칙 제6조(대리인에 의한 여권신청)**

① 법 제9조제3항 단서에 따라 다음 각 호의 어느 하나에 해당하는 사람은 대리인으로 하여금 여권의 발급을 신청하게 할 수 있다. 〈개정 2009.12.31., 2013.4.1., 2017.6.27., 2019.12.5.〉

1. 의전상 필요가 있는 대통령(전직 대통령을 포함한다), 국회의장, 대법원장, 헌법재판소장, 국무총리 및 그 밖에 외교부장관이 대리인에 의한 여권발급 신청이 특별히 필요하다고 인정하는 사람 〈개정 2013.4.1.〉

2. 본인이 직접 신청할 수 없을 정도의 신체적·정신적 질병, 장애나 사고 등으로 인하여 외교부장관이 대리인에 의한 여권발급 신청이 특별히 필요하다고 인정하는 사람 〈개정 2013.4.1.〉

3. 18세 미만인 사람

② 제1항에 따라 18세 이상으로서 신청인의 대리인이 될 수 있는 사람은 같은 항 제1호의 경우 18세 이상으로서 신청인의 위임을 받은 사람이어야 하며, 같은 항 제2호·제3호의 경우에는 다음 각 호의 어느 하나에 해당하는 사람이어야 한다. 〈개정 2009.12.31.〉

1. 친권자, 후견인 등 법정대리인

2. 배우자

3. 신청인이나 그 배우자의 2촌 이내 친족으로서 18세 이상인 사람

③ 제2항에 따른 대리인은 주민등록증, 자동차운전면허증, 여권 등 외교부장관이 정하는 신분증(이하 "신분증"이라 한다)을 내보여야 하며, 신청인의 신분증 사본(제2항제1호 외의 사람이 18세 미만인 사람의 여권을 대리 신청하는 경우에는 법정대리인의 신분증 사본)과 위임장 및 다음 각 호의 서류 중에서 대리관계 및 그 사유를 증명할 수 있는 서류를 첨부하여야 한다. 〈개정 2009.12.31., 2013.4.1., 2014.1.28., 2015.8.3.〉

1. 〈삭제 2014.1.28.〉

2. 「가족관계의 등록 등에 관한 법률」에 따른 가족관계기록사항에 관한 증명서(외교부장관이 행정정보의 공동이용등을 통하여 해당 서류에 대한 정보를 확인하는 데 동의하지 아니하는 경우에만 첨부한다) 〈개정 2012.7.3., 2013.4.1.〉

3. 친족관계에 관한 법원의 결정문

4. 전문의의 진단서나 소견서(제1항제2호에 해당하는 경우로 한정한다)

# 3) 여권의 발급 등 신청시 제출하는 서류

---

**시행규칙 제3조(여권 발급신청서 등)**

영 제5조제1항제1호(영 제17조에서 준용하는 경우를 포함한다), 영 제8조제1호(영 제11조에서 준용하는 경우를 포함한다)나 영 제14조제1호에 따른 여권 발급신청서(전자문서로 된 신청서를 포함한다)와

영 제18조제1호에 따른 여권 재발급신청서(전자문서로 된 신청서를 포함한다)는 별지 제1호서식에 따른다. 〈개정 2012.7.3., 2020.12.21.〉

## 시행규칙 제4조(여권의 발급 등 신청 시 제출하는 서류)

① 영 제5조제1항제3호(영 제17조에서 준용하는 경우를 포함한다), 영 제8조제4호(영 제11조에서 준용하는 경우를 포함한다), 영 제14조제4호 및 영 제18조제4호에서 "외교부령으로 정하는 서류"란 다음 각 호의 서류를 말한다. 〈개정 2009.12.31., 2012.7.3., 2013.4.1., 2014.1.28., 2017.6.27., 2018.4.3., 2019.12.5., 2020.12.21., 2021.7.6.〉

1. 「병역법」에 따른 병역관계 서류(제2항에 해당하는 경우로 한정한다)
2. 「가족관계의 등록 등에 관한 법률」에 따른 가족관계기록사항에 관한 증명서
3. 의학적 이유로 지문 채취를 할 수 없는 경우에는 전문의의 진단서나 소견서
4. 「여권법」(이하 "법"이라 한다) 제11조제1항제1호에 따라 여권의 재발급을 신청하는 경우에는 주민 등록표 등본·초본, 출입국사실증명서(여권의 로마자성명을 변경하는 경우로 한정한다. 이하 같다) 등 재발급받으려는 여권에 수록된 정보의 정정이나 변경이 필요함을 증명하는 서류
5. 「장애인복지법 시행규칙」에 따른 장애인증명서나 장애인임을 증명할 수 있는 서류(법 제9조제2항에 따라 점자 여권을 신청하는 사람에 한정한다)
6. 사증(査證), 영주권 증명서, 장기체류증 또는 거류국의 외국인등록증 등 국적을 확인할 수 있는 서류(다음 각 목의 어느 하나에 해당하는 사람에 한정한다)
   가. 「주민등록법」 제20조제6항에 따라 거주불명으로 등록된 사람으로서 그 등록된 기간 중 외국에 거주한 사람
   나. 주민등록이 되어 있지 않은 사람으로서 주민등록이 되어 있지 않은 기간 중 외국에 거주한 사람
   다. 직전에 발급받은 여권의 유효기간 중 1년 이상 외국에 거주한 사람

② 여권을 발급하는 해에 18세 이상 37세 이하가 되는 남자가 일반여권 발급을 신청하기 위해 제출해야 하는 제1항제1호에 따른 병역관계 서류는 다음 각 호와 같다. 〈개정 2010.10.8., 2018.9.28., 2019.12.5., 2021.7.6.〉

1. 37세가 되는 해의 마지막 날까지 「병역법」 제70조에 따른 국외여행허가를 받은 사람(「병역법 시행령」 제149조제1항에 따라 국외여행허가를 받은 것으로 보는 사람을 포함한다)은 지방병무청장이나 병무지청장이 발행하는 국외여행허가서 1부
2. 제1호에 해당하지 않는 사람은 향토예비군 편성확인서, 병적증명서, 병역(전역)증사본 또는 읍·면·동의 장이 발행하는 병적증명 서류 등 1부

③ 여권의 발급 등을 신청하는 사람이 제1항 및 제2항에 따라 병적증명서, 주민등록표 등본·초본, 출입국사실증명서, 가족관계기록사항에 관한 증명서, 국외여행허가서 또는 장애인증명서를 제출하여야 하는 경우에 외교부장관은 신청인의 동의를 받아 행정정보의 공동이용등을 통하여 해당 서류에 대한 정보를 확인할 수 있으면 그 확인으로 해당 서류의 제출을 갈음하여야 한다. 〈신설 2012.7.3., 2013.4.1., 2014.1.28., 2017.6.27.〉

④ 삭제 〈2021.7.6.〉

⑤ 18세 미만인 사람이 여권의 발급 등을 신청할 경우에는 별지 제1호의2서식의 법정대리인 동의서를 첨부하여야 한다. 〈개정 2012.7.3., 2015.8.3.〉

⑥ 긴급여권을 발급받으려는 사람은 영 제14조제2호 본문에 따라 별지 제1호의3서식의 긴급여권 발급신청 사유서와 그 사유를 증명하는 서류를 제출해야 한다. 〈신설 2021.7.6.〉

⑦ 영 별표 비고 제3호에 따라 긴급여권 발급 수수료를 감액받으려는 사람은 친족의 사망진단서 · 상해 진단서 · 입원확인서나 그 밖에 인도적 사유를 증명하는 서류를 제출해야 한다. 다만, 외교부장관이 재외공관의 보고 등을 통해 해당 사유의 발생 사실을 확인할 수 있는 경우에는 제출하지 않을 수 있다. 〈신설 2021.7.6.〉

## 4) 정보의 제공 등 협조

### 법 제10조(정보의 제공 등 협조 요청)

① 외교부장관은 여권의 발급 및 효력상실과 관련하여 필요한 경우에는 관계 기관의 장에게 다음 각 호의 정보의 제공이나 그 밖에 필요한 협조를 요청할 수 있다. 〈개정 2021.1.5.〉

1. 주민등록사항에 관한 전산정보
2. 가족관계 등록사항에 관한 전산정보
3. 출입국기록정보
4. 병적기록 등 병역 관계 정보

② 제1항에 따른 정보의 제공 등의 협조를 요청받은 관계 기관의 장은 특별한 사유가 없으면 요청에 따라야 한다. 〈개정 2021.1.5.〉

[전문개정 2013.5.22.]

[제목개정 2021.1.5.]

### 시행령 제4조(지문 대조를 통한 본인 인증)

외교부장관은 법 제9조제1항에 따라 여권을 발급받으려는 사람으로부터 지문을 제공받은 경우 본인 인증을 위한 목적에 한하여 법 제10조에 따라 관계 행정기관이 보관 · 관리하고 있는 해당 신청인의 지문과 서로 대조할 수 있다. 〈개정 2013.3.23.〉

[시행일:2010.1.1] 제4조

### 시행규칙 제5조(여권발급 신청서류에 대한 확인)

외교부장관은 여권발급 신청서류의 내용과 사진의 동일성 등을 심사하기 위하여 필요하다고 인정하면 신청인 또는 법정대리인에게 확인을 요청할 수 있다. 〈개정 2013.4.1.〉

## 5. 여권의 수령

### 시행규칙 제7조(여권의 수령방법)

① 여권은 본인이 신분증을 내보이고 직접 수령하거나 대리인 또는 우편을 통하여 수령할 수 있다. 〈개정 2015.8.3.〉

② 여권발급 신청을 대리하지 아니한 대리인이 여권을 수령하는 경우에는 신청인의 신분증 사본과 위임장을 제출하고, 대리인의 신분증을 내보여야 한다. 〈개정 2009.12.31., 2015.8.3.〉

③ 여권을 우편으로 수령하려는 경우 민원인은 그 의사를 여권 발급을 신청할 때에 표시하되, 수령가능한 주소 등 필요한 정보를 제공하여야 하고, 우편비용을 부담하여야 한다. 〈개정 2018.4.3.〉

# 6. 일반여권

## 1) 일반여권의 발급신청

**시행령 제5조(일반여권의 발급신청)**

① 일반여권을 발급받으려는 사람은 다음 각 호의 서류(전자문서로 된 서류를 포함한다)를 외교부장관에게 제출해야 한다. 〈개정 2021.7.6.〉

1. 여권 발급신청서

2. 여권용 사진[여권발급 신청일 전 6개월 이내에 모자 등을 쓰지 않고 촬영한 천연색 상반신 정면 사진으로 머리(턱부터 정수리까지)의 길이가 3.2센티미터 이상 3.6센티미터 이하인 가로 3.5센티미터, 세로 4.5센티미터의 사진을 말한다. 이하 같다] 1상

3. 그 밖에 일반여권 발급에 필요한 서류로서 외교부령으로 정하는 서류

② 여권의 재발급 등 외교부장관이 기술적 여건을 감안하여 고시하는 경우에 해당하는 일반여권의 발급은 「민원 처리에 관한 법률」 제12조의2제2항 본문에 따라 설치·운영하는 전자민원창구(이하 이 조에서 "전자민원창구"라 한다)를 통하여 신청할 수 있다. 〈개정 2022.7.11.〉

③ 외교부장관은 제2항에 따라 전자민원창구를 통하여 제출한 서류의 내용이 사실과 다르다고 인정되는 경우에는 해당 여권의 교부 전에 서류의 보완 또는 정정을 요청할 수 있다.

[전문개정 2020.12.15.]

## 2) 일반여권의 유효기간

**시행령 6조(일반여권의 유효기간)**

① 일반여권의 유효기간은 10년으로 한다. 〈개정 2009.12.30.〉

② 외교부장관은 제1항에도 불구하고 해당 구분의 어느 하나에 해당하는 사람에게는 다음 각 호에 따른 기간을 유효기간으로 하는 일반여권을 발급할 수 있다. 다만, 제5호에 해당하는 사람인지는 관계 행정기관과의 협의를 거쳐 결정한다. 〈개정 2010.9.20., 2011.9.30., 2012.6.8., 2013.3.23., 2015.1.12., 2016.11.29., 2019.11.5., 2020.12.15., 2021.7.6.〉

1. 18세 미만인 사람: 5년

2. 18세 이상 37세 이하로 병역준비역, 승선근무예비역, 보충역 또는 대체역(복무 만료기간이 6개월 이내인 경우, 복무를 마친 경우 또는 「병역법」 제70조에 따른 국외여행허가를 37세가 되는 해의 마지막 날까지 받은 경우는 제외한다)에 해당하는 사람: 5년

가. 삭제 〈2021.7.6.〉

나. 삭제 〈2021.7.6.〉

3. 삭제 〈2021.7.6.〉

4. 재판이 진행 중인 사유 등으로 인하여 관계 행정기관의 장이 일정기간 동안의 국외여행만 가능하다고 통보한 사람: 통보된 기간

5. 국외에 체류하는 「국가보안법」 제2조에 따른 반국가단체의 구성원으로서 대한민국의 안전보장, 질서유지 및 통일 · 외교정책에 중대한 침해를 야기할 우려가 있는 사람: 1년부터 5년까지의 범위에서 침해 우려의 정도에 따라 외교부장관이 정하는 기준에 따른 기간

6. 여권 분실자로서 다음 각 목의 어느 하나에 해당하는 경우. 다만, 여권 분실이 천재지변 등 불가항력에 의한 경우에는 분실 횟수에 포함하지 아니한다.

　가. 여권 재발급 신청일 전 5년 이내에 여권 분실 횟수가 2회인 사람: 5년

　나. 여권 재발급 신청일 전 5년 이내에 여권 분실 횟수가 3회 이상인 사람: 2년

　다. 가목에도 불구하고 여권 재발급 신청일 전 1년 이내에 여권 분실 횟수가 2회인 사람: 2년

7. 「국적법」 제10조제2항에 따른 서약을 하지 않은 사람: 5년

③ 외교부장관은 제1항 및 제2항제1호 · 제2호에도 불구하고 다음 각 호의 어느 하나에 해당하는 경우로서 본인이 원하는 경우에는 각 호의 구분에 따른 기간을 유효기간으로 하는 일반여권을 발급할 수 있다. 〈신설 2009.12.30., 2011.9.30., 2012.6.8., 2013.3.23., 2021.7.6.〉

1. 법 제11조에 따라 여권의 재발급을 신청하는 경우: 여권을 재발급받은 날부터 기존 여권에서 정하고 있는 유효기간의 만료일까지의 기간

2. 여권에 공백의 사증란이 남지 않게 되어 새로 여권발급을 신청하는 경우: 새로운 여권을 발급받은 날부터 기존 여권에서 정하고 있는 유효기간의 만료일까지의 기간

④ 삭제 〈2010.9.20.〉


## 3) 해외거주목적의 일반 여권(거주여권)

**시행령 제6조의 2(거주여권의 발급)**

삭제 〈2017.12.19.〉


## 4) 단수여권

### (1) 단수 여권발급대상자

**법 제6조(단수여권의 발급)**

① 외교부장관은 다음 각 호의 어느 하나에 해당하는 경우에는 1년 이내의 유효기간이 설정된 단수여권을 발급할 수 있다. 〈개정 2013.3.23., 2021.1.5., 2023.8.8.〉

1. 여권발급 신청인이 요청하는 경우
2. 제12조의3에 따라 여권을 발급하는 경우
3. 삭제 〈2021.1.5.〉
4. 제11조제2항의 확인기간 내에 유학생의 학사일정에 따른 출국 등 부득이한 사유로 국외여행을 하여야 할 필요가 있다고 인정되는 사람에게 여권을 발급하는 경우
5. 긴급여권을 발급하는 경우
② 단수여권의 발급에 관한 세부사항은 대통령령으로 정한다.
[시행일: 2024.2.9.] 제6조

**시행령 제13조(단수여권의 발급대상자)**

삭제 〈2021.07.06.〉

## (2) 단수여권의 발급신청

**시행령 제14조(단수여권의 발급신청)**

단수여권을 발급받으려는 사람은 다음 각 호의 서류(전자문서로 된 서류를 포함한다)를 외교부장관에게 제출해야 한다. 〈개정 2012.9.7., 2013.3.23., 2020.12.15., 2021.7.6.〉
1. 여권 발급신청서
2. 법 제6조제1항에 따른 단수여권의 발급대상자임을 증명하는 서류. 다만, 법 제6조제1항제1호에 따라 여권발급 신청인이 요청하는 경우는 제외한다.
3. 여권용 사진 1장
4. 그 밖에 단수여권 발급에 필요한 서류로서 외교부령으로 정하는 서류

## (3) 단수여권의 유효기간

**시행령 제15조(단수여권의 유효기간)**

① 단수여권의 유효기간은 1년으로 한다.
② 제1항에도 불구하고 외교부장관은 재판이 진행 중인 사유 등으로 관계 행정기관의 장이 일정기간 동안의 국외여행만 가능하다고 통보한 사람에게는 그 기간을 유효기간으로 하는 단수여권을 발급할 수 있다. 〈개정 2013.3.23., 2020.12.15.〉

# 7. 관용여권

## 1) 관용여권 발급대상자

**시행령 제7조(관용여권의 발급대상자)**

외교부장관은 법 제4조제3항에 따라 다음 각 호의 어느 하나에 해당하는 사람에게 관용여권을 발급할 수 있다. 〈개정 2009.7.7., 2013.3.23., 2013.11.20., 2015.1.12., 2020.12.15., 2021.7.6.〉

1. 다음 각 목의 구분에 따른 사람으로서 공무(公務)로 국외에 여행하는 사람과 해당 기관이 추천하는 그 배우자, 27세 미만의 미혼인 자녀(27세 이상의 미혼인 동반자녀로서 정신적 · 육체적 장애가 있거나 생활능력이 없는 경우를 포함한다. 이하 같다) 및 생활능력이 없는 부모
   가. 공무원
   나. 한국은행 및 「공공기관의 운영에 관한 법률」에 따른 공공기관의 임 · 직원 중에서 관용여권을 소지할 필요성이 있다고 외교부장관이 인정하는 사람
2. 한국은행 및 「공공기관의 운영에 관한 법률」에 따른 공공기관의 국외 주재원 중에서 관용여권을 소지할 필요성이 있다고 외교부장관이 인정하는 사람과 그 배우자 및 27세 미만의 미혼인 자녀
3. 정부에서 파견하는 의료요원, 태권도사범, 재외동포 교육을 위한 교사와 그 배우자 및 27세 미만의 미혼인 자녀
4. 「외무공무원법」 제32조에 따라 재외공관에 두는 행정직원과 그 배우자, 27세 미만의 미혼인 자녀 및 생활능력이 없는 부모
5. 외교부 소속 공무원 및 「외무공무원법」 제31조에 따라 재외공관에 근무하는 다른 국가공무원 및 지방공무원이 가사 보조를 받기 위하여 동반하는 사람
6. 그 밖에 원활한 공무수행을 위하여 특별히 관용여권을 소지할 필요가 있다고 외교부장관이 인정하는 사람

## 2) 관용여권의 발급신청

**시행령 제8조(관용여권의 발급신청)**

관용여권을 발급받으려는 사람은 다음 각 호의 서류(전자문서로 된 서류를 포함한다)를 외교부장관에게 제출해야 한다. 〈개정 2012.9.7., 2013.3.23., 2020.12.15., 2021.7.6.〉

1. 여권 발급신청서
2. 제7조에 따른 관용여권의 발급대상자임을 증명하는 서류
3. 여권용 사진 1장
4. 그 밖에 관용여권 발급에 필요한 서류로서 외교부령으로 정하는 서류

## 3) 관용여권의 유효기간

### 시행령 제9조(관용여권의 유효기간)

① 관용여권의 유효기간은 5년으로 한다. 다만, 해당 구분의 어느 하나에 해당하는 사람에게는 다음 각 호에 따른 기간을 유효기간으로 하는 관용여권을 발급할 수 있다. 〈개정 2009.7.7., 2013.3.23., 2015.1.12., 2016.11.29., 2020.12.15., 2021.7.6.〉

1. 제7조제1호나목에 해당하는 사람: 1년 이내
2. 제7조제5호 및 제6호에 해당하는 사람: 2년. 다만, 외교부장관이 필요하다고 인정하는 경우에는 유효기간을 3년으로 할 수 있다.
3. 삭제 〈2021.7.6.〉
4. 제7조의 발급대상자 중 배우자, 27세 미만의 미혼인 자녀 및 생활능력이 없는 부모: 해당 관용여권을 발급받는 사람의 공무 국외여행 기간에 6개월을 더한 기간. 다만, 27세 미만의 미혼인 자녀(정신적·육체적 장애가 있거나 생활능력이 없는 미혼인 동반자녀는 제외한다)의 경우 유효기간의 만료일 이전에 27세가 되는 때에는 27세가 되는 날의 전날까지로 한다.

② 관용여권을 발급받은 사람이 제7조 각 호의 신분을 상실하게 되면 그 관용여권은 제1항에 따른 유효기간 이내라도 그 때부터 효력을 상실한다. 다만, 그가 국외에 체류하고 있을 때에는 외교부령으로 정하는 귀국에 필요한 기간 동안은 그러하지 아니하다. 〈개정 2013.3.23.〉

### 시행규칙 제10조(신분을 상실한 사람의 관용여권 유효기간)

① 영 제9조제2항 단서에서 "외교부령으로 정하는 귀국에 필요한 기간"이란 영 제7조 각 호의 어느 하나에 해당하지 아니하게 된 때부터 2개월을 말한다. 다만, 학업이나 질병치료 등 불가피한 사유로 외교부장관이 인정하는 경우에는 6개월을 말한다. 〈개정 2013.4.1., 2017.6.27.〉

② 제1항 단서에 따른 외교부장관의 인정에 필요한 절차 및 방법 등은 외교부장관이 정한다. 〈개정 2013.4.1., 2017.6.27.〉

# 8. 외교관 여권

## 1) 외교관 여권 발급대상자

### 시행령 제10조(외교관여권의 발급대상자)

외교부장관은 법 제4조제3항에 따라 다음 각 호의 어느 하나에 해당하는 사람에게 외교관여권을 발급할 수 있다. 〈개정 2009.7.7., 2013.3.23., 2020.12.15., 2021.7.6.〉

1. 대통령(전직 대통령을 포함한다. 이하 같다), 국무총리와 전직 국무총리, 외교부장관과 전직 외교부장관, 특명전권대사, 국제올림픽위원회 위원, 외교부장관이 지정한 외교부 소속 공무원, 「외무공무원법」 제31조에 따라 재외공관에 근무하는 다른 국가공무원, 지방공무원 및 다음 각 목의 어느 하나에 해당하는 사람
   가. 다음에 해당하는 사람의 배우자와 27세 미만의 미혼인 자녀

1) 대통령
    2) 국무총리
  나. 다음에 해당하는 사람의 배우자, 27세 미만의 미혼인 자녀 및 생활능력이 없는 부모
    1) 외교부장관
    2) 특명전권대사
    3) 국제올림픽위원회 위원
    4) 공무로 국외여행을 하는 외교부 소속 공무원
    5) 「외무공무원법」 제31조에 따라 재외공관에 근무하는 다른 국가공무원
  다. 전직 국무총리와 전직 외교부장관이 동반하는 배우자. 다만, 외교부장관이 인정하는 경우에만 해당한다.
  라. 대통령, 국무총리, 외교부장관, 특명전권대사와 국제올림픽위원회 위원을 수행하는 사람으로서 외교부장관이 특히 필요하다고 인정하는 사람
2. 국회의장과 전직 국회의장 및 다음 각 목의 어느 하나에 해당하는 사람
  가. 국회의장의 배우자와 27세 미만의 미혼인 자녀
  나. 전직 국회의장이 동반하는 배우자. 다만, 외교부장관이 인정하는 경우에만 해당한다.
  다. 국회의장을 수행하는 사람으로서 외교부장관이 특히 필요하다고 인정하는 사람
3. 대법원장, 헌법재판소장, 전직 대법원장, 전직 헌법재판소장 및 다음 각 목의 어느 하나에 해당하는 사람
  가. 대법원장과 헌법재판소장의 배우자와 27세 미만의 미혼인 자녀
  나. 전직 대법원장과 전직 헌법재판소장이 동반하는 배우자. 다만, 외교부장관이 인정하는 경우에만 해당한다.
  다. 대법원장과 헌법재판소장을 수행하는 사람으로서 외교부장관이 특히 필요하다고 인정하는 사람
4. 특별사절 및 정부대표와 이들이 단장이 되는 대표단의 단원
5. 그 밖에 원활한 외교업무 수행이나 신변 보호를 위하여 외교관여권을 소지할 필요가 특별히 있다고 외교부장관이 인정하는 사람

## 2) 외교관 여권의 발급신청

**시행령 제11조(외교관여권의 발급신청)**

외교관여권의 발급신청에 관하여는 제8조를 준용한다. 이 경우 제8조제2호 중 "제7조"는 "제10조"로 본다.

## 3) 외교관 여권의 유효기간

### 시행령 제12조(외교관여권의 유효기간)

① 외교관여권의 유효기간은 5년으로 한다. 다만, 다음 각 호의 어느 하나에 해당하는 사람에게는 해당 구분에 따른 기간을 유효기간으로 하는 외교관여권을 발급할 수 있다. 〈개정 2009.7.7., 2016.11.29., 2021.7.6.〉

1. 제10조제4호 또는 제5호에 해당하는 사람: 외교업무 수행기간에 따라 1년 또는 2년. 다만, 제10조제5호에 따른 외교업무 수행 목적의 외교관여권 발급의 경우 그 수행기간이 계속하여 2년 이상인 경우에는 5년의 한도에서 해당기간에 6개월을 더한 기간의 만료일까지로 한다.

2. 삭제 〈2021.7.6.〉

3. 제10조의 외교관여권 발급대상자 중 27세 미만의 미혼인 자녀(정신적·육체적 장애가 있거나 생활 능력이 없는 미혼인 동반자녀는 제외한다): 5년. 다만, 유효기간 만료일 이전에 27세가 되는 때에는 27세가 되는 날의 전날까지로 한다.

② 외교관여권을 발급받은 사람이 제10조 각 호의 요건에 해당하지 아니하게 되는 경우(같은 조 제1호 나목4)의 경우에는 외교부 소속 공무원이 공무 국외여행을 마친 경우를 포함한다)에는 그 외교관여권 은 제1항에 따른 유효기간 이내라도 그때부터 효력을 상실한다. 다만, 그가 국외에 체류하고 있는 때에는 제9조제2항 단서에 따라 외교부령으로 정하는 귀국에 필요한 기간 동안은 그러하지 아니하다. 〈개정 2009.7.7., 2013.3.23.〉

### 시행규칙 제10조(신분을 상실한 사람의 외교관여권 유효기간)

② 제1항 단서에 따른 외교부장관의 인정에 필요한 절차 및 방법 등은 외교부장관이 정한다. 〈개정 2017.6.27.〉

③ 관용여권을 발급받은 사람이 영 제7조 각 호의 신분을 상실하게 되면 그 소속 기관의 장은 해당 관용여권(그 배우자·직계비속 또는 부모가 발급받은 관용여권이 있는 경우에는 이를 포함한다)을 회수하여 외교부장관에게 반납하여야 한다. 〈개정 2017.6.27.〉

④ 제3항은 외교관여권에 관하여 준용한다. 이 경우 제3항 중 "영 제7조 각 호의 신분을 상실하게 되면"은 "영 제10조 각 호의 어느 하나에 해당하지 아니하게 되면"으로 본다. 〈신설 2017.6.27.〉

## 9. 여행증명서

## 1) 여행증명서 발급대상자

### 법 제14조(여권을 갈음하는 증명서)

① 외교부장관은 국외에 체류하거나 거주하고 있는 사람으로서 여권의 발급·재발급이 거부 또는 제한되었거나 외국에서 강제 퇴거된 사람 등 대통령령으로 정하는 사람에게 여행목적지가 기재된 서류로서 여권을 갈음하는 증명서(이하 "여행증명서"라 한다)를 발급할 수 있다. 〈개정 2013.3.23.,

2021.1.5.〉

② 여행증명서의 유효기간은 1년 이내로 하되, 그 여행증명서의 발급 목적을 이루면 그 효력을 잃는다.

③ 여행증명서의 발급과 효력에 관하여는 제7조, 제7조의2, 제8조부터 제10조까지, 제12조, 제12조의2, 제12조의3, 제13조, 제16조부터 제18조까지의 규정을 준용한다. 〈개정 2009.10.19., 2023.8.8.〉

[시행일: 2024.2.9.] 제14조

### 시행령 제16조(여행증명서의 발급대상자)

외교부장관은 법 제14조에 따라 다음 각 호의 어느 하나에 해당하는 사람에게 여행증명서를 발급할 수 있다. 〈개정 2009.7.7., 2009.12.30., 2013.3.23., 2018.4.3., 2021.7.6.〉

1. 출국하는 무국적자(無國籍者)

2. 삭제 〈2021.7.6.〉

3. 삭제 〈2021.7.6.〉

4. 해외 입양자

5. 「남북교류협력에 관한 법률」 제10조에 따라 여행증명서를 소지하여야 하는 사람으로서 여행증명서 를 발급할 필요가 있다고 외교부장관이 인정하는 사람

5의2. 국외에 체류하거나 거주하고 있는 사람으로서 여권의 발급·재발급이 거부 또는 제한되었거나 외국에서 강제 퇴거된 경우에 귀국을 위하여 여행증명서의 발급이 필요한 사람

6. 「출입국관리법」 제46조에 따라 대한민국 밖으로 강제퇴거되는 외국인으로서 그가 국적을 가지는 국가의 여권 또는 여권을 갈음하는 증명서를 발급받을 수 없는 사람

7. 그 밖에 제1호, 제4호, 제5호, 제5호의2 및 제6호에 준하는 사람으로서 긴급하게 여행증명서를 발급할 필요가 있다고 외교부장관이 인정하는 사람

## 2) 여행증명서의 발급신청

### 시행령 제17조(여행증명서의 발급신청)

여행증명서의 발급신청에 관하여는 제5조를 준용한다.

\* 제5조(일반여권의 발급신청)

## 3) 여행증명서의 유효기간

### 법 제14조(여권을 갈음하는 증명서)

② 여행증명서의 유효기간은 1년 이내로 하되, 그 여행증명서의 발급 목적을 이루면 그 효력을 잃는다.

## 10. 여권의 재발급

### 1) 여권 재발급 신청

---

**법 제11조(여권의 재발급)**

① 여권을 발급받은 사람은 다음 각 호의 어느 하나에 해당하면 외교부장관에게 여권의 재발급을 신청할 수 있다. 〈개정 2013.3.23., 2021.1.5., 2023.8.8.〉

1. 제7조제1항 각 호 및 제7조의2제1항의 정보의 정정이나 변경이 필요한 경우
2. 발급받은 여권을 잃어버린 경우
3. 발급받은 여권이 훼손된 경우

② 외교부장관은 다음 각 호의 어느 하나에 해당하는 경우에는 여권의 재발급 전에 여권을 잃어버리게 된 경위 등을 관계 기관을 통하여 확인할 수 있다. 이 경우 확인기간은 특별한 사유가 없는 한 재발급 신청일부터 30일 이내로 한다. 〈개정 2013.3.23.〉

1. 여권의 재발급 신청일 전 5년 이내에 2회 이상 여권을 잃어버린 사람이 같은 사유로 여권의 재발급을 신청하는 경우
2. 여권을 잃어버리게 된 경위를 정확하게 기재하지 아니하거나 그 경위를 의심할만한 상당한 이유가 있는 경우

③ 여권의 재발급에 필요한 사항은 대통령령으로 정한다.

[시행일: 2024.2.9.] 제11조

---

### 2) 여권 재발급 구체적 사유

---

**시행규칙 제12조(여권을 잃어버린 경우의 여권 재발급)**

외교부장관은 법 제11조제2항에 따라 여권을 잃어버린 사유가 법 제24조, 제25조 및 제26조제1호·제2호의 위반 혐의 등의 특별한 사유에 해당한다고 판단하는 경우에는 그 확인기간에 제한을 두지 않을 수 있다. 〈개정 2013.4.1.〉

**시행령 제19조(영문 성명의 정정이나 변경으로 인한 여권의 재발급)**

〈삭제, 2011.9.30.〉

**시행령 제21조(헐어 못 쓰게 된 경우의 여권 재발급)**

법 제11조제1항제3호에서 "여권이 헐어 못 쓰게 된 경우"에는 법 제7조제1항 각 호의 정보를 식별하는 것이 곤란한 경우와 외관상 여권에는 특별한 문제가 없다 하더라도 전자적으로 수록한 정보가 손상되어 판독이 불가능한 경우를 포함한다.

---

## 3) 여권재발급신청 방법

### 시행령 제18조(여권의 재발급)

법 제11조에 따라 여권을 재발급받으려는 사람은 다음 각 호의 서류(전자문서로 된 서류를 포함한다)를 첨부하여 여권의 재발급을 신청해야 한다. 〈개정 2021.7.6.〉

1. 여권 재발급신청서

2. 재발급 받으려는 여권. 다만, 발급받은 여권을 잃어버린 경우는 제외한다.

3. 여권용 사진 1장

4. 그 밖에 여권의 재발급에 필요한 서류로서 외교부령으로 정하는 서류

[전문개정 2020.12.15.]

### 시행령 제20조(여권을 잃어버린 경우의 정보제공 및 신고 등)

① 여권을 잃어버린 사람은 외교부령으로 정하는 바에 따라 여권의 분실사실을 외교부장관에게 신고할 수 있다. 〈개정 2013.3.23., 2017.6.27.〉

② 삭제 〈2017.6.27.〉

③ 외교부장관은 법 제13조제1항제3호 · 제5호 · 제6호 및 제8호에 따라 여권의 효력이 상실된때에는 여권의 부정사용과 국제적 유통을 방지하기 위하여 법무부 · 경찰청 등 관계 행정기관이나 상호주의 원칙에 따라 외국정부나 국제기구에 다음 각 호의 정보를 제공할 수 있다. 〈개정 2013.3.23., 2018.4.3.〉

1. 여권번호, 발급일과 기간만료일

2. 여권의 분실일, 분실장소와 신고 접수기관(법 제13조제1항제3호에 따라 분실신고로 여권의 효력이 상실된 경우에 한정한다) 〈개정 2018.4.3.〉

### 시행규칙 제11조(여권 분실 신고 등)

① 영 제20조제1항에 따라 여권 분실 신고를 하려는 사람은 별지 제2호서식의 여권 분실 신고서에 분실 사유를 증명할 수 있는 자료(해당 자료가 있는 경우만 해당한다)를 첨부하여 외교부장관에게 제출하여야 한다. 〈개정 2019.6.12.〉

② 18세 미만인 사람이 영 제20조제1항에 따라 여권 분실 신고를 할 경우에는 별지 제2호서식에 별지 제1호의2서식의 법정대리인 동의서를 첨부하여야 한다.

③ 대리인에 의한 여권 분실 신고에 관하여는 제6조를 준용한다. 〈개정 2015.8.3.〉

[제목개정 2015.8.3.]

# 11. 여권의 발급 등의 거부 · 제한

## 1) 여권의 발급 등의 거부 · 제한 대상자

### 법 제12조(여권의 발급 등의 거부)

① 외교부장관은 다음 각 호의 어느 하나에 해당하는 사람에 대하여는 여권의 발급 또는 재발급을

거부할 수 있다. 〈개정 2013.3.23., 2017.3.21., 2021.1.5., 2021.4.20., 2023.3.28.〉

1. 장기 2년 이상의 형(刑)에 해당하는 죄로 인하여 기소(起訴)되어 있는 사람 또는 장기 3년 이상의 형에 해당하는 죄로 인하여 기소중지 또는 수사중지(피의자중지로 한정한다)되거나 체포영장·구속영장이 발부된 사람 중 국외에 있는 사람

2. 제24조부터 제26조까지의 죄를 범하여 실형을 선고받고 그 집행이 끝나거나(집행이 끝난 것으로 보는 경우를 포함한다) 집행이 면제되지 아니한 사람

2의2. 제2호의 죄를 범하여 형의 집행유예를 선고받고 그 유예기간 중에 있는 사람

3. 제2호의 죄 외의 죄를 범하여 금고 이상의 실형을 선고받고 그 집행이 끝나거나(집행이 끝난 것으로 보는 경우를 포함한다) 집행이 면제되지 아니한 사람

3의2. 제2호의 죄 외의 죄를 범하여 금고 이상의 형의 집행유예를 선고받고 그 유예기간 중에 있는 사람

4. 국외에서 대한민국의 안전보장·질서유지나 통일·외교정책에 중대한 침해를 일으킬 우려가 있는 경우로서 다음 각 목의 어느 하나에 해당하는 사람

    가. 출국할 경우 테러 등으로 생명이나 신체의 안전이 침해될 위험이 큰 사람

    나. 「보안관찰법」 제4조에 따라 보안관찰처분을 받고 그 기간 중에 있으면서 같은 법 제22조에 따라 경고를 받은 사람

② 외교부장관은 제1항제4호에 해당하는 사람인지의 여부를 판단하려고 할 때에는 미리 법무부장관과 협의하고 제18조에 따른 여권정책협의회의 심의를 거쳐야 한다. 〈개정 2013.3.23., 2023.3.28.〉

③ 삭제 〈2023.8.8.〉

④ 삭제 〈2023.8.8.〉

[제목개정 2023.8.8.]

[시행일: 2024.2.9.] 제12조

## 법 제12조의2(여권의 발급 등의 제한)

① 외교부장관은 다음 각 호의 어느 하나에 해당하는 사람에 대해서는 그 사실이 있는 날부터 다음 각 호의 기간 동안 여권의 발급 또는 재발급을 제한할 수 있다.

1. 제12조제1항제2호의 죄를 범하여 실형을 선고받고 그 집행이 끝나거나(집행이 끝난 것으로 보는 경우를 포함한다) 집행이 면제된 사람: 2년

2. 제12조제1항제2호의 죄를 범하여 형의 집행유예를 선고받고 그 유예기간이 경과한 사람: 1년

② 외교부장관은 외국에서 살인, 강도, 납치, 인신매매, 성범죄, 마약류범죄, 밀항·밀입국이나 그 밖의 중대한 위법행위(유죄판결이 확정된 행위로 한정한다)를 하여 외국 정부로부터 강제퇴거 조치, 대한민국 정부에 대한 항의나 시정·배상·사죄 요구 조치 또는 대한민국 정부 또는 국민에 대하여 권익제한이나 의무부과를 신설·강화하는 조치를 받고 그 사실이 재외공관 또는 관계 행정기관으로부터 통보된 사람에 대하여 그 사실이 있는 날부터 다음 각 호의 기간 동안 여권의 발급 또는 재발급을 제한할 수 있다.

1. 해당 위법행위의 국내법상 법정형(法定刑)이 단기 1년 이상인 징역형 또는 금고형 이상에 해당하거나 그보다 중한 사람: 3년

2. 해당 위법행위의 국내법상 법정형이 단기 1년 미만이면서 장기 3년 이상인 징역형 또는 금고형에

해당하는 사람: 2년

3. 해당 위법행위의 국내법상 법정형이 단기 1년 미만이면서 장기 3년 미만인 징역형 또는 금고형에 해당하는 사람: 1년

③ 외교부장관은 제1항 및 제2항에도 불구하고 위법행위의 내용 및 횟수, 국위(國威) 손상 정도 등을 고려하여 필요하다고 인정하는 경우에는 제1항 및 제2항에 따른 기간의 2분의 1의 범위에서 가중하거나 감경할 수 있다. 다만, 가중하는 경우에도 3년을 초과할 수 없다.

[본조신설 2023.8.8.]

[시행일: 2024.2.9.] 제12조의2

---

**법 제12조의3(긴급한 인도적 사유에 따른 예외적 여권 발급)**

외교부장관은 제12조 또는 제12조의2에 따라 여권의 발급 또는 재발급이 거부되거나 제한된 사람에 대하여 긴급한 인도적 사유 등 대통령령으로 정하는 사유가 있는 경우에는 해당 사유에 따른 여행목적에만 사용할 수 있는 여권을 발급할 수 있다.

[본조신설 2023.8.8.]

[시행일: 2024.2.9.] 제12조의3

## 2) 여권발급 등의 제한요청

**시행령 제23조(여권발급 등의 거부ㆍ제한과 반납명령의 요청)**

① 관계 행정기관의 장은 그 소관 업무와 관련하여 법 제12조제1항 각 호(법 제14조제3항에 따라 준용되는 경우를 포함한다), 같은 조 제3항 각 호(법 제14조제3항에 따라 준용되는 경우를 포함한다) 또는 법 제19조제1항 각 호의 어느 하나에 해당하는 사람이 있다고 인정할 때에는 외교부장관에게 여권 등의 발급ㆍ재발급(이하 "여권발급 등"이라 한다)의 거부ㆍ제한이나 유효한 여권의 반납명령(이하 "거부ㆍ제한 등"이라 한다)을 요청할 수 있다. 〈개정 2013.3.23.〉

② 관계 행정기관의 장은 제1항에 따라 여권발급 등의 거부ㆍ제한 등을 요청할 때에는 서면으로 그 요청사유, 거부ㆍ제한 기간이나 반납 후의 보관기간(이하 "보관기간"이라 한다) 등을 구체적으로 밝혀야 한다.

**시행령 제24조(여권발급 등의 거부ㆍ제한 등의 요청에 대한 심사와 결과 통보)**

① 외교부장관은 제23조에 따른 여권발급 등의 거부ㆍ제한 등의 요청을 심사할 때에 필요하다고 인정하면 요청기관의 장에게 관련 자료의 제출을 요구할 수 있다.

② 외교부장관은 제1항에 따라 여권발급 등의 거부ㆍ제한 등의 요청을 심사한 후 그 심사 결과와 이유를 요청기관의 장에게 통보하여야 한다. 〈개정 2013.3.23.〉

## 3) 여권발급 제한에 대한 해제

### 시행령 제25조(여권발급 등의 거부·제한 등의 재요청 또는 해제 요청)

① 관계 행정기관의 장은 거부·제한 기간이나 보관기간이 지난 뒤에도 여권발급 등의 거부·제한 등을 계속할 필요가 있다고 인정하면 그 거부·제한 기간이나 보관기간의 만료 30일 전까지 서면으로 다시 그 거부·제한 등을 요청할 수 있다.

② 관계 행정기관의 장은 여권발급 등의 거부·제한 기간이나 보관기간 중이라도 그 사유가 소멸하면 지체 없이 서면으로 그 해제를 요청하여야 한다.

### 시행령 제26조(여권발급 등의 거부·제한 등의 해제)

외교부장관은 다음 각 호의 어느 하나에 해당하는 경우 여권발급 등의 거부·제한 등을 해제할 수 있다. 다만, 관계 행정기관의 장의 요청을 받아 여권발급 등의 거부·제한 등을 하였던 것을 해제하려는 경우(제1호의 경우는 제외한다)에는 미리 요청기관의 장과 협의하여야 한다. 〈개정 2013.03.23〉

1. 관계 행정기관의 장이 해제를 요청하는 경우
2. 외국인 또는 국외에 거주할 목적으로 이주한 재외국민과 결혼하여 동거할 목적으로 출국하는 경우
3. 「해외이주법」 제6조에 따라 해외이주신고를 하여 해외이주신고 확인서를 발급받은 사람의 경우
4. 외국의 영주권 또는 장기체류 사증을 취득하거나 취득하기로 예정된 경우
5. 삭제 〈2016.5.13.〉

### 시행령 제26조의2(여권발급 등의 제한)

① 외교부장관은 법 제12조제3항제2호에 따라 외국에서 살인, 강도, 납치, 인신매매, 성범죄, 마약류범죄, 밀항·밀입국이나 그 밖의 중대한 위법행위(유죄판결이 확정된 행위로 한정한다)를 하여 외국 정부로부터 다음 각 호의 어느 하나에 해당하는 조치를 받고 그 사실이 재외공관 또는 관계 행정기관으로부터 통보된 사람에 대하여 여권의 발급 또는 재발급을 제한할 수 있다.

1. 강제퇴거 조치
2. 대한민국 정부에 대한 항의나 시정·배상·사죄 요구 조치
3. 대한민국 정부 또는 국민에 대하여 권익제한이나 의무부과를 신설·강화하는 조치

② 외교부장관은 법 제12조제3항 각 호의 사람에 대하여 다음 각 호의 기간 동안 여권발급 등을 제한할 수 있다.

1. 법 제12조제3항제1호에 해당하는 사람: 2년
2. 법 제12조제3항제2호에 해당하는 사람: 다음 각 목의 기간
   가. 해당 위법행위의 국내법상 법정형(法定刑)이 단기 1년 이상인 징역형 또는 금고형 이상에 해당하거나 그 보다 중한 경우: 3년
   나. 해당 위법행위의 국내법상 법정형이 단기 1년 미만이면서 장기 3년 이상인 징역형 또는 금고형에 해당하는 경우: 2년
   다. 해당 위법행위의 국내법상 법정형이 단기 1년 미만이면서 장기 3년 미만인 징역형 또는 금고형에 해당하는 경우: 1년

③ 외교부장관은 제2항에도 불구하고 위법행위의 내용 및 횟수, 국위(國威) 손상 정도 등을 고려하여

필요하다고 인정하는 경우에는 제2항에 따른 기간의 2분의 1 범위에서 가중하거나 감경할 수 있다. 다만, 가중하는 경우에도 3년을 초과할 수 없다.

[본조신설 2021.7.6.]

[종전 제26조의2는 제26조의3으로 이동 〈2021.7.6.〉]

### 시행령 제26조의3(긴급한 인도적 사유에 따른 예외적 여권 발급)

① 법 제12조제4항에서 "긴급한 인도적 사유 등 대통령령으로 정하는 사유"란 국외에 체류하고 있는 다음 각 호의 어느 하나에 해당하는 사람의 사망 또는 이에 준하는 중대한 질병이나 사고로 인하여 긴급하게 출국하여야 할 필요가 있다고 외교부장관이 인정하는 경우를 말한다.

1. 배우자
2. 본인의 직계존비속 또는 형제자매
3. 배우자의 직계존비속 또는 형제자매

② 법 제12조제4항에 따라 발급되는 여권의 유효기간은 그 여행목적 달성에 필요한 최소기간으로 한다.

[본조신설 2016.5.13.]

[제26조의2에서 이동 〈2021.7.6.〉]

# 12. 여권의 사용제한 등

## 1) 여권의 사용제한

### 법 제17조 (여권의 사용제한 등)

① 외교부장관은 천재지변 · 전쟁 · 내란 · 폭동 · 테러 등 대통령령으로 정하는 국외 위난상황(危難狀況)으로 인하여 국민의 생명 · 신체나 재산을 보호하기 위하여 국민이 특정 국가나 지역을 방문하거나 체류하는 것을 중지시키는 것이 필요하다고 인정하는 때에는 기간을 정하여 해당 국가나 지역에서의 여권의 사용을 제한하거나 방문 · 체류를 금지(이하 "여권의 사용제한 등"이라 한다)할 수 있다. 다만, 영주(永住), 취재 · 보도, 긴급한 인도적 사유, 공무 등 대통령령으로 정하는 목적의 여행으로서 외교부장관이 필요하다고 인정하면 여권의 사용과 방문 · 체류를 허가할 수 있다. 〈개정 2013.3.23.〉

### 시행령 제28조(국외 위난상황)

법 제17조제1항 본문에서 "대통령령으로 정하는 국외 위난상황"이란 대한민국 영역 밖에서 발생한 위난(危難)으로서 다음 각 호의 어느 하나에 해당하는 상황을 말한다. 〈개정 2010.12.29.〉

1. 대규모의 태풍 · 해일 · 지진과 그 밖에 이에 준하는 천재지변
2. 전쟁이 일어났거나 일어날 가능성이 매우 높은 긴박한 상황
3. 내란이나 폭동이 발생하여 해당 국가의 치안 유지기능 등이 극도로 마비되어 정상적으로 이루어지지 못하는 상황
4. 대규모 테러가 발생하였거나 테러 발생 가능성이 매우 높은 긴박한 상황

5. 대규모의 폭발사고, 화생방사고, 환경오염사고나 그 밖에 이에 준하는 재난
6. 대규모 감염병의 발생으로 해당 국가의 보건·의료기능 등이 마비되어 정상적으로 이루어지지 못하는 상황

## 2) 여권사용제한의 해제(허가)

### 법 제17조(여권의 사용제한 등)

① 외교부장관은 천재지변·전쟁·내란·폭동·테러 등 대통령령으로 정하는 국외 위난상황(危難狀況)으로 인하여 국민의 생명·신체나 재산을 보호하기 위하여 국민이 특정 국가나 지역을 방문하거나 체류하는 것을 중지시키는 것이 필요하다고 인정하는 때에는 기간을 정하여 해당 국가나 지역에서의 여권의 사용을 제한하거나 방문·체류를 금지(이하 "여권의 사용제한 등"이라 한다)할 수 있다. 다만, 영주(永住), 취재·보도, 긴급한 인도적 사유, 공무 등 대통령령으로 정하는 목적의 여행으로서 외교부장관이 필요하다고 인정하면 여권의 사용과 방문·체류를 허가할 수 있다. 〈개정 2013.3.23.〉

### 시행령 제29조(예외적 여권 사용 등의 허가)

① 외교부장관은 다음 각 호의 어느 하나에 해당하는 여행의 경우에는 법 제17조제1항 단서(법 제14조 제3항에 따라 준용되는 경우를 포함한다)에 따라 여권의 사용과 방문·체류(이하 "예외적 여권사용등"이라 한다)를 허가할 수 있다. 〈개정 2013.3.23., 2016.5.13.〉
1. 법 제17조제1항 본문에 따른 여권의 사용제한 등(이하 "여권사용제한 등"이라 한다)의 조치 당시 대상 국가나 지역의 영주권 또는 이에 준하는 권리를 취득한 사람으로서 그 대상 국가나 지역을 생활근거지로 하여 계속 영주하기 위함이 명백히 인정되는 경우
2. 공공이익을 위한 취재나 보도를 위한 경우
3. 국외에 체류하고 있는 다음 각 목의 어느 하나에 해당하는 사람의 사망 또는 이에 준하는 중대한 질병이나 사고로 인하여 긴급하게 출국하여야 할 필요가 있는 경우
　가. 배우자
　나. 본인의 직계존비속 또는 형제자매
　다. 배우자의 직계존비속 또는 형제자매
4. 외교·안보임무나 재외국민보호 등을 수행하는 국가기관 또는 국제기구의 공무 활동을 위한 경우
5. 소관 중앙행정기관의 장의 추천(임무의 목적과 내용을 특정하여 추천한 것을 말한다)을 받아 국가 이익이나 기업 활동에 관련된 임무를 수행하기 위한 경우
6. 그 밖에 제1호부터 제5호까지의 규정에 준하는 경우로서 외교부장관이 특히 필요하다고 인정하는 경우
② 제1항제2호 또는 제5호에 해당하는 사유로 예외적 여권사용등의 허가를 받으려는 사람은 외교부령으로 정하는 바에 따라 소속 기관·단체 또는 업체 등의 장으로부터 확인서를 받아 외교부장관에게 제출하여야 한다. 〈신설 2016.5.13.〉
③ 제1항 및 제2항에서 규정한 사항 외에 예외적 여권사용등의 허가 신청 등에 필요한 사항은 외교부령으로 정한다. 〈신설 2016.5.13.〉
[제목개정 2016.5.13.]

**시행규칙 제15조(예외적 여권 사용 등의 허가 신청 등)**

① 법 제17조제1항에 따라 여권의 사용을 제한하거나 방문·체류를 금지(이하 "여권사용제한등"이라한다)한 국가나 지역을 여행하기 위하여 여권의 사용과 방문·체류(이하 "예외적 여권사용등"이라한다)의 허가를 받으려는 사람은 별지 제6호서식의 예외적 여권사용등 허가 신청서에 다음 각 호의서류를 첨부하여 외교부장관이나 재외공관장에게 제출해야 한다. 다만, 여권사용제한등의 대상으로지정된 국가 또는 지역에 소재한 재외공관에 근무하는 사람은 다음 각 호의 서류를 첨부하지 않을수 있다. 〈개정 2013.4.1., 2016.5.13., 2021.7.6., 2023.2.28.〉

1. 삭제 〈2017.6.27.〉

2. 활동계획서(안전대책, 안전 관련 서약서 및 총여행인원 정보 포함)

3. 다음 각 목의 구분에 따른 서류

　가. 영 제29조제1항제1호에 해당하는 경우: 영주권 또는 이에 준하는 권리를 보유하고 있음을증명하는 서류

　나. 영 제29조제1항제2호에 해당하는 경우: 재직증명서 및 별지 제6호의2서식의 소속 기관·단체또는 업체 등의 장의 확인서

　다. 영 제29조제1항제3호에 해당하는 경우: 「가족관계의 등록 등에 관한 법률」에 따른 가족관계기록사항에 관한 증명서

　라. 영 제29조제1항제4호에 해당하는 경우: 재직증명서

　마. 영 제29조제1항제5호에 해당하는 경우: 다음의 모든 서류

　　1) 재직증명서

　　2) 소관 중앙행정기관의 장의 추천서

　　3) 별지 제6호의2서식의 소속 기관·단체 또는 업체 등의 장의 확인서

4. 그 밖에 영 제29조제1항 각 호의 어느 하나에 해당하는 여행임을 증명할 수 있는 서류

② 영 제29조제1항제5호에 해당하는 사유로 예외적 여권사용등의 허가를 받으려는 사람(이하 이항에서 "신청인"이라 한다)은 영 제29조제2항에 따라 다음 각 호의 구분에 따른 사람으로부터 그사실을 확인받아야 한다. 〈신설 2016. 5. 13.〉

1. 신청인이 소속한 기관·단체 또는 업체 등(이하 "기관등"이라 한다)이 다른 기관등으로부터 도급·위탁 등을 받아 임무를 수행하는 경우: 도급·위탁 등을 한 기관등의 장

2. 신청인이 소속한 기관등이 다른 기관등으로부터 도급·위탁 등을 받지 아니하고 임무를 수행하는경우: 신청인이 소속한 기관등의 장

③ 외교부장관은 법 제17조제1항 단서에 따라 여권의 사용과 방문·체류를 허가하는 경우에는 별지제7호서식의 여권사용 등 허가서를 발급한다. 〈개정 2013.4.1., 2016.5.13., 2021.7.6.〉

[제목개정 2016.5.13.]

## 3) 여권사용제한 등의 고시

**법 제17조(여권의 사용제한 등)**

② 외교부장관이 제1항에 따라 여권의 사용제한 등을 하려면 대통령령으로 정하는 절차와 방식에따라 대상 국가나 지역, 여권의 사용제한 등의 범위·조건과 기간, 여권의 사용과 방문·체류의 허가

신청절차 등을 정하여 고시하여야 한다. 〈개정 2013.3.23.〉

③ 외교부장관은 국외 위난상황의 해소 등으로 여권의 사용제한 등을 지속할 필요가 없는 경우에는 지체 없이 그 여권의 사용제한 등을 해제하고, 그 사실을 고시하여야 한다. 〈개정 2013.3.23.〉

④ 외교부장관이 제1항과 제3항에 따라 여권의 사용제한 등과 그 해제, 여권의 사용과 방문·체류의 허가를 할 때에는 미리 제18조에 따른 여권정책협의회의 심의를 거쳐야 한다. 〈개정 2013.3.23., 2023.3.28.〉

##### 시행령 제30조(여권사용제한 등에 관한 고시)

법 제17조제2항(법 제14조제3항에 따라 준용되는 경우를 포함한다. 이하 이 항에서 같다)과 제3항에 따른 여권사용제한 등과 그 해제에 관한 고시는 관보에 게재하는 방법으로 한다. 이 경우 외교부장관은 여권사용제한 등의 대상 국가나 지역에 체류하는 국민에게 이러한 사실을 알릴 수 있는 방법을 마련하여야 한다. 〈개정 2013.3.23.〉

##### 시행규칙 제16조(여권사용제한등의 고지 등)

법 제17조제2항 또는 제3항에 따른 여권사용제한등이나 그 해제에 관한 고시가 있는 경우 대상 국가나 지역을 관할하는 재외공관장은 그 내용을 인터넷 게재, 비상연락망, 대면 접촉, 그 밖의 효과적인 방법으로 해당 국가나 지역에 체류하는 국민에게 알려야 한다.

# 13. 여권의 반납 등

## 1) 여권의 반납 및 회수

##### 법 제19조(여권 등의 반납 등)

① 외교부장관은 다음 각 호의 어느 하나에 해당하는 사유가 있어서 여권이나 여행증명서(이하 "여권 등"이라 한다)를 반납시킬 필요가 있다고 인정하면 여권 등의 명의인에게 반납에 필요한 적정한 기간을 정하여 여권 등의 반납을 명할 수 있다. 〈개정 2013.3.23., 2021.1.5., 2023.8.8.〉

1. 여권 등의 명의인이 그 여권 등을 발급받은 후에 제12조제1항 각 호(제1호는 제외한다), 제12조의2 제1항 각 호 및 같은 조 제2항 각 호의 어느 하나에 해당하는 사람임이 밝혀진 경우

2. 여권 등의 명의인이 그 여권 등을 발급받은 후에 제12조제1항 각 호(제1호는 제외한다), 제12조의2 제1항 각 호 및 같은 조 제2항 각 호의 어느 하나에 해당하게 된 경우

3. 착오나 과실로 인하여 여권 등이 발급된 경우

4. 「병역법」 제70조에 따른 국외여행 허가를 받아야 하는 사람으로서 같은 조에 따른 국외여행 허가를 받지 아니하거나 국외여행 허가 기간을 지나 국외 체류 중인 경우

② 유효한 여권 등을 소지하고 있는 사람이 새로운 여권 등을 발급받거나 제11조제1항제1호 및 제3호에 따른 사유 등으로 여권 등을 재발급 받으려면 소지하고 있는 여권 등을 반납하여야 한다. 〈개정 2021.1.5.〉

③ 여권 등의 명의인이 사증의 사용 등을 위하여 반납하여야 할 여권 등을 보존할 것을 신청하는

경우 외교부장관은 그 여권 등에 구멍을 뚫어 이를 그 여권 등의 명의인이 보존하게 할 수 있다. 〈개정 2013.3.23., 2021.1.5.〉

④ 외교부장관은 제1항제1호와 제2호에 해당하는 사람의 여권 등을 반납받는 경우 제12조의2에 따른 여권 등의 발급제한사유에 해당하는 사람의 여권 등은 해당 제한기간 동안 이를 보관하여야 하고, 그 기간이 지나면 여권 등의 명의인에게 돌려주어야 한다. 〈개정 2013.3.23., 2023.8.8.〉

⑤ 제13조제1항제1호의3에 따라 관용·여권의 효력이 상실된 경우 그 소속 기관의 장은 해당 여권을 회수하여 외교부장관에게 반납하여야 한다. 〈신설 2023.8.8.〉

⑥ 그 밖에 여권 등의 회수와 반납에 필요한 사항은 대통령령으로 정한다. 〈신설 2023.8.8.〉

[시행일: 2024.2.9.] 제19조

**법 제20조(여권 등의 직접 회수)**

외교부장관은 제16조를 위반한 사람이나 제19조제1항에 따른 반납명령을 받고 정당한 사유 없이 여권 등을 반납하지 아니한 사람이 소지한 여권 등 또는 같은 조 제5항에 따라 소속 기관의 장이 회수·반납하지 아니한 여권은 이를 직접 회수할 수 있다. 〈개정 2013.3.23., 2023.8.8.〉

[시행일: 2024.2.9.] 제20조

## 2) 여권의 반납 결정

**시행령 제27조(여권의 반납 결정의 송달)**

① 외교부장관은 법 제19조제1항 각 호의 어느 하나에 해당하는 사람에 대하여 여권의 반납 결정을 할 경우에는 그 결정서를 해당 여권의 명의인이나 법정대리인의 주소 또는 거소에 등기우편으로 송달하여야 한다. 〈개정 2013.3.23.〉

② 제1항에 따른 등기우편이 2회 반송되거나 주소불명 등의 사유로 송달할 수 없는 경우에는 다음 각 호의 어느 하나에 해당하는 방법으로 공시하여야 한다.

1. 법 제21조제1항에 따른 여권사무 대행기관의 게시판에 게시
2. 관보 게재
3. 전자통신매체를 이용한 공시

# 14. 여권의 효력상실

**법 제13조(여권의 효력상실)**

① 여권은 다음 각 호의 어느 하나에 해당하는 때에는 그 효력을 잃는다. 〈개정 2017.3.21., 2021.1.5., 2023.8.8.〉

1. 여권의 명의인이 사망하거나 「국적법」에 따라 대한민국 국적을 상실한 때

1의2. 여권의 유효기간이 끝난 때

1의3. 관용·여권 및 외교관여권의 명의인이 제4조의2 및 제4조의3에 따른 발급대상자에 해당하지

아니하게 된 때. 다만, 관용여권 및 외교관여권의 명의인이 국외에 체류하고 있을 때에는 외교부령으로 정하는 귀국에 필요한 기간 동안은 그러하지 아니하다.

2. 여권이 발급된 날부터 6개월이 지날 때까지 신청인이 그 여권을 받아가지 아니한 때

3. 여권을 잃어버려 그 명의인이 대통령령으로 정하는 바에 따라 분실을 신고한 때

4. 여권의 발급 또는 재발급을 신청하기 위하여 반납된 여권의 경우에는 신청한 여권이 발급되거나 재발급된 때

5. 발급된 여권이 변조된 때

6. 여권이 다른 사람에게 양도되거나 대여되어 행사된 때

7. 삭제 〈2021. 1. 5.〉

8. 제19조에 따라 여권의 반납명령을 받고도 지정한 반납기간 내에 정당한 사유 없이 여권을 반납하지 아니한 때

9. 단수여권의 경우에는 여권의 명의인이 해당 단수여권을 발급한 국가(재외공관의 장이 단수여권을 발급한 경우에는 그 재외공관이 설치된 국가)로 복귀한 때

② 제1항제1호, 제2호부터 제6호까지 및 제8호의 규정에 따른 여권의 효력상실 사유를 알게 된 지방자치단체의 소속 공무원 중 여권의 발급이나 재발급에 관한 사무를 담당하는 사람, 경찰공무원, 자치경찰공무원, 출입국관리나 세관업무에 종사하는 사람으로서 사법경찰관리의 직무를 행하는 사람은 그 사실을 외교부장관에게 통보하여야 한다. 〈개정 2013. 3. 23., 2020. 12. 22., 2021. 1. 5.〉

③ 외교부장관은 제12조제1항제1호에 해당하는 사람에게 유효한 여권이 있는 경우 해당 여권을 무효처분 할 수 있다. 〈신설 2023. 8. 8.〉

[시행일: 2024. 2. 9.] 제13조

### 시행규칙 제13조(여권 사실증명 신청)

① 여권 발급기록 또는 여권 발급 신청시 제출한 서류 내용의 증명, 여권 사본의 유효성 증명, 여권 명의인의 신원확인에 필요한 정보의 증명을 신청하려는 사람은 별지 제4호서식에 따른 신청서를 외교부장관에게 제출해야 한다. 다만, 대리인이 신청하는 경우에는 다음 각 호의 서류를 첨부하여 제출해야 한다. 〈개정 2020. 12. 21.〉

1. 위임장

2. 여권 명의인의 인감증명서, 「본인서명사실 확인 등에 관한 법률」 제2조제3호에 따른 본인서명사실확인서 또는 같은 법 제2조제4호에 따른 전자본인서명확인서

② 법 제13조제1항에 따라 여권이 효력상실된 사실을 확인받으려는 사람은 별지 제4호의2서식의 여권 실효확인 신청서(전자문서로 된 신청서를 포함한다)를 외교부장관에게 제출하여야 한다. 〈개정 2012. 7. 3., 2013. 4. 1., 2018. 4. 3.〉

[제목개정 2018. 4. 3.]

## 15. 사무의 대행

### 1) 사무의 대행

**법 제21조(사무의 대행 등)**

① 외교부장관은 여권 등의 발급, 재발급과 기재사항변경에 관한 사무의 일부를 대통령령으로 정하는 바에 따라 지방자치단체의 장에게 대행(代行)하게 할 수 있다. 〈개정 2013.3.23., 2021.1.5.〉

② 여권 등의 발급, 재발급과 기재사항변경을 신청하려는 사람은 그의 주소지를 관할하지 아니하는 지방자치단체의 장에게도 이를 신청할 수 있다.

③ 외교부장관은 제20조에 따른 여권 등의 직접 회수에 관한 권한을 대통령령으로 정하는 바에 따라 다음 각 호로 정하는 사람으로 하여금 대행하게 할 수 있다. 〈개정 2013.3.23., 2020.12.22.〉

1. 외교부·지방자치단체의 소속 공무원 중 여권 등의 발급에 관한 사무를 담당하는 사람

2. 국가경찰공무원이나 자치경찰공무원

3. 출입국관리나 세관업무에 종사하는 사람으로서 사법경찰관리의 직무를 행하는 사람

④ 제3항에 따라 권한을 대행하는 공무원은 그 권한을 증명하는 증표를 지니고 이를 관계인에게 내보여야 한다.

⑤ 외교부장관은 제22조제2항의 수수료 수입만으로는 제1항의 사무를 대행하는데 필요한 경비를 충당할 수 없는 지방자치단체에 대하여는 국고에서 그 부족분을 보조할 수 있다. 〈개정 2013.3.23.〉

**시행령 제37조(사무의 대행)**

① 외교부장관이 법 제21조제1항에 따라 지방자치단체의 장에게 대행하게 할 수 있는 사무는 다음 각 호와 같다. 〈개정 2013.3.23., 2015.1.12., 2021.7.6.〉

1. 여권 등의 발급·재발급 신청 접수

2. 신청인의 신원 확인 등 심사

3. 여권 등의 교부

4. 여권의 기재사항변경

5. 삭제 〈2015.1.12.〉

6. 수수료 징수

7. 제3조제2항 각 호의 어느 하나에 해당하는 여권 등의 제작

8. 그 밖에 외교부장관이 여권 등의 발급·재발급 및 기재사항변경 등과 관련하여 대행하게 할 필요가 있다고 인정하는 사무

② 법 제21조제1항과 제3항에 따라 권한을 대행하는 사람(이하 "권한대행자"라 한다)은 그 권한의 행사 현황을 외교부장관에게 보고하여야 한다. 〈개정 2013.3.23., 2015.1.12.〉

③ 외교부장관은 법 제21조제3항에 따라 여권의 직접 회수를 대행하게 하려는 때에는 법 제21조제3항 각 호의 어느 하나에 해당하는 사람이 소속된 지방자치단체나 관계 행정기관의 장에게 대상자, 대상 여권, 회수기한 등의 내용을 구체적으로 밝혀 서면으로 요청하여야 한다. 〈개정 2013.3.23.〉

④ 외교부장관은 권한대행자가 대행 사무를 적법하게 수행하는지 점검·평가할 수 있으며, 대행 사무의 지도·감독을 위하여 필요한 경우 권한대행자에게 외교부령으로 정하는 자료의 제출을 요구할

수 있다. 이 경우 권한대행자는 특별한 사유가 없는 한 자료 제출 요구에 따라야 한다. 〈개정 2015.1.12., 2020.12.15.〉

⑤ 외교부장관은 권한대행자가 대행 사무를 위법하거나 부당하게 처리하고 있다고 인정할 때에는 외교부장관이 정하는 바에 따라 시정을 명할 수 있으며, 권한대행자가 시정 명령에 따르지 아니하면 대행 사무의 전부 또는 일부를 중지시키거나 취소·변경할 수 있다. 〈신설 2015.1.12.〉

⑥ 외교부장관은 법 제21조제1항에 따른 여권사무 대행기관을 대상으로 제1항제1호부터 제4호까지 및 제6호부터 제8호까지의 사무 수행을 위한 교육을 실시할 수 있다. 이 경우 법 제21조제1항에 따른 여권사무 대행기관의 장은 특별한 사정이 없으면 소속 직원이 교육에 참석하도록 해야 한다. 〈신설 2019.11.5., 2021.7.6.〉

## 2) 사무대행 절차

### 시행규칙 제17조(자료의 제출)

① 영 제37조제4항 전단에서 "외교부령으로 정하는 자료"란 다음 각 호의 자료를 말한다. 〈개정 2020.12.21.〉

1. 여권발급 현황자료
2. 여권사무 관련 예산 편성 및 집행 내역
3. 여권사무 수행자 명단
4. 그 밖에 외교부장관이 대행 사무의 지도·감독을 위하여 필요하다고 인정하는 자료

② 영 제44조의3제2항에서 "외교부령으로 정하는 자료"란 다음 각 호의 자료를 말한다. 〈신설 2020.12.21.〉

1. 여권정보연계시스템을 이용한 전산처리정보의 처리실적에 관한 자료
2. 여권정보연계시스템을 이용하여 제공한 전산처리정보의 현황과 전산처리정보의 제공에 따른 보호 대책에 관한 자료

[본조신설 2015.2.17.]

## 16. 수수료

### 법 제22조(수수료)

① 여권 등(관용여권 및 외교관여권을 제외한다. 이하 이 조에서 같다)의 발급, 재발급과 기재사항변경을 받으려는 사람은 외교부장관에게 수수료를 납부하여야 한다. 다만, 제21조제1항에 따라 여권 사무를 대행하는 지방자치단체의 장에게 여권 등의 발급, 재발급과 기재사항변경을 신청하는 경우에는 그 지방자치단체의 장에게 수수료를 납부하여야 한다. 〈개정 2013.3.23.〉

② 제1항 단서에 따라 납부하는 수수료 중 사무의 대행에 소요되는 비용에 상당하는 금액은 그 지방자치단체의 수입으로 한다.

③ 외교부장관은 여권 등의 발급 사유 등을 고려하여 필요하다고 인정되는 경우 제1항에 따른 수수료를 면제할 수 있다. 〈신설 2021.1.5.〉

④ 제1항부터 제3항까지의 규정에 따른 수수료의 납부방법, 수수료의 금액과 그 중 사무의 대행에 소요되는 비용에 상당하는 금액, 수수료 면제 등에 필요한 사항은 대통령령으로 정한다. 〈개정 2021.1.5.〉

### 시행령 제39조(수수료)

법 제22조제4항에 따른 수수료 및 사무의 대행에 드는 비용에 해당하는 금액은 별표와 같다. 〈개정 2021.7.6.〉

### 시행령 제38조(수수료의 납부방법)

① 여권 등을 발급·재발급받거나 기재사항을 변경하려는 사람은 법 제22조제1항에 따른 수수료를 외교부장관이 정하는 방법에 따라 현금, 현금 납입을 증명하는 증표 또는 신용카드 등으로 납부하여야 한다. 다만, 재외공관의 경우에는 현지 통화나 미합중국 통화로 납부하게 할 수 있다. 〈개정 2013.3.23.〉

② 외교부장관은 법 제22조제3항에 따라 다음 각 호의 사람에 대하여 수수료를 면제할 수 있다. 〈개정 2021.7.6.〉

1. 구호를 필요로 하는 난민

2. 천재지변 등으로 여권 등이 분실되거나 훼손되어 재발급받으려는 사람

3. 신청인의 귀책사유 없이 여권 등이 잘못 발급되어 여권 등을 재발급받거나 기재사항을 변경하려는 사람

4. 그 밖에 외교부장관이 수수료 면제가 필요하다고 인정하는 사람

③ 외교부장관은 여권 등의 발급·재발급 또는 기재사항변경 수수료를 반환하지 아니한다. 다만, 법 제12조제1항 또는 같은 조 제3항에 따라 여권의 발급 등이 거부·제한되는 경우나 수수료가 명백히 잘못 납부된 경우에는 이를 반환한다. 〈개정 2013.3.23.〉

[시행일 : 2010.1.1.] 제38조

# 17. 여권정책협의회

## 1) 여권정책협의회 심의사항

### 법 제18조(여권정책협의회)

① 여권업무에 관한 다음 각 호의 사항을 심의하기 위하여 외교부에 여권정책협의회(이하 "협의회"라 한다)를 둔다. 〈개정 2013.3.23., 2021.1.5., 2023.3.28.〉

1. 여권발급 수수료의 금액 산정기준과 발급장비의 규격 선정기준

2. 개인정보보호 및 여권의 보안기술에 관한 사항

3. 제12조제1항제4호에 해당하는 사람에 대한 여권의 발급이나 재발급의 거부에 관한 사항

4. 제17조제1항 본문에 따른 여권의 사용제한 등과 그 해제에 관한 사항

5. 제17조제1항 단서에 따른 여권의 사용과 방문·체류의 허가에 관한 사항

6. 그 밖에 협의회의 위원장이 회의에 부치는 여권업무 관련 주요 사항

② 협의회는 위원장과 부위원장 각 1명을 포함한 20명 이내의 위원으로 구성한다. 〈개정 2023.3.28.〉

③ 협의회의 업무를 효율적으로 추진하기 위하여 협의회에 분과협의회를 설치 · 운영할 수 있다. 〈개정 2023.3.28.〉

④ 삭제 〈2023.3.28.〉

⑤ 협의회와 분과협의회의 구성과 운영 등에 관하여 필요한 사항은 대통령령으로 정한다. 〈개정 2023.3.28.〉

[제목개정 2023.3.28.]

### 시행령 제32조(전문가 등의 자문)

위원장은 협의회를 효율적으로 운영하기 위하여 필요하다고 인정하는 경우에는 전문적 · 기술적 사항에 관하여 다음 각 호의 사람에게 자문할 수 있다.

1. 신분증 국제표준, 개인정보 보호, 여권 발급장비나 보안기술 분야의 전문가

2. 법률 또는 회계 전문가

3. 영사(領事) 관련 업무에 대한 전문지식 및 경험이 풍부한 사람

[전문개정 2023.9.27.]

### 시행령 제32조의2(위원의 해임 · 해촉 등)

삭제 〈2023.9.27.〉

## 2) 여권정책심협의회 구성 등

### 법 제18조(여권정책심협의회)

② 위원회는 위원장과 부위원장 각 1명을 포함한 20명 이내의 위원으로 구성한다.

③ 위원회의 업무를 효율적으로 추진하기 위하여 위원회에 분과위원회를 설치 · 운영할 수 있다.

④ 위원 중 공무원이 아닌 사람은 「형법」 제129조부터 제132조까지의 규정에 따른 벌칙의 적용에서는 공무원으로 본다.

⑤ 위원회와 분과위원회의 구성과 운영 등에 관하여 필요한 사항은 대통령령으로 정한다.

### 시행령 제31조(여권정책심협의회의 구성)

법 제18조제1항에 따른 여권정책협의회(이하 "협의회"라 한다)의 위원장(이하 "위원장"이라 한다)은 외교부 제2차관이 되고, 부위원장은 외교부 영사안전국장이 되며, 협의회의 위원은 다음 각 호의 사람이 된다.

1. 외교부에서 국제테러 관련 업무를 수행하는 국장급 공무원 중 외교부장관이 지명하는 사람

2. 외교부에서 여권사용제한 등의 대상 국가나 지역을 담당하는 국장

3. 안보 · 치안 · 출입국 등 관련 업무를 수행하는 관계 행정기관의 국장급 공무원 중 외교부장관의 요청에 따라 소속 행정기관의 장이 지명하는 사람

[전문개정 2023.9.27.]

### 시행령 제34조(위원장 등의 직무)

① 위원장은 협의회를 대표하며, 그 업무를 총괄한다. 〈개정 2023.9.27.〉

② 협의회 부위원장은 위원장을 보좌하며, 위원장이 부득이한 사유로 직무를 수행할 수 없을 때에 그 직무를 대행한다. 〈개정 2023.9.27.〉

③ 제1항 및 제2항은 분과협의회의 경우에 준용한다. 〈개정 2023.9.27.〉

## 3) 회의

**시행령 제35조(회의 및 의사)**

① 협의회의 회의는 법 제18조제1항에 따른 심의사항이 있을 때 위원장이 소집한다. 다만, 회의를 소집할 시간적 여유가 없거나 그 밖에 위원장이 특별히 필요하다고 인정하는 경우에는 서면 심의를 할 수 있다. 〈개정 2023.9.27.〉

② 협의회는 필요한 경우 소관 심의사항에 관하여 관계 전문가 및 이해관계자를 출석하게 하여 의견을 들을 수 있다. 〈개정 2023.9.27.〉

③ 협의회의 회의는 재적위원 과반수의 출석으로 개의하고, 출석위원 과반수의 찬성으로 의결한다. 다만, 협의회의 의결로서 의사 · 의결정족수를 강화하여 운영할 수 있다. 〈개정 2023.9.27.〉

④ 분과협의회의 회의는 분과위원장이 소집하며, 그 밖의 회의 및 의사 절차는 협의회의 절차를 준용한다. 〈개정 2023.9.27.〉

⑤ 이 영에 규정된 것 외에 협의회의 회의 및 의사와 관련하여 필요한 사항은 협의회의 의결을 거쳐 위원장이 정한다. 〈개정 2023.9.27.〉

## 4) 분과위원회

**법 제18조(여권정책심협의회)**

③ 위원회의 업무를 효율적으로 추진하기 위하여 위원회에 분과위원회를 설치 · 운영할 수 있다.

⑤ 위원회와 분과위원회의 구성과 운영 등에 관하여 필요한 사항은 대통령령으로 정한다.

**시행령 제33조(분과협의회의 구성)**

① 협의회에는 다음 각 호의 분과협의회를 두어, 소관 사항에 대하여 심의하게 할 수 있다. 〈개정 2016.5.13., 2023.9.27.〉

1. 여권행정분과협의회: 법 제18조제1항제1호 · 제2호 및 제6호(여권행정에 관한 사항으로 한정한다)의 심의사항

2. 여권사용정책분과협의회: 법 제18조제1항제3호부터 제5호까지 및 제6호(여권사용정책에 관한 사항으로 한정한다)의 심의사항

② 각 분과협의회는 분과협의회의 위원장(이하 "분과위원장"이라 한다)과 분과협의회의 부위원장(이하 "분과부위원장"이라 한다) 각 1명을 포함한 11명 이내의 분과협의회의 위원(이하 "분과위원"이라 한다)을 둔다. 〈개정 2023.9.27.〉

③ 각 분과위원장과 분과부위원장은 협의회의 위원장과 부위원장이 각각 겸임하며, 위원장은 협의회 위원을 전문성을 고려하여 각 분과협의회 분과위원으로 지명한다. 〈개정 2023.9.27.〉

[제목개정 2023.9.27.]

---

**시행령 제36조(수당 등)**

제32조에 따른 위원장의 자문에 응한 사람이나 제35조제2항 및 제4항에 따라 협의회 또는 분과협의회에 출석한 관계 전문가 및 이해관계자에게는 예산의 범위에서 수당과 여비, 그 밖의 실비를 지급할 수 있다.

[전문개정 2023.9.27.]

---

## 18. 여권전자인증체계

### 1) 여건전자인증체계의 구축

---

**법 제23조(여권전자인증체계의 구축)**

① 외교부장관은 여권 등의 위조나 변조를 방지하고 여권 등이 국제적으로 통용될 수 있도록 하기 위하여 국제민간항공기구에서 정하는 기준에 따라 전자적 방법으로 처리된 여권 등의 발급과 수록사항의 확인 등을 위한 정보체계(이하 "여권전자인증체계"라 한다)를 구축하여야 한다. 〈개정 2013.3.23.〉
② 여권전자인증체계의 구축과 관리 등에 필요한 사항은 대통령령으로 정한다.

**법 제23조의2(여권정보연계시스템의 구축·운영 등)**

① 외교부장관은 여권이 국내에서 신분증명서로 활용될 수 있도록 여권번호를 바탕으로 한 여권의 진위 여부 확인 및 여권 명의인의 신원 확인에 필요한 정보시스템(이하 "여권정보연계시스템"이라 한다)을 구축·운영하여야 한다.
② 외교부장관은 여권의 진위 여부에 대한 확인요청이 있는 경우 여권정보연계시스템을 이용하여 그 진위를 확인하여 줄 수 있다.
③ 외교부장관은 여권 명의인의 신원 확인에 필요한 정보 제공의 요청이 있는 경우 여권정보연계시스템을 이용하여 그 신원 확인에 필요한 정보를 제공하여 줄 수 있다. 다만, 여권정보연계시스템을 통한 정보 제공이 어려운 경우에는 신원 확인에 필요한 정보를 기재한 증명서를 발급할 수 있다.
④ 제1항에 따른 여권정보연계시스템의 구축·운영, 제2항에 따른 여권의 진위 여부 확인 및 제3항에 따른 여권 명의인의 신원 확인에 필요한 정보의 제공과 증명서의 발급에 필요한 사항은 대통령령으로 정한다.

[본조신설 2018.12.24.]

**시행령 제40조(여권전자인증 업무의 수행)**

외교부장관은 법 제23조제2항에 따라 여권전자인증서 검증 키(여권전자인증서를 검증하기 위하여 이용하는 전자적 정보를 말한다. 이하 같다)에 합치하는 여권전자인증서 공개 키(여권전자인증서를 발급하기 위하여 이용하는 전자적 정보를 말한다. 이하 같다)를 이용하여 여권전자인증서의 발급과 검증 등의 여권전자인증업무를 수행하여야 한다. 〈개정 2013.3.23.〉

## 2) 여권전자인증서의 발급 및 관리

### 시행령 제41조(여권전자인증서의 발급)

① 외교부장관이 발급하는 여권전자인증서에는 다음 각 호의 사항을 포함할 수 있다.

1. 여권전자인증 기관인 외교통상부의 명칭

2. 외교부 명칭의 여권전자인증서 검증 키

3. 여권전자서명에 이용하는 전자서명 방식

4. 여권전자인증서의 일련번호와 유효기간

5. 여권전자인증서의 이용범위나 용도를 제한하는 경우 이에 관한 사항 〈개정 2013.3.23.〉

② 외교부장관은 제1항제2호에 따른 여권전자인증서 검증키에 합치하는 여권전자인증서 공개 키를 이용하여 여권전자인증서에 전자서명을 하여야 한다. 〈개정 2013.3.23.〉

③ 여권전자인증서의 유효기간은 그 이용범위 및 이용된 기술의 안전성 등을 고려하여 외교부장관이 정한다. 〈개정 2013.3.23.〉

### 시행령 제42조(여권전자인증서 공개 키 등의 제공)

외교부장관은 여권 발행의 진위 여부 등을 확인하기 위한 수단으로 국제민간항공기구 및 외국정부에 여권전자인증서 공개 키와 검증 키 등을 제공할 수 있다. 〈개정 2013.3.23.〉

### 시행령 제43조(인증기록의 보관·관리)

외교부장관은 여권전자인증서 공개 키와 검증 키, 인증업무에 관한 기록을 안전하게 보관·관리하여야 한다. 〈개정 2013.3.23.〉

### 시행령 제44조(여권전자인증서의 관리)

① 외교부장관은 여권전자인증서를 발급한 날부터 최소 10년 이상 보관하여야 한다.

② 외교부장관은 여권전자인증서 공개 키를 안전하게 보관·관리하여야 하며, 인증업무의 보안과 신뢰성을 확보할 수 있는 조치를 취하여야 한다.

③ 여권전자인증업무에 대한 지침과 관리 등 세부사항은 외교부장관이 정한다. 〈개정 2013.3.23.〉

### 시행령 제44조의2(여권정보연계시스템의 구축·운영 등)

① 법 제23조의2제1항에 따른 여권정보연계시스템(이하 "여권정보연계시스템"이라 한다)을 이용하려는 자는 이용목적, 이용범위 및 안전관리대책을 명시하여 외교부장관에게 여권정보연계시스템의 이용을 신청해야 한다.

② 제1항에 따라 이용신청을 받은 외교부장관은 다음 각 호의 사항을 심사한 결과 여권정보연계시스템을 이용할 필요가 없다고 판단하는 경우에는 여권정보연계시스템의 이용을 거부할 수 있다.

1. 여권의 진위 여부 확인 및 여권 명의인의 신원 확인 목적의 정당성 및 필요성

2. 여권정보연계시스템 이용의 적합성, 보안 및 안전관리대책

3. 그 밖에 신청사항의 처리가 여권 사무에 지장을 주지 않는지 여부

③ 외교부장관은 여권의 명의인이 여권을 통한 신원확인을 필요로 하는 경우 「주민등록법」 제29조제3항에 따른 무인민원발급기 또는 「민원 처리에 관한 법률」 제12조의2제3항에 따른 통합전자민원창구를 통하여 법 제23조의2제3항에 따른 여권 명의인의 신원확인에 필요한 정보를 기재한 증명서(이하

"여권정보증명서"라 한다)를 발급할 수 있다. 〈개정 2022.7.11.〉

[본조신설 2020.12.15.]

## 시행령 제44조의3(여권정보연계시스템의 이용자에 대한 지도·감독 등)

① 외교부장관은 제44조의2에 따른 여권정보연계시스템을 이용하는 자(이하 이 조에서 "이용자"라한다)에 대하여 그 이용 또는 관리 등에 관한 사항을 지도·감독할 수 있다.

② 외교부장관은 제1항에 따른 지도·감독을 위하여 필요한 경우 이용자에게 외교부령으로 정하는자료의 제출을 요구할 수 있다.

③ 제2항에 따라 자료의 제출을 요구 받은 이용자는 특별한 사유가 없으면 그 요청에 따라야 한다.

[본조신설 2020.12.15.]

## 시행령 제45조(여권의 유효기간 만료 및 발급 사실 등에 관한 통지)

외교부장관은 여권의 명의인이 여권 유효기간 만료 사전통지, 여권의 발급·재발급 사실 및 여권수령 안내 등의 서비스 제공에 동의하는 경우 해당 사실을 여권의 명의인에게 전자우편 또는 휴대전화문자메시지로 통지할 수 있다. 이 경우 여권의 유효기간 만료 사전통지는 유효기간 만료일 3개월전에 한다. 〈개정 2020.12.15.〉

[본조신설 2018.9.28.]

[제목개정 2020.12.15.]

## 시행령 제46조(고유식별정보의 처리)

외교부장관(법 제21조에 따라 여권사무의 일부를 대행하는 자를 포함한다)은 다음 각 호의 사무를수행하기 위하여 불가피한 경우 「개인정보 보호법 시행령」 제19조에 따른 주민등록번호, 여권번호또는 외국인등록번호가 포함된 자료를 처리할 수 있다. 〈개정 2020.12.15.〉

1. 법 제9조 및 제11조에 따른 여권의 발급·재발급에 관한 사무

2. 법 제12조에 따른 여권의 발급·재발급의 거부 또는 제한에 관한 사무

3. 법 제13조에 따른 여권의 효력상실에 관한 사무

4. 법 제14조에 따른 여행증명서의 발급에 관한 사무

5. 법 제15조에 따른 여권의 기재사항변경에 관한 사무

6. 법 제17조에 따른 여권의 사용제한 등에 관한 사무

7. 법 제19조 및 제20조에 따른 여권이나 여행증명서의 반납 및 직접 회수에 관한 사무

8. 제20조에 따른 여권의 분실신고 및 효력이 상실된 여권의 정보제공에 관한 사무

9. 제44조의2에 따른 여권의 진위 여부 확인, 여권 명의인의 신원 확인 및 여권정보증명서 발급에관한 사무

10. 제45조에 따른 여권의 유효기간 만료 및 발급 사실 등의 통지에 관한 사무

[본조신설 2018.9.28.]

## 19. 여권의 부정한 발급 행사 등의 금지

**법 제16조(여권의 부정한 발급 · 행사 등의 금지)**

누구든지 다음 각 호에 해당하는 행위를 하여서는 아니 된다.

1. 여권의 발급이나 재발급을 받기 위하여 제출한 서류에 거짓된 사실을 적거나 그 밖의 부정한 방법으로 여권의 발급 · 재발급을 받는 행위나 이를 알선하는 행위
2. 다른 사람 명의의 여권을 사용하는 행위
3. 사용하게 할 목적으로 여권을 다른 사람에게 양?도 · 대여하거나 이를 알선하는 행위
4. 사용할 목적으로 다른 사람 명의의 여권을 양도받거나 대여받는 행위
5. 채무이행의 담보로 여권을 제공하거나 제공받는 행위

## 20. 벌칙

### 1) 3년 이하의 징역 또는 3천만원 이하의 벌금

**법 제24조(벌칙)**

제16조제1호(제14조제3항에 따라 준용되는 경우를 포함한다)를 위반하여 여권 등의 발급이나 재발급을 받기 위하여 제출한 서류에 거짓된 사실을 적은 사람, 그 밖의 부정한 방법으로 여권 등의 발급, 재발급을 받은 사람이나 이를 알선한 사람은 3년 이하의 징역 또는 3천만원 이하의 벌금에 처한다.
〈개정 2014.1.21.〉

### 2) 2년 이하의 징역 또는 2천만원 이하의 벌금

**법 제25조(벌칙)**

다음 각 호의 어느 하나에 해당하는 사람은 2년 이하의 징역 또는 2천만원 이하의 벌금에 처한다.
〈개정 2014.1.21.〉

1. 제16조제2호(제14조제3항에 따라 준용되는 경우를 포함한다)를 위반하여 다른 사람 명의의 여권 등을 사용한 사람
2. 제16조제3호(제14조제3항에 따라 준용되는 경우를 포함한다)를 위반하여 사용하게 할 목적으로 여권 등을 다른 사람에게 양도 · 대여하거나 이를 알선한 사람

## 3) 1년 이하의 징역 또는 1천만원 이하의 벌금

**법 제26조(벌칙)**

다음 각 호의 어느 하나에 해당하는 사람은 1년 이하의 징역 또는 1천만원 이하의 벌금에 처한다.
〈개정 2014.1.21.〉

1. 제16조제4호(제14조제3항에 따라 준용되는 경우를 포함한다)를 위반하여 사용할 목적으로 다른 사람 명의의 여권 등을 양도받거나 대여받은 사람

2. 제16조제5호(제14조제3항에 따라 준용되는 경우를 포함한다)를 위반하여 채무이행의 담보로 여권 등을 제공하거나 제공받은 사람

3. 제17조제1항 본문 및 제2항에 따라 방문 및 체류가 금지된 국가나 지역으로 고시된 사정을 알면서도 같은 조 제1항 단서에 따른 허가(제14조제3항에 따라 준용되는 경우를 포함한다)를 받지 아니하고 해당 국가나 지역에서 여권 등을 사용하거나 해당 국가나 지역을 방문하거나 체류한 사람

**여권법 시행령[별표]** 〈개정 2018.4.3., 2019.11.5.〉

# 여권발급 등에 관한 수수료(제39조 관련)

| 종류 | 구분 | | 여권발급수수료 | | 여권발급 수수료 중 대행기관 수입액 |
|---|---|---|---|---|---|
| | | | 국내 | 재외공관 | |
| 1. 전자여권 | 가. 복수여권 | 5년 초과 10년 이내 | 24면: 35,000원 48면: 38,000원 | 24면: 35달러 48면: 38달러 | 24면: 7,700원 48면: 8,360원 |
| | | 5년 | 24면: 30,000원 48면: 33,000원 | 24면: 30달러 48면: 33달러 | 24면: 6,600원 48면: 7,260원 |
| | | 5년 미만 | 15,000원 | 15달러 | 3,300원 |
| | 나. 단수여권 | 1년 이내 | 15,000원 | 15달러 | 3,300원 |
| 2. 사진부착식 여권 | 단수여권 | 1년 이내 | 10,000원 | 10달러 | 2,200원 |
| 3. 기타 | 가. 여행증명서 | | 5,000원 | 5달러 | 1,100원 |
| | 나. 남은 유효기간 부여 여권 | | 25,000원 | 25달러 | 5,500원 |
| | 다. 기재사항 변경 | | 5,000원 | 5달러 | 1,100원 |
| | 라. 여권 사실증명 | | 1,000원 | 1달러 | 220원 |

비고

1. 제1호에서 "전자여권"이란 법 제7조제2항에 따라 같은 조 제1항의 정보를 여권에 전자적으로 수록하여 발급되는 여권을 말한다.
2. 제3호 라목에서 "여권 사실증명"이란 여권 발급기록 또는 여권 발급 신청시 제출한 서류 내용의 증명, 여권 사본의 유효성 증명 및 여권의 실효확인을 말한다.

**■ 여권법 시행규칙 제3조 [별지 제1호서식]** 〈개정 2021.12.21.〉

# 여 권 발 급 신 청 서

※ 뒤쪽의 유의사항을 반드시 읽고 검은색 펜으로 작성하시기 바랍니다.　　　　　　(앞쪽)

| 여 권 선 택 란 | ※ 아래 여권 종류, 여권 기간, 여권 면수를 선택하여 해당란에 [ √ ] 표시하시기 바랍니다. 표시가 없으면 일반여권의 경우 10년 유효기간의 58면 여권이 발급되며, 자세한 사항은 접수 담당자의 안내를 받으시기 바랍니다. | | |
|---|---|---|---|
| 여 권 종 류 | □ 일반 □ 관용 □ 외교관 □ 긴급 □ 여행증명서 □ 왕복 □ 편도 | 여권 면수 | □ 26 □ 58 |
| 여 권 기 간 | □ 10년 □ 단수(1년) □ 잔여기간　담당자 문의 후 선택 | | □ 5년 □ 5년 미만 |

| 필수 기재란 | ※ 뒤쪽의 기재방법을 읽고 신중히 기재하여 주시기 바랍니다. | |
|---|---|---|
| **사 진**<br>· 신청일 전 6개월 이내 촬영한 천연색 상반신 정면 사진<br>· 흰색 바탕의 무배경 사진<br>· 색안경과 모자 착용 금지<br>· 가로 3.5cm x 세로 4.5cm<br>· 머리(턱부터 정수리까지) 길이 3.2cm~3.6cm | 한글성명 | |
| | 주민번호 | |
| | 본인연락처 | ※ '-' 없이 숫자만 기재 |
| | ※ 긴급연락처는 다른 사람의 연락처를 기재하십시오. (해외여행 중 사고발생시 지원을 위하여 필요) | |
| | 긴급연락처 성명 　　관계 　　전화번호 | |

| 추 가 기 재 란 | ※ 로마자성명은 여권을 처음 신청하거나 기존의 로마자성명을 변경하는 경우에만 기재하시고, 뒤쪽 아래의 로마자성명 기재방법을 읽고 신중히 기재하여 주시기 바랍니다. | |
|---|---|---|
| 로마자 (대문자) | 성 | |
| | 이름 | |
| 등 록 기 준 지 | 담당공무원의 요청이 있을 경우 기재합니다. | |

| 선 택 기 재 란 | ※ 원하는 경우에만 기재합니다. | |
|---|---|---|
| 배우자의 로마자 성(姓) | | ※ 기재하는 경우에만 spouse of 배우자의 로마자성 의 형태로 표기되며, 대문자로 기재해 주시기 바랍니다. |
| 점자여권 | □ 희망　□ 희망 안 함 | ※ 시각장애인일 경우에만 네모 칸 안에 [ √ ] 표시하시기 바랍니다. |
| 우편배송 서비스 | □ 희망　□ 희망 안 함 | (상세주소 기재) |
| 문자알림 서비스 | □ 동의　□ 동의 안 함 | ※ 동의하는 경우, 「여권법 시행령」 제45조 및 제46조에 근거하여 고유식별정보가 통신사에 제공되며, 국내 휴대전화로 여권 유효기간 만료일자 및 발급진행상황 등을 알리는 문자메시지가 발송됩니다. |

1. 뒤쪽의 유의사항을 확인하고 위의 내용을 작성하였으며, 기재한 내용이 사실임을 확인합니다.
2. 「여권법」 제9조 또는 제11조에 따라 여권의 발급을 신청합니다.

　　　　　　　　　　　년　　　　월　　　　일
　　　　　　　신청인(여권명의인) 성명　　　　　　　(서명 또는 인)

## 외 교 부 장 관 　귀 하

| 행정정보 공동이용 동의서 |
|---|
| 본인은 여권 발급 신청과 관련하여 담당 공무원이 「전자정부법」 제36조에 따른 행정정보 공동이용 등을 통하여 본인의 아래 정보를 확인하는 것에 동의합니다. ( ※ 동의하지 않는 경우에는 신청인 또는 위임받은 사람이 해당 서류를 직접 제출해야 합니다.)<br>　　　　　　　　　　　년　　　　월　　　　일<br>　　　　　　　신청인(여권명의인) 성명　　　　　　　(서명 또는 인) |

※ 담당공무원 확인사항 : ① 「병역법」에 따른 병역관계 서류, ② 「가족관계의 등록 등에 관한 법률」에 따른 가족관계등록전산정보자료, ③ 「주민등록법」에 따른 주민등록전산정보자료, ④ 「출입국관리법」에 따른 출입국전산정보자료, ⑤ 장애인증명서

| 접수 담당자 기재란 | | | | |
|---|---|---|---|---|
| 접수번호 | | | | |
| 특이사항 | | | | (영수확인) |
| 심 사 란 | 접 수 자 | 심 사 자 | 발 급 자 | |

　　　　　　　　　　　　　　　　　　　　　210mm×297mm[ 백상지 120g/㎡ ]

(뒤쪽)

## 유의사항

1. 이 신청서의 기재사항에 오류가 있을 경우 신청인(여권명의인)에게 불이익이 있을 수 있으므로 정확하게 기재하시기 바랍니다.
2. 이 신청서는 기계로 읽혀지므로 접거나 찢는 등 훼손되지 않도록 주의하시기 바랍니다.
3. 유효기간이 남아있는 여권이 있는 상태에서 새로운 여권을 발급받으려면 유효기간이 남아있는 기존 여권을 반드시 반납해야 합니다. 새로운 여권이 발급되면 여권번호는 바뀝니다.
4. 사진은 여권 사진 규정에 부합해야 하며, 여권용 사진 기준에 맞지 않는 사진에 대해서는 보완을 요구할 수 있습니다.
5. 긴급연락처는 해외에서 사고 발생 시 지원을 위하여 필요하오니, 본인이 아닌 가족 등의 연락처를 기재하시기 바랍니다.
6. 로마자성명 기재방법은 아래 별도 설명을 참고하시기 바랍니다.
7. 등록기준지는 담당공무원의 요청이 있을 경우 기재하시기 바랍니다.
8. 여권 유효기간 만료일자 및 발급진행상황 알림 서비스는 국내 휴대전화만 가능합니다.
9. 무단으로 다른 사람의 서명을 하거나 거짓된 내용을 기재할 경우 「여권법」 등 관련 규정에 따라 처벌을 받게 되며, 여권명의인도 불이익을 받을 수 있습니다.
10. 여권발급을 위해 담당 공무원이 신청인의 병역관계 정보, 가족관계등록정보, 주민등록정보, 출입국정보, 장애인증명서 등을 확인해야 하는 경우 신청인은 관련 서류를 제출해야 하며, 담당 공무원이 행정정보 공동이용을 통해 이러한 정보를 확인하는 것에 동의하는 경우에는 해당 서류를 제출할 필요가 없습니다.
11. 단수여권과 여행증명서는 유효기간이 1년 이내로 제한됩니다. 단수여권으로는 발급지 기준 1회만 출·입국할 수 있으며, 여행증명서로는 표기된 국가만 여행할 수 있습니다.
12. 18세 미만인 사람은 법정대리인 동의서를 제출해야 하며, 유효기간 5년 이하의 여권만 발급받을 수 있습니다.
13. 여권 발급을 신청한 날부터 수령까지 처리기간은 근무일 기준 8일(국내 기준)입니다.
14. 발급된 지 6개월이 지나도록 찾아가지 않는 여권은 「여권법」에 따라 효력이 상실되며 발급수수료도 반환되지 않습니다.
15. 여권은 해외에서 신원확인을 위해 매우 중요한 신분증이므로 이를 잘 보관하시기 바랍니다.
16. 여권을 잃어버린 경우에는 여권의 부정사용과 국제적 유통을 방지하기 위하여 여권사무 대행기관이나 재외공관에서, 또는 온라인으로 분실신고를 하시기 바랍니다. 분실신고가 된 여권은 되찾았다 하더라도 다시 사용할 수 없습니다.

## 로마자성명 기재 유의사항

1. 여권의 로마자성명은 해외에서 신원확인의 기준이 되며, 「여권법 시행령」에 따라 정정 또는 변경이 엄격히 제한되므로 신중하고 정확하게 기재해야 합니다.
2. 여권의 로마자성명은 가족관계등록부에 등록된 한글성명을 문화체육관광부장관이 정하여 고시하는 표기 방법에 따라 음절 단위로 음역(音譯)에 맞게 표기하며, 이름은 각 음절을 붙여서 표기하는 것을 원칙으로 하되 음절 사이에 붙임표(-)를 쓸 수 있습니다.
3. 여권을 처음 발급받는 경우 특별한 사유가 없을 때에는 이미 여권을 발급받아 사용 중인 가족 (예:아버지)의 로마자 성(姓)과 일치시키기를 권장합니다.
4. 여권의 로마자성명은 여권을 재발급받는 경우에도 동일하게 표기되며[배우자 성(姓) 표기 및 로마자성명 띄어쓰기 포함], 「여권법 시행령」 제3조의2제1항에 규정된 사유에 한정하여 예외적으로 정정 또는 변경할 수 있습니다.

## 처리절차

| 접 수 | → | 심 사 | → | 발 급 | → | 여권 교부 |
|---|---|---|---|---|---|---|

210mm×297mm[백상지 120g/㎡]

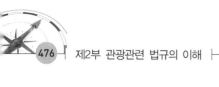

■ **여권법 시행규칙 [별지 제1호의2서식]** 〈개정 2020.12.21.〉

## 법정대리인 동의서

| 신청인<br>(신고인)<br>※ 여권 명의인<br>을 말합니다. | 성명 | | 주민등록번호 | |
|---|---|---|---|---|
| | 주소 | | | |

| 동의 구분<br>※ 해당하는 곳에<br>☑표를 합니다 | □ 여권발급 신청(「여권법 시행규칙」 제4조제5항)에 대한 동의 |
|---|---|
| | □ 여권 분실 신고(「여권법 시행규칙」 제11조제2항)에 대한 동의 |

| 법정대리인<br>1 | 성명 | 주민등록번호 |
|---|---|---|
| | 주소 | 신청인(신고인)과의 관계 |

| 법정대리인<br>2 | 성명 | 주민등록번호 |
|---|---|---|
| | 주소 | 신청인(신고인)과의 관계 |

본인(들)은 신청인(신고인)의 법정대리인으로서 위의 동의 구분에 따른 신청(신고)에 동의합니다.

년        월        일

법정대리인(부모가 공동친권자인 경우는 공동친권자 중 대표자)

(서명 날인)

## 외교부장관   귀하

### 유 의 사 항

법정대리인이 공동친권자인 경우 공동친권자인 부모 모두의 동의가 필요합니다. 동의 내용이 사실과 다를 경우 이에 대한 민·형사상 및 행정상 책임은 작성자에게 있음을 알려드립니다.

210mm × 297mm[백상지 80g/㎡]

■ **여권법 시행규칙 [별지 제1호의3서식]** 〈신설 2021.7.6.〉

# 긴급여권 발급신청 사유서

※ [  ]에는 해당되는 곳에 √ 표시를 합니다.

| 성명 | |
|---|---|
| 여행목적 | [  ] 친족의 사망/질병/부상 등 인도적 사유   [  ] 출장   [  ] 여행   [  ] 기타 |
| 발급사유 | [  ] 여권 유효기간 만료   [  ] 여권 유효기간 부족   [  ] 여권 분실·도난   [  ] 여권 미소지<br>[  ] 여권 훼손   [  ] 여권 신규발급   [  ] 행정 착오로 인한<br>　　　　　　　　　　　　　　　　　　　　　　　　　여권 재발급   [  ] 기타 |
| 여행 국가<br>또는 지역 | |
| 여행기간 | 　　　년　　　월　　　일 ～ 　　　년　　　월　　　일 |
| 긴급한<br>사유<br>(상세기술) | |

　「여권법 시행령」 제14조제2호 및 같은 법 시행규칙 제4조제7항에 따라 위와 같이 긴급여권 신청 사유를 제출하며, 기재한 내용이 사실과 다름이 없음을 확인합니다.

※ 「여권법」 제24조(벌칙) : 이 법 제16조제1호를 위반하여 여권 등의 발급이나 재발급을 받기 위하여 제출한 서류에 거짓된 사실을 적은 사람, 그 밖의 부정한 방법으로 여권 등의 발급, 재발급을 받은 사람이나 이를 알선한 사람은 3년 이하의 징역 또는 3천만원 이하의 벌금에 처한다.

　　　　　　　　　　　　　　　　　　　　　　　　　년　　　월　　　일

　　　　신청인(또는 대리인) _____ (서명 또는 날인)


**외교부장관** 귀하

| 처리절차 | | | | | | |
|---|---|---|---|---|---|---|
| 작 성 | → | 접 수 | → | 처 리 | → | 발 급 |

210mm× 297mm[백상지 80g/㎡]

**여권법 시행규칙[별지 제2호서식]** 〈개정 2017.6.27., 2019.6.12.〉

# 여권 분실 신고서

※ 색상이 어두운 칸은 신고인이 적지 않으며, [ ]에는 해당되는 곳에 √표를 합니다.　　　(앞쪽)
※ 뒤쪽 유의사항을 확인하시고 작성하여 주시기 바랍니다.

| 접수번호 | | 접수일시 | | 처리기간　　즉시 | |
|---|---|---|---|---|---|

| 신고인 | 성명(한글) | | 주민등록번호 | |
|---|---|---|---|---|
| | 주소 | | | |
| | 전화번호 | | 휴대전화 | |

| 대리인<br><br>(대리 신고의 경우<br>에만 작성합니다) | 성명(한글) | | 주민등록번호 | |
|---|---|---|---|---|
| | 신고인과의 관계 | | | |

| 여권 정보 | 여권 번호 | 발급일 | 기간 만료일 |
|---|---|---|---|

| 분실경위 | 일시(추정) | 년　　월　　일　　시 | | |
|---|---|---|---|---|
| | 장소(추정) | 국가 | | |
| | | 도시 | | |
| | | 세부주소 | | |
| | | 건물 등 세부장소 | | |
| | 분실 사유 | [ ] 본인 분실 | [ ] 절도·강도 등 범죄피해 | |
| | 상세내용 | | | |
| | 분실 후<br>조치사항 | | | |
| | 당시 목격자<br><br>(목격자가 있는<br>경우에만 적습니다) | 이름 | 관계 | 연락처 |
| | | | | |
| | 분실 사유에 대한<br>증명자료 | ※ 제출 가능한 자료가 있는 경우에만 적습니다. | | |
| | 최근 5년간 여권<br>분실 횟수 및<br>경위 | [ ] 1회 | [ ] 2회 | [ ] 기타(　　회) |
| | | 첫 번째 분실 | | |
| | | 두 번째 분실 | | |
| | | 그 밖의 추가 분실 | | |

210mm × 297mm[백상지 80g/㎡]

(뒤쪽)

이 신고서에 기재한 내용은 사실이며, 「여권법 시행령」 제20조제1항에 따라 여권의 분실을 신고합니다.

년    월    일

신고인(대리인)　　　　　　　　　　　　　(서명 또는 인)

### 외교부장관 귀하

| | | |
|---|---|---|
| 신고인<br>제출서류 | 1. 법정대리인 동의서(18세 미만인 사람이 여권 분실 신고를 할 경우에만 제출합니다)<br>2. 분실 사유를 증명할 수 있는 자료(해당 자료가 있는 경우에만 제출합니다) | |
| 대리인<br>제출서류 | 1. 신고인의 신분증 사본 1부<br>2. 위임장 1부<br>3. 다음 각 목의 서류 중에서 대리관계 및 그 사유를 증명할 수 있는 서류 1부<br>　가. 「가족관계의 등록 등에 관한 법률」에 따른 가족관계기록사항에 관한 증명서(담당 공무원이<br>　　행정정보의 공동이용을 통하여 해당 서류에 관한 정보를 확인하는 데 동의하지 않는 경우에만<br>　　제출합니다)<br>　나. 친족관계에 관한 법원의 결정문<br>　다. 전문의의 진단서나 소견서(본인이 직접 신고할 수 없을 정도의 신체적 · 정신적 질병, 장애나<br>　　사고 등으로 인하여 외교부장관이 대리인에 의한 여권 분실 신고가 특별히 필요하다고 인정하<br>　　는 경우에만 제출합니다) | 수수료<br><br>없음 |
| 담당공무원<br>확인사항 | 가족관계기록사항에 관한 증명서 | |

#### 행정정보 공동이용 동의서

본인은 이 건 업무 처리와 관련하여 담당 공무원이 「전자정부법」 제36조제1항에 따른 행정정보의 공동이용을 통하여 「가족관계의 등록 등에 관한 법률」에 따른 가족관계기록사항에 관한 증명서를 확인하는 것에 동의합니다.

＊ 동의하지 않는 경우에는 관련 서류를 직접 제출해야 합니다.

신고인(대리인)　　　　　　　　　　　　　(서명 또는 인)

#### 유의사항

1. 이번 여권 분실 신고는 "최근 5년간 여권 분실 횟수 및 경위"란의 분실 횟수 및 경위에 포함하지 않습니다.
2. 「여권법」제13조제1항제3호에 따라 분실을 신고한 시점부터 여권의 효력이 상실되어 추후에 다시 찾게 되더라도 사용할 수 없으며, 분실신고 또한 취소되지 않음을 유의하기 바랍니다.
3. 「여권법 시행령」제6조제2항제6호에 따라 여권 분실 후 재발급 신청 시 분실 횟수에 따른 유효기간의 제한(2년 또는 5년)이 있을 수 있습니다.
4. 「여권법」제11조제2항제1호 및 제2호에 따라 여권 분실 후 재발급을 신청하는 경우로서 재발급 신청일 전 5년 이내에 2회 이상 여권을 분실한 경우 또는 여권을 잃어버리게 된 경위를 정확하게 기재하지 않거나 그 경위를 의심할 만한 상당한 이유가 있는 경우에는 관계 기관을 통해 여권을 잃어버리게 된 경위 등에 대한 확인이 있을 수 있습니다.

#### 처 리 절 차

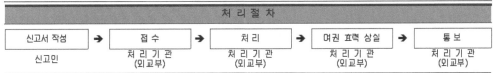

| 신고서 작성 | → | 접 수 | → | 처 리 | → | 여권 효력 상실 | → | 통 보 |
|---|---|---|---|---|---|---|---|---|
| 신고인 | | 처 리 기 관<br>(외교부) | | 처 리 기 관<br>(외교부) | | 처 리 기 관<br>(외교부) | | 처 리 기 관<br>(외교부) |

210mm×297mm[백상지(80g/㎡)]

■ **여권법 시행규칙 [별지 제4호서식]** 〈개정 2023.2.28.〉

# 여권 사실증명 신청서

| 여권<br>명의인<br>정보 | 성 명 | | 생년월일 | |
|---|---|---|---|---|
| | 주 소 | | | |
| | 전화번호 | | | |

| 사실증명서<br>유 형<br><br>※ 해당란 [√] 표시 | 신청여부 | 신청서류 | ※ 발급 언어 우측에 발급 신청 부수를 기재합니다. |
|---|---|---|---|
| | [ ] | 여권 발급기록 증명서 | [ ] 국문 _____부<br>[ ] 영문 _____부 |
| | [ ] | 여권 발급 신청서류 증명서<br>(여권번호 : _____) | [ ] 국문 _____부 |
| | [ ] | 여권 사본 증명서<br>(여권번호 : _____) | [ ] 영어 _____부<br>[ ] 중국어 _____부<br>[ ] 일본어 _____부<br>[ ] 프랑스어 _____부<br>[ ] 독일어 _____부<br>[ ] 스페인어 _____부<br>[ ] 러시아어 _____부<br>[ ] 아랍어 _____부 |
| | [ ] | 여권 정보 증명서 | [ ] 국문 _____부<br>[ ] 영문 _____부 |

본인은 「여권법 시행규칙」 제13조제1항에 따라 위와 같이 여권 발급과 관련한 사실증명서의 발급을 신청합니다.

년 월 일

신청인( 또는 대리인)       (서명 또는 인)

## 외 교 부 장 관 귀 하

---

### 첨부 서류

여권명의인 대신 대리인이 신청할 경우 아래의 서류를 제출하시기 바랍니다.

1. 위임장 1부
2. 여권명의인의 인감증명서, 「본인서명사실 확인 등에 관한 법률」 제2조제3호의 본인서명사실확인서 또는 같은 법 제2조제4호의 전자본인서명확인서 1부

### 처 리 절 차

| 작 성 | → | 접 수 | → | 처 리 | → |
|---|---|---|---|---|---|

210mm×297mm[ 백상지 80g/ ㎡ ]

**여권법 시행규칙[별지 제4호의2서식]** 〈개정 2018.4.3., 2018.9.28.〉

# 여권 실효확인 신청서

| 접수번호 | 접수일자 | | 처리기간 | 즉시 |
|---|---|---|---|---|

| 신청인 | 성명 | | 생년월일 | |
| | 수소 | | | |

| 여권정보 | 여권번호 | | 여권 발급일자 | |
|---|---|---|---|---|

| 여행<br>(이주)국가 | |
|---|---|
| 여행목적<br>(종류) | |
| 용도 | |

「여권법 시행규칙」 제13조제2항에 따라 여권의 효력상실 확인을 신청하오니, 위 여권의 효력이 상실되었음을 확인하여 주시기 바랍니다.

년    월    일

신청인                    (서명 또는 인)

**외교부장관**    귀하

---

「여권법 시행규칙」 제13조제2항에 따라 위의 사실을 확인합니다.

년    월    일

**외 교 부 장 관**  [ 직인 ]

---

| 첨부서류 | 없음 | (엄수확인) |
|---|---|---|

| 유의사항 |
|---|
| 이 확인서는 용도 외에는 사용할 수 없습니다. |

210㎜ × 297㎜[백상지 80g/㎡]

■ **여권법 시행규칙 [별지 제5호서식]** 〈개정 2023.2.28.〉 　　　　　　　　　전자여권용

# 여권 기재사항변경 신청서

※ 검은색 펜으로 색깔있는 부분에만 적습니다.

| 신 청 종 류 | □ 구 여권번호 기재 　□ 출생지 기재 　※ 해당란에 [ √ ] 표시를 합니다. |
|---|---|

| 신청자<br>정보 | 한글성명 | |
|---|---|---|
| | 여권번호 | |
| | 발급일자 | 년　　　월　　　일 |
| | 주　소 | |
| | 전화번호 | |

| 신청<br>내용 | 구 여권번호 | |
|---|---|---|
| | 출 생 지 | (시/군 단위) |

　위의 기재한 내용은 사실과 다름이 없으며, 「여권법」 제15조 및 같은 법 시행령 제22조에 따라 여권 기재사항 변경을 신청합니다.

년　　　월　　　일

신청인(여권 명의인)　　　　　　　　　(서명 또는 인)

# 외 교 부 장 관 귀 하

## 행정정보 공동이용 동의서

　본인은 이 건의 업무처리와 관련하여 담당 공무원이 「전자정부법」 제36조제1항에 따른 행정정보의 공동이용 등을 통하여 주민등록 등·초본 또는 가족관계등록부를 확인하는 것에 동의합니다.
* 동의하지 않는 경우에는 신청인이 직접 관련 서류(가족관계등록부를 확인해야 하는 경우에는 기본증명서를 말합니다)를 제출해야 합니다.

년　　　월　　　일

신청인(여권 명의인)　　　　　　　　　(서명 또는 인)

| 제 출 서 류 | 기재사항변경 신청인 본인의 유효한 여권을 제출해주시기 바랍니다. | | | |
|---|---|---|---|---|
| 접수<br>담당자<br>기재란 | 접수번호 | | | |
| | 특이사항 | | | (영수확인) |
| | 심 사 란 | 접 수 자 | 심 사 자 | 발 급 자 |

## 처 리 절 차

| 접 수 | → | 심 사 | → | 처 리 | → |
|---|---|---|---|---|---|

210mm×297mm[ 백상지 80g/㎡]

**여권법 시행규칙[별지 제6호서식]** 〈개정 2018.4.3.〉

# 예외적 여권사용 등 허가 신청서

(앞 쪽)

| 접수번호 | | 접수일자 | 발급일자 |
|---|---|---|---|

| 신청인 | 성명(한글) | | 성명(영문) |
|---|---|---|---|
| | 현 주소 | | |
| | (휴대)전화번호 | | 전자우편주소 |

| 여권 | 어권번호 | |
|---|---|---|
| | 발급일자 | 유효기간 |

| 희망허가기간 | |
|---|---|

| 여행목적 | 여행 국가 |
|---|---|

신청인은 어권법 시행령」 제29조제1항제( )호에 해당합니다.

**※ 「여권법 시행령」 제29조제1항**

제29조(예외적 여권 사용 등의 허가) ① 외교부장관은 다음 각 호의 어느 하나에 해당하는 여행의 경우에는 법 제17조제1항 단서(법 제14조제3항에 따라 준용되는 경우를 포함한다)에 따라 여권의 사용과 방문·체류(이하 "예외적 여권사용등"이라 한다)를 허가할 수 있다.

1. 법 제17조제1항 본문에 따른 여권의 사용제한(이하 "어권사용제한 등"이라 한다)의 조치 당시 대상 국가나 지역의 영주권 또는 이에 준하는 권리를 취득한 사람으로서 그 대상 국가나 지역을 생활근거지로 하여 계속 영주하기 위함이 명백히 인정되는 경우
2. 공공이익을 위한 취재나 보도를 위한 경우
3. 국외에 체류하고 있는 다음 각 목의 어느 하나에 해당하는 사람의 사망 또는 이에 준하는 중대한 질병이나 사고로 인하여 긴급하게 출국하여야 할 필요가 있는 경우
   가. 배우자
   나. 본인의 직계존비속 또는 형제자매
   다. 배우자의 직계존비속 또는 형제자매
4. 외교·안보임무나 재외국민보호 등을 수행하는 국가기관 또는 국제기구의 공무 활동을 위한 경우
5. 소관 중앙행정기관의 장의 추천(임무의 목적과 내용을 특정하여 추천한 것을 말한다)을 받아 국가 이익이나 기업 활동에 관련된 임무를 수행하기 위한 경우
6. 그 밖에 제1호부터 제5호까지의 규정에 준하는 경우로서 외교부장관이 특히 필요하다고 인정하는 경우

활동 예정사항

| 국내 긴급<br>연락처 | 성명 | | 관계 |
|---|---|---|---|
| | 직장(학교)명 | 전화번호 | 휴대전화번호 |
| | 주소 | | |

이 신청서에 기재한 내용은 사실과 다름이 없으며, 여권법」 제17조제1항 단서, 어권법 시행령」 제29조 및 어권법 시행규칙」 제15조제1항에 따라 예외적 어권사용등의 허가를 신청합니다.

년 월 일

신고인 성명 (서명 또는 인)

**외교부장관** 귀하

■ 여권법 시행규칙[별지 제6호서식]

(뒤 쪽)

| 첨부서류 | 1. 활동계획서(안전대책, 안전 관련 서약서 및 총 여행인원 정보를 포함합니다)<br>2. 다음 각 목의 구분에 따른 서류<br>　가. 법 제17조제1항 본문에 따른 여권의 사용제한 등의 조치 당시 대상 국가나 지역의 영주권 또는 이에 준하는 권리를 취득한 사람으로서 그 대상 국가나 지역을 생활근거지로 하여 계속 영주하기 위함이 명백히 인정되는 경우: 영주권 또는 이에 준하는 권리를 보유하고 있음을 증명하는 서류<br>　나. 공공이익을 위한 취재나 보도를 위한 경우: 재직증명서 및 별지 제6호의2서식의 소속 기관·단체 또는 업체 등의 장의 확인서<br>　다. 국외에 체류하고 있는 배우자, 본인의 직계존비속 또는 형제자매나 배우자의 직계존비속 또는 형제자매의 사망 또는 이에 준하는 중대한 질병이나 사고로 인하여 긴급하게 출국하여야 할 필요가 있는 경우: 「가족관계의 등록 등에 관한 법률」에 따른 가족관계 기록사항에 관한 증명서<br>　라. 외교·안보임무나 재외국민보호 등을 수행하는 국가기관 또는 국제기구의 공무 활동을 위한 경우: 재직증명서<br>　마. 소관 중앙행정기관의 장의 추천(임무의 목적과 내용을 특정하여 추천한 것을 말합니다)을 받아 국가 이익이나 기업 활동에 관련된 임무를 수행하기 위한 경우: 다음의 모든 서류<br>　　1) 재직증명서<br>　　2) 소관 중앙행정기관의 장의 추천서<br>　　3) 별지 제6호의2서식의 소속 기관·단체 또는 업체 등의 장의 확인서<br>3. 그 밖에 「여권법 시행령」 제29조제1항 각 호의 어느 하나에 해당하는 여행임을 증명할 수 있는 서류 | 수수료<br>없음 |

※ 해외거주 중 재외공관에서 신청하는 경우에는 아래 사항을 추가로 기재하시기 바랍니다

| 거주지 | 주소 | |
| --- | --- | --- |
| | 입국일자 | 체류자격 |
| 영주권<br>(거주중) | 번호 | 취득일자 |
| 구여권 | 번호 | 발급일자 |
| 가족사항 | | |
| | | |
| | | |
| | | |
| | | |

210mm × 297mm[일반용지 60g/㎡]

**여권법 시행규칙[별지 제6호의2서식]** 〈신설 2016.5.13.〉

# 소속 기관 · 단체 또는 업체 등의 장의 확인서

| 여행자<br>(신청인)<br>인적사항 | 성명 | | 생년월일 | |
|---|---|---|---|---|
| | 주소 | | | |

| 확인내용 | 방문 · 체류 예정국가 |
|---|---|
| | [  ] 공공이익을 위한 취재나 보도<br>[  ] 국가 이익이나 기업 활동　에 관하여 수행할 임무내용<br><br><br>*소속과 담당업무를 구체적으로 기재 |
| | 여행기간<br><br>　　　　20　.　.　.　부터　20　.　.　.　까지<br>예외적 여권사용등의 허가 필요성<br><br><br><br> |

| 담당자 및<br><br>연락처 | 기관명 | | 부서명 | | 담당자 | |
|---|---|---|---|---|---|---|
| | 주소 | | | | 전화번호 | |
| | 전자우편 주소 | | | | 팩스번호 | |

위 신청인은　[  ] 「여권법 시행령」　제29조제1항제2호　에 해당하는 사유로 예외적 여권사용등의
　　　　　　[  ] 「여권법 시행령」　제29조제1항제5호

허가가 필요함을 위와 같이 확인합니다.

년　　　　　월　　　　　일

소속 기관 · 단체 또는 업체 등의 장　<u>직인</u>

---

### 유 의 사 항

「여권법 시행령」 제29조제1항제5호에 해당하는 사유로 예외적 여권사용등의 허가를 받으려는 신청인은 「여권법 시행령」
제29조제2항에 따라 다음 각 호의 구분에 따른 사람으로부터 확인을 받아야 합니다.
  1. 신청인이 소속한 기관 · 단체 또는 업체 등(이하 "기관등"이라 합니다)이 다른 기관등으로부터 도급 · 위탁 등을 받아 임
　무를 수행하는 경우: 도급 · 위탁 등을 한 기관등의 장
  2. 신청인이 소속한 기관등이 다른 기관등으로부터 도급 · 위탁 등을 받지 아니하고 임무를 수행하는 경우: 신청인이 소속한
　기관등의 장

**여권법 시행규칙[별지 제7호서식]** 〈신설 2013.4.1.〉

## 여권사용 등 허가서 Special permission to visit

성명 Name

생년월일 Date of birth

여권번호 Passport No.

허가기간 Approval Period

발급일자 Issue Date

허가번호 Issue No.

방문국가 또는 지역
Visiting Country or Area

방문목적
Purpose of Visit

## 외교통상부 장관 ㉑
## Minister of Foreign affairs and Trade

# 부록

## 법률 용어

# 법률 용어

### ■ 건축물의 용도

건축물의 용도(用途)라 함은 건축물의 종류를 유사한 구조 · 이용목적 및 형태별로 묶어 분류한 것을 말한다(건축법 제2조 3항).

### ■ 경매(競賣)

경매는 私人 사이에서 행하여지는 사경매(私競賣)와 국가기관이 행하는 공경매(公競賣)가 있다. 공경매에는 민사소송법(民事訴訟法)의 강제집행절차에 의한 경매와 국세징수법에 의한 경매가 있다. 공경매에 있어서 경락인(競落人)이 경락부동산의 소유권을 취득하는 시기는 경락대금을 완납한 때이다.

### ■ 고시(告示)

행정기관이 결정한 사항 또는 기타의 일정한 사항을 행정규칙의 형식으로 일반인에게 알리는 것이다.

### ■ 공유지분(共有持分)

각 공유자가 가지는 몫을 말한다. 이에는 두 가지가 있다

(1) 지분의 처분, 지분의 포기 등의 예처럼 공유자가 공유물 전체에 대해 양적으로 분유하는 부분적 소유권, 즉 지분권을 가리키는 경우,

(2) 지분권의 공유물 전체에 대한 비율을 가리키는 경우가 있다. 이때의 지분은 그 발생원인이 되는 법률행위나 법률의 규정에 그 비율이 정해져 있지 않거나 불명한 때에는 각 지분은 균등한 것으로 추정한다(민법 제262조②항).

### ■ 공제(共濟)

일정한 목적으로 구성된 조합원이 일정한 금액의 공제분담금을 납입하고 조합원 중 특정인이 공제 구성목적에 해당하는 사고를 당하였을 경우, 일정액의 공제금을 지급함으로써 경제적 위험을 전조 직원에게 분산시키는 보험의 일종이다.

### ■ 과태료(過怠料)

금전벌의 일종으로서, 과태료는 과료와 달리 형법상(형법41) 형벌이 아니다. 따라서 과벌절차는 형사소송법에 의하지 않고 각 법률에 규정이 없으면 비송사건절차법 제276조 내지 제278조에 따른다. 과태료에는 (1) 법률상 질서유지를 위해 법령위반자에 대한 제재(예컨대 민법97, 상법28, 635, 636, 민사소송법182, 289, 297, 호적법130, 131, 132, 132의2, 133등)로서 질서벌이 있는데, 이에

는 지방자치법상 조례로 정하는 과태료(지방자치법20, 130)도 포함된다. 또 (2) 징계벌의 일종(예컨대 공증인법83, 87등) 및 (3) 행정상 의무이행을 강제하기 위한 수단으로서 집행벌이 있다.

## ■ 관광지의 연계(連繫)

단일 관광지로는 관광자원이 한계가 있어서 인근 관광지 또는 결합성이 좋은 관광지를 묶어서 자원의 효용성을 증대시키고, 관광객의 흡인력을 높이고자 한 것이다.
현재 우리나라의 관광권역은 1989년 전국관광장기종합개발계획을 준거로 1990년 조정·설정되었는데 5개 관광권, 24개개발소권역으로 구성되어 있다.

## ■ 기본법

당해 행정분야에 국가시책의 기본방침을 정하여 두고 그 분야에 있어서 헌법적 역할을 수행한다. 전통적인 법률은 국민의 권리나 자유를 제한하는 침해적 성격이나 동법은 국민에 대하여 수익적, 급부적, 조성적 성격을 지니는 것으로서 정부에 대하여 의무나 책무를 부여하고 있다. 기본법의 특색은 후법은 선법에 우선한다는 법원칙이 적용되지 않는다. 또 타 법률보다 우월성을 가진다. 차후법은 기본법에 합치되어야 한다. 기본법으로는 건축기본법, 국세기본법, 교육기본법, 중소기업기본법 등이 있다

## ■ 기산(起算)점

기간의 계산이 시작되는 시점을 말한다. 기간을 시·분·초로 정한 때에는 즉 시로부터 기산하며(민법156), 기간을 일·주·월 또는 년으로 정한 때에는 기간의 초일은 산입하지 아니한다. 그러나 그 기간이 오전 영시로부터 시작하는 때에는 그러하지 아니하다(민법157). 또 연령 계산에는 출생일을 산입한다.

## ■ 단기체류자

체류기간이 90일 이하인 자.

## ■ 대차대조표(balance sheet)

일정시기에 있어서의 기업의 총재산을 자산·부채·자본의 과목으로 나누어 기업재산의 구성상태를 일목요연하게 하는 개괄표로 재정일람표를 말한다.

## ■ 등기의무자와 등기권리자

등기절차상에 있어서는 어떤 등기를 함으로써 등기부상 종래보다 유리한 지위를 차지하게 되는 자를 등기권리자라고 하며 이와는 반대로 등기부상 종래보다 불리한 지위를 차지하게 되는 자를 등기의무자라고 한다(부동산등기법28).
(예 : 매매의 경우 사는 사람은 등기권리자, 파는 사람은 등기의무자이다)

## ■ 발기인(發起人 : subscriber, promoter)

주식회사의 설립에 관하여 정관에 발기인으로 서명한 사람을 말하며 발기인은 정관을 작성하고 또 1주이상의 주식을 인수하면 설립중의 회사라는 장래 주식회사가 될 단체가 창립되고, 발기인은 설

립중인 회사의 구성원이 됨과 동시에 그 집행기관이 되고(通說) 정관작성 등 회사설립에 필요한 행위를 한다. 상법은 발기인의 수를 3人 이상이 될 것을 요구하고 있으며, 정관에 발기인으로 서명 날인한 限, 실질적으로 회사설립의 기획에 참여했느냐의 여부는 묻지 않는다.

### ■ 벌금(罰金)

법인으로부터 일정액의 금전을 박탈하는 형벌이다. 금고, 자격형보다는 경하고 구류보다는 중한 형벌이다. 벌금은 판결확정일로부터 30일 이내에 납입하여야 한다. 다만, 벌금을 선고할 때에는 동시에 그 금액을 완납할 때까지 노역장에 유치할 것을 명할 수 있다(형법 제69조).

### ■ 법인(法人 : artificial person)

자연인이 아니면서 법에 의하여 권리능력이 부여되어 있는, 즉 권리·의무의 주체가 될 수 있는 사단(社團)과 재단(財團)을 말한다. 근대자본주의 경제발전의 결과 사단이나 재단이 중요한 작용을 함에 따라 근대사법은 법인이라는 특수한 인격개념을 구성하여 권리주체로서 승인하게 되었다.

### ■ 변경등기(變更登記)

종국등기의 하나로, 기존 등기의 일부의 변경을 목적으로 하는 등기를 말하며 부기등기의 형식으로 행해지는 것이 원칙이다. 좁은 의미로는 등기가 완료된 후에 후발적으로 등기의 실체관계와 불일치가 생긴 경우에 이를 해소하기 위한 등기만을 가리키나, 넓은 의미로는 갱정등기도 포함시킨다.

### ■ 보 험

우발적 사고의 발생으로 인하여 경제적인 불이익을 받을 우려가 있는 다수의 경제주체가 모여서 사고발생의 개연율에 따라 산출된 금액(보험료)을 미리 출연하여 공동준비재산을 만들어 두고 일정한사고(보험사고)가 발생한 경우에 일정한 금액(보험금)을 지급하여 경제생활의 불안을 제거 또는 경감시키려는 제도이다.

### ■ 보조금(補助金)

국가 또는 지방자치단체가 일정한 사업의 조성을 위하여 사인 또는 공공단체에게 교부하는 금전을 말한다. 보조금의 교부는 행정주체와 사인 또는 공공단체의 사이에 맺어지는 공법상의 증여계약의 일종이라고 할 수 있는데, 행정청은 보조금교부의 목적을 달성시키기 위하여 일정한 조건을 붙여 보조금을 교부하는 것이 보통이며, 그러한 경우는 부담부증여계약에 해당한다.

### ■ 보존등기(保存登記)

미등기의 부동산에 관하여 그 소유자의 신청에 의해 처음으로 행해지는 소유권등기를 말한다. 어떤 부동산에 관하여 보존등기를 하면 그 부동산을 위하여 등기용지가 새로이 개설되고, 이후 그 부동산에 관한 권리변동은 모두 그 보존등기를 기초로 하여 행해지게 된다(부동산등기법130).

### ■ 보증보험(保證保險)

채무의 보증을 목적으로 하는 보험으로 상법상의 보험의 종류가 아닌 보험업법상의 보험을 말한다. 보증보험계약에서의 보험계약자는 보험료를 지급한 보험계약의 당사자이지 제3자로 볼 수 없고, 또 보험계약자의 채무불이행으로 생긴 피보험자의 손해를 보험자가 보상하였으면 보험계약자가 피보험자와의 계약에서 생긴 채무불이행으로 인한 배상책임은 이행된 것이다(보험업법4).

### ■ 봉인(封印)

일반적으로 공무원이 유체동산(有體動産)에 대하여 현상변경을 금하는 처분으로서 그의 직인을 압날(押捺)한 표지 또는 표지를 하는 것을 말한다. 구체적으로는 (1) 파산법상 파산관재인이 파산재단에 속하는 재산의 점유나 관리에 착수할 때에 개개의 재산에 대하여 법원사무관 등 또는 집달관, 공증인으로 하여금 실시케 하는 봉인을 말하는 바 封印除去의 경우에도 같다.(2) 민사소송법상 채무자가 점유하는 유체동산의 압류(押留)는 집달관이 그 물건을 점유함으로써 하나, 채권자의 승낙이 있거나 운반이 곤란한 때는 봉인 기타의 방법으로 압류물임을 명확히 하여 채무자에게 보관하게 할 수 있다(민사소송법527①, 파산법176).

### ■ 비송사건(非訟事件)

형식적 혹은 성문법상의 의의에 있어서는 비송사건절차법에 규정되어 있는 사건 및 그 총칙규정이 적용 또는 준용되는 사건(비송사건절차법1)을 말하나 실질적 의의, 특히 소송사건과의 구별에 관하여는 여러 가지 학설이 있다. 양자는 다같이 법원이 처리하는 사건이지만, 소송에 있어서는 추상적인 민사법규를 재판 또는 집행에 의하여 구체적으로 실현함으로써 사적 분쟁을 해결하는 것이 목적인 데 비하여, 비송사건은 민사상의 생활관계를 조성하고 감독하기 위하여 국가가 직접 후견적 작용을 영위하는 것이 주안이며, 소송은 실질적 의의에 있어서도 사법인데 비하여 비송사건은 원래 행정작용이라고 보는 것이 적당하다.

### ■ 사단법인(社團法人)

일정한 목적을 위하여 결합한 사람의 집단으로 권리능력이 인정된 것을 말한다. 사단법인은 영리를 목적으로 하는 것(營利法人), 공익을 목적으로 하는 것(公益社團法人), 영리도 공익도 목적으로 하지 않는 것(非營利社團法人)등이 있다.

### ■ 사채(社債)

회사가 일반공중으로부터 비교적 장기의 자금을 집단적·대량적으로 조달하기 위하여 채권이라는 유가증권을 발행하여 부담하는 채무를 말한다.

### ■ 선고유예(宣告猶豫)

범정(犯情)이 경미한 범죄인에 대해 일정한 기간 동안 형의 선고를 유예하고 그 유예기간을 특정한 사고 없이 경과하면 면소(免訴)된 것으로 간주하는 제도를 말한다. 형의 선고 유예를 받은 날로부터 2年을 경과한 때에는 면소된 것으로 간주한다(형사소송법60). 형의 선고유예를 받은 자가 유예기간 중 자격정지 이상의 형에 처한 판결이 확정되거나 자격정지 이상의 형에 처한 전과가 발견된 때에는 유예한 형을 선고한다.

■ **설립등기(設立登記)**

법인의 설립에 관한 등기를 말한다. 이에는 민법상 법인의 설립등기 및 회사와
특별법상 법인의 설립등기가 있는데, 민법상의 법인이든 회사와 특별법상의 법
인이든 설립등기는설립의 제3자 대항요건이 아니고 설립등기를 함으로써 법인이 성립하는 성립요
건이다(민법33, 상법172).

■ **수불관리(受拂管理)**

주고받는 업무를 감독하는 것.

■ **시 책**

정부기관이 공적목표를 달성하기 위해 마련한 행동방안 또는 지침.

■ **알선수뢰(斡旋受賂)**

수뢰는 뇌물을 받는 것을 말하는데(형법 제129조), 알선수뢰는 공무원이 그 지위를 이용하여 다른
공무원의 직무에 속한 사항의 알선에 관하여 뇌물을 수수·요구 또는 약속함으로써 성립하는 범죄
를 말한다. 본죄는 간접적으로 직무행위의 공정을 보호하고자 하는 점에 특색이 있다. 공무원이 지
위를 이용하는 것만으로 성립되며, 알선이란 과거·현재, 정당·부당을 불문하고 일정한 사항을
중개하는 것을 말한다(형법 제132조).

■ **의제(擬制)**

비록 진실에는 반하더라도 어떤 사실을 법이 이렇다고 정해서 반대증거가 있어도 이것을 움직일
수 없는 것을 의제라고 한다. 종래에 법문에서는 이러한 경우를 「간주(看做)한다」은 말로 표현해
왔으나 현재에는 「본다」은 말로 규정하고 있다.

■ **자본금**

광의로는 영업을 위한 필요수단 또는 재화라는 의미에서의 순재산을 말하지만, 회사법상으로는 회
사가 보유하여야 할 순재산액의 총액을 말한다. 즉, 주식회사의 경우에는 발행주식의 액면총액, 유
한회사의 경우에는 정관의 기재사항으로서의 자본의 총액, 합명 및 합자회사의 경우에는 정관의
기재사항인 재산출자의 가액을 말한다(상법179, 269, 451, 543).

■ **재결(裁決)**

행정심판의 청구에 대한 심리의 결과를 판단하는 행위로서 심판청구사건에 대한 재결청의 종국적
판단인 의사표시를 말한다. 이것은 확인행위로서의 성질을 가짐과 아울러 준사법행위이다. 여기서
재결청(裁決廳)이란 행정심판의 청구를 수리하고, 당해 심판청구사건에 대하여 재결을 할 수 있는
권한을 가진 행정기관을 말한다.

■ **재단법인(財團法人)**

일정한 목적에 바친 재산을 개인에게 귀속시키지 않고, 그것을 독립의 것으로 하여 운영하기 위하

여 그 재산을 구성요소로 하여 법률상 구성된 법인을 말한다(민법32).

## ■ 저당권(抵當權)

채권자가 채무자 또는 제3자(물상보증인)의 채무담보로서 제공한 부동산 또는 부동산물건(지상권·전세권)을 그 제공자로부터 인도받지 않은 채 관념상으로만 지배하고 있다가 채무의 변제가 없는 경우에 그 목적물로부터 우선 변제를 받는 담보물권을 말한다(민법 356, 358, 359, 360, 370).

## ■ 정관(定款 : memorandum of association, certificate of incorporation)

법인의 조직·활동을 정한 근본규칙 또는 그것을 기재한 서면을 말한다(민법42, 45, 상법178, 204, 269, 433, 543, 584).

## ■ 준용(準用)

어떤 사항에 관한 규정을 그와 유사하지만 본질이 다른 사항에 대하여, 필요한 경우 조금의 수정을 가하여 적용시키는 것을 말한다. 예컨대 민법 제210조, 제290조, 제302조 등과 같이 입법기술상 중복규정에 따른 번잡을 피하고 간결화를 기하기 위해 이용된다.

## ■ 직계비속

친족 사이의 핏줄이, 할아버지·아버지·아들·손자 등으로 곧게 이어가는 계통

## ■ 창립총회(創立總會 : organization meeting)

주식회사의 모집설립의 경우에 주식인수인으로써 구성되는 설립중의 회사의 최고의 의사결정기관을 말하며, 성립후의 회사의 주주총회에 해당하며, 따라서 주주총회에 관한 규정이 준용된다(상법308②). 소집권자는 발기인이고, 각 주식에 관한 납입과 현물출자의 이행이 완료된 후에 지체없이 소집하여야 한다(상법308①). 소집절차 등에 관하여는 주주총회의 규정이 준용된다(상법308②, 363①, ②, 364). 창립총회의 결의는 출석한 주식인수인의 의결권의 3분의 2 이상이며, 인수된 주식의 총수의 과반수에 해당하는 다수로 하여야 한다(상법309).

## ■ 청산인(淸算人)

민법상 법인·회사·조합 등의 청산절차를 담당하는 자를 말한다. 청산인의 자격은 원칙적으로 제한이 없다. 그러나 자연인에 한한다. 그 수도 원칙적으로 1인 이상이면 족하지만, 주식회사에서 청산인제도(상법542)를 두고 있으므로 2인 이상이라는 것이 통설이다. 해산전 법인 및 회사의 이사(민법82본문, 상법531①), 업무집행사원(상법251②)이 청산인이 되는 것이 원칙이다. 그러나 정관의 규정에 의해서 또는 총회의 선임에 의한 청산인도 인정된다(민법82단서, 상법251①, 532②).

## ■ 체납처분(滯納處分)

행정상의 강제징수절차를 국세징수법에 따라 본다면 독촉, 재산의 압류, 압류재산의 환가처분·환가대금의 배분 등의 순서로 행하여지는데, 재산의 압류·환가처분 및 배분을 가리켜 체납처분이라고 한다. 이러한 체납처분은 넓은 의미에서 징수행위로서의 성질을 갖는다.

■ **칩스(chips)**

카지노에서 사용되는 현금대용화폐이다(카지노영업준칙 제3조 3호).

■ **평면도와 배치도**

평면도는 시설물을 가로로 수평으로 절단했을 때의 단면의 모양이며, 배치도는 일정 지형에 시설물을 평면으로 펼쳐놓은 모양을 말한다.

■ **합병(合倂)**

법정절차에 따른 회사간의 법률행위로서 당사자인 회사의 일부 또는 전부가 해산하고, 그 재산은 청산절차를 거치지 아니하고 포괄적으로 존속회사 또는 신설회사에 이전함과 동시에 그 사원이 존속회사 또는 신설회사의 사원이 되는 효과를 가져오는 것을 말한다. 기업의 확장, 경영의 합리화, 경쟁의 회피, 시장지배 등을 목적으로 한다. 합병에 관련된 모든 회사가 해산하고 동시에 새 회사를 설립하여 기존회사들의 재산과 사원을 수용하는 신설합병(新設合倂)과 그 중 한 회사만 존속하고 다른 회사는 해산하며 존속회사가 해산회사의 사원과 재산을 수용하는 흡수합병(吸收合倂)이 있다.

■ **행정감독**

행정지도와는 달리 법적 근거를 요하며, 동시에 상대방이 그에 응하지 않을 때에는 법이 정하는 바에 따라 처벌되고 혹은 그의 의무가 강제되는가 하면, 영업허가의 취소·정지 등 불이익이 가해질 수 있다

■ **행정지도**

행정주체가 스스로 의도하는 바를 실현하기 위하여 상대편의 임의적 협력을 기대하여 행하는 非권력적인 권고·지도·요망 등의 행위를 말하는데 법적 구속력이나 강제력을 가지지 않는다는 점에서 행정감독과는 구별된다.

■ **형의 종류**

형법 제41조(刑의 種類)에 의하면, 형의 종류에는 사형(死刑), 징역(懲役), 금고(禁錮), 자격상실(資格喪失), 자격정지(資格停止), 벌금(罰金), 구류(拘留), 과료(科料), 몰수(沒收)가 있다.

• 징역(懲役) : 수형자(受刑者)를 교도소 내에 구치하여 정역(定役 : 정해진 노역)에 복무하게 하는 것을 내용으로 하는 형벌(형법67)을 말한다. 자유형(自由刑) 가운데 가장 무거운 형벌이다. 징역에는 유기(有期)와 무기(無期)의 2종이 있다. 無期는 종신형이지만, 10年이 경과한 후에는 가석방(假釋放)이 가능하다는 점에서(형법72①), 自由刑의 사회복귀적 기능(社會復歸的 機能)이 유지되고 있다고 할 수 있다. 유기징역(有期懲役)은 1月 이상 15年 이하이나, 형을 가중하는 때에는 25年까지로 한다(형법 42조).

• 금고(禁錮) : 수형자를 교도소 내에 구치하여 자유를 박탈하는 것을 내용으로 하는 형벌(형법68)을 말한다. 그러나 금고는 징역과는 달리 명예를 존중한다는 취지에서 의무적인 정역을 부과하지 않는다. 다만, 행형법은 수형자의 신청이 있으면 작업을 과할 수 있도록 하고 있다(행형법 38조).

• 집행유예(執行猶豫) : 일단 有罪를 인정하여 형을 선고하되, 일정한 요건 아래 일정한 기간 그 형의 집행을 유예하고 그것이 취소 또는 실효됨이 없이 유예기간을 경과하면 형의 선고의 효력을

상실케 하는 제도를 말한다. 이 제도는 단기자유형(短期自由刑)의 폐해를 제거하고, 범죄인의 자발적·능동적인 사회복귀를 도모하겠다는 형사정책적(刑事政策的)인 의지를 반영하고 있다.

형법 제62조(집행유예의 요건)에 의하면 첫째, 3年 이하의 징역 또는 금고의 형을 선고할 경우에 제51조의 사항을 참작하여 그 정상에 참작할 만한 사유가 있는 때에는 1年 이상 5年 이하의 기간 형의 집행을 유예할 수 있다. 단, 금고이상의 형의 선고를 받아 집행을 종료한 후 또는 집행이 면제된 후로부터 5年을 경과하지 아니한 者에 대하여는 예외로 한다. 둘째, 형을 병과(倂科)할 경우에는 그 형의 일부에 대하여 집행을 유예할 수 있다.

# 참고문헌

김기진, 「법의 이해」, 한국학술정보, 2009.

김민중, 「법학개론」, 신논사(新論社), 2012.

김영규 외 6인 공저, 「법학개론」, 박영사, 2006.

김정선 외, 「생활법률 Ⅰ, Ⅱ, Ⅲ」, 대한법률구조공단, 2007.

김재광 외 2인 공저, 「관광법규론」, 학림, 2012.

박상기 외 12인 공저, 「법학개론」, 박영사, 2018.

박상수·고금희, 「해설관광법규」, 백산출판사, 2013.

박주현·박인숙 공저, 「법학개론」, 진영사, 2013.

배명이, 「현대인의 생활과 법률」, 경상대학교 출판부, 2013.

성기룡, 「관광법규론」, 일신사, 1997.

신동숙·박순영, 개정3판 「최신관광법규의 이해」, 백산출판사, 2020.

원철식 외 2인 공저, 「관광법규와 사례분석」, 백산출판사, 2024.

이정학, 「관광학원론」, 대왕사, 2019.

이재삼, 「법학통론」, 도서출판 범한, 2014.

정희천, 「최신관광법규론」, 대왕사, 2022.

조진호 외 3인 공저, 「관광법규론」, 현학사, 2017.

조진호 외 1인 공저, 「최신관광법규론」, 백산출판사, 2024.

주영환 외 4인 공저, 「최신관광법규」, 백산출판사, 2012.

최완진, 「신법학통론」, 세창출판사, 2019.

국가법령정보센터(https://www.law.go.kr/)

관광두레(https://tourdure.visitkorea.or.kr/home/main.do)

문화체육관광부. [통합문화이용권(문화누리카드)], 2023.02.10.

문화체육관광부, 「2022년 기준 관광동향에 관한 연차보고서」

문화체육관광부, 「2017 관광두레추진현황」, 2018.2.27.

문화체육관광부, 「지역관광활성화방안」, 2018.7.11.

문화체육관광부, 「2023년 4월 기준 국내 카지노업체 현황」.

문화체육관광부, 「2021년 12월 31일 기준 숙박시설 현황」.

문화체육관광부, 「외국인 관광도시 민박업 업무처리 지침(가이드라인)개정」, 2019.11.26.

문화체육관광부, 「2024-2025년도 문화관광축제 선정」, 2023.12.19.

문화체육관광부, 「관광지원서비스업 안내지침」, 2020.2.28.

한국관광협회중앙회(www.ekta.kr), 「2023년 3분기 전국 관광사업체 현황」, 2023.09.30.

한국문화관광연구원, 「저소득층 관광복지를 위한 바우처제도의 도입」, 핫 이슈 브리프 제134호,
      2014.7.15.

큐넷(www.q-net.or.kr)

문화누리(http://www.mnuri.kr/)

우리나라 생태관광 이야기(www.eco-tour.kr)

기획재정부(https://www.moef.go.kr/)

대법원(www.scourt.go.kr)

대한법률구조관리공단(www.klac.or.kr)

한국소비자원(https://www.kca.go.kr/home/main.do)

# 찾아보기

## | 저자소개 |

■ **신동숙(申東淑)**
  ● 현재, 계명문화대학교 호텔항공외식관광학부 교수

〈저서〉
● 관광학원론
● 최신 국외여행인솔실무
● 세계관광문화의 이해
● TOPAS Sell Connect 항공예약실무
● 2020년 개정3판 「최신 관광법규의 이해」

〈논문〉
● "여행업약관에 관한 연구"(석사학위 논문)
● "여행계약을 규율하는 관광법리에 관한 연구"
  (박사학위 논문) 외 다수

〈주요 연구분야〉
● 관광법규
● 관광정책
● 관광사업 등

■ **박은경(朴恩京)** e-mail: ekpark0621@gmail.com
  ● 현재, 대구대학교 호텔관광경영학부 교수

〈저서〉
● Tourism's New Markets
● 문화와 함께 하는 관광학 이해
● 최신 관광자원론
● Sustainability of Tourism

〈논문〉
● "4년제 대학의 국가직무능력표준(NCS) 도입에 대한
  대학생의 인식에 관한 연구"
● "관광개발의 영향에 대한 공무원의 인식에 관한 연구"
  외 다수

〈주요 연구분야〉
● 문화관광
● 관광자행동
● 관광정책, 관광마케팅 등

저자와의
합의하에
인지첩부
생략

# 최신 관광법규의 이해

2015년 9월  5일 초   판 1쇄 발행
2024년 3월 10일 개정4판 1쇄 발행

**지은이** 신동숙 · 박은경
**펴낸이** 진욱상
**펴낸곳** 백산출판사
**교  정** 성인숙
**본문디자인** 오행복
**표지디자인** 오정은

**등  록** 1974년 1월 9일 제406-1974-000001호
**주  소** 경기도 파주시 회동길 370(백산빌딩 3층)
**전  화** 02-914-1621(代)
**팩  스** 031-955-9911
**이메일** edit@ibaeksan.kr
**홈페이지** www.ibaeksan.kr

ISBN 979-11-6639-423-2  93980
**값 25,000원**